试验设计与数据分析实训教程

王巧云　陈金伟　主编

中国石化出版社
·北京·

内 容 提 要

本书介绍了试验设计与数据分析的常用方法，及其在专业学习、科学试验和工业生产中的实际应用。全书共分为10章，其中第1章为概述；第2章为与理化数据分析相关的Excel基础操作；第3~6章为试验数据的误差分析、图表制作方法、方差分析和回归分析；第7~9章介绍了正交设计、均匀设计和优选方法；第10章是综合实训练习，方便学习者检验和巩固学习效果。本书重在知识点的理解和应用，实例丰富，案例具有代表性，力求以详尽案例分析和清晰的解题过程帮助学习者理解复杂晦涩的数理统计学知识，具有很强的实用性和可操作性，便于自学。

本书适合作为化学、化工、生物、食品、环境、材料、制药等相关专业大中专院校的实训教材，也可作为相关工程技术人员、科研人员的自学参考书。

图书在版编目(CIP)数据

试验设计与数据分析实训教程 / 王巧云，陈金伟主编. — 北京 ：中国石化出版社，2023. 12
ISBN 978-7-5114-7367-7

Ⅰ. ①试… Ⅱ. ①王… ②陈… Ⅲ. ①试验设计-教材 Ⅳ. ①O212. 6

中国国家版本馆CIP数据核字(2023)第253908号

中国石化出版社出版发行

地址：北京市东城区安定门外大街58号
邮编：100011 电话：(010)57512500
发行部电话：(010)57512575
http://www.sinopec-press.com
E-mail：press@sinopec.com
北京科信印刷有限公司印刷
全国各地新华书店经销

*

787毫米×1092毫米 16开本 22.75印张 541千字
2024年3月第1版 2024年3月第1次印刷
定价：68.00元

前　言

“试验设计与数据处理”类课程以概率论和数理统计学为基础，理论知识较为抽象难懂，需要较好的数学基础，许多学习者反映学习难度大。为适应不同理工科专业背景、不同层次学习者的学习需求，本书独辟蹊径，“轻”理论“重”应用，以实例分析为主，通过大量案例分析讲述重要知识点，帮助学习者从案例中理解数理统计学理论基础。学习者可以通过理解典型案例，动手练习，掌握计算机技术下常用试验设计与数据分析方法的应用。

本书是一本实训教材，是为理工科类学生学习、理解和巩固试验设计与数据处理相关理论知识而编写的配套实训教材。书中结合大量实例，利用计算机Excel软件的强大数据分析功能，运用常用的试验设计与数据分析方法，解决专业学习、科学试验和工业生产中的实际问题。全书分为10章，其中第1章为概述；第2章介绍了理化数据分析相关的Excel基础操作；第3~6章介绍了试验数据的误差分析方法、图表制作方法、方差分析和回归分析方法；第7~9章介绍了正交设计、均匀设计和优选方法；第10章是综合实训练习，方便学习者检验和巩固学习效果。本书注重理论联系实际，以案例分析和实训练习为主，实例丰富，信息量大，图文并茂。每个案例均具有知识点代表性，力求以详尽案例分析和解题过程帮助学习者理解复杂晦涩的数理统计学知识，解题过程清晰、理论深入浅出，重点突出，主次分明，具有很强的实用性和可操作性，便于自学。

本书适合作为化学、化工、生物、食品、环境、材料、制药等相关专业本科生、高职生的实训教材和课后辅助学习资料，也可作为工程技术人员、科研人员的专业参考用书和自学参考书。

由于编者学识和水平有限，书中难免存在疏漏和错误，恳请专家和学者批评指正，不胜感激。

编　者

扫码获取更多课件资源

目　　录

第1章　概　　述

1.1　数理统计学常用术语

1.1.1　总体

总体：由与所研究的问题有关的对象的全体所构成的集合。组成总体的每个基本元素称为个体。通俗地讲，研究对象+性质就是总体。

例如：以中山大学全体在校学生作为研究对象，以高考成绩作为性质，中山大学在校生全体学生的高考成绩数据合起来就是总体。

有限总体：若对象的个数是有限的，该总体称为有限总体，如某大学的全体在校学生、全国总人口。

无限总体：若对象的个数是无限的，该总体称为无限总体，如某工厂生产的铅笔、自然界中的菌落数、大海中的鱼类资源。

1.1.2　样本

样本：从总体中按一定的规定抽取的一部分个体的集合，称为样本(见图1–1)。

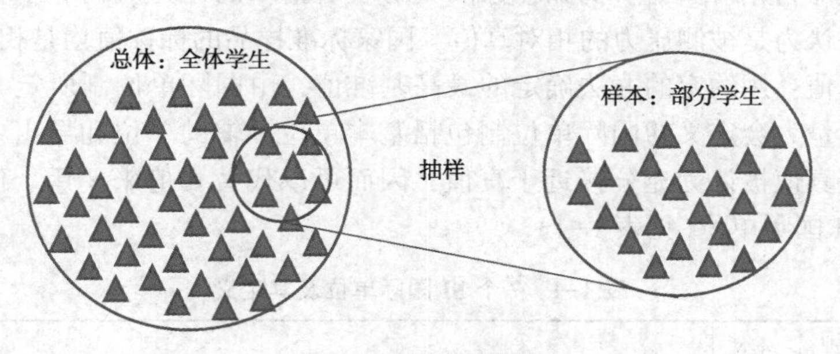

图1–1　总体和样本

抽样：研究中，通常需要进行抽样调查。从总体中按一定的规定或依照某种法则抽取一部分样本的过程称为抽样。这里的“规定”或“法则”是指为保证总体中的每一个个体具有同等的被抽取的机会而采取的措施。

样本容量：样本中个体的数目称为样本容量。样本可以看成总体中的“大个体”，例如：中山大学某个学院学生的高考成绩，就是中山大学全体学生高考成绩这个总体中的“大个体”。样本具有随机性，是一个随机变量，其维数等于样本容量。

抽样的方法多种多样，最常用的是简单随机抽样。

随机抽样具有两个性质：

(1) 代表性：总体中每个个体被抽取的机会均等；

(2) 独立性：样本中每个个体的取值不会受其他个体取值的影响。

1.1.3 参数和统计量

参数：反映总体特征的概括性数字度量，是总体的函数，常用希腊字母表示，如总体平均值μ、总体标准偏差σ。

统计量：反映样本特征的概括性数字度量，是样本的函数，常用拉丁字母表示，如样本平均值(样本均值)$\bar{x}$、样本标准偏差s等。统计量可看作对样本的一种加工，它把样本中所包含的关于总体的某一方面的信息集中起来。最常用的统计量是样本均值和样本方差s^2。

$\begin{cases}\text{参数：反映总体特征的变量，如总体平均值、总体方差}\sigma^2\text{等。}\\\text{统计量：反映样本特征的变量，如样本平均值、样本方差}s^2\text{等。}\end{cases}$

1.1.4 真值

真值：在某一时刻和某一状态下，某量的客观值或真实值。真值是一个理想的概念，一般是无法得到的。

任何测量都有误差，没有误差的测量是不存在的。因此，测量不能获得真值，只能无限接近真值。

通常所说的真值可以分为“理论真值”“相对真值”“约定真值”：

(1) 理论真值：也称绝对真值，如三角形的三个内角之和恒为180°，同一个非零值自身之差为零，自身之比为1。

(2) 相对真值：也称实际值，是指将测量仪表按精度不同分为若干等级，高等级的测量仪表的测量值即为相对真值。例如，标准压力表所指示的压力值相对于普通压力表的指示值而言，即可认为是被测压力的相对真值。国家标准样品的标称值均是相对真值。

(3) 约定真值：用约定的办法确定的最高基准值，由国际单位制所定义的真值称为约定真值。国际计量大会定义的国际单位制包括基本单位、辅助单位和导出单位。就给定的目的而言，约定真值被认为充分接近于真值，因而可以代替真值来使用。例如，国际上共同约定的7个SI国际单位(见表1-1)。

表1-1 7个SI国际单位及其定义

单位名称	单位符号	物理量	量纲符号	单位的定义(部分)
米	m	长度	L	最初(1793年)：从北极至赤道经过巴黎的子午线长度的一千万分之一。 过渡(1799年)：国际米原器的长度。 过渡(1960年)：氪-86原子在$2p^{10}$和$5d^5$量子能级之间跃迁所发出的电磁波在真空中的波长的1650763.73倍。 目前(1983年)：光在1/299792458s内在真空中行进的距离
千克	kg	质量	M	最初(1795年)：最初法文名为Grave，定义为4℃时体积为$1dm^3$的纯水的重量(质量)。 过渡(1889年)：存放于巴黎的国际千克原器的质量。 目前(2019年)：由精确的普朗克常数$h=6.62607015\times10^{-34}$J·s($J=kg\cdot m^2/s^2$)、米和秒所定义

续表

单位名称	单位符号	物理量	量纲符号	单位的定义(部分)
秒	s	时间	T	最初(中世纪)：一天时长的1/86400。 过渡(1956年)：1900年1月0日历书时12时算起的回归年时长的1/31556925.9747。 目前(1967年)：铯－133原子基态的两个超精细能级之间跃迁所对应辐射的9192631770个周期的持续时间
安培	A	电流	I	最初(1881年)：CGS电磁单位制中电流单位的十分之一。CGS电流单位的定义是，在半径为1cm、长度为1cm的圆弧上流通，并在圆心产生1奥斯特电场的电流。 过渡(1946年)：在真空中，截面积可忽略的两根相距1m的平行且无限长的圆直导线内，通以等量恒定电流，导线间相互作用力在1m长度上为2×10^{-7}N时，则每根导线中的电流为1A，又称绝对安培。 目前(2019年)：由新的元电荷$e=1.602176634\times10^{-19}$C(C=A·s)和秒所定义
开尔文	K	热力学温度	Θ	最初(1743年)：摄氏温标将0℃和100℃分别定义为水的熔点和沸点。 过渡(1954年)：273.16K定义为水的三相点(0.01℃)。 过渡(1967年)：水的三相点热力学温度的1/273.16。 目前(2019年)：由新的玻尔兹曼常数1.380649×10^{-23}J/K($J=kg\cdot m^2/s^2$)、千克、米和秒所定义
摩尔	mol	物质的量	N	最初(1900年)：物质的克数等于其分子量时的数量。 过渡(1967年)：物质所含的粒子数量相等于0.012kg碳－12所含的原子数量。 目前(2019年)：1mol包含6.02214076×10^{23}个基本粒子，这一数字是新的阿伏伽德罗常数
坎德拉	cd	发光强度	J	最初(1948年)：全辐射体在铂凝固温度下的亮度为60cd/m^2，即在铂凝固点(2042.15K)上，绝对黑体的1cm^2面积的1/60部分的发光强度，定义为1烛光。 过渡(1971年)：在101325Pa压力下，处于铂凝固温度的黑体的1/600000m^2表面在垂直方向上的光强度。 目前(1979年)：频率为5.4×10^{14}Hz的单色光源在特定方向辐射强度为1/683W/sr时的发光强度

测量中，修正过的算术平均值也可作为约定真值。约定真值是一个接近真值的值，它与真值之差可忽略不计。实际测量中，在没有系统误差的情况下，通常以足够多次测量值的平均值作为约定真值。

1.1.5　数据

观测数据：通过调查、观察或测定获得的数据。

试验数据：试验过程中通过控制试验对象、参数和试验条件而收集的数据。

1.1.6　假设检验

假设检验：又称统计假设检验，用来判断样本与样本、样本与总体的差异是由抽样误差引起还是本质差别造成的一种统计推断方法。显著性检验是假设检验中最常用的一种方法，也是一种最基本的统计推断形式，其基本原理：先对总体的特征做出某种假设，然后通过抽样研究和统计推理，对此假设应该被拒绝还是接受做出推断。常用的假设检验方法有 Z 检验、t 检验、卡方检验、F 检验等。

1.1.7 自由度

自由度：独立变量的个数，即计算某一统计量时，取值不受限制的变量的个数。通常用 df 表示，$df=n-k$，其中，n 为样本数量，k 为被限制的条件数或变量个数。

举例1：若某个统计量存在两个变量 a 和 b，且 $a+b=10$。变量个数 n 等于2，由于 a、b 的总和为10，a 和 b 两个变量只有其中一个能真正自由地变化。因此，该统计量的自由度 $df=n-1=2-1=1$。

举例2：在一个包含 n 个个体的总体中，假设平均值为 m，由于平均值已确定为 m，当 $(n-1)$ 个个体已知时，剩下的一个个体不可以随意变化。因此，总体的自由度即为 $df=n-1$。

1.1.8 置信水平

置信水平：也称置信度或置信系数，指构造总体参数的多个样本区间中，包含总体参数的区间占总数之比，即区间包含总体平均值的概率，一般用 $1-\alpha$ 表示（见图1-2）。α 指显著性水平，就是变量落在置信区间以外的可能性。统计分析中 α 一般取值为0.05或0.01（$\alpha=0.05$ 或 $\alpha=0.01$ 是一次抽样中不可能发生的小概率）。$\alpha=0.05$ 时，置信水平为 $1-0.05=0.95=95\%$；$\alpha=0.01$ 时，置信水平为 $1-0.01=0.99=99\%$。

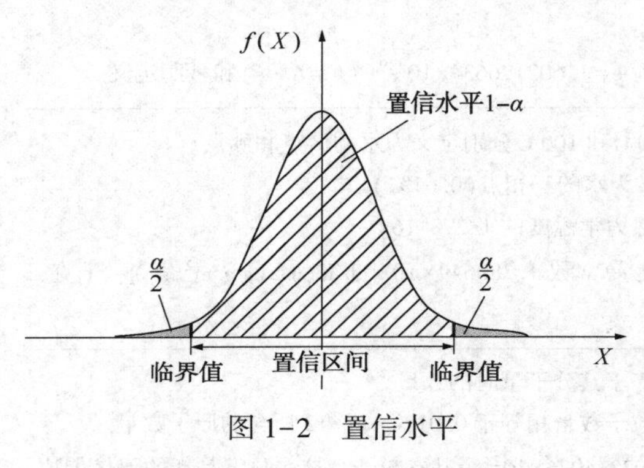

图1-2 置信水平

举例：95%的置信水平，可以理解为“总体中做100次抽样，有95次的置信区间包含总体均值”。

1.1.9 置信区间

置信区间：在某一置信水平下，由样本统计量所构造的总体参数的估计区间。可理解为置信区间就是变量的一个范围，即误差范围，变量落在这个范围的可能性就是 $1-\alpha$。

置信区间越大，置信水平越高。置信区间可通过计算点估计值并确定其边际误差来确定。如图1-3所示，置信水平为68.3%时，置信区间为 $(\mu-\sigma, \mu+\sigma)$；置信水平为95.5%时，置信区间为 $(\mu-2\sigma, \mu+2\sigma)$；置信水平为99.7%时，置信区间为 $(\mu-3\sigma, \mu+3\sigma)$。

置信区间的计算方法：

（1）当总体方差已知时，总体均值的置信区间为 $\left(\overline{X}-z_{\frac{\alpha}{2}}\frac{\sigma}{\sqrt{n}}, \overline{X}+z_{\frac{\alpha}{2}}\frac{\sigma}{\sqrt{n}}\right)$，其中

$\overline{X}$：样本均值，即所有测量值的平均值；

α：显著性水平，$1-\alpha$ 即为置信水平；

$z_{\frac{\alpha}{2}}$：Z 值，标准正态分布表（见附录1）可查得；

σ：总体标准偏差；

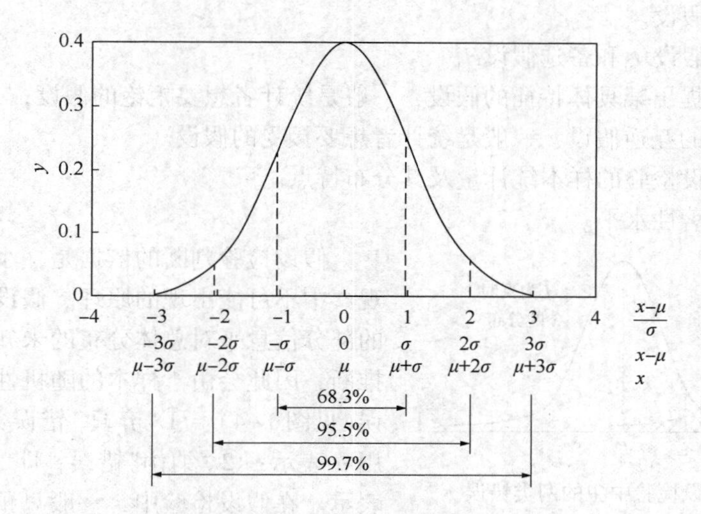

图 1-3　标准正态分布曲线及置信区间(μ 代表样本均值)

n：样本个数($n \geqslant 30$)；

$\frac{\sigma}{\sqrt{n}}$：总体的标准误差。

（2）当总体方差未知时，总体均值的置信区间为$\left[\overline{X}-t_{\frac{\alpha}{2}}(n-1)\frac{s}{\sqrt{n}},\ \overline{X}+t_{\frac{\alpha}{2}}(n-1)\frac{s}{\sqrt{n}}\right]$，其中

$\overline{X}$：样本均值，即所有测量值的平均值；

α：显著性水平，$1-\alpha$ 即为置信水平；

$t_{\frac{\alpha}{2}}(n-1)$：当样本很小时(样本个数<30)，抽样分布符合 t 分布，可查 t 分布表(见附录4)得到；

s：样本标准偏差；

n：样本个数($n<30$)；

$\frac{s}{\sqrt{n}}$：样本的标准误差。

置信水平对置信区间的影响：在样本量相同的情况下，置信水平越高，置信区间越宽。

举例：预测一个观测值 x 时，假如给出 95%置信度确定置信区间为 A、B 上下区间值。说明总体均值 μ 有 95%的概率落在 A、B 区间内，即概率 $P(A<x<B)=0.95$。也可以说 x 不落在 A、B 区间的概率为 $1-95\%=5\%$。

1.1.10　假设检验

假设检验：指先对总体参数提出某种假设，再利用样本信息判断假设是否成立的过程。由定义可知，假设检验需要先对结果进行假设，再用样本数据去验证该假设。在假设检验中，如果总体的分布形式已知，只是对分布模型中的某个未知参数提出假设并进行检验，这种假设检验称为参数假设检验。

假设检验的过程大致如下：

(1) 提出原假设。

假设包括原假设H_0和备选假设H_1。

H_0：对总体提出某具体特征的假设，一般是统计者想要拒绝的假设；

H_1：原假设的互逆假设，一般是统计者想要接受的假设。

(2) 确定假设检验的样本统计量及其分布特点。

(3) 确定显著性水平。

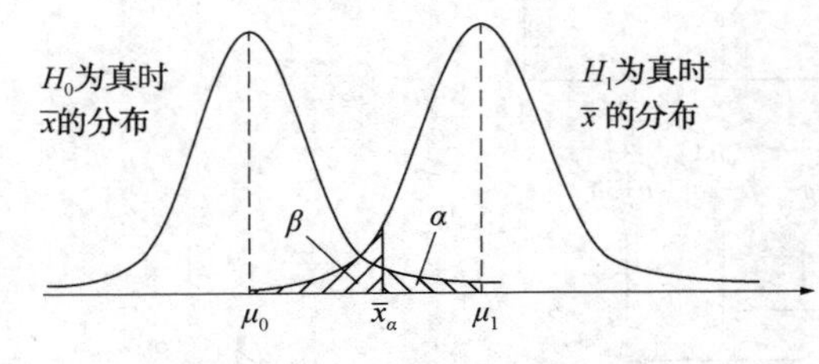

图 1-4　假设检验中犯的两类错误

假设检验判断的依据是，小概率事件在一次观察中不可能出现的原理。假设检验是依据样本的部分信息来对总体分布的未知参数做出的统计推断，因此会由于样本的随机性而容易犯两类错误(见图 1-4)：①“弃真”错误，即“以真为假”，用α表示；②“纳伪”错误，即“以假为真”，用β表示。在假设检验中，一般只预先限制犯第一种错误的风险大小及显著性水平α(取 0.05 或 0.01)。但减少“弃真”错误就必然增加“纳伪”错误，所以常取$\alpha=0.05$。

(4) 根据显著性水平确定统计量的否定域或临界值。

(5) 通过比较观测值与临界值，确定观测值是否落入理论分布的否定域，由此来决定是否接受原假设。

1.1.11　临界值

临界值：根据给定的显著性水平确定的拒绝域的边界值，即否定原假设的值。

通常，单侧检验有一个临界值，双侧检验有两个临界值(见图 1-5)。

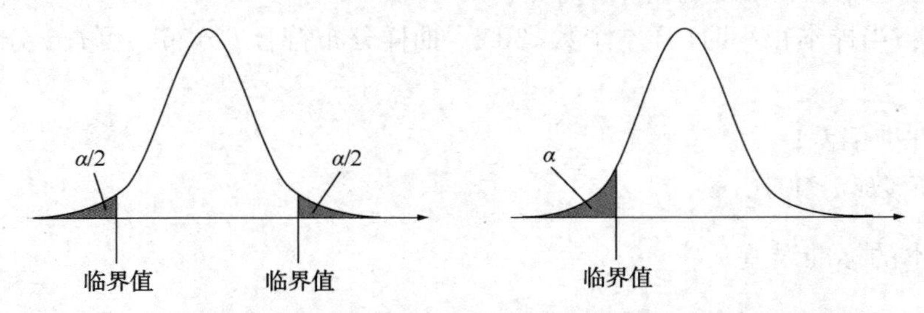

图 1-5　双侧检验临界值(左图)和单侧检验临界值(右图)

1.1.12　*P* 值

P 值：一个服从正态分布的随机变量，用来判定假设检验结果的一个参数，也称观察到的显著性水平。表示当原假设为真时，出现偏离原假设值的观测值，即比所得到的样本观察结果更极端的值出现的概率。因此，*P* 是一个概率值。如果 *P* 值很小，说明原假设的情况发生的概率很小，而如果这种小概率事件发生了，就有理由拒绝原假设；*P* 值越小，拒绝原假设的理由越充分。因此，*P* 值越小，表明结果越显著。但检验的结果究竟是“显著”“中度显著”，还是“高度显著”，需要根据 *P* 值的大小和实际问题来判定。通常，如果$P<0.05$，表示试验结果有 95%的置信度是真实有效的，即“结果显著”；如果$P<0.01$，表示试验结果有 99%的置信度是真实有效的，即“高度显著”；如果$P>0.05$，则试验结果“不

显著”，不能证明试验结果具有统计学意义。

显著性水平也属于 P 值，但是显著性水平 α 是人为规定的，作为试验中的 P 值的对照依据。例如：一个试验中得出 P 值是 0.05，那么此结果在 0.01 的显著性水平下就不显著，而在 0.1 的显著性水平下就显著。而 α 取值是 0.01 还是 0.1，是人为规定的，视试验情况而定。可以这样理解：用统计计算得出的 P 值去匹配显著性水平 α，P 如果小于给定的显著性水平 α，那么结果就是显著的、有意义的。

举例：某大型仪器检修前数据总体方差为 0.0225，检修后测得一组试验数据的方差为 0.000135。假设显著性水平 α 为 0.01，要求用卡方检验法检验仪器检修后样本方差与总体方差相比是否有显著减少。

分析：检修前，总体方差 $\sigma^2=0.0225$；检修后，样本方差 $s^2=0.000135$。从数据上看，$s^2<\sigma^2$，而实际上 s^2 与 σ^2 相比确实是否有显著减小呢？这里给定的 $\alpha=0.01$，α 是人为给定值，理解为检修后样本方差 s^2 与总体方差 σ^2 相比没有显著减少的概率为 1%。经过统计计算得到 P 值为 0.96×10^{-7}，即 $P<\alpha(0.01)$，表达的是检修后单次仪器测试结果中出现更极端结果（这里指 s^2 与 σ^2 相比没有显著减小）的可能性比我们认为的不可能发生的小概率事件的概率 α 更小。

这里需要提到小概率原理，它是指一个事件的发生概率很小，那么它在一次试验中是几乎不可能发生的，但在多次重复试验中是必然发生的。统计学上，把小概率事件在一次试验中看作实际不可能发生的事件，一般认为等于或小于 0.05 或 0.01 的概率为小概率，即为显著性水平 α。

既然本题中 $P<\alpha$，概率上说明检修后样本方差 s^2 与总体方差 σ^2 相比没有显著减少的概率不可能发生。因此可以推断出：样本方差较给定总体方差实际上有显著减小，表明仪器检修后精密度有非常显著的提高。

1.1.13　因素

因素：也称因子，指对试验结果产生影响的要素或原因，如反应过程的时间、压力、温度等。因素是方差分析中所要检验的对象。影响试验结果的因素可能不止一个。针对一个因素的方差分析称为单因素方差分析，针对两个及以上因素的方差分析称为多因素方差分析。

例如，某试验设计需要考察生产率这个指标，工艺过程中影响生产率的主要有原材料比例、催化剂种类、反应釜的压力等。那么该试验考察的因素有三个：原材料比例、催化剂种类、反应釜的压力。

1.1.14　因素的水平

因素的水平：指因素所处的状态，如时间这个因素，可以有 10min、30min、60min 三个水平；温度这个因素，可以有 60℃、80℃、100℃、120℃ 四个水平。试验过程中，不同因素的选择及各因素不同水平的取值，会产生不同的试验结果。

1.1.15　方差分析

方差分析是 1923 年由英国统计学家 R. A. Fisher 提出，针对多个正态总体平均值进行比较的一种统计分析方法。方差分析可应用于：

（1）检验两个或多个样本均数间的差异是否具有统计学意义；

(2) 检验回归方程的线性假设；

(3) 检验两个或多个因素间有无交互作用。

方差分析的应用前提：

(1) 各样本是相互独立的随机样本；

(2) 样本总体服从正态分布；

(3) 各样本的总体方差相等。

在方差分析中考察的指标称为试验指标，影响试验指标和结果的有因素及因素的不同水平。只考察一个因素变动的方差分析是单因素方差分析，考察两个或两个以上因素变动的方差分析称为多因素方差分析。

1.1.16 回归分析

回归分析：确定两种或两种以上变量间相互依赖的定量关系的一种统计分析方法。

在工农业生产和科学研究中，常常需要考察多个变量，并研究变量之间的相互关系。变量之间的相互关系一般分确定性关系和相关关系。

(1) 确定性关系：变量之间存在严格的函数关系。

如密度(ρ)与质量(m)和体积(V)的关系：$\rho=m/V$。

(2) 相关关系：变量之间近似存在的某种函数关系，指变量之间的变化按某种规律在一定范围内变化。

实际上，绝大多数情形下，变量间的关系都具有不确定性。例如，人的身高与体重的关系，人的年龄与血压的关系，这些变量间既有密切的关系，又不能由一个(或几个)变量的值精确地计算出另一个变量的值。这类变量间的非确定性关系称为相关关系。

函数关系与相关关系有一定的联系。由于测量误差等的存在，确定性的函数关系往往通过相关关系表现出来。实验科学(包括物理学)中的许多确定性的定律是通过大量试验数据的分析和研究总结出来的变量之间的确定性关系。

相关关系虽然是不确定性关系，却是一种统计关系。在大量的观测下，变量之间往往会呈现出一定的规律性。这种规律性可以通过大量试验值的散点图直观反映出来，也可以借助相应的函数式表达出来，这种函数称为回归函数或回归方程。回归分析是处理变量之间相关关系的数学工具，是数理统计的方法之一。利用回归分析，从试验数据出发，分析变量间存在的规律和关系，建立变量间的回归方程；亦可根据建立的回归函数关系式预测试验结果，估计预测的精度；还可进行因素分析，确定试验中的因素对结果是否有显著影响，判断因素主次顺序。

回归分析分为一元回归分析和多元回归分析。

一元回归分析：研究一个因素与试验指标之间相关关系的回归分析。

多元回归分析：研究几个因素与试验指标之间相关关系的回归分析。

1.1.17 正态分布

正态分布：又名高斯分布(Gaussian Distribution)，是用来观察数据分布的概率密度函数，是常见的连续型概率分布函数。若随机变量 X 服从概率密度函数：

$$f(x)=\frac{1}{\sigma\sqrt{2\pi}}e^{-\frac{(X-\mu)^2}{2\sigma^2}}$$

则称 X 服从均值为 μ、方差为 σ^2 的正态分布，记为 $X \sim N(\mu, \sigma^2)$。正态曲线呈钟形，两头低，中间高，左右对称。因其分布曲线呈钟形，常被称为钟形曲线。

标准正态分布：当 $\mu=0$、$\sigma=1$ 时的正态分布称为标准正态分布。其概率密度函数为 $f(x)=\frac{1}{\sqrt{2\pi}}e^{-\frac{x^2}{2}}$，记为 $X \sim N(0, 1)$，又称 Z 分布。

正态分布曲线(见图 1-3)的特点如下：

(1) 关于 $X=\mu$ 对称。

(2) 在 $X=\mu$ 处取得该概率密度函数的最大值。

在 $X=\mu\pm\sigma$ 处出现拐点，表现为钟形曲线。

(3) 横轴以上曲线以下的面积总和为 1。

(4) 正态分布的期望值 μ 决定曲线在横轴上的位置(见图 1-6)：

μ 增大，曲线向横轴右移；

μ 减小，曲线向横轴左移。

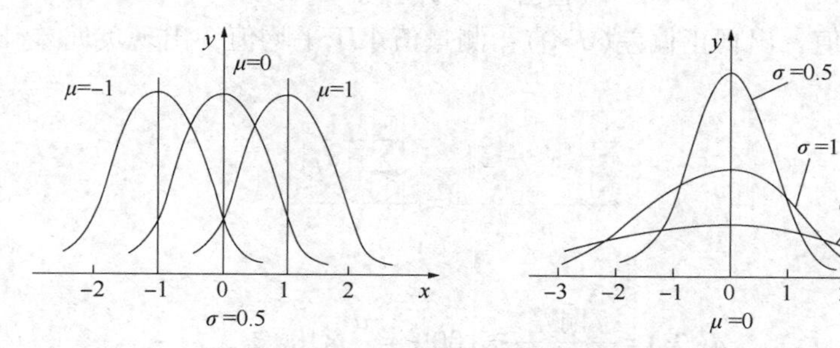

图 1-6　μ 和 σ 变化时的正态分布曲线变化图

(5) 标准差 σ 决定曲线的形状。σ 值越大，正态曲线越平坦，反之越陡峭。

当 μ 不变时：

若 σ 值减小，数据越集中，曲线形状越“瘦高”；

若 σ 值增大，数据越分散，无线形状越“矮胖”。

正态分布曲线下面积分布状况如表 1-2 所示。

表 1-2　正态分布曲线各区间范围面积

区间范围	曲线下的面积	区间范围	曲线下的面积
$\mu\pm\sigma$	0. 6827	$\mu\pm1.96\sigma$	0. 9500
$\mu\pm1.64\sigma$	0. 9090	$\mu\pm2.58\sigma$	0. 9900

1. 2　概念对比

1. 2. 1　误差、偏差和方差

1. 2. 1. 1　误差

1) 定义

误差(Error)指测量值或试验值(x)与真值(x_t)之差，表征测量结果的准确度。误差分绝对误差和相对误差，一般而言，误差指的是绝对误差。

2）绝对误差 Δx

$$\Delta x = \text{试验值} - \text{真值} = x - x_t \tag{1-1}$$

测量值大于真值，出现正误差（$\Delta x>0$）；测量值小于真值，出现负误差（$\Delta x<0$）。

3）相对误差 E_R

相对误差是指绝对误差在真值中所占的百分比。

$$E_R(\%) = \frac{\text{绝对误差}}{\text{真值}} \times 100\% = \frac{\Delta x}{x_t} \times 100\% \tag{1-2}$$

绝对误差有正有负。相对误差没有单位，是相对值，但也有正、负之分。

1.2.1.2　偏差

定义：偏差（Bias）指测量值或试验值（x）与平均值（$\bar{x}$）之差，即多次测量值中的任意一次相对于总体平均值的差值。

$$d = \text{试验值} - \text{平均值} = x - \bar{x} \tag{1-3}$$

测量值大于平均值，出现正偏差（$d>0$）；测量值小于平均值，出现负偏差（$d<0$）。

算术平均偏差：

$$\bar{d} = \frac{\sum_{i=1}^{n} |x_i - \bar{x}|}{n} = \frac{\sum_{i=1}^{n} |d_i|}{n} \tag{1-4}$$

相对偏差：

$$d(\%) = \frac{\text{偏差}}{\text{平均值}} \times 100\% = \frac{d}{\bar{x}} \times 100\% \tag{1-5}$$

1.2.1.3　方差

方差（Variance）即为标准偏差的平方。概率论中方差用来度量随机变量及其数学期望（均值）之间的偏离程度。统计中的方差（样本方差）是每个样本值与全体样本均值之差的平方和（离差平方和）的平均数。

试验次数 n 为无穷大时的方差，称为总体方差，用σ^2表示：

$$\sigma^2 = \frac{\sum_{i=1}^{n} (x_i - \bar{x})^2}{n} \tag{1-6}$$

试验次数 n 为有限次时的方差，称为样本方差，用s^2表示：

$$s^2 = \frac{\sum_{i=1}^{n} (x_i - \bar{x})^2}{n - 1} \tag{1-7}$$

方差反映数据偏离平均数的大小。方差越小，表示数据的波动性或分散性越小；反之，方差越大，表示数据的波动性大，数据越分散。

1.2.1.4　误差、偏差和方差的关系

1）误差和偏差

（1）误差：试验值与真值之差。

（2）偏差：试验值与平均值之差。

（3）在没有系统误差的情况下，偏差的极限是误差。

2）*方差和偏差*

方差：描述的是预测值的变化范围、离散程度，也就是与其期望值（平均值）的距离。方差越大，数据的分布越分散。

偏差：描述的是预测值（估计值）的期望（平均值）与真实值之间的差距。偏差越大，越偏离真实数据。

方差和偏差的关系如图1-7所示。

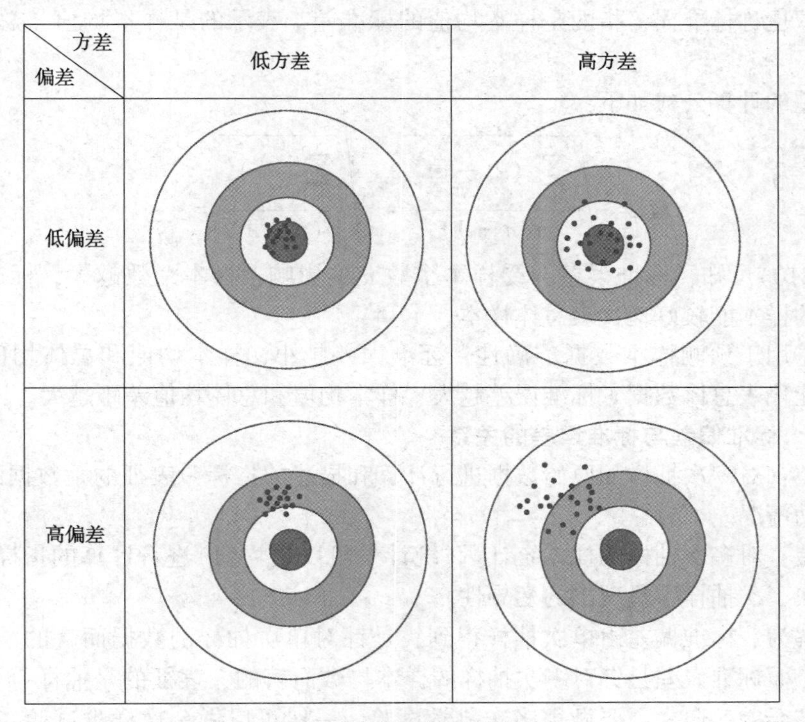

图1-7　方差和偏差的关系

1.2.2　标准偏差和标准误差

1.2.2.1　标准偏差（Standard Deviation，SD）

标准偏差也称标准差。

当试验次数 n 无穷大时，称为总体标准偏差，用 σ 表示：

$$\sigma = \sqrt{\frac{\sum_{i=1}^{n} (x_i - \bar{x})^2}{n}} \tag{1-8}$$

当试验次数 n 为有限次时，称为样本标准偏差，用 s 表示：

$$s = \sqrt{\frac{\sum_{i=1}^{n} (x_i - \bar{x})^2}{n - 1}} \tag{1-9}$$

标准偏差的平方即是方差，方差表征试验数据的分散程度。因此，标准偏差的数值大小也能反映试验数据的分散程度。标准偏差(σ 或 s)越大，数据越分散，精密度越低；反之，标准偏差(σ 或 s)越小，数据分散程度越低，精密度越高，随机误差越小。标准偏差与一组试验值中的每个数据相关，且对其中较大或较小的误差更为敏感，能明显地反映出较大的个别误差。

1.2.2.2 标准误差(Standard Error，SE)

对一个总体进行多次抽样，每一个样本的数据都是对总体数据的估计。假设每次抽样的样本大小都为 n，那么每个样本都有对应的平均值，这些样本平均值的标准差叫作标准误差。标准误差也称标准误，指的是样本均值的标准差，表示的是样本均值与总体均值的相对误差。

标准误差的计算公式如下：

$$SE = \sqrt{\frac{\sum_{i=1}^{n}(x_i - \bar{x})^2}{n(n-1)}} = \sqrt{\frac{\sum_{i=1}^{n}(d_i)^2}{n(n-1)}} = \frac{s}{\sqrt{n}} \tag{1-10}$$

由式(1-10)可知，标准误差会受样本个数 n 的影响，样本个数越大，标准误差越小，说明所抽取的样本能较好地代表总体样本。

标准误差用于预测样本数据准确性，标准误差越小，样本均值和总体均值差距越小，样本数据越能代表总体数据。标准误差越大，样本均值和总体均值差距越大。

1.2.2.3 标准偏差与标准误差的关系

标准偏差：对一次抽样的原始数据进行计算和描述的指标，表征的是数据的离散程度，即数据的波动情况。

标准误差：对多次抽样的样本统计量(统计量可以是均值)进行计算的指标，表征的是单个统计量在多次抽样中呈现出的变异性。

可以理解为，标准偏差由单次抽样得到，是针对单次抽样的数据而言的，表示数据本身的变异性；而标准误差是针对多次抽样的样本均数而言的，表征的是抽样行为的变异性。为了得到标准误差，通常需要做很多次科学试验。一般可以做一次样本试验，然后采用标准误差的公式进行估算，即用单次抽样得到的标准差估计多次抽样才能得到的标准误差。

标准误差的估算：$SE=\frac{s}{\sqrt{n}}$。

综上所述，标准偏差的适用性更广，它只表征数据本身的特点，无论是统计量的总体，还是抽样产生的样本数据，都可以计算出标准偏差。而标准误差比标准偏差具有更丰富的含义，这得益于 n 次的抽样，即抽样分布的规模。

【例 1-1】 用离子计测量某水溶液中的氟离子含量，得到一组数据 4.32mg/L、4.18mg/L、4.04mg/L、4.36mg/L、4.17mg/L、4.42mg/L、4.24mg/L，试计算标准偏差和标准误差。

解：水溶液中氟离子含量的平均值为：

$$\bar{x}=\frac{4.32+4.18+4.04+4.36+4.17+4.42+4.24}{7}=4.25(\text{mg/L})$$

标准偏差为：

$$s=\sqrt{\frac{\sum_{i=1}^{n}(x_i-\bar{x})^2}{n-1}}$$

$$=\sqrt{\frac{(4.32-4.25)^2+(4.18-4.25)^2+(4.04-4.25)^2+(4.36-4.25)^2+(4.17-4.25)^2+(4.42-4.25)^2+(4.24-4.25)^2}{7-1}}$$

$$=0.13(\text{mg/L})$$

标准误差为：

$$SE=\sqrt{\frac{\sum_{i=1}^{n}(x_i-\bar{x})^2}{n(n-1)}}=\frac{s}{\sqrt{n}}=\frac{0.13}{\sqrt{7}}=0.05\ (\text{mg/L})$$

1.2.3　随机误差、系统误差和过失误差

1.2.3.1　随机误差

定义：随机误差是以不可预知的规律变化的误差，有正、负和大、小之分。

产生原因：随机误差是偶然因素导致的误差，如气温的微小变动、仪器的轻微振动、电压的微小波动等。

特点：

（1）小误差比大误差出现的机会多，数据呈正态分布；

（2）正、负误差出现的次数近似相等，当试验次数足够多时，误差的平均值趋于零；

（3）凡测量，必有误差，因此，随机误差不可完全避免，但是可通过增加试验次数来减小随机误差。

1.2.3.2　系统误差

定义：一定试验条件下，由某个或某些因素按某些确定的规律起作用而产生的误差。

产生的原因：多方面，有方法误差、仪器误差、试剂误差、操作误差、操作者主观误差等。

特点：

（1）单向性，即系统误差大小及其符号在同一试验中恒定；

（2）重现性，即系统误差重复出现，且很难通过多次试验被发现；

（3）可测性，即系统误差虽然不能通过取多次试验值的平均值而减小，但可通过对照试验对其进行测定；

（4）可校正性，一旦对系统误差产生的原因有了充分的认识，便可对它进行校正，或设法消除。

1.2.3.3　过失误差

定义：过失误差是一种与事实不符的误差。

产生的原因：失误。

特点：

（1）没有一定的规律；

(2) 可以避免。

综上所述，试验过程中过失误差是可以避免的。统计学上，更多的是关注随机误差和系统误差(见表 1-3)。

表 1-3　随机误差和系统误差对比

项目	系统误差	随机误差
产生原因	固定因素，有时不存在	不定因素，总是存在
原因分类	方法误差、仪器与试剂误差、主观误差	环境的变化因素、主观的变化因素等
性质	重现性、单向性(或周期性)、可测性	服从概率统计规律、不可测性
特点	可以消除	可以减小，不能消除
消除或减小的方法	校正	增加测定的次数

1.2.4　精密度、准确度和正确度

试验数据的精准度包括精密度、准确度和正确度等指标，如图 1-8 所示。

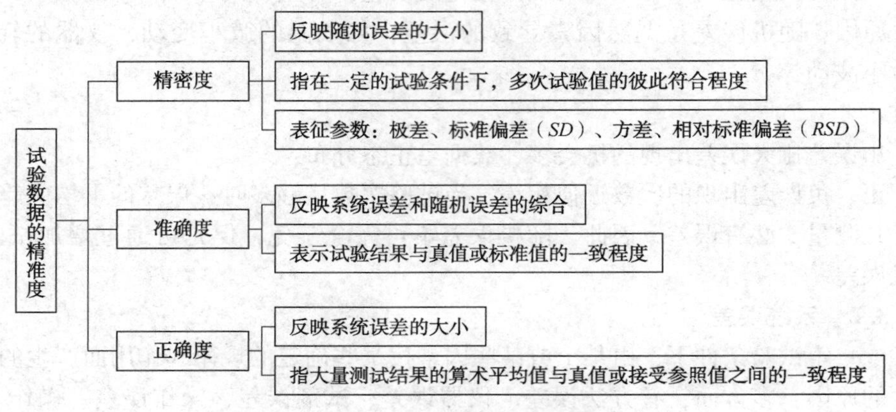

图 1-8　试验数据的精准度

精密度：多次平行测量的测量值之间的接近程度，反映测量结果中随机误差的大小。精密度越高，多次平行测量的测量值之间就越接近。

准确度：测量值与真值之间的差异大小，反映随机误差和系统误差的综合。准确度越高，则测量值和真实值之间的差异就越小。

正确度：无穷多次重复测量所得量值的平均值与真值或接受参照值之间的一致程度，表示测量结果中系统误差的大小。

精密度、正确度、准确度三者相互关联，主要有以下特点：

(1) 准确度包括正确度和精密度，正确度是准确度的重要组成部分；

(2) 正确度高，精密度不一定高，即系统误差小，不一定随机误差也小；

(3) 精密度高，正确度不一定高，即随机误差小，不一定系统误差也小；

(4) 精密度是保证准确度的前提。

精密度和准确度的关系如图 1-9 所示。

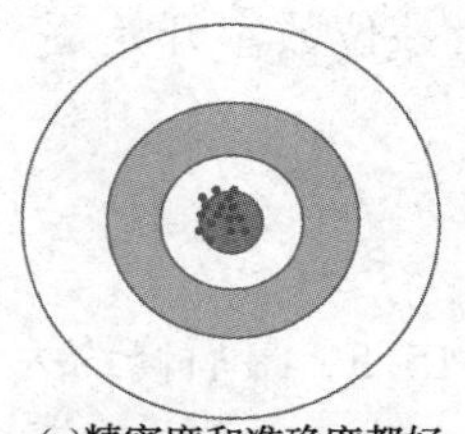
(a)精密度和准确度都好

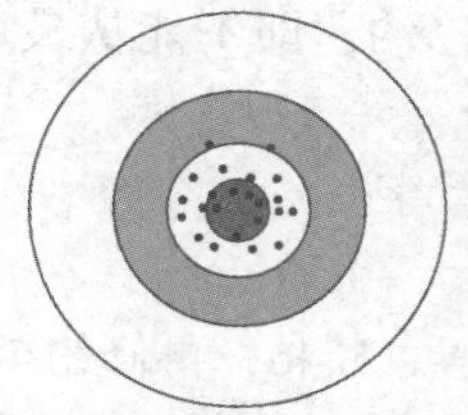
(b)准确度高精密度不好

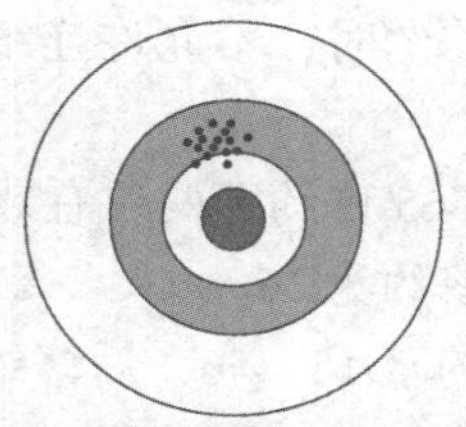
(c)精密度好准确度不好

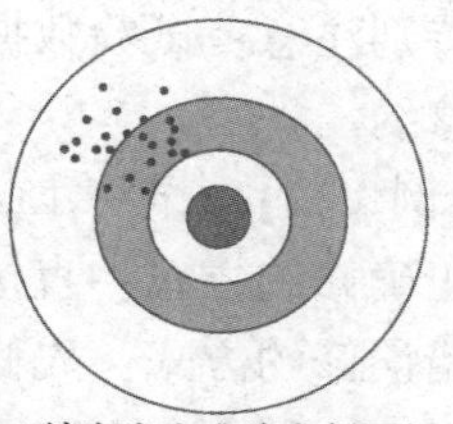
(d)精密度和准确度都不好

图 1-9 精密度和准确度关系图

1.3 有效数字及数值修约规则

1.3.1 有效数字

有效数字：在试验分析工作中通过测量得到，并能代表一定物理量的数字。

（1）有效数字的位数可反映试验或试验仪表的精度；

（2）数据中小数点的位置不影响有效数字的位数；

（3）有效数字位数的判定：从数据的最左第一个非零数字算起，其后有多少个数字就代表有多少位有效数字：

3.14159：6 位有效数字。

0.0379：3 位有效数字。

0.9050：4 位有效数字。

3.54×10^5：3 位有效数字。

1.3.2 数值修约

1.3.2.1 定义

数值修约：通过省略数值的最后若干位数字，调整所保留的末位数字，使最后所得到的值接近原数值的过程。

1.3.2.2 修约规则

数值修约规则：四舍六入五留双。

四舍：拟舍弃数字的最左一位数字≤4 时，则全部舍去，例如：3.48443 修约至 4 位有效数字为 3.484；8.4533 修约至 3 位有效数字为 8.45。

六入：拟舍弃数字的最左一位数字≥6 时，则进一，即保留的末位数字加 1，例如：3.486735 修约至 4 位有效数字为 3.487；5.2783 修约至 3 位有效数字为 5.28。

五留双：

（1）当拟舍弃数字的最左一位数字等于 5，且其右无数字或皆为 0 时，看 5 的前一位数字，分两种情况：

① 5 的前一位数字为奇数，即所保留的末尾数字为 1、3、5、7 或 9，则进一，保留的末位数字加 1。例如：2.115 修约至 3 位有效数字为 2.12；6.275000 修约至 3 位有效数字为 6.28。

② 5 的前一位数字为偶数，即所保留的末尾数字为 2、4、6、8 或 0，则保持不变。例如：3.05 修约至 2 位有效数字为 3.0；12.20500 修约至 4 位有效数字为 12.20。

（2）当拟舍弃数字的最左一位数字等于 5，且其右有非零数字时，则进一，即保留的末位数字加 1。例如：15.50501 修约至 4 位有效数字为 15.51；2.865100 修约至 3 位有效数字为 2.87。

特别注意：试验数据修约时，不允许连续修约，即不能从最后一位数字开始逐个连续进行修约。

【例 1-2】 试将 15. 4565 修约至两位有效数字。

正确修约方式：直接修约为 15。

错误修约方式：先修约至 15. 456，后修约至 15. 46，再修约至 15. 5，最后修约为 16。

1. 3. 3 有效数字运算

1. 3. 3. 1 加、减运算

加、减运算时，最终计算结果有效数字的位数与参与运算的各数中小数点后位数最少的数保持一致。

【例 1-3】 计算 2. 5+0. 895+0. 4534，计算过程如下：

$$\begin{array}{r} 2.5 \\ 0.895 \\ +0.4534 \\ \hline 3.8484 \end{array}$$

最终计算结果的有效数字位数应与三个数中小数点后位数最少的“2. 5”保持一致，为两位有效数字，结果应表示为 3. 8。即：

$$\underline{2.5}+0.895+0.4534=\underline{3.8}$$

1. 3. 3. 2 乘、除运算

乘、除运算时，所得乘积或商的有效数字位数与参与运算的各数中小数点后位数最少的数保持一致。

【例 1-4】 计算 3. 14 与 21. 795 的乘积。

Excel 计算 3. 14×21. 795，结果显示为 68. 4363。而乘积的结果有效位数应与两个数中小数点后位数最少的数“3. 14”保持一致，为三位有效数字，结果应表示为 68. 4。即

$$\underline{3.14}\times 21.795=\underline{68.4}$$

1. 3. 3. 3 乘方、开方运算

乘方、开方运算结果的有效数字位数与其底数保持一致。

【例 1-5】 $3.18^2=10.1$，计算结果 10. 1 与底数 3. 18 均为三位有效数字。

$\sqrt{12}=3.5$，计算结果 3. 5 与底数 12 均为两位有效数字。

1. 3. 3. 4 对数运算

对数运算结果中小数点后的位数(不包括整数部分)应与真数的有效数字位数相同，整数部分仅表示该数值的次方，即真数的有效数字位数与结果中小数点后位数保持一致。

【例 1-6】 $\log_2 6.8=2.77$，式中真数为 6. 8，两位有效数字。对数运算结果中应保持小数点后位数为两位，即结果为 2. 77。

【例 1-7】 $[H^+]$浓度为 5.20×10^{-12}，$pH=-\lg[H^+]=-\lg(5.20\times10^{-12})=11.284$，结果中小数点后保留 3 位数，与真数的 3 个有效数字保持一致。

【例 1-8】 $\ln 2.05=0.718$，自然对数运算结果为 0. 718，小数点后三位数字，与真数 2. 05 三位有效数字保持一致。

第 2 章　Excel 基本操作

2.1　工作簿和工作表

工作簿：用来存储并处理工作数据的 Excel 电子表格文件，其扩展名是“.xlsx”，是 Excel 存储在磁盘上的最小独立文件。

工作表(Sheet)：Excel 存储和处理数据的最重要的部分，是显示在工作簿窗口中的表格。

Excel 数据和图表均以工作表的形式存储在工作簿中，一个工作簿可以由多个工作表(Sheet)组成，如图 2-1 所示。

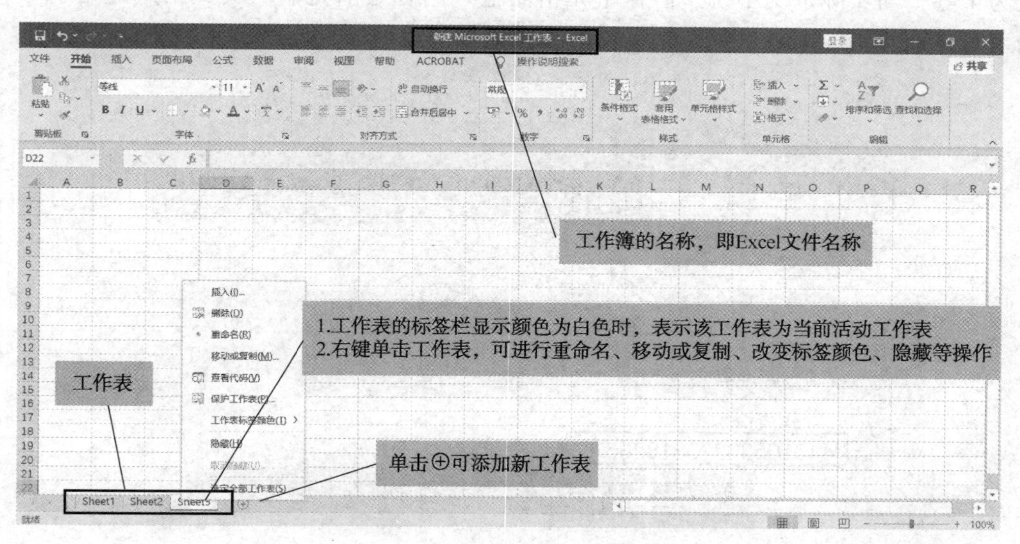

图 2-1　工作簿和工作表

2.2　单元格、内容及函数输入

2.2.1　单元格

启动 Excel 后，编辑工作区是由行网格线和列网格线交叉组成的网状表格。其中，每一个小网格就叫单元格，它是构成电子表格的基本单位，主要用于存储和显示电子表格中的数据内容信息。

每一个单元格都有对应的名称，由单元格所在的列号和行号共同组成，即单元格地址。例如：A8 单元格，表示 A 列第 8 行的单元格；D15 单元格，表示 D 列第 15 行的单元格。

2.2.2 单元格内容的输入

单元格输入：单击单元格及其编辑栏，或双击单元格至出现光标时，均可通过键盘在选定的单元格中输入内容。单元格中输入的内容可以是数据、文本、公式、函数等。

单元格格式：右键单击需要设置格式的单元格或选定的单元格区域，选择【设置单元格格式】，在【数字】页面【分类】中选择需要的数字格式，如货币、日期、时间、百分比、分数、科学计数、文本等；在【对齐】页面设置单元格内文本的格式；在【字体】页面设置字体格式、字号、字形、颜色及文字的特殊效果；在【边框】页面设置该单元格的边框、颜色等效果；在【填充】页面设置单元格的颜色；在【保护】页面设置"锁定"或"隐藏"。

在不改变单元格格式的前提下，输入内容前先输入英文输入法下的单引号"'"，可实现输入的内容即为单元格中显示的内容。例如，需要在单元格内输入某学生的身份证号440106202208182567。若直接输入身份证号，由于数字串太长时，Excel 表的单元格默认格式下通常不能完整呈现所有数字，而是自动显示为科学记数"4.4E+17"。再点击该科学记数形式显示数据的单元格，可以看到 Excel 表上方"编辑栏"中呈现的数据中，最后几位数字变为了零，与实际情况不符。但在单元格内输入内容之前先输入英文格式的单引号"'"，再输入身份证号码，即可得到完整显示的身份证号码数字(见图 2-2)。

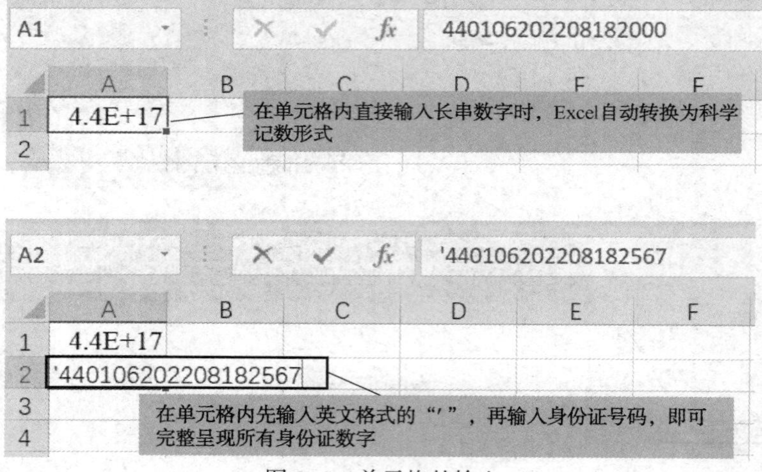

图 2-2 单元格的输入

单元格换行输入：当需要在单元格中自动换行输入内容时，可用组合键【Alt+Enter】换行。即在单元格输入状态下，同时按【Alt】和【Enter】两个键可跳转到下一行输入状态。

2.2.3 公式

公式运算是 Excel 工作表的重要功能。公式的作用是完成计算，得到计算结果。简单的公式可以使用常量和算术运算符手动创建。复杂一些的公式可能包含函数、引用、运算符和常量。

在 Excel 中，公式运算可以在"公式编辑"栏中输入公式，也可以输入"="开始，运用数字、运算符、单元格引用、函数及单元格名称等创建公式。

注意：公式编辑需要在英文输入模式下进行。

【例 2-1】 利用 Excel 公式计算表 2-1 中张三同学 5 门课成绩的总分和平均分(显示公式即可)。

表 2-1 张三同学成绩

科目	张三	科目	张三
语文	85	物理	90
数学	78	化学	95
英语	80		

解：将数据录入 Excel 单元格中。张三同学 5 门课成绩的总分和平均分可以用两种方式进行公式计算：

（1）手动创建公式进行计算；

（2）利用 Excel 函数公式进行计算。

具体见图 2-3。

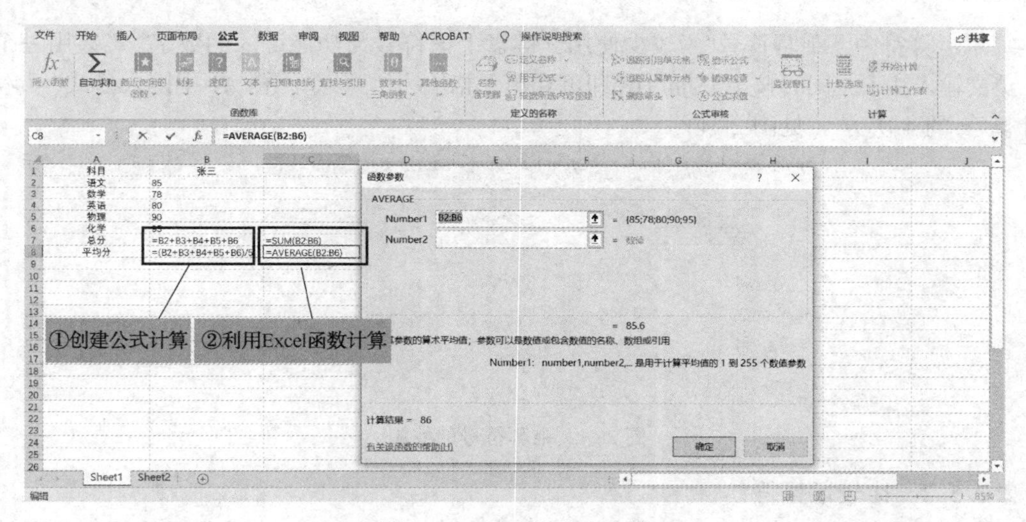

图 2-3 Excel 的公式计算

2.2.4 函数

函数是 Excel 中预先定义的公式，可以对一个或多个值进行运算，并返回一个或多个值。Excel 提供的函数有几百个，包括财务函数、日期与时间函数、数值与三角函数、统计函数、查找与引用函数、数据库函数、文字函数、逻辑函数、信息函数、工程函数等。使用这些函数不仅可以完成许多复杂的计算，还可以简化公式的繁杂程度。

2.2.5 运算符

运算符：一个标记或符号，指定表达式内执行的计算的类型，有算术、比较、逻辑和引用运算符等。运算符的作用是对公式中的各元素进行运算操作。

2.2.5.1 算术运算符

算术运算符：用来完成基本的加、减、乘、除、乘方等数学运算符，具体有+(加)、-(减)、*(乘)、/(除)、%(百分比)、^(乘方)。

假设变量 A 的值为 30，变量 B 的值为 20，利用算术运算符可进行表 2-2 中的计算。

表 2-2　算术运算符的应用

运算符	含义	描述	实例
+	加	两个操作数相加	单元格内输入“=A+B”，将得到 50
-	减	从前一个数中减去后一个数	单元格内输入“=A-B”，将得到 10
*	乘	两个操作数相乘	单元格内输入“=A*B”，将得到 600
/	除	前一个数和后一个数相除	单元格内输入“=A/B”，将得到 1.5
%	添加百分符号	引用的参数乘以 1%	单元格内输入“=A%”，将得到 30%或 0.3 单元格内输入“=B%”，将得到 20%或 0.2
^	乘方	计算前一个数字的乘方，乘幂是后一个数	单元格内输入“=2^3”，将得到 2 的 3 次方，结果为 8

算术运算符中，乘幂符号“^”较少使用，键盘上该符号与功能键区的数字“6”共用一个按键。英文输入法下，同时按下“Shift+6”即可在单元格输入“^”。单元格 A1 中键入公式“=4^4”，即计算“4 的 4 次方”(见图 2-4)。

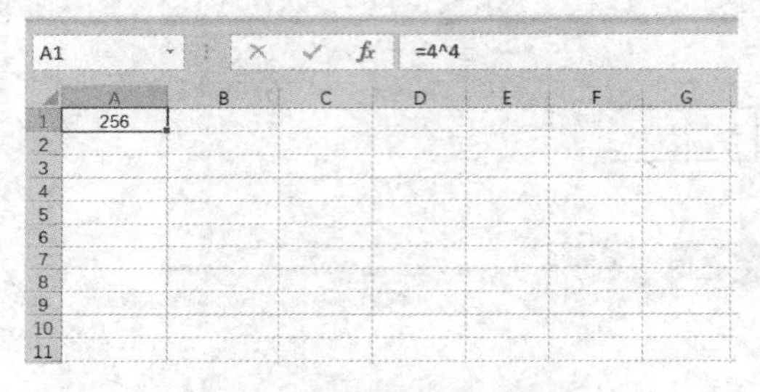

图 2-4　乘幂符号的使用

2.2.5.2　比较运算符

比较运算符：主要功能是比较数据大小，包括数字值、文本值或逻辑值等，返回结果为逻辑值 TRUE(真)或 FALSE(假)。

比较运算符有=(等于)、>(大于)、>=(大于等于)、<(小于)、<=(小于等于)、<>(不等于)、===(全等)、!==(不全等)。

Excel 中直接运用比较运算符就可以进行逻辑运算，如表 2-3 所示。

表 2-3　比较运算符

运算符	名称	举例	说明	备注
>	大于	$x>y$	如果 x 大于 y，则返回“TURE”，否则返回“FALSE”	
<	小于	$x<y$	如果 x 小于 y，则返回“TURE”，否则返回“FALSE”	
>=	大于等于	$x>=y$	如果 x 大于等于 y，则返回“TURE”，否则返回“FALSE”	

续表

运算符	名称	举例	说明	备注
<=	小于等于	$x<=y$	如果 x 小于等于 y，则返回“TURE”，否则返回“FALSE”	
=	等于	$x=y$	如果 x 等于 y，则返回“TURE”，否则返回“FALSE”	
<>	不等于	$x<>y$	如果 x 不等于 y，则返回“TURE”，否则返回“FALSE”	
===	恒等(全等)	$x===y$	如果 x 等于 y，且它们类型相同，则返回“TURE”，否则返回“FALSE”	要求数值和数据类型均相同
!==	非恒等(不全等)	$x!==y$	如果 x 不等于 y，或它们类型不等，则返回“TURE”，否则返回“FALSE”	数值不等或数据类型不等

例如：

单元格中输入“=30>20”，将返回“TRUE”；

单元格中输入“=30>=20”，将返回“TRUE”；

单元格中输入“=30<20”，将返回“FALSE”；

单元格中输入“=30<=20”，将返回“FALSE”；

单元格中输入“=30=20”，将返回“FALSE”；

单元格中输入“=30<>20”，将返回“TRUE”。

【例 2-2】 比较 A 组是否始终大于 B 组，可直接比较，正确返回逻辑值“TRUE”，错误返回逻辑值“FALSE”，如图 2-5 所示。

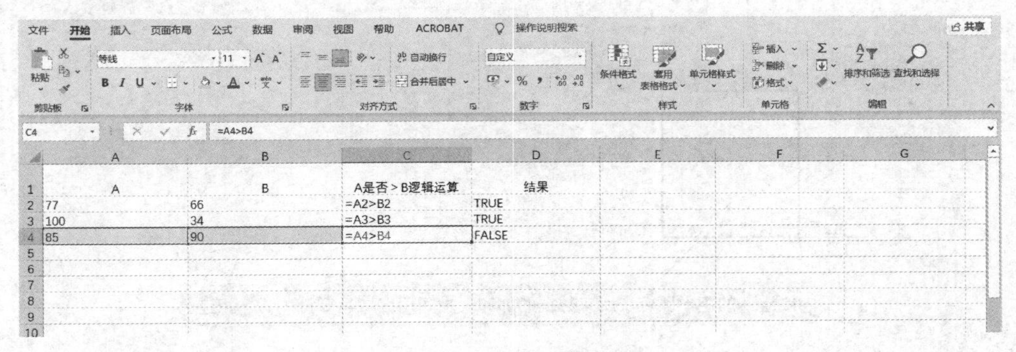

图 2-5 比较运算符的应用

2.2.5.3 文本运算符

文本运算符“&”的功能是合并多个文本字符串，即用于将一个或多个文本字符串组合成一个文本显示。

【例 2-3】 如图 2-6 所示，用文本运算符“&”合并多个单元格的内容时，若在合并的内容之间添加其他符号，需要用双引号引用该符号，方能正确显示添加的符号。

	A	B	C	D	E
1	名称	规格	数量	合并	合并结果
2	纸文件夹	A4纵向	3240	=A2&"-"&B2&"："&C2	纸文件夹-A4纵向：3240
3	复印纸	A4普通纸	125630	=A3&"-"&B3&"："&C3	复印纸-A4普通纸：125630
4	打印纸	A3普通纸	123215	=A4&"-"&B4&"："&C4	打印纸-A3普通纸：123215
5	透明文件夹	A4	5320	=A5&"-"&B5&"："&C5	透明文件夹-A4：5320
6	特大号信封	印有公司名称	35685	=A6&"-"&B6&"："&C6	特大号信封-印有公司名称：35685
7	普通信封	长3型	45465	=A7&"-"&B7&"："&C7	普通信封-长3型：45465
8	文具盒	BT2型	1239	=A8&"-"&B8&"："&C8	文具盒-BT2型：1239
9	钢笔	251型	1002	=A9&"-"&B9&"："&C9	钢笔-251型：1002
10	铅笔	B4型	2350	=A10&"-"&B10&"："&C10	铅笔-B4型：2350
11	水笔	光彩型	5563	=A11&"-"&B11&"："&C11	水笔-光彩型：5563
12					
13	www	baidu	com	=A13&"."&B13&"."&C13	www.baidu.com
14	moon	cake		=A14&B14	mooncake
15	micro	soft		=A15&B15	microsoft

图 2-6　文本运算符的应用

2.2.5.4　引用运算符

引用运算符用于将单元格区域合并运算，包括区域运算符冒号(:)、联合运算符逗号(,)和交叉运算符空格。

1）区域运算符：冒号

区域运算符(:)：对包括在两个引用之间的所有单元格的引用(见图 2-7)。

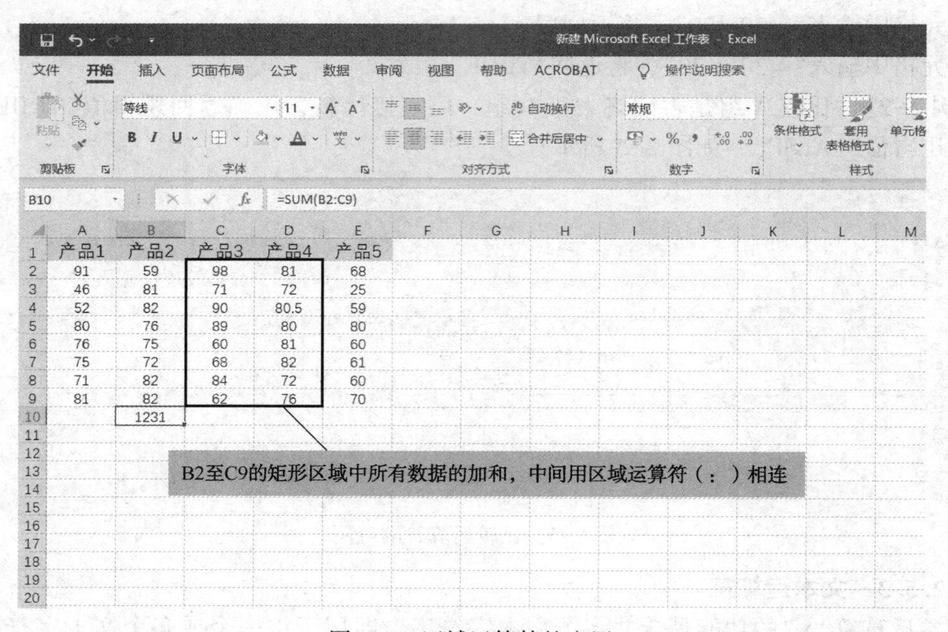

图 2-7　区域运算符的应用

2）联合运算符：逗号

联合运算符(,)：引用逗号前后的单元格或者区域的合集，可以是连续的区域，也可以是分开的(见图 2-8)。

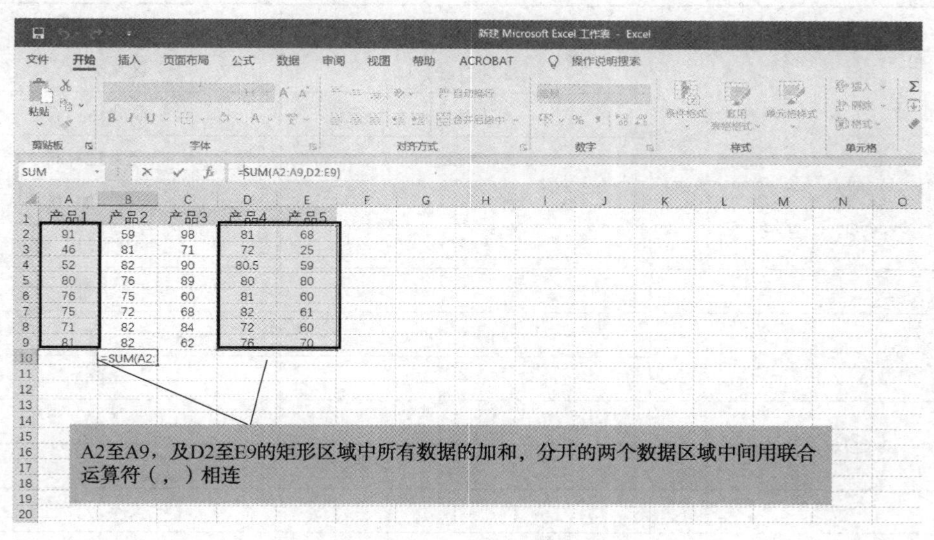

图 2-8　联合运算符的应用

3）交叉运算符：空格

交叉运算符(空格)：对两个引用区域交叉的单元格区域的引用，结果可以是一个单元格，也可以是一个区域(见图 2-9)。

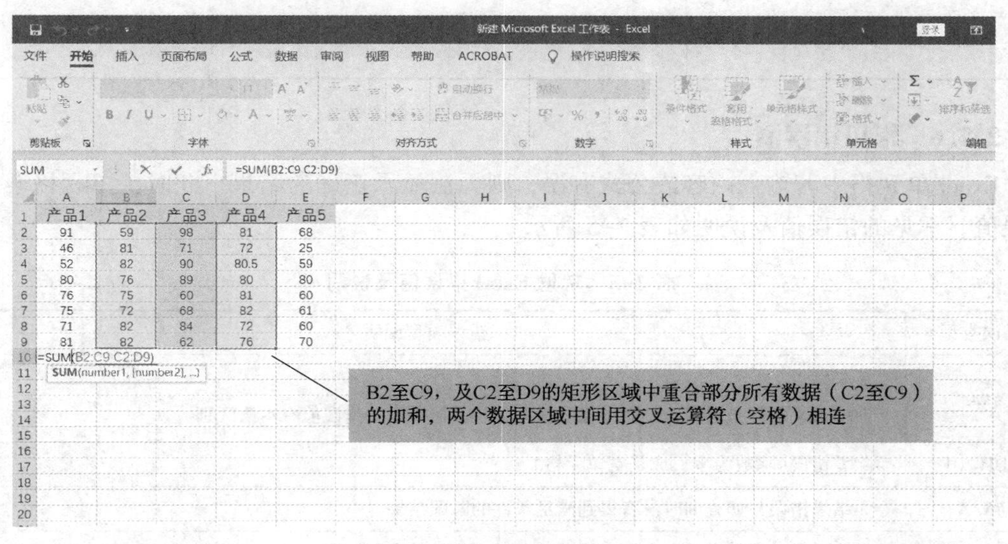

图 2-9　交叉运算符的应用

2.2.5.5　运算符优先级

常规加减乘除运算有优先顺序。与之类似，如果四类运算符同时出现在一个公式中，也有运算优先级别。Excel 运算符的优先级由高到低排列见表 2-4。如果一个公式中有若干运算符，Excel 将按照优先次序进行计算。如果一个公式中的若干个运算符具有相同的优先顺序，则 Excel 将按从左到右的先后顺序计算各运算符。

表 2-4　运算符优先级顺序

运算符优先级	运算符	功能说明
1	:（冒号）	区域运算符
	，（逗号）	联合运算符
	（空格）	交叉运算符
2	-	负数，如-0.1
3	%	百分比
4	^	求幂
5	*	乘
	/	除
6	+	加
	-	减
7	&	文本运算符
8	=	比较运算符
	<	
	>	
	<=	
	>=	
	<>	

2.2.6　常见错误值

Excel 单元格中若输入内容或公式有误，则无法显示正确的结果。此时，单元格会提示错误值。常见的错误值及说明如表 2-5 所示。

表 2-5　常见 Excel 错误值及说明

错误类型	错误类型说明
####	显示错误。 严格意义上不是错误值，而是错误提示，与其他类型的错误值有本质区别
#DIV/0!	除零错误（除数为零，或是空单元格）
#N/A	无结果错误，如查询时没有得到满足条件的匹配结果
#NAME?	名称错误，使用了没有定义或错误的名称，如函数命令错误
#NULL!	空错误，单元格引用的交集运算过程中交集不存在
#NUM!	数字错误，出现了无效数字
#REF!	引用错误，公式中引用了无效的单元格或者区域，或原来的应用单元格被删除
#VALUE!	值错误，如含文本的单元格被引用参与加减乘除运算，或函数参数使用了错误的值

2.2.6.1 错误值：####

产生原因1：单元格列宽不足导致内容无法显示(见图2-10)。

解决方法：将单元格拉宽，单元格足够容纳所输内容时，错误提示则会消失。

产生原因2：单元格数据类型出错，如时间、日期为负数。

解决办法：将单元格的类型从时间或者日期格式改为常规格式。

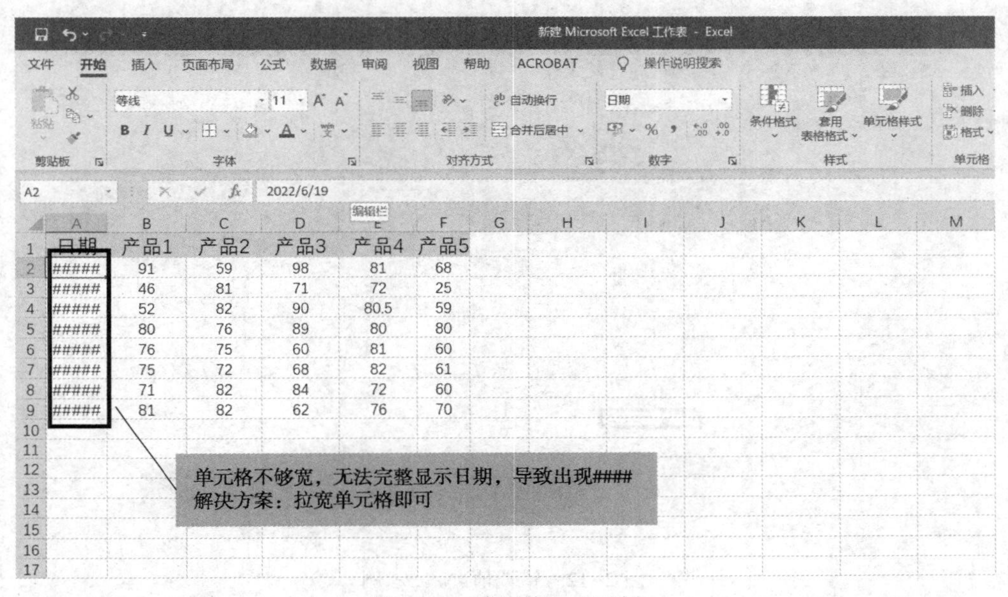

图2-10　错误值####示例

2.2.6.2 错误值：#DIV/0!

产生原因：在公式运算中，除数使用了指向空单元格或包含零值单元格的单元格引用。在Excel中如果运算对象是空白单元格，Excel将此空值当作零值(见图2-11)。

解决办法：检查公式中是否引用了空白的单元格或者数值为0的单元格作为除数，并修改。

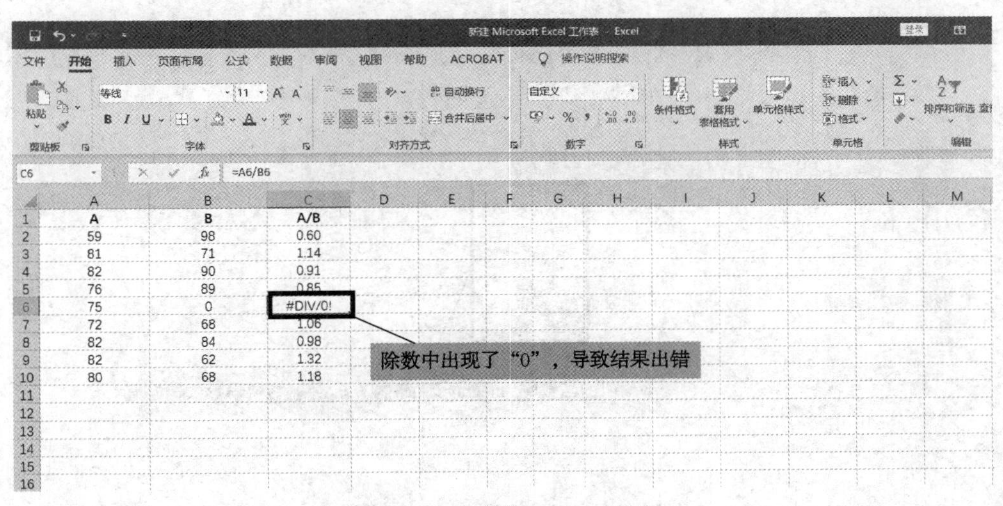

图2-11　错误值#DIV/0!示例

2.2.6.3 错误值：#N/A

产生原因：函数或公式中没有可用数值(见图 2-12)，如查询不存在满足条件的匹配结果，即公式找不到要求查找的内容，比如查询“互联网”出现的次数，但数据源中不存在“互联网”，故返回#N/A。

解决办法：检查数据引用区域是否正确。

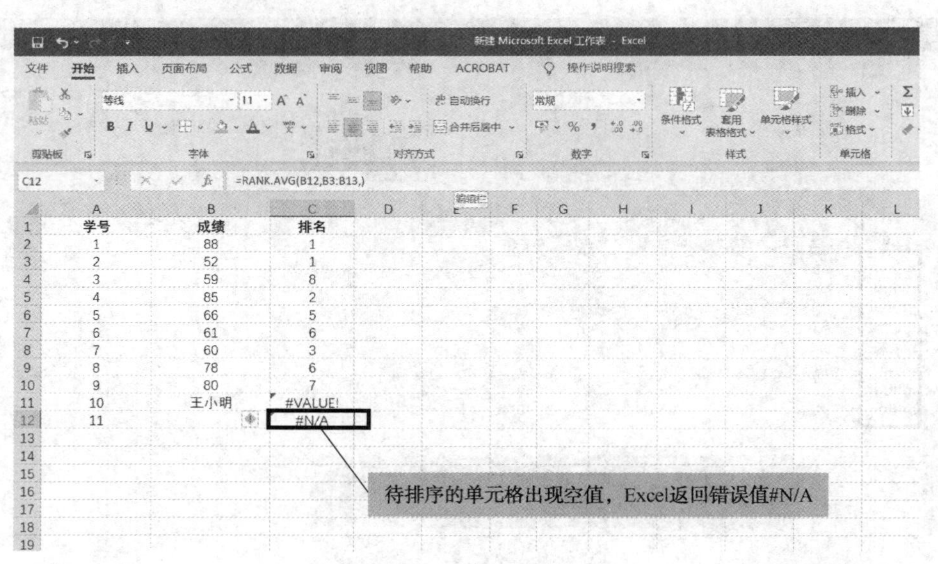

图 2-12 错误值#N/A 示例

2.2.6.4 错误值：#NAME?

产生原因：公式命令拼写错误(见图 2-13)，或公式中含有不能识别的字符。此类错误多为输入错误，如函数拼写错误，或是在应用文本时没有添加英文状态下的双引号等。

解决办法：检查错误并修正公式。

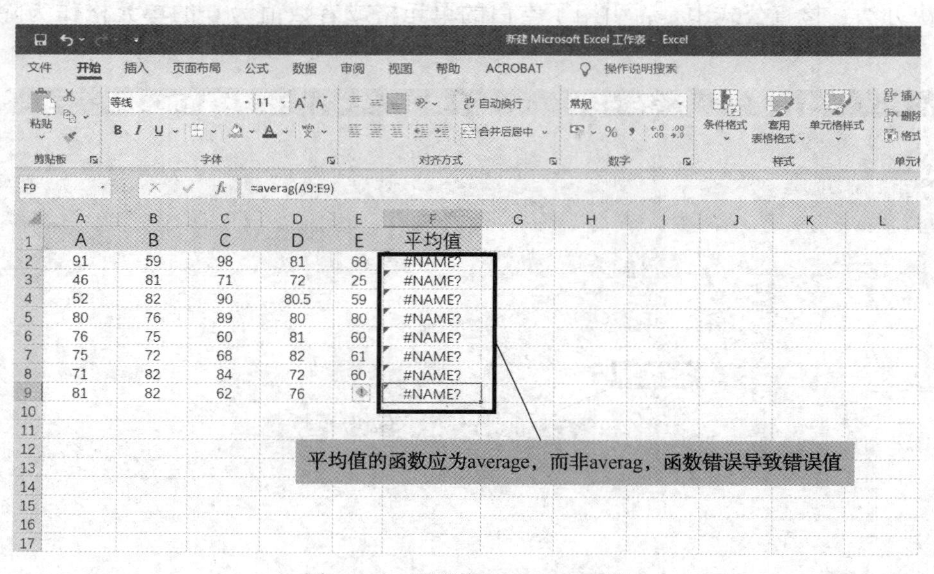

图 2-13 错误值#NAME? 示例

2.2.6.5 错误值：#NULL!

产生原因：公式中使用了不正确的区域运算符，或是在区域引用时使用了交叉运算符(空格字符)，但两个数据区域实际上却并无交集(见图 2-14)。

解决办法：检查引用是否正确，或修正公式。

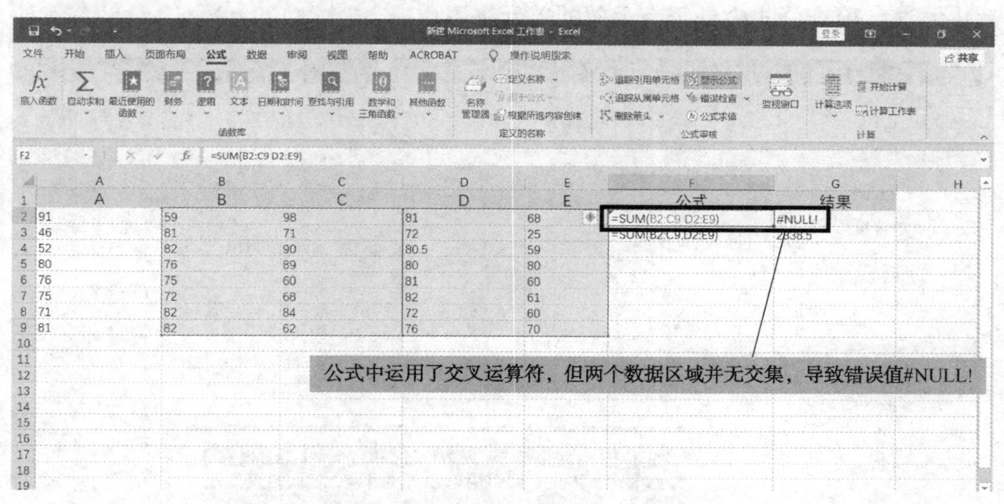

图 2-14 错误值#NULL! 示例

2.2.6.6 错误值：#NUM!

产生原因：公式或函数中包含无效数值。Excel 的运算精度有局限性，若公式中引入了一个非常大或者非常小的数字时(如 9 的 99999 次方)，将产生#NUM! 错误；或引用了负数做开平方根的运算等(见图 2-15)，也会产生#NUM! 错误。

解决办法：确认函数中使用的参数类型正确无误。

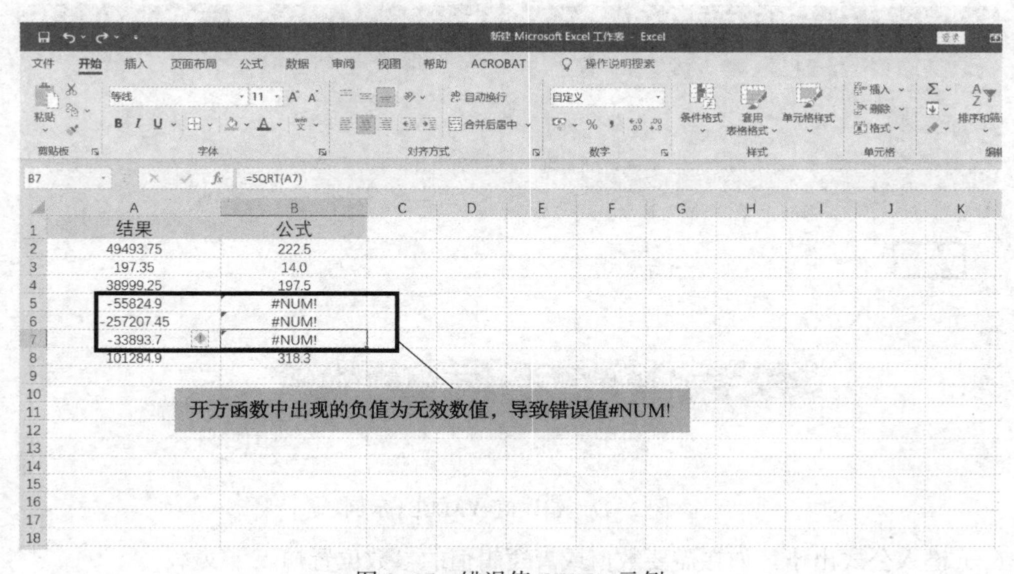

图 2-15 错误值#NUM! 示例

2.2.6.7 错误值：#REF!

产生原因：公式中引用了无效的单元格或者区域。当引用的单元格超过 Excel 的边界，比如引用 A1 单元格后，向上和向左拖曳复制，就会产生#REF！错误。此外，函数运算中原来的引用单元格被删除时，也会产生#REF！错误(见图 2-16)。

解决办法：检查公式中是否有无效的单元格引用。

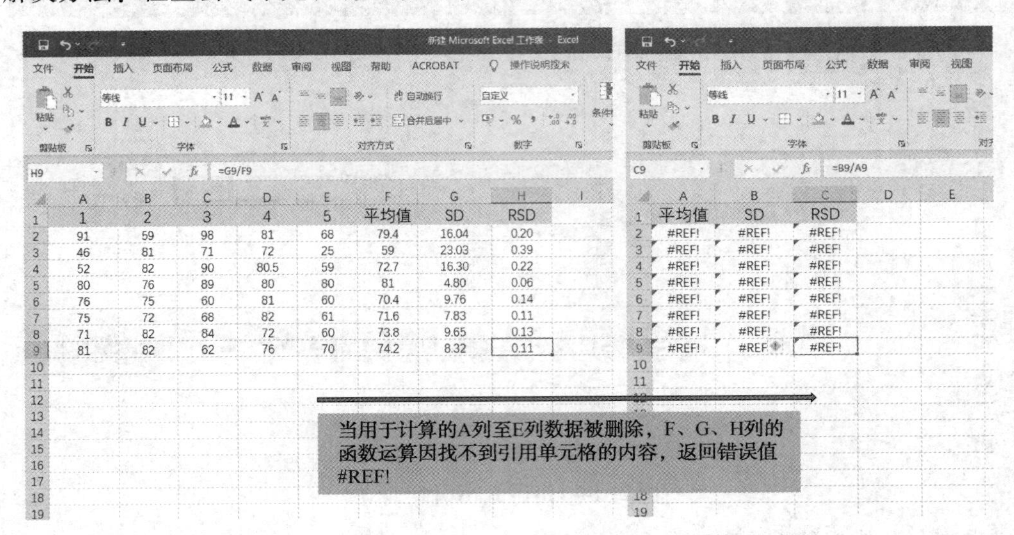

1	2	3	4	5	平均值	SD	RSD
91	59	98	81	68	79.4	16.04	0.20
46	81	71	72	25	59	23.03	0.39
52	82	90	80.5	59	72.7	16.30	0.22
80	76	89	80	80	81	4.80	0.06
76	75	60	81	60	70.4	9.76	0.14
75	72	68	82	61	71.6	7.83	0.11
71	82	84	72	60	73.8	9.65	0.13
81	82	62	76	70	74.2	8.32	0.11

平均值	SD	RSD
#REF!	#REF!	#REF!
#REF!	#REF!	#REF!
#REF!	#REF!	#REF!
#REF!	#REF!	#REF!
#REF!	#REF!	#REF!
#REF!	#REF!	#REF!
#REF!	#REF!	#REF!
#REF!	#REF!	#REF!

图 2-16 错误值#REF!示例

2.2.6.8 错误值：#VALUE!

产生原因：

(1) 引用单元格错误(见图 2-17)。

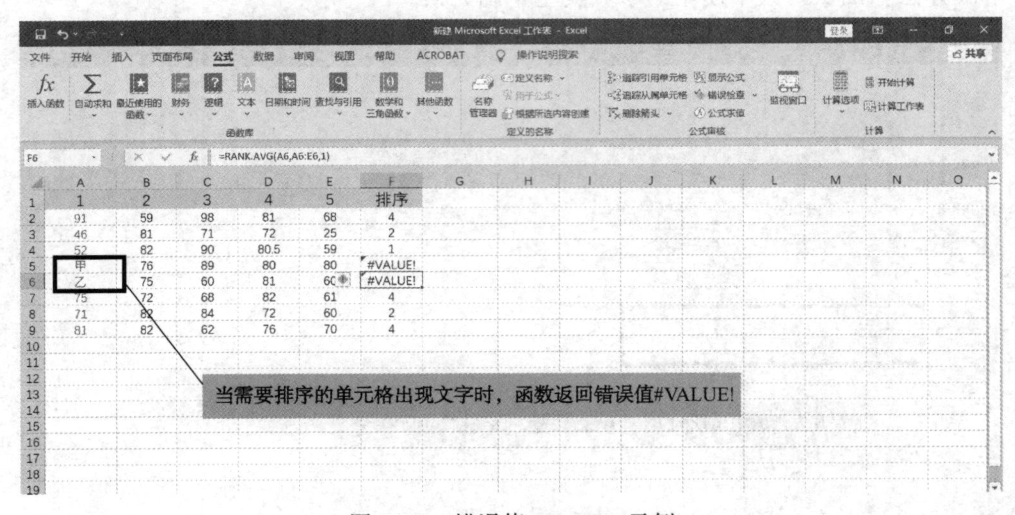

1	2	3	4	5	排序
91	59	98	81	68	4
46	81	71	72	25	2
52	82	90	80.5	59	1
甲	76	89	80	80	#VALUE!
乙	75	60	81	60	#VALUE!
75	72	68	82	61	4
71	82	84	72	60	2
81	82	62	76	70	4

图 2-17 错误值#VALUE!示例

(2) 键入公式出错，如在需要数值或者逻辑值的参数位置输入了文本。

(3) 函数参数使用了错误的值，例如：VLOOKUP 函数的第三个参数使用了 0 或者负数，或者是第四个参数本应使用数字或逻辑值，却写成了文字。

注意：VLOOKUP 函数的参数可理解为：=VLOOKUP[查找值，查找的区域范围，查找结果所对应的列序数，近似匹配(TRUE)或精确匹配(FALSE)]。

解决办法：检查并确认单元格中引用或公式正确。

2.3 单元格引用

Excel 单元格的引用包括相对引用、绝对引用和混合引用三种方式。

2.3.1 相对引用

Excel 公式中相对引用，引用的是单元格的相对位置。公式所在单元格的位置改变，引用也随之改变。公式被复制到其他单元格，或自动填充公式时，公式里的行号和列号会随着单元格的改变而改变，这就是相对引用。

在 Excel 中，单元格的引用方式默认为相对引用。

【例 2-4】 计算图 2-18 中每款产品的日销售额。

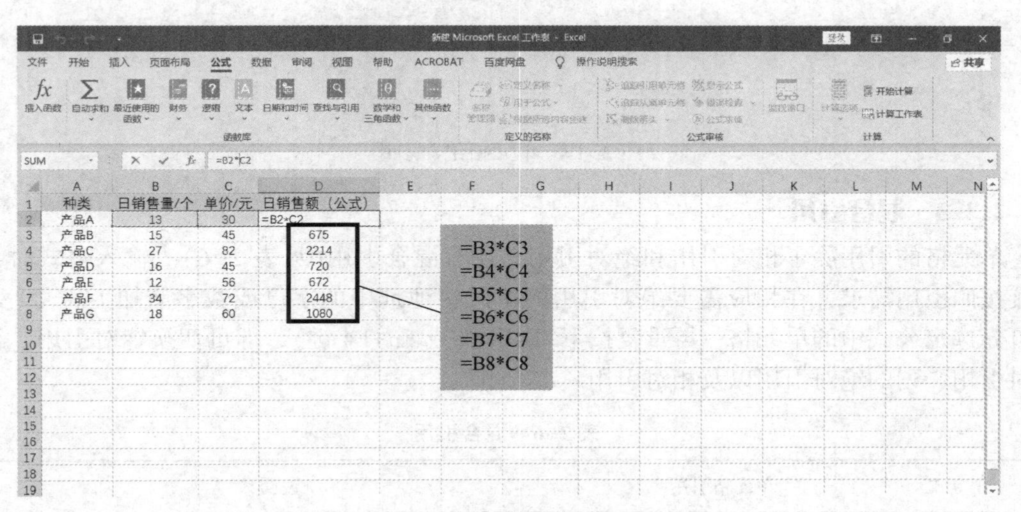

种类	日销售量/个	单价/元	日销售额（公式）
产品A	13	30	=B2*C2
产品B	15	45	675
产品C	27	82	2214
产品D	16	45	720
产品E	12	56	672
产品F	34	72	2448
产品G	18	60	1080

图 2-18 单元格相对引用

图 2-18 中，D2 单元格中计算的是产品 A 的日销售额。D2 中"D"代表列，"2"代表行，即 D2 表示为 D 列中第二行对应的单元格。D2 的公式为"=B2 * C2"。当复制 D2 中的公式至 D3 时，D3 单元格的公式自动变为"=B3 * C3"。以此类推，复制该公式，直至 D8，相对引用随单元格变化而发生变化。至 D8 时，公式变为"=B8 * C8"。因是纵向复制公式，公式中的列号不变，仅行号发生变化。如果是横向复制公式，相对引用变化时，仅变化列号，行号不发生变化。

2.3.2 绝对引用

当将一个公式复制或填充到新的位置时，若希望引用的单元格始终固定不变，就需要使用单元格的绝对引用，或称为行、列绝对引用。

在单元格地址中的字母和数字前均加上符号"$"，即可实现绝对引用，如需绝对引用 C3，应输入"$C$3"。

【例 2-5】 如图 2-19 所示：

绝对引用单元格 B2：引用格式为“= $B$2”；

绝对引用单元格 C2：引用格式为“= $C$2”；

绝对引用公式 B2 * C2，引用格式为“= $B$2 * $C$2”。

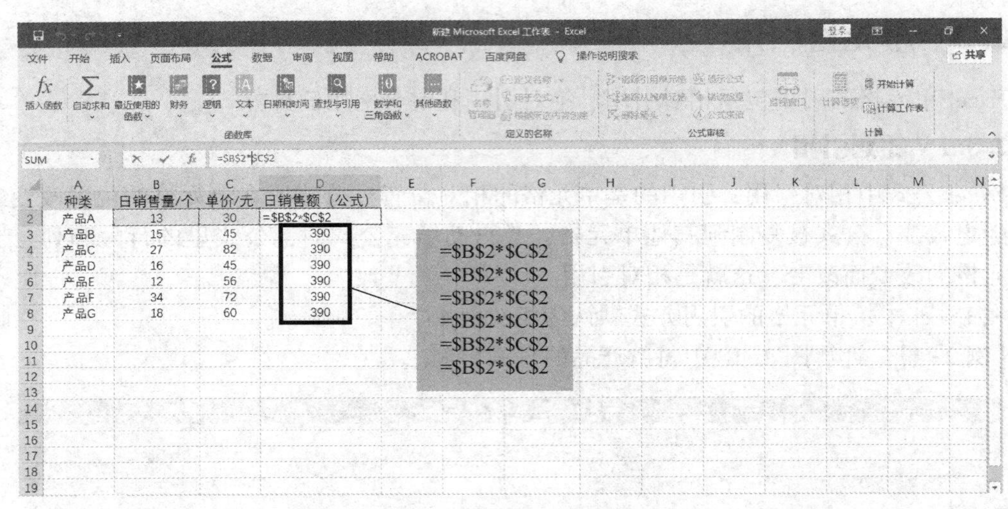

图 2-19 单元格绝对引用

2.3.3 混合引用

单元格的引用除了相对引用和绝对引用，还有混合引用(见表 2-6)。输入公式时，可直接按照引用需求，在相应需要绝对引用的单元格地址中的字母或数字前加上符号“ $ ”。也可先选定公式中的单元格，再重复按下“F4”键(或 Fn+F4 键)，即可切换绝对引用、行的绝对引用、列的绝对引用以及相对引用。

表 2-6 混合引用

方式	单元格引用	说明
行绝对引用	=A$1	“ $ ”加在数字前，代表锁定行。复制该引用时，行不变，列可变
列绝对引用	=$A1	“ $ ”加在字母前，代表锁定列。复制该引用时，列不变，行可变
行列绝对引用	=$A$1	字母和数字前均加上“ $ ”，表示锁定行和列。复制该引用时，行和列均不变
混合引用	=$A$1 * B$1+C1	存在相对引用和绝对引用多种单元格引用方式

2.4 数据分析工具及规划求解

2.4.1 数据分析工具

Excel 提供了数据分析工具，一般用来分析复杂的数据，利用其强大的内置功能可大大减少统计计算的工作量，提高工作效率，为复杂统计和分析提供便利。

2.4.1.1 加载分析工具库

Excel 默认不显示分析工具库，在使用数据分析工具前，需要先加载【分析工具库】，才能正常应用工具库中的功能。加载步骤为：

（1）点击 Excel 工具栏中【文件】，再点击页面左侧栏目中【选项】（见图 2-20）。

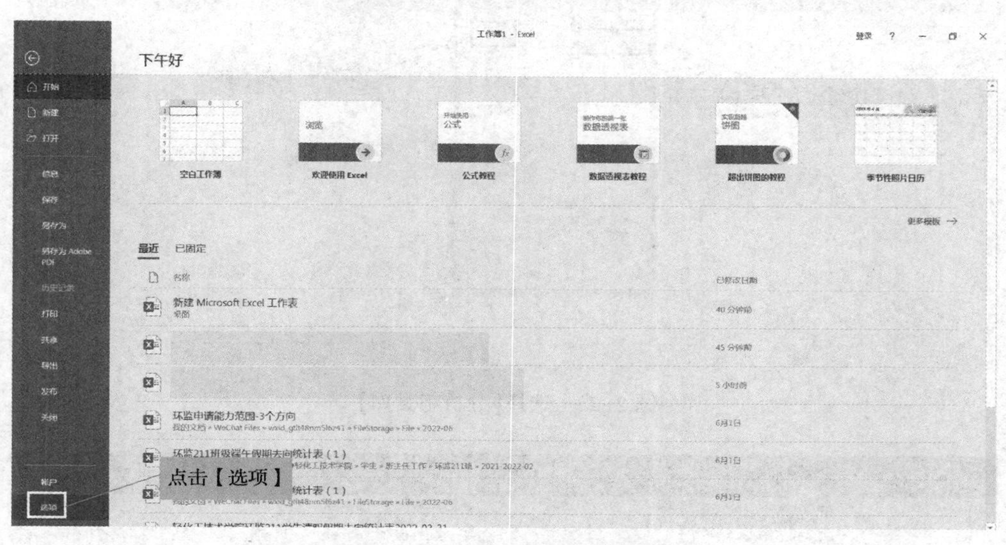

图 2-20　点击 Excel 文件的【选项】

（2）在弹出的【Excel 选项】对话框中选择【加载项】，在最下方的【管理】选项中选择【Excel 加载项】，点击【转到】（见图 2-21）。

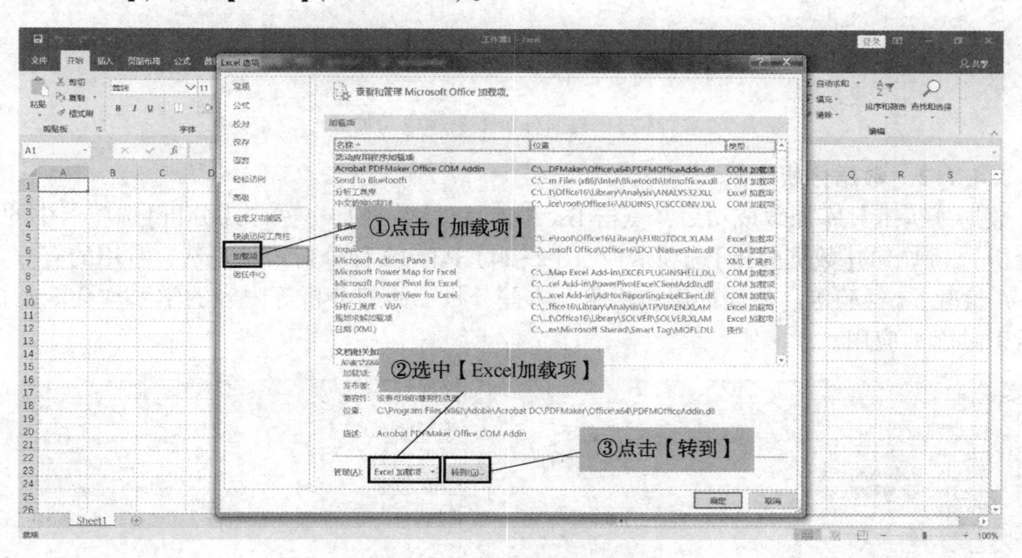

图 2-21　添加【加载项】

（3）在弹出的【加载项】对话框中勾选【分析工具库】，点击【确定】（见图 2-22）。

（4）当 Excel 菜单栏中【数据】下最右边的【分析】选项卡出现【数据分析】时，说明数据分析工具库已加载成功（见图 2-23）。

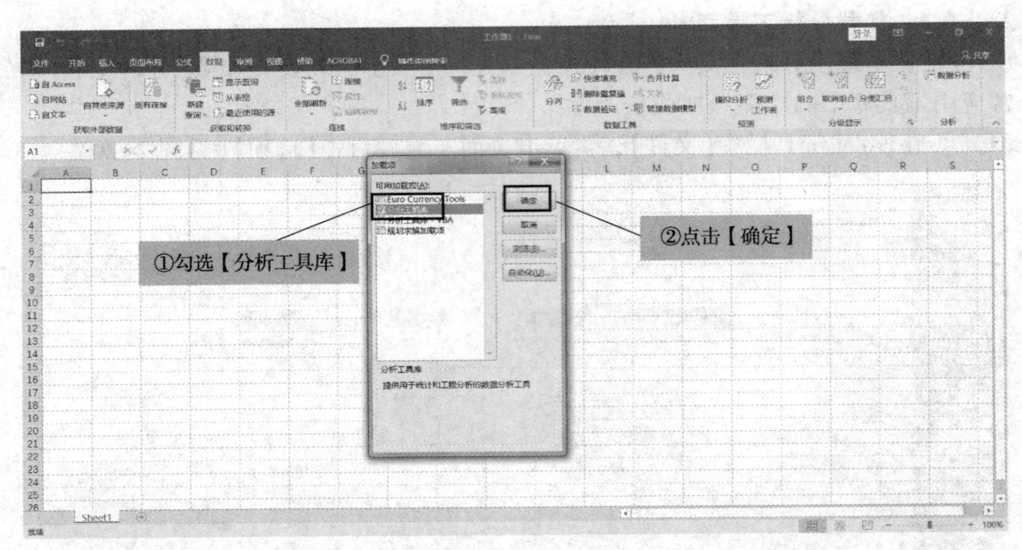

图 2-22　选择【分析工具库】

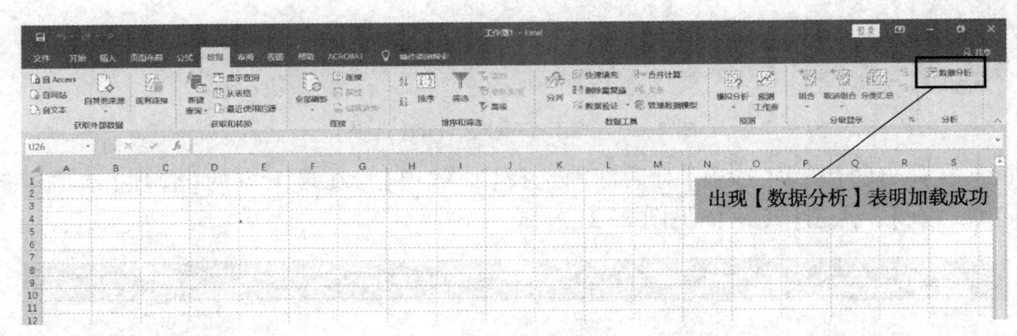

图 2-23　数据分析工具库成功加载

2.4.1.2　数据分析工具

数据分析工具库加载成功后，点击 Excel 工具栏【数据】，再单击【分析】选项卡中的【数据分析】。弹出的【数据分析】选项卡(见图 2-24)中有 19 种分析工具可选，常用的有方差分析、*F* 检验、*t* 检验等。后面的误差检验、方差分析、回归分析等内容的学习均会涉及数据分析工具库的应用。

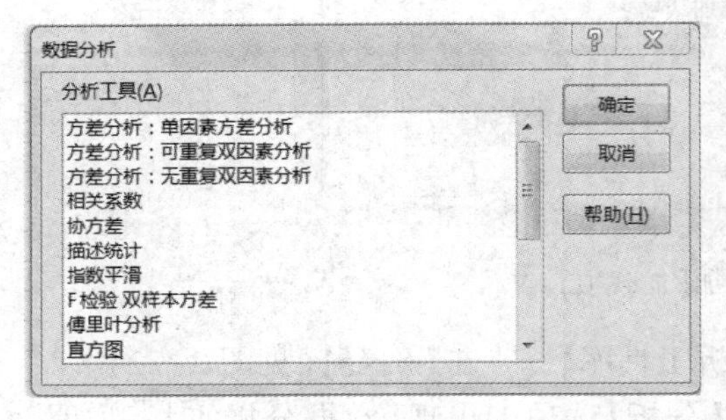

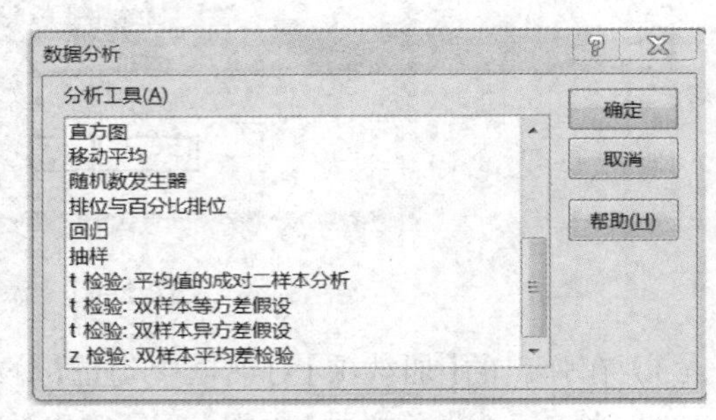

图 2-24　数据分析工具

2.4.1.3 方差分析

1）单因素方差分析

当考察单个因素对试验结果的影响时，需要用到单因素方差分析的分析工具。

【例 2-6】 用原子吸收光谱法测定水中镉离子的含量前，为了校准原子吸收分光光度计，采用 1000mg/L 的标准储备液稀释配制成五种不同浓度的标准溶液，分别为 0.2mg/L、0.4mg/L、0.6mg/L、0.8mg/L 和 1.0mg/L（见表 2-7）。用原子吸收光谱法测定五种标准溶液的吸光度，每种溶液重复测定 3 次。试用 Excel 的数据分析工具进行方差分析（$\alpha=0.05$）。

表 2-7 不同镉标准溶液的吸光度

镉标准溶液浓度/（mg/L）	吸光度		
	1	2	3
0.2	0.028	0.029	0.029
0.4	0.084	0.082	0.083
0.6	0.135	0.132	0.133
0.8	0.180	0.181	0.183
1.0	0.215	0.218	0.216

解：方差分析步骤如下：

（1）将数据结果输入 Excel 表，点击工具栏【数据】，在其【分析】选项卡中单击【数据分析】（应先根据第 2.4.1.1 节的操作加载分析工具库），即弹出【数据分析】对话框。选中【方差分析：单因素方差分析】后点击【确定】（见图 2-25）。

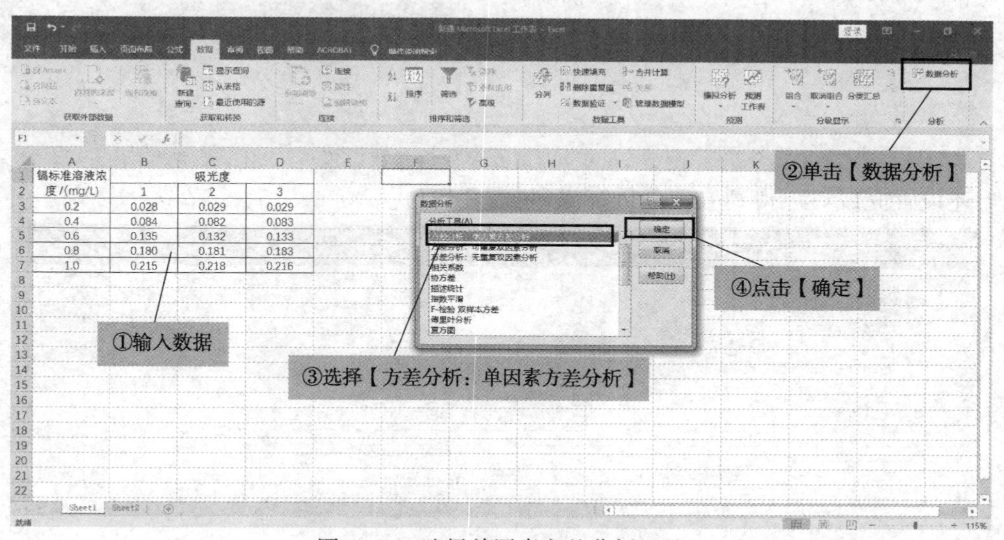

图 2-25 选择单因素方差分析工具

（2）在弹出的【方差分析：单因素方差分析】对话框中设置分析参数：

【输入区域】：输入 A3:D7 区域内全部数据。

【分组方式】：Excel 表中吸光度数据按不同的镉标准溶液分组，每行代表一组。因此，分组方式选中【行】（若每列数据代表一组，分组方式应选中【列】）。

【标志】：勾选该选项。若【输入区域】栏仅选中 B3:D7，未输入标准物质浓度的不同水平值，则不勾选该选项。

α 栏：填入给定的显著性水平 0.05。

【输出选项】：任选一项均可。

【输出区域】：若选中该选项，则表示方差分析结果将显示在指定的输出区域中。

【新工作表组】：若选中该选项，则方差分析结果将输出在同一个工作簿的另一个新工作表中。

【新工作簿】：若选中该选项，则方差分析结果将显示在另一个新工作簿中。

如需在当前 Excel 表中输出方差分析结果，可选中【输出区域】，并在当前 Excel 页面中指定一个单元格，如 F2(在该指定单元格的右方和下方留足空白位置，以方差分析结果不覆盖原始数据又能与原始数据显示在同一界面为宜)，点击【确定】(见图 2-26)。

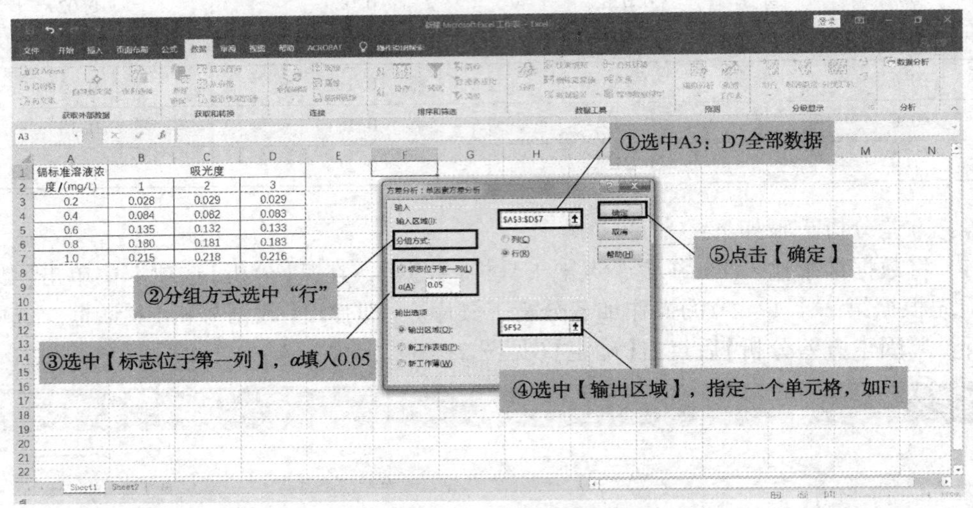

图 2-26 单因素方差分析参数设置

上述设置完成后，得到方差分析结果(见图 2-27)。

镉标准溶液浓度/(mg/L)	吸光度		
	1	2	3
0.2	0.028	0.029	0.029
0.4	0.084	0.082	0.083
0.6	0.135	0.132	0.133
0.8	0.180	0.181	0.183
1.0	0.215	0.218	0.216

方差分析：单因素方差分析

SUMMARY

组	观测数	求和	平均	方差
0.2	3	0.086	0.02866667	3.3333E-07
0.4	3	0.249	0.083	0.000001
0.6	3	0.4	0.13333333	2.3333E-06
0.8	3	0.544	0.18133333	2.3333E-06
1	3	0.649	0.21633333	2.3333E-06

方差分析

差异源	SS	df	MS	F	P-value	F crit
组间	0.06769907	4	0.01692477	10154.86	5.4182E-18	3.47804969
组内	1.6667E-05	10	1.6667E-06			
总计	0.06771573	14				

图 2-27 单因素方差分析结果表

2）双因素方差分析

同时考察两个因素对试验结果的影响时，需要用到数据分析工具库中的双因素方差分析工具。Excel 数据分析工具库中有两个双因素方差分析工具：【方差分析：可重复双因素分析】和【方差分析：无重复双因素分析】。当两个因素中每个因素和每个水平组合条件下都仅有一次测试时，选择【方差分析：无重复双因素分析】工具；当两个因素中的每个因素和每个水平组合条件下存在重复多次测试时，选择【方差分析：可重复双因素分析】工具。

【例 2-7】 用三种不同的方法（真空熔融法、中子活化法和惰性气体熔融法）分别对铸铁、不锈钢、真空熔融钢和生铁四种黑色金属中的氧含量进行测定，得到测试结果，如表 2-8所示。试用 Excel 的数据分析工具进行方差分析（$\alpha=0.05$）。

表 2-8　黑色金属中的氧含量测定结果

材料	黑色金属中的氧含量/（μg/g）		
	真空熔融法	中子活化法	惰性气体熔融法
铸铁	258	271	265
不锈钢	131	135	128
真空熔融钢	28	28	29
生铁	361	366	363

解：方差分析步骤如下：

（1）将表 2-8 黑色金属中的氧含量测定结果录入 Excel 表，单击工具栏中【数据】，在【分析】选项卡中单击【数据分析】（应先根据第 2.4.1.1 节的操作加载分析工具库），即弹出【数据分析】对话框。由于本题考查的是材料种类和分析方法两种因素，且每种分析方法下每种材料只有一次测试结果，不存在重复测试，因此适用于数据分析工具中的【方差分析：无重复双因素分析】，选中后点击【确定】（见图 2-28）。

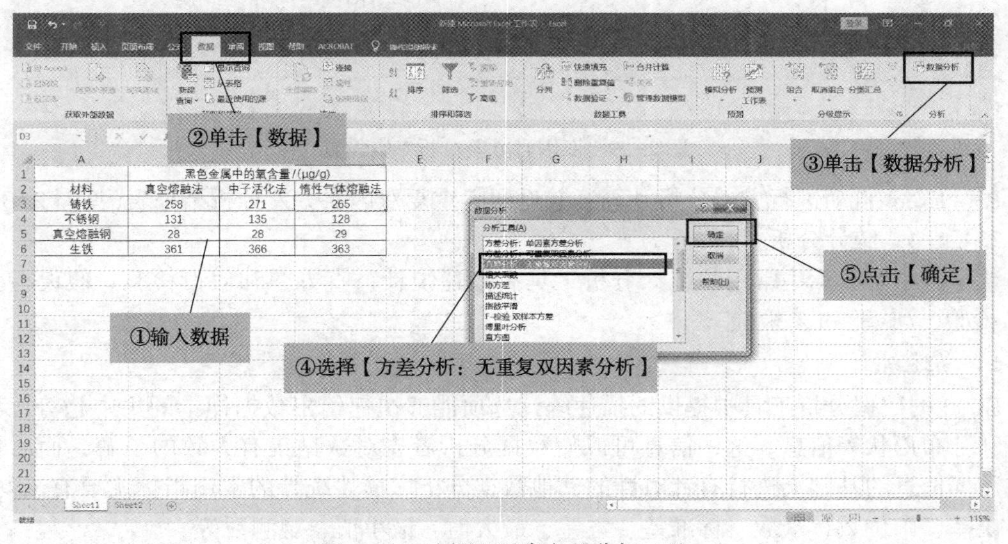

图 2-28　选择双因素方差分析工具

（2）在弹出的【方差分析：无重复双因素分析】对话框中设置分析参数。

【输入区域】：输入 A2:D6 区域内全部数据。

【标志】：选中此项，若【输入区域】内仅填入 B3:D6 区域内数据，未包含黑色金属材料种类和分析方法名称，则不选中此项；α 填入 0.05。

【输出选项】：任选一项均可。

【输出区域】：若选中该选项，则方差分析结果将显示在指定的输出区域中。

【新工作表组】：若选中该选项，则方差分析结果将输出在同一个工作簿的另一个新工作表中。

【新工作簿】：若选中该选项，则方差分析结果将显示在另一个新工作簿中。

如需在当前 Excel 表中输出方差分析结果，可选中【输出区域】，并在当前 Excel 页面中指定一个单元格，如 F1（在该指定单元格位置的右方和下方留足空白位置，以方差分析结果不覆盖原始数据又能与原始数据显示在同一界面为宜）。上述设置全部完成后，点击【确定】（见图 2-29）。

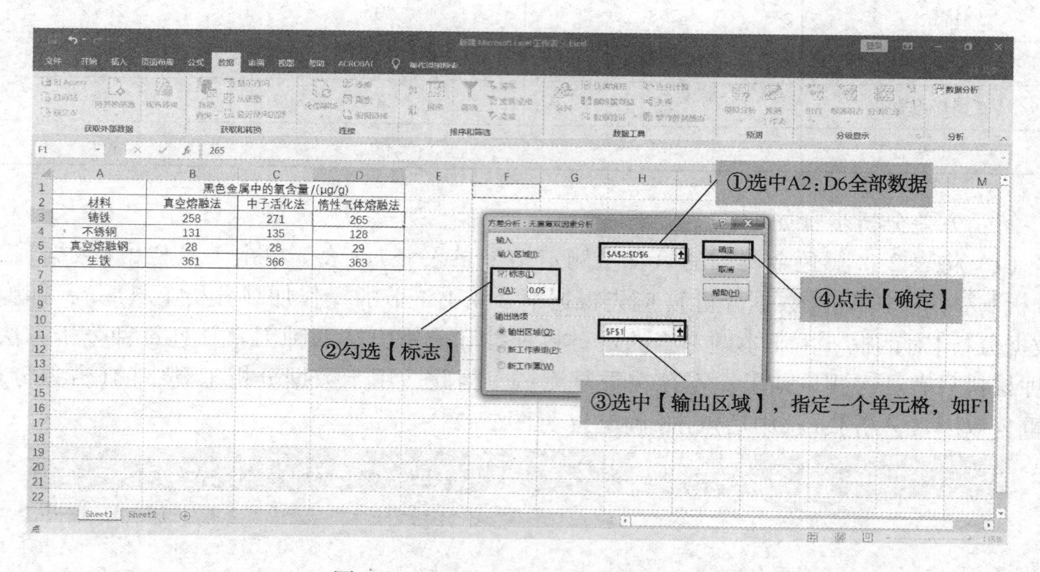

图 2-29　双因素方差分析参数设置

（3）Excel 自动进行方差分析计算，并返回无重复双因素方差分析结果表（见图 2-30）。

2.4.1.4　统计分析

数据分析工具库中常用的统计分析工具有描述统计、直方图和假设检验。假设检验包括 *F* 检验、*t* 检验和 *Z* 检验。

1）描述统计

Excel 的数据分析工具中提供的描述统计选项能够快速给出数据样本的集中趋势、离散程度和分布形状等信息。这些信息可以使数据分析者先对数据集有大致的了解，而后再在这些数据信息的基础上进行有针对性的其他数据分析。描述统计的常用指标主要有平均值、标准误差、中位数、众数、标准差、方差、最大值、最小值、观测数等。

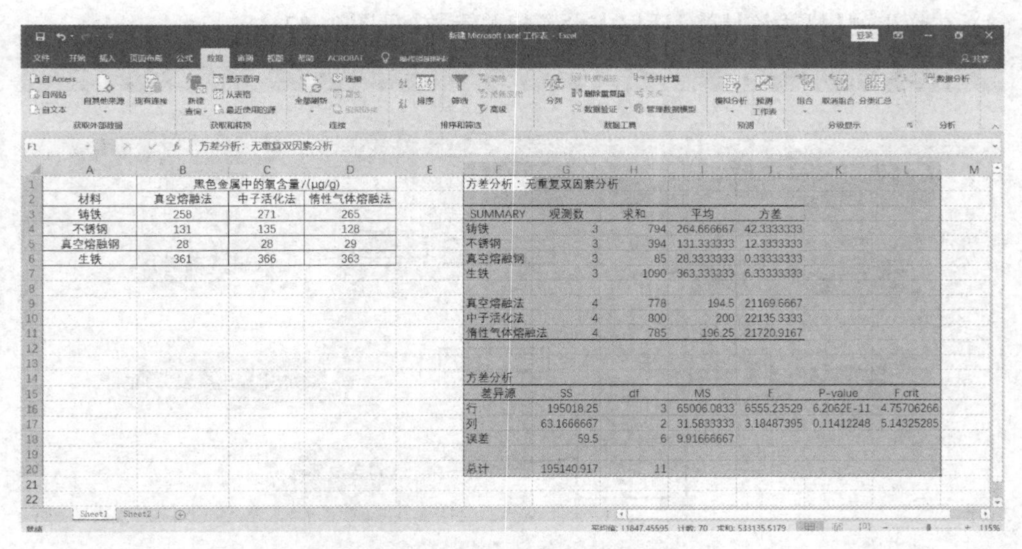

图 2-30　无重复双因素方差分析结果表

【例 2-8】 对某物质中铅的含量进行连续测试，得到 14 个质量分数结果(见表 2-9)。试用 Excel 的数据分析工具进行统计描述。

表 2-9　铅含量测试结果　μg/g

55.0	52.0	48.0	51.0	51.0	54.9	50.0
54.0	56.0	54.0	52.0	48.0	55.0	55.5

解：将表 2-9 中的测试结果录入 Excel 表中，所有数据放在同一列(或同一行)。

(1) 点击 Excel 工具栏中【数据】，在【分析】选项卡中单击【数据分析】。在弹出的【数据分析】对话框中选中【描述统计】，点击【确定】(见图 2-31)。

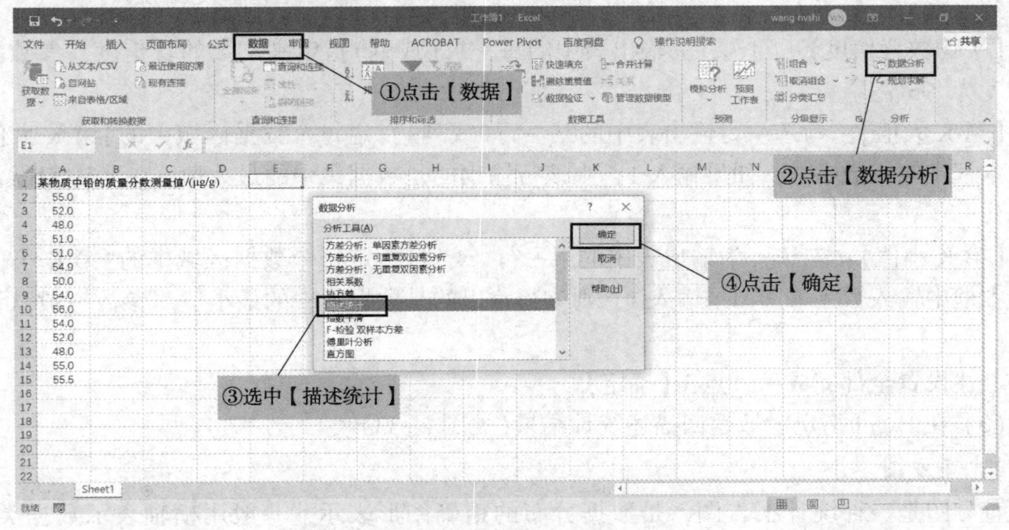

图 2-31　选择【描述统计】

(2) 在弹出的【描述统计】对话框中设置相关参数(见图 2-32)。

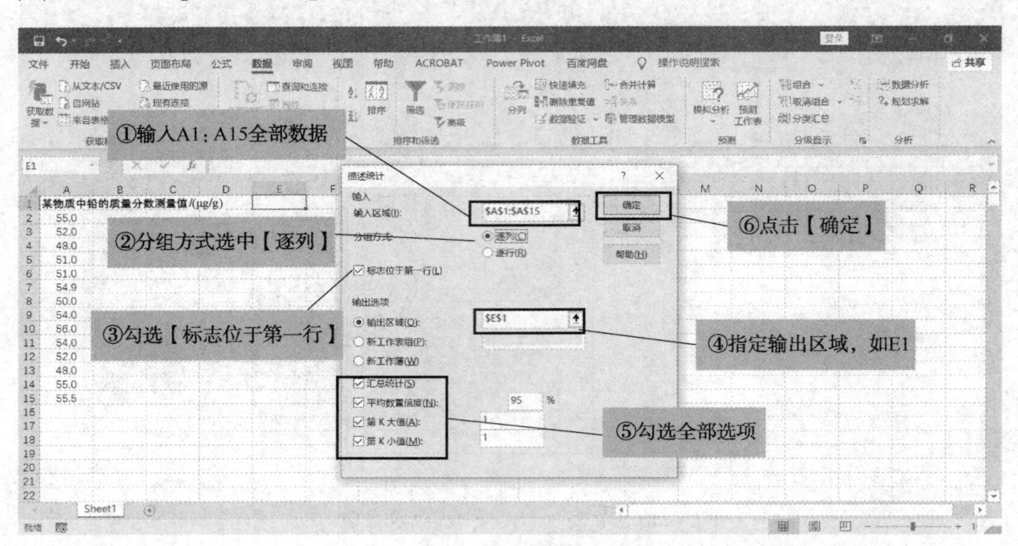

图 2-32　描述统计参数设置

【输入区域】：输入 A1:A15 单元格范围内全部数据。

【分组方式】：数据在 Excel 中纵向排列，仅有一组，因此选中【逐列】。

【标志位于第一行】：因在【输入区域】参数栏中输入了 A1:A15 全部数据，需选中该项；若【输入区域】内仅输入 A2:A15 区域的数据，不包括 A1，此处不勾选。

【输出选项】：任选一项即可。如需在当前 Excel 表中显示描述统计结果，可选中【输出区域】，并在当前 Excel 页面中指定一个单元格，如 E1(在该指定单元格位置的右方和下方留足空白位置，以数据统计结果不覆盖原始数据又能与原始数据显示在同一界面为宜)。

【汇总统计】：勾选。选中此项可输出所选数据的以下统计信息：平均值、标准误差、中位数、众数、标准差、方差、峰度、偏度、区域、最小值、最大值、求和等。

【平均数置信度】：勾选，为输出表中的每一行(或列)指定平均数的置信度，参数默认置信度为“95%”。

【第 K 大值】：勾选。为输出表中的某一行(或列)指定每个数据区域中的“第 K 大值”，在文本框中输入数字 K，如果输入 1，则该行输出的是数据集中的最大值。参数一般默认为“1”。

【第 K 小值】：勾选，为输出表中的某一行(或列)指定每个数据区域中的“第 K 小值”，在文本框中输入数字 K，如果输入 1，则该行输出的是数据集中的最小值。参数一般默认为“1”。

上述设置全部完成后，点击【确定】。

(3) 在 Excel 指定区域返回描述统计结果(见图 2-33)。

2) 直方图

直方图是一种统计报告图，是数据分布的精确图形表示，一般用横轴表示数据类型，纵轴表示分布情况，它是表示资料变化情况(数据的范围、离散程度和分布形状)的一种重

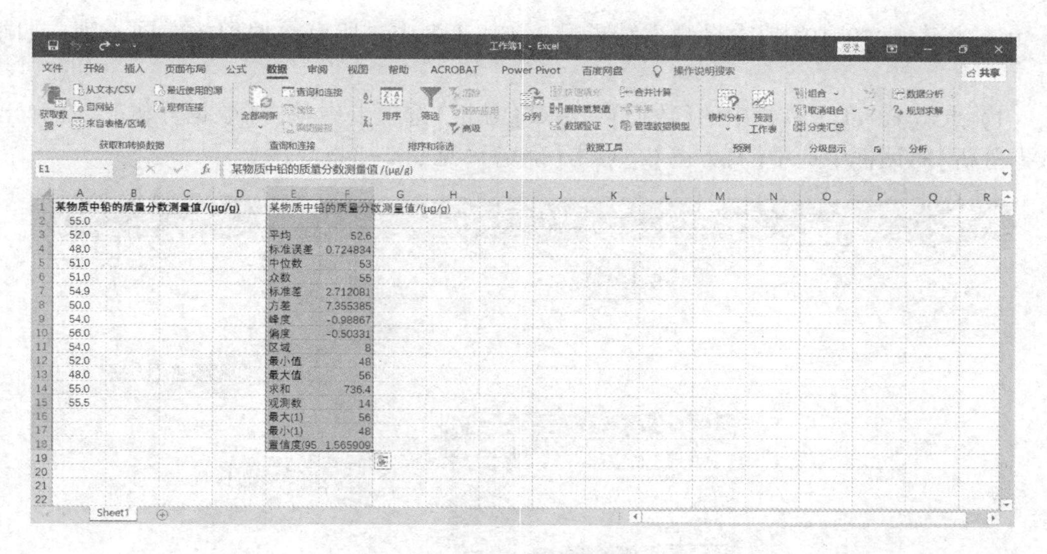

图 2-33 描述统计结果

要工具。直方图用一系列宽度相等、高度不等的长方形来表示数据，长方形的宽度代表组距，高度代表指定组距内的频数。构建直方图，一般需要先将数值的范围分成一系列数据间隔，即确定直方图中每个长方形的数据值范围。间隔必须相邻，且通常是(非必须)相等的大小；再统计每个间隔中有多少个数值(频数)，代表长方形的高度。

【例 2-9】 对某物质中铅的含量进行连续测量，得到表 2-10 中质量分数数据，试对表中数据做直方图。

表 2-10 某物质中铅的质量分数测量值 μg/g

55.0	53.0	56.0	53.0	52.0	55.0	53.0	55.0	56.0	52.0	51.0	51.0
52.0	52.0	52.0	52.0	53.0	54.6	52.4	50.2	53.4	52.3	51.0	48.8
48.0	48.6	56.0	56.0	60.0	60.0	52.0	52.0	56.0	51.0	53.0	47.0
51.0	49.0	54.0	50.0	52.0	51.0	50.0	47.0	55.0	53.0	48.0	51.0
51.0	52.0	53.0	53.0	55.0	60.0	52.6	53.6	54.5	54.2	55.3	54.9
54.9	54.3	54.1	52.1	53.7	54.4	53.0	52.6	52.2	52.4	52.8	50.0
50.0	49.0	49.5	50.5	50.5	50.5	49.0	50.0	50.5	49.0	49.0	49.5
54.0	50.0	50.0	48.0	52.5	50.5	50.0	51.0	51.0	52.0	54.0	54.0
56.0	54.0	52.0	52.0	59.0	57.0	52.0	55.0	56.0	52.0	53.0	57.0
54.0	55.0	52.0	52.0	52.0	55.0	52.0	55.0	52.0	52.0	55.0	52.0
52.0	52.0	59.0	48.0	52.0	54.0	62.0	54.0	60.0	63.0	50.0	56.4
48.0	56.4	56.4	59.0	59.0	53.0	49.0	47.0	46.0	57.0	55.0	55.0
55.0	55.0	50.0	52.0	52.0	52.0	55.0	57.5	52.5	54.5	52.8	55.1
55.5	54.2	55.2	54.2	54.0	53.3	54.0	53.0	53.0	52.0	52.0	50.0

解：将表 2-10 中的铅含量测试结果录入 Excel 表中，所有数据须放在同一列(或同一行)。

(1) 点击 Excel 工具栏中的【数据】，在其【分析】选项卡中单击【数据分析】。在弹出的【数据分析】对话框中选中【直方图】，点击【确定】(见图 2-34)。

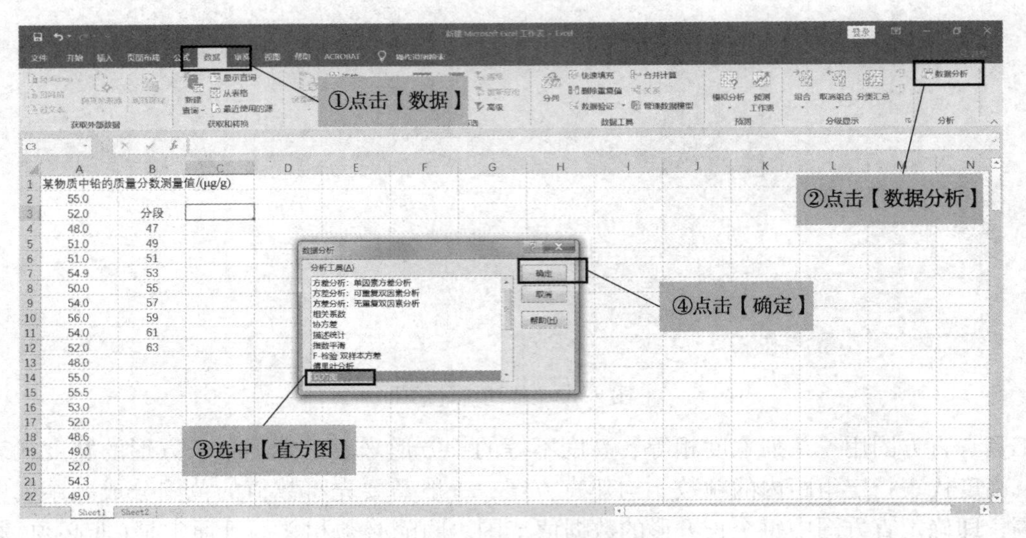

图 2-34　选择【直方图】

(2) 在弹出的【直方图】对话框中设置相关参数(见图 2-35)。

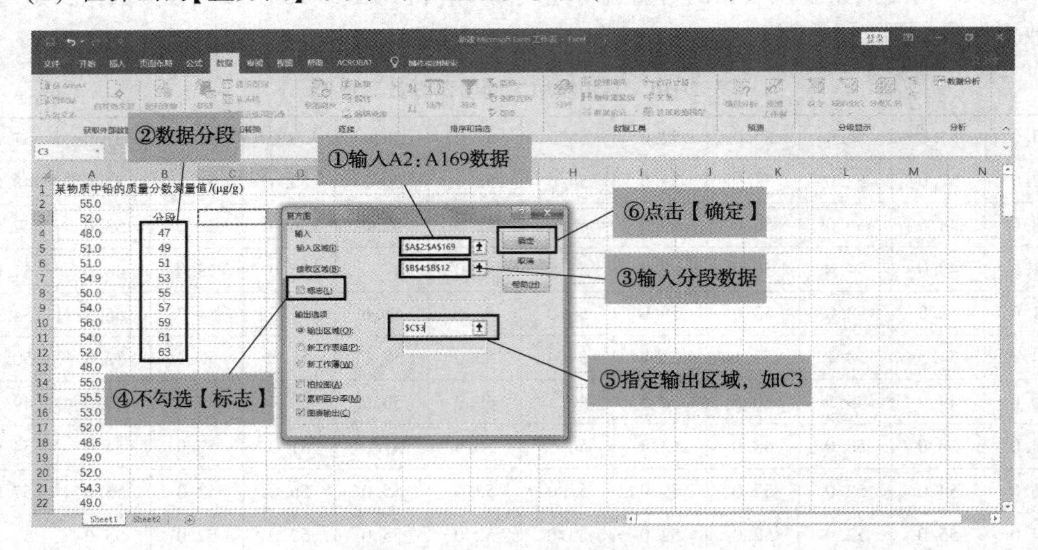

图 2-35　直方图参数设置

【输入区域】：输入 A2:A169 单元格范围内全部数据。

【接收区域】：在此输入接收区域的单元格引用，该区域包含一组用来定义接收区域的边界值，这些值应当按升序排列。Excel 将统计在当前边界值和相邻边界值之间的数据点个数(如果存在)。如果数值等于或小于边界值，则该值将被归到以该边界值为上限的区域中进行计数。所有小于第一个边界值的数值将一同计数；同样，所有大于最后一个边界值的数值也将一同计数。

接收区域实际上是对所选需要建立直方图的数据范围进行合理分区或分段，直方图将按此分区计数并作图。具体做法：先了解数据的分布范围，即找到测量结果中的最大值 47 和最小值 63，便知所有数据分布在 47～63μg/g 区间。将该数据范围分成 8 个区间（也可根据需要划分数据区间），每个间隔为 2μg/g，即为图 2-35 直方图参数设置中 B4:B12 区域所示数据。

【标志】：因在【输入区域】参数栏中输入的数据未包含标题所在单元格 A1，此处应不勾选。

【输出选项】：任选一项即可。如需在当前 Excel 表中输出直方图统计结果，可选中【输出区域】，并在当前 Excel 页面中指定一个单元格，如 C3（在该指定单元格位置的右方和下方留足空白位置，以计数结果不覆盖原始数据又能与原始数据显示在同一界面为宜）。

【柏拉图】：选中此复选框将在结果输出表和直方图中按每个数据分区统计频次的降序来显示数据。若不需要，则不勾选。

【累积百分率】：选中此复选框可以在结果输出表中生成一列累积百分比值，并在直方图中包含一条累积百分比线。该百分率代表对应的分区内统计的数据个数占总数的百分比。若不需要，则不勾选。

【图表输出】：选中此复选框可以在输出表中生成一个直方图。否则，不显示直方图。

以上设置完成后，点击【确定】。

(3) 返回分析结果至 Excel 指定区域中，包含数据分区、对应的频次信息，以及直方图（见图 2-36）。

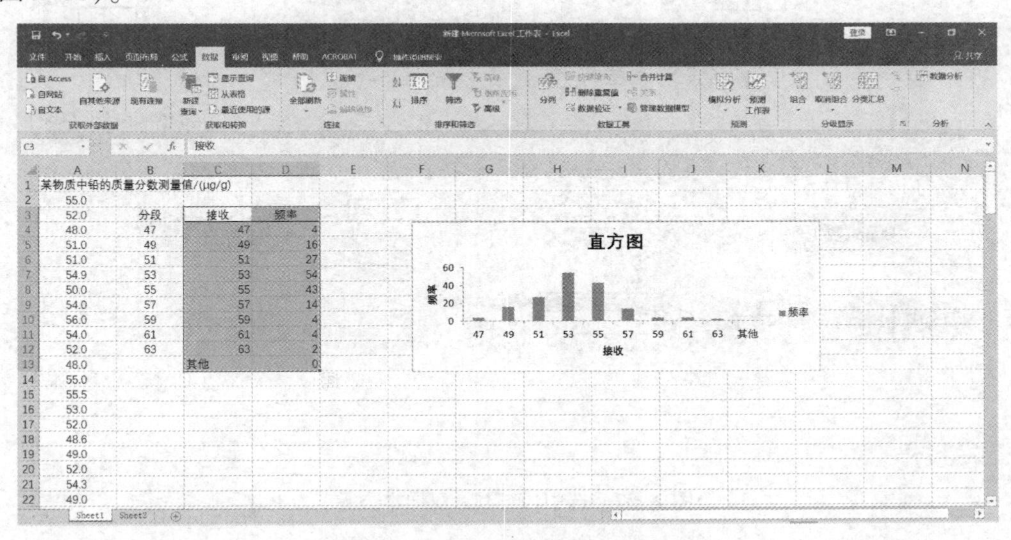

图 2-36　返回结果表和直方图

3）假设检验

假设检验，也称统计假设检验，是指用于判断样本和样本、样本和总体之间存在的差异是由抽样误差引起，还是由本质差别造成的统计推断方法。显著性检验是假设检验中最常用的一种方法，也是一种最基本的统计推断形式。

显著性检验的基本原理：先对总体的特征做出某种假设，再通过抽样研究进行统计推理，利用样本信息来判断这个假设是否合理，即判断总体的真实情况与原假设是否有显著性差异。一般先计算统计量和临界值，通过两者对比得出检验和判定结果。常用的假设检验方法有卡方检验、*F* 检验、*t* 检验、*Z* 检验等，其中 *F* 检验、*t* 检验、*Z* 检验均可利用 Excel 的数据分析工具进行统计分析。以下通过实际案例来详细讲解。

（1）*F* 检验。

F 检验：也称方差齐性检验，是检验两个符合正态分布随机变量的方差是否相等（是否存在显著差异）的一种假设检验方法。

【例 2-10】 用两种方法测量某批矿砂样品中镍的百分含量（%），数据见表 2-11。

表 2-11　矿砂样品中镍的百分含量

测定方法	矿砂中镍的百分含量/%				
方法 1	3.25	3.27	3.24	3.26	3.24
方法 2	3.23	3.25	3.26	3.28	3.30

试用 *F* 检验进行分析，并判断两种方法的精密度是否有显著差异（$\alpha=0.05$）。

解：①将测试结果数据输入 Excel 表格中。

点击菜单栏的【数据】，在【分析】选项卡中单击【数据分析】。弹出【数据分析】选项卡，选中【F 检验 双样本方差】，点击【确定】（见图 2-37）。

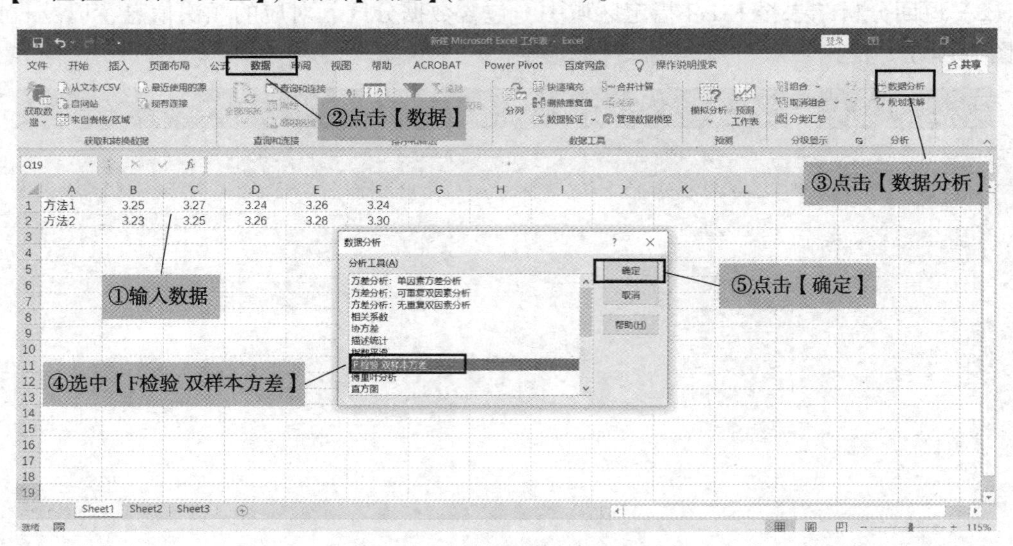

图 2-37　选中【F 检验 双样本方差】

② 在弹出的【F 检验 双样本方差】对话框中进行参数设置（见图 2-38）。

【输入】：

【变量 1 的区域】：输入方法 1 的试验数据，即单元格区域 A1:F1 的数据。

【变量 2 的区域】：输入方法 2 的试验数据，即单元格区域 A2:F2 的数据。

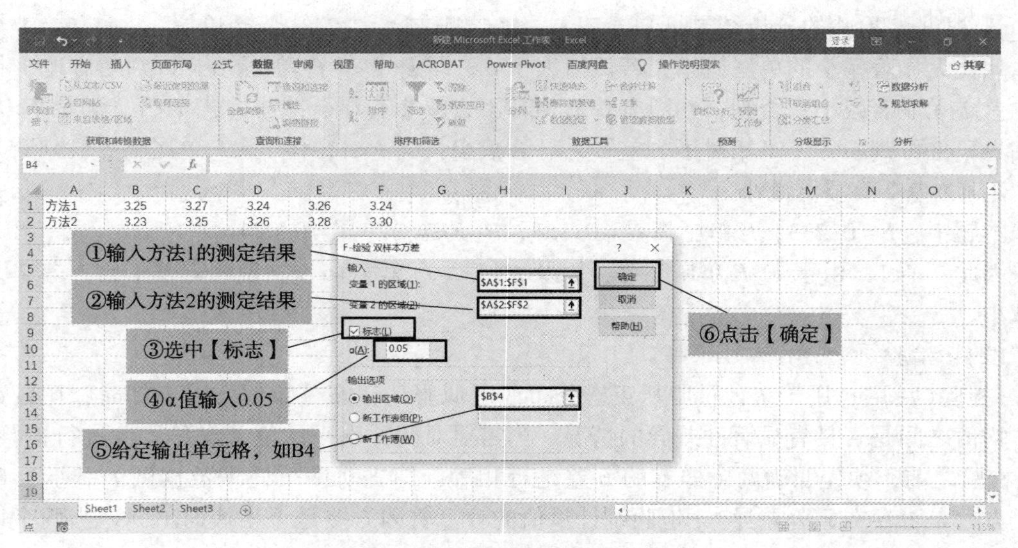

图 2-38　*F* 检验参数设置

【标志】：勾选，因为输入的变量区域内容包含数据及其名称。若输入变量的单元格区域不包含 A1 和 A2 单元格时，不勾选该选项。

【α】：此处输入 *F* 检验临界值的显著性水平。根据题意，α 值输入 0.05。

【输出选项】：选择 *F* 检验结果的显示区域，任选一项即可。

【输出区域】：若选中该选项，则表示在指定区域中返回 *F* 检验结果。

【新工作表组】：若选中该选项，则表示在同一个工作簿的另一个新工作表中返回 *F* 检验结果。

【新工作簿】：若选中该选项，则表示在另一个新工作簿中返回 *F* 检验结果。

选中【输出区域】，在当前工作表中选中 B4，Excel 将在 B4 单元格的下方区域输出分析结果。

以上参数完成设置后，点击【确定】。

F 检验分析结果如图 2-39 所示。

方法1	3.25	3.27	3.24	3.26	3.24
方法2	3.23	3.25	3.26	3.28	3.30

F 检验 双样本方差分析

	方法1	方法2
平均	3.252	3.264
方差	0.00017	0.00073
观测值	5	5
df	4	4
F	0.233	
P(F<=f) 单尾	0.094	
F 单尾临界	0.157	

图 2-39　*F* 检验分析结果

③ 根据 F 检验的分析结果可知，$F<1$，为左侧检验。“P(F<=f)单尾”表示方差 1 与方差 2 相比无显著减小的单尾概率，若该值大于 α，即 $P(F<=f)$ 单尾 $>\alpha$，可判断方差 1 相对于方差 2 无显著减小；否则，判断方差 1 相对于方差 2 有显著减小。当 $F<1$，满足 $F>F$ 单尾临界，也可判断方差 1 相对于方差 2 无显著减小；当 $F<1$，但 $F\leqslant F$ 单尾临界，判断方差 1 相对于方差 2 有显著减小。

本题中，$F=0.233$，F 单尾临界 $=0.157$，$P(F<=f)$ 单尾 $=0.094$。

因此，$F<1$，由于 $F>F$ 单尾临界，以及 $P(F<=f)$ 单尾 $>\alpha$，均说明方差 1 比方差 2 无显著减小。

（2）t 检验。

t 检验（T-test）用于统计量服从正态分布或近似服从正态分布但方差未知时，比较数据样本均值之间是否具有显著性差异的情况。当需要对两样本平均值差异显著性进行检验时，在 t 检验之前，须先明确两个样本的方差是否相等，即先对两个样本数据做 F 检验，确定两个方差是否存在显著差异。t 检验统计量值的计算将因方差是否相等而不同：当两个样本的方差没有显著差异时，进行等方差 t 检验；否则，进行异方差 t 检验。

【例 2-11】 某实验室开展人员比对，两个实验员均用同一方法对同一环境样品中的多氯联苯（PCBs）进行加标分析，加标量为 20ng/kg，两人的加标测试结果如表 2-12 所示（单位：ng/kg）。试问两个实验员的分析结果之间是否存在显著差异（$\alpha=0.05$）。

表 2-12　加标分析结果　　ng/kg

实验员 A	20.3	20.9	21.0	20.9	21.7	21.0	27.7
实验员 B	21.0	21.3	21.2	21.2	21.6	21.3	27.7

解：①两组数据结果的比较实际上是两个平均值之间的比较，属系统误差的检验问题，应该用 t 检验进行分析。而 t 检验之前应先做 F 检验，判断两组数据的方差是否有显著差异。因此，将两组数据录入 Excel 表中，先做 F 检验。

按照前文的步骤对两组数据做 F 检验，得到双样本方差分析结果（见图 2-40）。

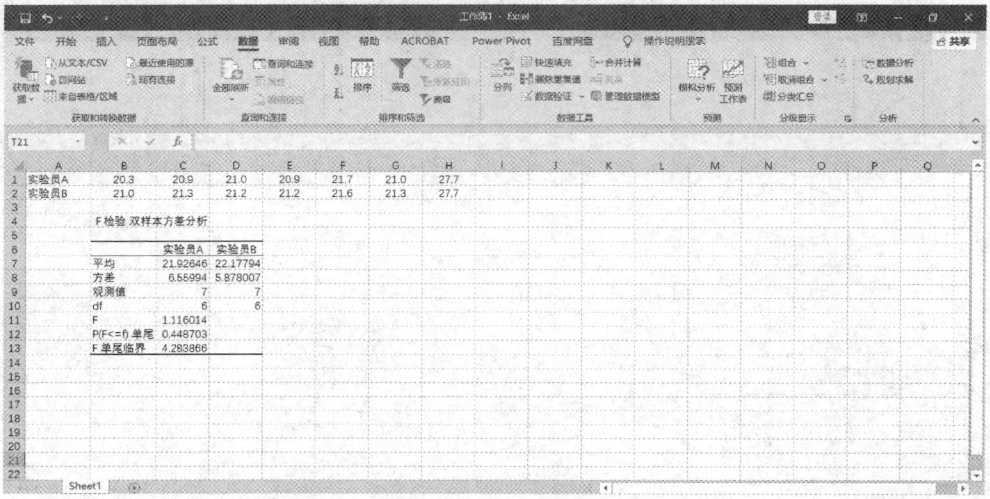

图 2-40　F 检验结果

根据 F 检验结果表可知：$F>1$，为右侧检验，且 $F<$“F 单尾临界”，说明实验员 A 的检测结果与实验员 B 相比，方差没有显著增大。

这里的“$P(F<=f)$ 单尾”表示 A 的方差较 B 的方差无显著增大的单尾概率。若进行双侧检验，则可根据双尾概率等于单尾概率的两倍来判断。$2\times P(F<=f)$ 单尾 ≈ 0.9，即 $2\times P(F<=f)$ 单尾 $>\alpha$，说明两个实验员的检测结果没有显著差异，应进行方差 t 检验。

② 等方差 t 检验。

单击菜单栏的【数据】，点击【分析】模块中的【数据分析】。在弹出的【数据分析】对话框中选择工具【t 检验：双样本等方差假设】，再点击【确定】(见图 2-41)。

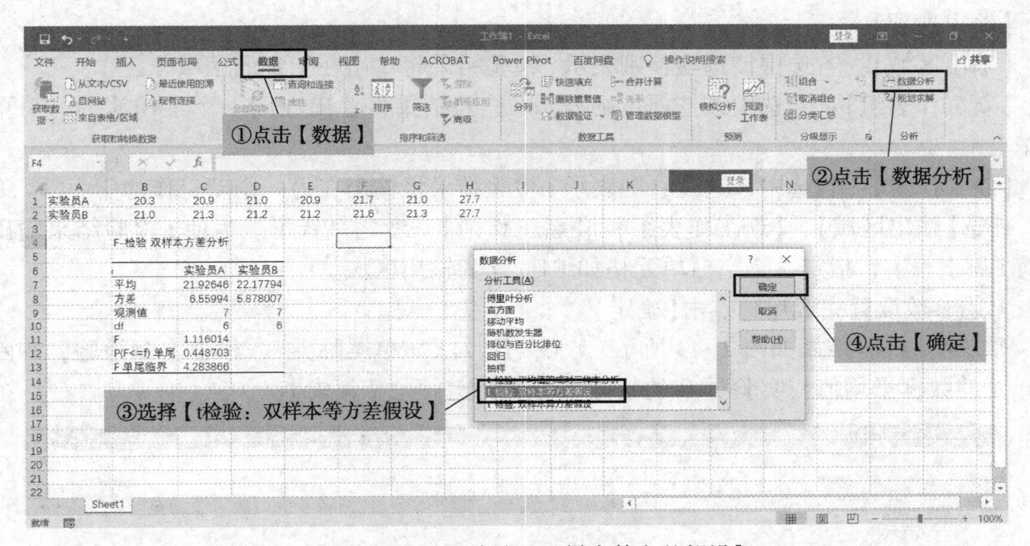

图 2-41　选择【t 检验：双样本等方差假设】

在弹出的【t 检验：双样本等方差假设】对话框中设置参数(见图 2-42)。

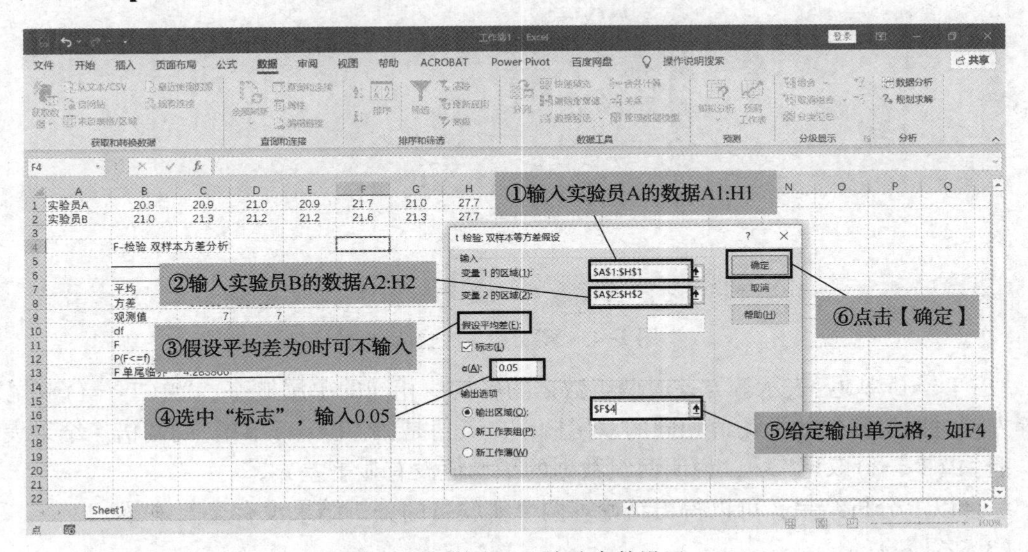

图 2-42　等方差 t 检验参数设置

【输入】：

【变量 1 的区域】：选中单元格区域 A1:H1 内所有数据。

【变量 2 的区域】：选中单元格区域 A2:H2 内所有数据。

【假设平均差】：两个样本平均值的差值。一般输入“0”，即假设两样本平均值差值为零，两组数据的平均值相等。当假设平均差为 0 时，也可不输入任何参数，Excel 默认为“0”。

【标志】：勾选。A1 和 A2 单元格内并非测试数据，若输入变量时未包含 A1 和 A2，则不勾选。α 值输入 0.05。

【输出选项】：

【输出区域】：若选中该选项，则表示 t 检验结果将输出在指定的区域。

【新工作表组】：若选中该选项，则表示 t 检验结果将输出在同一个工作簿的另一个新工作表中。

【新工作簿】：若选中该选项，则表示 t 检验结果将输出在另一个新工作簿中。

任选【输出区域】、【新工作表组】和【新工作簿】三者之一皆可。为使 t 检验结果输出在当前 Excel 表中，指定一个空白单元格如 F4，作为输出区域。

上述参数设置完成后，点击【确定】。

等方差 t 检验结果如图 2-43 所示。$t<0$，且 $|t|<$“t 单尾临界”，根据左侧检验，判断实验员 A 的数据平均值与实验员 B 的数据平均值相比，无显著减小。

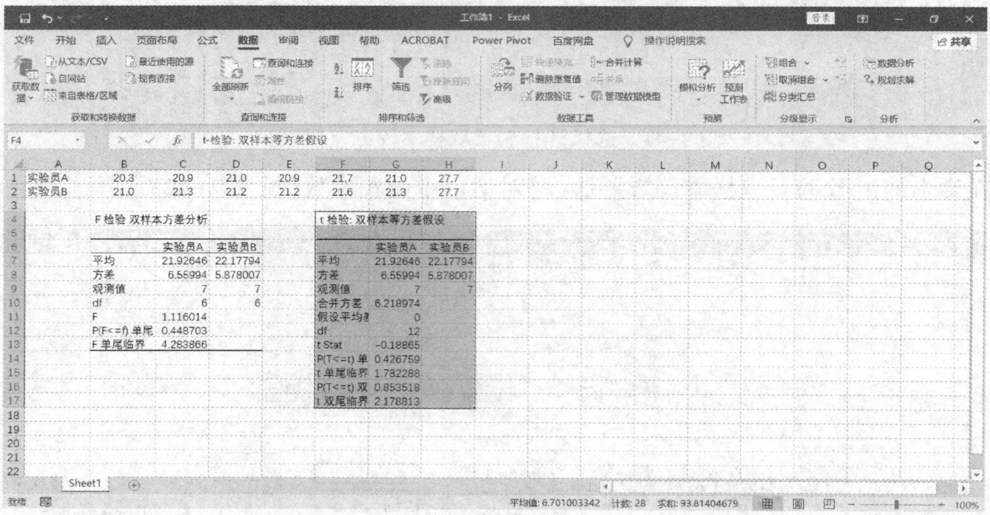

图 2-43　等方差 t 检验结果

“P(T<=t)单尾”表示等方差时两组数据的平均值相同的单尾概率；“P(T<=t)双尾”表示等方差时两组数据的平均值相同的双尾概率，其值是“P(T<=t)单尾”的两倍。结果表中 $t<0$，且“P(T<=t)双尾”$>\alpha$，说明两组数据的平均值没有显著差异。

综合以上分析结果，可以得出结论：两个实验员的分析结果没有显著差异。

(3) Z 检验。

Z 检验：是用标准正态分布的理论来推断差异发生的概率，从而比较两个平均值的差异是否显著的分析方法。当已知标准差时，验证一组数的均值是否与某一期望值相等时，用 Z 检验。Z 检验一般用于大样本(样本容量大于 30)平均值的差异性检验。

【例 2-12】 有两组独立随机样本分别取自均值未知但方差已知的两个正态分布总体(见表 2-13)，其中：

第一总体：总体方差 0.5329，样本容量 25。

第二总体：总体方差 0.7921，样本容量 20。

试做两个总体均值差等于 0 的右尾检验($\alpha=0.01$)。

表 2-13 样本数据

总体	数据									
第一总体	5.91	7.42	6.74	6.7	9.62	7.09	6.34	6.76	8.27	6.93
	7.28	8.52	7.31	6.38	6.83	8.18	7.49	6.63	7.83	6.54
	6.64	8.15	7.39	8.91	6.73					
第二总体	6.99	7.25	6.97	6.96	6.96	6.27	7.72	6.78	4.76	6.56
	6.58	6.87	6.72	7.11	5.6	5.64	6.91	7.28	7.85	6.27

解：此题为双样本平均差检验，且两个总体的标准偏差已知，适用于 Z 检验。

① 将表 2-13 中的两组样本数据录入 Excel 表中。单击菜单栏的【数据】，点击【分析】模块中的【数据分析】。在弹出的【数据分析】对话框中选择分析工具【Z 检验：双样本平均差检验】，再点击【确定】(见图 2-44)。

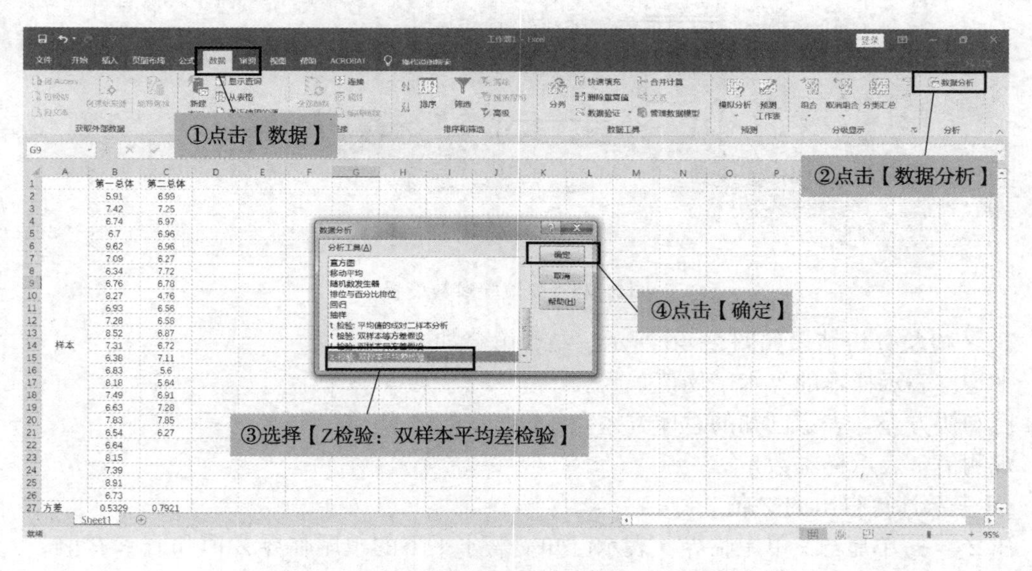

图 2-44 选择【Z 检验：双样本平均差检验】

② Z 检验参数设置(见图 2-45)。

【输入】：变量 1 和变量 2 的区域分别输入第一总体和第二总体的样本数据。

【假设平均差】：依据题意，输入 0。

【变量 1 的方差】：输入题中给出的第一总体方差 0.5329。

【变量 2 的方差】：输入题中给出的第二总体方差 0.7921。

【标志】：勾选。若选择变量 1 和变量 2 的数据区域时未包含名称，即单元格 B1 和 C1，则不勾选。

【α】：显著性水平。根据题意，输入 0.01。

【输出选项】：

【输出区域】：若选中该选项，则表示 Z 检验结果将输出在指定的区域。

【新工作表组】：若选中该选项，则表示 Z 检验结果将输出在同一个工作簿的另一个新工作表中。

【新工作簿】：若选中该选项，则表示 Z 检验结果将输出在另一个新工作簿中。

任选【输出区域】、【新工作表组】和【新工作簿】三者之一皆可。为将 Z 检验结果输出在当前 Excel 页面中，指定一个空白单元格如 E3，作为输出区域。

全部参数设置完成后，点击【确定】。

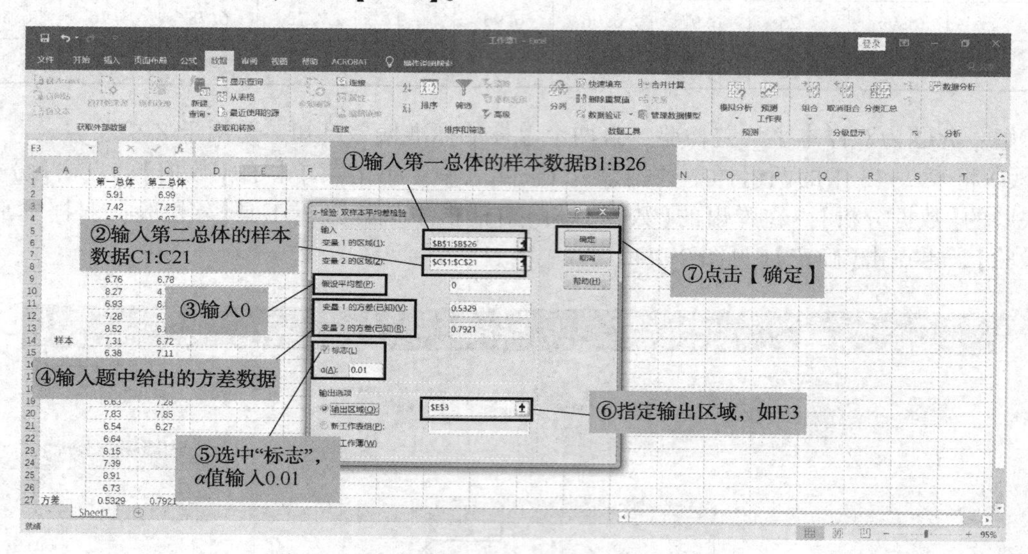

图 2-45　Z 检验参数设置

③ Z 检验分析结果如图 2-46 所示，结果解释如下。

平均：表示样本的算术平均值。

已知协方差：表示已知的总体方差。

观测值：表示样本数量。

z：表示计算得出的 Z 值。

$P(Z<=z)$ 单尾与 z 单尾临界：表示已知显著水平下的单尾临界 Z 值和概率 P 值。

$P(Z<=z)$ 双尾与 z 双尾临界：表示已知显著水平下的双尾临界 Z 值和概率 P 值。

根据对 Z 检验结果进行分析（见表 2-14），由于 $P(Z<=z)$ 单尾 = 0.0074，该值小于给定的 α 值 0.01，说明两总体平均值明显大于 0；再者，$Z=2.44$，z 单尾临界 = 2.33，$Z>z$ 单尾临界，说明第一总体的平均值与第二总体平均值相比，显著偏大。

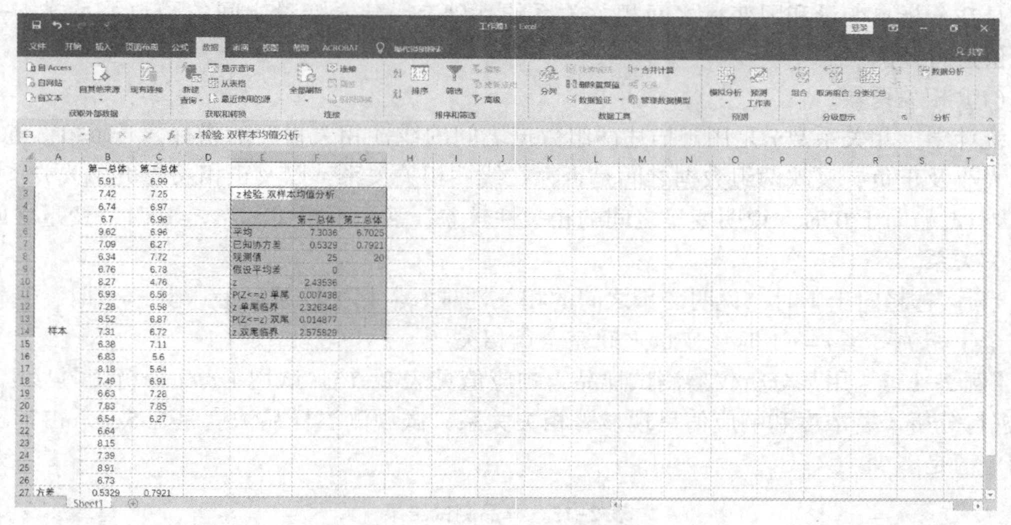

图 2-46　*Z* 检验分析结果

表 2-14　*Z* 检验结果判定(假设 H_0：两组样本的均值没有差异)

$\|z\|$	*P* 值	H_0成立概率大小	差异显著程度
≥2.58	≤0.01	H_0成立概率极小	差异非常显著
≥1.96	≤0.05	H_0成立概率较小	差异显著
<1.96	>0.05	H_0成立概率较大	差异不显著

(4) *Z* 检验和 *t* 检验的比较。

Z 检验和 *t* 检验均是用于比较两个平均值之间是否存在显著差异的检验方法，但两种方法存在差异。*Z* 检验与 *t* 检验的差异主要表现在：

① *t* 检验主要用于样本量较小(如 $n<30$)，且总体方差 σ 未知的正态分布试验数据的检验；*Z* 检验一般用于大样本量($n>30$)，总体标准方差 σ 已知的平均值之间存在差异的检验。也就是说，*Z* 检验适用于总体数据和大样本数据，而 *t* 检验适用于小规模抽样样本。

② *Z* 检验适用于变量符合 *Z* 分布的情况，*t* 检验适用于变量符合 *t* 分布的情况。

③ *t* 分布是 *Z* 分布的小样本分布，即当总体符合 *Z* 分布时，从该总体中抽取的小样本符合 *t* 分布，而对符合 *t* 分布的变量，当增大样本量时，变量趋向于 *Z* 分布。

④ 大样本或小样本分析均可用 *t* 检验，而小样本不适用 *Z* 检验，因此，*t* 检验应用较 *Z* 检验更广泛。

2.4.1.5　预测分析

在进行简单的预测性数据分析时，可使用 Excel 的预测函数，实现移动平均预测、指数平滑预测、线性回归预测、指数回归预测、多项式拟合预测。以下介绍两种典型的预测分析，如回归分析预测和时间序列预测。

1) 回归分析预测

回归分析是一种常用的统计分析方法，利用回归可以分析数据的内在规律。回归分析预测是在分析自变量和因变量之间相关关系的基础上，建立变量之间的函数关系式，并对未来值进行预测。

（1）相关系数。

统计学上相关系数 r 是用于描述两组数据之间的线性相关程度的指标，$|r|\leqslant 1$。通过 r 值的大小及正负，反映两组数据之间是否存在线性相关关系，以及正相关或负相关关系。

当 $|r|$ 趋向于 0 时，说明变量之间的相关性较差，甚至不相关。当 $r=0$ 时，变量之间没有相关关系。

当 $|r|$ 越趋向于 1 时，说明变量之间的相关性越好，相关性越显著。当 $r=1$ 时，变量之间完全正相关；当 $r=-1$ 时，变量之间完全负相关。

【例 2-13】 用某分析仪器测试样品，响应值见表 2-15。试用 Excel 分析工具“相关系数”进行分析。若浓度和响应值呈现显著相关关系，试预测当样品浓度是 7.5μg/mL 时，仪器响应值是多少。

表 2-15　样品测试结果

浓度 x/（μg/mL）	0	2	4	6	8	10
响应值 y	0.1	8.0	15.7	24.2	31.5	37.8

解：先用 Excel 分析工具对浓度和响应值两组数据进行相关性分析。

① 将数据录入 Excel 表中，单击菜单栏的【数据】，点击【分析】模块中的【数据分析】。在弹出的【数据分析】对话框中选择分析工具【相关系数】，再点击【确定】（见图 2-47）。

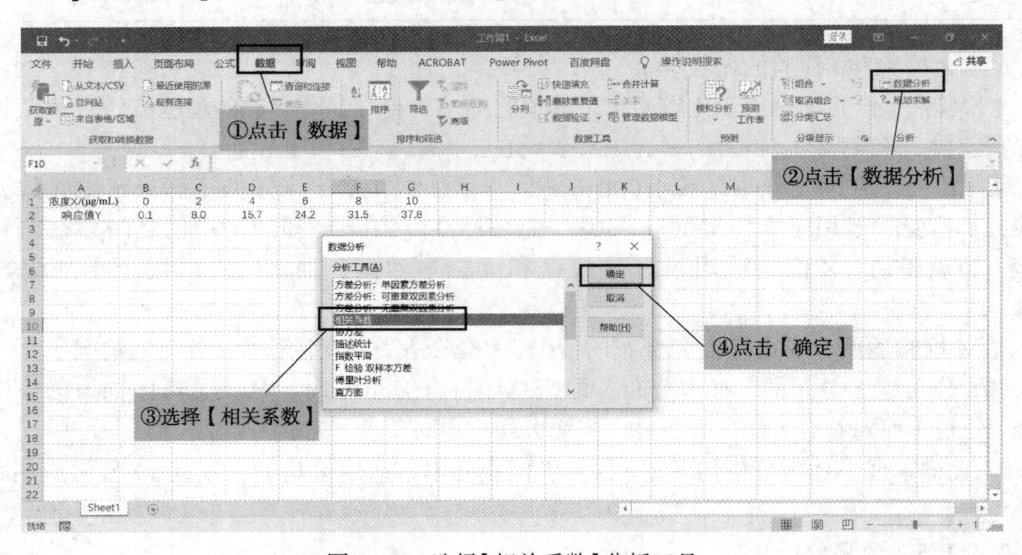

图 2-47　选择【相关系数】分析工具

② 在弹出的【相关系数】对话框中，进行参数设置（见图 2-48）。

【输入区域】：输入浓度和响应数据，即 A1:G2 区域内所有数据。

【分组方式】：选择“逐行”。当数据为纵向排列时，应选中“逐列”。

【标志位于第一行】：勾选。若输入区域的数据是 B1:G2，则不勾选该选项。

【输出选项】:

【输出区域】: 若选中该选项，则表示相关系数分析结果将输出在给定的输出区域。

【新工作表组】: 若选中该选项，则表示相关系数分析结果将输出在同一个工作簿的另一个新工作表中。

【新工作簿】: 若选中该选项，则表示相关系数分析结果将输出在另一个新工作簿中。

任选【输出区域】、【新工作表组】和【新工作簿】三者之一皆可。为使相关系数分析结果输出在当前 Excel 表中，选中一个空白单元格如 B4，作为输出区域。

以上参数设置完成后，点击【确定】。

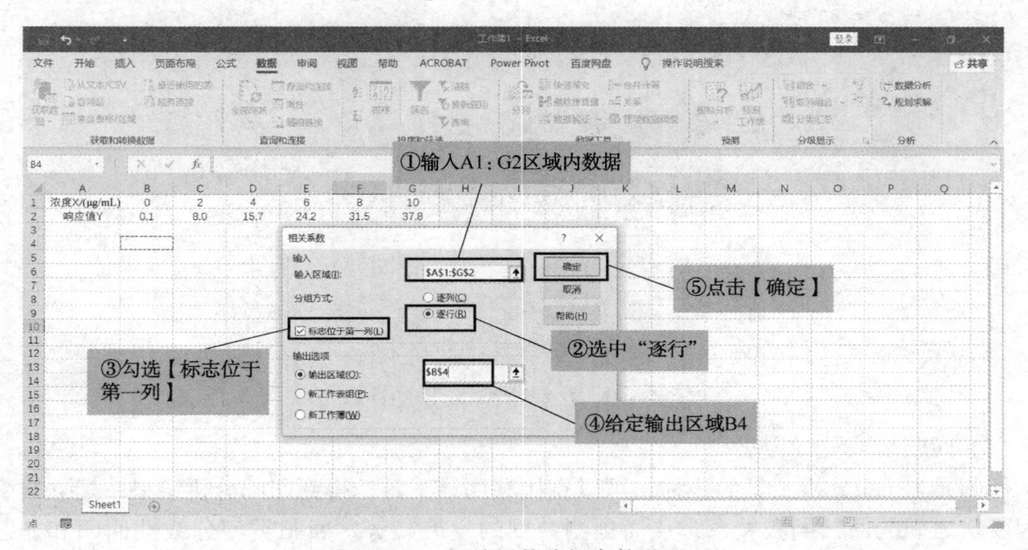

图 2-48　相关系数分析参数设置

③ Excel 返回相关系数分析结果，显示浓度与响应值的相关系数为 $r=0.9991$(见图 2-49)，说明浓度与响应值呈显著正相关关系。

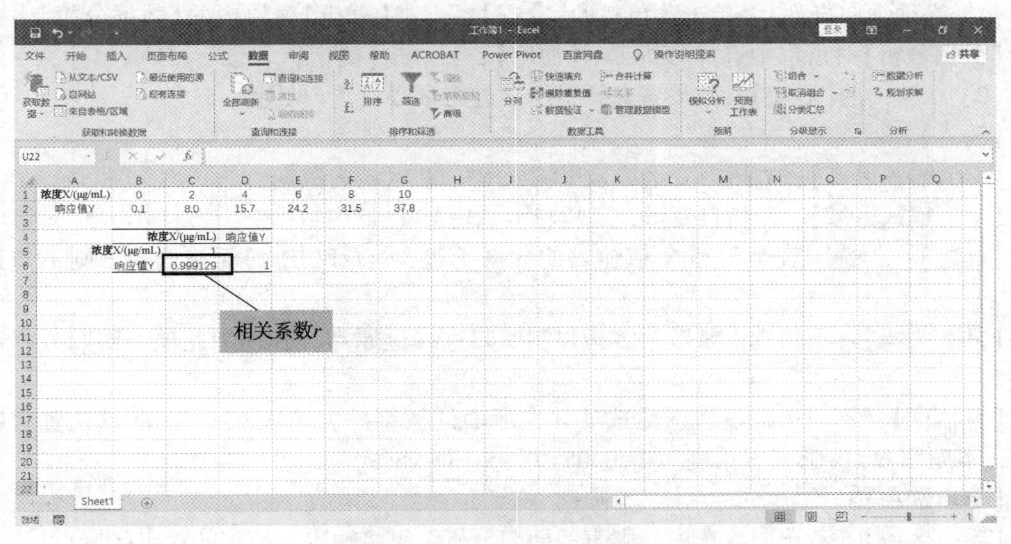

图 2-49　相关系数分析结果

因此可以得出结论：样品浓度和仪器响应值之间有较好的正线性相关关系。可通过 Excel 函数 SLOPE 和 INTERCEPT(见第 3.2 节“Excel 公式和函数运用”)分别计算出线性方程的斜率及截距(见图 2-50)，得到线性方程 $y=3.82x+0.44$。当浓度 $x=7.5\mu g/mL$ 时，预测响应值 $y=3.82\times7.5+0.44=29.1$。

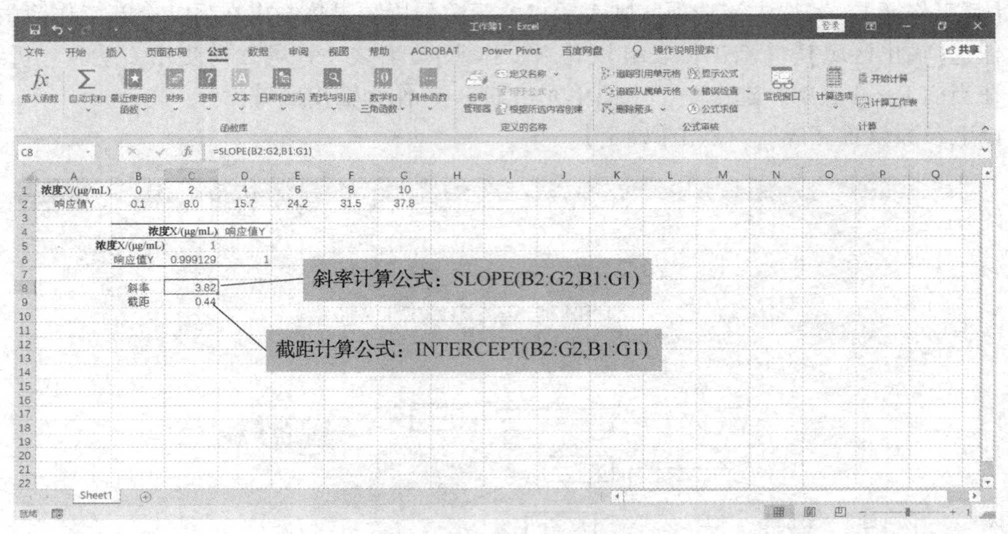

图 2-50　方程斜率和截距的计算

(2) 回归。

回归是 Excel 分析工具的一种，可以直接利用该工具，得到回归分析结果，建立自变量和因变量之间的回归函数关系，从而预测数据的发展趋势。回归类型分线性回归和非线性回归；按照因变量个数的多少，又可分为一元回归分析和多元回归分析。

【例 2-14】　用回归工具解答【例 2-13】($\alpha=0.05$)。

解：(1)应将【例 2-13】中的自变量和因变量数据在 Excel 中纵向排列(注意：回归分析时，数据必须纵向排列)。单击菜单栏的【数据】，点击【分析】模块中的【数据分析】。在弹出的【数据分析】对话框中选择分析工具【回归】，再点击【确定】(见图 2-51)。

(2) 在弹出的【回归】参数设置对话框中，进行参数设置(见图 2-52)。

【输入】：

【Y 值输入区域】：Y 指因变量，这里输入 B1:B7 区域内数据。

【X 值输入区域】：X 指自变量，这里输入 A1:A7 区域内数据。

【标志】：勾选。若 Y 值和 X 值输入的数据不包含 A1 和 B1 单元格内容，则不勾选该选项。

【常数为零】：不勾选。常数为零指强制回归直线过原点，若选中此项，回归方程截距为零。

【置信度】：不勾选，或勾选此选项并在后面的数字框内输入 95。Excel 默认置信度为 95%，本题取 $\alpha=0.05$，置信度为 $1-0.05=0.95$，即 95%。

【输出选项】：

【输出区域】：若选中该选项，则表示回归分析结果将输出在给定的输出区域。

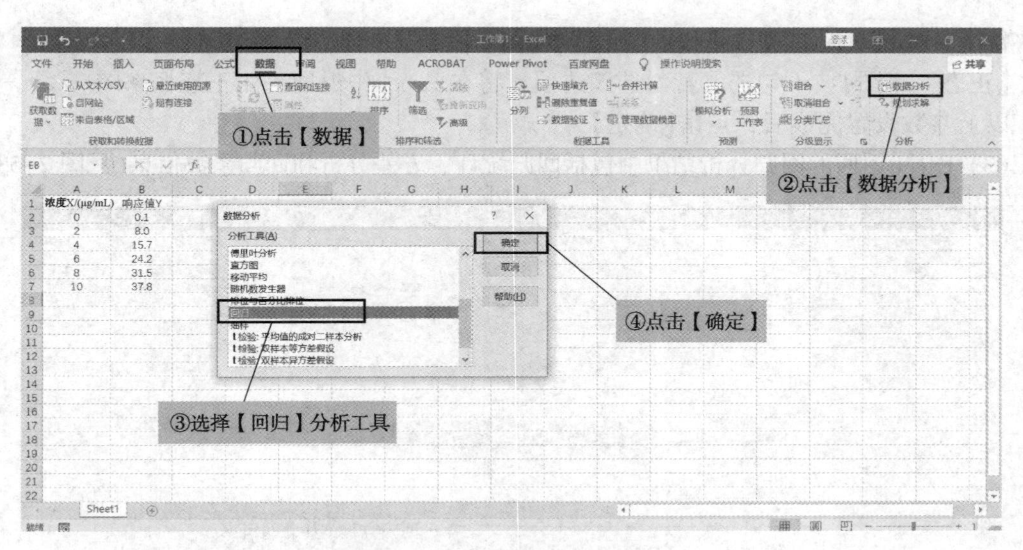

图 2-51 选择【回归】分析工具

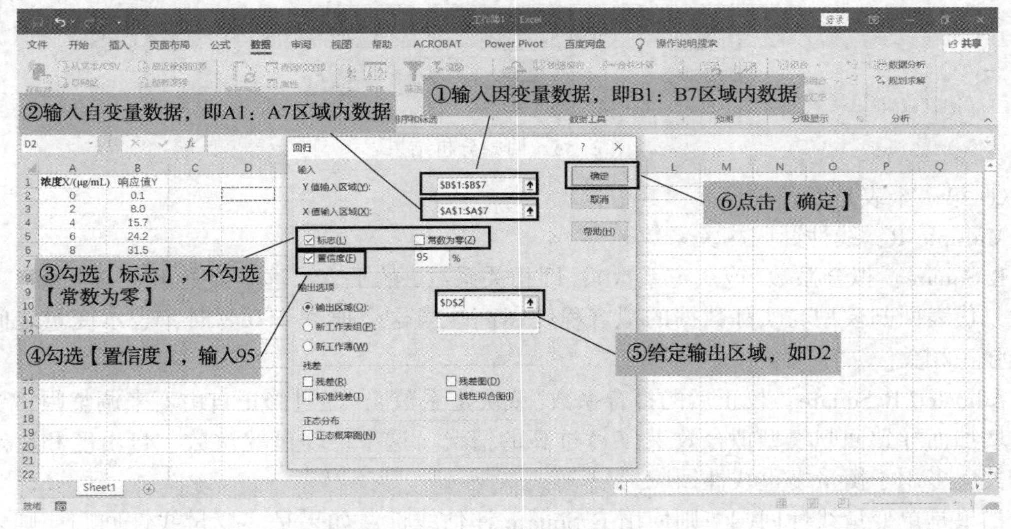

图 2-52 回归分析参数设置

【新工作表组】：表示回归分析结果将输出在同一个工作簿的另一个新工作表中。

【新工作簿】：表示回归分析结果将输出在另一个新工作簿中。

任选【输出区域】、【新工作表组】和【新工作簿】三者之一皆可。为使回归分析结果在当前 Excel 表中输出，选中一个空白单元格如 D2，作为输出区域。

【残差】：

【残差】：不勾选。若勾选该选项，将在 Excel 中返回残差输出表。

【残差图】：不勾选。若勾选该选项，将在 Excel 中返回一张残差图（散点图），反映每个自变量及其残差的变化。

【标准残差】：不勾选。若勾选该选项，将在 Excel 中返回含标准残差结果的残差输出表。

【线性拟合图】：不勾选。若勾选该选项，将在 Excel 中返回一张线性拟合图（散点图），反映每个自变量对应的观测值和预测值。

【正态概率图】：不勾选。若勾选该选项，将在 Excel 中返回一张正态概率图。

以上参数设置完成后，点击【确定】。

(3) Excel 返回的回归分析结果中包括回归统计、方差分析和回归系数信息(见图 2-53)。

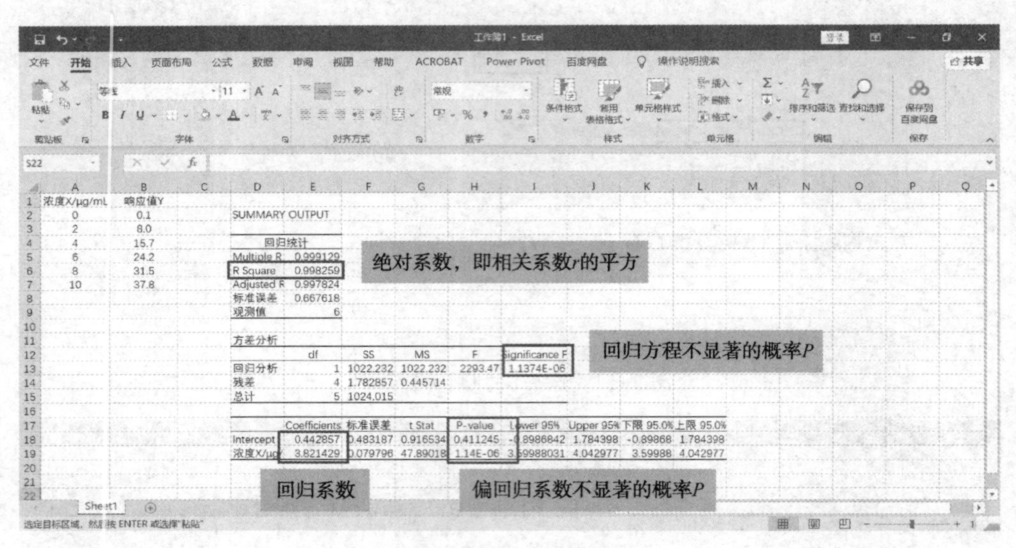

图 2-53　回归分析结果

① 第一个表是回归统计表，其中：

Multiple R：线性回归相关系数 r。

R Square：拟合系数(或决定系数)，即相关系数 r 的平方。这个值处于 0~1 区间，r 值越大，代表回归模型与实际数据的拟合程度越高。当这个值大于 0.8 时，表示变量之间具有较强正相关。

Adjusted R Square：校正后的拟合系数(或决定系数)，通过修正自由度来调整因自变量个数增加而导致回归模型拟合效果(R^2)过高的情况。这个值与试验次数、自由度和决定系数相关，多用于衡量多重线性回归。

如果是单变量线性回归，则使用 R Square 评估线性；如果是多变量线性回归，则多使用 Adjusted R Square 评估线性。

标准误差：代表实际值与回归线的差距，标准误差值越小越好。

观测值：观测数据的个数。

② 第二个表是方差分析表，汇总的是：

回归、残差和总的自由度 df；

回归、残差和总的离差平方和 SS；

回归均方和残差均方 MS；

回归均方和残差均方的比值 F；

回归方程不显著的概率 Significant$F$，该值一般应小于 0.05，且越小越好。

③ 第三个表汇总了回归方程系数的信息，其中比较重要的是：

Coefficients：回归系数。“Intercept”对应的回归系数指截距的回归值；“浓度 X/(μg/mL)”

对应的回归系数指自变量 X 的系数，即斜率的回归值。

标准误差：表示对应回归系数的标准误差。

t Stat：该值等于回归系数/标准误差，是偏回归系数的 t 检验值。当存在多个自变量时，可用于判断某因素对试验结果影响的显著性，即根据 t 检验值的大小判断因素的主次顺序。

上述是一元线性回归问题，Excel 处理多元线性回归问题的分析过程也类似，除变量的数据需要纵向排列外，自变量的数据需要连续排列。

【例 2-15】 某项试验考察了三个自变量 x_1、x_2 和 x_3 对因变量 y 的影响，共进行了 49 次试验，得到试验结果(见表 2-16)。根据相关的专业知识已知它们之间的关系可以用三元线性回归进行处理，试求出线性回归方程($\alpha=0.05$)。

表 2-16 试验数据表

序号	x_1	x_2	x_3	y	序号	x_1	x_2	x_3	y
1	2	18	50	4.3302	26	9	6	39	2.7066
2	7	9	40	3.6485	27	12	5	51	5.6314
3	5	14	46	4.4830	28	6	13	41	5.8152
4	12	3	43	5.5468	29	12	7	47	5.1302
5	1	20	64	5.4970	30	0	24	61	5.3910
6	3	12	40	3.1125	31	5	12	37	4.4583
7	3	17	64	5.1182	32	4	15	48	4.6569
8	6	5	39	3.8759	33	0	20	45	4.5212
9	7	8	37	4.6700	34	6	16	42	4.8650
10	0	23	55	4.9536	35	4	17	48	5.3566
11	3	16	60	5.0060	36	10	4	48	4.6098
12	0	18	49	5.2701	37	4	14	35	2.3815
13	8	4	50	5.3772	38	5	13	36	3.8746
14	6	14	51	5.4849	39	9	8	51	4.5919
15	0	21	51	4.5960	40	6	13	54	5.1588
16	3	14	51	3.6645	41	5	8	100	5.4372
17	7	12	56	6.0795	42	5	11	44	3.9960
18	16	0	48	3.2194	43	8	6	63	4.3970
19	6	16	45	5.8075	44	2	13	55	4.0622
20	0	15	52	4.7306	45	7	8	50	2.2905
21	9	0	40	4.6805	46	4	10	45	4.7115
22	4	6	32	3.1272	47	10	5	40	4.5310
23	0	17	47	2.6104	48	3	17	54	5.3637
24	9	0	44	3.7174	49	4	15	72	6.0771
25	2	16	39	3.8946					

解：将表 2-16 中的数据按纵向排列，其中自变量连续排列。单击菜单栏的【数据】，点击【分析】模块中的【数据分析】。在弹出的【数据分析】对话框中选择分析工具【回归】，再点击【确定】。在【回归】页面进行参数设置(见图 2-54)。

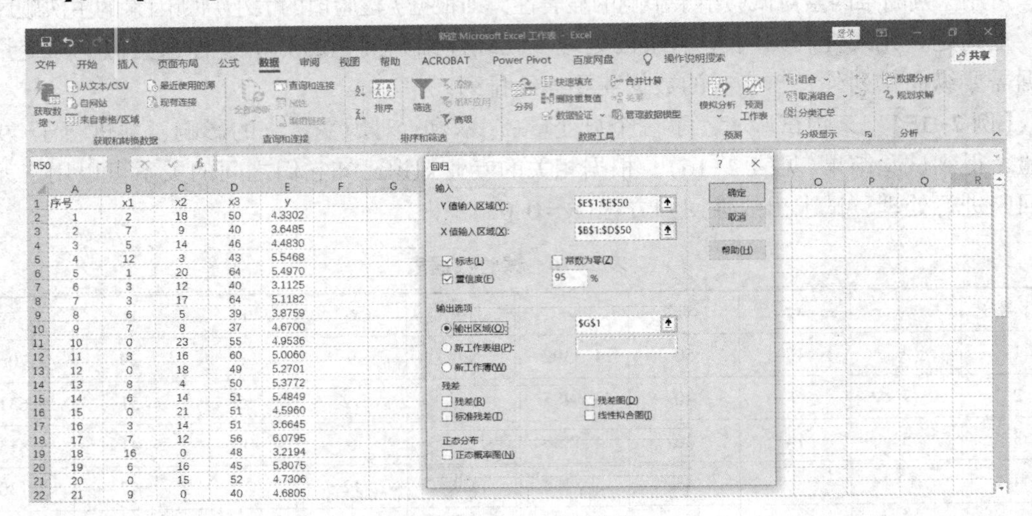

图 2-54　回归参数设置

【输入】:

【Y 值输入区域】：Y 指因变量，这里输入 E1:E50 区域内数据。

【X 值输入区域】：X 指自变量，本题有x_1、x_2和x_3三个自变量，应输入 B1:D50 区域内数据。

【标志】：X 值和 Y 值输入区域包含标题栏，应勾选。

【常数为零】：不勾选。常数为零指强制回归直线过原点，若选中此项，回归方程截距为零。

【置信度】：不勾选。或勾选此选项，需在后面的数字框内输入 95。Excel 默认置信度为 95%，本题取 $\alpha=0.05$，置信度为 $1-0.05=0.95$，即 95%。

【输出选项】:

【输出区域】：若选中该选项，则表示回归分析结果将输出在给定的输出区域。

【新工作表组】：表示回归分析结果将输出在同一个工作簿的另一个新工作表中。

【新工作簿】：表示回归分析结果将输出在另一个新工作簿中。

任选【输出区域】、【新工作表组】和【新工作簿】三者之一皆可。为使回归分析结果在当前 Excel 表中输出，选中一个空白单元格如 G1，作为输出区域。

【残差】:

【残差】：不勾选。若勾选该选项，将在 Excel 中返回残差输出表。

【残差图】：不勾选。若勾选该选项，将在 Excel 中返回一张残差图(散点图)，反映每个自变量及其残差的变化。

【标准残差】：不勾选。若勾选该选项，将在 Excel 中返回含标准残差结果的残差输出表。

【线性拟合图】：不勾选。若勾选该选项，将在 Excel 中返回一张线性拟合图(散点图)，反映每个自变量对应的观测值和预测值。

【正态概率图】：不勾选。若勾选该选项，将在 Excel 中返回一张正态概率图。

以上参数设置完成后，点击【确定】。

由图 2-55 可知，变量x_1、x_2和x_3对应的回归系数分别为 0. 1740、0. 1133 和 0. 0358，截距为 0. 5318。因此回归方程的模型为$y=0.5318+0.1740x_1+0.1133x_2+0.0358x_3$。

SUMMARY OUTPUT								
回归统计								
Multiple R	0.58932511							
R Square	0.347304086							
Adjusted R Square	0.303791025							
标准误差	0.803328271							
观测值	49							
方差分析								
	df	SS	MS	F	Significance F			
回归分析	3	15.45246	5.15082	7.981605	0.000225671			
残差	45	29.04013	0.645336					
总计	48	44.49259						
	Coefficients	标准误差	t Stat	P-value	Lower 95%	Upper 95%	下限 95.0%	上限 95.0%
Intercept	0.53178624	0.860884	0.617721	0.539873	-1.202123303	2.265696	-1.20212	2.265696
x1	0.174013172	0.059653	2.9171	0.005495	0.053866262	0.29416	0.053866	0.29416
x2	0.113323164	0.036947	3.067149	0.003651	0.038907288	0.187739	0.038907	0.187739
x3	0.03580199	0.010564	3.389038	0.001468	0.014524887	0.057079	0.014525	0.057079

图 2-55　三元回归分析结果

2）时间序列预测

（1）移动平均法。

移动平均法是指定时间段，对时间序列数据进行移动计算平均值的方法，是一种简单平滑预测技术，常用于计算股票的移动平均线、存货成本等。

移动平均的基本思想：根据时间序列资料逐项推移，依次计算包含一定项数的序时平均值，以反映数据的长期趋势。因此，当时间序列的数值受周期变动和随机波动的影响起伏较大，不易显示出事件的发展趋势时，使用移动平均法可以消除这些因素的影响，显示出事件的发展方向与趋势(趋势线)，然后依趋势线分析预测序列的长期趋势。

【例 2-16】 已知某检测公司 2022 年前 9 个月的产值数据，见表 2-17。试用 Excel 移动平均分析工具预测 2022 年 10 月的产值。

表 2-17　某检测公司月产值　　万元

时间	产值	时间	产值
2022 年 1 月	240	2022 年 6 月	265
2022 年 2 月	244	2022 年 7 月	255
2022 年 3 月	246	2022 年 8 月	272
2022 年 4 月	258	2022 年 9 月	288
2022 年 5 月	242	2022 年 10 月	

解：①将表格中数据录入 Excel 表中，单击菜单栏的【数据】，点击【分析】模块中的【数据分析】。在弹出的【数据分析】对话框中选择分析工具【移动平均】，再点击【确定】(见图 2-56)。

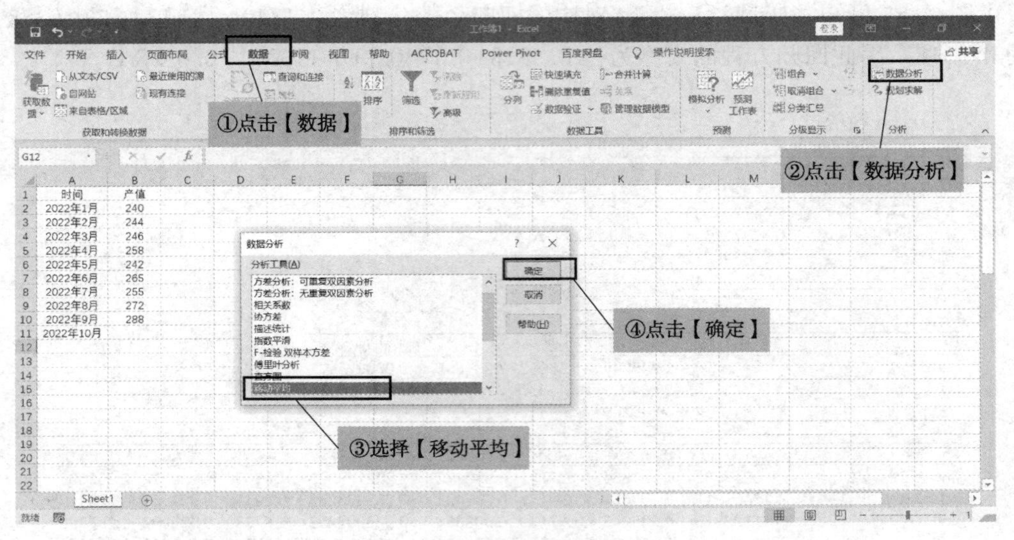

图 2-56　选择【移动平均】

② 在弹出的【移动平均】对话框中，进行参数设置(见图 2-57)。

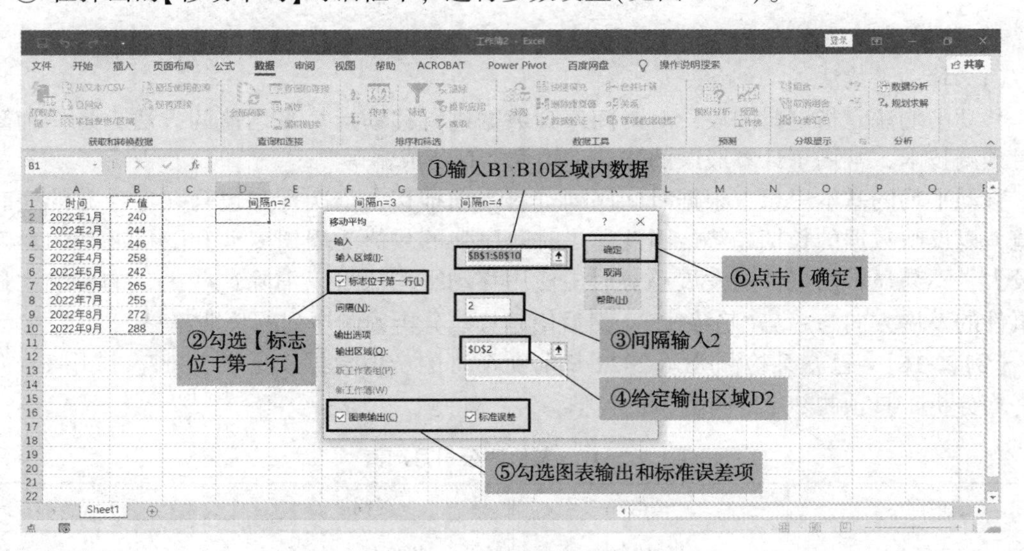

图 2-57　移动平均参数设置

【输入区域】：输入所有原始数据，即选中 B1:B10 单元格。

【标志位于第一行】：当选中的单元格区域包含名称和数据时，应选中该选项。

【间隔】：表示时间序列数据每几个进行移动平均。若输入 n 值为 2 时，表示时间序列数据每两个进行移动平均计算；若输入 n 值为 4 时，表示时间序列数据每四个进行移动平均计算。

【输出选项】：

【输出区域】：若选中该选项，则表示移动平均分析结果将输出在给定的输出区域。

【新工作表组】：若选中该选项，则表示移动平均分析结果将输出在同一个工作簿的另一个新工作表中。

【新工作簿】：若选中该选项，则表示移动平均分析结果将输出在另一个新工作簿中。

任选【输出区域】、【新工作表组】和【新工作簿】三者之一皆可。为使移动平均分析结果在当前 Excel 表中输出，选中一个空白单元格如 D2，作为输出区域。

【图表输出】：若选中此选项，移动平均将输出实际值和预测值的折线图。

【标准误差】：若选中此选项，移动平均将输出预测分析值的标准误差。

以上设置完成后，点击【确定】。

③ Excel 在 D2 单元格输出预测值和标准误差。其中，"D 列"数据为预测值，"E 列"数据为标准误差。当没有足够的源数据进行预测或计算标准误差时，Excel 返回错误值"#N/A"（见图 2-58）。

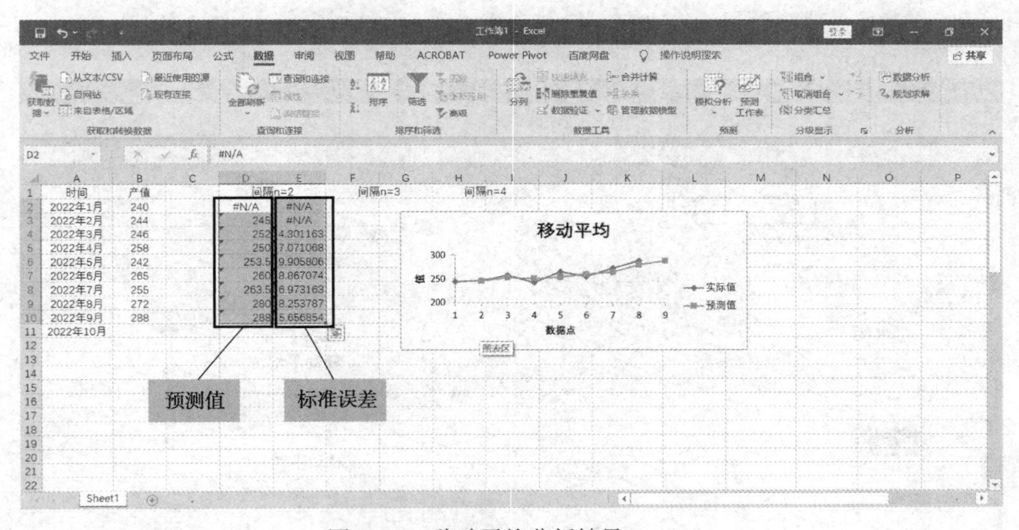

图 2-58 移动平均分析结果（$n=2$）

④ 移动平均分析的重点在于确定最佳间隔数 n，它是获得最佳预测值的关键。

应通过做不同间隔的移动平均分析，对比结果，确定最佳间隔数。对比不同间隔数得到的移动平均分析结果，当实际值和预测值之间误差最小时，对应的间隔数为最佳间隔。

因此，在做完 $n=2$ 的移动平均分析后，继续做间隔 n 为 3 和 4 的移动平均分析（见图 2-59）。

对比图 2-59 的分析结果可知，间隔数 n 为 2 时，实际值和预测值之间误差相对最小。因此，2022 年 10 月产值的预测值应以 8 月和 9 月的预测值及间隔数 2 为基础，即 8 月和 9 月预测值之和除以间隔数 2，预测结果为 284 万元（见图 2-60）。

（2）指数平滑法。

指数平滑法是在移动平均法基础上发展起来的一种时间序列分析预测法，它是通过计算指数平滑值，配合一定的时间序列预测模型对现象的未来进行预测。其分析原理是：任

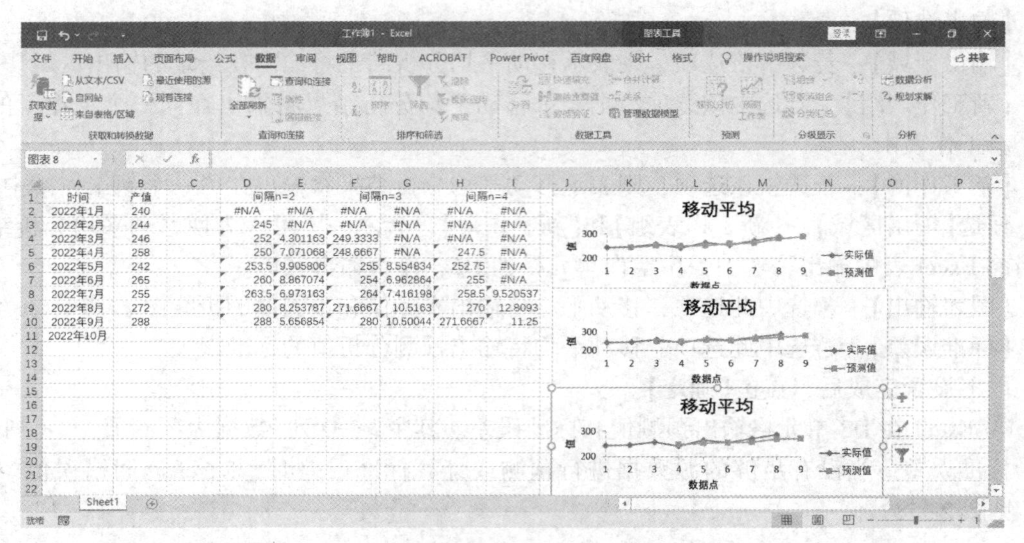

图 2-59　移动平均分析结果

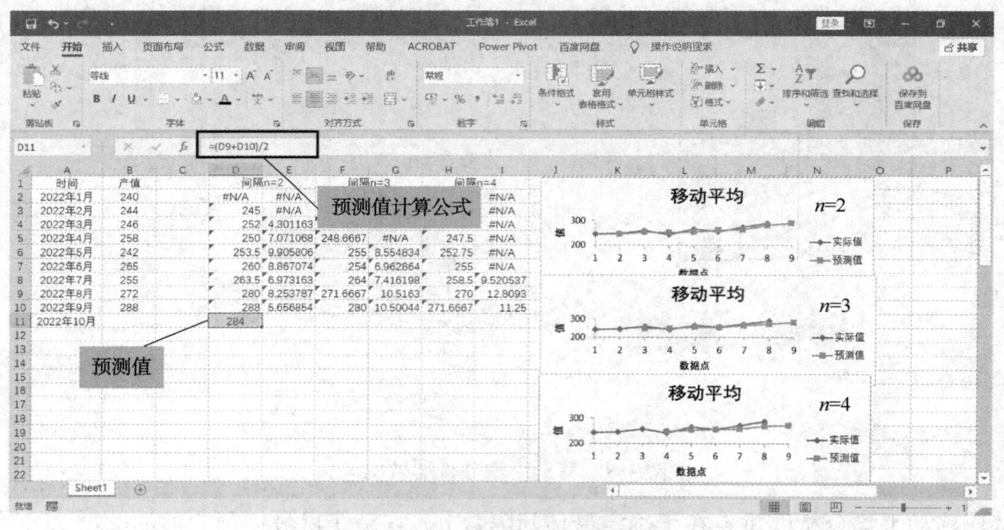

图 2-60　移动平均预测结果

一期的指数平滑值都是本期实际观察值与前一期指数平滑值的加权平均。指数平滑是对过去值和当前值进行加权平均，以及对当前的权数进行调整来抵消统计数值的随机摇摆影响，得到平滑的时间序列。指数平滑是除移动平均外，另一种基本的中短期预测方法，常用于产量预测、销量预测、利润预测等。

Excel 中的指数平滑法需要使用阻尼系数 β。

α：平滑系数，$0\leqslant\alpha\leqslant1$。

β：阻尼系数，$\beta=1-\alpha$，且 $0\leqslant\beta\leqslant1$。

β 是一个介于 0 和 1 之间的数字。阻尼系数 β 越小，近期实际值对预测结果的权重和参照意义越大；反之，阻尼系数 β 越大，近期实际值对预测结果的权重和参照意义越小。

在实际应用中，阻尼系数β是根据时间序列的变化特性来选取的。若时间序列数据的波动不大、比较平稳，则阻尼系数应取小一些，如0.05~0.20；若波动有存在但整体趋势变化不大，阻尼系数可取0.10~0.40；若时间序列数据具有迅速且明显的变动倾向，阻尼系数应取大一些，如0.50~0.90。

通常，在做指数平滑预测时，可根据具体时间序列数据情况，大致确定阻尼系数β的取值范围，在该范围内分别取几个值进行试算，比较不同阻尼系数下的预测标准误差，选取预测标准误差较小的阻尼系数预测结果即可。

【例 2-17】 已知某石化厂2022年前9个月的原油产量(见表2-18)，试用指数平滑法预测2022年10月的产量。

表 2-18 某石化厂 2022 年前 9 个月的原油产量

月份	原油产量/t	月份	原油产量/t
1	149721	6	154316
2	158103	7	161866
3	160255	8	159506
4	162282	9	153887
5	159768		

解：①先将数据录入Excel表中，单击菜单栏的【数据】，点击【分析】模块中的【数据分析】。在弹出的【数据分析】选项卡中选择分析工具【指数平滑】，再点击【确定】(见图2-61)。

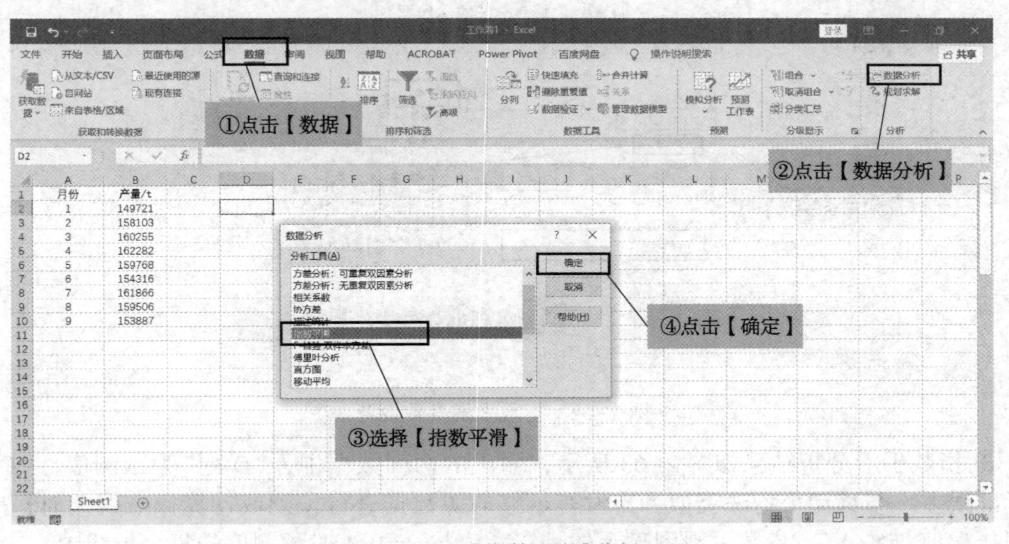

图 2-61 选择【指数平滑】分析工具

② 在指数平滑窗口中设置参数(见图2-62)。

【输入区域】：输入原始数据，即选中B1:B10区域内数据。

【阻尼系数】：先通过源数据初步判断阻尼系数范围，取选择范围中的几个值进行阻尼系数的试算，观察不同阻尼系数的试算结果，选择预测值趋势与实际值最接近时对应的阻尼系数为最佳阻尼系数，并在此基础上进行未来值的预测。观察本题中的数据，发现不同月份原油产量数据波动不大，整体趋势较为平稳，初步判断系数取值范围为 0.1~0.3，拟取 $\beta=0.1$、$\beta=0.2$ 和 $\beta=0.3$ 分别进行试算。先选取 $\beta=0.1$ 进行试算，空格内输入“0.1”。

【标志】：当选中的区域包含数据和名称时，应选中该选项。

【输出选项】：

【输出区域】：若选中该选项，则表示分析结果将输出在给定的输出区域。

【新工作表组】：若选中该选项，则表示分析结果将输出在同一个工作簿的另一个新工作表中。

【新工作簿】：若选中该选项，则表示分析结果将输出在另一个新工作簿中。

任选【输出区域】、【新工作表组】和【新工作簿】三者之一皆可。为使分析结果在当前 Excel 表中输出，选中一个空白单元格如 D2，作为输出区域。

【图表输出】：若选中此选项，指数平滑分析工具在输出预测分析值的同时也会输出实际值和预测值的折线图。

【标准误差】：若选中此选项，指数平滑分析工具在输出预测分析值的同时也会输出标准误差值。

以上设置完成后，点击【确定】。

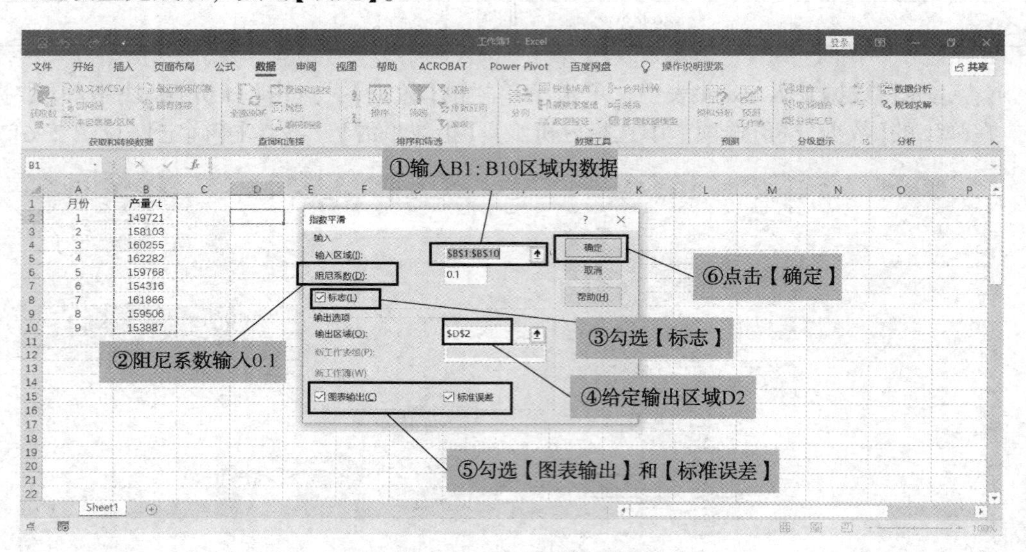

图 2-62　指数平滑参数设置

③ 指数平滑分析结果如图 2-63 所示，输出的两列数据中，“D 列”为预测值，“E 列”为标准误差。与移动平均法类似，当没有足够的源数据进行预测或计算标准误差时，Excel 返回错误值“#N/A”。指数平滑图显示的是实际值与 $\beta=0.1$ 时预测值的复合折线图。

④ 继续取 $\beta=0.2$ 和 $\beta=0.3$ 进行试算，得到指数平滑分析结果汇总(见图 2-64)。经过对比和分析得到，当阻尼系数 $\beta=0.1$ 时，平均标准误差最小。说明阻尼系数为 0.1 时，预测值和实际值的趋势线最为接近，预测误差最小。

⑤ 复制 D10 单元格中预测公式至 D11 单元格，即可得出阻尼系数为 0.1 时 10 月的原油产量预测值，为 154465.5(见图 2-65)。

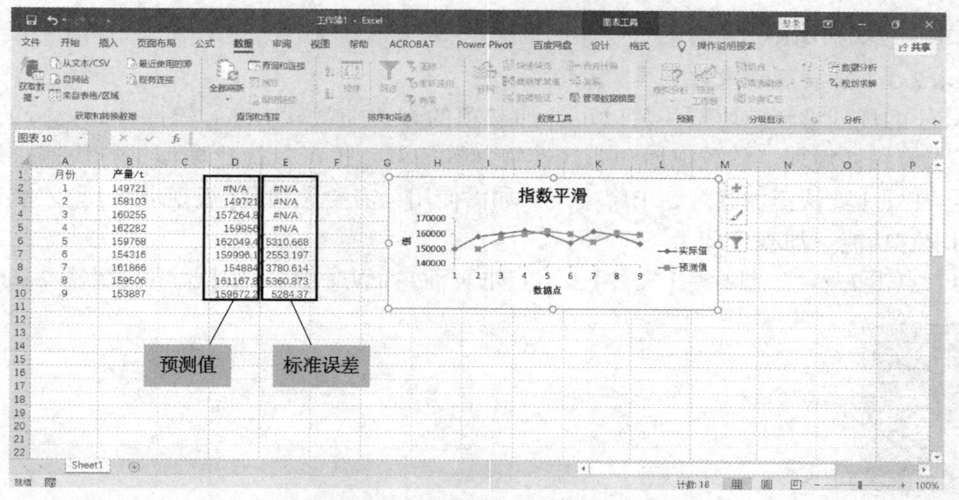

图 2-63　指数平滑分析结果(β=0.1)

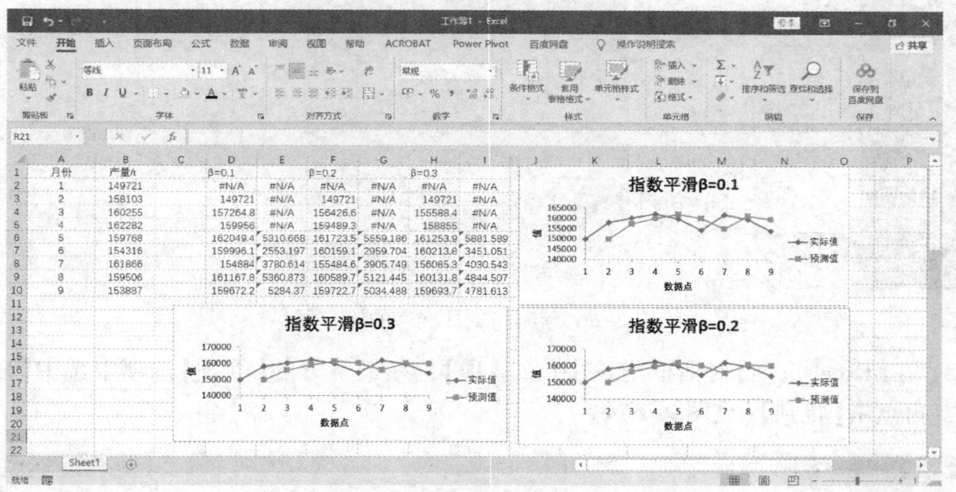

图 2-64　指数平滑分析结果汇总

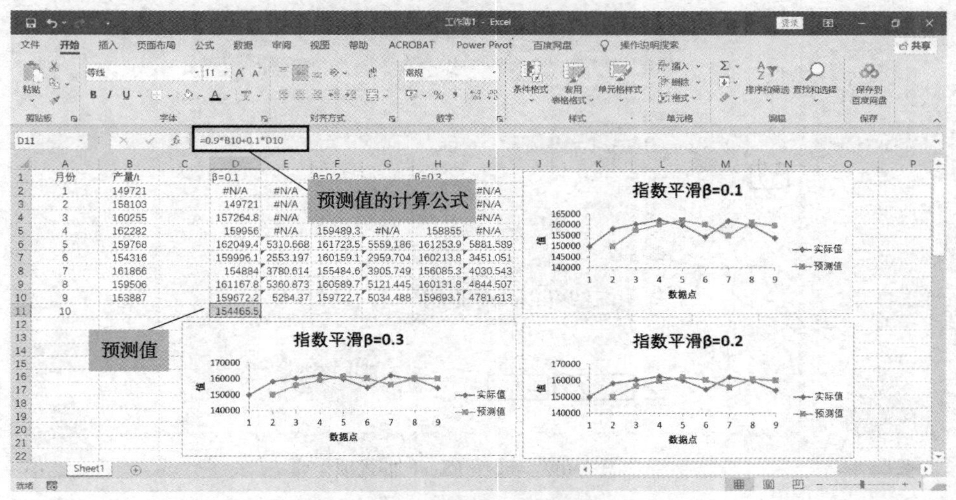

图 2-65　指数平滑法预测结果

2.4.2 规划求解

2.4.2.1 加载规划求解工具

Excel 的规划求解模块是一款以可选加载项的方式随微软 Office 软件一同发行的插件，可用于求解线性规划、整数规划和非线性规划等问题，也可对优化模型进行快速求解，操作简便。Excel 默认不加载规划求解模块，如需使用，需要先加载【规划求解】，才能正常使用规划求解功能。加载步骤为：

（1）点击 Excel 工具栏中【文件】，再点击页面左下方【更多】中【选项】（见图 2-66）。

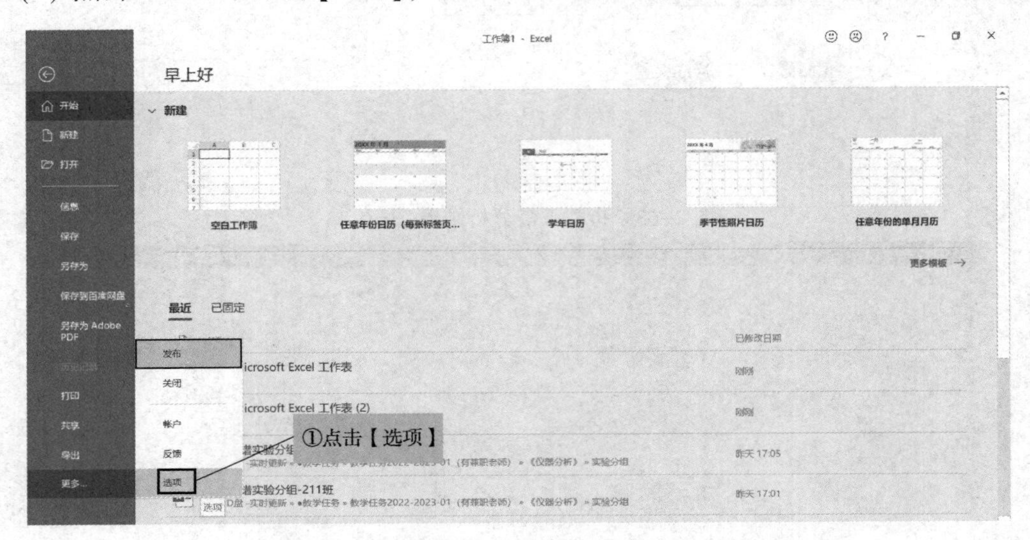

图 2-66　点击 Excel 文件的【选项】

（2）在【Excel 选项】对话框中选中【加载项】，在最下方的【管理】选项中选中【Excel 加载项】，再点击【转到】（见图 2-67）。

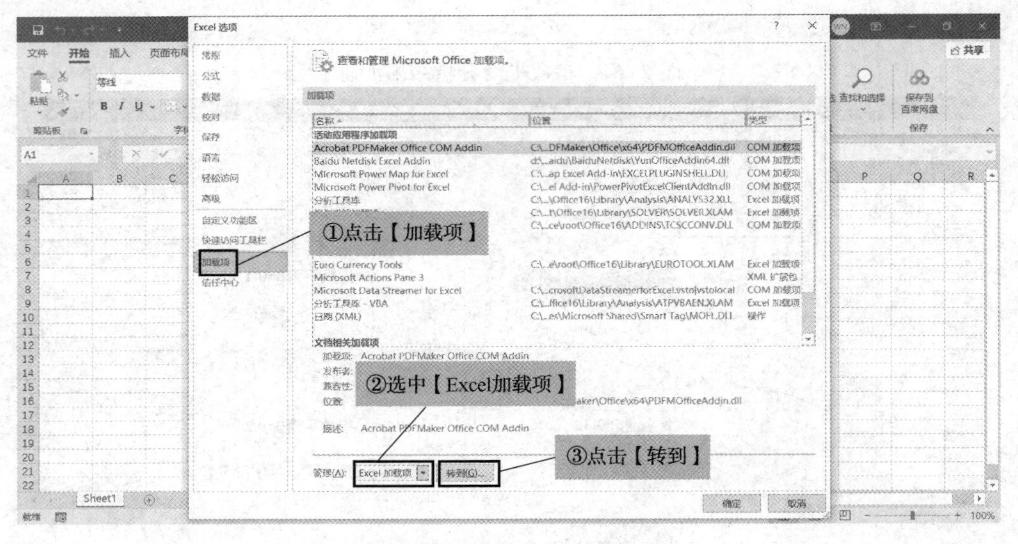

图 2-67　选择 Excel 加载项

（3）在弹出的可加载宏选项中勾选【规划求解加载项】，点击【确定】(见图 2-68)。

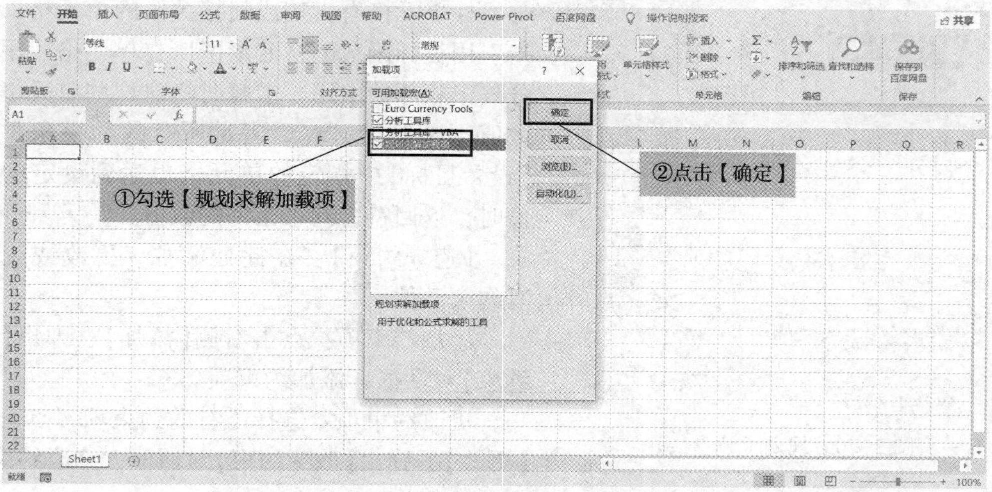

图 2-68　选择【规划求解加载项】

（4）当 Excel 菜单栏中【数据】菜单下最右边的【分析】选项卡中出现【规划求解】模块时，说明规划求解工具库已加载成功(见图 2-69)。

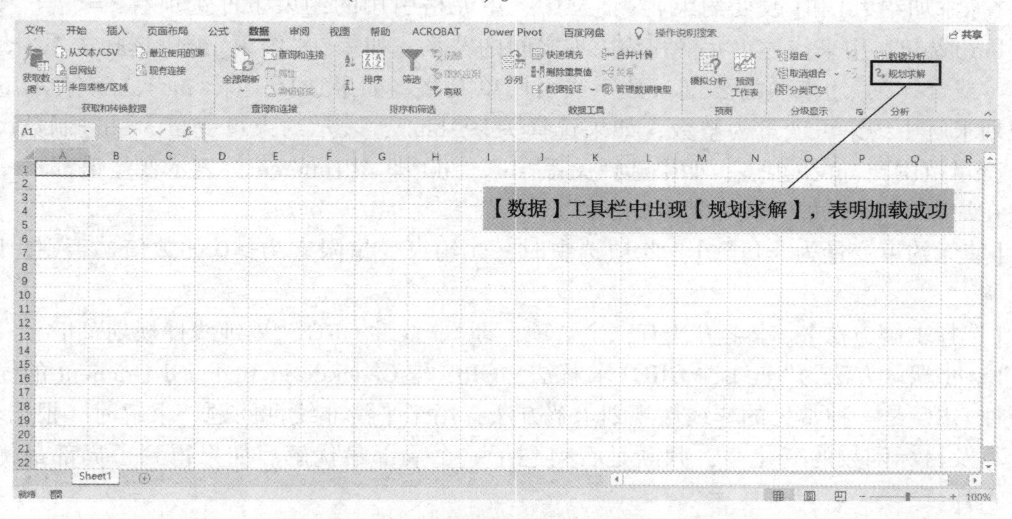

图 2-69　规划求解加载成功

2.4.2.2　规划求解参数解释

规划问题的参数在【规划求解参数】对话框中设置(见图 2-70)。

【设置目标】：设定目标单元格，即引用目标函数所在单元格，该单元格中必须包含公式。求解后，这个单元格将获得目标值。所设目标的结果选项有最大值、最小值、目标值。根据需要，选中其中一个选项即可。

若要使目标单元格的值尽可能大，选中【最大值】；若要使目标单元格的值尽可能小，选中【最小值】；若要使目标单元格为确定的值，单击“值”，然后在框中键入数值。

设置完成后，引用的目标函数所在单元格将根据要求计算出最大值、最小值或目标值。

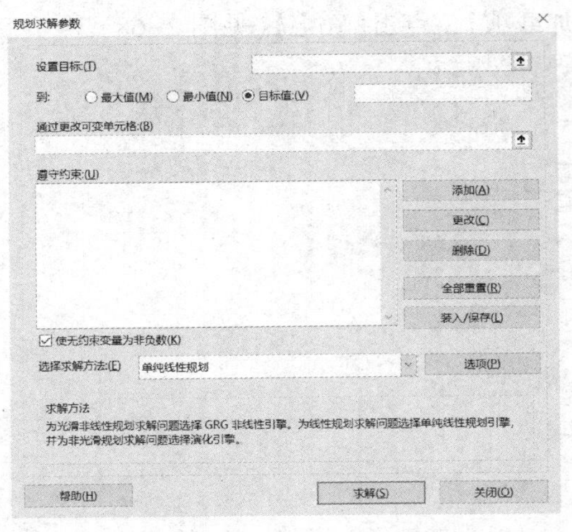

图 2-70　规划求解参数

【通过更改可变单元格】：指定单个或多个与目标单元格有直接或间接关联的单元格，通常指引用目标函数的自变量值所在单元格，用逗号分隔不相邻的引用。求解时将对这些单元格中的数值不断调整，直到满足所有的约束条件，且【设置目标】中指定的单元格也达到设定的目标值时，返回符合约束条件的数值。

【遵守约束】：在此处添加、更改或删除所有约束条件。

添加约束项：点击右侧【添加】，弹出【添加约束】对话框，添加约束项。

更改约束项：选择已有的约束项，点击右侧【更改】，弹出【改变约束】对话框，修改约束项。

删除约束项：选择已有的约束项，点击右侧【删除】，删除约束项。

重置全部参数：当需要重新设置规划求解的全部参数时，不需要一个个删除原有的设置，直接点击右侧的【全部重置】，原有设置全部清空。

在【添加约束】和【改变约束】对话框中，单元格引用的约束条件选项有<=、=、>=、int、bin 或 dif，用来描述单元格和约束项之间的关系。如果在“约束”框中选择关系“<=”、“=”，或“>=”，约束项需要键入数字或引用单元格。如果选择关系“int”，int 表示整数，即规划求解中约束可变量为整数；如果选择关系“bin”，表示约束可变量为二进制数(0 或 1)，变量范围比 int 少很多；如果选择关系“dif”，dif 即 AllDifferent，表示变量值都不一样，并且在约束了 dif 条件时优先满足此条件。

【使无约束变量为非负数】：此项选中时，无约束变量限定为≥0 的数值。否则，则无此限制。

【选择求解方法】：求解方法有三个选项，即“非线性 GRG”“单纯线性规划”和“演化”。

Excel 默认方法为“非线性 GRG”求解法，GRG 是 Generalized Reduced Gradient 的简称。非线性 GRG 是一种常见的非线性规划求解方法，用于平滑非线性问题。求解时，根据变量的计算及目标函数的变化率，判断是否得到了一个局部最优解。如果得到了局部最优解，即停止计算。

单纯线性规划，用于解决线性问题。与非线性 GRG 方法相比，单纯线性规划方法求解的不是局部最优解，而是全局最优解。

演化算法也是一种非线性规划求解法，速度比 GRG 的慢，用于非平滑问题。

2.4.2.3　规划求解的应用

规划求解可用于求解各种方程组，还可用于解决方案优化问题，如求最大值、最小值，从所有可能的组合中筛选最优组合等。

需要求解的规划问题一般有如下特点：

(1) 所有问题都有单一的目标，如生产的最低成本、产品的最大盈利、产品周期的最短时间，求目标函数的最优解决方案。

(2) 问题涉及的对象(如路线、原材料等)存在明确的可以用不等式表达的约束条件。

(3) 问题的表达可以描述为：一组约束条件及一个目标方程。

(4) 利用 Excel 可求得满足约束条件的目标最优解。

1) *求解方程组*

【例 2-18】 利用 Excel“规划求解”功能，求解以下三元一次方程组。

$$\begin{cases}653.5x_1+3.175x_3=45\\8x_2+0.1x_3=3.6\\3.175x_1+0.1x_2+17.809x_3=18\end{cases}$$

解：用数学方法可以求解此方程组，只是计算过程烦琐。用 Excel 的“规划求解”功能可以快速求解出变量的结果。具体操作如下：

① 将 Excel 中 B1、B2 和 B3 单元格分别设定为变量x_1、x_2和x_3的数值所在单元格。在 C1、C2 和 C3 单元格中分别列出三个方程的左边计算式(见图 2-71)。

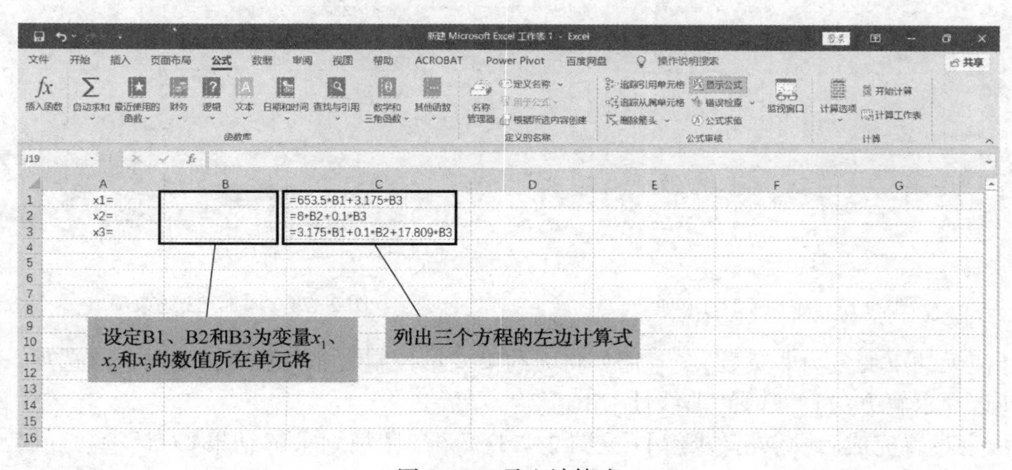

图 2-71 录入计算式

② 点击 Excel 菜单栏中【数据】，在【分析】选项卡中点击【规划求解】，弹出【规划求解参数】对话框(见图 2-72)。

进行如下设置：

【设置目标】：选中三个方程组的计算式所在单元格的其中之一。此处选中 C1 单元格为【设置目标】，并将其目标值设置为方程组第一个等式右边的值“45”。若【设置目标】选择 C2 单元格，目标值应输入第二个等式的值“3.6”。

【通过更改可变单元格】：选中 B1:B3 单元格，即设定 B1、B2 和 B3 为通过更改可变单元格。

【遵守约束】：

点击右侧【添加】，在【添加约束】中引用 C2 单元格，约束栏中输入 3.6，引用单元格和约束栏中数字的关系选择“=”(见图 2-73)。

点击右侧【添加】，在【添加约束】中引用 C3 单元格，约束栏中输入 18，引用单元格和约束栏中数字的关系选择“=”(见图 2-74)。

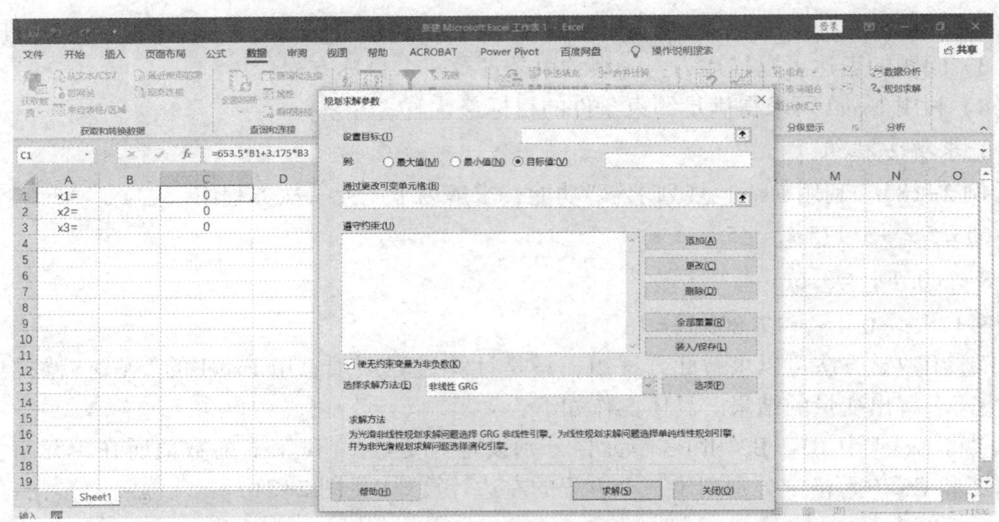

图 2-72　选择规划求解工具

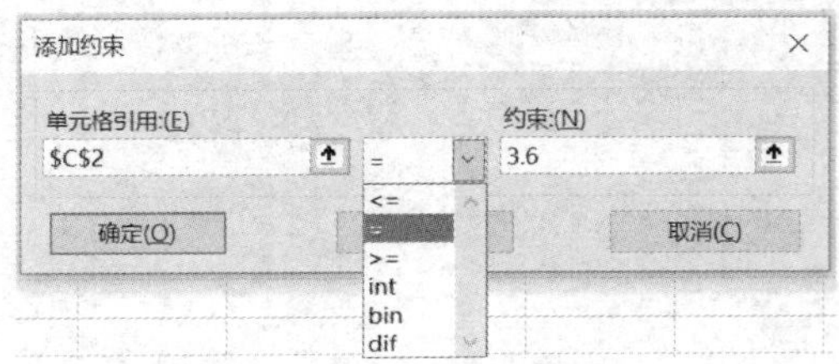

图 2-73　添加 C2 约束项

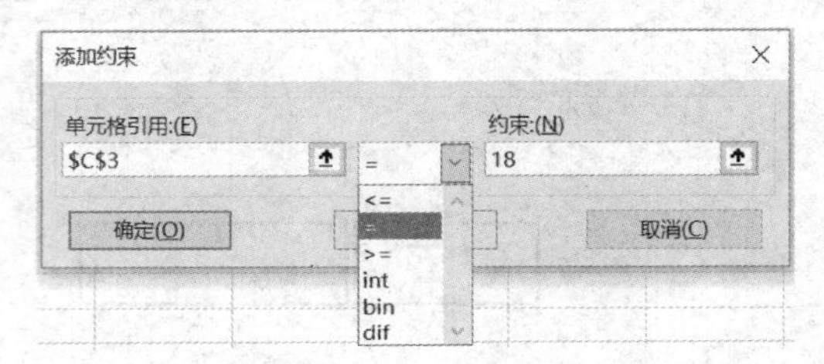

图 2-74　添加 C3 约束项

【使无约束变量为非负数】：不需要将无约束变量控制为非负数时，不勾选该选项。

【选择求解方法】：选择“非线性 GRG”。

以上设置完成后，点击【求解】(见图 2-75)，出现【规划求解结果】对话框。此时，可变单元格中出现求解结果(见图 2-76)。

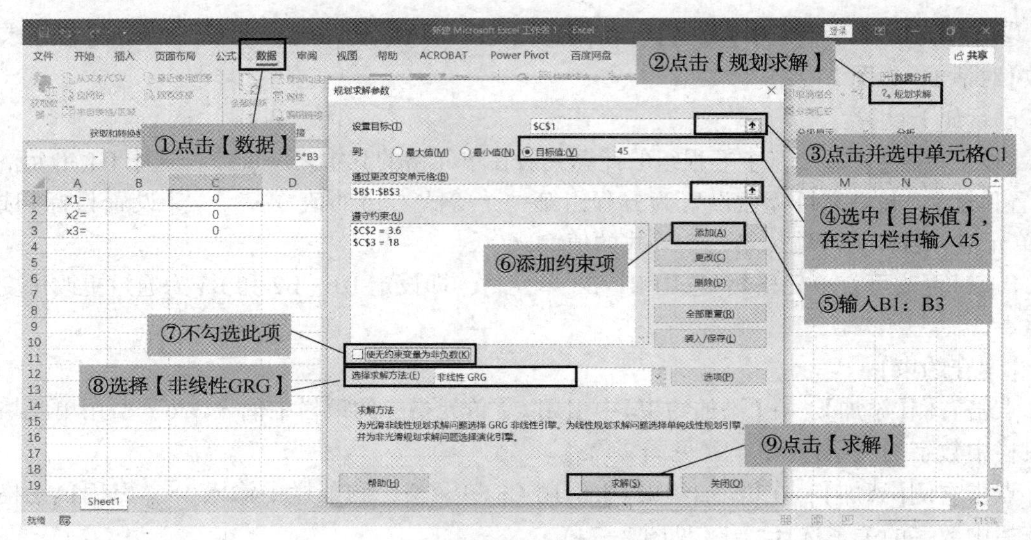

图 2-75　规划求解参数设置

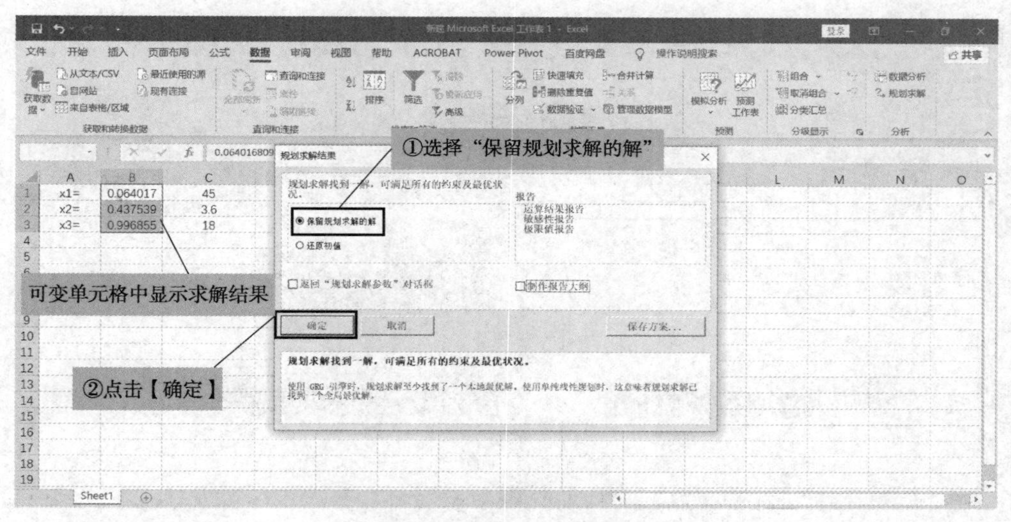

图 2-76 规划求解结果

③ 在【规划求解结果】对话框中，选中【保留规划求解的解】，点击【确定】，结果保留在可变单元格 B1、B2 和 B3 中。说明采用“非线性 GRG”方法时，在满足所有的约束条件下，规划求解得到一个局部最优解，分别是$x_1=0.064$、$x_2=0.438$、$x_3=0.997$。若求解方法选择“单纯线性规划”，意味着求解到一个全局最优解。本题若选择“单纯线性规划”方法，得到的结果与“非线性 GRG”方法相同，说明此时满足约束条件下的局部最优解即全局最优解。

【例 2-19】 用 Excel“规划求解”功能，求解以下方程组。

$$\begin{cases}3x_1-8x_2+7x_4+6x_5+4x_6=100\\2x_1+7x_4+5x_5=36\\5x_1-6x_2+4x_3+2x_5=75\\4x_2-6x_3+4x_4+2x_5+3x_6=48\\6x_1-6x_2+4x_3+9x_4+3x_5+2x_6=120\\3x_1-5x_2+2x_3+7x_4+6x_6=115\end{cases}$$

解：①如图 2-77 所示，在 Excel 中设定 B2 至 G2 单元格为变量所在区域，即规划求解中的“通过更改可变单元格”。按照方程组所示在 B3:G8 区域单元格中列出自变量x_1，x_2，…，x_6的乘积系数，也就是方程组的每个方程式变量前的系数。利用 SUMPRODUCT 函数在 H3 至 H8 中列出方程组中每个方程左边的计算式，在 I3 至 I8 中输入每个方程式的值。

② 点击 Excel 菜单栏中【数据】，在【分析】选项卡中点击【规划求解】，即弹出【规划求解参数】对话框。设置如下(见图 2-78)：

【设置目标】：可不用设置参数，将 6 个方程式作为约束项添加至“遵守约束”中。

【通过更改可变单元格】：输入 B2 至 G2 单元格，即求解结果显示区域。

【遵守约束】：根据方程组的等式，设置 H3 至 H8 区域单元格中函数计算结果与 I 列中相应单元格内的值相同为约束项，即 H3 的计算结果=I3，H4 的计算结果=I4，H5 的计算

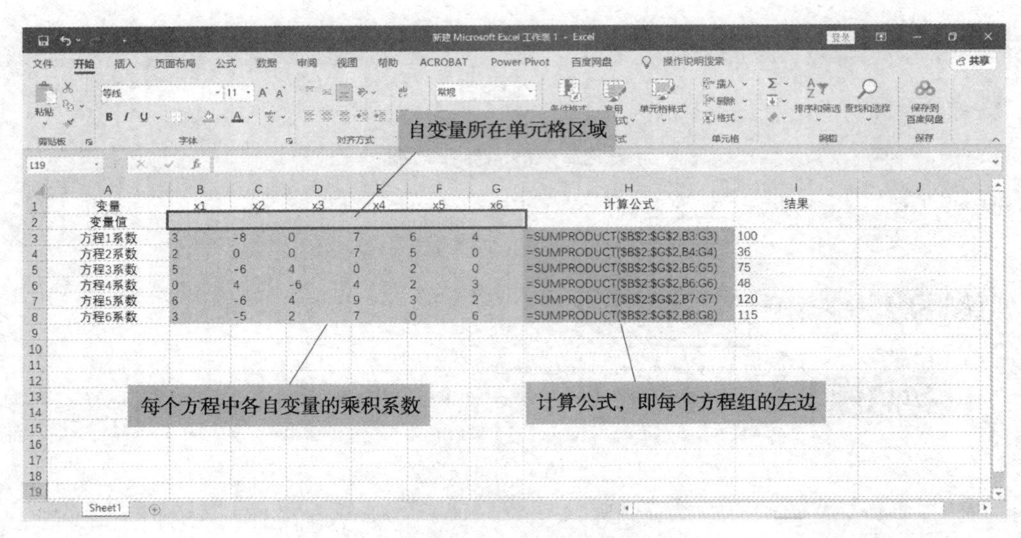

图 2-77　录入方程组信息

结果=I5，H6 的计算结果=I6，H7 的计算结果=I7，H8 的计算结果=I8。

【使无约束变量为非负数】：不勾选。

【选择求解方法】：选择“非线性 GRG”。

以上设置完成后，点击【求解】。

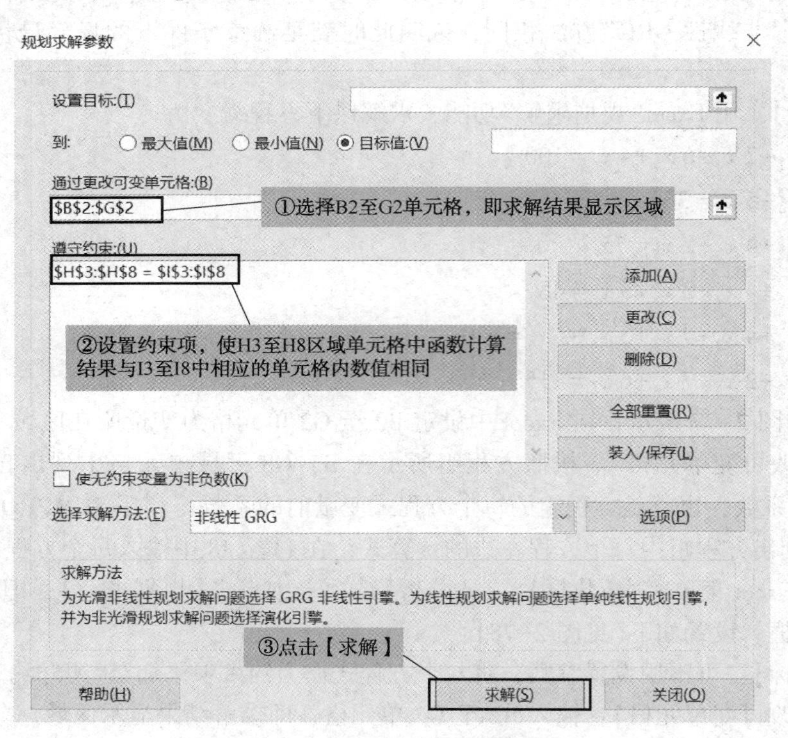

图 2-78　方程组求解参数设置一

③ 在【规划求解结果】对话框中，选中【保留规划求解的解】，再点击【确定】。图中 B1 至 G2 区域中单元格的数值即为方程组中x_1，x_2，…，x_6的求解结果，即$x_1=16.9$、$x_2=-1.2$、$x_3=-3.6$、$x_4=1.1$、$x_5=-1.1$、$x_6=9.6$(见图 2-79)。

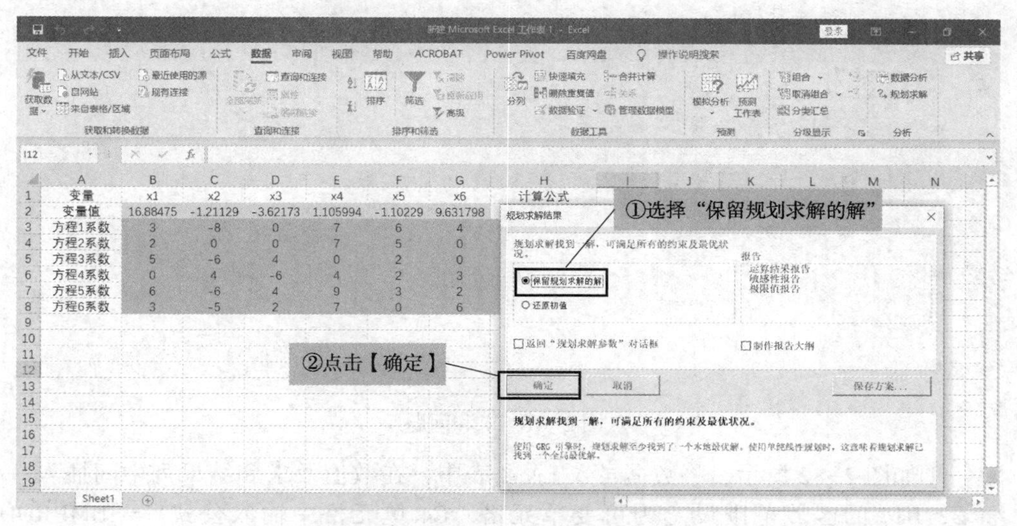

图 2-79　方程组求解结果

如果用类似【例 2-18】中的求解方法设置参数，如图 2-80 所示，得到的求解结果与图 2-79一致。

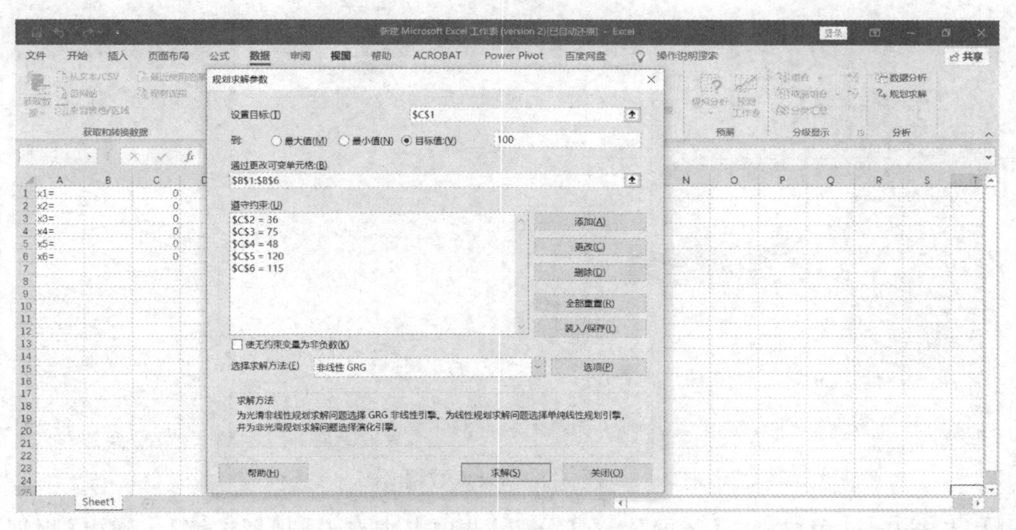

图 2-80　方程组求解参数设置二

2）优化问题解决方案

除了解方程组，规划求解工具还可以用来解决如凑数求和、求解极值等优化问题。

(1) 凑数求和问题。

【例 2-20】 已知一个值 1473 是由图 2-81 中 A 列的某几个值求和计算得出的，试用规划求解找出 1473 是由哪几个数求和算出来的。

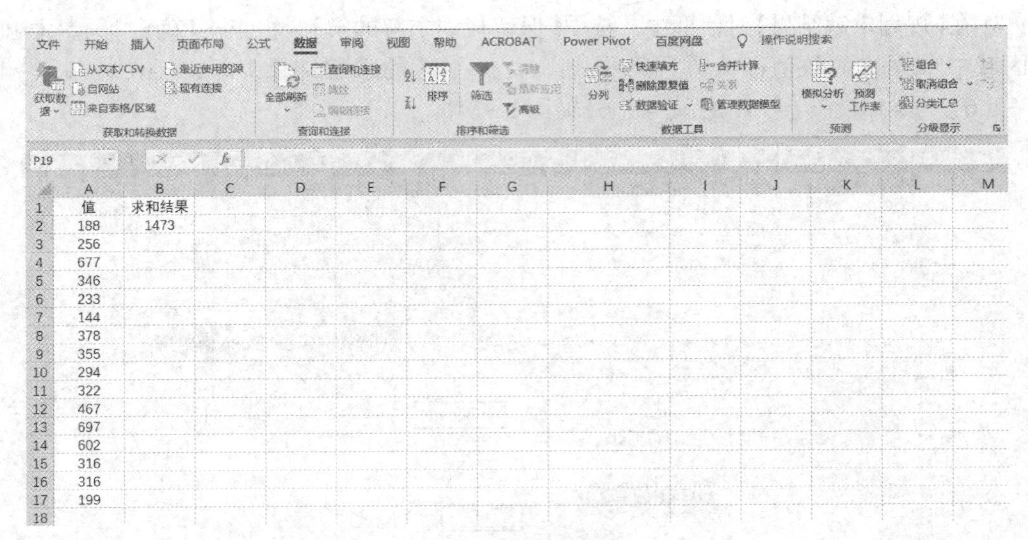

图 2-81　求和问题

解：①如图 2-82 所示，将数据录入 Excel 表中，在数值及求和结果列中间插入一个空列，将 B2:B17 的区域范围设定为可变单元格，C4 单元格中输入公式“=SUMPRODUCT(A2:A17，B2:B17)”。

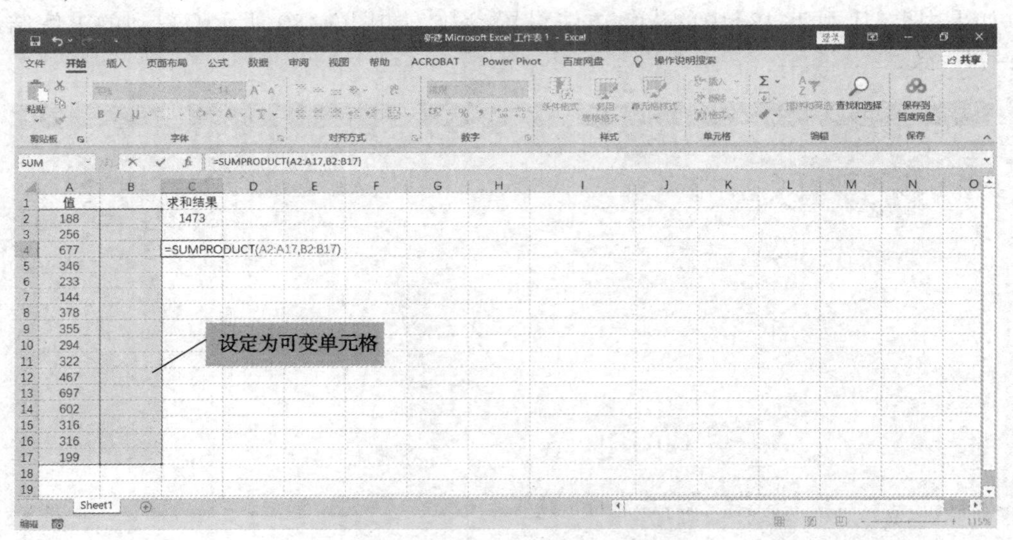

图 2-82　录入数据

② 点击 Excel 菜单栏中【数据】，在【分析】选项卡中点击【规划求解】，弹出【规划求解参数】对话框。参数设置如下(见图 2-83)：

【设置目标】：键入 C4 单元格，设定目标值为 1473。

【通过更改可变单元格】：键入 B2 至 B17 单元格，即求解结果显示区域。

【遵守约束】：添加约束项，确保 B2:B17 区域内单元格数值为 0 或者 1，具体的约束项设置操作见图 2-84，添加 3 个约束项。

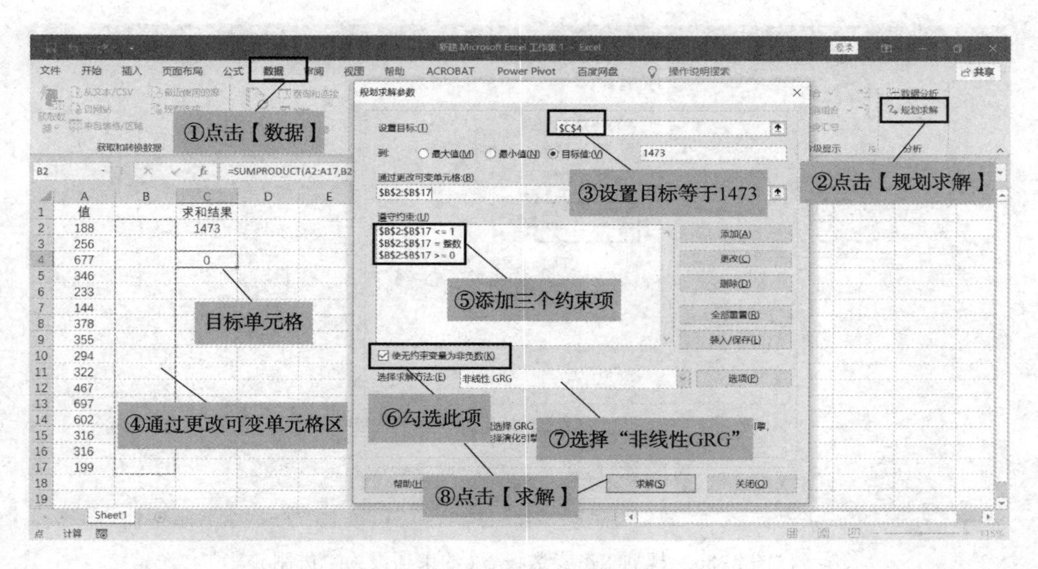

图 2-83　规划求解参数设置

图 2-84　添加约束

也可直接如图 2-85 所示添加一个 B2:B17 区域内单元格数值为二进制数字的约束项，即“$2:$B$17=二进制”(见图 2-86)。

【使无约束变量为非负数】：因可变单元格中数值为 0 或者 1，不能为负数，需要勾选此项。

【选择求解方法】：选择“非线性 GRG”。

以上设置完成后，点击【求解】。

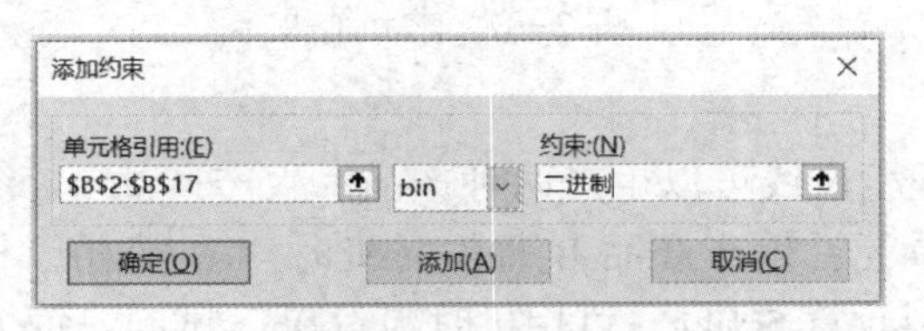

图 2-85　添加约束(约束项设为二进制)

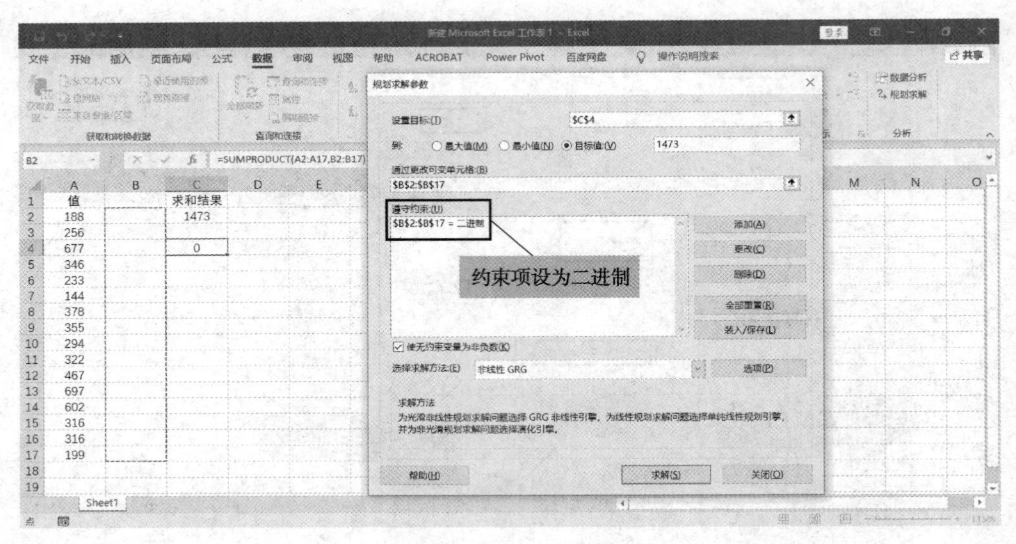

图 2-86　规划求解参数设置(约束项设为二进制)

③ 在【规划求解结果】对话框中，选中【保留规划求解的解】，再点击【确定】(见图 2-87)。图中 B1 至 B17 区域中单元格的数值为求解结果，其中数字为“1”的单元格对应 A 列的单元格 A8、A10、A14、A17，是参与加和运算的数字，通过求解得出：378+294+602+199=1473。

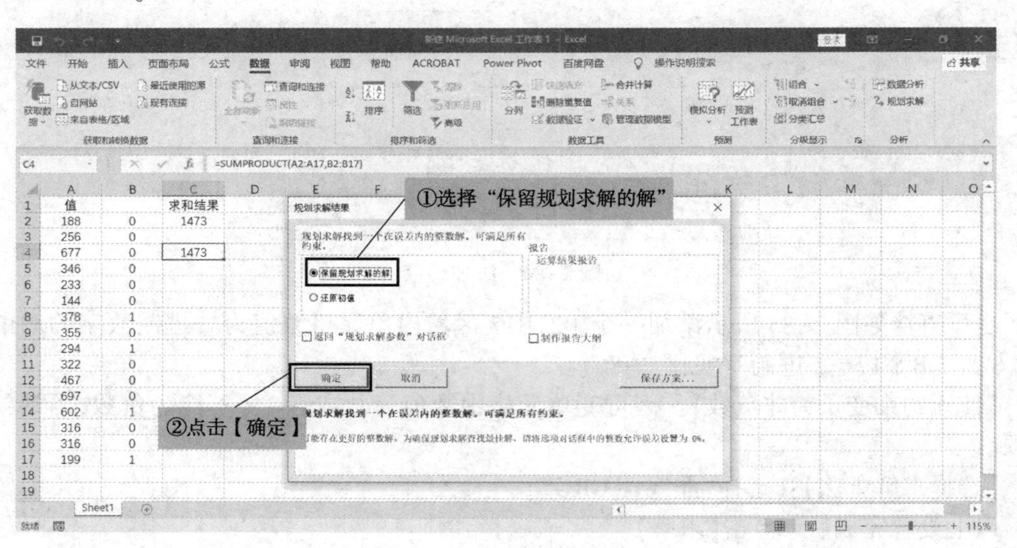

图 2-87　求和结果

(2) 极值问题。

【例 2-21】 某企业生产线可以生产两种产品。生产产品 A 每件需机时 2h，消耗原材料 4kg，每件可获利 150 元；生产产品 B 每件需机时 4h，消耗原材料 2. 5kg，每件可获利 280 元。每个月的原材料预算 500kg，可用机时为 660h。试问：每个月应如何分配两种产品的生产，才能获取最大的利润？

解：①如图 2-88 所示，将数据录入 Excel 表中，使提供的信息清晰明了，并利用 SUMPRODUCT 公式列出实际使用机时、实际使用原材料和总利润的函数计算式。每类产品的生产总量未知的情况下，可通过规划求解工具进行优化，求出当产品 A 和 B 的生产数量分别为多少时，总利润能达到最大值。

	A	B	C	D	E
1	类别	利润/(元/件)	机时/(h/件)	消耗原材料/(kg/件)	生产总量/件
2	产品A	150	2	4	
3	产品B	280	4	2.5	
4					
5	可用机时/h	660			
6	原材料预算/kg	500			
7	实际使用机时/h	0			
8	实际使用原材料/kg	0			
9	总利润/元	0			

=SUMPRODUCT(C2:C3,E2:E3)

=SUMPRODUCT(D2:D3,E2:E3)

=SUMPRODUCT(B2:B3,E2:E3)

图 2-88　数据及函数计算式

② 点击 Excel 菜单栏中【数据】，在【分析】选项卡中点击【规划求解】，弹出【规划求解参数】对话框。参数设置如下（见图 2-89）：

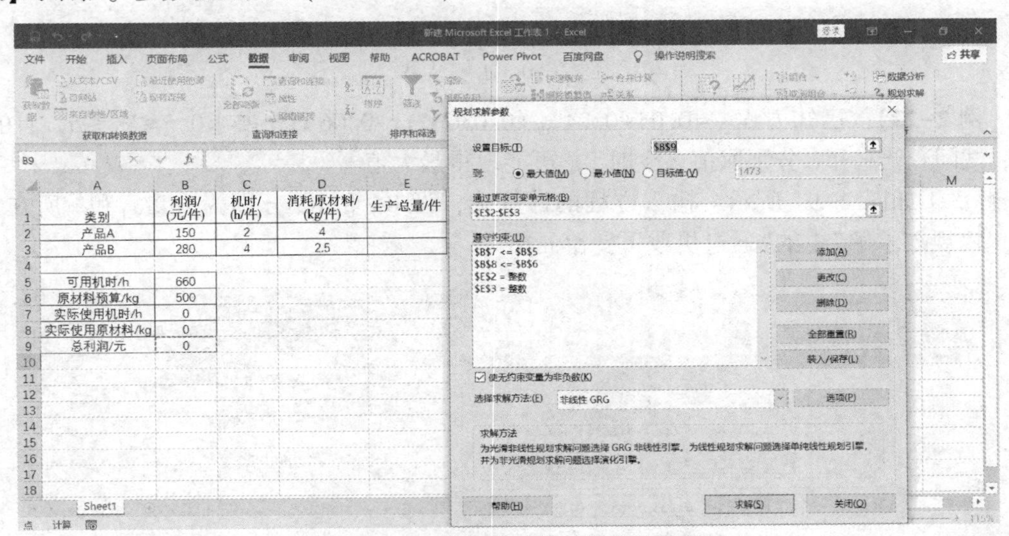

图 2-89　极值问题规划求解参数设置

【设置目标】：键入 B9 单元格，设定目标值为“最大值”。

【通过更改可变单元格】：键入 E2 和 E3 单元格，即求解结果显示区域。

【遵守约束】：添加约束项，E2 和 E3 单元格内分别为产品 A 和产品 B 的每月生产总量，需确保数值为整数。同时，生产产品 A 和 B 消耗原材料的总量不能超过 500kg，需用的总工时不能超过 660h。因此，添加 4 个约束项分别为：$E$2＝整数，$E$3＝整数，

$B$7≤660，$B$8≤500。

【使无约束变量为非负数】：可变单元格中数值不能为负数，需要勾选此项。

【选择求解方法】：选择“非线性 GRG”。

以上设置完成后，点击【求解】。

③ 在【规划求解结果】对话框中，选中【保留规划求解的解】，再点击【确定】(见图 2-90)，得到求解结果为：当每月生产产品 A 为 30 件、生产产品 B 为 150 件时，可实现最大利润 46500 元。此时，原材料实际使用量 495kg，实际使用机时 660h，均未超过设定条件。

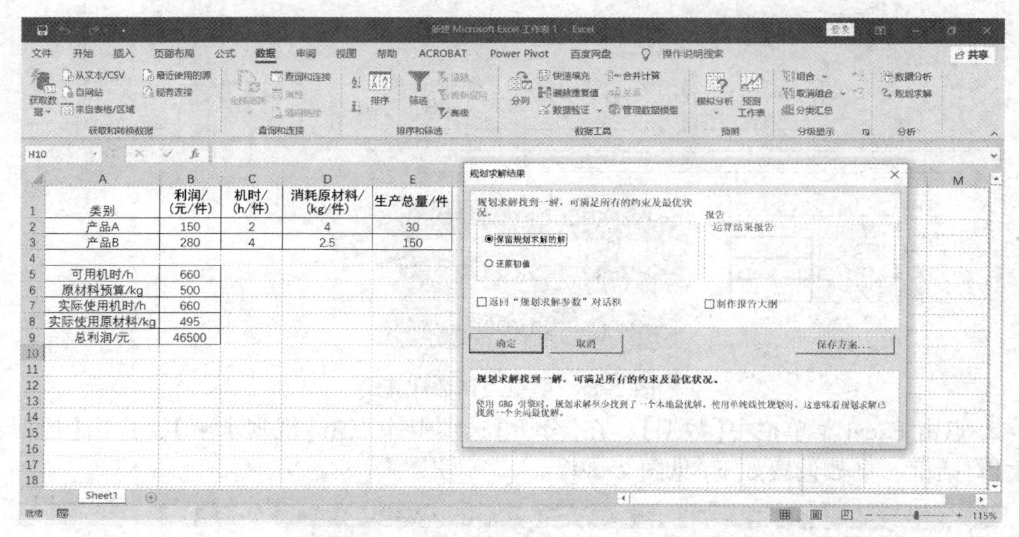

图 2-90　求解结果

【例 2-22】 已知方程 $y=0.04+0.24x_1+0.036x_1x_2-0.06x_2^2$，要求$0.5≤x_1≤5$，且$0≤x_2≤3$。试问：当$x_1$和$x_2$分别取值多少时，$y$ 可能取得最大值？

解：①如图 2-91 所示，输入方程的计算式，设 B4 和 B5 分别为变量x_1和x_2所在单元格，即“规划求解”中的“通过更改可变单元格”。

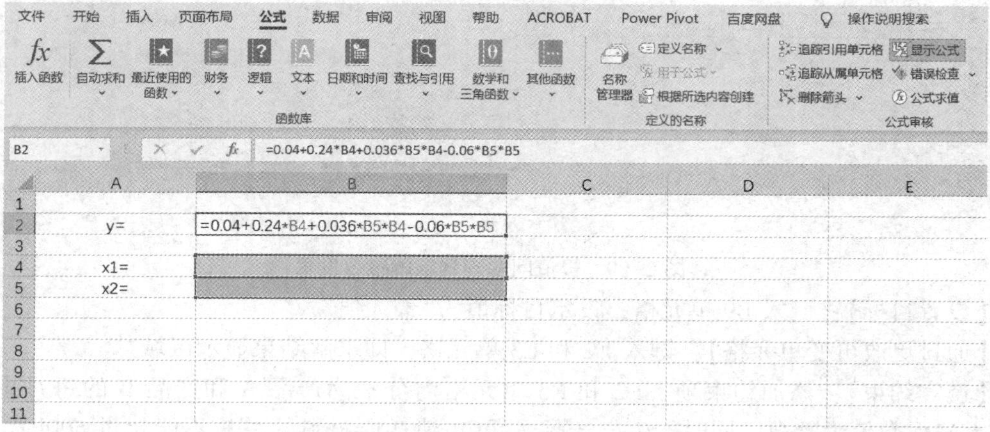

图 2-91　输入方程信息

② 点击 Excel 菜单栏中【数据】，在【分析】选项卡中点击【规划求解】，在弹出的【规划求解参数】对话框中进行如下设置(见图 2-92)：

【设置目标】：键入 B2 单元格，设定目标值为“最大值”。

【通过更改可变单元格】：键入 B4 和 B5 单元格，即求解结果显示区域。

【遵守约束】：根据x_1和x_2的取值范围要求添加约束项，添加 4 个约束项分别为：＄B＄4≤5、＄B＄4≥0.5、＄B＄5≥0、＄B＄5≤3。

【使无约束变量为非负数】：自变量的取值范围均大于零，因此可变单元格中的数值不能为负数，需要勾选此项。

【选择求解方法】：选择“非线性 GRG”。

以上设置完成后，点击【求解】。

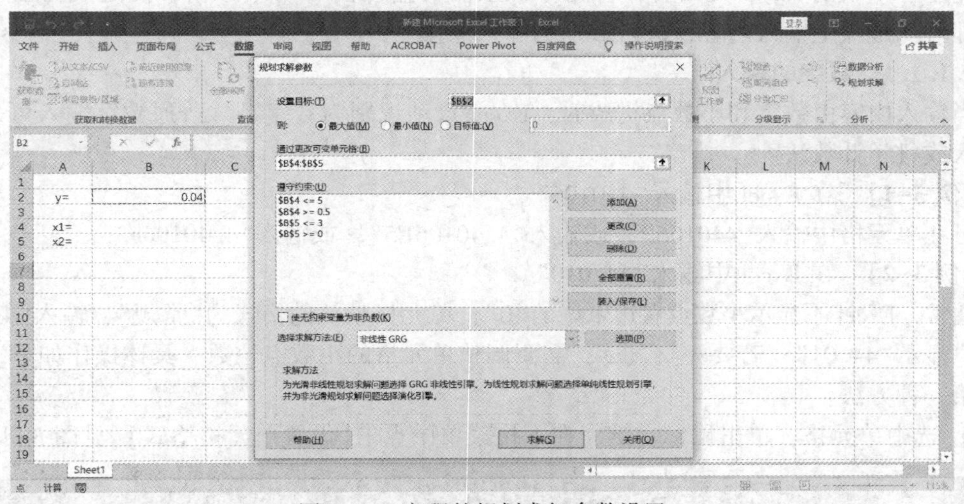

图 2-92　方程的规划求解参数设置

③ 在【规划求解结果】对话框中选中【保留规划求解的解】，再点击【确定】(见图 2-93)，得到求解结果为：当$x_1=5$、$x_2=1.5$ 时，y 得到最大值 1.375。

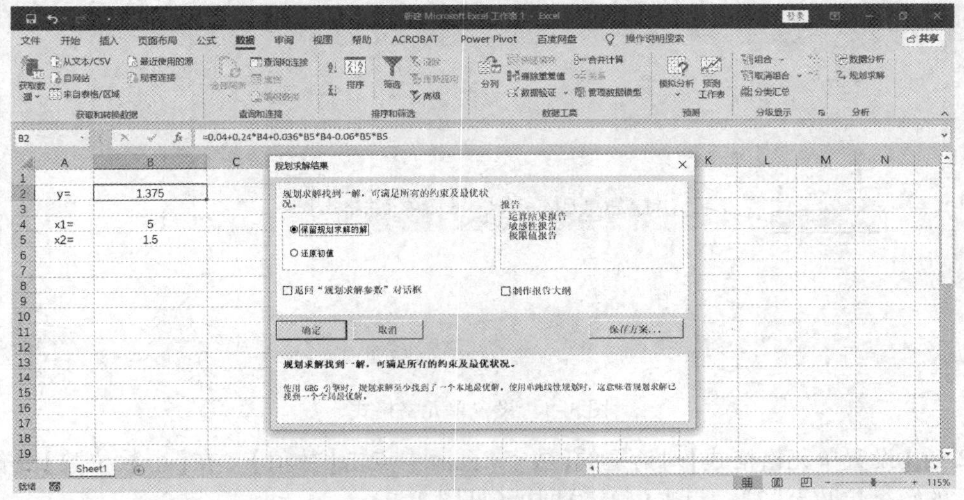

图 2-93　方程求解结果

第 3 章　Excel 在误差分析中的应用

3.1　试验数据的输入和简单处理

3.1.1　单元格内容的输入

建立一个新的 Excel 文档后，将光标移至需要输入内容的单元格，使之成为活动单元格，即可从键盘上输入内容，进行数据的输入操作。

3.1.1.1　数字的输入

当输入内容由数字和小数点构成时，Excel 自动识别为数字型。普通数字输入可采用常规输入或科学计数法。

【例 3-1】　在 Excel 中输入“440106”。

可在单元格中输入“440106”，或输入“4. 40106E5”，或输入“4. 40106e5”。

【例 3-2】　在 Excel 中输入“44. 010”。

通常，Excel 不显示小数点右边末尾的“0”，单元格默认的格式为“常规”，输入“44. 010”后将只显示“44. 01”。若要完整显示，需要调整单元格的小数点位数，具体操作如下。

第一种方法：

① 选中单元格，单击鼠标右键，在下拉菜单中点击【设置单元格格式】(见图 3-1)。

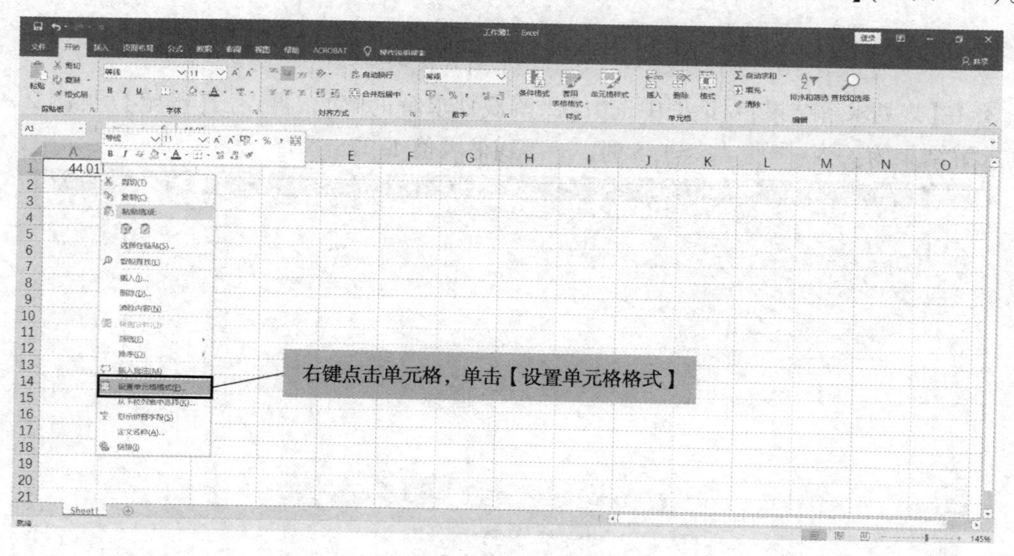

图 3-1　设置单元格格式

② 在【设置单元格格式】对话框的【数字】页面中点击【数值】，在【小数位数】处修改小数点后的数字位数至“3”，点击【确定】即可(见图 3-2)。

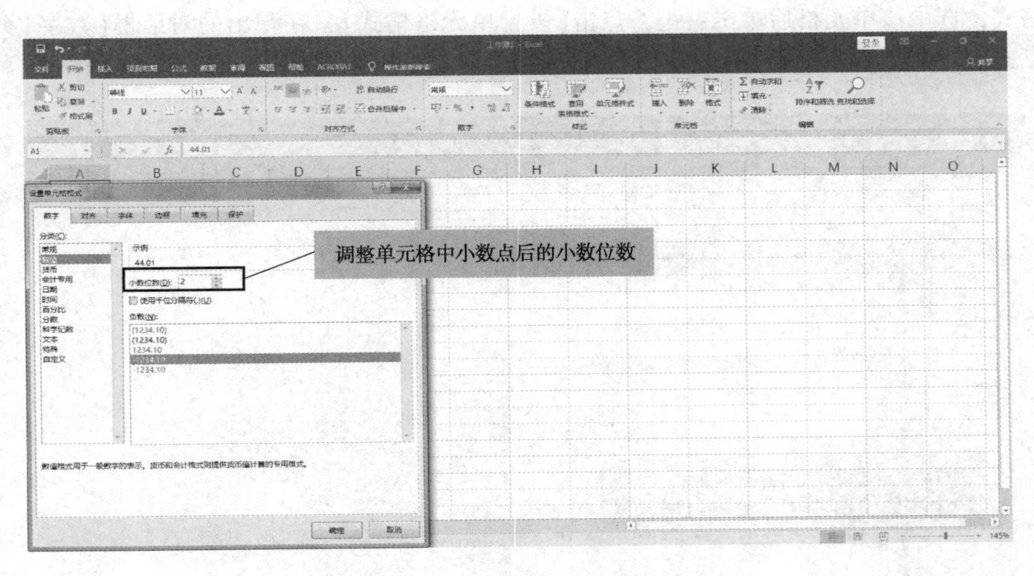

图 3-2　设置单元格中小数位数

第二种方法：

选中单元格后，直接在【开始】菜单下的【数字】选项卡中点击相应的图标，直接进行小数位数的增加或减少操作(见图 3-3)。

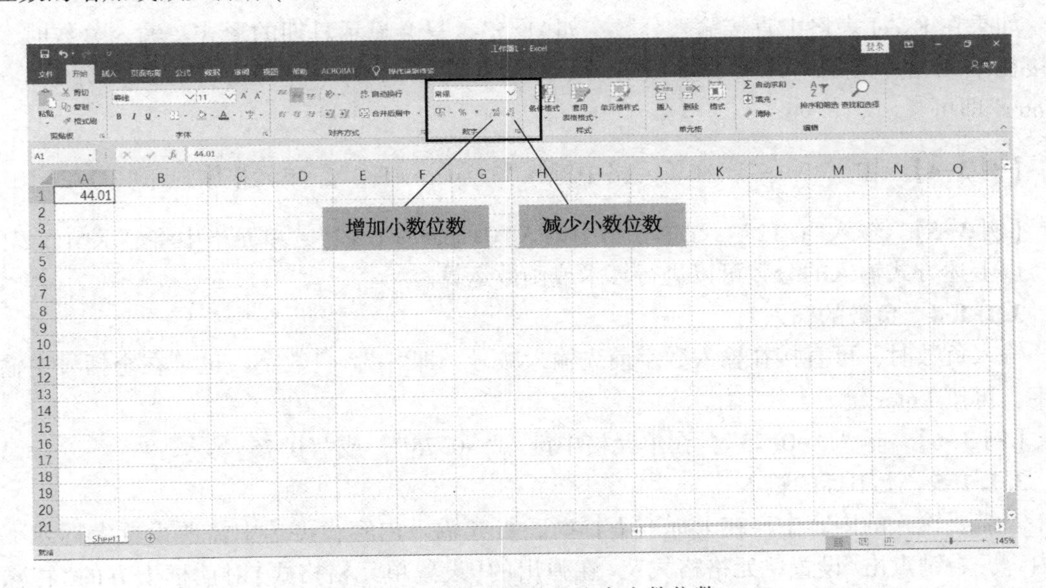

图 3-3　直接设置单元格中小数位数

【例 3-3】　输入“0.0001”，可直接输入“0.0001”，也可输入“.0001”或“1E-4”。

3.1.1.2　日期的输入

日期的输入可在数字之间用斜杠“/”或短横线“-”隔开，如 2022 年 3 月 20 日，可在单元格中键入“2022/03/20”或“2022-03-20”，Excel 默认显示 2022/3/20。如需输入其他的日期格式，选中该单元格后单击右键，点击【设置单元格格式】，在弹出的对话框【数字】页面中点击【日期】，在右侧区域选择所需的日期类型，点击【确定】即可，如图 3-4 所示。

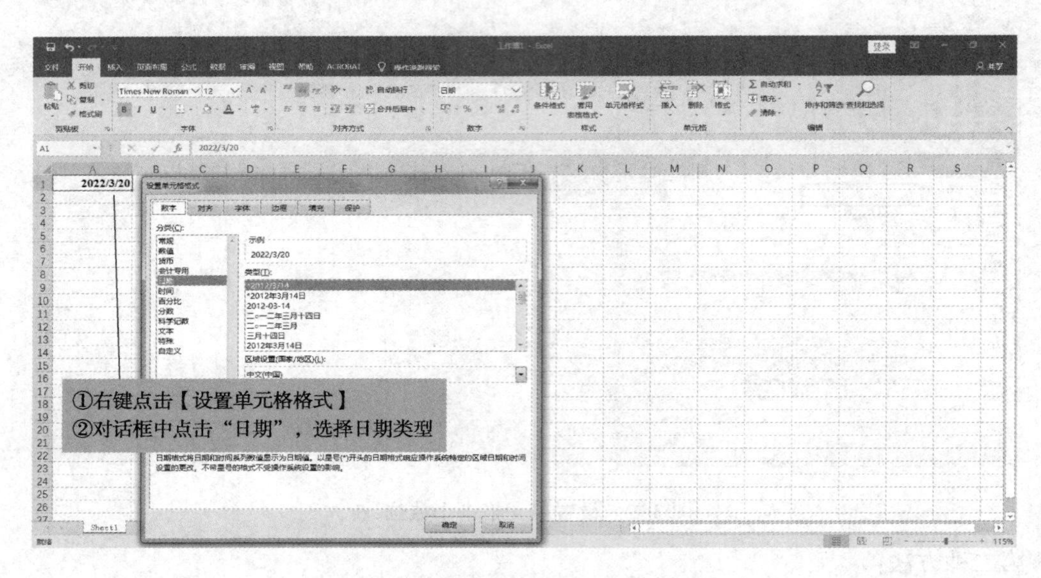

图 3-4　单元格日期格式的设置

3.1.1.3　分数的输入

如果在 Excel 表格中直接输入分数，如“1/5”，只会显示日期的形式。输入分数时，可直接在单元格中输入“分数的整数部分(无整数时输入 0)+空格键(space)+分数”，按“Enter”即可。

【例 3-4】　输入“$3\frac{1}{2}$”：在单元格中键入“3+space+1/2”，单元格中显示“3 1/2”。

【例 3-5】　输入“1/12”：在单元格中键入“0+space+1/12”，单元格中将显示“1/12”。

以上述方式输入的分数可以进行算术或函数运算。

3.1.1.4　负数的输入

输入负数时，可直接在输入数字前先输入减号，即“-”“+”数字，也可在全括号中输入数字，再按 Enter 键。

【例 3-6】　输入“-0.75”：在单元格中键入“-0.75”，或“(0.75)”。

3.1.1.5　上下标的输入

当需要输入的内容中存在上标或下标时，可先输入内容，再选中需要设置上标或下标的内容，右键点击“设置单元格格式”，在弹出的【设置单元格格式】对话框下方的“特殊效果”栏勾选“上标”或“下标”进行设置。

【例 3-7】　输入“a^2”：先在单元格中输入“a2”，再选中其中的数字“2”，右键点击【设置单元格格式】，勾选【特殊效果】中的【上标】。

输入“a_2”：先在单元格中输入“a2”，再选中其中的数字“2”，右键点击【设置单元格格式】，勾选【特殊效果】中的【下标】(见图 3-5)。

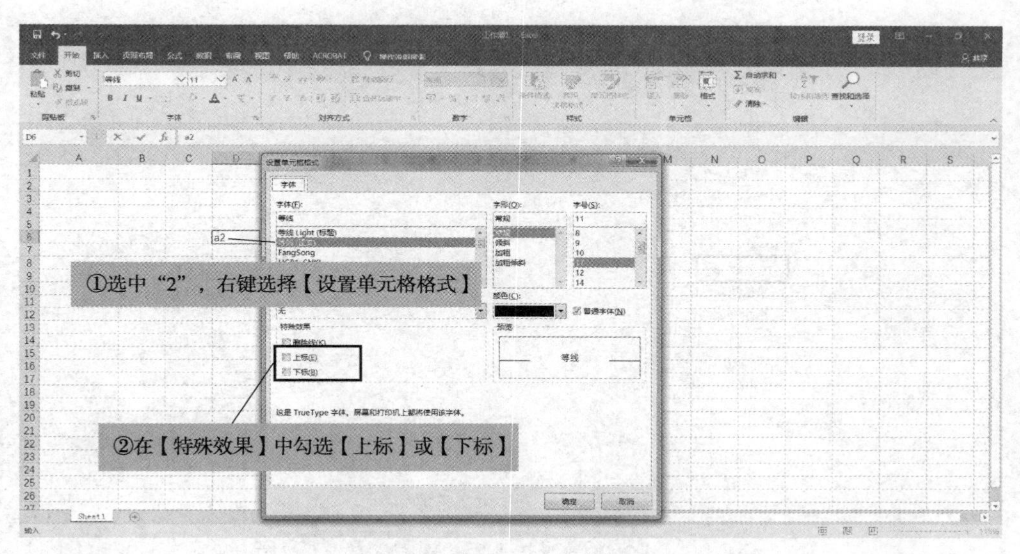

图 3-5　设置上标或下标

3.1.1.6　文本的输入

在单元格中录入文本信息时，若内容较多，单元格内无法全部显示，可设置分行显示，即在【开始】菜单下【对齐方式】选项卡中点击【自动换行】图标“ ab c↵ ”，可自动按列宽分多行显示所输入的全部内容(见图 3-6)。

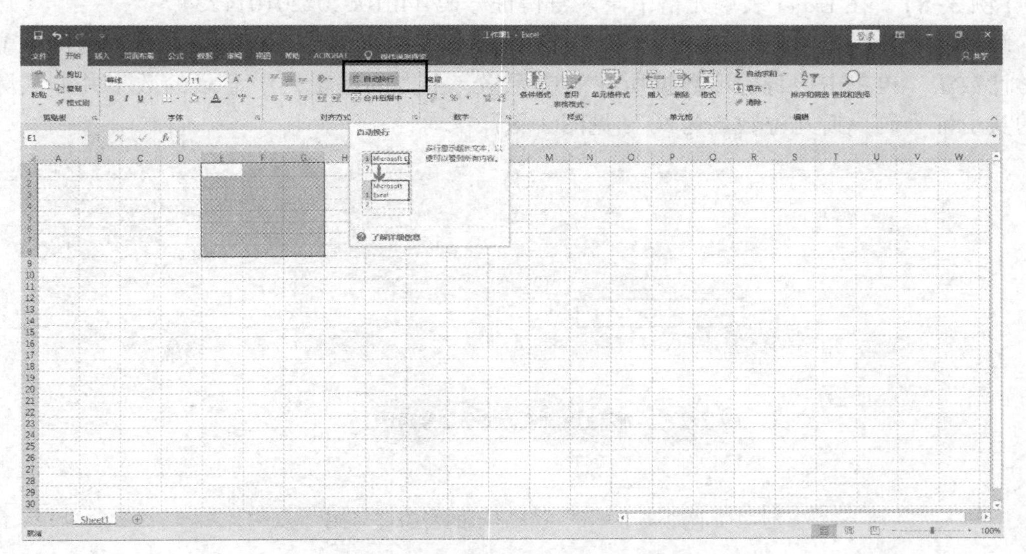

图 3-6　单元格直接设置自动换行

或者右键单击需要设置自动换行的单元格，在下拉菜单中点击【设置单元格格式】，在弹出的对话框中的【文本控制】栏勾选【自动换行】，也可实现自动换行(见图 3-7)。

需要在同一单元格中另起一行输入文本内容时，按住【Alt】键不放并单击【Enter】，光标跳转至下一行，即可实现换行输入。

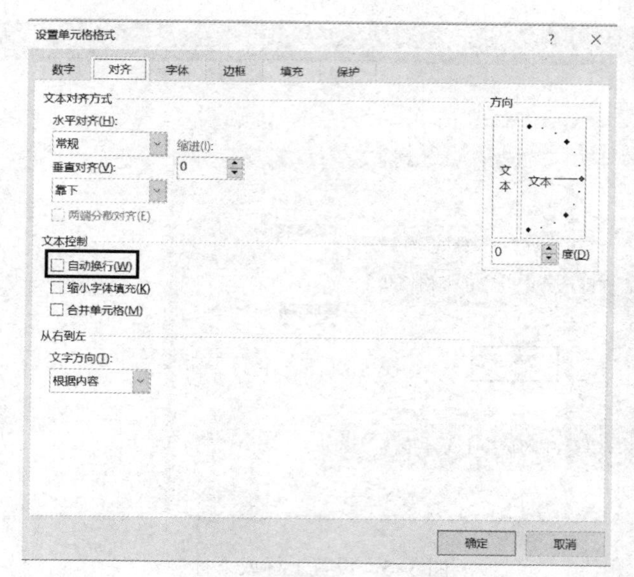

图 3-7　在设置单元格格式对话框中设置自动换行

若不想进行单元格的格式修改操作，又想实现输入内容即显示内容，可在输入内容之前先加英文输入法的单引号“'”，再输入内容，此时“'”之后输入的全部内容均可在 Excel 表中原样显示。

【例 3-8】 在 Excel 表单元格中录入身份证号码 440106202201011234。

解：由于身份证号码有 18 位数字，若在 Excel 表中直接输入身份证号码，将默认显示科学计数法。再单击该身份证数据所在的单元格，上方的编辑栏中显示的数字并非实际输入的身份证号码，后几位数均为“0”（见图 3-8）。

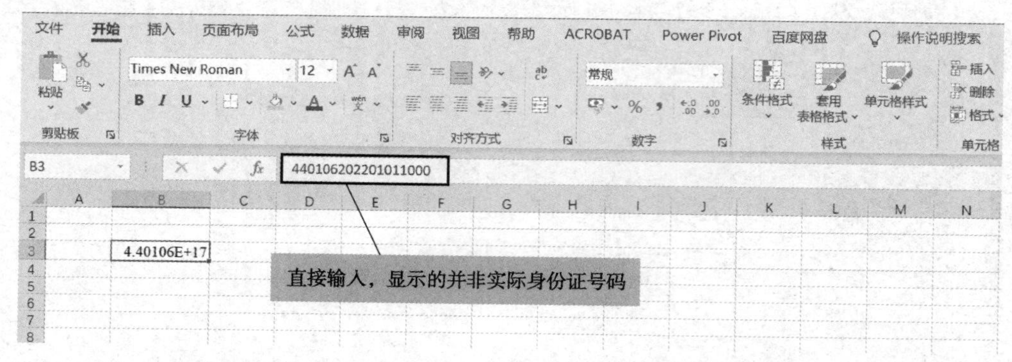

图 3-8　不能正确显示的身份证号码

有两种方法可原样显示输入的身份证号：

① 右键点击将要输入文本格式内容的单元格，在【设置单元格格式】对话框中的【数字】页面选择【文本】（见图 3-9），将选中的单元格格式由“常规”改为“文本”（见图 3-9），再输入“440106202201011234”。

② 直接在单元格中输入“'440106202201011234”，身份证号码前的符号为英文输入法的单引号。

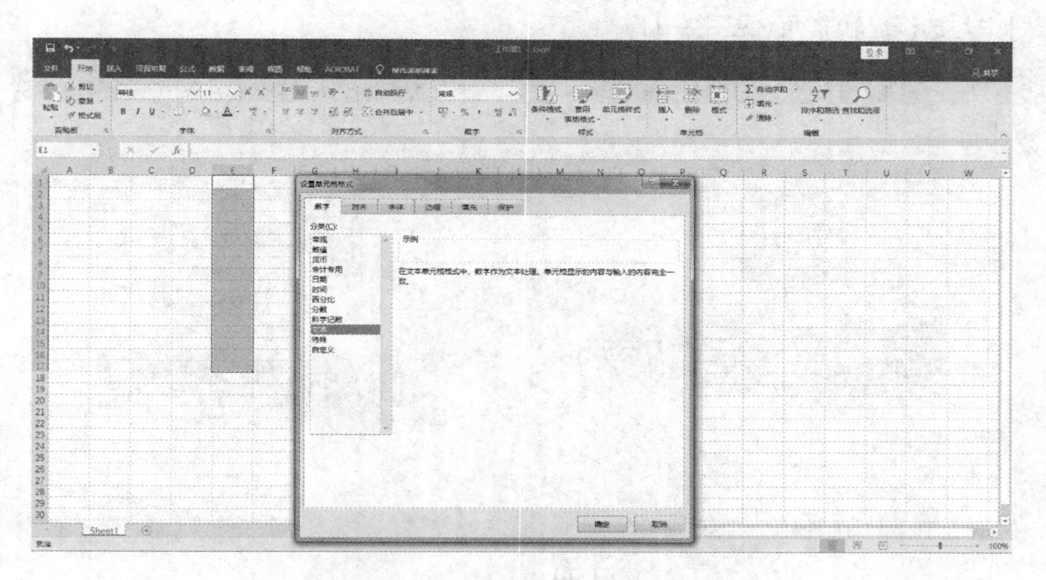

图 3-9 单元格更改文本输入格式

3.1.1.7 移动或复制单元格

在 Excel 表中进行移动或复制单元格操作时，移动或复制的内容不仅是数值，还包含单元格内的公式、格式和批注。

1）通过拖放移动单元格

（1）选择要移动或复制的单元格或单元格区域；

（2）光标移至所选单元格的边框；

（3）指针变为移动指针后，按住并拖动，可将单元格或单元格区域直接拖动至目标位置。

2）使用“剪切”和“粘贴”功能移动或复制单元格

（1）选择一个单元格或单元格区域。

（2）点击【开始】→【剪贴板】→【剪切】，或使用快捷键【Ctrl+X】，或点击右键选中【剪切】，完成剪切操作。

点击【开始】→【剪贴板】→【复制】，使用快捷键【Ctrl+C】，或点击右键选中【复制】，完成复制操作。

（3）定位至目标单元格。

（4）点击【开始】→【剪贴板】→【粘贴】，或使用快捷键【Ctrl+V】。

当需要复制的内容只是单元格或选中区域中的公式、格式、数值时，需要进行“选择性粘贴”。具体操作为：复制选中单元格区域→单击定位至目标单元格→点击【开始】中【粘贴】图标下方的【选择性粘贴】（见图 3-10 的左图），或复制选中区域→在目标单元格位置右键单击，选中【选择性粘贴】（见图 3-10 的右图），再在【选择性粘贴】对话框中勾选【公式】【格式】、【数值】（见图 3-11）。

当需要对原数据进行从行排列转置到列排列，或从列排列转置到行排列时，在【选择性粘贴】中勾选【转置】即可(见图 3-11)。

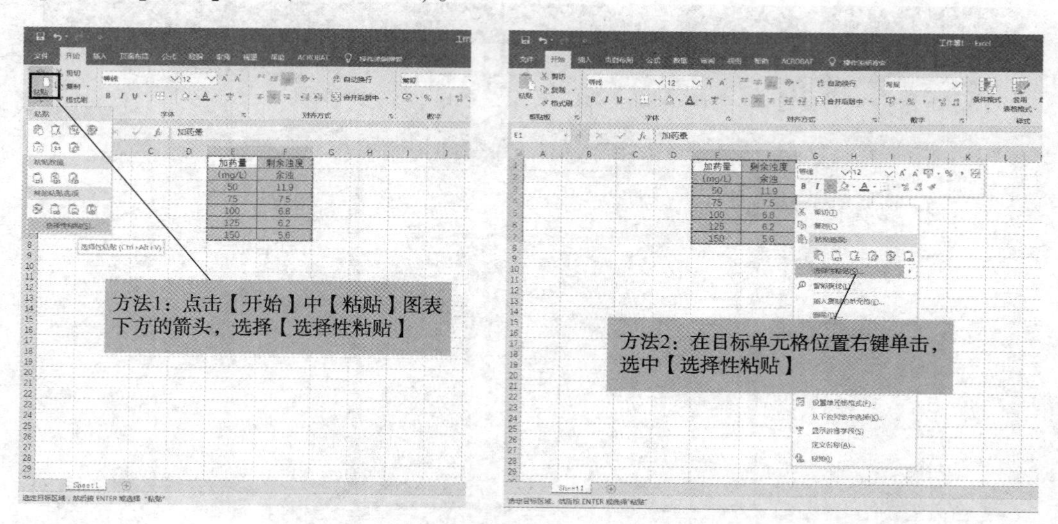

图 3-10　选择性粘贴

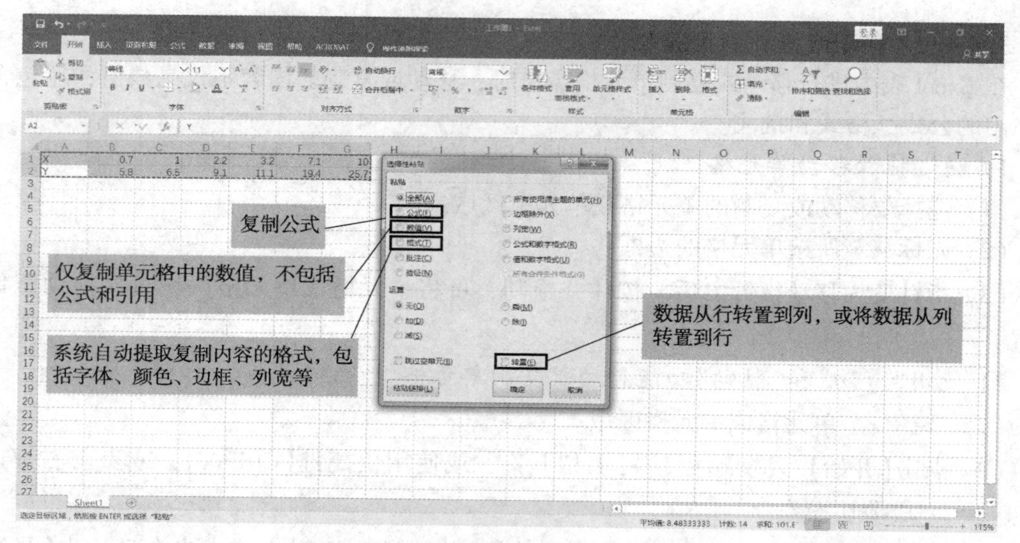

图 3-11　选择性粘贴的各种选项

3.1.1.8　数据填充

1) 重复数据的输入

目标单元格填充相同数据：复制单元格或选中区域内容，在目标区域中点击右键选择【粘贴】。

行或列连续自动填充数据：

选中需要复制的单元格，鼠标移至选中单元格的右下角，待鼠标显示填充指针时，可在该单元格的上、下、左、右四个方向拖动进行连续填充数据，鼠标拖动区域均填充相同的数据内容。特别注意，这种方法适用于数值的连续填充。当需要复制的内容并非数字而是自定义序列时，用此方法进行连续填充，自定义内容中的文字部分不变，而数字会随着不同方向的行或列填充自行递增或递减。其中，往选中单元格的下方、右边行进行列、行填充时，自定义内容中的数字递增；往选中单元格的上方、左边行进行列、行填充时，自定义内容中的数字递减。

若某单元格中的内容只是数字，按上述方法在该单元格的上、下、左、右四个方向拖动进行连续填充的同时按住【Ctrl】键，则填充数字将随着不同的填充方向自行递增或递减。其中，往选中单元格的下方、右边行进行列、行填充时，数字递增；往选中单元格的上方、左边行进行列、行填充时，数字递减。

【例 3-9】 在 Excel 表单元格中输入“样品 10”，并在该单元格的上、下、左、右四个方向分别进行行和列数据填充(见图 3-12)。

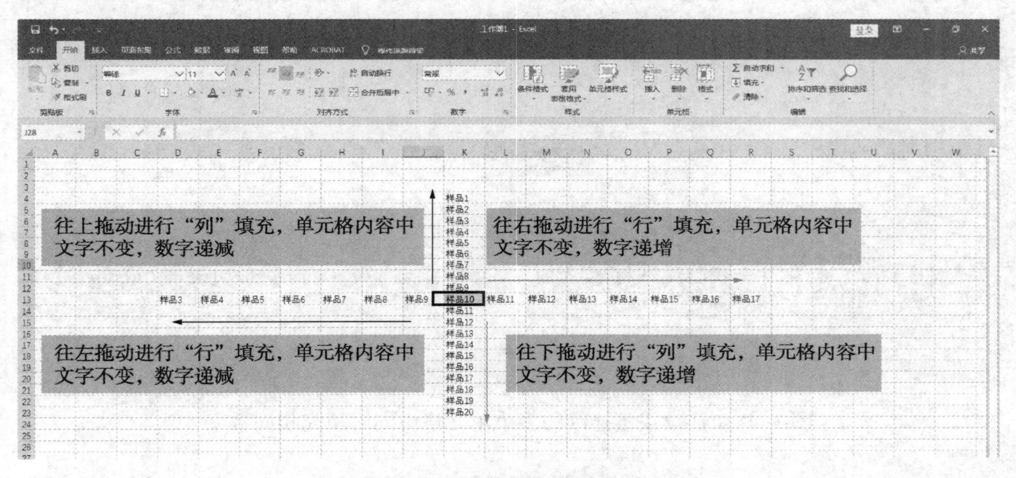

图 3-12　自定义数据连续填充

当需要连续填充相同的自定义内容时，选中复制的单元格，鼠标显示填充指针时，按住【Ctrl】不放，拖动鼠标进行“行”或“列”数据连续填充。此时，行和列复制的自定义内容相同，即自动填充区域内自定义内容和数据均不变(见图 3-13)。

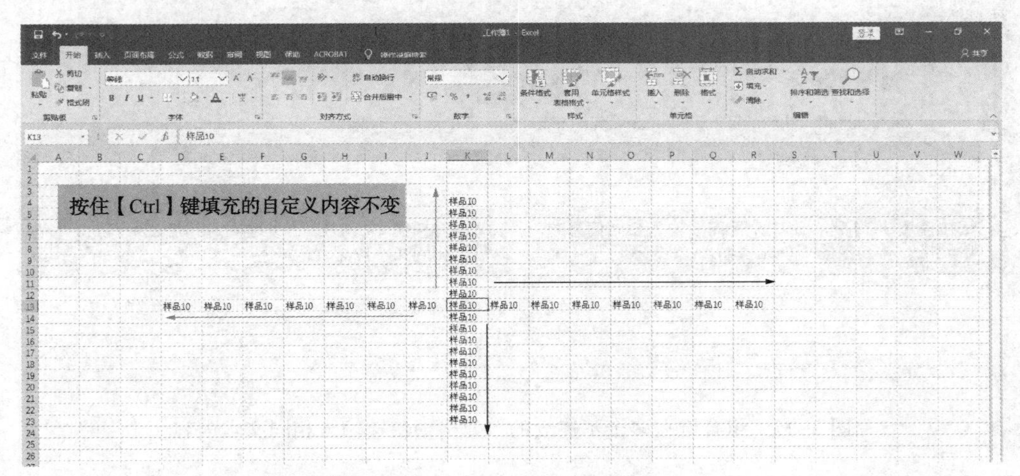

图 3-13　“行”或“列”数据连续填充

组合键快速填充相同数据：需在连续或不连续的多个单元格中同时填充相同数据时，先按住【Ctrl】键，选中全部需要输入相同数据的单元格，在其中任意一个单元格中输入数据，再同时按【Ctrl+Enter】键或【Shift+Ctrl+Enter】键，即可在所有已选中单元格中瞬时填充相同的数据。

【例 3-10】 如图 3-14 和图 3-15 所示，分别在已选中的连续或不连续的多个单元格中同时输入“100”和“张三”。

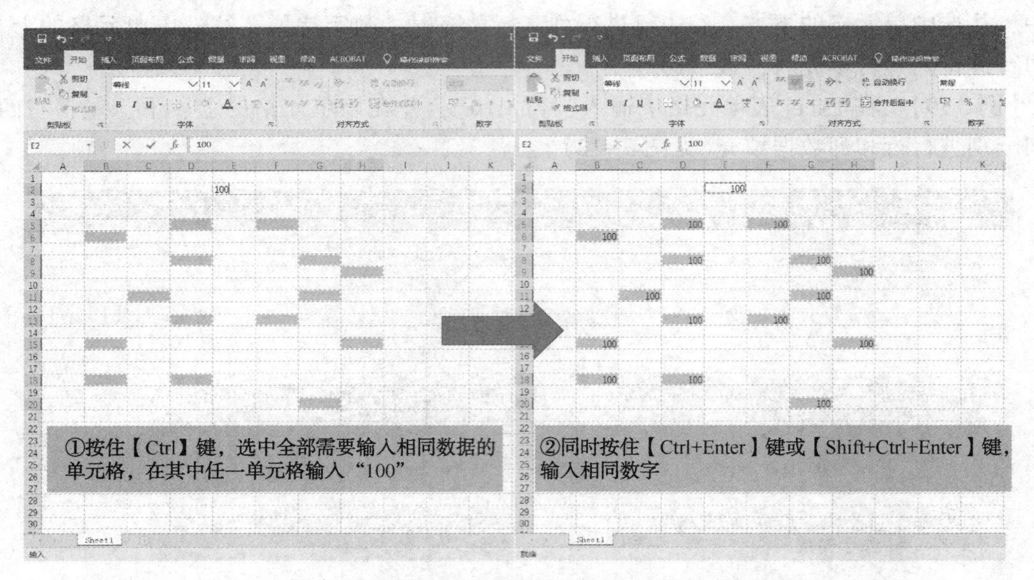

图 3-14　连续或不连续的多个单元格中同时填充相同数字

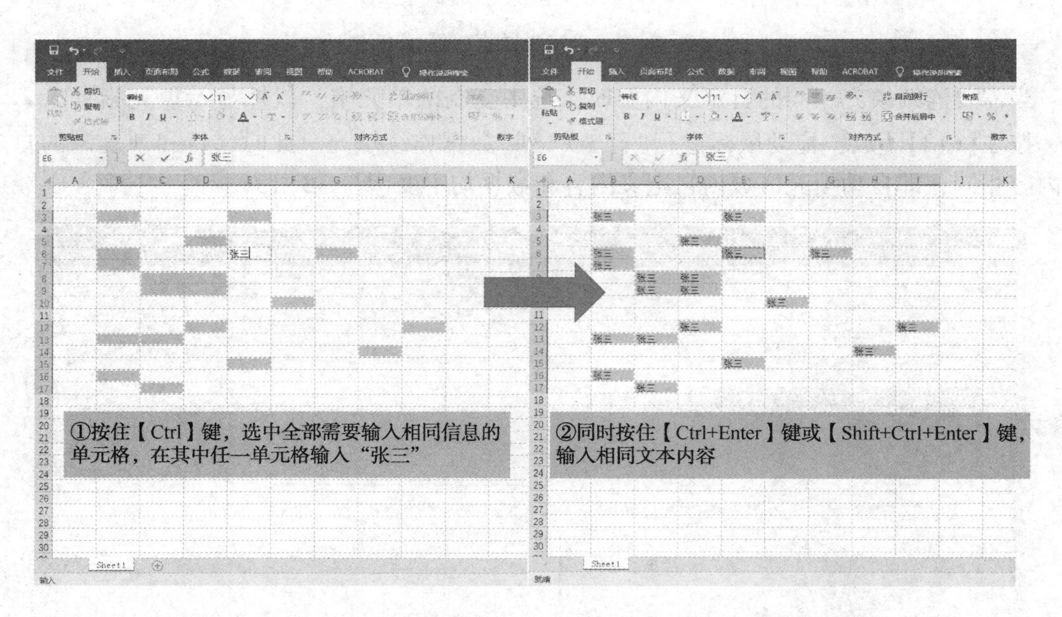

图 3-15　组合键在多个不连续的单元格中快速输入相同文本内容

2）等差或等比数据的输入

（1）自动填充法。

【Ctrl】键的应用：选中需要复制的单元格，按住【Ctrl】键，鼠标移至选中单元格的右下角，待鼠标显示时，在该单元格的下方和右方拖动进行列或行连续填充数据，鼠标拖动区域填充公差为“1”的等差数据；在该单元格的上方和左方拖动进行列或行连续填充数据，鼠标拖动区域填充公差为“-1”的等差数据。

复制填充法输入等差数据：在连续的两个单元格中先输入等差数列的前两个数据，选中这两个单元格，拖动鼠标填充等差数据。

【例 3-11】 输入等差数列“1，4，7，10，…，40”。

先在两个连续的单元格中分别输入“1”和“4”，选中这两个单元格，向右拖动鼠标至出现“40”，等差数列输入完成(见图 3-16)。

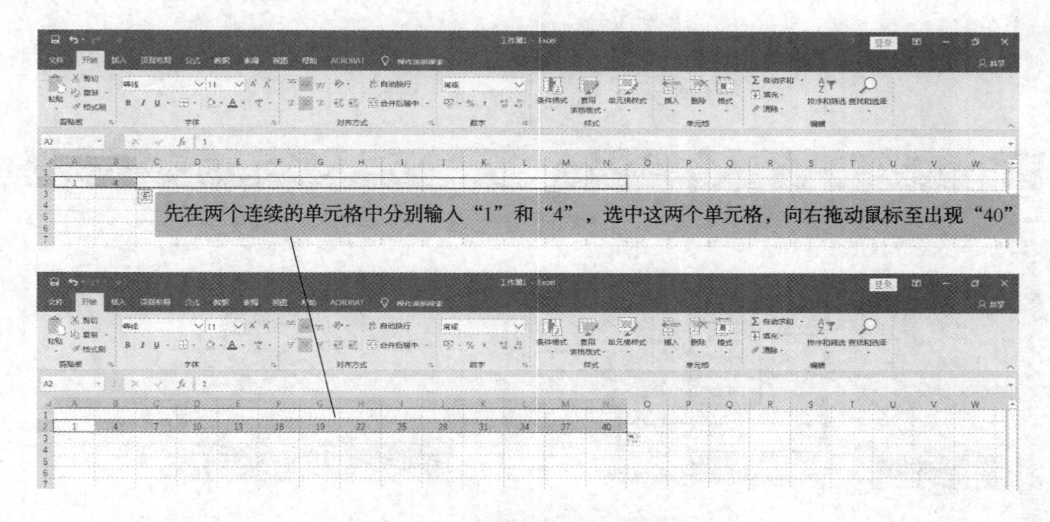

图 3-16 复制填充法输入等差数据

（2）填充命令法。

在单元格中输入数列的首个数字，选中需要填充的数据区域，点击【开始】→【编辑】→【填充】→【序列】，在【序列】对话框中进行设置(见图 3-17)。此方法可用于输入相同的数据、等差数列、等比数列等。

【例 3-12】 在 Excel 表格中输入等比数列“1，2，4，…，256”。

解：在 B1 单元格中输入等比数列的首个数字“1”，选中 B1。点击【开始】→【编辑】→【填充】→【序列】，在弹出的【序列】对话框中进行如下参数设置：

【序列产生在】：根据需要，选中“列”；

【类型】：选中“等比序列”；

【步长】：等比数列的公比，输入“2”；

【终止值】：输入“256”；

以上设置全部完成后，点击【确定】，等比数列输入完成(见图 3-18)。

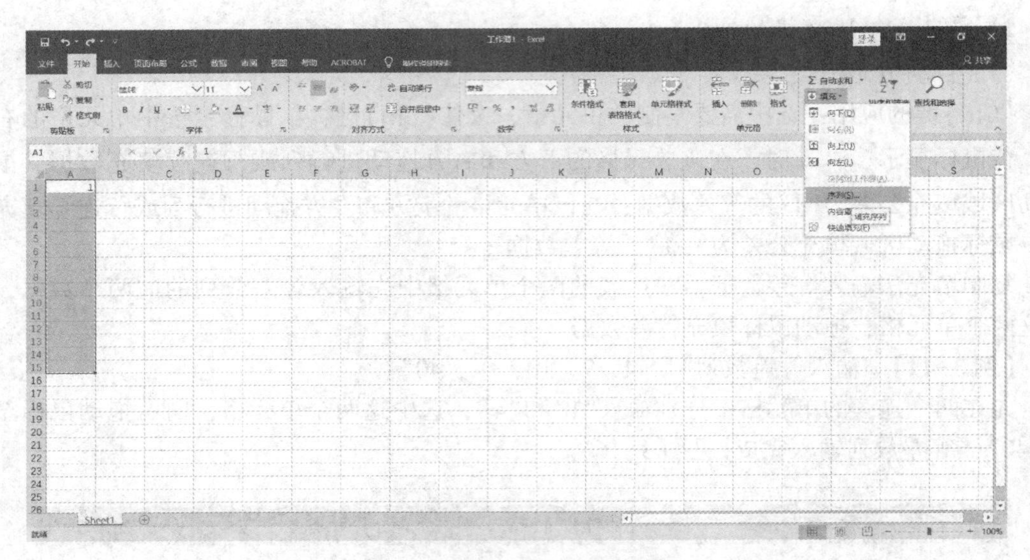

图 3-17　通过“序列”填充数据

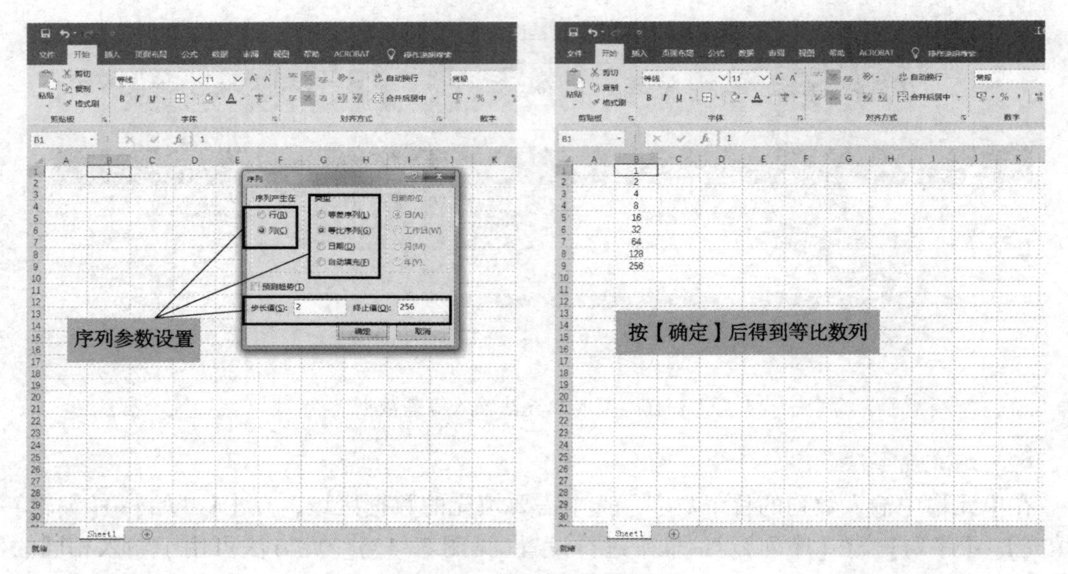

图 3-18　等比数列数据输入

3.1.2　数据的简单处理

3.1.2.1　数据的排序

数据排序是按一定的原则(数值大小、颜色、字母、笔画等)将数据进行排序，以便研究者通过浏览数据发现数据的特征或趋势，找到解决问题的线索。排序方式包括简单排序、多条件排序、自定义排序等。

1）简单排序

升序排序：选中数据区域，点击 Excel 菜单栏中【数据】，在【排序和筛选】选项卡中点击【升序】图标“AZ↑”。

降序排序：选中数据区域，点击 Excel 菜单栏中【数据】，在【排序和筛选】选项卡中点击【降序】图标“ZA↓”。

在进行数据排序时，点击【升序】或【降序】后，将弹出“排序提醒”对话框，需要根据要求给出排序依据。当只需要对选中的数据进行排序，即局部排序时，勾选【以当前选定区域排序】；当需要对全部数据进行整体排序时，勾选【扩展选定区域】(见图 3-19)。

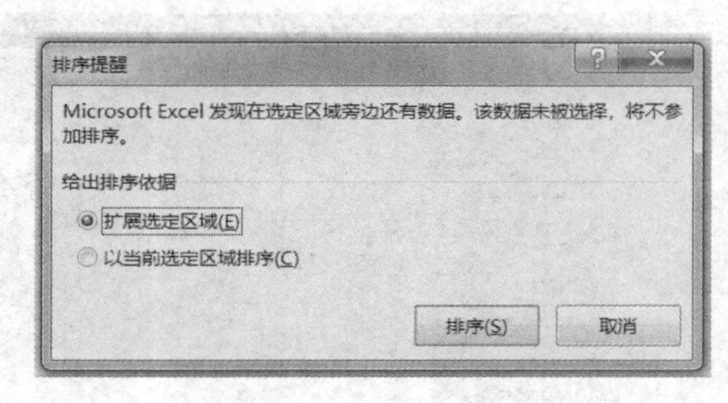

图 3-19　排序依据

【例 3-13】　对图 3-20 中某班级的期末考试中的语文成绩按从高到低进行排序。

解：①第一种排列方式：以当前选定区域排序。

选中班级所有学生的语文成绩所在单元格区域，点击【数据】→点击【排序和筛选】中的【降序】，在弹出的【排序提醒】对话框中选择【以当前选定区域排序】，再点击【排序】。

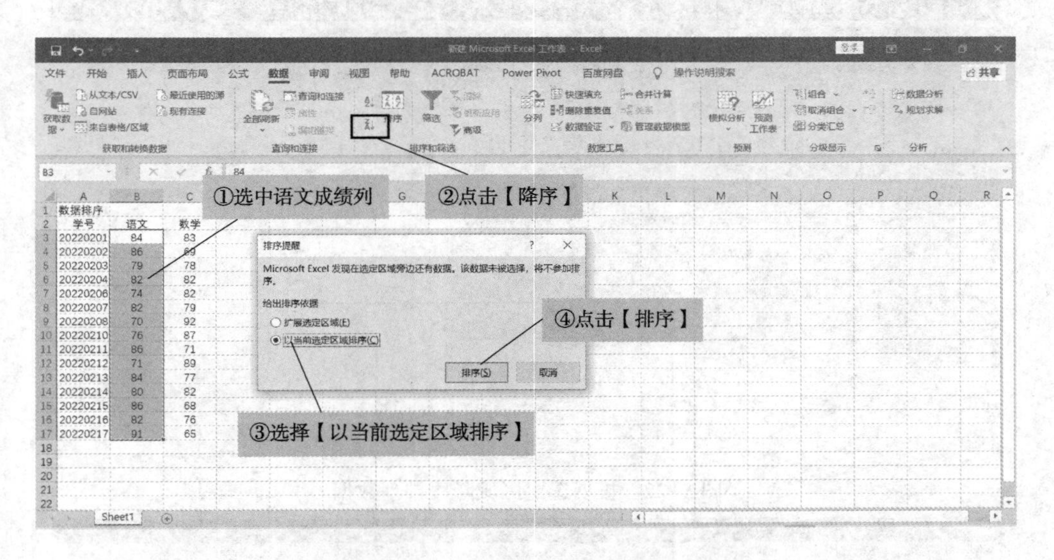

图 3-20　以当前选定区域降序排列数据

得到语文的成绩降序排列结果如图 3-21 所示。该操作仅对选定区域的数据按降序排列，学号列和数学成绩列不变。因此，排序后的语文成绩并不对应学生的学号，会使学生成绩发生错乱。

② 第二种排列方式：扩展选定区域排序。

选中班级所有学生的语文成绩所在单元格区域，点击【数据】，点击【排序和筛选】中的【降序】，在弹出的【排序提醒】对话框中选择【扩展选定区域】，再点击【排序】(见图 3-22)。

以这种方式排序后得到图 3-23 的排序结果，重排的数据显示语文成绩由高到低排列，且每个语文成绩对应正确的学号和数学成绩。

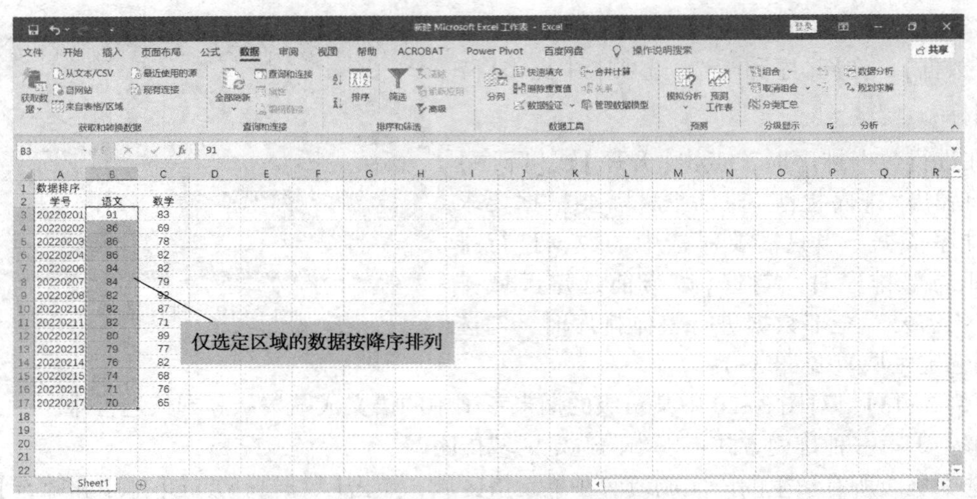

图 3-21　语文成绩降序排列结果

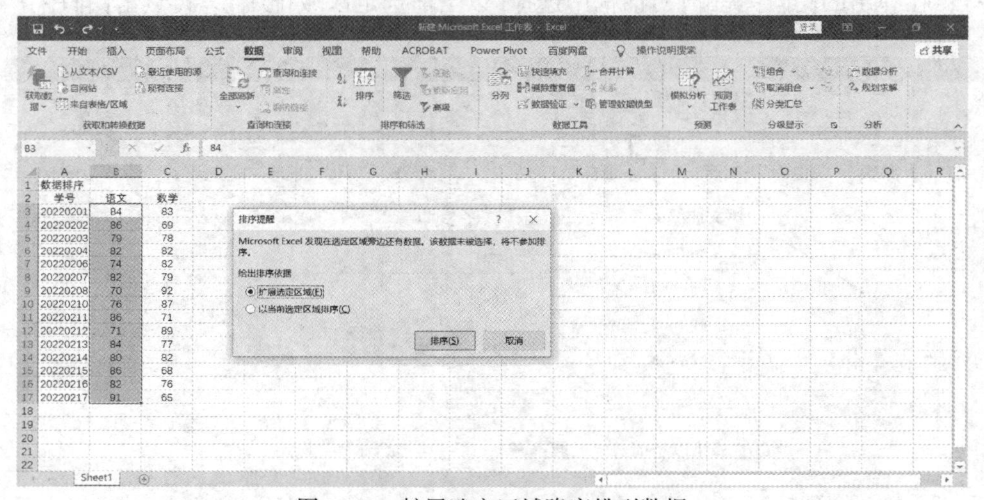

图 3-22　扩展选定区域降序排列数据

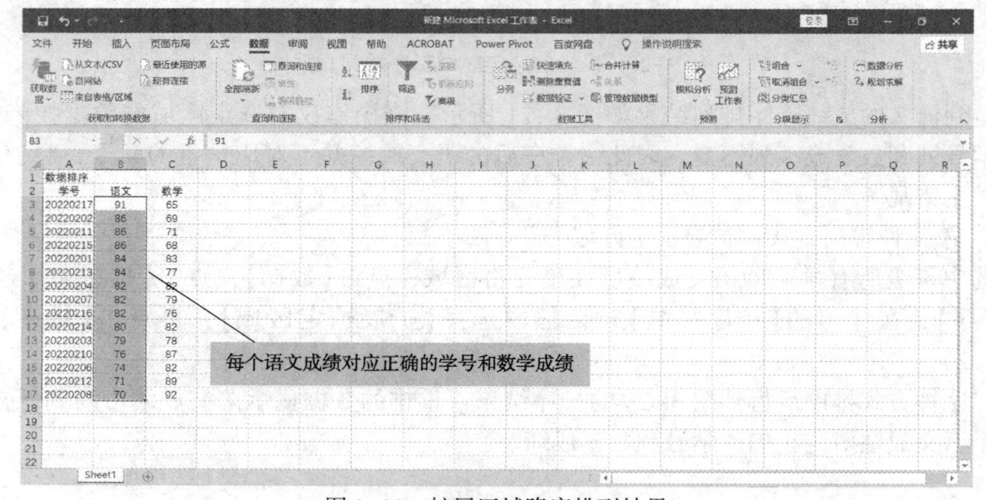

图 3-23　扩展区域降序排列结果

2）多条件排序

当使用单个条件排序无法满足需求时，可使用多条件排序。根据条件的顺序，设置优先级排序。

【例 3-14】 对某班级的期末考试成绩中数学以降序排序的同时，语文成绩也按降序排列。

解：选中全部数据，也可仅选中部分数据，点击【数据】，点击【排序和筛选】中的【排序】图标 排序 。在弹出的【排序】对话框中，分别对主要关键字“数学”、次要关键字“语文”分别进行降序排列设置，必要时点击【添加条件】增加排序条件设置栏（见图 3-24）。多个条件排序时，优先确保主要关键字的排序条件。

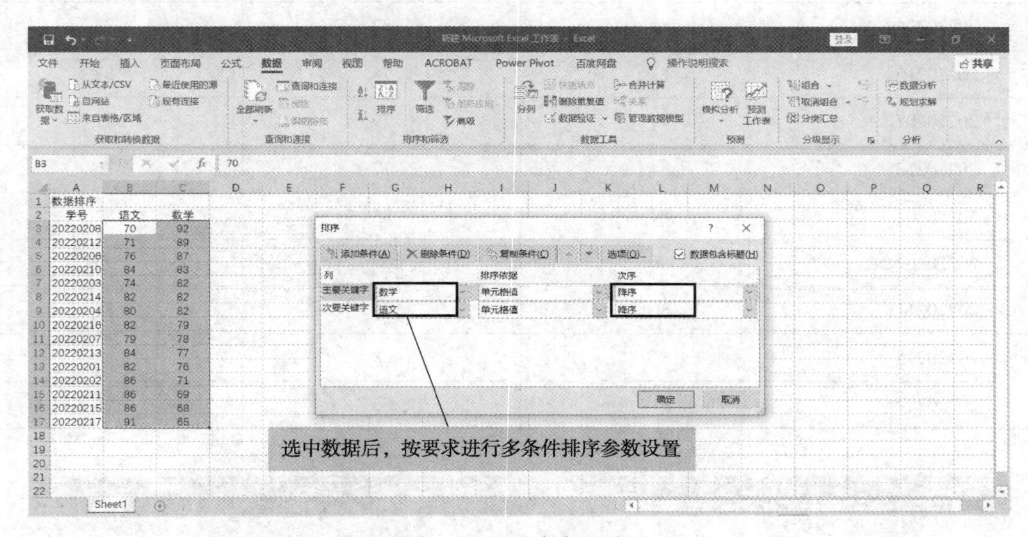

图 3-24　多条件排序

3.1.2.2　数据的筛选

在进行数据处理时，经常需要对数据进行筛选。尤其是数据量大时，筛选功能非常有用，可将不满足条件的数据暂时隐藏起来。Excel 除了常用的简单筛选功能，还可应用自定义筛选进行高级筛选。

1）自动筛选

进行自动筛选时，先选择数据区域，或选中数据区域中任意一个单元格，单击 Excel 菜单栏的【数据】，在【排序和筛选】选项卡中点击【筛选】“ 筛选 ”，数据区域的标题行中每个单元格右侧自动显示呈倒三角形状的筛选按钮，可在其展开的下拉菜单中根据需要筛选数据。

【例 3-15】 在顺序被打乱的全班期末成绩表（见表 3-1）中快速找出学号为 20220206、20220208、20220210 三位同学的成绩。

解：具体的操作步骤如下。

① 将成绩数据录入 Excel 表中，选中数据区域，或选中数据区域中任一单元格。

② 点击菜单栏【数据】，在【排序和筛选】选项卡中选择【筛选】，标题行显示“筛选”按钮（见图 3-25）。

表 3-1　期末考试成绩表

学号	语文	数学	英语
20220208	70	92	79
20220212	71	89	84
20220206	74	82	71
20220210	76	87	76
20220203	79	78	84
20220214	80	82	83
20220204	82	82	82
20220216	82	76	82
20220207	82	79	77
20220213	84	77	76
20220201	84	83	82
20220202	86	69	79
20220211	86	71	84
20220215	86	68	86
20220217	91	65	95

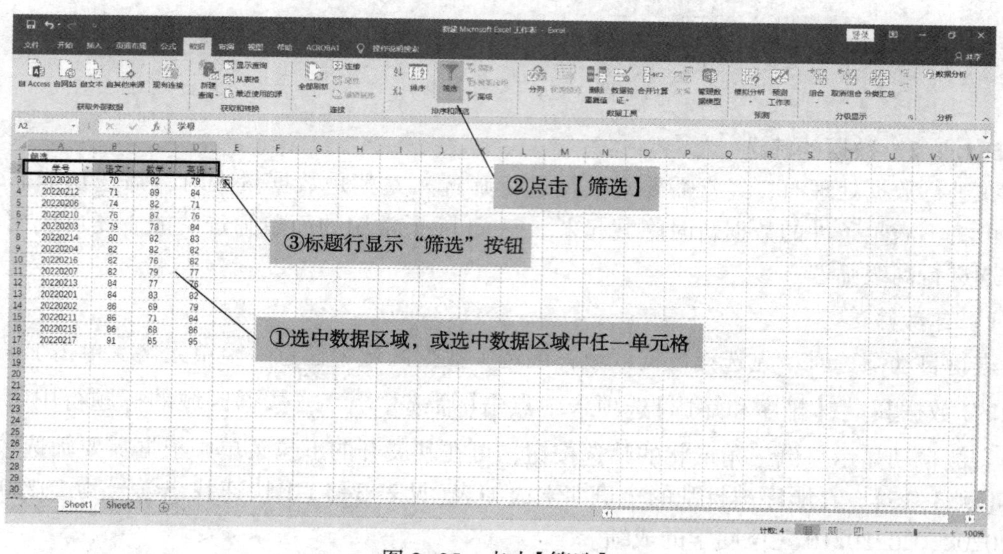

图 3-25　点击【筛选】

③ 在标题行的“学号”筛选按钮下拉菜单中，取消【全选】(见图 3-26)。

④ 找到 20220206、20220208、20220210 三个学号并勾选，点击【确定】(见图 3-27)。最终筛选出的数据结果如图 3-28 所示。

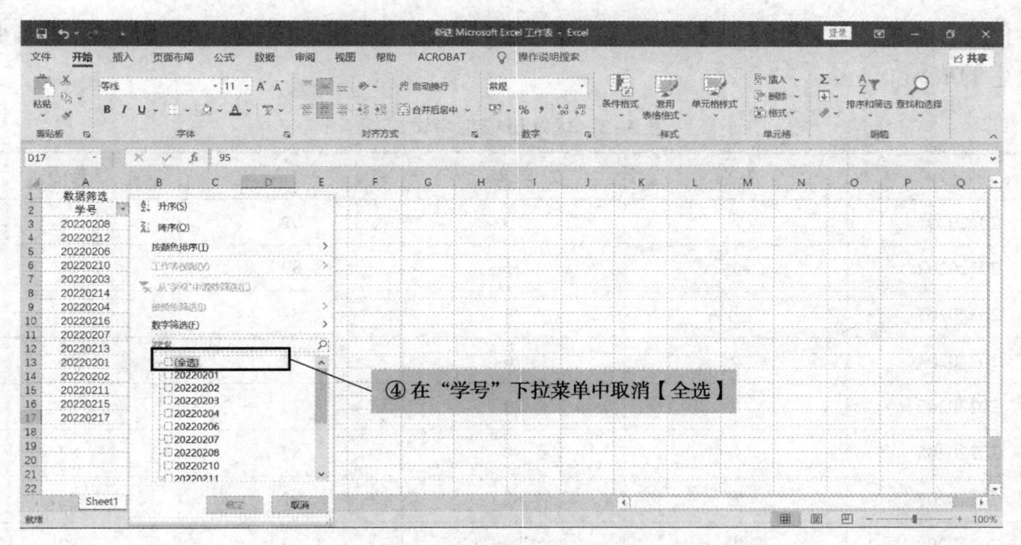

图 3-26　筛选条件设置

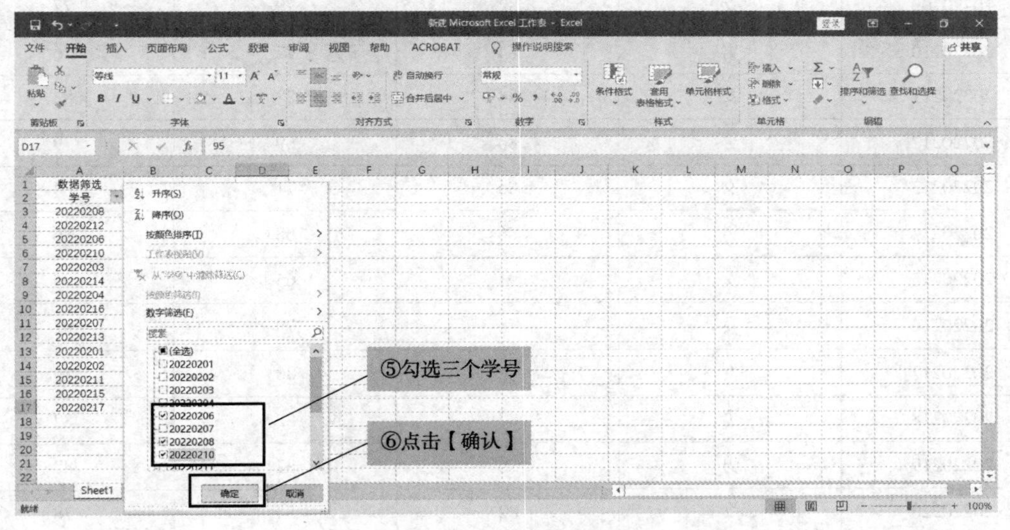

图 3-27　勾选需要的选项

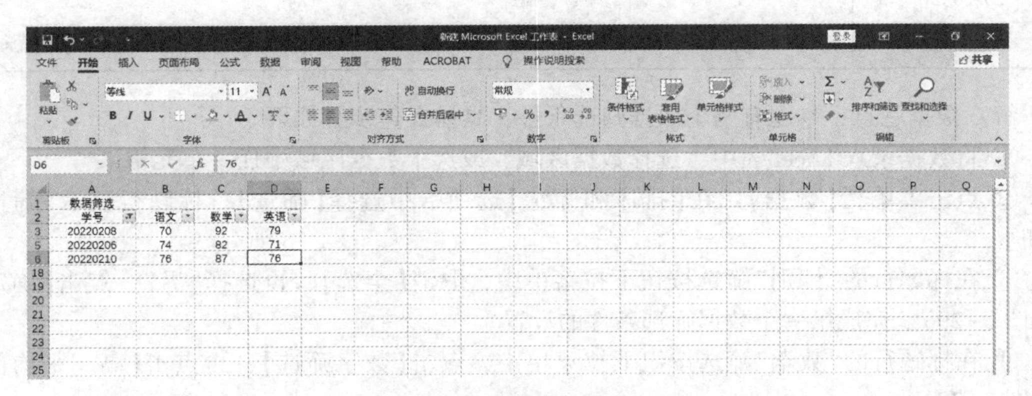

图 3-28　自动筛选结果

【例 3-16】 优才班模拟考试成绩如表 3-2 所示，请筛选出所有数学成绩高于平均水平的男生的成绩。

表 3-2　优才班模拟考试成绩

学号	性别	语文	数学	英语
20220201	男	70	92	79
20220202	女	71	89	84
20220203	男	74	82	71
20220204	女	76	87	76
20220205	女	79	78	84
20220206	女	80	82	83
20220207	男	82	82	82
20220208	男	82	76	82
20220209	女	82	79	77
20220210	男	84	77	76
20220211	女	84	83	82
20220212	男	86	69	79
20220213	女	86	71	84
20220214	男	86	68	86
20220215	女	91	65	95
20220216	女	78	79	92
20220217	女	82	80	89
20220218	男	82	82	82
20220219	男	76	82	87
20220220	女	82	84	78
20220221	女	82	84	75
20220222	女	82	65	70

解：根据题意，本题有两个数据筛选条件，具体操作步骤如下。

① 将数据录入 Excel 表中，选择数据区域，或选中数据区域中任一单元格。

② 点击菜单栏【数据】，在【排序和筛选】选项卡中选择【筛选】，标题行显示“筛选”按钮。

③ 在标题行的“性别”筛选按钮下拉菜单中，取消【全选】，再选择“男”，点击【确定】（见图 3-29），完成第一个数据筛选条件的设置。

④ 在标题行的“数学”筛选按钮下拉菜单中，点击【数字筛选】，再点击【高于平均值】（见图 3-30）。

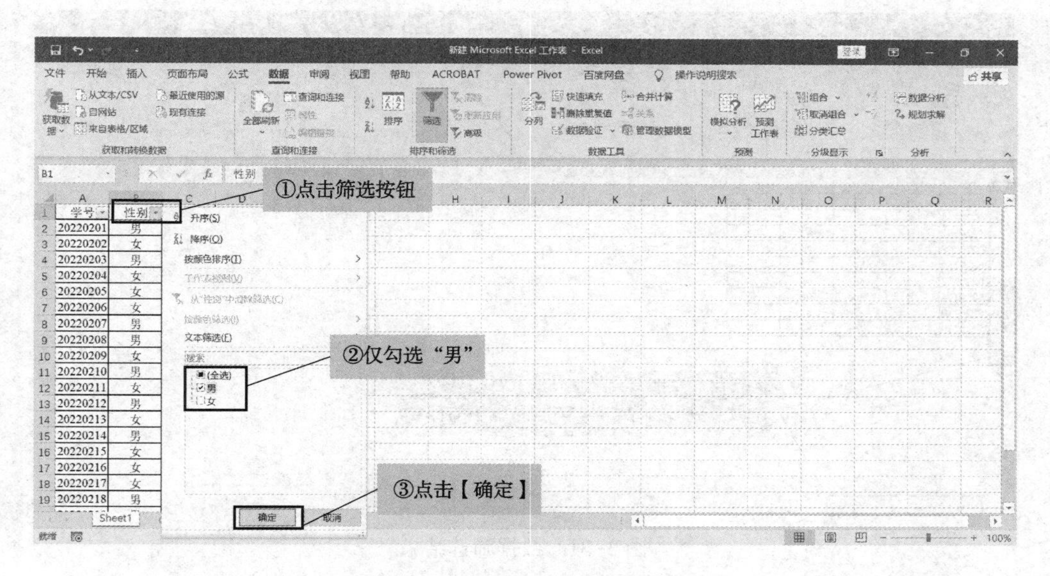

图 3-29　第一个数据筛选条件的设置

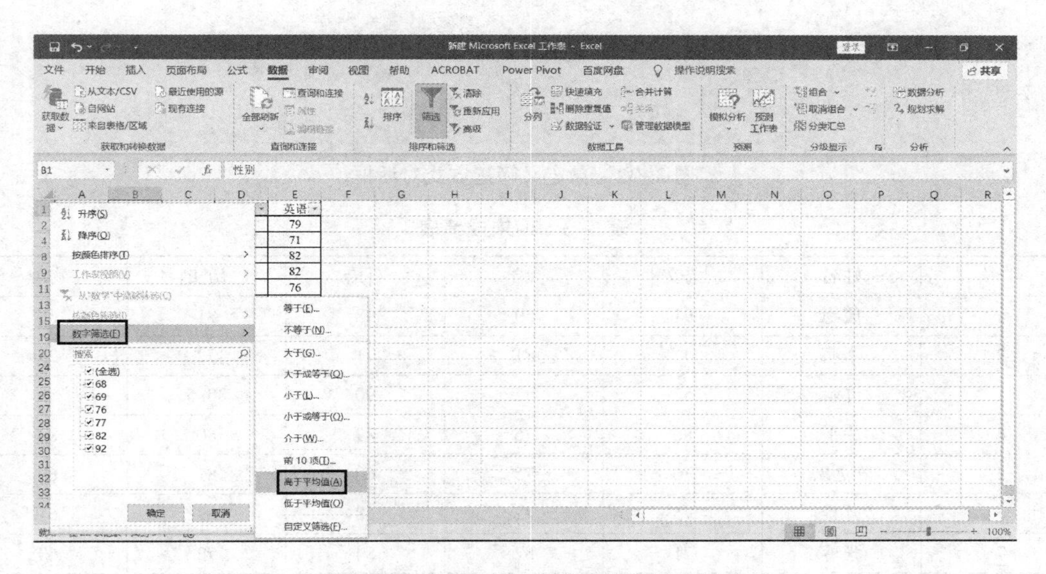

图 3-30　第二个数据筛选条件的设置

⑤ 最终的数据筛选如图 3-31 所示。数据筛选后，界面只显示出满足要求的数据，其他数据被隐藏。

2）自定义筛选

当需要按特定条件筛选数据时，可用 Excel 的自定义筛选功能（见图 3-32），精确筛选出符合数值要求的数据。

【例 3-17】　在中学某班级筛选出期末考试中语文成绩在 90～100 分数段的所有学生，班级学生的期末成绩见表 3-3。

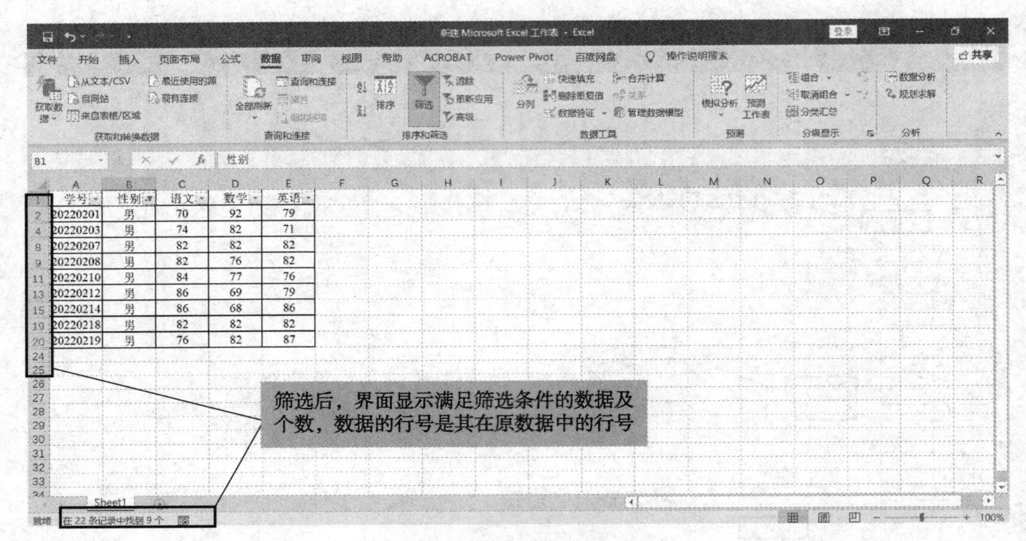

图 3-31 数据筛选结果

图 3-32 自定义筛选方式对话框

表 3-3 期末成绩表

学号	姓名	语文	数学	英语	历史	物理
1	詹艳	91	59	98	81	68
2	李萌	46	81	71	72	25
3	许新	52	82	90	80. 5	59
4	凌平	80	76	89	80	80
5	陈远宏	76	75	60	81	60
6	万雅	75	72	68	82	61
7	张玲	71	82	84	72	60
8	严觐	81	82	62	76	70
9	陈江平	80. 5	73	64	75	80
10	万华	59. 5	71	62	72. 5	59
11	张小强	72	64	80	82	75
12	王刚	85	86	59	65	82. 5
13	刘莉	90	91	76	15	80
14	蒋梅	94	82	75	86	83. 5
15	温柔	99	93	59	91	81. 5
16	史东升	82	90	80	76	80

续表

学号	姓名	语文	数学	英语	历史	物理
17	陈一鸣	78	85	46	52	80
18	谭爱	89	88	78	80	81
19	詹凤	85	89	90	76	76
20	罗拉	73	67	80	66	85
21	周婷	82	49	82	87	84
22	罗倩	75	62	86	56	76
23	高原	90	43	91	91	59
24	杨海	59	65	82. 5	46	81
25	罗云海	76	15	80	52	82
26	刘琴	75	86	83. 5	80	76
27	宿燕	59	91	81. 5	76	75
28	李双双	80	76	80	75	72
29	赖俊	82	80	76. 5	71	82
30	付小美	71	72. 5	80	81	82
31	寇玉	69. 5	70. 5	75	80. 5	73
32	陈厚俊	70	82. 5	72	59. 5	71
33	王琳	80	80	73	72	64
34	胡琳	71	78	81	81	60

解：具体操作步骤如下。

① 在 Excel 表中录入表 3-3 中所有数据。

② 选择数据区域，或选中数据区域中任一单元格，点击菜单栏【数据】，单击【排序和筛选】选项卡中的【筛选】，标题行的单元格内显示“筛选”按钮(见图 3-33)。

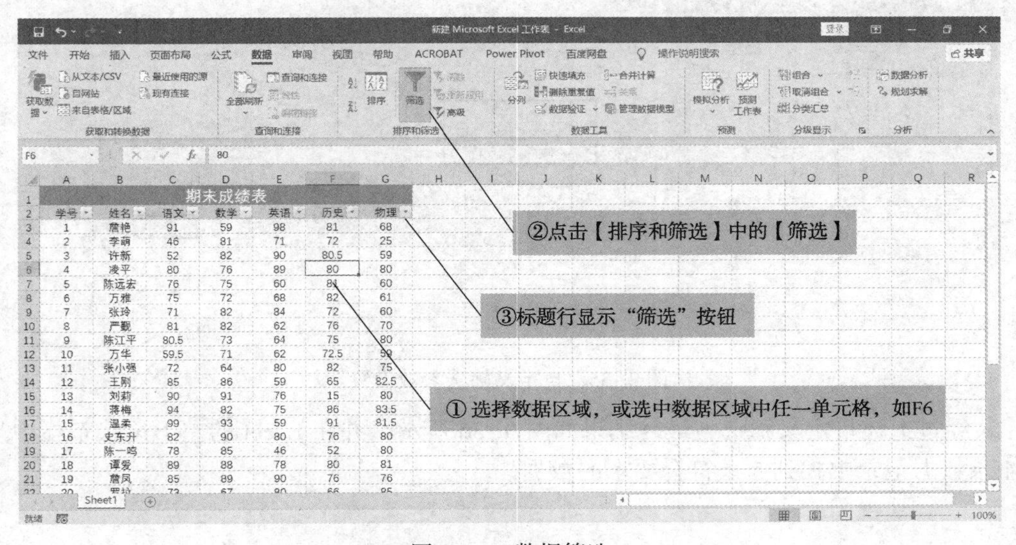

图 3-33 数据筛选

③ 在标题行中点击“语文”筛选按钮下的【数字筛选】，点击【自定义筛选】(见图 3-34)。

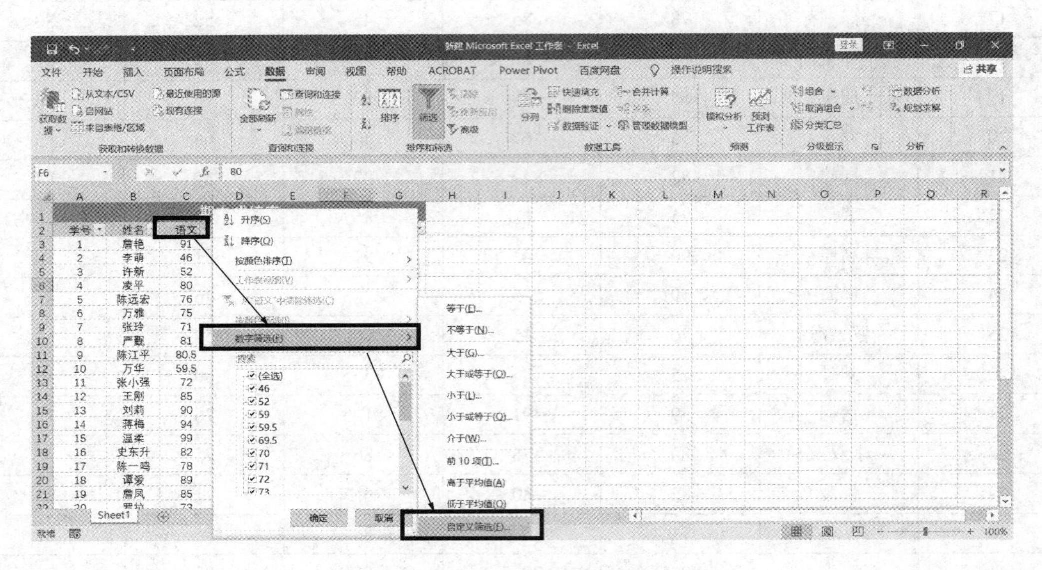

图 3-34　自定义筛选

④ 在弹出的【自定义自动筛选方式】对话框中进行参数设置，条件为：语文大于等于90，与小于或等于 100，再点击【确定】(见图 3-35)。

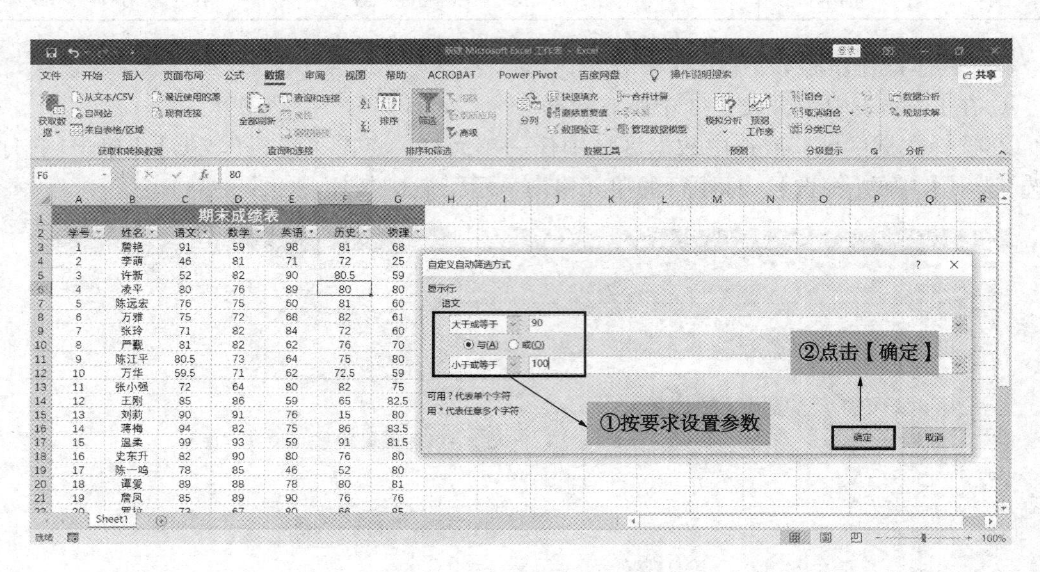

图 3-35　自定义筛选参数设置

⑤ 经过上述自定义筛选，最终结果如图 3-36 所示，并在 Excel 的左下角状态栏中显示在 34 条数据记录中找到 5 条符合要求的数据。

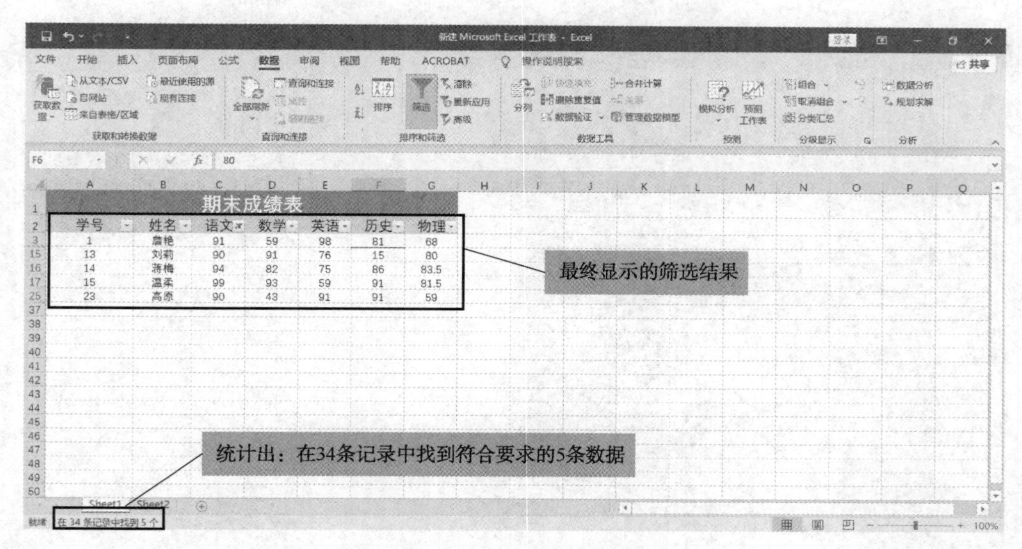

图 3-36　自定义筛选数据结果

3.2　Excel 公式和函数运用

3.2.1　SUM 函数

函数定义：返回所有参数的算术平均值。

使用格式：SUM(number1，[number2]，…)。

参数解释：

number1：必需参数。参与加和计算的第一个数值参数。

number2，…：可选参数。参与加和计算的 2 到 255 个数值参数。

应用说明：

(1) 逻辑值及数字的文本表达式将被计算。

(2) 如果参数为数组或引用，只有其中的数字将被计算。数组或引用中的空白单元格、逻辑值、文本将被忽略。

(3) 如果参数中有错误值或为不能转换成数字的文本，将会导致错误。

【例 3-18】　用 SUM 函数计算模拟考试中每位同学 5 门成绩的总分(见图 3-37)。

3.2.2　AVERAGE 函数

函数定义：返回一组参数的平均值。参数可以是数值，或包含数值的名称、数组或应用。

使用格式：AVERAGE(number1，[number2]，…)。

参数解释：

number1：必需参数。参与算术平均值计算的第一个数值参数。

number2，…：可选参数。要计算平均值的其他数字、单元格引用或单元格区域。

应用说明：

(1) 如果参与计算的某个单元格是空的，或包含文本，它将不用于计算平均数。

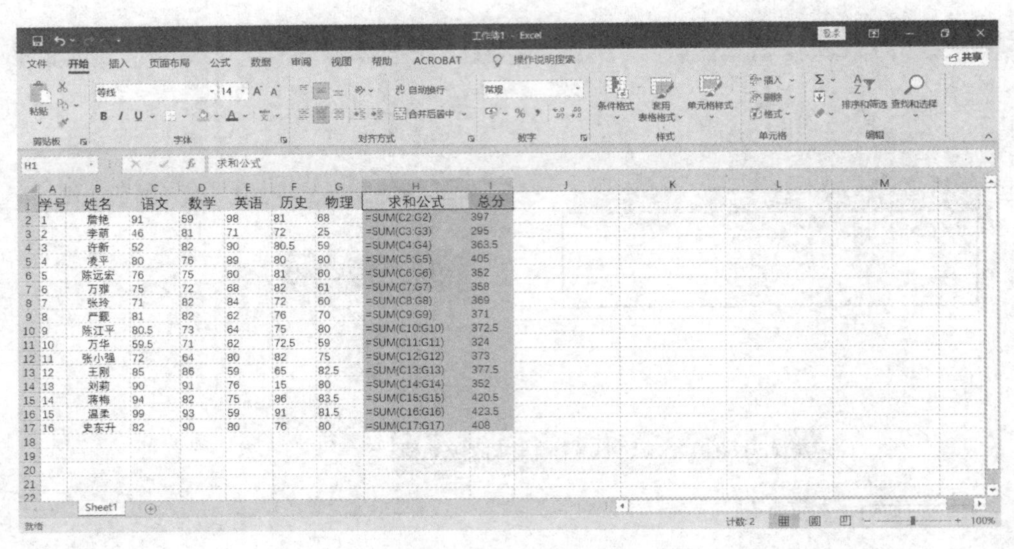

学号	姓名	语文	数学	英语	历史	物理	求和公式	总分
1	詹艳	91	59	98	81	68	=SUM(C2:G2)	397
2	李萌	46	81	71	72	25	=SUM(C3:G3)	295
3	许新	52	82	90	80.5	59	=SUM(C4:G4)	363.5
4	凌平	80	76	89	80	80	=SUM(C5:G5)	405
5	陈远宏	76	75	60	81	60	=SUM(C6:G6)	352
6	万雅	75	72	68	82	61	=SUM(C7:G7)	358
7	张玲	71	82	84	72	60	=SUM(C8:G8)	369
8	严觐	81	82	62	76	70	=SUM(C9:G9)	371
9	陈江平	80.5	73	64	75	80	=SUM(C10:G10)	372.5
10	万华	59.5	71	62	72.5	59	=SUM(C11:G11)	324
11	张小强	72	64	80	82	75	=SUM(C12:G12)	373
12	王刚	85	86	59	65	82.5	=SUM(C13:G13)	377.5
13	刘莉	90	91	76	15	80	=SUM(C14:G14)	352
14	蒋梅	94	82	75	86	83.5	=SUM(C15:G15)	420.5
15	温柔	99	93	59	91	81.5	=SUM(C16:G16)	423.5
16	史东升	82	90	80	76	80	=SUM(C17:G17)	408

图 3-37　SUM 函数的应用

(2) 如果单元格数值为 0，将参与计算平均数。

(3) 如果参数中有错误值或为不能转换为数字的文本，将导致错误。

【例 3-19】　用 AVERAGE 函数计算全班同学各科成绩的平均分(见图 3-38)。

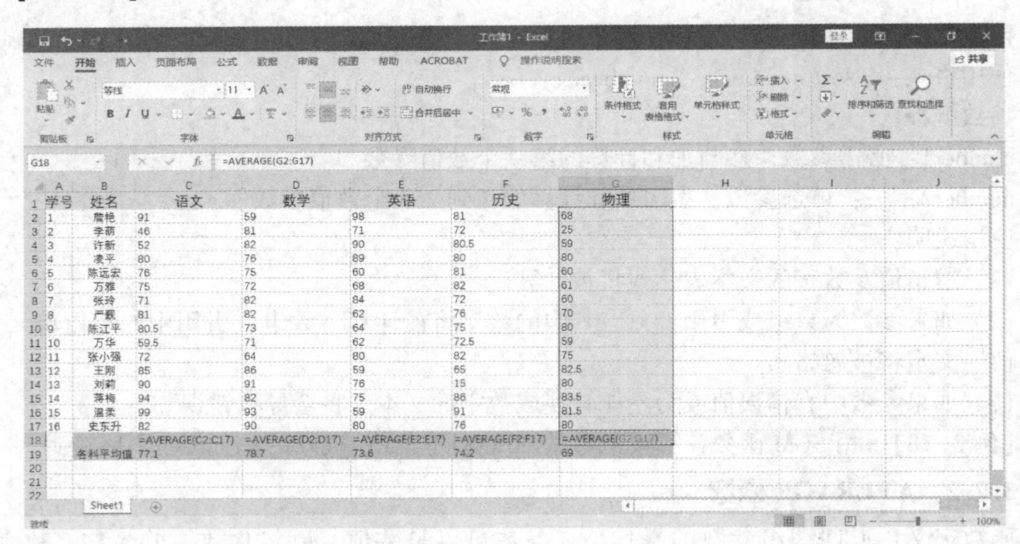

学号	姓名	语文	数学	英语	历史	物理
1	詹艳	91	59	98	81	68
2	李萌	46	81	71	72	25
3	许新	52	82	90	80.5	59
4	凌平	80	76	89	80	80
5	陈远宏	76	75	60	81	60
6	万雅	75	72	68	82	61
7	张玲	71	82	84	72	60
8	严觐	81	82	62	76	70
9	陈江平	80.5	73	64	75	80
10	万华	59.5	71	62	72.5	59
11	张小强	72	64	80	82	75
12	王刚	85	86	59	65	82.5
13	刘莉	90	91	76	15	80
14	蒋梅	94	82	75	86	83.5
15	温柔	99	93	59	91	81.5
16	史东升	82	90	80	76	80
		=AVERAGE(C2:C17)	=AVERAGE(D2:D17)	=AVERAGE(E2:E17)	=AVERAGE(F2:F17)	=AVERAGE(G2:G17)
	各科平均值	77.1	78.7	73.6	74.2	69

图 3-38　AVERAGE 函数的应用

3.2.3　ABS 函数

函数定义：返回数字的绝对值。

使用格式：ABS(number)。

参数解释：

number：必需参数，指需要计算其绝对值的实数。

用 ABS 函数计算绝对值示例见表 3-4。

表 3-4 用 ABS 函数计算绝对值示例

参数	公式	结果	说明
-9	=ABS(-9)	9	-9 的绝对值是 9
7.5	=ABS(7.5)	7.5	7.5 的绝对值是 7.5
-0.25	=ABS(-0.25)	0.25	-0.25 的绝对值是 0.25

3.2.4 MAX 函数

函数定义：求一组数据中的最大值。参数可以是数字或者是包含数字的名称、数组或引用。

使用格式：MAX(number1，[number2]，…)。

参数解释：

number1：必需参数。参与最大值计算的第一个数值参数。

number2，…：可选参数。可以用单一数组或对某个数组的引用来代替用逗号分隔的参数。

应用说明：

(1) 直接写入函数的逻辑值和代表数字的文本将被计算。

(2) 数组和引用中的逻辑值、文本、空白单元格将被忽略。

(3) 如果参数不包含任何数字，则 MAX 函数返回 0。

(4) 如果参数为错误值或为不能转换为数字的文本，将导致错误。

【例 3-20】 用 MAX 函数计算期末考试中每门课全班的最高分(见图 3-39)。

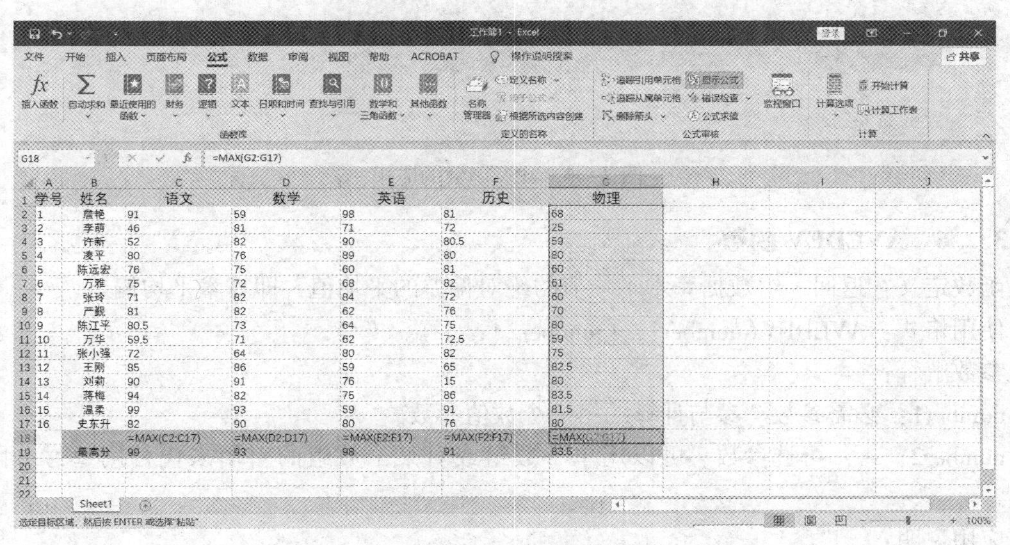

G18 =MAX(G2:G17)

学号	姓名	语文	数学	英语	历史	物理
1	詹艳	91	59	98	81	68
2	李萌	46	81	71	72	25
3	许新	52	82	90	80.5	59
4	凌平	80	76	89	80	80
5	陈远宏	76	75	60	81	60
6	万雅	75	72	68	82	61
7	张玲	71	82	84	72	60
8	严颖	81	82	62	76	70
9	陈江平	80.5	73	64	75	80
10	万华	59.5	71	62	72.5	59
11	张小强	72	64	80	82	75
12	王刚	85	86	59	65	82.5
13	刘莉	90	91	76	15	80
14	蒋梅	94	82	75	86	83.5
15	温柔	99	93	59	91	81.5
16	史东升	82	90	80	76	80
		=MAX(C2:C17)	=MAX(D2:D17)	=MAX(E2:E17)	=MAX(F2:F17)	=MAX(G2:G17)
	最高分	99	93	98	91	83.5

图 3-39 MAX 函数的应用

3.2.5 MIN 函数

函数定义：求一组数据中的最小值。参数可以是数字或者是包含数字的名称、数组或引用。

使用格式：MIN(number1，[number2]，…)。

参数解释：

number1：必需参数。参与最小值计算的第一个数值参数。

number2，…：可选参数。可以用单一数组或对某个数组的引用来代替用逗号分隔的参数。

应用说明：

(1) 直接写入函数的逻辑值和代表数字的文本将被计算。

(2) 数组和引用中的逻辑值、文本、空白单元格将被忽略。

(3) 如果参数不包含任何数字，则 MIN 函数返回 0。

(4) 如果参数为错误值或为不能转换为数字的文本，将导致错误。

【例 3-21】 用 MIN 函数计算期末考试中每门课全班的最低分(见图 3-40)。

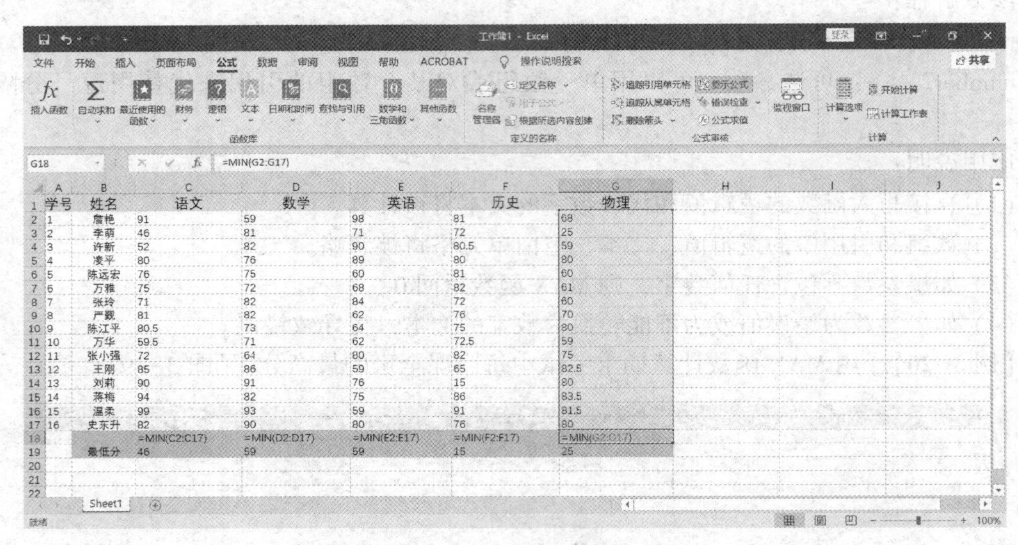

学号	姓名	语文	数学	英语	历史	物理
1	詹艳	91	59	98	81	68
2	李萌	46	81	71	72	25
3	许新	52	82	90	80.5	59
4	凌平	80	76	89	80	80
5	陈远宏	76	75	60	81	60
6	万雅	75	72	68	82	61
7	张玲	71	82	84	72	60
8	严觐	81	82	62	76	70
9	陈江平	80.5	73	64	75	80
10	万华	59.5	71	62	72.5	59
11	张小强	72	64	80	82	75
12	王刚	85	86	59	65	82.5
13	刘莉	90	91	76	15	80
14	蒋梅	94	82	75	86	83.5
15	温柔	99	93	59	91	81.5
16	史东升	82	90	80	76	80
		=MIN(C2:C17)	=MIN(D2:D17)	=MIN(E2:E17)	=MIN(F2:F17)	=MIN(G2:G17)
	最低分	46	59	59	15	25

图 3-40　MIN 函数的应用

3.2.6　AVEDEV 函数

函数定义：返回一组数据算术平均值的绝对偏差的平均值，即算术平均偏差。

使用格式：AVEDEV(number1，[number2]，…)。

参数解释：

number1：必需参数。参与计算的第一个数值参数。

number2，…：可选参数。可以用单一数组或对某个数组的引用来代替用逗号分隔的参数。

应用说明：

(1) 参数必须是数字或者包含数字的名称、数组或引用。

(2) 逻辑值和直接写入参数列表中代表数字的文本被计算在内。

(3) 如果数组或引用参数包含文本、逻辑值或空白单元格，则这些值将被忽略，但包含零值的单元格将计算在内。

(4) 输入数据所使用的度量单位将会影响 AVEDEV 函数的计算结果。

(5) 算术平均偏差的计算公式为：

$$\bar{d} = \frac{\sum_{i=1}^{n} |x_i - \bar{x}|}{n}$$

【例 3-22】 用 AVEDEV 函数计算一组数据的算术平均偏差，结果为 11.375(见图 3-41)。

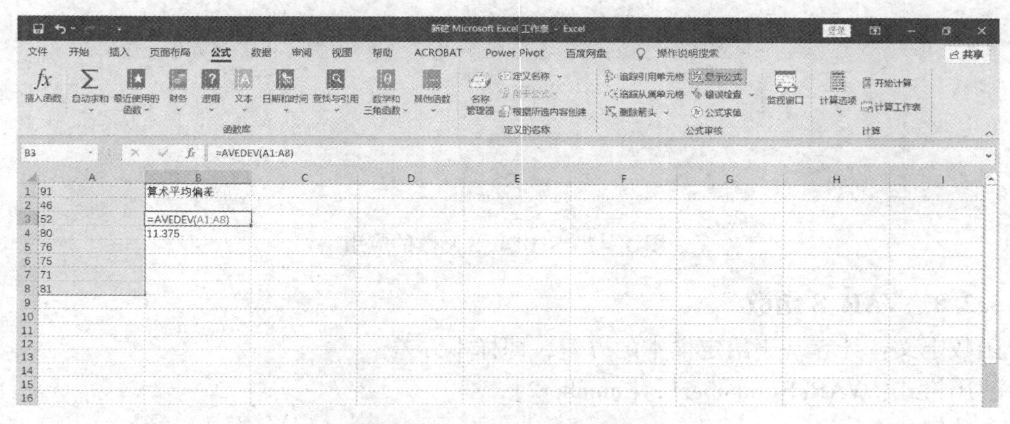

图 3-41 AVEDEV 函数的应用

3.2.7 STDEV.S 函数

函数定义：基于样本估算标准偏差(假定提供的参数是总体的样本，非总体)，即样本标准偏差。

使用格式：STDEV.S(number1，[number2]，…)。

参数解释：

number1：必需参数。参与计算的第一个数值参数。

number2，…：可选参数。

应用说明：

(1) 参数可以是数字或者是包含数字的名称、数组或引用。

(2) 若参数是一个数组或引用，则只计算其中的数字。数组或引用中的空白单元格、逻辑值、文本或错误值将被忽略。

(3) 参数为错误值或为不能转换为数字的文本，将会导致错误。

(4) 如果数据代表整个总体，应使用 STDEV.P 函数计算总体标准偏差。

【例 3-23】 抽样调查某工厂生产过程中添加的某种催化剂溶液的密度，得到一组单位为 kg/m^3的密度值：1.234、1.237、1.248、1.226、1.278、1.245、1.245、1.217、1.268、1.310。求抽样调查数据的标准偏差。

解：得到的抽样结果是总体中的样本，因此用 STDEV.S 函数计算标准偏差，结果如图 3-42所示，结果为 0.028。

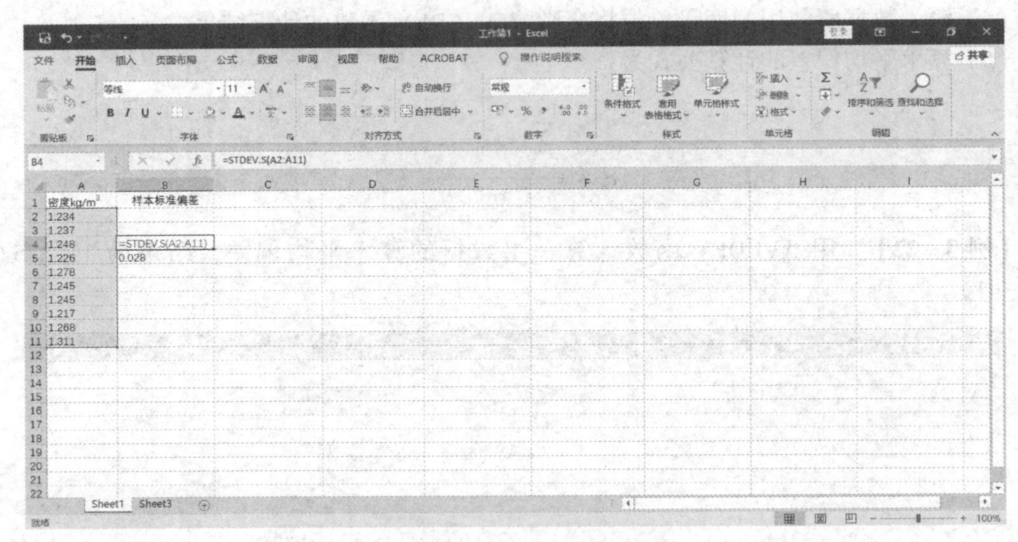

图 3-42　STDEV. S 函数的应用

3.2.8　VAR. S 函数

函数定义：计算基于给定样本的方差，即样本方差。

使用格式：VAR. S(number1，［number2］，…)。

参数解释：

number1：必需参数。对应于总体样本的第一个数值参数。

number2，…：可选参数。对应于总体样本的其他数值参数。

应用说明：

(1) 参数可以是数字或者是包含数字的名称、数组或引用。

(2) 若参数是一个数组或引用，则只计算其中的数字。数组或引用中的空白单元格、逻辑值、文本或错误值将被忽略。

(3) 参数为错误值或为不能转换为数字的文本，将会导致错误。

(4) 如果数据代表整个总体，应使用 VAR. P 函数计算总体方差。

【例 3-24】　用 VAR. S 函数计算全班期末考试每门课成绩的方差(见图 3-43)。

3.2.9　MEDIAN 函数

函数定义：返回给定数值的中值，即将所给的一组数从小到大或从大到小排列，居于中间的数值。

使用格式：MEDIAN(number1，［number2］，…)。

参数解释：

number1：必需参数：第一个数字、单元格引用或范围。

number2，…：可选参数。后续数字、单元格引用或范围。

应用说明：

(1) 参数可以是数字或者是包含数字的名称、数组或引用。

(2) 逻辑值和直接键入参数列表中代表数字的文本参与计算。

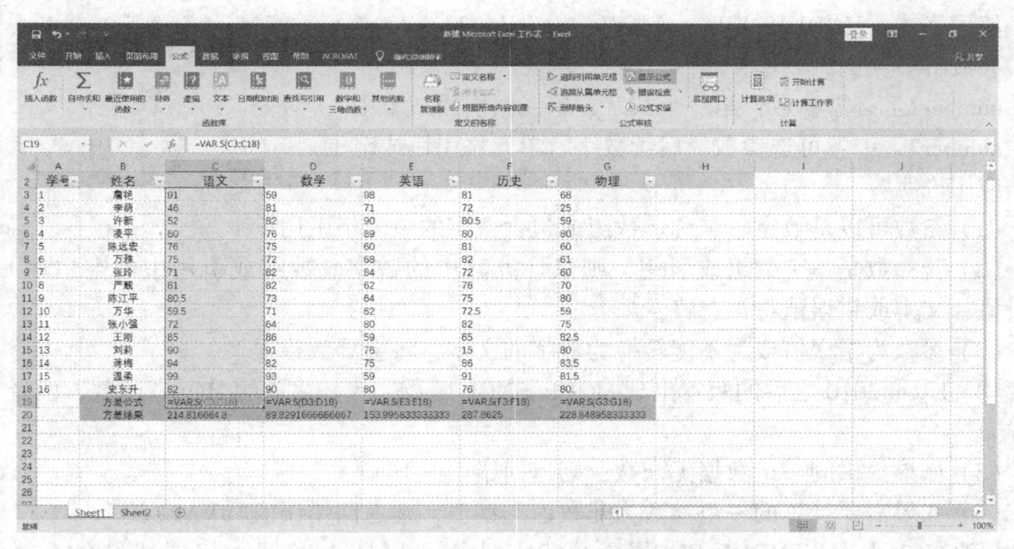

图 3-43　VAR. S 函数的应用

（3）如果数组或引用参数包含文本、逻辑值或空白单元格，则这些值将被忽略，但包含零值的单元格将计算在内。

（4）如果参数为错误值或为不能转换为数字的文本，将导致错误。

（5）如果参数集合中包含奇数个数字，函数 MEDIAN 返回中间的数字；如果参数集合中包含偶数个数字，函数 MEDIAN 将返回位于中间的两个数的平均值。

【例 3-25】 用函数 MEDIAN 找出三年 1 班和 2 班语文成绩的中值(见图 3-44)。

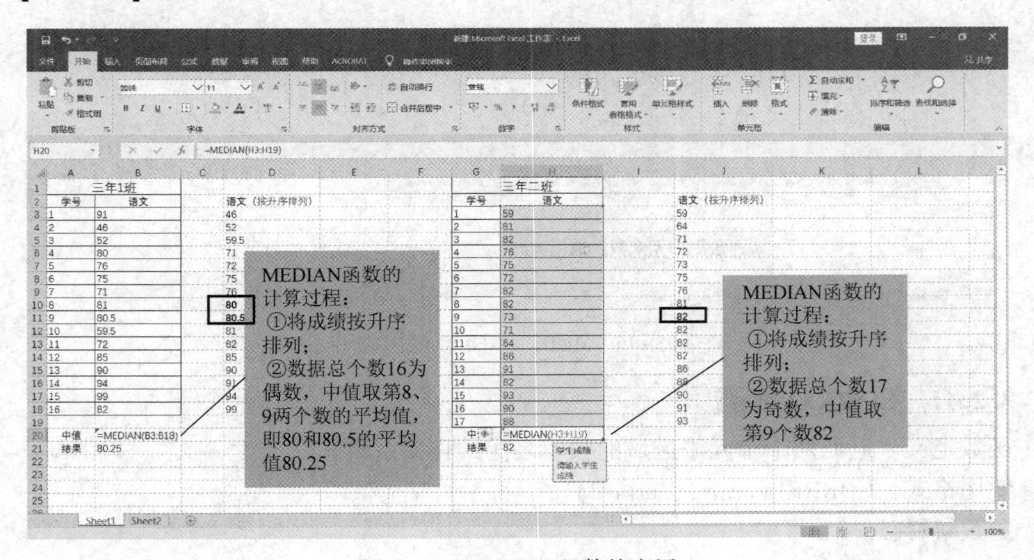

图 3-44　MEDIAN 函数的应用

3.2.10　MODE. SNGL 函数

函数定义：返回一组数据的众数，即频率最多的数值。

使用格式：MODE. SNGL(number1，[number2]，…)。

参数解释：

number1：必需参数：第一个数字、单元格引用或范围。

number2，…：可选参数。后续数字、单元格引用或范围。

应用说明：

(1) 参数可以是数字、名称、数组或包含数字的单元格引用。

(2) 若参数是一个数组或引用，则只计算其中的数字。数组或引用中的空白单元格、逻辑值、文本或错误值将被忽略。

(3) 参数为错误值或为不能转换为数字的文本，将会导致错误。

(4) Excel 2010 之后的版本出现 MODE. SNGL 函数，代替之前的 MODE 函数，两者功能一样。

(5) 如果提供的一组数据无众数，则返回错误值“#N/A”。

(6) 如果需要计算的一组参数为非数值类型值，则返回错误值“#VALUE!”。

【例 3-26】 用 MODE. SNGL 函数找出计算全班期末考试每门课成绩的众数(见图 3-45)。

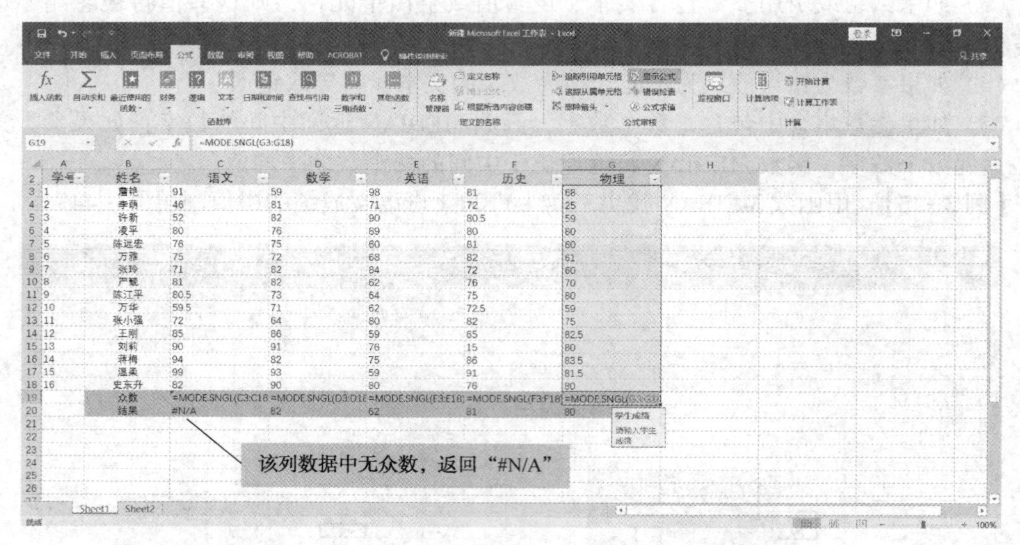

图 3-45 MODE. SNGL 函数的应用

3. 2. 11 CORREL 函数

函数定义：返回两个单元格区域的数值之间的相关系数 r。

使用格式：CORREL(array1，array2)。

参数解释：

array1：必需参数。第一单元格值区域数据。

array2：必需参数。第二个单元格值区域数据。

应用说明：

(1) 若参数是一个数组或引用，则只计算其中的数字。数组或引用中的空白单元格、逻辑值、文本将被忽略。

（2）array1 和 array2 的数据点个数必须相同。如果 array1 和 array2 的数据点个数不同，则 CORREL 函数返回错误值“#N/A”。

（3）如果 array1 或 array2 为空，或者(值的标准偏差)等于零，则 CORREL 函数返回错误值“#DIV/0!”。

（4）CORREL 函数与 PEARSON 函数结果相同。

【例 3-27】 用磺基水杨酸法测定微量铁，分光光度计测得一组溶液的吸光度数据(见表 3-5)，用 CORREL 函数计算浓度和吸光度之间的相关系数。

表 3-5 吸光度测量值

浓度 *C*/(mol/L)	0	0.20	0.40	0.60	0.80	1.00
吸光度 *A*	0	0.165	0.320	0.480	0.630	0.790

解：用 CORREL 函数或 PEARSON 函数均可计算相关系数(见图 3-46)。

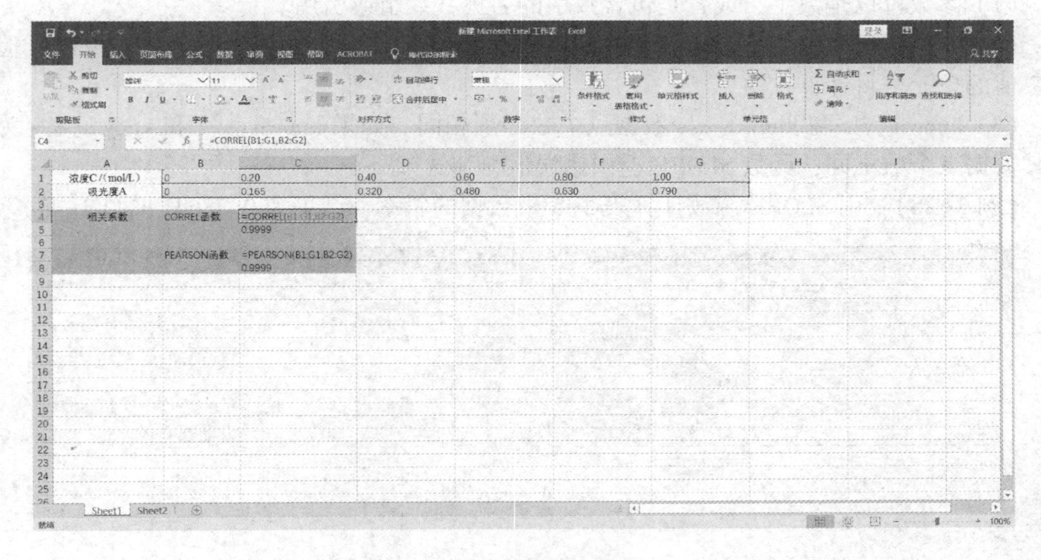

图 3-46 CORREL 函数的应用

3.2.12 SQRT 函数

函数定义：计算给定值的平方根。

使用格式：SQRT(number)。

参数解释：number，必需参数，指要计算其平方根的数字。

应用说明：

（1）参数 number 必须是正数。

（2）参数是 0 时，平方根还是 0，没有实际意义。

（3）若 number 为负数，则 SQRT 函数返回错误值“#NUM!”。

SQRT 函数的应用示例见表 3-6。

表 3-6　SQRT 函数的应用示例

参数	公式	结果	说明
9	=SQRT(9)	3	9 的平方根等于 3
16	=SQRT(16)	4	16 的平方根等于 4
25	=SQRT(25)	5	25 的平方根等于 5

3.2.13　SLOPE 函数

函数定义：返回 known_y′s 和 known_x′s 中数据点拟合的线性回归方程的斜率。

使用格式：SLOPE(known_y′s，known_x′s)。

参数解释：

known_y′s：必需参数，因变量的测量值或数据点集合。

known_x′s：必需参数，自变量的数据点或数据点集合。

应用说明：

(1) 参数可以是数字，或者是包含数字的名称、数组或引用。

(2) 如果数组或引用参数包含文本、逻辑值或空白单元格，则这些值将被忽略，但包含零值的单元格将计算在内。

(3) known_y′s 和 known_x′s 数据点个数必须相同。如果 known_y′s 和 known_x′s 为空或其数据点个数不同，函数 SLOPE 返回错误值"#N/A"。

【例 3-28】　用 SLOPE 函数计算表 3-5 中数据的斜率，结果为 0.7864(见图 3-47)。

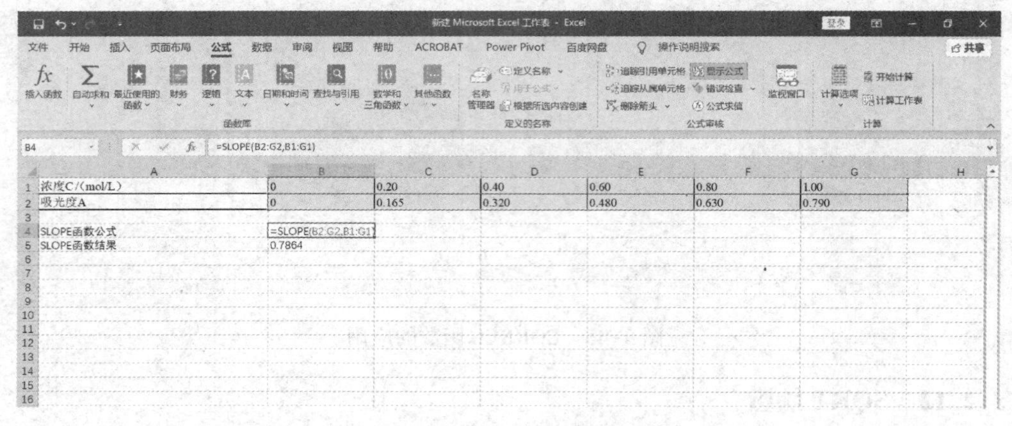

图 3-47　SLOPE 函数的应用

3.2.14　INTERCEPT 函数

函数定义：返回 known_y′s 和 known_x′s 数据点拟合出的线性回归方程的截距。

使用格式：INTERCEPT(known_y′s，known_x′s)。

参数解释：

known_y′s：必需参数。因变量的测量值或数据点集合。

known_x′s：必需参数。自变量的数据点或数据点集合。

应用说明：

（1）参数可以是数字，或者是包含数字的名称、数组或引用。

（2）如果数组或引用参数包含文本、逻辑值或空白单元格，则这些值将被忽略，但包含零值的单元格将计算在内。

（3）known_y′s 和 known_x′s 数据点个数必须相同。如果 known_y′s 和 known_x′s 为空或其数据点个数不同，函数 INTERCEPT 返回错误值“#N/A”。

【例 3-29】 用次甲基蓝-二氯甲烷萃取比色法测硼时，测得的工作曲线数据如表 3-7 所示，求该工作曲线的线性方程。

表 3-7 吸光度测量值

浓度 C/(μg/mL)	0.01	0.02	0.04	0.06	0.08	0.10
吸光度 A	0.14	0.16	0.28	0.38	0.41	0.54

解：求工作曲线的线性方程，应用 SLOPE 函数和 INTERCEPT 函数先求出工作曲线的斜率和截距，函数计算如图 3-48 所示。由结果可知，方程的斜率为 4.39，截距为 0.09，因此工作曲线方程为：$y=4.39x+0.09$。

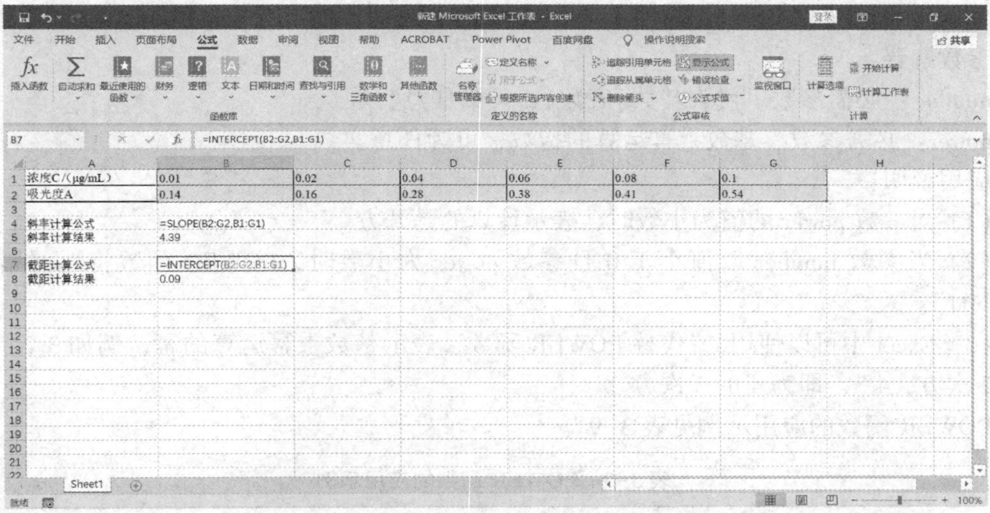

图 3-48 SLOPE 函数和 INTERCEPT 函数的应用

3.2.15 SUMSQ 函数

函数定义：返回参数的平方和。

使用格式：SUMSQ(number1，[number2]，…)。

参数解释：

number1：必需参数：第一个数字、单元格引用或范围。

number2，…：可选参数。后续数字、单元格引用或范围。

应用说明：

（1）参数可以是数字或包含数字的名称、数组或引用。

(2) 直接在参数列表中键入的数字、逻辑值和数字的文字表示等形式的参数均为有效参数。

(3) 如果参数是一个数组或引用，则只计算其中的数字。数组或引用中的空白单元格、逻辑值、文本或错误值将被忽略。

(4) 如果参数为错误值或为不能转换为数字的文本，将导致错误。

SUMSQ 函数的应用示例见表 3-8。

表 3-8　SUMSQ 函数的应用示例

参数	公式	结果	说明
5	=SUMSQ(5)	25	5 的平方和等于 25
6	=SUMSQ(6)	36	6 的平方和等于 36
7	=SUMSQ(7)	49	7 的平方和等于 49

3.2.16　POWER 函数

函数定义：返回给定参数的乘幂。

使用格式：POWER(number, power)。

参数解释：

number：必需参数。代表基数(底数)，可为任意实数。

power：必需参数。基数乘幂运算的指数，可为任意实数。

应用说明：

(1) 当参数 power 的值为小数时，表示计算的是开方。

(2) 当参数 number 取值小于 0 且参数 power 为小数时，POWER 函数将返回错误值“#NUM!”。

(3) Excel 中可以使用“^”代替 POWER 函数，表示基数乘幂运算的幂，例如 3^2，即为 3 的 2 次方，4^3，即为 4 的 3 次方。

POWER 函数的应用示例见表 3-9。

表 3-9　POWER 函数的应用示例

Number	power	函数公式	计算结果	说明
2	5	=POWER(2, 5)	32	2 的 5 次方等于 32
9	0.5	=POWER(9, 0.5)	3	9 的 0.5 次方(9 的平方根)等于 3
0.2	2	=POWER(0.2, 2)	0.04	0.2 的 2 次方等于 0.04
-0.02	0.5	=POWER(-0.02, 0.5)	#NUM!	-0.02 的 0.5 次方(-0.02 的平方根)为错误值
3	3	=POWER(3, 3)	27	3 的 3 次方等于 27
64	1/3	=POWER(64, 1/3)	4	64 的 1/3 次方(64 的立方根)，等于 4
-8	0.5	=POWER(-8, 0.5)	#NUM!	-8 的 0.5 次方(-8 的平方根)为错误值

3.2.17 COUNT 函数

函数定义：返回单元格区域中包含数字的单元格个数，或参数列表中数字的个数。

使用格式：COUNT(value1，[value2]，…)。

参数解释：

value1：必需参数。第一个数字、单元格引用或范围。

value2，…：可选参数。后续数字、单元格引用或范围。

应用说明：

(1) 如果参数为数字、日期或者代表数字的文本(例如，带引号的数字，如“10”)，则将被计算在内。

(2) 逻辑值和直接键入参数列表中代表数字的文本被计算在内。

(3) 如果参数为错误值或是不能转换为数字的文本，则不被计算在内。

(4) 如果参数为数组或引用，则只计算数组或引用中数字的个数，不会计算数组或引用中的空单元格、逻辑值、文本或错误值。

(5) 若需要计算符合某一条件的数字的个数，需要用到 COUNTIF 函数或 COUNTIFS 函数。

【例 3-30】 A、B 和 C 三位操作人员分别对土壤中的挥发性有机物苯的含量进行加标测试，得到三组回收率测试结果。应用 COUNT 函数统计，三人分别做了 5、6 和 7 次测试(见图 3-49)。

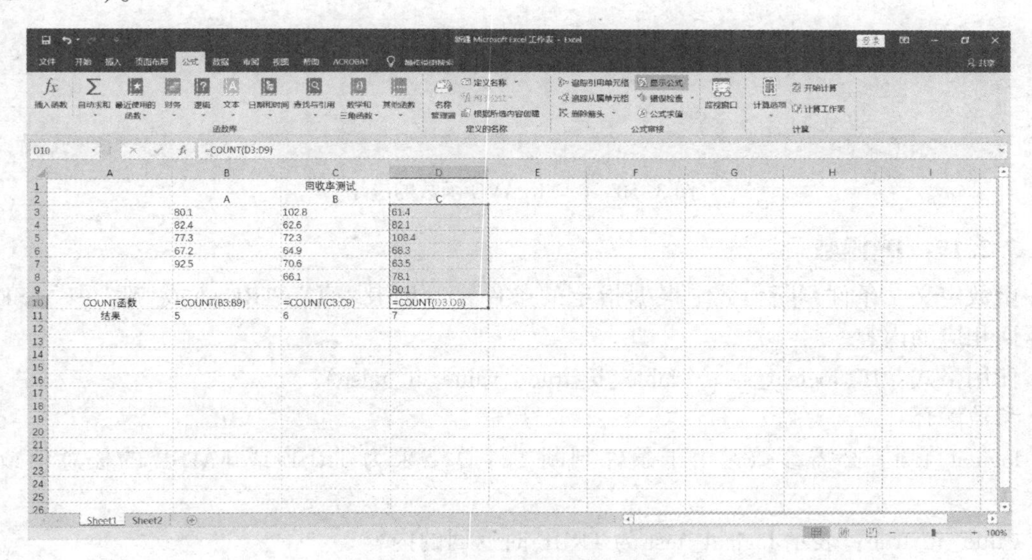

图 3-49 COUNT 函数的应用

3.2.18 RANK.AVG 函数

函数定义：计算某个参数在指定数组中相对于其他数值的大小排位。

使用格式：RANK.AVG(number，ref，[order])。

参数解释：

number：必需参数。指定的需要进行排位的参数。

ref：必须参数。引用的数据集合或数组，其中包含指定的需要进行排位的参数 number。

order：可选参数。指定的排位方式。当 order 为 0 或省略时，引用的数组按降序进行排序；当 order 为 1 时，引用的数组按升序进行排序。

应用说明：

（1）引用的数字列表 ref 中非数字值将会被忽略。

（2）如果多个数值排名相同，则 RANK. AVG 函数返回平均值排名。

（3）如果指定的参数 number 不在引用数组 ref 中，则返回错误值“#N/A”；如果指定的 number 为非数字参数，则返回错误值“#VALUE!”

【例 3-31】 用 RANK. AVG 函数查找体重数据在数组中的排名情况，如图 3-50 所示。

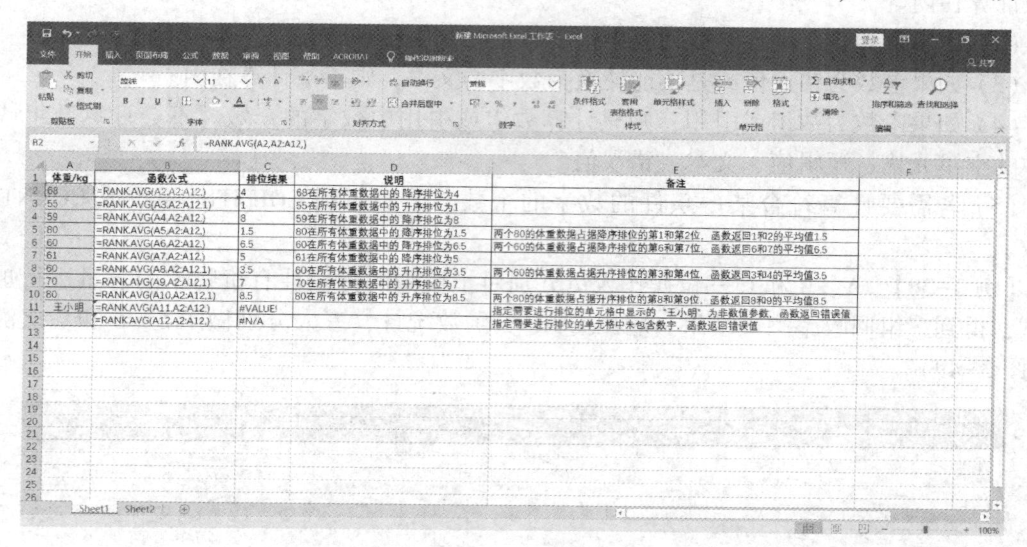

体重/kg	函数公式	排位结果	说明	备注
68	=RANK.AVG(A2,A2:A12,)	4	68在所有体重数据中的 降序排位为4	
55	=RANK.AVG(A3,A2:A12,1)	1	55在所有体重数据中的 升序排位为1	
59	=RANK.AVG(A4,A2:A12,)	8	59在所有体重数据中的 降序排位为8	
80	=RANK.AVG(A5,A2:A12,)	1.5	80在所有体重数据中的 降序排位为1.5	两个80的体重数据占据降序排位的第1和第2位，函数返回1和2的平均值1.5
60	=RANK.AVG(A6,A2:A12,)	6.5	60在所有体重数据中的 降序排位为6.5	两个60的体重数据占据降序排位的第6和第7位，函数返回6和7的平均值6.5
61	=RANK.AVG(A7,A2:A12,)	5	61在所有体重数据中的 降序排位为5	
60	=RANK.AVG(A8,A2:A12,1)	3.5	60在所有体重数据中的 升序排位为3.5	两个60的体重数据占据升序排位的第3和第4位，函数返回3和4的平均值3.5
70	=RANK.AVG(A9,A2:A12,1)	7	70在所有体重数据中的 升序排位为7	
80	=RANK.AVG(A10,A2:A12,1)	8.5	80在所有体重数据中的 升序排位为8.5	两个80的体重数据占据升序排位的第8和第9位，函数返回8和9的平均值8.5
王小明	=RANK.AVG(A11,A2:A12,)	#VALUE!		指定需要进行排位的单元格中显示的“王小明”为非数值参数，函数返回错误值
	=RANK.AVG(A12,A2:A12,)	#N/A		指定需要进行排位的单元格中未包含数字，函数返回错误值

图 3-50　RANK. AVG 函数的应用

3.2.19　IF 函数

函数定义：条件判断函数。根据指定的条件来判断其“真”(TRUE)或“假”(FALSE)，并返回相应的内容。

使用格式：IF(logical_test，value_if_true，value_if_false)。

参数解释：

logical_test：必需参数，用于条件判断，计算结果为 TRUE 或 FALSE 的任意值或表达式。

value_if_true：表示 logical_test 为 TRUE 时返回的内容。

value_if_false：表示 logical_test 为 FALSE 时返回的内容。

【例 3-32】 用 IF 函数对 15 位同学的数学成绩进行等级判定，判定条件是：≥80 分判断为“优”；≥60 分且<80 分，判断为“良”；<60 分，判断为“差”(见图 3-51)。

利用 AND 逻辑函数，可在 IF 函数中设定多个限制条件。

【例 3-33】 将全班同学模拟考试中，语文、数学和英语三科成绩均 80 分以上的同学判定等级为“优秀”，其他同学为“合格”(见图 3-52)。

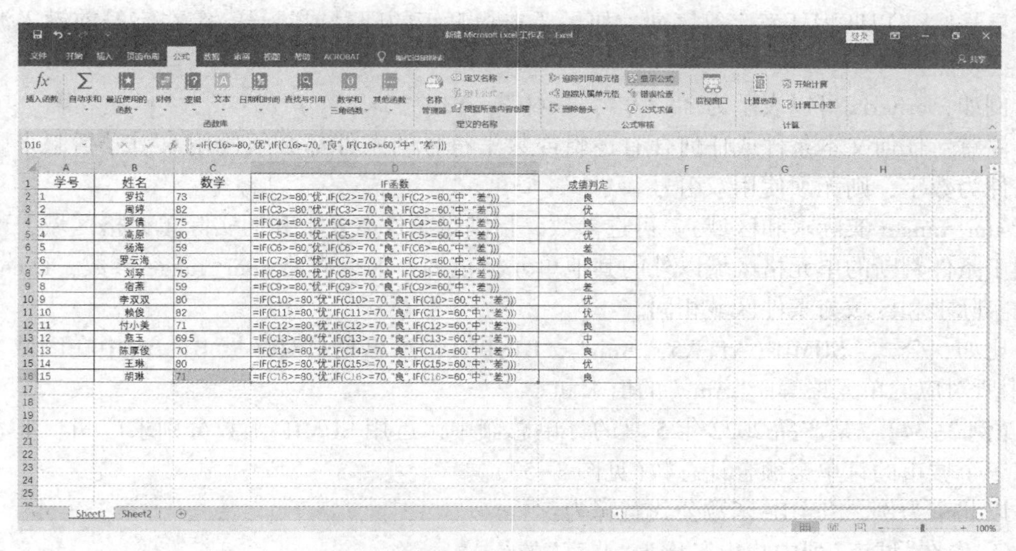

图 3-51　IF 函数的应用

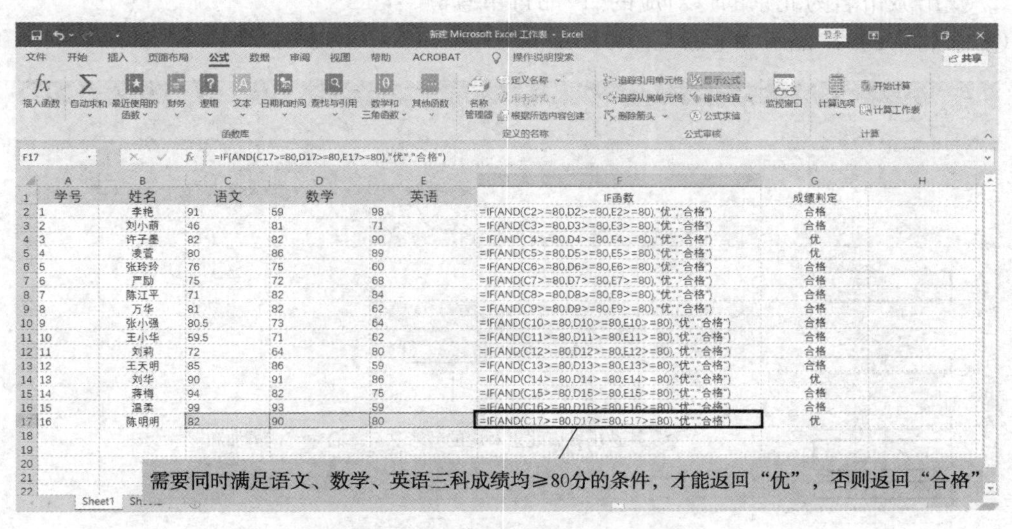

图 3-52　IF 和 AND 函数联合应用

3.2.20　SUMIF 函数

函数定义：返回满足条件的单元格中数值的求和结果。

使用格式：SUMIF(range，criteria，sum_range)。

参数解释：

range(条件区域)：必需参数。指用于条件计算的单元格区域。条件区域内的单元格必须是数字或名称、数组或包含数字的引用。空白和文本值将被忽略。

criteria(求和条件)：必需参数。用于确定对求和单元格的条件，其形式可以是数字、表达式、单元格引用、文本或函数，也可以是通配符字符，如问号“?”以匹配任意单个字符、星号“*”以匹配任意字符序列。如果要查找真正的问号或星号，需在字符前键入波形符“~”。

例如，criteria 可以表示为 8、“8”、“<60”、A3、“5?”、“产品*”、“*~?”等。

注意：任何文本条件或任何含有逻辑或数学符号的条件都必须使用双引号括起来。如果条件为数字，则无须使用双引号。

sum_range(实际求和区域)：可选参数。指满足条件需要求和的实际单元格区域，可以是用于条件判断的单元格区域以外的其他单元格范围。如果省略 sum_range 参数，Excel 默认的实际求和区域与条件区域相同。

比如，公式=SUMIF(A1:A5,"Amy", B1:B5)，意思是只对区域 B1:B5 中在区域 A1:A5 中所对应的单元格等于“Amy”的值求和。

【例 3-34】 某产品 2022 年 5 月的订单总额中，运用 SUMIF 函数分别求广州、上海和北京三个城市的订单金额合计总数(见图 3-53)。

以北京为例，SUMIF 函数公式解释为：

① 先在“城市”列中找出名称为“北京”的行；

② 找出城市名为北京的行对应的“产品订单总额”；

③ 求北京的“产品订单金额”总和。

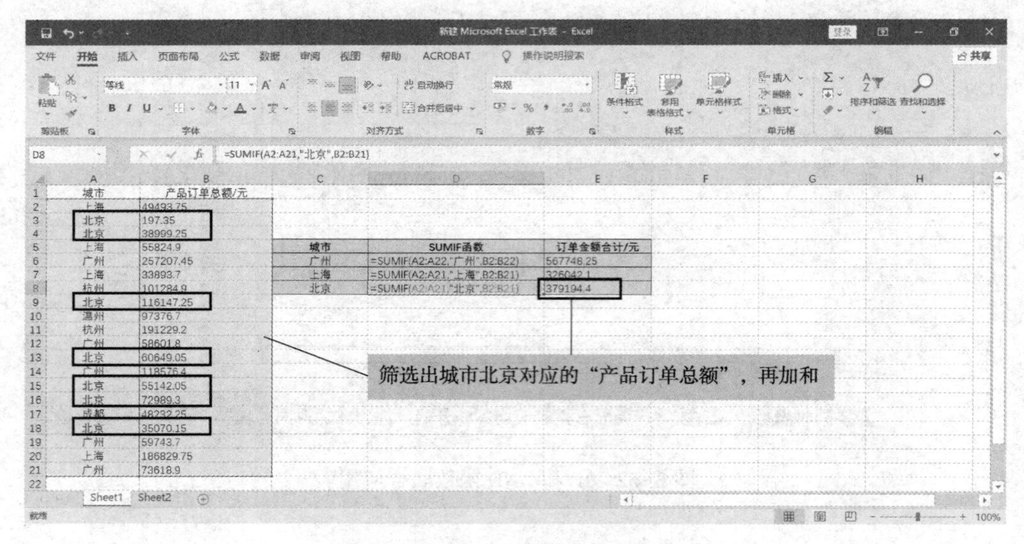

图 3-53　SUMIF 函数的应用(一)

【例 3-35】 用 SUMIF 函数计算某便利店销售额统计表(见图 3-54)。

3.2.21　SUMPRODUCT 函数

4 函数定义：在给定的几组数组中，将数组间对应的元素相乘，并返回乘积之和。

使用格式：SUMPRODUCT(array1, [array2], [array3], …)。

参数解释：

array1：其相应元素需要进行相乘并求和的第一个数组参数。

[array2], [array3], …：其他可选数组参数，其相应元素需要进行相乘并求和。

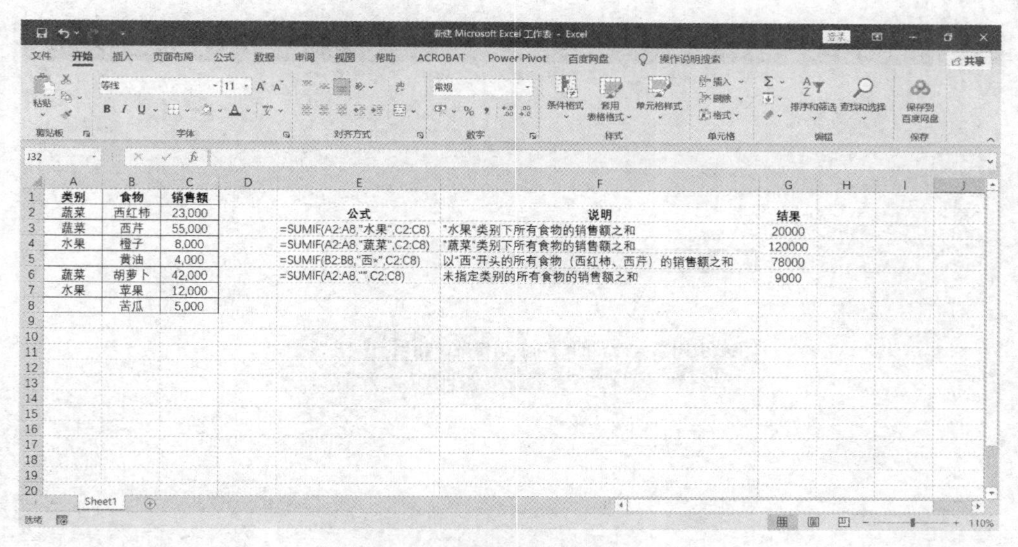

图 3-54　SUMIF 函数的应用(二)

应用说明：

(1) 参与函数计算的数组参数必须具有相同的维数。否则，函数 SUMPRODUCT 将返回“#VALUE!”。例如，公式“=SUMPRODUCT(A1:A10，B2:B5)”将返回错误，因为两个引用的数组范围大小不同。

(2) 函数 SUMPRODUCT 将非数值(如空格、文本)数组条目视为零。

(3) SUMPRODUCT 不应与完整列引用一同使用，如 SUMPRODUCT(A:A，B:B)，Excel 返回“#NAME?”。

SUMPRODUCT 函数计算示例见表 3-10。

表 3-10　SUMPRODUCT 函数计算示例

序号	函数公式	公式解释
1	=SUMPRODUCT(A1:A2，B1:B2)	= A1×B1+A2×B2
2	=SUMPRODUCT(C1:C4，D1:D4)	= C1×D1+C2×D2+C3×D3+C4×D4
3	=SUMPRODUCT(A1:A3，B1:B3，C1:C3)	= A1×B1×C1+A2×B2×C2+A3×B3×C3

【例 3-36】　某化工厂每年生产需要的原材料 A、原材料 B 及催化剂的数量分别是 410kg、80kg 和 500kg，单价分别为 3.6 万元/kg、5.0 万元/kg 和 1.2 万元/kg，计算每年的原材料和催化剂支出总额。

将生产所需的材料种类、数量及单价信息输入 Excel 表格中，运用 SUMPRODUCT 函数即可完成每种材料的数量与单价的乘积之和的计算(见图 3-55)。

3.2.22　Excel 函数综合运用

【例 3-37】　将表 3-11 中不及格的成绩加粗标记，计算每位学生的平均分和总分，并按总分排序。

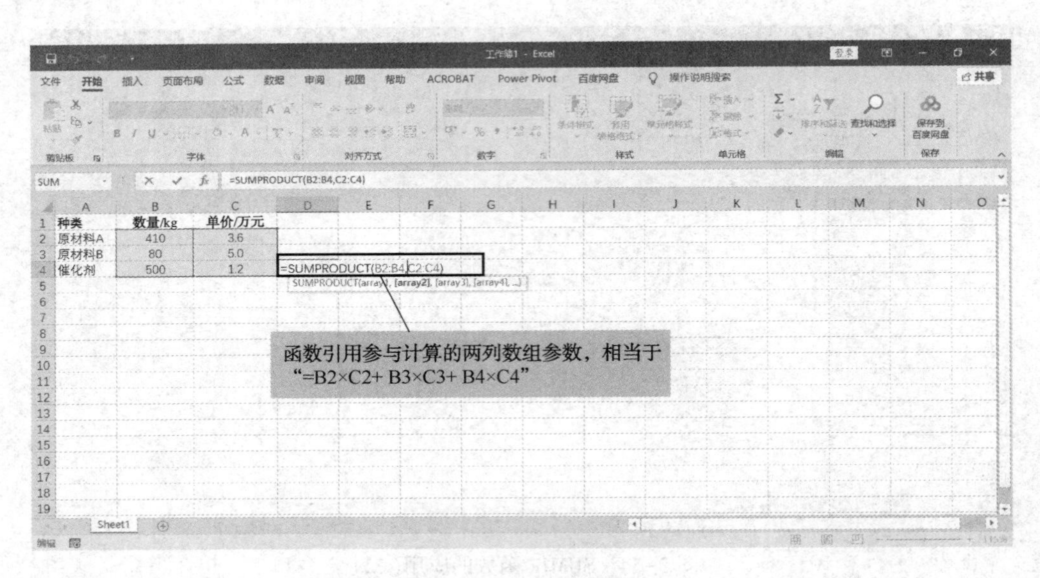

图 3-55　SUMPRODUCT 函数的应用

表 3-11　学生成绩表

学号	语文	政治	英语	化学	数学
1	84	92	85	94	86
2	86	88. 5	79	93	84
3	80	82	75	92	83
4	82	86. 5	81	81	82
5	91	77. 5	64	95	82
6	79	81. 5	73	90	79
7	86	81. 5	76	85	79
8	76	75. 5	79	94	79
9	82	78. 5	73	86	78
10	86	76. 5	69	84	77
11	84	83	53	92	76
12	74	68. 5	79	87	75
13	71	70. 5	70	75	73
14	79	67. 5	91	69	60
15	82	65	70	74	55
16	79	66. 5	82	60	49
17	76	58	61	64	37

解：① 在 Excel 中输入表格中成绩数据(见图 3-56)。

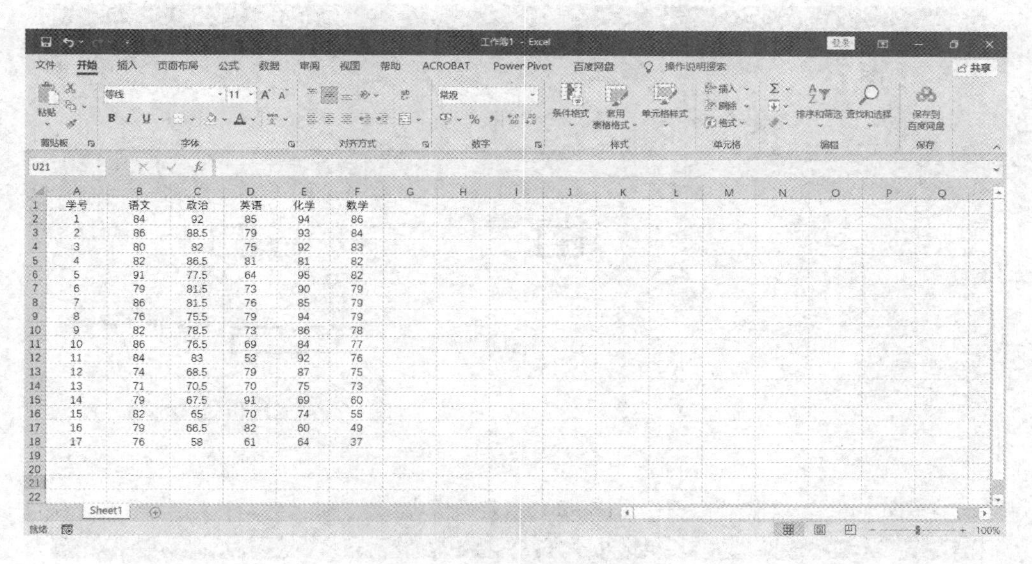

学号	语文	政治	英语	化学	数学
1	84	92	85	94	86
2	86	88.5	79	93	84
3	80	82	75	92	83
4	82	86.5	81	81	82
5	91	77.5	64	95	82
6	79	81.5	73	90	79
7	86	81.5	76	85	79
8	76	75.5	79	94	79
9	82	78.5	73	86	78
10	86	76.5	69	84	77
11	84	83	53	92	76
12	74	68.5	79	87	75
13	71	70.5	70	75	73
14	79	67.5	91	69	60
15	82	65	70	74	55
16	79	66.5	82	60	49
17	76	58	61	64	37

图 3-56 输入数据

② 加粗标记不及格成绩：选中成绩数据，点击 Excel 菜单栏中【开始】，在【样式】选项卡中点击【条件格式】图标“条件格式”，在下拉菜单中选择【突出显示单元格规则】→【小于】(见图 3-57)。

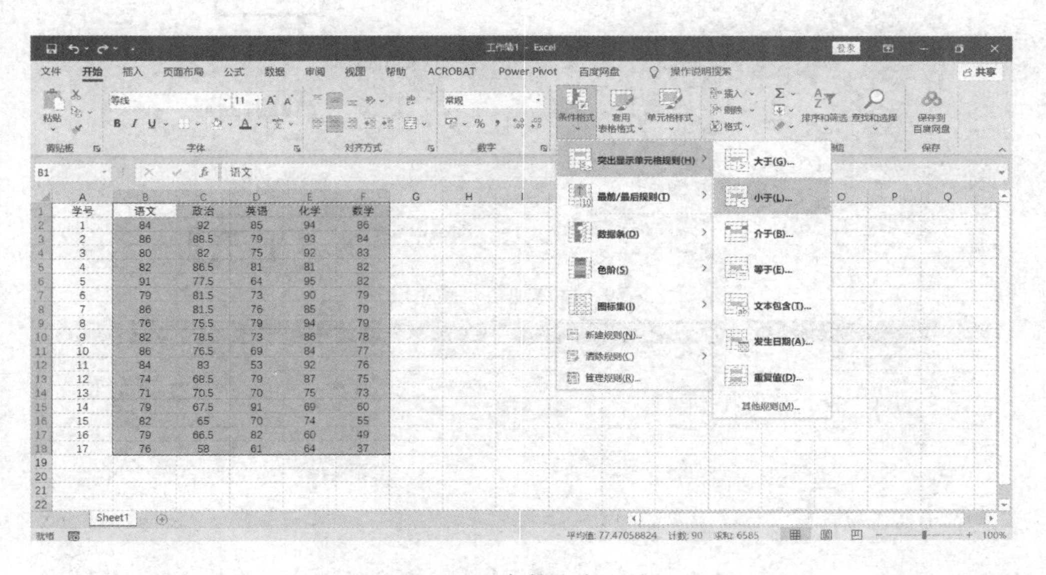

图 3-57 条件格式选项

在弹出的【小于】对话框中，设置数值“60”。在【设置为】选项中点击最右边向下箭头，打开下拉菜单，选择【自定义格式】(见图 3-58)。在弹出的【设置单元格格式】对话框中的【字体】页面选择【字形】为加粗。若还需要将不及格的成绩用红色突出显示，则在【颜色】选项中选择红色即可改变字体颜色(见图 3-59)。

按照题意将数据中不及格的成绩加粗标记效果如图 3-60 所示。

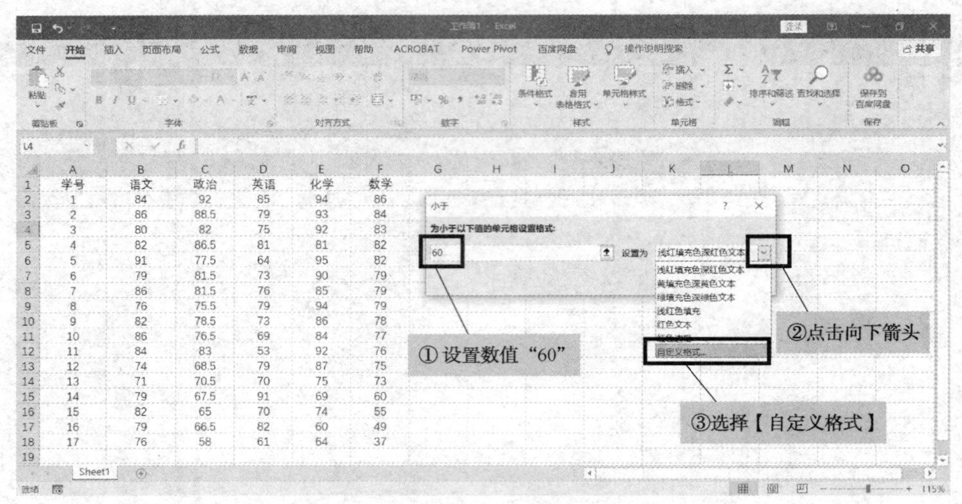

图 3-58　自定义格式

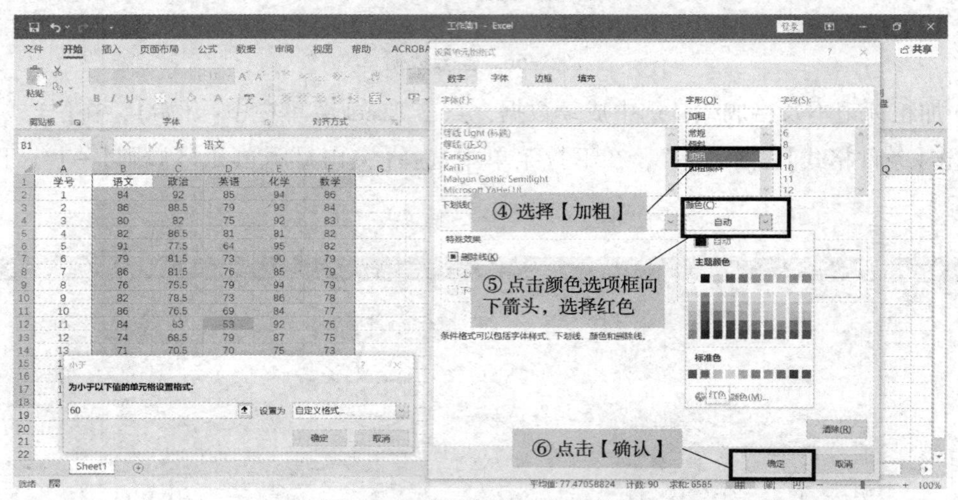

图 3-59　字体加粗、颜色设置

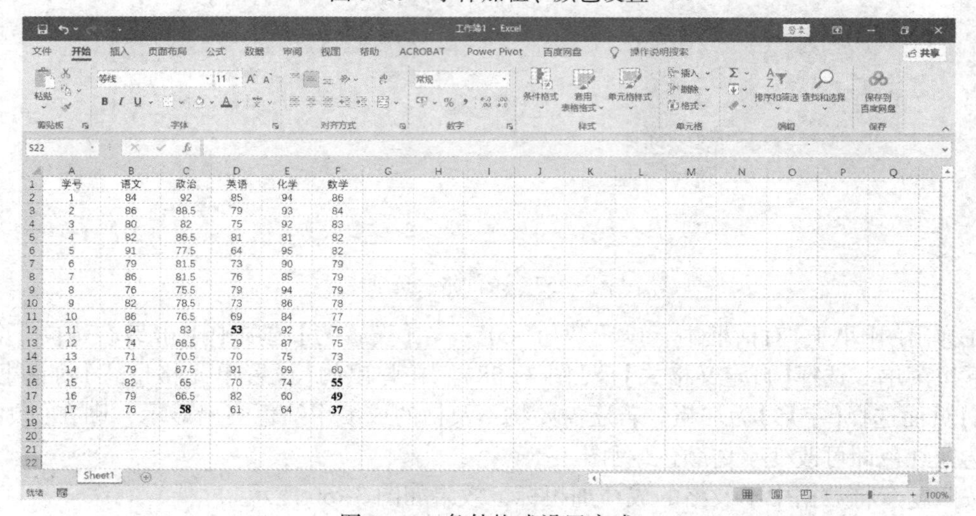
图 3-60　条件格式设置完成

③ 求平均分。

方法一(直接引用函数法)：在 G2 单元格中输入“= AVERAGE(B2:F2)”，回车(见图 3-61)。G2 单元格中显示学号为 1 的学生各科成绩的平均分。选中 G2 单元格，鼠标移至 G2 单元格右下角待出现“+”号，向下拖动鼠标至 G18 复制公式，或直接复制 G2 单元格公式，粘贴至 G3 至 G18 单元格，将返回每位学生的平均分计算结果。

学号	语文	政治	英语	化学	数学	平均分
1	84	92	85	94		=average(B2:F2
2	86	88.5	79	93	84	
3	80	82	75	92	83	
4	82	86.5	81	81	82	
5	91	77.5	64	95	82	
6	79	81.5	73	90	79	
7	86	81.5	76	85	79	
8	76	75.5	79	94	79	
9	82	78.5	73	86	78	
10	86	76.5	69	84	77	
11	84	83	**53**	92	76	
12	74	68.5	79	87	75	
13	71	70.5	70	75	73	
14	79	67.5	91	69	60	
15	82	65	70	74	**55**	
16	79	66.5	82	60	**49**	
17	76	**58**	61	64	**37**	

图 3-61 单元格中直接输入 AVERAGE 函数进行计算

方法二(插入函数法)：选中 G2 单元格，点击上方工具栏中【fx】，在【插入函数】对话框中选中【AVERAGE】函数(见图 3-62)，点击【确定】。在【函数参数】对话框中点击【Number1】右侧向上箭头，选中 B2 至 F2 单元格，点击【确定】(见图 3-63)。再选中 G2 单元格，鼠标移至 G2 单元格右下角，待出现“+”号，向下拖动鼠标至 G18。平均分计算结果如图 3-64 所示。

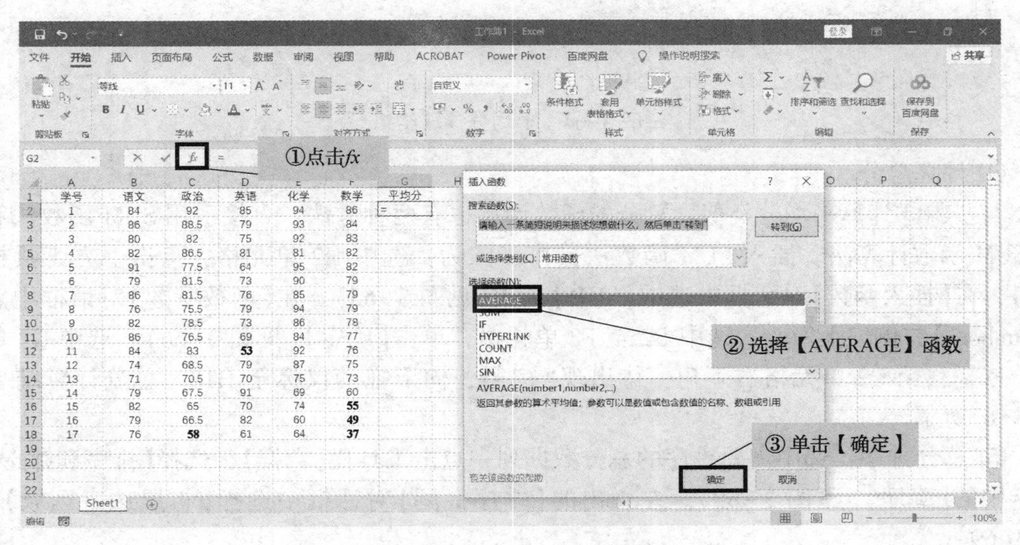

图 3-62 插入 AVERAGE 函数

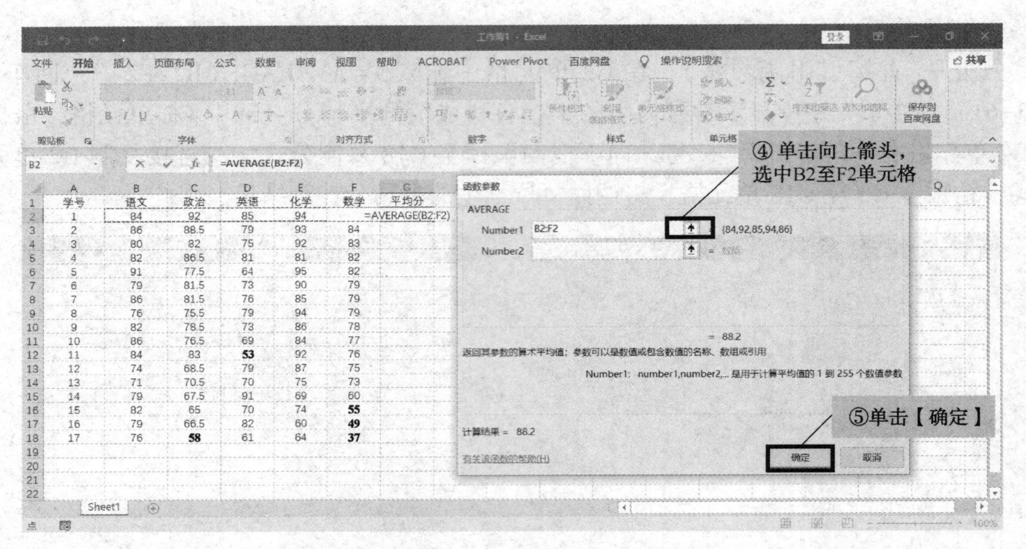

图 3-63　AVERAGE 函数参数中输入数据

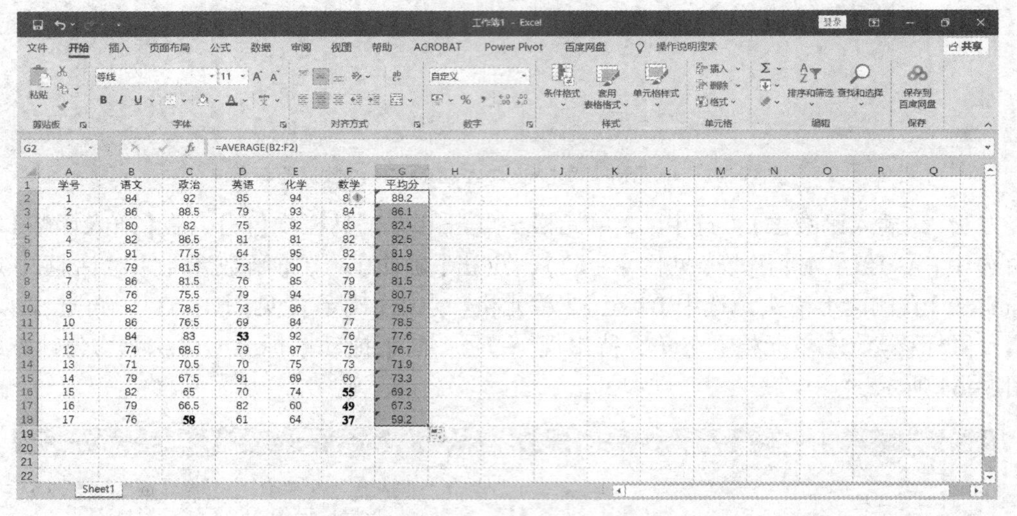

图 3-64　平均分计算结果

④ 计算总分。

与步骤③计算平均分类似，总分的函数计算也有两种方法：直接引用 SUM 函数法和插入 SUM 函数计算法。插入 SUM 函数法操作步骤为：选中 H2 单元格，点击上方工具栏中【*fx*】，在【插入函数】对话框中选中【SUM】函数（见图 3-65）。在【函数参数】对话框中点击【Number1】右侧向上箭头，选中 B2 至 F2 单元格，单击【确定】（见图 3-66）。选中 G2 单元格，鼠标移至 G2 单元格右下角，待出现“+”号，向下拖动鼠标至 H18。总分计算结果如图 3-67所示。

⑤ 总分排序：选中需要排序的总分数据列，点击工具栏【数据】，选择【排序和筛选】选项卡中的【降序】（见图 3-68）。在弹出的【排序提醒】对话框中选择【扩展选定区域】（见图 3-69）。

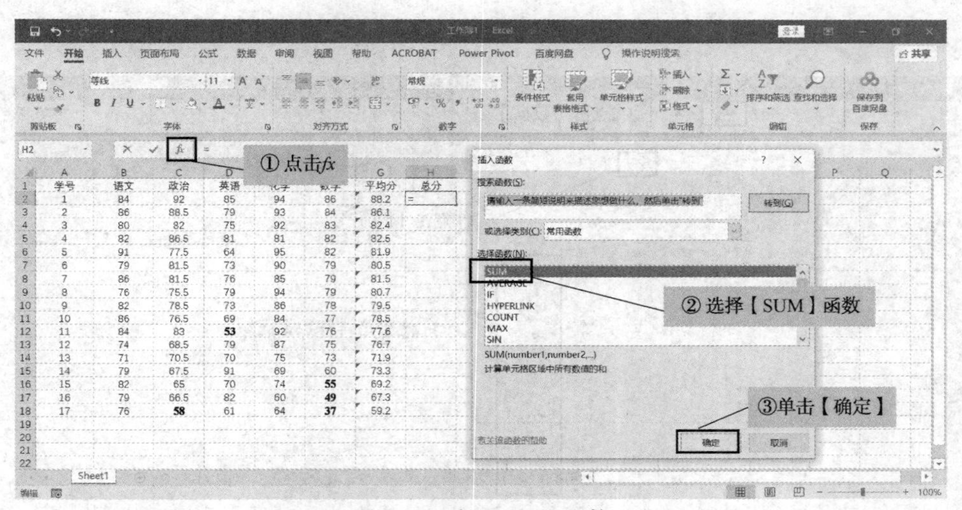

图 3-65　插入 SUM 函数

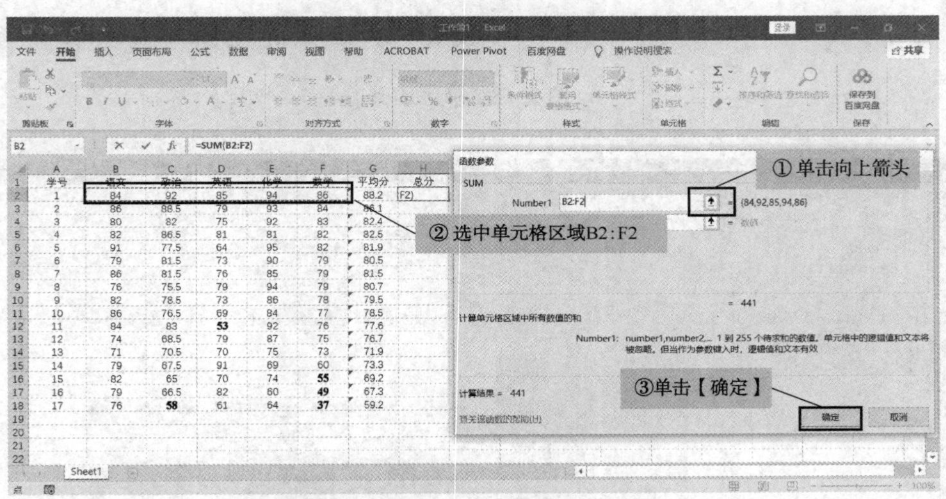

图 3-66　在 SUM 函数参数中输入数据

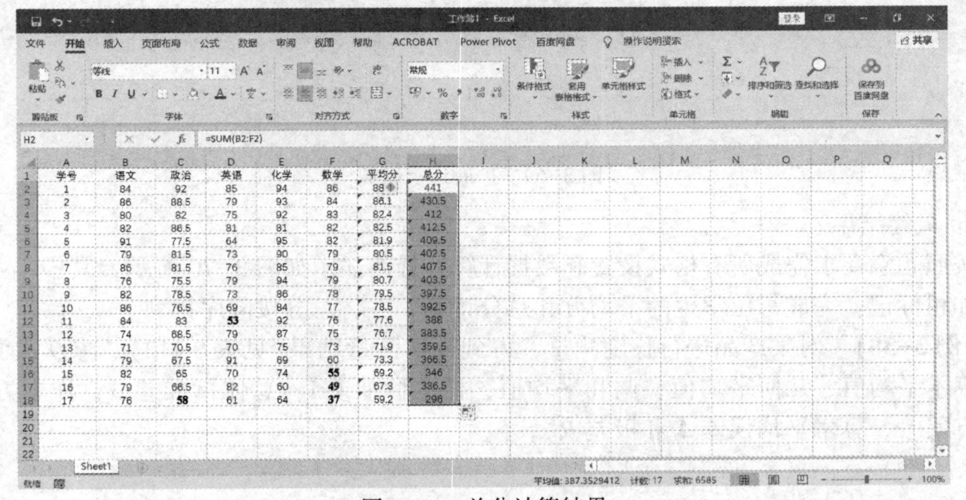

图 3-67　总分计算结果

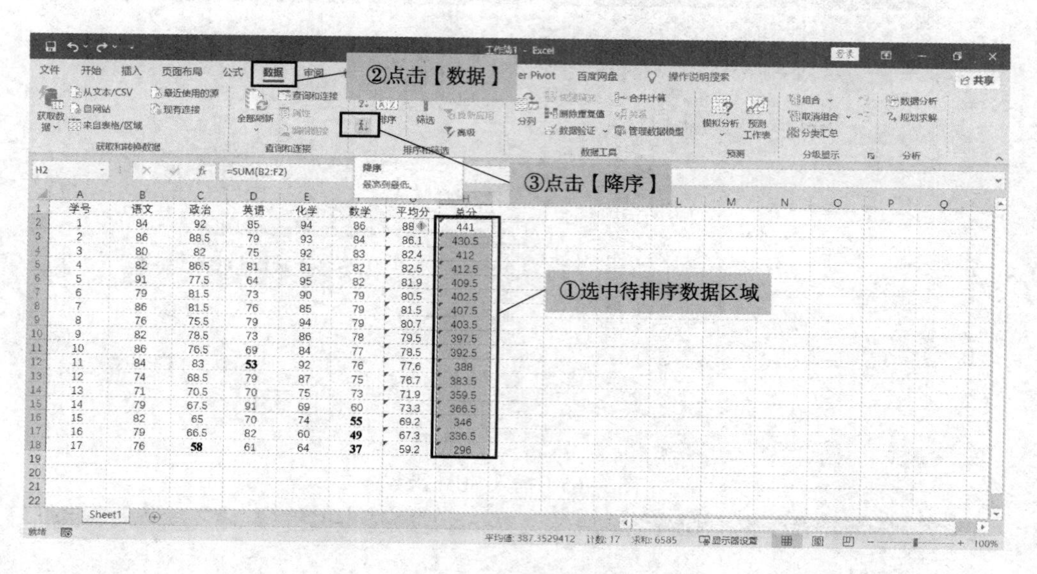

图 3-68　降序选项

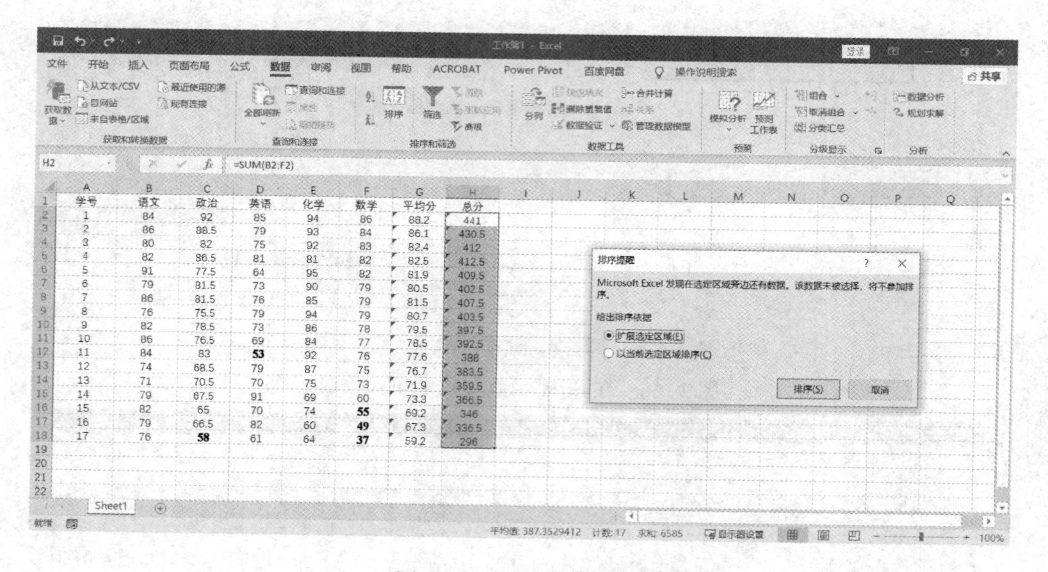

图 3-69　扩展选定区域

⑥ 最终结果。

按照题意要求完成所有格式设置和数据计算，最终显示如图 3-70 所示，其中不及格的成绩加粗标记，完成每位学生的平均分和总分计算，并将总分按降序排列。

【例 3-38】 对某产品进行长度测量，得到 9 次测量结果(见表 3-12)。求 9 次测量结果的算术平均值、几何平均值、调和平均值、样本标准差 s，总体标准差 σ、样本方差s^2、总体方差σ^2、算术平均误差 Δ 和极差 R。

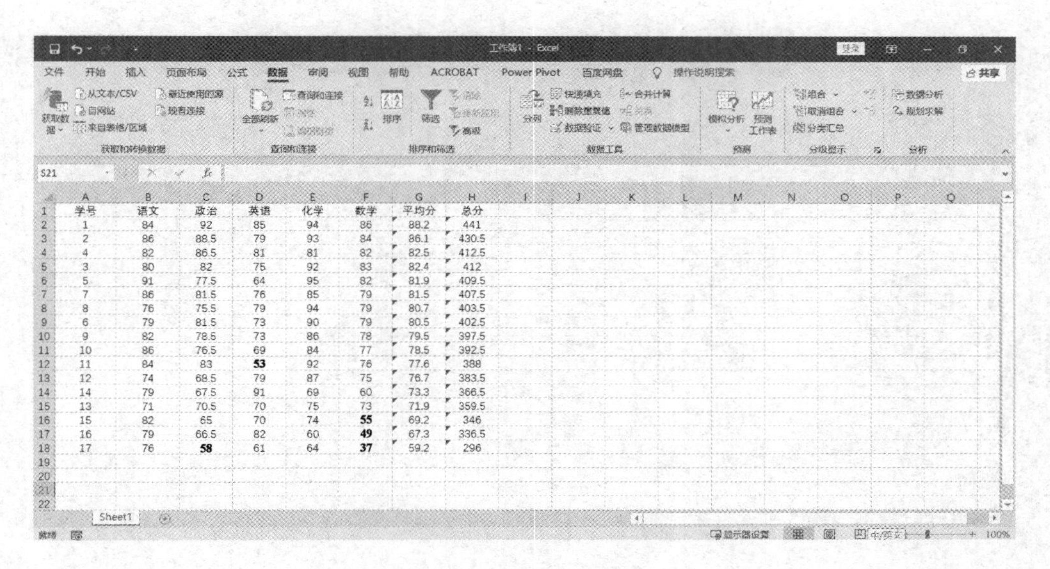

学号	语文	政治	英语	化学	数学	平均分	总分
1	84	92	85	94	86	88.2	441
2	86	88.5	79	93	84	86.1	430.5
4	82	86.5	81	81	82	82.5	412.5
3	80	82	75	92	83	82.4	412
5	91	77.5	64	95	82	81.9	409.5
7	86	81.5	76	85	79	81.5	407.5
8	76	75.5	79	94	79	80.7	403.5
6	79	81.5	73	90	79	80.5	402.5
9	82	78.5	73	86	78	79.5	397.5
10	86	76.5	69	84	77	78.5	392.5
11	84	83	**53**	92	76	77.6	388
12	74	68.5	79	87	75	76.7	383.5
14	79	67.5	91	69	60	73.3	366.5
13	71	70.5	70	75	73	71.9	359.5
15	82	65	70	74	**55**	69.2	346
16	79	66.5	82	60	**49**	67.3	336.5
17	76	**58**	61	64	**37**	59.2	296

图 3-70　最终结果

表 3-12　产品长度测量结果

测量次数	1	2	3	4	5	6	7	8
长度/cm	21.49	21.36	22.65	21.71	22.44	22.15	22.07	22.38

解：先将表 3-12 数据输入 Excel 表中(见图 3-71)。

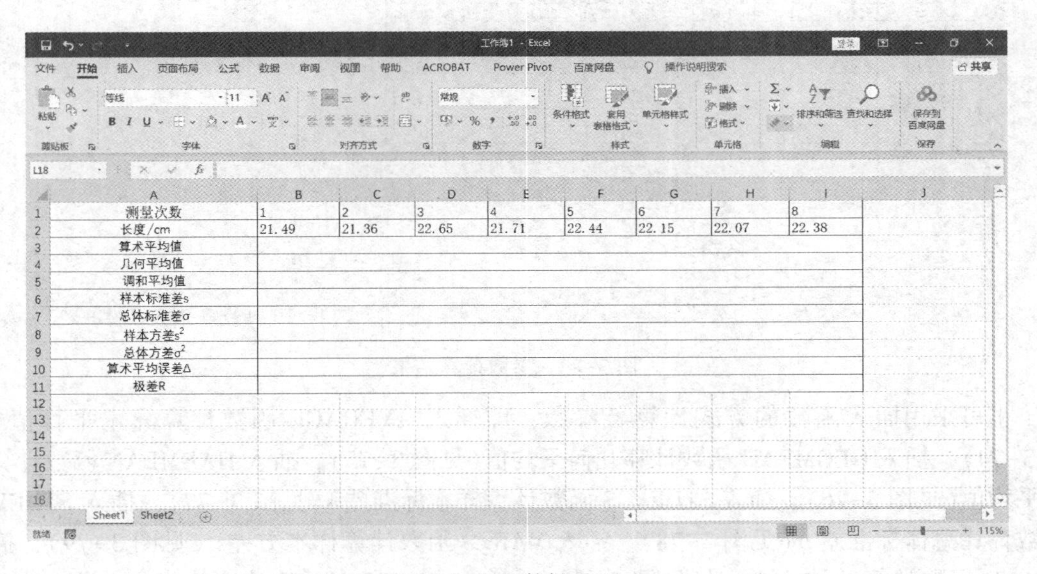

测量次数	1	2	3	4	5	6	7	8
长度/cm	21.49	21.36	22.65	21.71	22.44	22.15	22.07	22.38
算术平均值								
几何平均值								
调和平均值								
样本标准差s								
总体标准差σ								
样本方差s^2								
总体方差σ^2								
算术平均误差Δ								
极差R								

图 3-71　数据录入

在算术平均值、几何平均值等对应的单元格中引入函数进行参数计算(见图 3-72)，得到计算结果(见图 3-73)。

A	B	C	D	E	F	G	H	I
测量次数	1	2	3	4	5	6	7	8
长度/cm	21.49	21.36	22.65	21.71	22.44	22.15	22.07	22.38
算术平均值	=AVERAGE(B2:I2)							
几何平均值	=GEOMEAN(B2:I2)							
调和平均值	=HARMEAN(B2:I2)							
样本标准差s	=STDEV.S(B2:I2)							
总体标准差σ	=STDEV.P(B2:I2)							
样本方差s^2	=VAR.S(B2:I2)							
总体方差σ^2	=VAR.P(B2:I2)							
算术平均误差Δ	=AVEDEV(B2:I2)							
极差R	=MAX(B2:I2)-MIN(B2:I2)							

图 3-72　参数计算公式

A	B	C	D	E	F	G	H	I
测量次数	1	2	3	4	5	6	7	8
长度/cm	21.49	21.36	22.65	21.71	22.44	22.15	22.07	22.38
算术平均值	22.03							
几何平均值	22.03							
调和平均值	22.02							
样本标准差s	0.47							
总体标准差σ	0.44							
样本方差s^2	0.22							
总体方差σ^2	0.19							
算术平均误差Δ	0.38							
极差R	1.29							

图 3-73　参数计算结果

也可采用插入函数的方式计算各参数，即插入 AVERAGE 函数计算算术平均值(见图 3-74)，插入 GEOMEAN 函数计算几何平均值(见图 3-75)，插入 HARMEAN 函数计算调和平均值(见图 3-76)、插入 STDEV. S 函数计算样本标准差 s(见图 3-77)，插入 STDEV. P 函数计算总体标准差 σ(见图 3-78)、插入 VAR. S 函数计算样本方差s^2(见图 3-79)，插入 VAR. P 函数计算总体方差 σ^2(见图 3-80)，插入 AVEDEV 函数计算算术平均误差 Δ(见图 3-81)。Excel 计算极差 R 需要用到最大值 MAX 函数(见图 3-82)和最小值 MIN 函数(见图 3-83)，极差为最大值与最小值的差值。

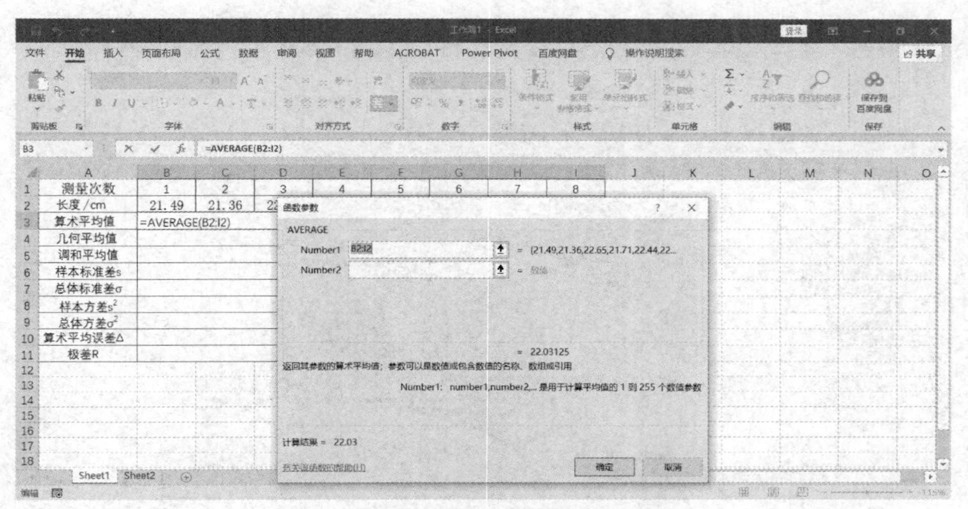

图 3-74　插入 AVERAGE 函数计算算术平均值

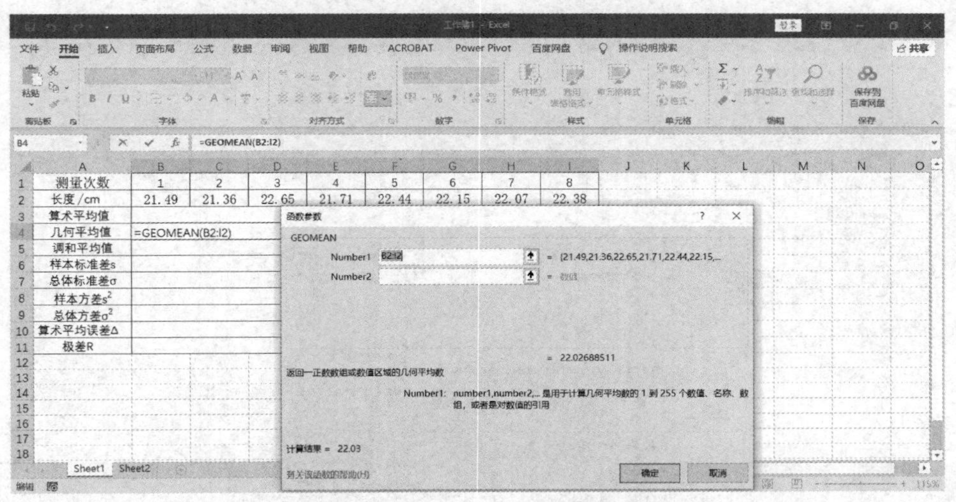

图 3-75　插入 GEOMEAN 函数计算几何平均值

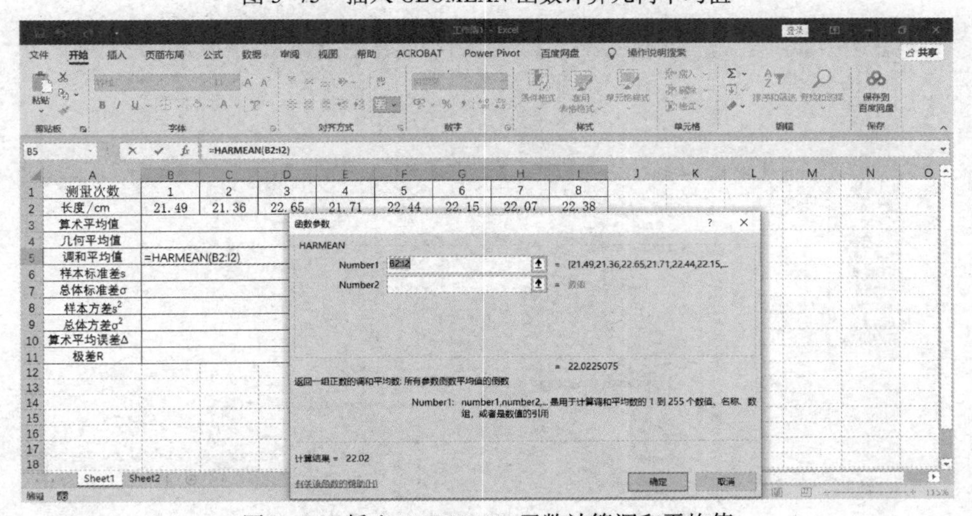

图 3-76　插入 HARMEAN 函数计算调和平均值

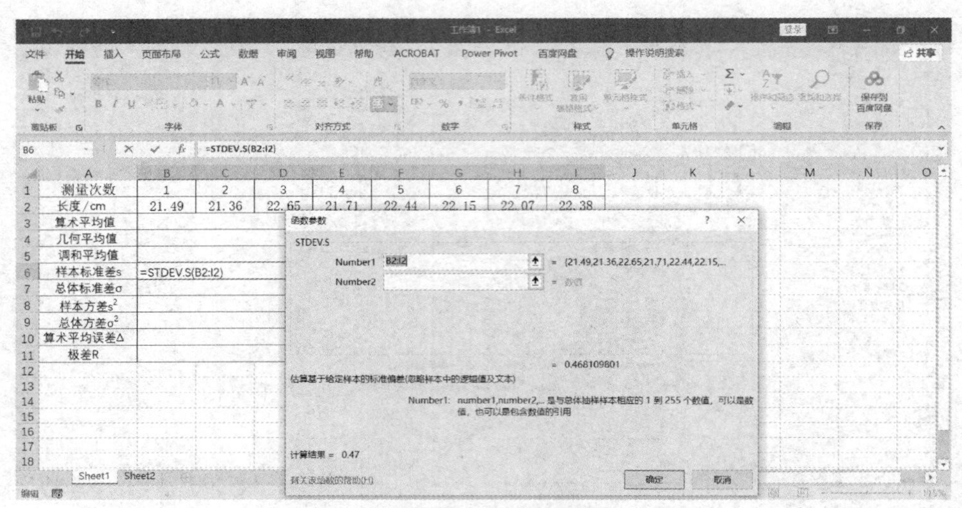

图 3-77　插入 STDEV. S 函数计算样本标准差

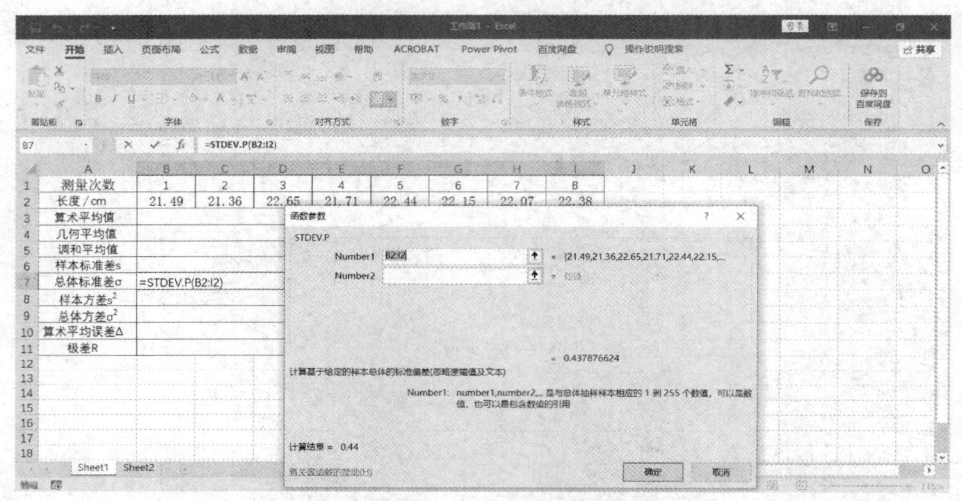

图 3-78　插入 STDEV. P 计算总体标准差

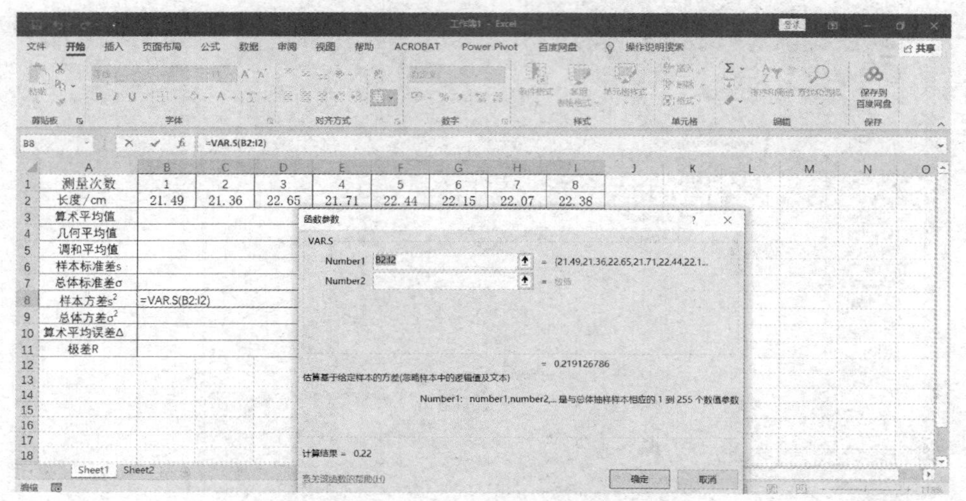

图 3-79　插入 VAR. S 函数计算样本方差

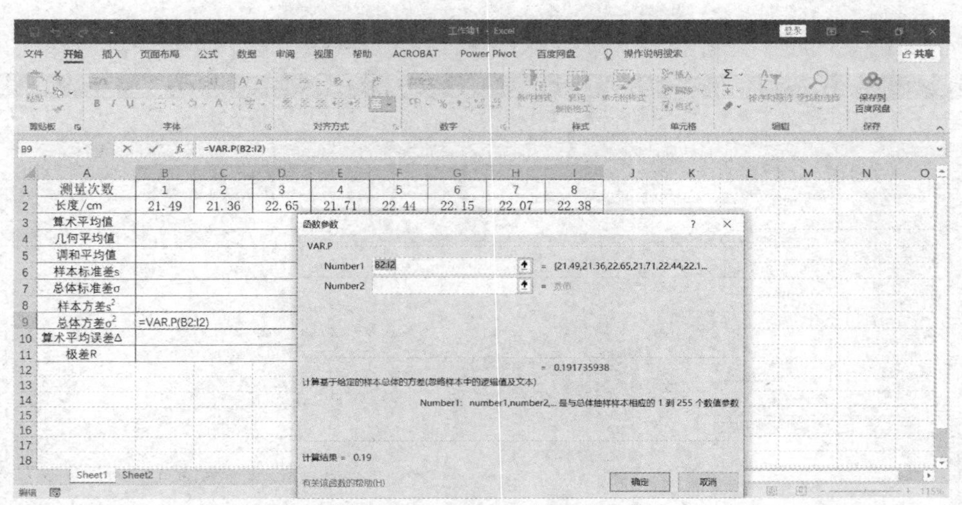

图 3-80 插入 VAR. P 函数计算总体方差

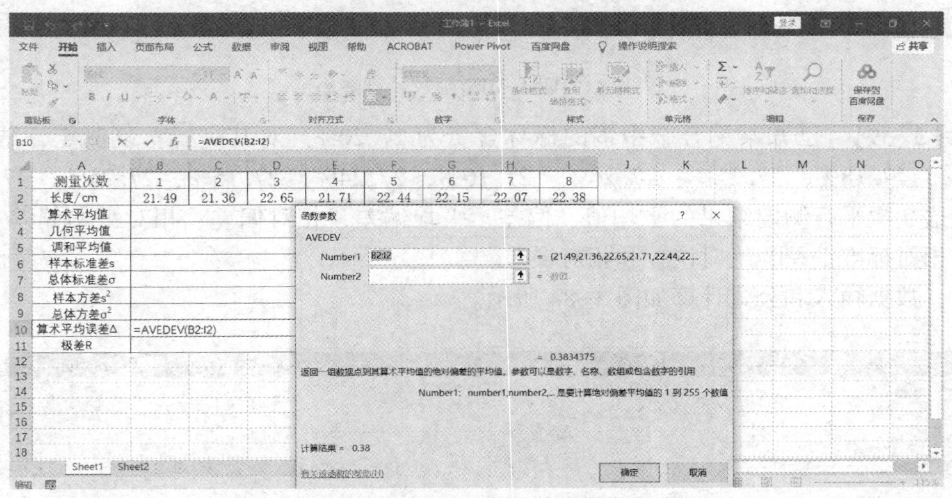

图 3-81 插入 AVEDEV 函数计算算术平均误差

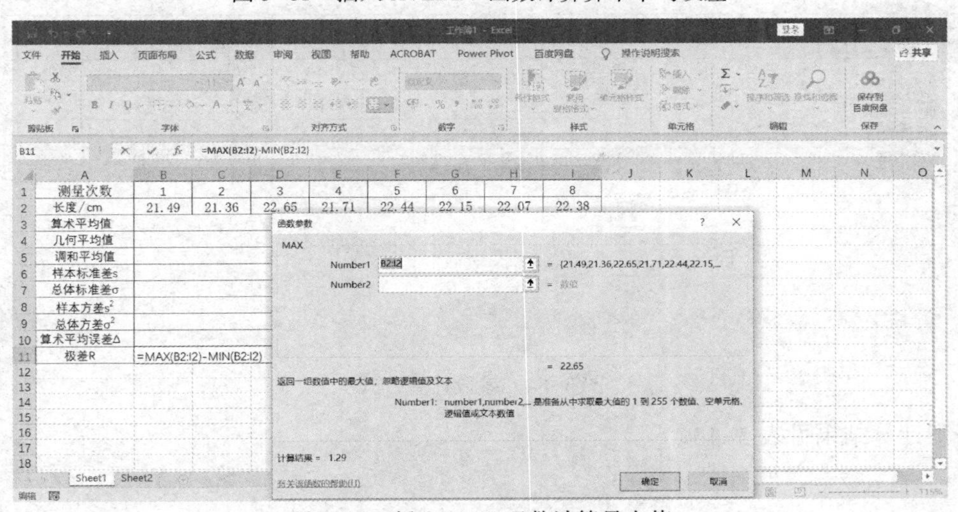

图 3-82 插入 MAX 函数计算最大值

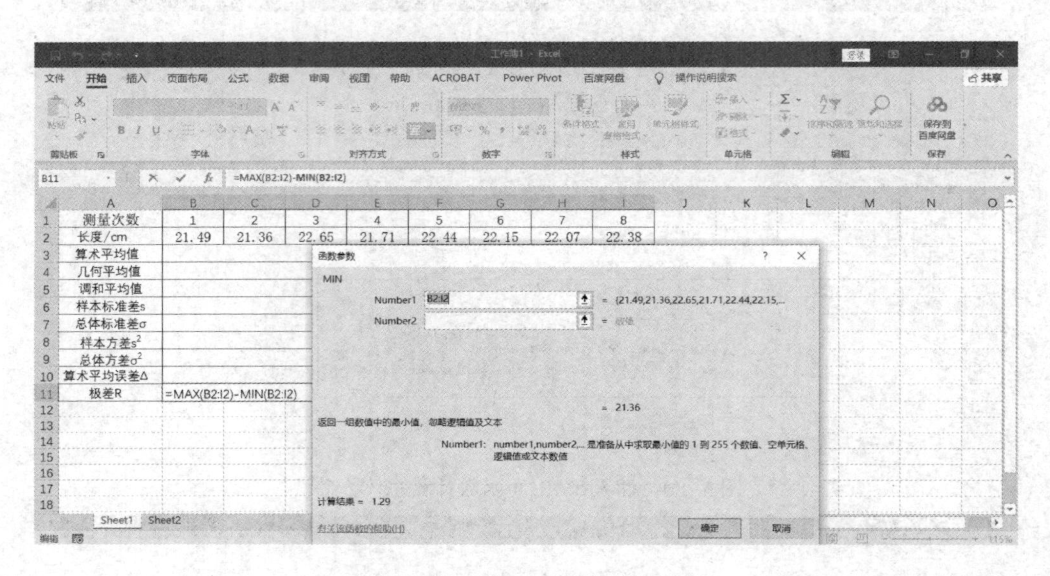

图 3-83　插入 MIN 函数计算最小值

【例 3-39】 已知某铜合金中铜的标称含量为 27.20%。对其进行重复测定，结果是：27.20%、27.18%、27.22%、27.26%、27.16%、27.24%、27.15%、27.25%、27.22%，试计算这 9 次平行测定结果的平均值、偏差、平均偏差、相对偏差、相对平均偏差、标准偏差、相对标准偏差、绝对误差和相对误差。

解：数据输入和公式计算如图 3-84 所示。

J12 =J11/B1

	A	B	C	D	E	F	G	H	I	J
1	铜标准含量	27.20%								
2	序号	1	2	3	4	5	6	7	8	9
3	测定结果	27.20%	27.18%	27.22%	27.26%	27.16%	27.24%	27.15%	27.25%	27.22%
4	平均值	=AVERAGE(B3:J3)								
5	偏差	=B3-B4	=C3-B4	=D3-B4	=E3-B4	=F3-B4	=G3-B4	=H3-B4	=I3-B4	=J3-B4
6	平均偏差	=AVERAGE(ABS(B5),ABS(C5),ABS(D5),ABS(E5),ABS(F5),ABS(G5),ABS(H5),ABS(I5),ABS(J5))								
7	相对偏差	=B5/B4	=C5/B4	=D5/B4	=E5/B4	=F5/B4	=G5/B4	=H5/B4	=I5/B4	=J5/B4
8	相对平均偏差	=B6/B4								
9	标准偏差	=STDEV(B3:J3)								
10	相对标准偏差	=B9/B4								
11	绝对误差	=B3-B1	=C3-B1	=D3-B1	=E3-B1	=F3-B1	=G3-B1	=H3-B1	=I3-B1	=J3-B1
12	相对误差	=B11/B1	=C11/B1	=D11/B1	=E11/B1	=F11/B1	=G11/B1	=H11/B1	=I11/B1	=J11/B1

图 3-84　参数计算公式

得到计算结果见表 3-13。

表 3-13 参数计算结果表

铜标准含量	27. 20%								
序号	1	2	3	4	5	6	7	8	9
测定结果	27. 20%	27. 18%	27. 22%	27. 26%	27. 16%	27. 24%	27. 15%	27. 25%	27. 22%
平均值	27. 21%								
偏差	-0. 01%	-0. 03%	0. 01%	0. 05%	-0. 05%	0. 03%	-0. 06%	0. 04%	0. 01%
平均偏差	0. 03%								
相对偏差	-0. 03%	-0. 11%	0. 04%	0. 19%	-0. 18%	0. 11%	-0. 22%	0. 15%	0. 04%
相对平均偏差	0. 12%								
标准偏差	0. 0004								
相对标准偏差	0. 14%								
绝对误差	0	-0. 02%	0. 02%	0. 06%	-0. 04%	0. 04%	-0. 05%	0. 05%	0. 02%
相对误差	0	-0. 07%	0. 07%	0. 22%	-0. 15%	0. 15%	-0. 18%	0. 18%	0. 07%

3. 3 误差分析及检验方法

3. 3. 1 误差分析基本概念

3. 3. 1. 1 绝对误差 (Absolute Error) Δx

定义：绝对误差=试验值-真值。

公式表示为：

$$\Delta x_i = x_i - x_t \tag{3-1}$$

式中，x_i为试验值；x_t为真值。

由于真值是未知的，因此绝对误差也未知。

绝对误差的范围是：

$$|\Delta x_i| = |x_i - x_t| \leqslant |\Delta x|_{max} \tag{3-2}$$

或：

$$x_t \approx x_i \pm |\Delta x_i|_{max} \tag{3-3}$$

常见的绝对误差估算方法：

(1) 测量仪器最小刻度的一半为绝对误差，最小刻度为最大绝对误差。

(2) 根据仪表精度等级计算：绝对误差=量程×精度等级%。

【例 3-40】 已知一个压强表，最大量程为 0. 4MPa，精度等级为 1. 5，求压强表的绝对误差。

解：精度等级为 1. 5，即压强表的相对误差为 1. 5%。

压强表的绝对误差为：0. 4MPa×1. 5% = 0. 006MPa。

【例 3-41】 一台天平的最小刻度为 0. 1mg，求天平的绝对误差。

解：最大绝对误差为 0. 1mg，绝对误差估计值为 0. 1mg/2 = 0. 05mg。

3.3.1.2 相对误差(Relative Error)

相对误差=绝对误差/真值，即：

$$E_R = \frac{\Delta x_i}{x_t} = \frac{x_i - x_t}{x_t} \tag{3-4}$$

由于真值一般是未知的，所以绝对误差未知，相对误差也未知。

因此，常将 Δx 与试验值(x)或平均值($\bar{x}$)之比代替相对误差：

$$E_R \approx \frac{\Delta x_i}{x} \tag{3-5}$$

或：

$$E_R = \frac{\Delta x_i}{\bar{x}} \tag{3-6}$$

相对误差的大小范围：

$$|E_R| = \left|\frac{\Delta x_i}{x_t}\right| \leqslant \left|\frac{\Delta x_i}{x_t}\right|_{max} \tag{3-7}$$

因此，试验数据的结果表达为：$x_t = x(1 \pm |E_R|)$，相对误差常常表示为百分数(%)或千分数(‰)。

【例 3-42】 水在 20℃时的密度测量值为 $\rho = 997.9 kg/m^3$，相对误差为 0.05%。求水的密度范围。

解：水在 20℃时的密度 $\rho = 997.9 kg/m^3$，相对误差为 0.05%。

绝对误差：$E_\rho = 997.9 \times 0.05\% = 0.50 (kg/m^3)$。

密度范围可表示为 $\rho = 997.9 \times (1 \pm 0.05\%) (kg/m^3)$，写成[(997.9-0.5)，(997.9+0.5)]kg/m^3，即(997.4~998.4)kg/m^3。

3.3.1.3 算术平均误差(Average Discrepancy)

由于绝对误差 $\Delta x_i = x_i - x_t$，因此，算术平均误差为：

$$\Delta = \frac{1}{n}\sum_{i=1}^{n}|x_i - x_t| = \frac{1}{n}\sum_{i=1}^{n}|\Delta x_i| \tag{3-8}$$

算术平均误差反映一组试验数据的误差大小。

通常，真值未知，常用偏差表示一组试验数据中各数与平均值的偏离程度。

绝对偏差 d_i 计算式为：

$$d_i = x_i - \bar{x} \tag{3-9}$$

算术平均偏差反映各试验值与算术平均值之间的平均差异。

$$\bar{d} = \frac{1}{n}\sum_{i=1}^{n}|x_i - \bar{x}| = \frac{1}{n}\sum_{i=1}^{n}|d_i| \tag{3-10}$$

【例 3-43】 一组女生的身高为 1.60m、1.62m、1.59m、1.60m、1.59m、1.55m、1.65m、1.68m，求该组同学身高的算术平均偏差。

解：这组女生身高的平均值为：

$$\bar{x} = \frac{(1.60+1.62+1.59+1.60+1.59+1.55+1.65+1.68)}{8} = 1.61(m)$$

因此，算术平均偏差为：

$$\bar{d}=\frac{|1.60-1.61|+|1.62-1.61|+|1.59-1.61|+|1.60-1.61|+|1.59-1.61|+|1.55-1.61|+|1.65-1.61|+|1.68-1.61|}{8}=0.03(\mathrm{m})$$

3.3.1.4 标准误差(Standard Error，SE)

标准误差简称标准误，表示样本的误差，计算公式为：

$$SE=\sqrt{\frac{\sum_{i=1}^{n}(x_i-\bar{x})^2}{n(n-1)}}=\sqrt{\frac{\sum_{i=1}^{n}d_i^2}{n(n-1)}}=\frac{s}{\sqrt{n}} \tag{3-11}$$

说明：

(1) 标准误差表示的是当前样本对总体数据的估计；

(2) 标准误差表示的是样本均数与总体均数的相对误差；

(3) 样本个数 n 越大，标准误差越小，表明所抽取的样本能够较好地代表总体样本。

3.3.2 误差的分类、来源和特点

按性质及产生的原因，误差分为随机误差、系统误差和过失误差(见图 3-85)。

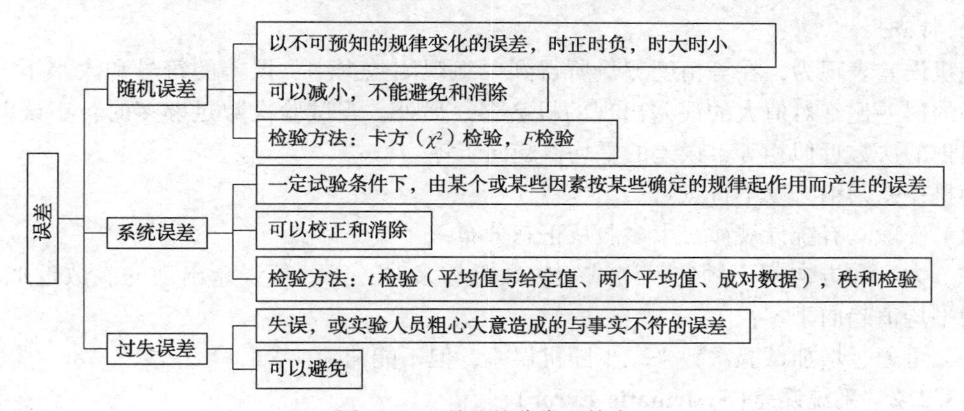

图 3-85 误差的分类及特点

3.3.2.1 随机误差(Random Error)

1) 定义

随机误差指的是测量结果与同一待测量的大量重复测量的平均结果之差，又叫偶然误差，是以不可预知的规律变化的误差，有大、小和正、负之分。随机误差的大小用试验数据的精密度来衡量。判断精密度高低的参数有极差、标准偏差、方差和相对标准偏差。对于无系统误差的试验，可以通过增加试验的次数来达到提高精密度的目的。

(1) 极差 R。

极差指一组测量结果中最大值与最小值之差，用 R 表示：

$$R=x_{\max}-x_{\min} \tag{3-12}$$

(2) 标准偏差 SD。

标准偏差(Standard Deviation)指有限次试验的样本标准偏差，用 SD 表示：

$$SD = \sqrt{\frac{1}{n-1}\sum_{i=1}^{n}(x_i - \bar{x})^2} \tag{3-13}$$

(3) 方差s^2。

方差是标准偏差的平方。

$$s^2 = \frac{1}{n-1}\sum_{i=1}^{n}(x_i - \bar{x})^2 \tag{3-14}$$

(4) 相对标准偏差 *RSD*。

相对标准偏差(Relative Standard Deviation)指标准偏差与算术平均值的比值，用 *RSD* 表示，可用于消除量纲或平均值不同的影响。

$$RSD = \frac{SD}{\bar{x}} \times 100\% = \frac{1}{\bar{x}}\sqrt{\frac{1}{n-1}\sum_{i=1}^{n}(x_i - \bar{x})^2} \times 100\% \tag{3-15}$$

2) 随机误差的来源

随机误差是由测定过程中一系列有关因素，如环境温度、相对湿度、气压、电磁场的微变、零件的摩擦、间隙、热起伏、空气扰动等微小的随机波动，测量人员感觉器官的生理变化，以及上述因素的综合影响而形成的误差。

3) 特点

随机误差表现为，在等精度测量所得到一组观测数据中，误差的符号和大小不一，绝对值小的误差比绝对值大的误差出现的机会多。另外，当试验次数足够多时，正误差和负误差出现的次数近似相等，误差的平均值趋向于零。

随机误差归纳有以下特点：

(1) 一般具有统计规律，大多服从正态分布；

(2) 大小和方向都不固定，当试验次数足够多时，正、负误差出现的次数近似相等，误差的平均值趋向于零；

(3) 可通过增加试验次数来减少随机误差，但不能消除。

3.3.2.2 系统误差(Systematic Error)

1) 定义

系统误差指在重复性条件下，对同一被测量进行无限多次测量所得结果的平均值与被测量的真值之差。

2) 系统误差的来源

系统误差是由某些固定不变的因素造成的，例如：

仪器误差：仪器未校准或未调零。

环境因素误差：待测值在实际环境温湿度和标准环境温湿度下的差异而产生的偏差。

方法误差：分析方法本身不完善，或由于使用近似的测定方法或经验公式引起的偏差。

操作误差：操作人员的生理缺陷、主观偏见、不良习惯等，使得实验过程中刻度线读数或终点判断习惯上向某一方向偏离。

试剂误差：实验中所用试剂不纯、含水量过高等原因引起的测定结果与实际结果之间的偏差。

3）系统误差的特点

系统误差又叫规律误差。在一定的测量条件下，对同一被测量进行多次重复测量时，误差值的大小和符号(正值或负值)保持不变，或者在条件变化时，按一定的规律变化的误差。通常，在等精度测量所得到的一组观测数据中，如出现误差的大小和正负保持恒定，或随条件改变按一定规律变化，这类误差称为系统误差。

系统误差是分析过程中某些固定的原因引起的一类误差，它具有重复性、单向性、可测性的特点，即在相同的条件下，重复测定时会重复出现，使测定结果系统偏高或系统偏低，其数值大小也有一定的规律。试验条件一旦确定，系统误差便客观存在，不能通过多次测量求平均值的方式消除系统误差。

4）系统误差的消除

试验条件一旦确定，系统误差便客观存在，只有对系统误差的产生原因有了充分认识，才能通过对照试验、空白试验、仪器校正等方法加以消除。

(1) 对照试验。

用可靠的分析方法做对照试验，找出系统误差，如用已知结果的标准试样对照(包括标准加入法)，或由不同的实验室、不同的分析人员进行对照。实验室组织的人员比对、样品复测以及实验室之间的比对等都属于对照实验。

(2) 空白试验。

空白试验即在没有试样存在的情况下，按照与处理试样一样的分析条件和操作步骤进行试验，所得的结果值为空白值。将试样结果减去空白值以消除系统误差，即实测结果等于试验结果减去空白值。

(3) 校正试验。

校正试验即对仪器设备和检验方法进行校正，以校正值的方式来消除系统误差。

3.3.2.3　过失误差(Mistake)

过失误差指的是与实际明显不相符的误差，没有一定的规律。通常是由实验人员过失造成的，如标准样品配制出错、读错读数、记录错误、未按要求加入试剂，或未按正确的试验顺序进行操作等。这类误差往往与真实值相差较大。

过失误差无一定的规律可循，只要找出其产生原因，可完全避免此类误差。

3.3.3　误差的统计检验

随机误差和系统误差的检验方法如图3-86所示。

3.3.3.1　随机误差的检验

随机误差是测量结果与同一待测量的大量重复测量的平均结果之差。因此，随机误差检验实际上检验的是精密度。随机误差的检验方法包含卡方检验法和 F 检验法，检验对象均是方差，用以判断不同试验方法或试验结果的随机误差之间的关系。

卡方检验法：是在试验数据的总体方差已知的情况下，对试验数据的随机误差或精密度进行检验的一种方法。

F 检验法：是对两组具有正态分布的试验数据之间的精密度进行比较的一种方法。

1）卡方检验法(χ^2-test)

卡方检验法要求试验数据的总体方差σ^2已知。

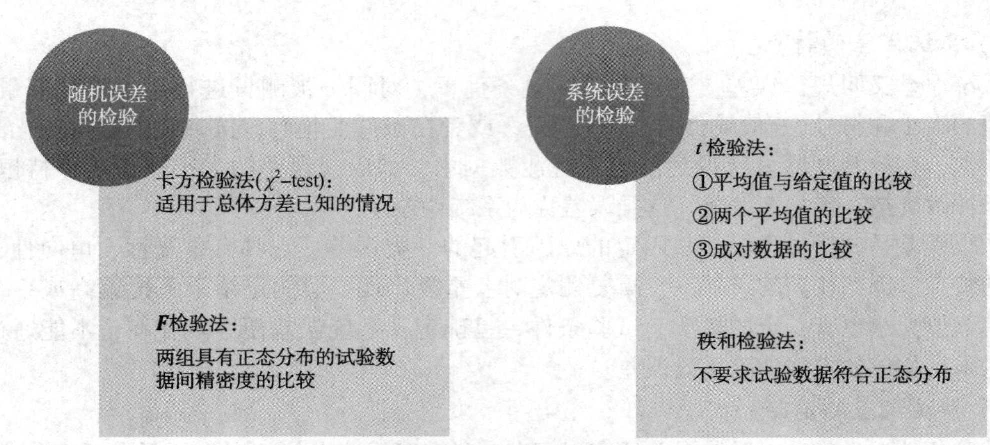

图 3-86　随机误差和系统误差的检验方法

卡方检验的步骤：

(1) 计算统计量χ^2。

一组试验数据x_1，x_2，…，x_n服从正态分布，则统计量χ^2服从自由度为$df=n-1$的χ^2分布(见附录2)：

$$\chi^2=\frac{(n-1)s^2}{\sigma^2} \tag{3-16}$$

(2) 查χ^2临界值。

α：显著性水平，一般取$\alpha=0.01$或$\alpha=0.05$，表示待比较的两个方差之间有显著差异的概率为1%或5%。

根据显著性水平α和自由度$df=n-1$，查χ^2分布表，得到卡方临界值：

双侧(尾)检验左、右临界值分别为$\chi^2_{(1-\frac{\alpha}{2})}$、$\chi^2_{\frac{\alpha}{2}}$；

单侧(尾)检验左侧临界值为$\chi^2_{(1-\alpha)}$；

单侧(尾)检验右侧检验临界值为χ^2_{α}。

(3) 检验和判定。

双侧(尾)检验：用于检验和判断试验数据的方差与给定的总体方差σ^2相比，是否有显著差异。

单侧(尾)检验：用于检验和判断试验数据的方差与给定的总体方差σ^2相比，是否有显著增大，或显著减小。

▶双侧(尾)检验及判定：

若统计量χ^2满足$\chi^2_{(1-\frac{\alpha}{2})}<\chi^2<\chi^2_{\frac{\alpha}{2}}$，则可以判断：试验数据的方差与给定的总体方差相比，无显著差异；否则，有显著差异。

▶单侧(尾)检验及判定：

单侧(尾)检验又分为左侧(尾)检验和右侧(尾)检验。

左侧(尾)检验：

当$s^2<\sigma^2$，且满足$\chi^2>\chi^2_{(1-\alpha)}$时，则可以判断：试验数据的方差与已知的总体方差相比无显著减小；否则，有显著减小。

右侧(尾)检验：

当$s^2>\sigma^2$，且满足$\chi^2<\chi^2_{\alpha}$时，则可以判断：该方差与已知的总体方差相比无显著增大；否则，有显著增大。

【例 3-44】 仪器正常使用状态下用分光光度计测废水样品中的 Pb^{2+} 含量，7 次测量得到方差为$\sigma^2=0.30$。仪器经过维修保养后，测试同一批次样品，7 次测量得到的方差s^2为 0.058，试问仪器维修保养后，设备的稳定性有无显著变化？设备的波动性是否有显著减小？($\alpha=0.05$)

解题思路：设备的稳定性和波动性反映的是随机误差的大小，且总体方差已知，因此本题适用于用χ^2检验法进行检验。

第一个问题问的是仪器稳定性有无显著变化，应该用双侧检验回答试验数据的方差与给定的总体方差σ^2是否有显著差异；第二个问题是问波动性是否有显著减小，属于单侧检验的左侧检验。

解：根据题意，$\sigma^2=0.30$，$s^2=0.058$，$n=7$。

计算χ^2：

$$\chi^2=\frac{(n-1)s^2}{\sigma^2}=\frac{(n-1)\times 0.058}{0.30}=1.16$$

① 查双侧检验临界值：

$\alpha=0.05$，$df=n-1=6$ 时，查χ^2分布表，得到：

$$\chi^2_{(1-\frac{\alpha}{2})}=\chi^2_{(0.975)}=1.237,\ \chi^2_{\frac{\alpha}{2}}=\chi^2_{0.025}=14.449$$

$\chi^2=1.16$ 不满足$\chi^2_{(1-\frac{\alpha}{2})}<\chi^2<\chi^2_{\frac{\alpha}{2}}$，可以判断：试验数据的方差$s^2=0.058$ 与给定的总体方差$\sigma^2=0.30$ 相比，有显著差异。因此，维修保养后该设备的稳定性有显著变化。

② $s^2<\sigma^2$，查左侧检验临界值：

$$\chi^2_{(1-\alpha)}=\chi^2_{0.95}=1.635$$

$\chi^2=1.16$ 满足，$\chi^2<\chi^2_{0.95}$，可以判断：试验数据的方差$s^2=0.058$ 与给定的总体方差$\sigma^2=0.30$ 相比，有显著减小。因此，仪器维修保养后，设备的波动性有显著减小。

2) *F* 检验法(*F*-test)

F 检验法：对两组具有正态分布的试验数据之间的精密度进行比较的统计检验方法。

F 检验法的步骤：

(1) 计算 *F* 统计量。

设有以下两组试验数据都服从正态分布，

第一组n_1个数据：$x_1^{(1)}$，$x_2^{(1)}$，$x_3^{(1)}$，…，$x_{n1}^{(1)}$，方差 1 为s_1^2；

第二组n_2个数据：$x_1^{(2)}$，$x_2^{(2)}$，$x_3^{(2)}$，…，$x_{n2}^{(2)}$，方差 2 为s_2^2。

则：

$$F=\frac{s_1^2}{s_2^2} \tag{3-17}$$

F 服从第一自由度为 $df_1=n_1-1$、第二自由度为 $df_2=n_2-1$ 的 *F* 分布。

(2) 查 F 临界值。

根据给定的显著性水平 α，自由度 $df_1=n_1-1$ 和 $df_2=n_2-1$，查 F 分布表，得到临界值。

双侧(尾)检验左、右临界值分别为$F_{(1-\frac{\alpha}{2})}(df_1, df_2)$、$F_{\frac{\alpha}{2}}(df_1, df_2)$；

单侧(尾)检验左侧临界值为$F_{(1-\alpha)}(df_1, df_2)$；

单侧(尾)检验右侧检验临界值为$F_{\alpha}(df_1, df_2)$。

(3) 检验和判定。

双侧(尾)检验：用于检验和判断方差1与方差2是否有显著差异。

单侧(尾)检验：用于检验和判断方差1与方差2相比，是否有显著增大或显著减小。

▶双侧(尾)检验及判定：

若统计量 F 值满足$F_{(1-\frac{\alpha}{2})}(df_1, df_2)<F<F_{\frac{\alpha}{2}}(df_1, df_2)$，则可以判断：方差1与方差2无显著差异；否则，有显著差异。

▶单侧(尾)检验及判定：

单侧(尾)检验又分为左侧(尾)检验和右侧(尾)检验。

左侧(尾)检验：

若 $F<1$，即$s_1^2<s_2^2$，且满足$F>F_{(1-\alpha)}(df_1, df_2)$，则可以判断：方差1与方差2相比，无显著减小；否则，有显著减小。

右侧(尾)检验：

若 $F>1$，即$s_1^2>s_2^2$，且满足 $F<F_{\alpha}(df_1, df_2)$，则可以判断：方差1与方差2相比，无显著增大；否则，有显著增大。

【例3-45】 用A、B两种方法测定某样品中的含碳量(mg/g)，得到两组数据：

A方法：27.5、27.0、27.3、27.6、27.8。

B方法：27.9、26.5、27.2、26.3、27.0、27.4、27.3、26.8。

试分析两种方法得到的试验数据的方差有无显著差异($\alpha=0.05$)。

解：判断两组具有正态分布的试验数据之间的方差有无显著差异，适用于 F 检验法的双侧检验。

计算A方法的方差：$s_A^2=0.093$。

计算B方法的方差：$s_B^2=0.266$。

则：

$$F=\frac{s_A^2}{s_B^2}=\frac{0.093}{0.266}=0.350$$

$$df_A=n_A-1=4$$

$$df_B=n_B-1=7$$

根据 $\alpha=0.05$，df_A，df_B查 F 分布表得：

$$F_{(1-\frac{\alpha}{2})}(df_1, df_2)=F_{0.975}(4, 7)=0.110$$

$$F_{\frac{\alpha}{2}}(df_1, df_2)=F_{0.025}(4, 7)=5.52$$

$F=0.350$ 介于两侧的 F 临界值之间，即：

$$F_{(1-\frac{\alpha}{2})}(df_1, df_2)<F<F_{\frac{\alpha}{2}}(df_1, df_2)$$

可判断：A、B 两种方法得到的方差无显著差异。

3.3.3.2　系统误差的检验

系统误差指在重复性条件下，对同一被测量进行无限多次测量所得结果的平均值与被测量的真值之差。当不存在系统误差时，该差值为零。因此，试验结果有无系统误差需要进行检验，以便能及时发现并设法消除系统误差，提高试验结果的准确度。

系统误差是否存在，表现在试验数据的平均值与真值是否存在较大差异。若试验数据的平均值与真值的差异较大，说明试验数据的正确度不高，试验数据和试验方法的系统误差较大。因此，对系统误差的检验实际上是对试验数据的平均值进行检验。以下主要介绍 t 检验法和秩和检验法。

1）*t* 检验法（*t*-test）

t 检验法分三种情况：试验数据的平均值与给定值的比较；两个平均值的比较；成对数据（配对样本）的比较。

其中，两个平均值的比较又分为等方差独立样本 t 检验和异方差独立样本 t 检验。

(1) 平均值与给定值的比较。

目的：检验服从正态分布的一组试验数据的算术平均值是否与给定值有显著差异或差异大小。

检验步骤：

① 计算 t 统计量。

设有一组试验数据 x_1，x_2，…，x_n 服从正态分布，则统计量 t 服从自由度为 $df=n-1$ 的 t 分布（见附录 4）。t 值计算公式为：

$$t=\frac{\bar{x}-\mu}{\frac{s}{\sqrt{n}}} \tag{3-18}$$

式中，μ 为给定值，即真值、期望值或标准值；s 为标准偏差。

② 查 t 临界值。

根据给定的显著性水平 α，自由度 $df=n-1$，查 t 分布表，得到临界值。

双侧（尾）检验临界值为 $t_{\frac{\alpha}{2}}$；

单侧（尾）检验临界值为 t_{α}。

③ 检验和判定。

双侧（尾）检验：用于判断试验数据的平均值与给定值 μ 相比，是否有显著差异。

单侧（尾）检验：用于判断试验数据的平均值与给定值 μ 相比，是否有显著增大或显著减小。

▶ 双侧（尾）检验及判定：

若统计量 t 值满足 $|t|<t_{\frac{\alpha}{2}}$，则可以判断：试验数据的平均值与给定值 μ 相比，无显著差异；否则，有显著差异。

▶ 单侧（尾）检验及判定：

单侧（尾）检验又分为左侧（尾）检验和右侧（尾）检验。

左侧(尾)检验：

若 $t<0$，且满足 $|t|<t_{\alpha}$，则可判断：试验数据的平均值与给定值 μ 相比，无显著减小；否则，有显著减小。

右侧(尾)检验：

若 $t>0$，且满足 $t<t_{\alpha}$，则可判断：试验数据的平均值与给定值 μ 相比，无显著增大；否则，有显著增大。

【例 3-46】 已知某基准样品的水分含量为 10.77%，用水分分析仪测定该样品，9 次平行测定结果为 10.77%、10.74%、10.77%、10.77%、10.84%、10.82%、10.73%、10.86%、10.81%。试对检测结果进行评价($\alpha=0.05$)。

解题思路：本次测定的样品是基准样品，水分含量标称值为 10.77%。在标称值已知的情况下进行测量，是考查测定方法是否有系统误差的一种方式。

检验服从正态分布的一组试验数据的算术平均值是否与给定值有显著差异，属于系统误差 t 检验中的第一种情况：平均值与给定值的比较。需要评价检测方法是否有系统误差时，用双侧检验；需要评价检测结果与标称值相比是否有显著偏大或偏小，用单侧检验。

解：根据题意，$\mu=10.77\%$，$n=9$。

9 次平行测定的平均值为：

$$\bar{x}=\frac{10.77\%+10.74\%+10.77\%+10.77\%+10.84\%+10.82\%+10.73\%+10.86\%+10.81\%}{9}=10.79\%$$

标准偏差 $s=0.00045$。

计算 t 值为：

$$t=\frac{\bar{x}-\mu}{\frac{s}{\sqrt{n}}}=\frac{10.79\%-10.77\%}{\frac{0.00045}{\sqrt{9}}}=1.33$$

$\alpha=0.05$，$df=n-1=8$，查 t 分布表，得到$t_{\frac{\alpha}{2}}=2.306$，$t_{\alpha}=1.860$。

双侧检验：由于$t<t_{\frac{\alpha}{2}}$，可以判断 9 次平行测定的平均值 10.79%与标称值 10.77%相比，两者没有显著差异。因此，检测方法没有系统误差。

单侧检验：由于 $t>0$，且 $t<t_{\alpha}$，右侧检验可以判断 9 次平行测定的平均值 10.79%与标称值 10.77%相比，没有显著增大。

(2) 两个平均值的比较。

目的：检验和判断两组服从正态分布的试验数据的算术平均值之间有无显著差异，或差异大小。

检验步骤：

① 计算 t 统计量。

设有以下两组试验数据都服从正态分布，

第一组：$x_1^{(1)}$，$x_2^{(1)}$，$x_3^{(1)}$，…，$x_{n1}^{(1)}$，方差 1 为s_1^2，平均值为$\bar{x}_1$。

第二组：$x_1^{(2)}$，$x_2^{(2)}$，$x_3^{(2)}$，…，$x_{n2}^{(2)}$，方差 2 为s_2^2，平均值为$\bar{x}_2$。

先用 F 检验法判定两组数据的方差是否存在显著差异。当两个方差没有显著差异时，

进行等方差 t 检验；当两个方差有显著差异时，进行异方差 t 检验。

▶ 等方差 t 检验：

t 统计量的值服从自由度 $df=n_1+n_2-2$ 的 t 分布：

$$t=\frac{\bar{x}_1-\bar{x}_2}{s}\sqrt{\frac{n_1 n_2}{n_1+n_2}} \tag{3-19}$$

合并标准偏差 s：

$$s=\sqrt{\frac{(n_1-1)s_1^2+(n_2-1)s_2^2}{n_1+n_2-2}} \tag{3-20}$$

▶ 异方差 t 检验：

$$t=\frac{\bar{x}_1-\bar{x}_2}{\sqrt{\frac{s_1^2}{n_1}+\frac{s_2^2}{n_2}}} \tag{3-21}$$

服从 t 分布，自由度：

$$df=\frac{\left(\frac{s_1^2}{n_1}+\frac{s_2^2}{n_2}\right)^2}{\frac{\left(\frac{s_1^2}{n_1}\right)^2}{n_1+1}+\frac{\left(\frac{s_2^2}{n_2}\right)^2}{n_1+1}}-2 \tag{3-22}$$

② 查 t 临界值。

根据给定的显著性水平 α、自由度 df，查 t 分布表，得到临界值：

双侧(尾)检验临界值为 $t_{\frac{\alpha}{2}}$；

单侧(尾)检验临界值为 t_{α}。

③ 检验和判定。

双侧(尾)检验：检验平均值 $\bar{x}_1$ 和 $\bar{x}_2$ 是否有显著差异。

单侧(尾)检验：检验平均值 $\bar{x}_1$ 和 $\bar{x}_2$ 相比，是否有显著增大或显著减小。

▶ 双侧(尾)检验：

若统计量 t 值满足 $|t|<t_{\frac{\alpha}{2}}$，则可以判断：两个平均值 $\bar{x}_1$ 和 $\bar{x}_2$ 无显著差异；否则，有显著差异。

▶ 单侧(尾)检验：

单侧(尾)检验又分为左侧(尾)检验和右侧(尾)检验。

左侧(尾)检验：

若 $t<0$，且满足 $|t|<t_{\alpha}$，则可判断：平均值 $\bar{x}_1$ 和 $\bar{x}_2$ 相比，无显著减小；否则，有显著减小。

右侧(尾)检验：

若 $t>0$，且满足 $t<t_{\alpha}$，则可判断：平均值 $\bar{x}_1$ 和 $\bar{x}_2$ 相比，无显著增大；否则，有显著增大。

【例 3-47】 甲、乙两个试验员用同一方法对同一样品的重量进行称量(单位：mg)，结果如下：

甲：93.08　91.36　91.60　91.91　92.79　92.80　91.03

乙：93.95　93.42　92.20　92.46　92.73　94.31　92.94　93.66　92.05

试分析甲、乙两组分析结果之间有无显著差异。如有，差异是什么？($\alpha=0.05$)

解题思路：甲、乙两组分析结果之间是否有显著差异，指的是两组分析数据的平均值之间有无显著差异，属于系统误差的双侧检验。因是两组数据间的比较，适合用 t 检验中的第二种情况：两个平均值的比较。

如果有系统误差，甲组平均值与乙组平均值相比可能显著偏大，或显著偏小，属于单侧检验。

对双样本进行系统误差 t 检验时，需要先确定方差齐性，即两组试验数据的方差是否有显著差异，再确定是做等方差 t 检验还是异方差 t 检验。

而两组试验数据是等方差还是异方差，需要用 F 检验的结果进行判定。因此，解题分两步走：第一步，用 F 检验法，确定下一步是做等方差 t 检验还是异方差 t 检验；第二步，用 t 检验法进行检验和判定。

解：①用 F 检验法，判定两组数据的方差是否有显著差异。

甲组：$s_1^2=0.6504$，平均值为$\bar{x}_1=92.08$，$n_1=7$。

乙组：$s_2^2=0.6355$，平均值为$\bar{x}_2=93.08$，$n_2=9$。

$$F=\frac{s_1^2}{s_2^2}=\frac{0.6504}{0.6355}=1.023$$

$$df_1=n_1-1=6$$

$$df_2=n_2-1=8$$

根据 $\alpha=0.05$、df_1、df_2查 F 分布表得：

$$F_{(1-\frac{\alpha}{2})}(df_1, df_2)=F_{0.975}(6, 8)=0.18$$

$$F_{\frac{\alpha}{2}}(df_1, df_2)=F_{0.025}(6, 8)=4.65$$

$F=1.023$ 介于两侧的临界值之间，即满足：

$$F_{(1-\frac{\alpha}{2})}(df_1, df_2)<F<F_{\frac{\alpha}{2}}(df_1, df_2)$$

可判断：甲乙两组分析数据的方差无显著差异。

因此，下一步用等方差 t 检验进行系统误差的检验。

② 等方差 t 检验。

$$df=n_1+n_2-2=7+9-2=14$$

合并标准偏差 s：

$$s=\sqrt{\frac{(n_1-1)s_1^2+(n_2-1)s_2^2}{n_1+n_2-2}}=\sqrt{\frac{(7-1)\times0.6504+(9-1)\times0.6355}{7+9-2}}=0.80$$

$$t=\frac{\bar{x}_1-\bar{x}_2}{s}\sqrt{\frac{n_1n_2}{n_1+n_2}}=\frac{92.08-93.08}{0.80}\sqrt{\frac{7\times9}{7+9}}=-2.48$$

根据 $\alpha=0.05$，$df=14$，查 t 分布表得：

双侧(尾)检验临界值：$t_{\frac{\alpha}{2}}=t_{0.025}=2.15$。

由于$|t|=2.48$，且$|t|>t_{\frac{\alpha}{2}}$，可判定：甲、乙两组数据的平均值存在显著差异。

单侧(尾)检验临界值：$t_{\alpha}=t_{0.05}=1.76$。

由于$t<0$，且$|t|>t_{\alpha}$，可判定：甲组数据的平均值与乙组数据的平均值相比，显著偏小。

③ 成对数据的比较。

成对数据的比较，是成对数据之差的平均值$\bar{d}$，与零或指定值之间的比较，适用于试验数据成对出现的情况，用来判断两种方法、两种仪器或两个分析人员对同一来源样品的测定结果之间是否存在系统误差。

设有两组成对数据：

$$x_1^{(1)},\ x_2^{(1)},\ \cdots,\ x_i^{(1)},\ \cdots,\ x_n^{(1)}$$
$$x_1^{(2)},\ x_2^{(2)},\ \cdots,\ x_i^{(2)},\ \cdots,\ x_n^{(2)}$$

成对数据的测定值之差组成的一组新的数据为：

$$d_1,\ d_2,\ \cdots,\ d_i,\ \cdots,\ d_n$$

其中，$d_1=x_1^{(1)}-x_1^{(2)}$，$d_2=x_2^{(1)}-x_2^{(2)}$，$\cdots$，$d_i=x_i^{(1)}-x_i^{(2)}$，$\cdots$，$d_n=x_n^{(1)}-x_n^{(2)}$。

这些差值组成的一组新数据的算术平均值$\bar{d}$为：

$$\bar{d}=\frac{1}{n}\sum_{i=1}^{n}[x_i^{(1)}-x_i^{(2)}]=\frac{1}{n}\sum_{i=1}^{n}d_i \tag{3-23}$$

$$t=\frac{\bar{d}-d_0}{\frac{s_d}{\sqrt{n}}} \tag{3-24}$$

t服从自由度为$df=n-1$的t分布。式中，d_0一般取值为零，或指定值；s_d为n对试验值的差值的样本标准偏差。s_d的计算公式如下：

$$s_d=\sqrt{\frac{1}{n-1}\sum_{i=1}^{n}(d_i-\bar{d})^2} \tag{3-25}$$

在给定的显著性水平α下，当t值满足$|t|<t_{\alpha}$时，两组成对数据之间不存在显著的系统误差；否则，存在显著的系统误差。

【例3-48】 有9个土壤样品进行实验室间比对，甲、乙两个实验室检测到的土壤中苯含量(μg/kg)如下：

样品编号	s-1	s-2	s-3	s-4	s-5	s-6	s-7	s-8	s-9
实验室甲	0.22	0.11	0.46	0.32	0.27	0.19	0.08	0.12	0.18
实验室乙	0.20	0.10	0.39	0.34	0.23	0.14	0.13	0.08	0.16

试分析，当$\alpha=0.05$时，两个实验室的检测结果是否存在显著差异。

解题思路：9个样品在两个实验室进行比对分析，每个样品有2个检测结果，分别来自甲、乙两个不同的实验室。显然，数据是成对出现的。成对数据的差异反映的是实验室之间的差异。适合用t检验的第三种情况——成对数据的比较，来判定两个不同的实验室测定结果之间是否存在系统误差。比较和评估的是成对数据之差的平均值$\bar{d}$与零的差异。

解：先计算成对数据的差值，得到一组差值数据。

样品编号	s-1	s-2	s-3	s-4	s-5	s-6	s-7	s-8	s-9
实验室甲	0.22	0.11	0.46	0.32	0.27	0.19	0.08	0.12	0.18
实验室乙	0.20	0.10	0.39	0.34	0.23	0.14	0.13	0.08	0.16
差值 d	0.02	0.01	0.07	−0.02	0.04	0.05	−0.05	0.04	0.02

$$\bar{d} = \frac{1}{n}\sum_{i=1}^{n}[x_i^{(1)} - x_i^{(2)}] = \frac{1}{n}\sum_{i=1}^{n} d_i = 0.02$$

$$s_d = \sqrt{\frac{1}{n-1}\sum_{i=1}^{n}(d_i - \bar{d})^2} = 0.037$$

$$t = \frac{\bar{d}-d_0}{\frac{s_d}{\sqrt{n}}} = \frac{0.02-0}{\frac{0.037}{\sqrt{9}}} = 1.62$$

此处$d_0=0$，当$\alpha=0.05$时，$df=n-1=8$，查t分布表，得到$t_\alpha=1.86$。

因为$|t|<t_\alpha$，可以判断：甲、乙两个实验室的测定值之间不存在显著差异。

2）*秩和检验法*

秩和检验法(Rank Sum Test)是一类常用的非参数检验，即不是对参数本身进行检验，而是在总体分布任意的情形下，检验试验数据所在总体的分布位置有无显著差异。应用时不依赖于总体分布的具体形式，可用于多种总体分布或分布不明确的情况，因而实用性较强。

目的：用于检验两组试验数据或两种试验方法之间是否存在系统误差、两种方法是否等效等。秩和检验法因为不要求数据具有正态分布，所以应用广泛。秩和检验法可以做成对数据的检验，也可以做两组试验数据个数不等时试验结果的检验。

检验方法：

设有两组试验数据，$x_1^{(1)}$，$x_2^{(1)}$，…，$x_n^{(1)}$和$x_1^{(2)}$，$x_2^{(2)}$，…，$x_n^{(2)}$，相互独立。第一组和第二组试验数据的个数分别是n_1和n_2，假定$n_1 \leqslant n_2$。将两组总计(n_1+n_2)个试验数据混在一起，按从小到大的次序排列，将排列次序中的最小数值编号为1，然后依次编号至最大数值。

每个试验值在序列中的次序称作该值的秩(rank)。

将属于第1组数据的秩全部相加，加和结果记为R_1，查秩和临界值表(见附录5)，根据显著性水平α及n_1和n_2，查得R_1的下限T_1和上限T_2。

检验和判定：当满足$R_1<T_1$或$R_1>T_2$时，可判定两组数据有显著差异；否则，无显著差异。

【例3-49】 有一组数据：32、34、39、41、28、33，求该组数据的秩和及33的秩。

解：将数据按从小到大排列并排序。

数据排序： 28 32 33 34 39 41

秩： 1 2 3 4 5 6

由排序可知：33 的秩为 3，该组数据秩和为 1+2+3+4+5+6=21。

【例 3-50】 两个实验员用同一方法对同一试样进行分析，结果如下：

甲： 0.782 0.775 0.774 0.763

乙： 0.750 0.749 0.763 0.754 0.754

已知甲组数据无系统误差，试用秩和检验法检验乙组数据是否有系统误差（$\alpha=0.05$）。

解：先用 RANK.AVG 函数求出甲乙所有数据的秩（见表 3-14）。

表 3-14 试验数据的秩

组别	甲组				乙组				
检测结果	0.782	0.775	0.774	0.763	0.750	0.749	0.763	0.754	0.754
秩	9	8	7	5.5	2	1	5.5	3.5	3.5

可知，甲组数据的秩和$R_{甲}=9+8+7+5.5=29.5$。

根据 $\alpha=0.05$，$n_{甲}=4$，$n_{乙}=5$，查秩和临界值表，得$T_1=13$，$T_2=27$。

故$R_{甲}>T_2$，可以判断：甲、乙两组数据存在显著差异，即甲、乙两组数据之间存在系统误差。

根据题意，甲组数据没有系统误差。因此可以判断，乙组数据必然存在系统误差。

3.4 异常值的检验

所谓异常值，也称离群值，一般是指样本中的一些数值明显偏离其余数值的样本点，或是指在所获统计数据中相对误差较大的观测数据。异常值往往是由于过失误差引起的。

异常值的存在可能会导致数据分布和真实分布存在较大差异。如果异常值在数据中影响较大，可能会影响试验结果的均值和标准差，导致错误的结果。处理试验数据时，若发现有可疑数据，不能置之不理，但也不能随意舍弃，需要依据一定的统计学方法进行鉴别，再决定是舍弃还是保留。常用的检验异常数据的统计方法有拉依达检验法、格拉布斯检验法和狄克逊检验法。

3.4.1 拉依达(Pauta)检验法

拉依达检验法又称拉依达准则。如果试验数据的总体 x 服从正态分布，其中的可疑数据x_p若满足：

$$|x_p-\bar{x}|>3s \text{ 或 } 2s \tag{3-26}$$

则x_p判断为异常值，应将该试验值剔除。

检验方法说明：

（1）3s 相当于显著水平 $\alpha=0.01$，2s 相当于显著水平 $\alpha=0.05$。

（2）计算平均值及标准偏差 s 时，应包括可疑值在内。

（3）可疑数据应逐一检验，不能同时检验多个数据。

（4）该检验法仅根据少量的测量值来计算 s，再加以判断，这本身就存在不小的误差。

因此，拉依达检验法不能检验样本量较小的情况，当以 $3s$ 为界时，要求至少满足 $n>10$；以 $2s$ 为界时，要求至少满足 $n>5$。当测量次数较少时，用该方法剔除异常值是不可靠的。

（5）该方法无须查临界值表，使用简便。

n 个试验数据中，若有多个可疑值，检验步骤如下：

（1）先检验 n 个试验数据中偏差最大的数。

（2）剔除第一个可疑值后，再检验第二个可疑值。检验第二个可疑值时，应重新计算剩余($n-1$)个数的平均值及标准偏差；检验第三个可疑值时，应重新计算剩余($n-2$)个数的平均值及标准偏差。后面的可疑值检验以此类推。

（3）可疑值的检验应按照数据的偏差(或相对偏差)由大到小顺序逐一检验，偏差最大的先检验，直至没有需要剔除的可疑值为止。

【例 3-51】 有一组分析测试数据：0.128、0.129、0.131、0.133、0.135、0.138、0.141、0.142、0.145、0.148、0.167。请问：其中偏差较大的 0.167 这一数据是否应被舍去？（$\alpha=0.01$）

解：① 计算$\bar{x}$、s：

$$\bar{x}=0.140,\ s=0.01116$$

② 计算偏差：

$$|x_p-\bar{x}|=|0.167-0.140|=0.027$$

③ 比较：

$3s=3\times0.01116=0.0335>0.027$，不满足$|x_p-\bar{x}|>3s$。

因此，根据拉依达检验法，当 $\alpha=0.01$ 时，0.167 这一可疑值不应舍去。

3.4.2 格拉布斯(Grubbs)检验法

格拉布斯检验法又称格拉布斯准则，是在未知总体标准差情况下，对正态样本或接近正态样本异常值的一种判别方法。

先查找可疑数据x_p，若x_p满足：

$$|d_p|=|x_p-\bar{x}|>G_{(\alpha,n)}s \tag{3-27}$$

则认为x_p为异常值，应将其剔除。式中，$G_{(\alpha,n)}$ 为 Grubbs 检验临界值(见附录 6)，与重复测量次数 n 和置信概率 α 均有关。因此，格拉布斯检验法是比较好的判定准则，理论较严密，概率意义明确。

检验方法说明：

（1）计算平均值及标准偏差 s 时，应包括可疑值在内；

（2）可疑数据应逐一检验，不能同时检验多个数据；

（3）首先检验偏差最大的数；

（4）剔除一个数后，若还需要检验下一个可疑数据，应重新计算剩余数据的平均值及标准偏差；

（5）可适用于试验数据较少时。

【例 3-52】 用容量法测定某样品中的锰含量，8 次平行测定得到锰的百分含量分别为：10.29%、10.33%、10.38%、10.40%、10.43%、10.46%、10.52%、10.82%。试问：测试数据中是否有需要剔除的异常值？（$\alpha=0.05$）

解：①分析数据，10.82%的偏差最大，故首先检验最大值10.82%，计算得到$\bar{x}$ = 10.45%，s=0.16%。

查得临界值$G_{(0.05,8)}$ = 2.03，$G_{(0.05,8)}s$=2.03×0.16%=0.32%。

由于$|x_p-\bar{x}|$ = |10.82%-10.45%| = 0.37%>0.32%，故10.82%这个测定值应该被剔除。

② 检验10.52%：

剔除10.82%之后，重新计算剩余数据的平均值及标准偏差s，此时10.52%偏差最大，应检验10.52%是否是异常值。

得到剩余7个数据的平均值和标准偏差：$\bar{x}'$=10.40%，s'=0.078%。

查得临界值$G_{(0.05,7)}$ = 1.94，$G_{(0.05,7)}s$=1.94×0.078%=0.15%。

由于$|x_p-\bar{x}|$ = |10.52%-10.40%| = 0.12%<0.15%，故10.52%不应该被剔除。由于剩余数据的偏差都比10.52%小，所以都应保留。

3.4.3 狄克逊(Dixon)检验法

狄克逊检验法又称狄克逊准则，一般是根据可能的离群值和离它最接近的值的距离，以及整个样本的跨度(极差)，来判断该值是否为离群值。该检验法认为，异常数据应该是最大数据和(或)最小数据，因此基本方法是将数据按大小排队，检验最大数据和最小数据是否为异常数据。

狄克逊检验法可用于检出一个或多个异常值，一般适用于试验数据较少($3 \leqslant n \leqslant 30$)时的检验，计算量较小。它可以多次剔除异常值，但每次只能剔除一个，剔除后重新按照从小到大的顺序排列，并再次检验是否存在异常值。

狄克逊检验分单侧和双侧检验两种情形，检验步骤如下：

(1) 单侧情形：异常值可能出现在高值端，也可能在低值端。

① 先将n个试验数据按从小到大的顺序排列：$x_1 \leqslant x_2 \leqslant \cdots \leqslant x_{n-1} \leqslant x_n$。

② 如有异常值存在，必然出现在两端，即x_1或x_n。

③ 计算统计量D或D'。

④ 查狄克逊单侧临界值$D_{1-\alpha}(n)$(见附录7)。

⑤ 检验和判断：

检验x_n时，当满足$D>D_{1-\alpha}(n)$时，则判断x_n为异常值，应被剔除。

检验x_1时，当满足$D'>D_{1-\alpha}(n)$时，则判断x_1为异常值，应被剔除。

注意：可疑数据应逐一检验，不能同时检验多个数据；剔除一个数后，如果还要检验下一个数据，应重新排序。

(2) 双侧情形：异常值在高值端或低值端都可能出现。

① 根据表3-15计算D和D'。

② 根据给定的显著性水平α和n，在狄克逊检验法双侧临界值表中查得临界值$\widetilde{D}_{1-\alpha}(n)$。

③ 检验和判断：

当$D>D'$、$D>\widetilde{D}_{1-\alpha}(n)$时，则判断$x_n$为异常值，应被剔除；

当$D'>D$、$D'>\widetilde{D}_{1-\alpha}(n)$时，则判断$x_1$为异常值，应被剔除。

表 3-15 统计量 D 计算公式

n	检验高端异常值	检验低端异常值	n	检验高端异常值	检验低端异常值
3~7	$D=\frac{x_n-x_{n-1}}{x_n-x_1}$	$D'=\frac{x_2-x_1}{x_n-x_1}$	11~13	$D=\frac{x_n-x_{n-2}}{x_n-x_2}$	$D'=\frac{x_3-x_1}{x_{n-1}-x_1}$
8~10	$D=\frac{x_n-x_{n-1}}{x_n-x_2}$	$D'=\frac{x_2-x_1}{x_{n-1}-x_1}$	14~30	$D=\frac{x_n-x_{n-2}}{x_n-x_3}$	$D'=\frac{x_3-x_1}{x_{n-2}-x_1}$

【例 3-53】 设有 15 个测定数据的误差按从小到大的顺序排列为：-1.40、-0.44、-0.30、-0.24、-0.22、-0.13、-0.05、0.06、0.10、0.18、0.20、0.39、0.48、0.63、1.01。试分析其中有无数据应该被剔除（$\alpha=0.05$）。

解：观察本题，最大值、最小值都可能是异常值，可应用狄克逊双侧情形检验。

对于 1.01 和-1.40，$n=15$，计算 D 和 D'值：

$$D=\frac{x_n-x_{n-2}}{x_n-x_3}=\frac{x_{15}-x_{13}}{x_{15}-x_3}=\frac{1.01-0.48}{1.01+0.30}=0.405$$

$$D'=\frac{x_3-x_1}{x_{n-2}-x_1}=\frac{x_3-x_1}{x_{13}-x_1}=\frac{-0.30+1.40}{0.48+1.40}=0.585$$

查得临界值$\widetilde{D}_{0.95}(15)=0.565$。

由于$D'>D$，且$D'>\widetilde{D}_{0.95}(15)$，故判断最小值-1.40 为异常值，应该被剔除。

剔除-1.04 之后，对剩余的 14 个值（-0.44、-0.30、-0.24、-0.22、-0.13、-0.05、0.06、0.10、0.18、0.20、0.39、0.48、0.63、1.01）（$n=14$）再进行双侧检验：

$$D=\frac{x_n-x_{n-2}}{x_n-x_3}=\frac{x_{14}-x_{12}}{x_{14}-x_3}=\frac{1.01-0.48}{1.01+0.24}=0.424$$

$$D'=\frac{x_3-x_1}{x_{n-2}-x_1}=\frac{x_3-x_1}{x_{12}-x_1}=\frac{-0.24+0.44}{0.48+0.44}=0.217$$

查得临界值$\widetilde{D}_{0.95}(14)=0.587$。

由于$D'>D$，且$D'<\widetilde{D}_{0.95}(14)$，未检出异常值。

因此，误差数据中只检出-1.40 为异常值。

上述三种异常值的检验方法各有特点。总的来说，试验数据越多，可疑数据被错误剔除的可能性越小。拉依达检验法不能检验样本量较小的情况，格拉布斯检验法则可以检验较少的数据。在国际上，常推荐格拉布斯检验法和狄克逊检验法。一般，如果尚不知道数据中是否包括异常值，可以用格拉布斯检验法进行检验。如果已知数据中可能包括一个或多个异常值，通常用狄克逊检验法。

第 4 章　Excel 在图表绘制中的应用

4.1　统计表

4.1.1　定义

统计表是反映统计资料，表达统计分析事物的数量关系的表格，是对统计指标加以合理叙述的一种形式。它使统计资料条理化，简明清晰，便于检查数字的完整性和准确性，以及对比分析。

4.1.2　结构

统计表的构成：一般由表头(总标题)、行标题、列标题和数字资料四个主要部分组成，必要时可以在统计表的下方加上表外附加。

(1) 表头是表的名称，应放在表的上方，说明统计表的主要内容；

(2) 行标题和列标题通常安排在统计表的第一列和第一行，它表示的主要是所研究问题的类别和指标的名称，用以表示表内数字的含义，文字应简明，有单位的须注明单位；

(3) 表外附加通常放在统计表的下方，主要包括资料来源、指标的注释及必要的说明等内容。

4.1.3　分类

统计表可根据行标题、列标题中是否有分组分为简单表和复合表。

4.1.3.1　简单表

简单表一般只表述单一特征，适用于简单资料的统计，如表 4-1 所示。

表 4-1　某中学初一 3 班期末考试前 6 名成绩表

姓名	期末考试成绩				
	语文	数学	英语	历史	物理
李艳	91	59	98	81	68
王萌	46	81	71	72	25
丁子新	52	82	90	80. 5	59
刘方刚	80	76	89	80	80
陈远平	76	75	60	81	60
张小雅	75	72	68	82	61

4.1.3.2　复合表

当需要表达两种或两种以上特征时，需要用到复合表，如表 4-2 所示。

表 4-2 物料领用记录表

类别		物料					
		规格/型号	单位	数量	单价/(元/m^2)	金额/元	领用人
PU 车间	底漆						
	面漆						
	稀释剂						
	慢干剂						
	色精						
	砂带						
包装	纸箱						
	珍珠棉						
	封口胶						
总计/(元/m^2)							

4.2 统计图

4.2.1 定义

统计图是将统计数据用点、线、面、体等绘制成几何图形，以表示各种数量间的关系及其变动情况的工具。它具有直观、形象、生动、具体等特点。统计图可以使复杂的统计数字简单化、通俗化、形象化，使人一目了然，便于理解和比较。

4.2.2 结构

统计图一般由图题、图号、图目、图线、图尺、图形、图注等组成。

(1) 图题和图号：图题是说明统计图内容的标题或名称，图号是统计图的编号。

(2) 图目：也称标目，指纵轴、横轴所代表的类别、名称、单位等。

(3) 图线：指构成统计图的各种线条，如标准线、指导线、图示线等。

(4) 图尺：也称尺度，指在统计图中测定指标数值大小的尺度，包括尺度线、尺度点、尺度数和尺度单位。

(5) 图形：统计图中用统计数据绘成的曲线，如条形、折线形，饼图、平面或立体图形。

(6) 图注：统计图的注解和说明，包括图例、资料来源、特殊说明等。

(7) 其他：为了增强图示效果而在图形上附加插图、装饰等。

4.2.3 分类

4.2.3.1 按数据类型分类

根据变量的个数，可将统计图分为单变量图、双变量图和多变量图。其中，单变量图称为单式图，双变量图和多变量图称为复式图。

单式图：表示的是某一种事物、现象或单个变量的动态。

复式图：在同一图中表示两种或两种以上事物、现象或变量的动态。

4.2.3.2 按数据关系分类

根据数据关系，统计图可以分为趋势类、比较类、占比类和分布类。

趋势类有折线图、面积图(见图 4-1)、漏斗图等。

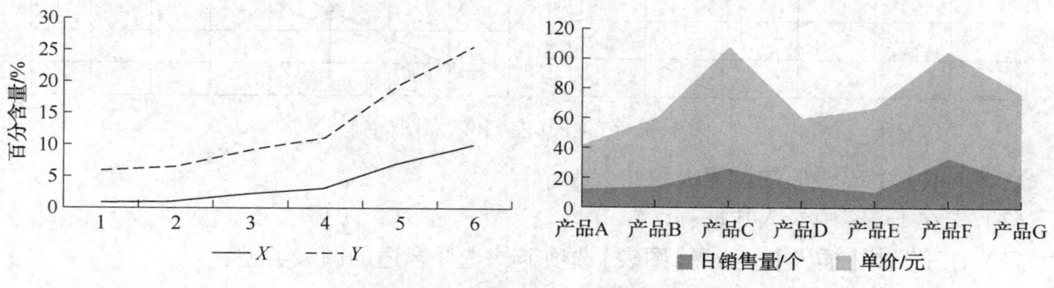

图 4-1 折线图(左)和面积图(右)

比较类有柱形图、堆积柱形图、堆积条形图(见图 4-2)、雷达图等。

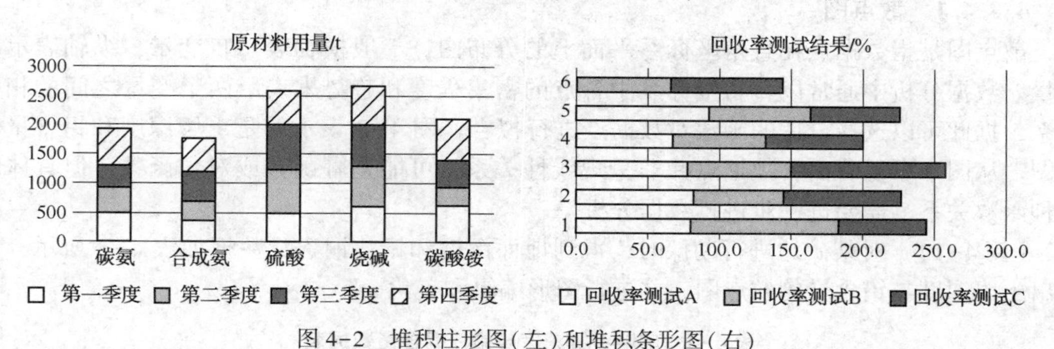

图 4-2 堆积柱形图(左)和堆积条形图(右)

占比类有饼图、环形图(见图 4-3)、百分比堆叠面积图等。

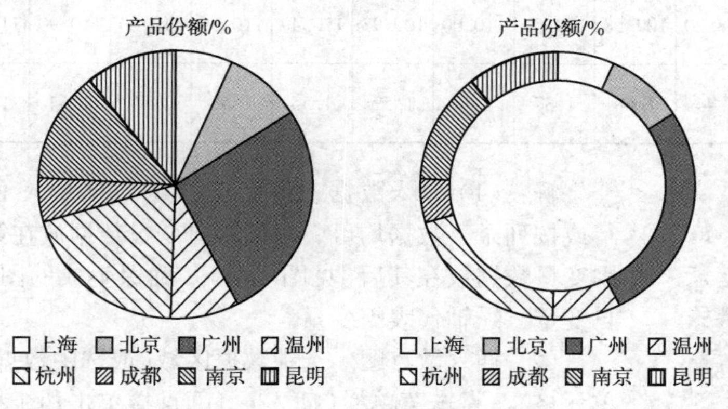

图 4-3 饼图(左)和环形图(右)

分布类有箱形图(盒须图)、直方图、气泡图、散点图(见图 4-4)等。

4.2.4 常用统计图

Excel 支持多种类型的图形，如柱形图、折线图、饼图、条形图、面积图、XY 散点图、股价图、曲面图、雷达图、直方图、箱形图、漏斗图等。

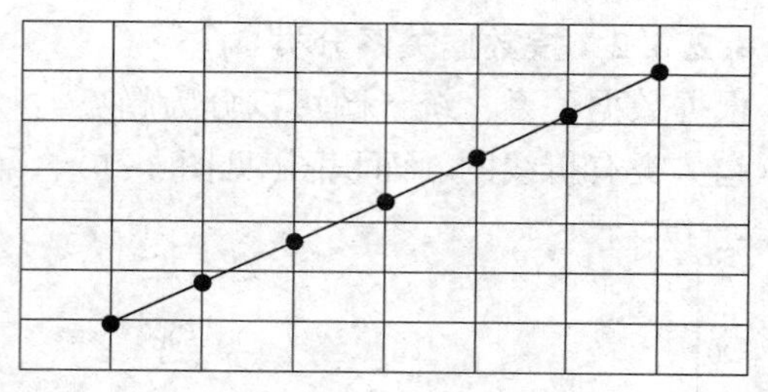

图 4-4 气泡图(左)和散点图(右)

在 Excel 中生成图形的过程大致步骤是:

(1) 先在 Excel 中录入数据;

(2) 在工具栏【插入】中选择【图表】选项卡，选择合适的图表类型;

(3) 对生成的图表进行编辑和美化。

以下介绍几种常用统计图的绘制操作。

4.2.4.1 散点图

散点图是指数据点在直角坐标系平面上的分布图，一般横轴表示自变量，纵轴表示因变量。数据分析中通常以直角坐标系中各点的密集程度和趋势来表示两个变量之间的相关关系，据此可以选择合适的函数对数据点进行拟合。图 4-8 表示的是土壤深度和铅含量散点图。从图中可以看出，数据点并非呈现线性关系，可能是幂函数或对数函数，但具体是哪种函数关系，需要进一步进行数据分析。

【例 4-1】 对某矿地进行勘探时，得到地面深度和铅、铜含量数据如表 4-3 所示，试画出土壤深度与铅含量的散点图，并进行图形编辑和美化。

表 4-3 矿地土壤深度与铅、铜含量数据表

深度/m	2	3	4	5	7	8	10	11	14	15	16	18	19
铅含量/(μg/mL)	106.42	108.20	109.58	109.50	110.00	109.93	110.49	110.59	110.60	110.90	110.76	110.00	111.20
铜含量/(μg/mL)	1.25	1.44	1.68	1.37	1.49	1.52	1.55	1.58	1.59	1.64	1.69	1.72	1.75

	A	B
1	深度/m	铅含量/(μg/mL)
2	2	106.42
3	3	108.20
4	4	109.58
5	5	109.50
6	7	110.00
7	8	109.93
8	10	110.49
9	11	110.59
10	14	110.60
11	15	110.90
12	16	110.76
13	18	110.00
14	19	111.20

图 4-5 数据表

解:(1) 录入数据。将表 4-3 的数据录入 Excel 表格中，按行或按列录入数据均可。一般将自变量数据放在第一行或第一列，因变量数据放在其后(见图 4-5)。确保生成的图形中，横轴代表自变量，纵轴代表因变量。

(2) 插入散点图。选中数据区域(或选中数据区域中其中一个单元格)，点击菜单栏【插入】，可直接单击【图表】选项卡中的图标“ ”，插入一张散点图；也可点击【图表】选项卡右下角的箭头“ ”，在弹出的【插入图表】对话框中选择【所有图表】左列中【XY 散点图】中的散点图，插入散点图(见图 4-6)。

(3) 生成如图 4-7 所示的散点图。

(4) 编辑和美化图形。通过添加图表标题、坐标轴标题、图例，修改坐标轴格式(包括边界、刻度线、字体、字号、数据点)，调整网格线等操作，可以得到信息完整、美观大方的数据统计图(见图4-8)。

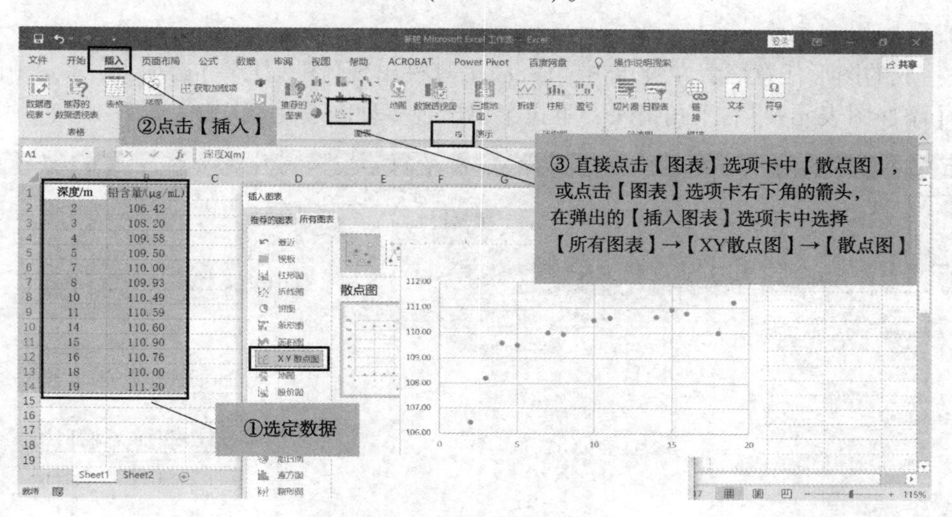

图4-6　插入散点图

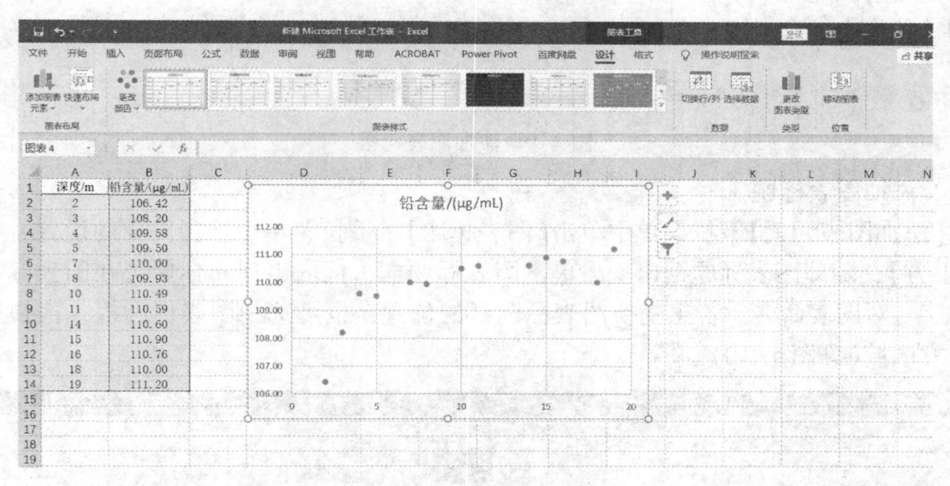

图4-7　生成散点图

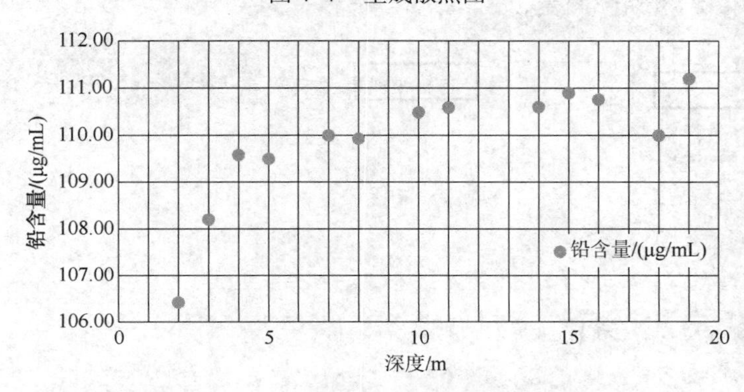

图4-8　土壤深度和铅含量的散点图

以下在【例 4-1】的基础上详细讲解利用 Excel 图表功能对图形进行编辑、修改和美化的操作过程。

1）添加图表元素

在生成的图形任意位置左键单击，Excel 工具栏出现【图表工具】选项卡，点击【设计】，再点击【添加图表元素】右下角箭头，下拉菜单出现多种图表元素选项(见图 4-9)。

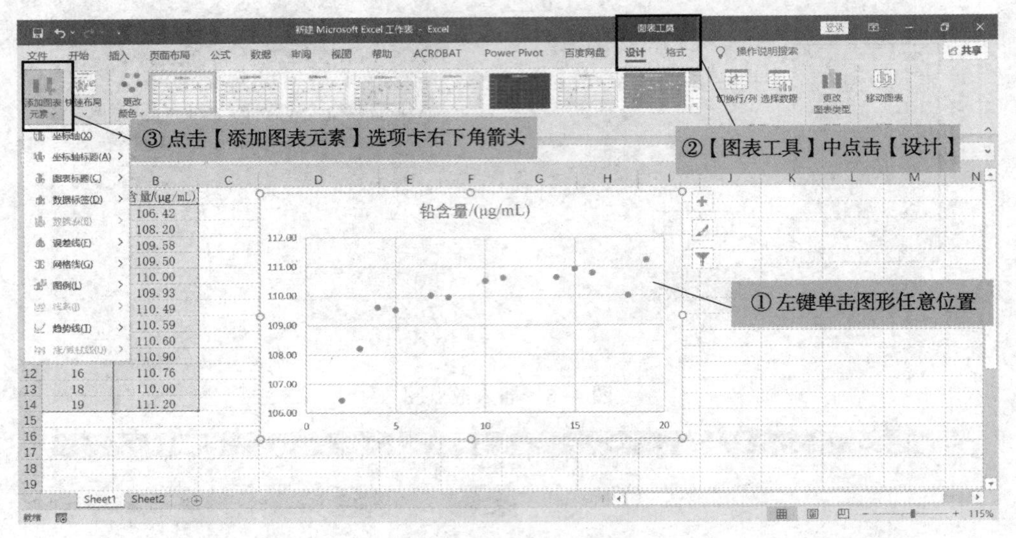

图 4-9　添加图表元素

(1) 添加图表标题。

在【添加图表元素】下拉菜单中单击【图表标题】。下拉菜单中选择需要的设置，一般选【图表上方】，随即图表标题框出现。单击图表标题框，框内出现光标后可在图表标题框内编辑文字，对图表命名。若想变换图表标题框的位置，也可选中图表标题框，拖拽其至图表中任意区域(见图 4-10)。

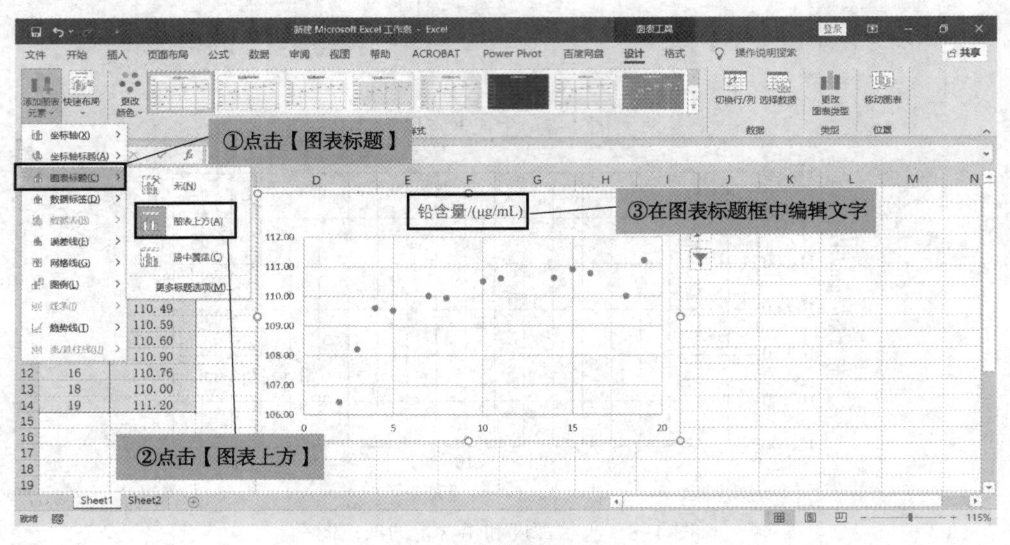

图 4-10 添加图表标题

若有需要，单击【图表标题】下拉菜单中的【更多标题选项】，在【设置图表标题格式】对话框中对图表标题信息框进行颜色、边框、效果等格式的编辑和修改，也可双击图表标题框弹出对话框并进行格式修改操作。

（2）添加横坐标和纵坐标标题。

在【添加图表元素】下拉菜单中单击【坐标轴标题】，下拉菜单中选择【主要横坐标轴】添加横坐标标题；选择【主要纵坐标轴】添加纵坐标标题，即可在出现的横坐标标题框和纵坐标标题框中编辑文字，对横坐标和纵坐标进行命名。通常横坐标为自变量，标题可命名为自变量的名称和单位；纵坐标为因变量，标题命名为因变量的名称和单位（见图 4-11）。

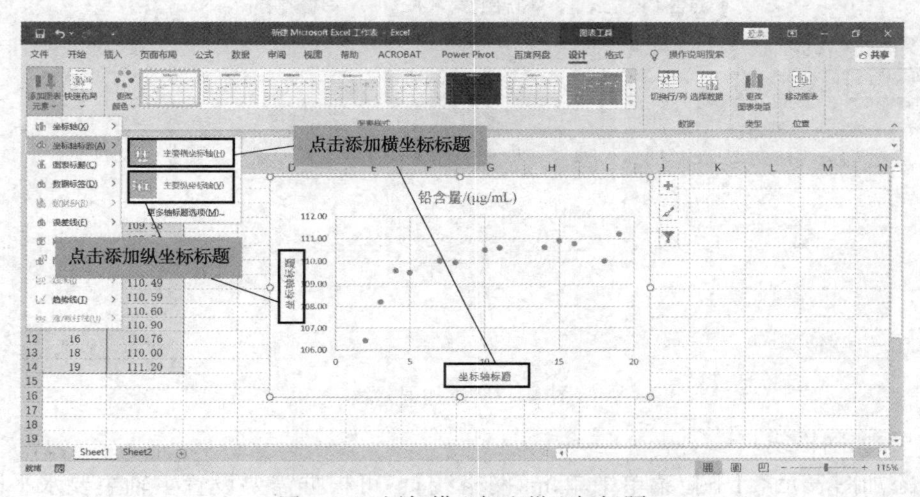

图 4-11　添加横坐标和纵坐标标题

（3）添加数据标签。

当需要在图表中显示数据标签时，可在【添加图表元素】下拉菜单中单击【数据标签】，将图表中每个数据点的因变量数值标注出来，并根据需要选择数据标签的显示位置（见图 4-12）。

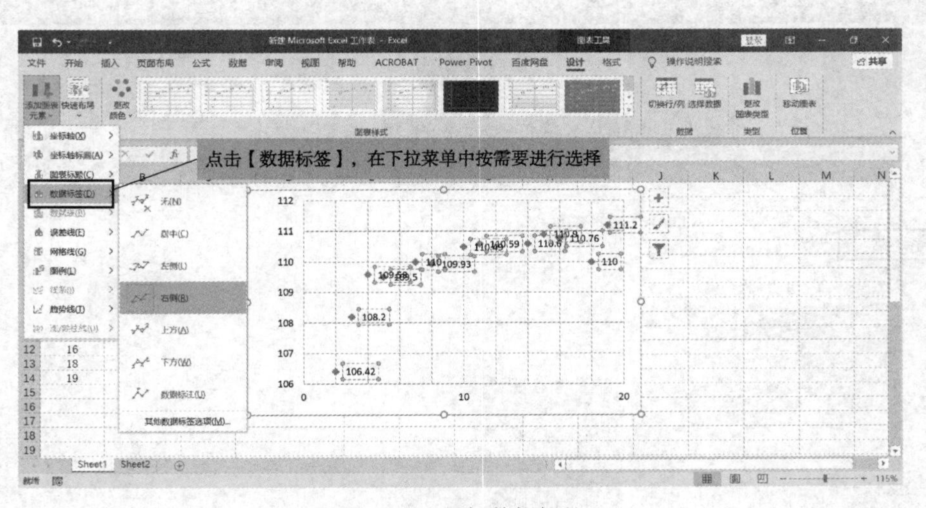

图 4-12　添加数据标签

(4) 添加误差线。

当需要在图表中添加误差线时，在【添加图表元素】下拉菜单中单击【误差线】，根据需要设置标准误差、百分比、标准偏差等误差线，也可通过【其他误差线选项】进行误差线的自定义设置(见图 4-13)。

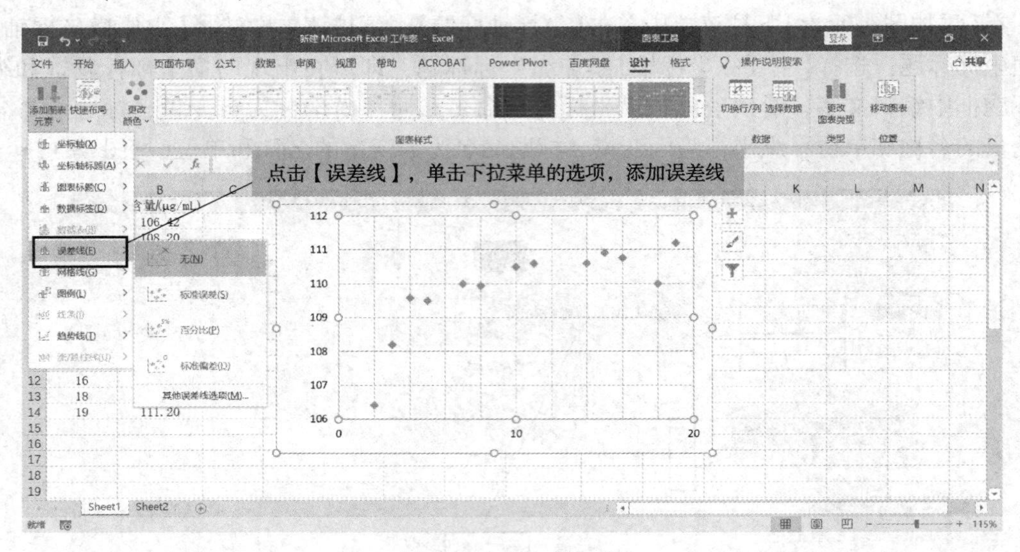

图 4-13　添加误差线

(5) 添加网格线。

在【添加图表元素】下拉菜单中单击【网格线】，可根据需要设置主轴主要水平网格线、主轴次要水平网格线、主轴主要垂直网格线和主轴次要垂直网格线。图 4-14 是设置了主轴主要水平网格线和主轴主要垂直网格线的图，图表中横坐标和纵坐标所围的区域出现小方格。若同时设置了主要和次要垂直及水平网格线，图表中横坐标和纵坐标所围的区域将出现更小的小方格。

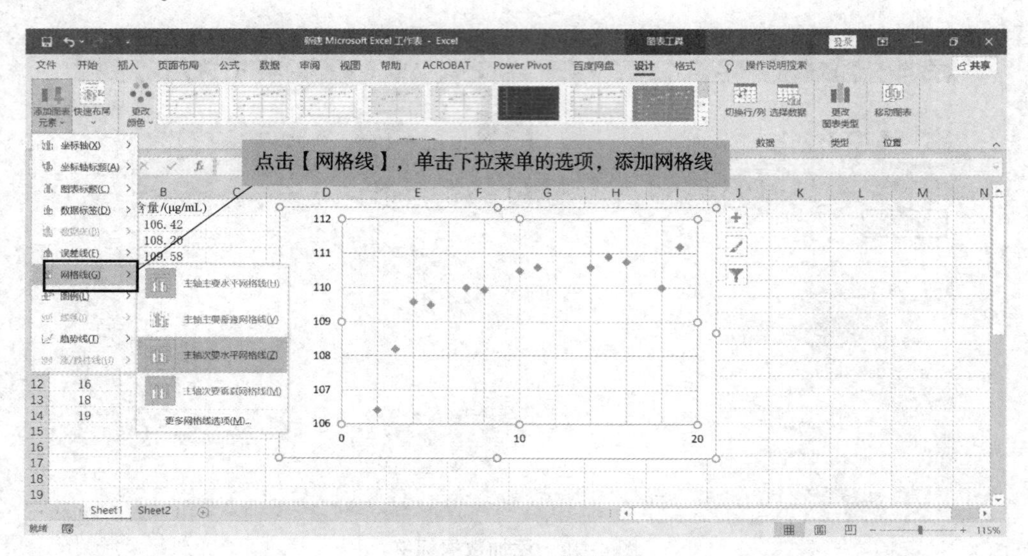

图 4-14　添加网格线

(6) 添加图例。

在【添加图表元素】下拉菜单中单击【图例】，根据需要选择图例显示位置，图表中的相应位置将显示图例框，可在图例框中修改图例名称(见图 4-15)。若添加图例后，需要再次调整图例的位置，按住图例框拖拽至图表中的任意位置即可。

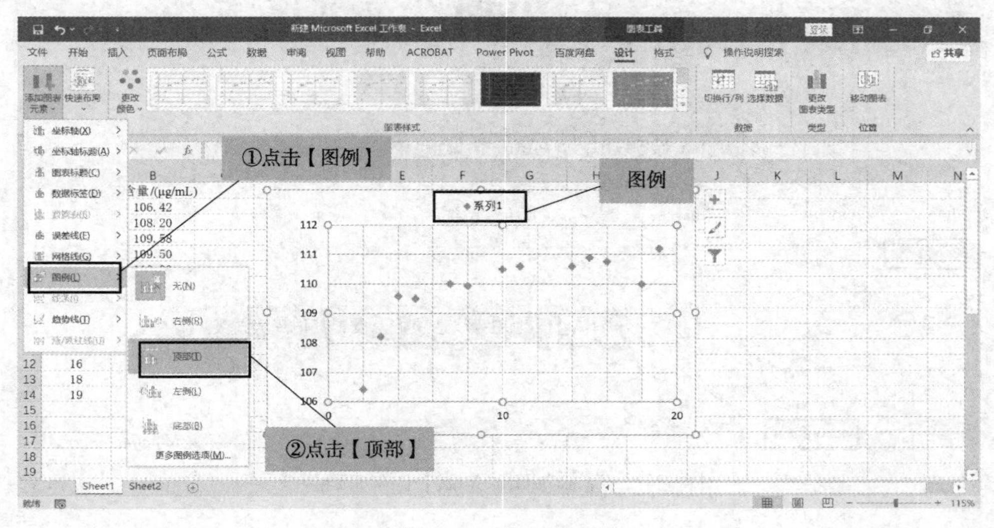

图 4-15　添加图例

(7) 添加趋势线。

方法一：点击图表中的数据点，数据点呈现选中状态时，单击鼠标右键，在下拉菜单中选择【添加趋势线】(见图 4-16)。

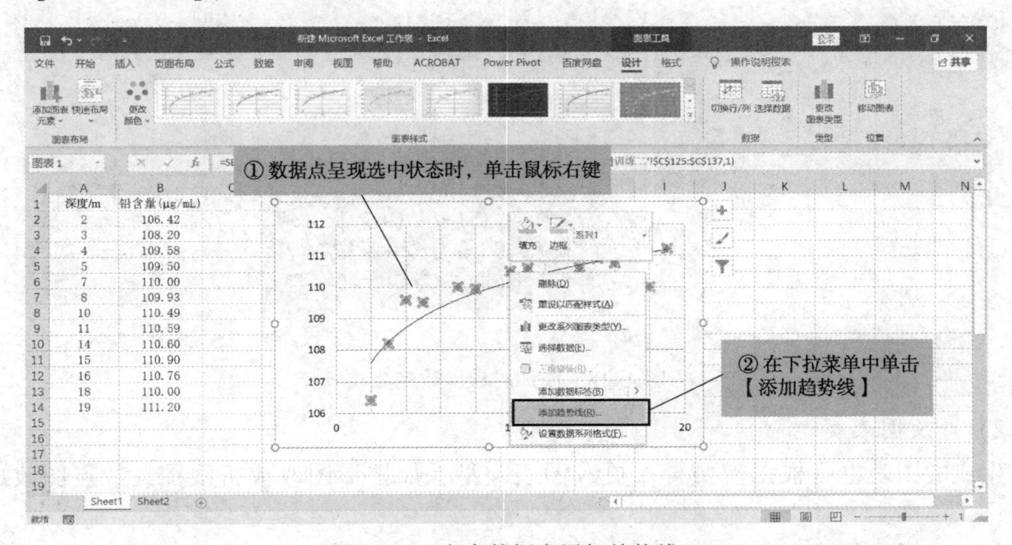

图 4-16　点击数据点添加趋势线

方法二：在【添加图表元素】下拉菜单中单击【趋势线】，根据需要添加线性、指数等趋势线(见图 4-17)。在【添加图表元素】下拉菜单中单击【其他趋势线选项】，弹出【设置趋势线格式】对话窗口，其中的【趋势线选项】中可设置更多趋势线类型，选中【对数】，即可得到对数函数拟合的趋势线。对话窗口的垂直滚轴拉到最底部，勾选【显示公式】和【显示 R 平方值】，图中将显示拟合的函数方程和 R 平方值(见图 4-18)。

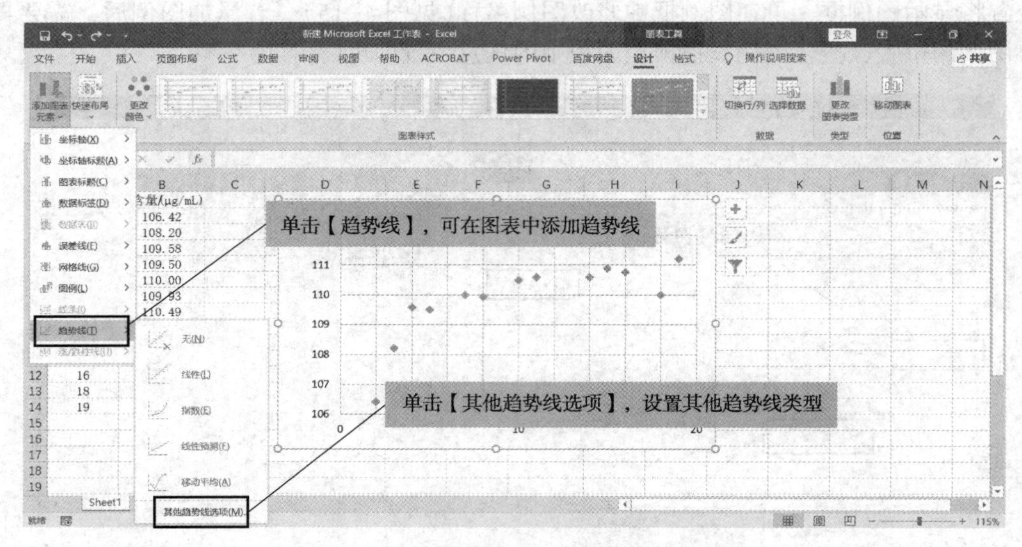

图 4-17　在【添加图表元素】中添加趋势线

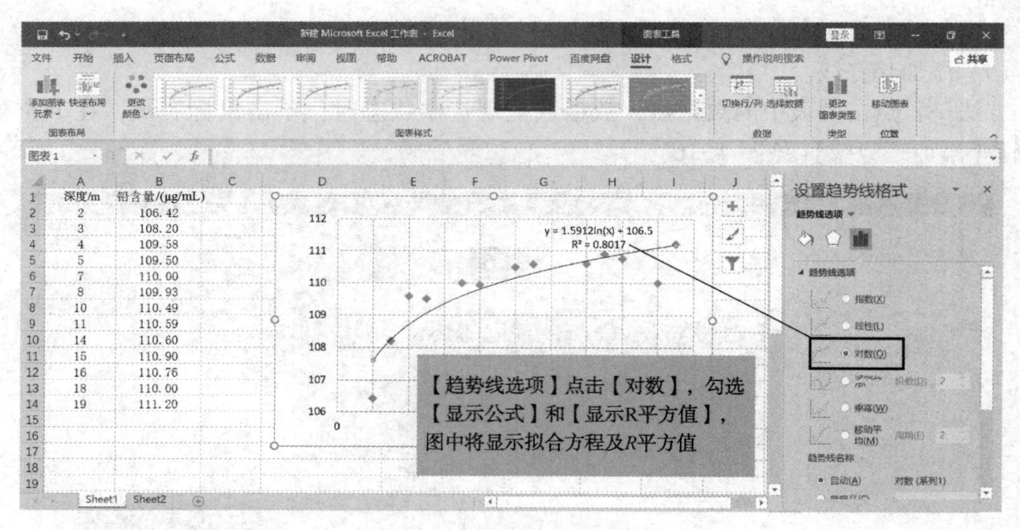

图 4-18　添加对数函数趋势线

2）更改图表类型

生成的图表也可根据需要再次更改图表类型，如柱形图改成折线图、散点图改成饼图等。

【例 4-2】　将图 4-7 的散点图改成柱形图。

具体操作是：在已经生成的图表区域任意位置单击右键，下拉菜单中选择【更改图表类型】(见图 4-19)。在弹出的【更改图表类型】对话框中，选择【所有图表】列中的【柱形图】(见图 4-20)，点击【确定】，即得到柱形图(见图 4-21)。

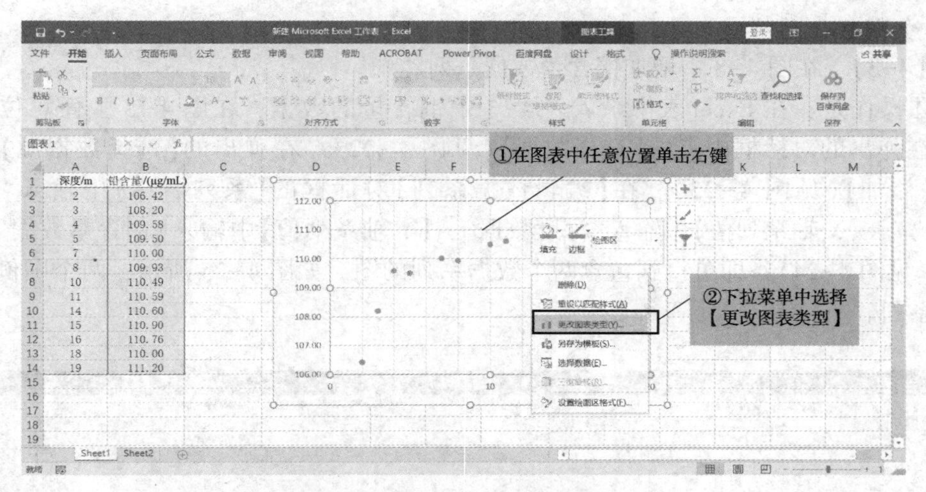

图 4-19　更改图表类型

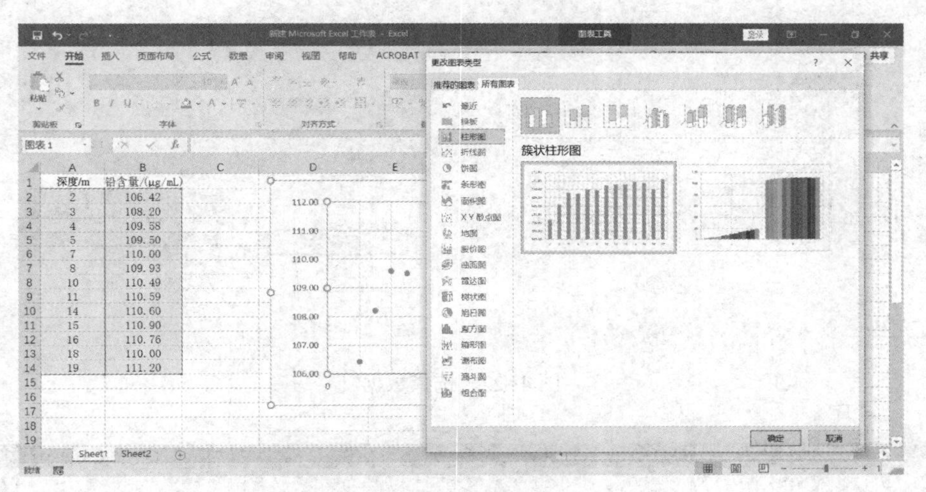

图 4-20　选择柱形图

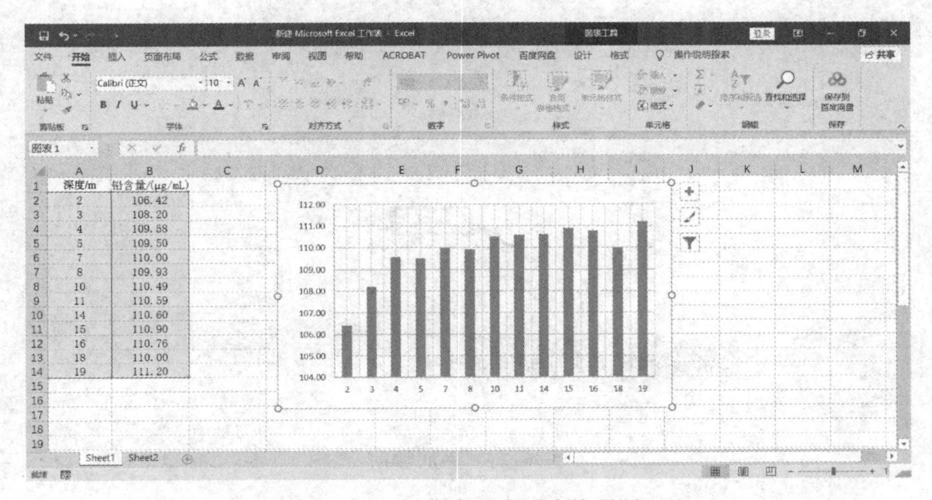

图 4-21　图表类型变更为柱形图

3）添加数据系列

【例 4-3】 在图 4-8 中增加铜含量数据系列。

具体操作是：在 Excel 表中录入表 4-3 中铜含量的数据，在图 4-8 中任意位置单击右键，在弹出的对话框中点击【选择数据】(见图 4-22)。在弹出的【选择数据源】对话框中点击【添加】(见图 4-23)。在【编辑数据系列】对话框的【系列名称】中输入“铜含量(μg/mL)”，【X 轴系列值】中输入“深度数据”，【Y 轴系列值】中输入“铜含量数据”，点击【确定】(见图 4-24)，即可得到包含两个数据系列的图，如图 4-25 所示，两个图例表示两个数据系列。

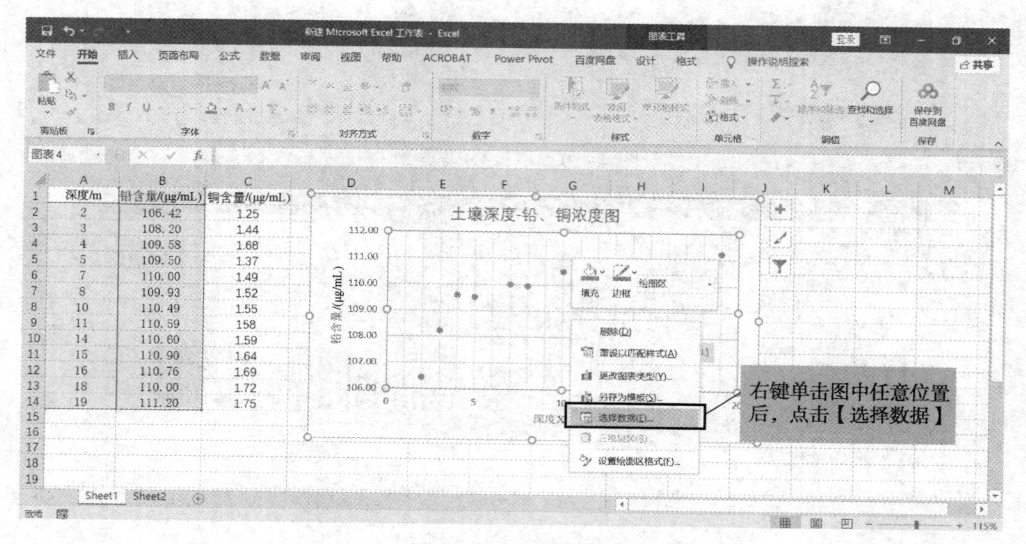

图 4-22　选择数据

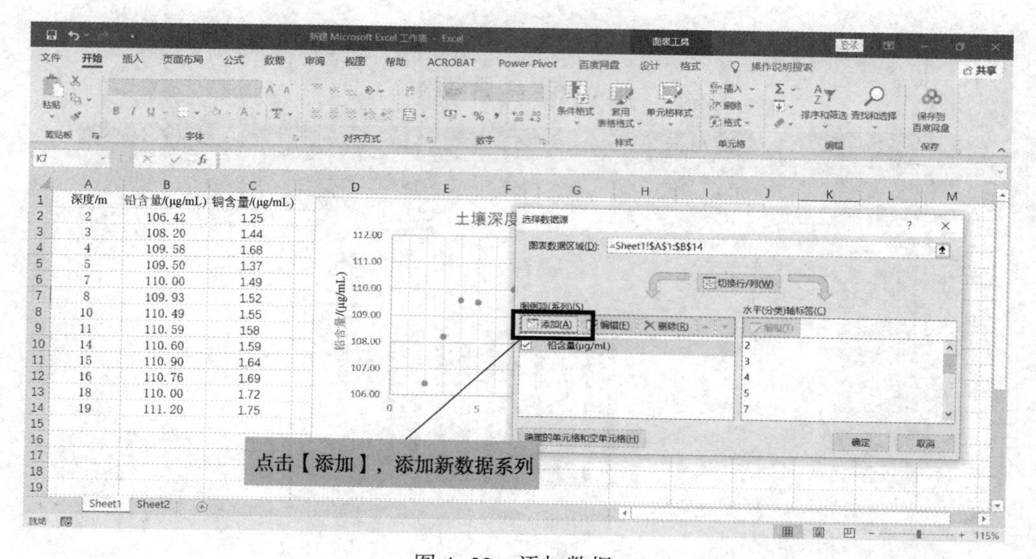

图 4-23　添加数据

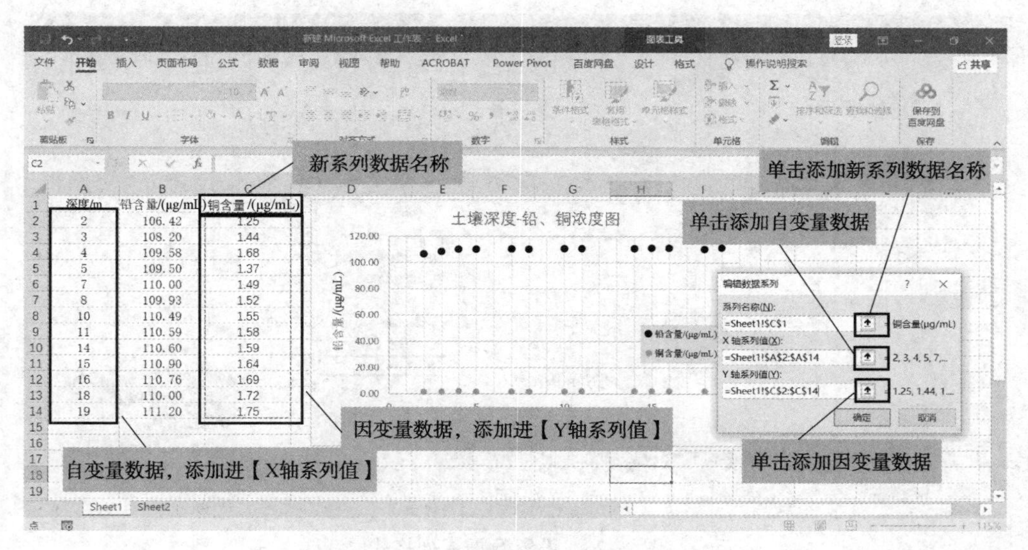

图 4-24　编辑数据系列

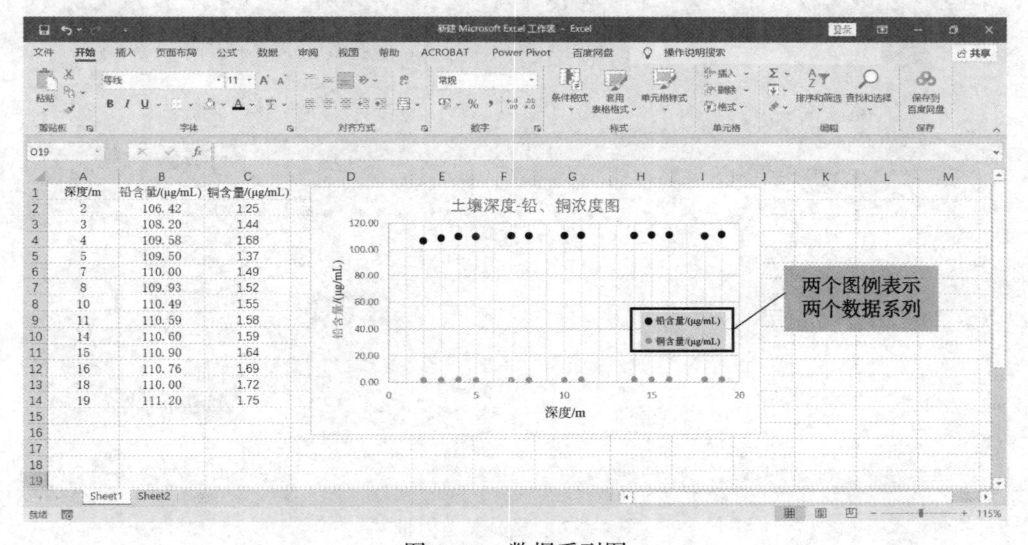

图 4-25　数据系列图

4）添加次坐标轴

图 4-25 中，上一行圆点代表铅含量数据，下一行圆点代表铜含量数据。由于铜含量较低，与铅含量相比小两个数量级，因此在同一个数据轴上显示时，无法较好地显现铜、铅两个指标的数据特征。在这种情况下，需要添加次坐标轴。主坐标轴和次坐标轴设置不同的量程，使铅、铜含量分别在不同的量程范围内更好地显示数据的变化规律。

添加次坐标轴的步骤：左键点击图中将要添加次坐标轴的数据，待数据点呈选中状态时，右键单击，在下拉菜单中选择【设置数据系列格式】（见图 4-26）。此时，Excel 表右侧出现【设置数据系列格式】操作界面，在下方的【系列选项】中选中【次坐标轴】（见图 4-27）。

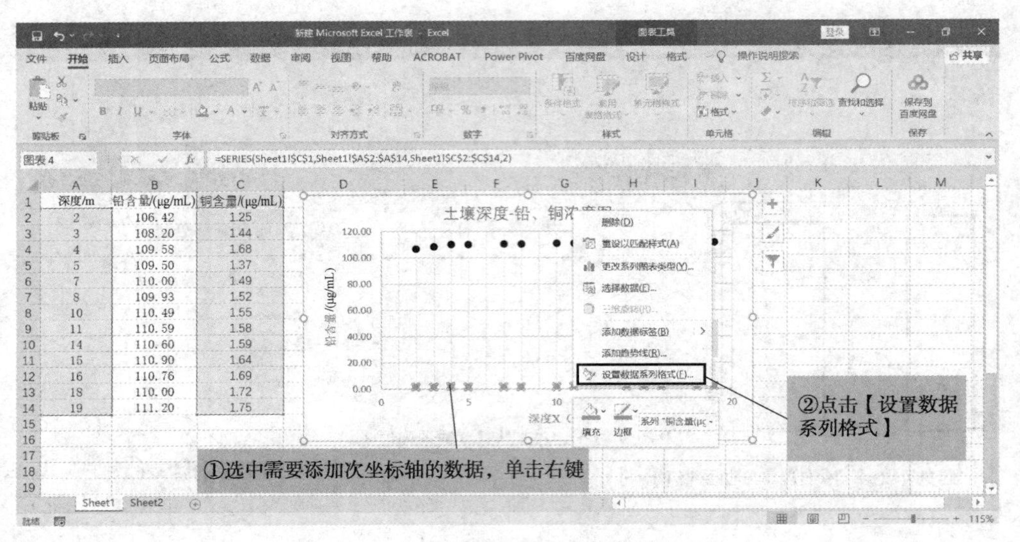

图 4-26　设置数据系列格式

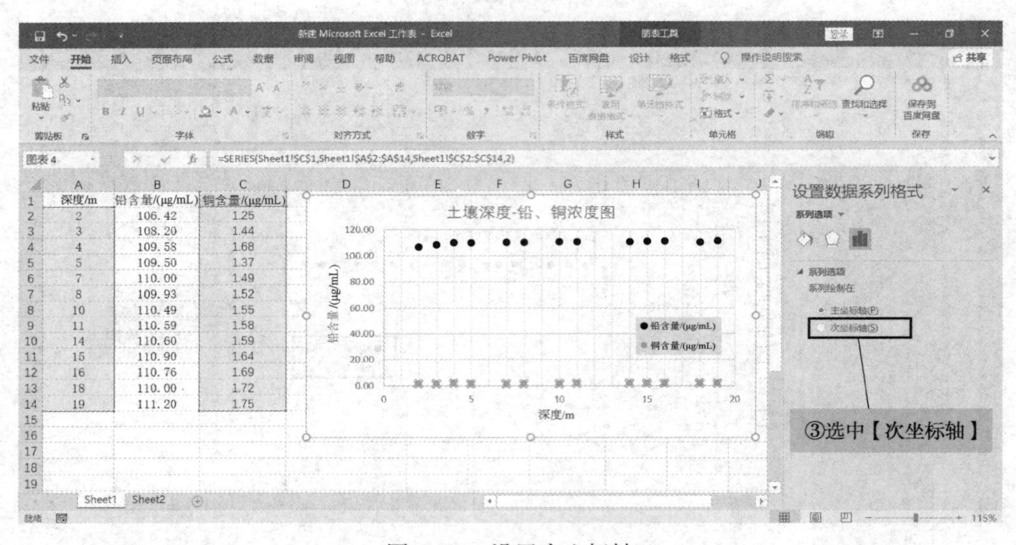

图 4-27　设置次坐标轴

增加了次坐标轴后，图的右侧出现数据轴(见图 4-28)。这时，应添加次要纵坐标轴标题：单击图片中任意位置，点击 Excel 上方工具栏【图标工具】，点击【设计】，在【添加图表元素】中选择【坐标轴标题】，下拉菜单中选择【次要纵坐标轴】。在次坐标轴旁边出现坐标轴标题框，修改标题框中内容即可生成添加了次坐标轴的双轴图(见图 4-29)。

4.2.4.2　折线图

折线图也称线图，指用直线段将各数据点连接起来而形成的图形，以折线方式显示数据的变化趋势。在折线图中，数据是递增或递减的，增减的速率(幅度)、变化的规律、峰值等特征均可清晰地反映出来。折线图常用于分析数据随时间的变化趋势，也可用来分析多组数据随时间变化的相互作用和相互影响。折线图分单式折线图(如图 4-30)和复式折线图(见图 4-31)。折线图包括堆积折线图、百分堆积折线图、数据点折线图、堆积数据点折线图、百分堆积数据点折线图。

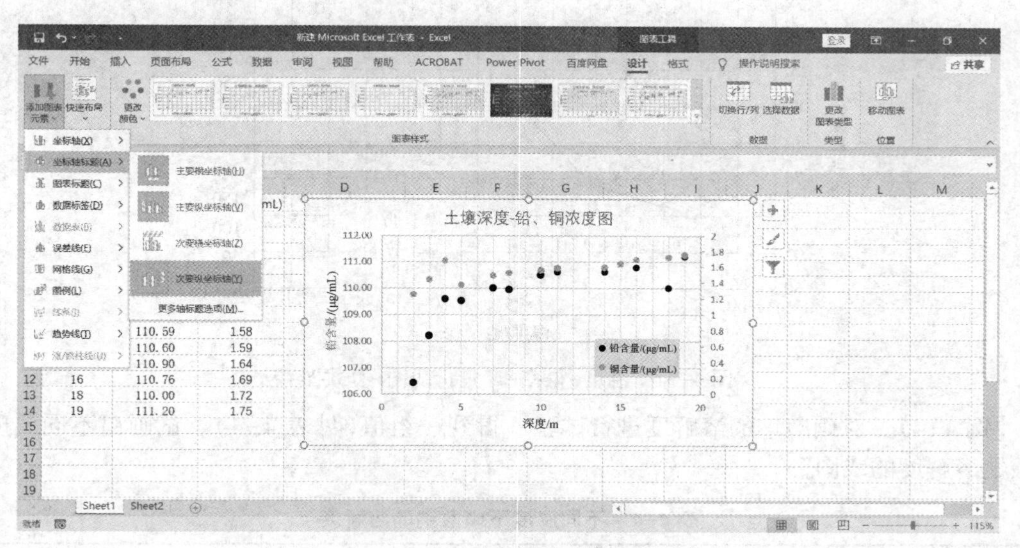

图 4-28 添加次要纵坐标轴

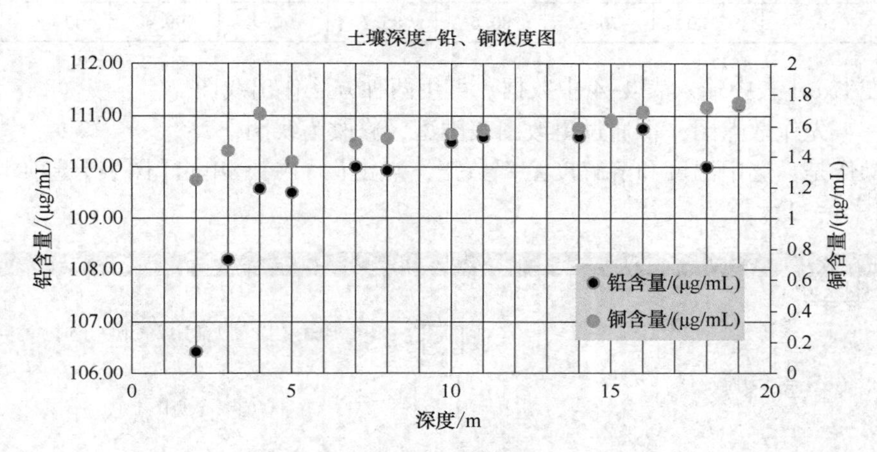

图 4-29 双轴图

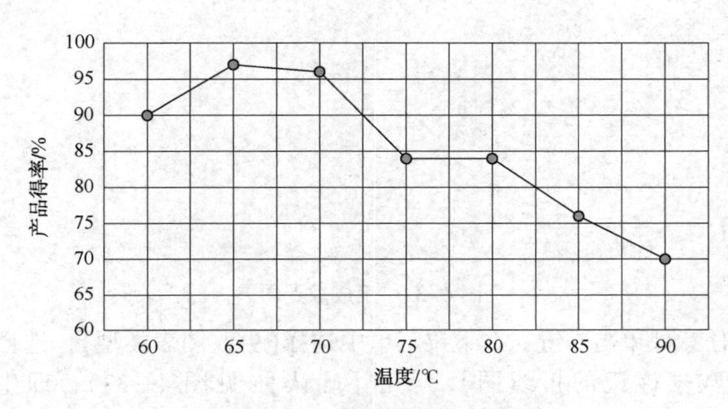

图 4-30 温度-得率折线图(单式图)

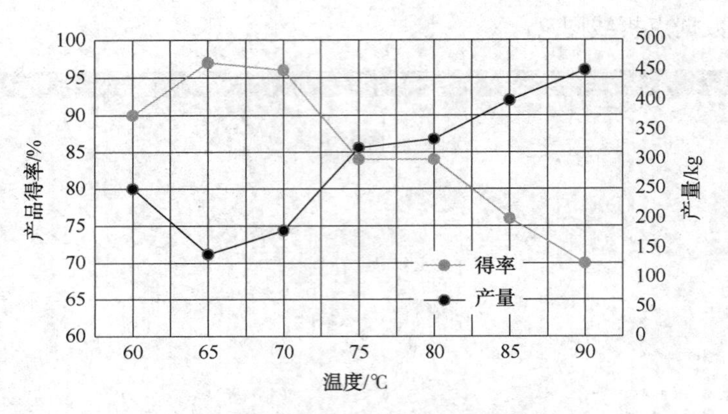

图 4-31　温度-得率-产量折线图(复式图)

【例 4-4】　对硝酸钠的溶解度进行试验，得到一组值(见表 4-4)。试画出不同温度下硝酸钠溶解度的线图。

表 4-4　不同温度下硝酸钠的溶解度

温度/℃	1	4	10	15	21	29	36	51	68
溶解度/g	66.7	71.0	76.3	80.6	85.7	92.9	99.4	113.6	125.1

解：在 Excel 表中输入表 4-4 中数据。可用两种方法作出线图。

方法一：先作散点图，再通过更改图表类型，修改为线图。

具体操作是：选中温度和溶解度全部数据，点击【插入】，单击【图表】选项卡中的【散点图】(见图 4-32)。

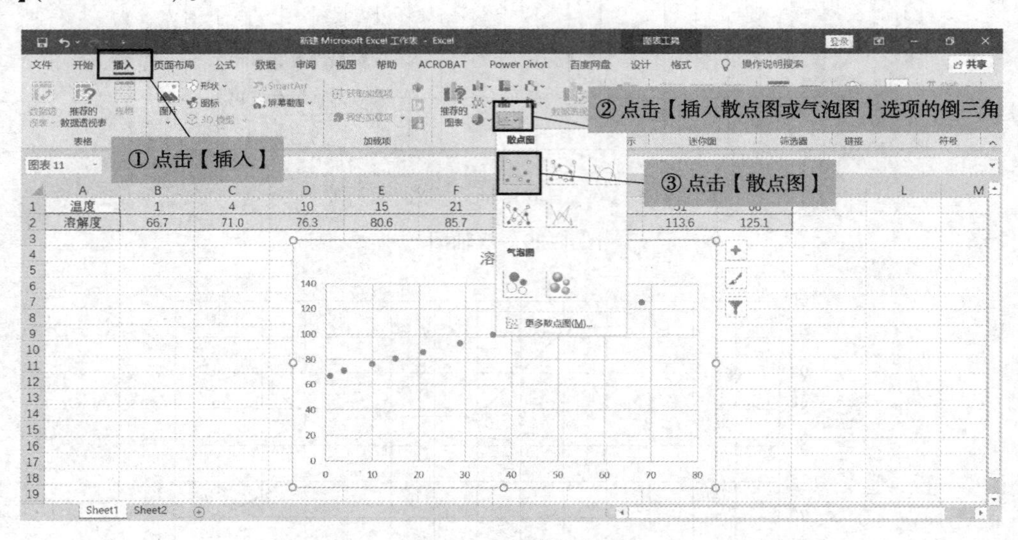

图 4-32　生成散点图

在散点图中任意处单击右键，在下拉菜单中选择【更改图表类型】，选择【所有图表】→【折线图】→【带数据标记的折线图】，点击【确认】(见图 4-33)，即生成折线图(见图 4-34)。

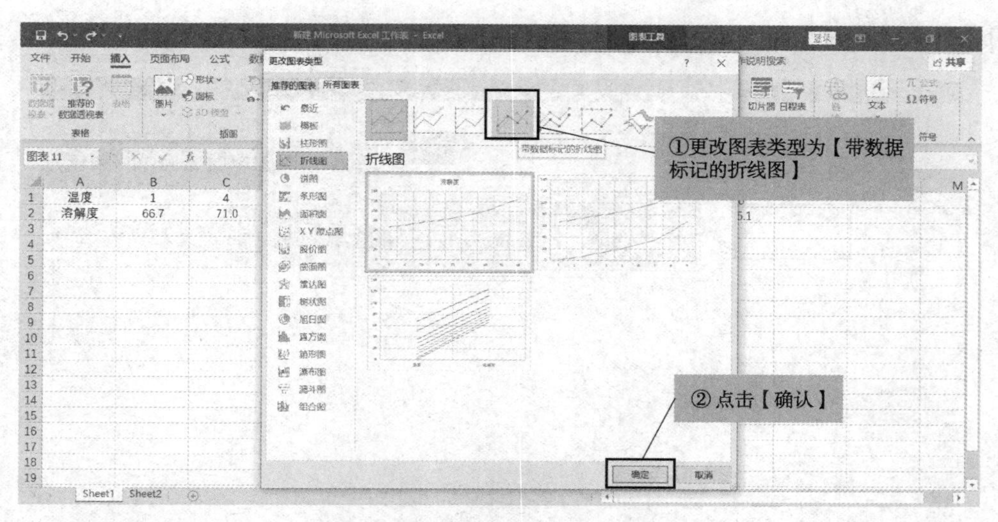

图 4-33　更改图表类型为折线图

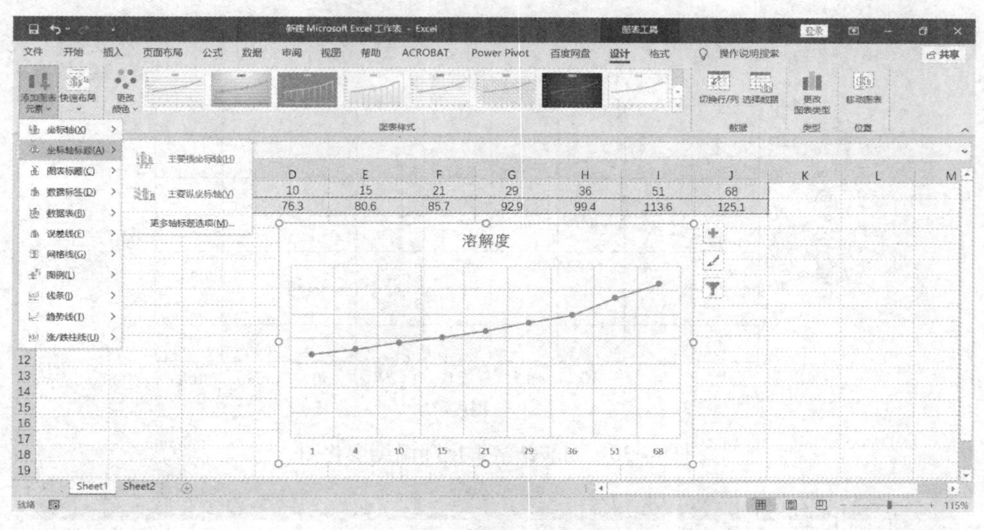

图 4-34　生成折线图

点击【图表工具】选项卡中的【设计】，依次点击【添加图表元素】、【坐标轴标题】，再分别点击【主要横坐标轴】和【主要纵坐标轴】(见图 4-35)。图中出现横坐标轴标题框和纵坐标轴标题框，修改标题框中内容，即得到信息完整的硝酸钠溶解度随温度变化的折线图(见图 4-36)。

方法二：先作出空白图，再通过添加数据，生成线图。

具体操作步骤为：选中 Excel 中任意一个空白单元格，单击【插入】，在【图表】选项卡中选择【插入折线图或面积图】。点击【二维折线图】中的【带数据标记的折线图】，生成空白图(见图 4-37)。

在空白图中单击右键，下拉菜单中单击【选择数据】(见图 4-38)，在弹出的【选择数据源】中单击【添加】(见图 4-39)。在弹出的【编辑数据系列】对话框中，填入【系列名称】和【系列值】(见图 4-40)，点击【确定】。在【选择数据源】中点击【编辑】(见图 4-41)，在【轴标签】中输入水平轴数据，即温度数据(见图 4-42)，点击【确定】。

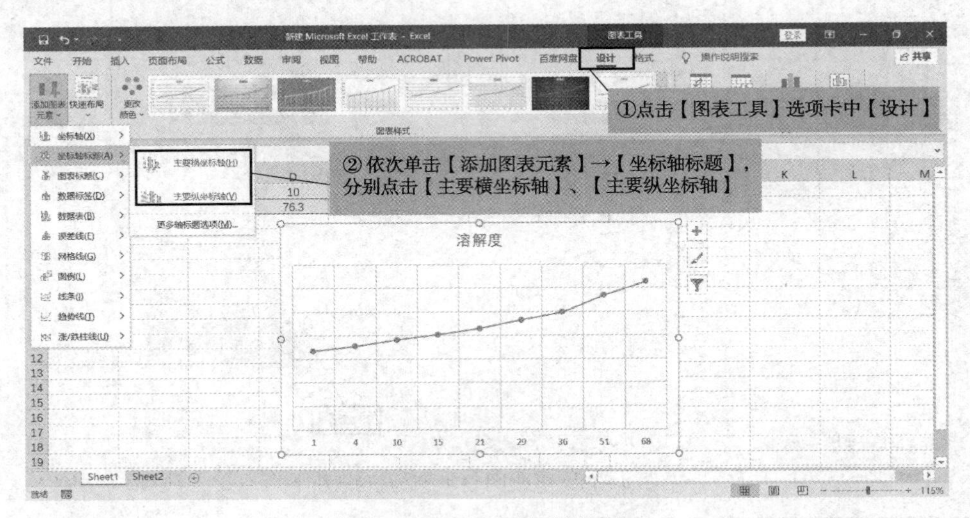

图 4-35 添加坐标轴标题

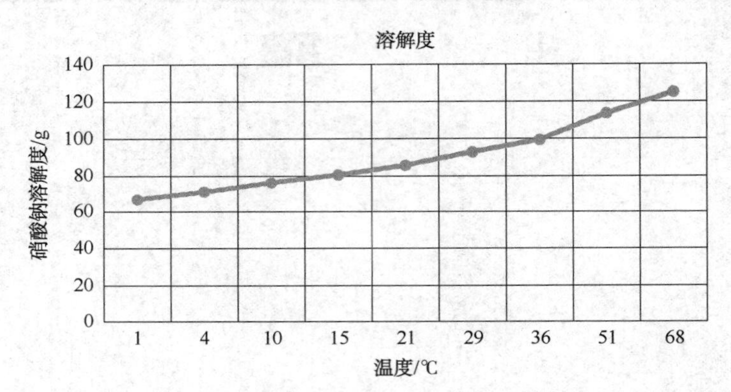

图 4-36 硝酸钠溶解度随温度变化图

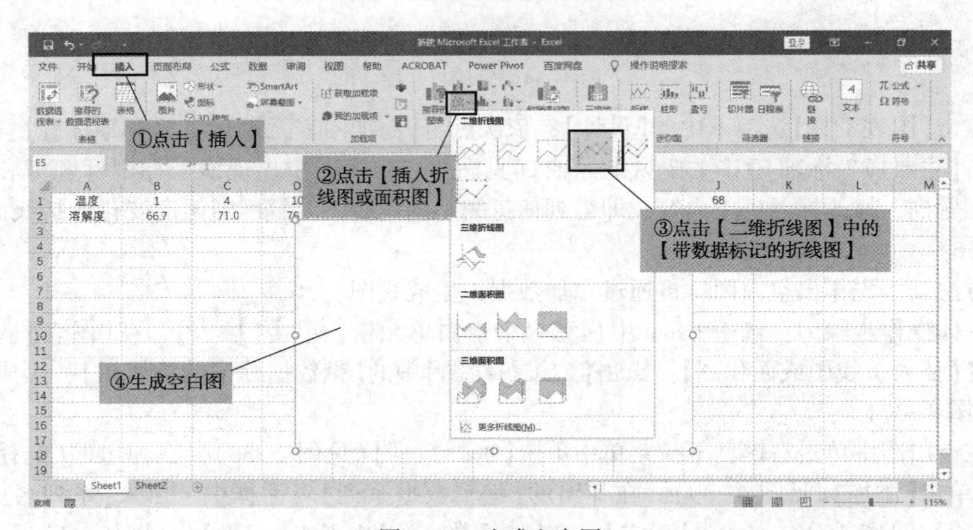

图 4-37 生成空白图

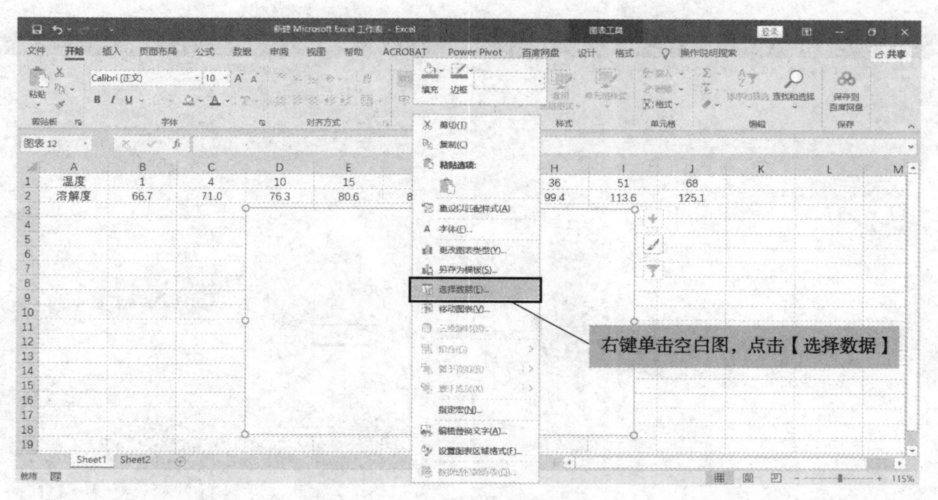

图 4-38　选择数据

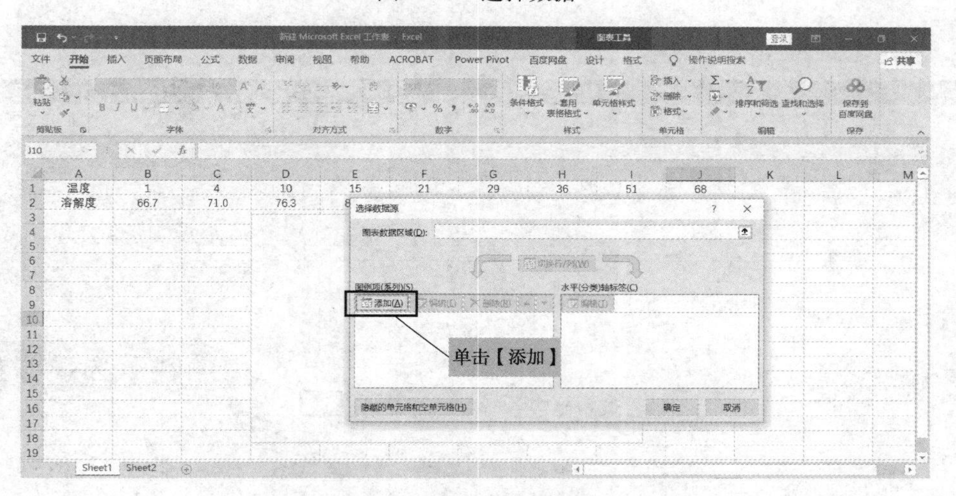

图 4-39　选择数据源中添加系列

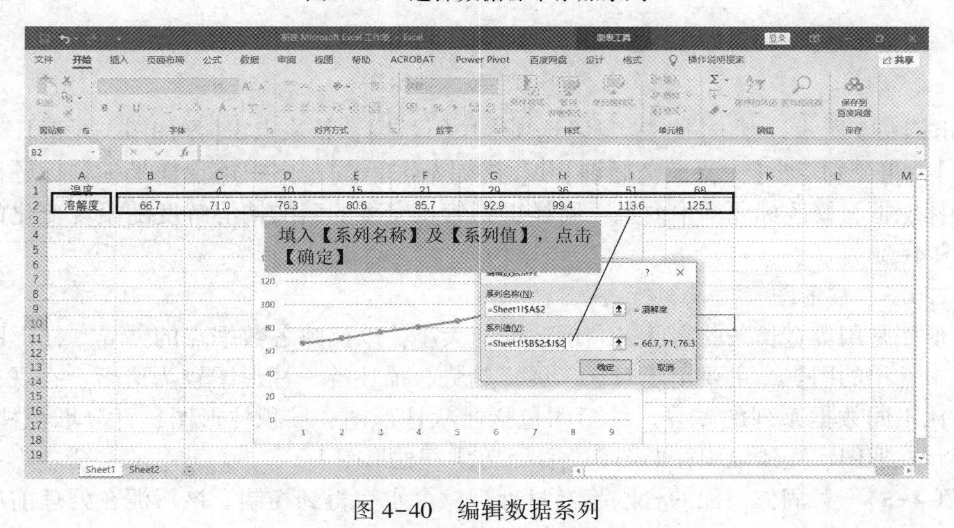

图 4-40　编辑数据系列

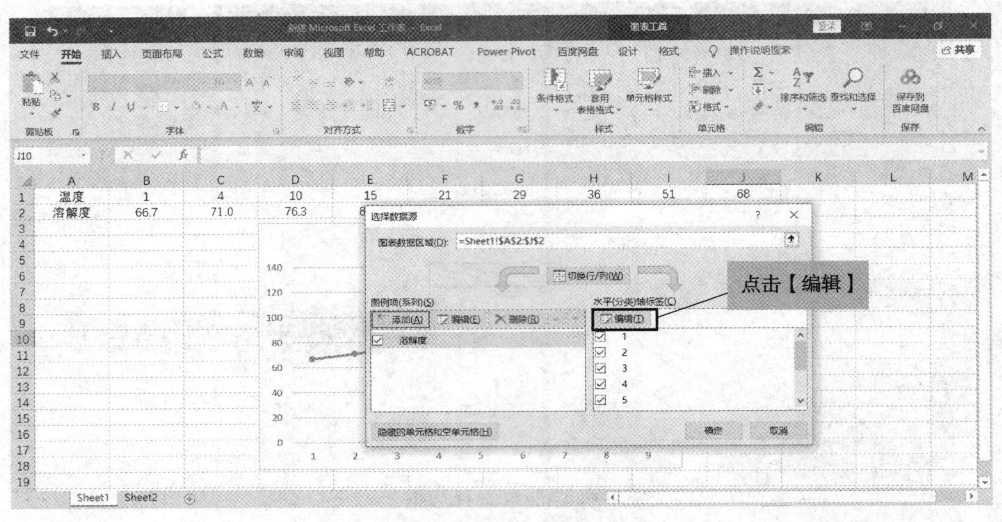

图 4-41　添加水平轴数据

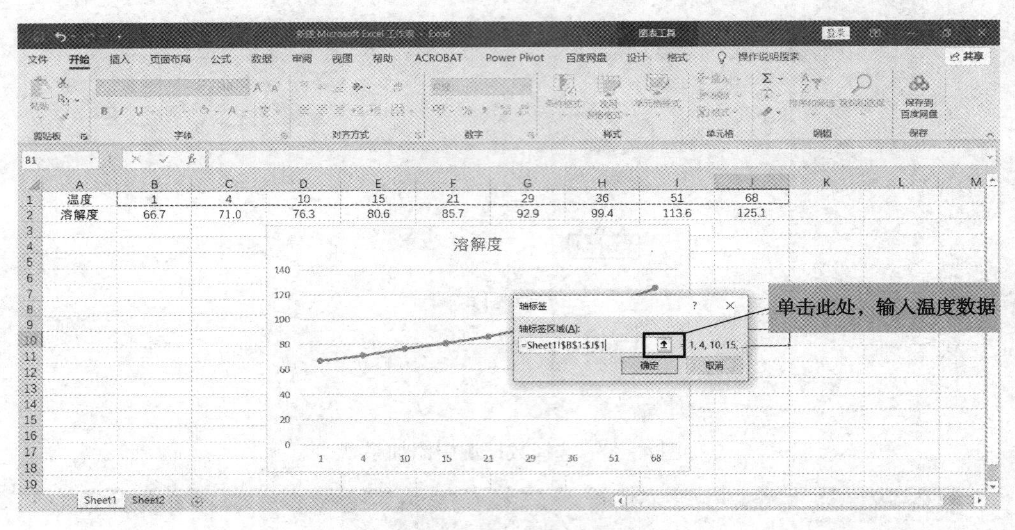

图 4-42　输入轴标签

如图 4-35 所示，点击【图表工具】选项卡中【设计】，依次点击【添加图表元素】、【坐标轴标题】，再分别点击【主要横坐标轴】和【主要纵坐标轴】。图中出现横坐标轴标题框和纵坐标轴标题框，修改标题框中内容，同样得到信息完整的硝酸钠溶解度随温度变化的折线图(如图 4-36)。

4.2.4.3　柱形图

柱形图是用等宽长条的高低来表示数据的大小，以反映各数据点的差异。柱形图是数据分析中常用的图表，主要用于对比、展示趋势、描述等。柱形图较为清晰、直观，并能同时对比不同数据系列的差异。柱形图包括簇状柱形图、堆积柱形图、百分堆积柱形图、立体簇状柱形图、立体堆积柱形图、立体百分堆积柱形图。

【例 4-5】　某固体污泥的含水率经过处理，含水率得到控制。该污泥在处理前后含水率见表4-5，试画出该固体污泥处理前后含水率的柱形图。

表4-5　固体污泥处理前后的含水率

批次	1	2	3	4	5	6	7	8	9	10
处理前	59%	58%	61%	70%	86%	82%	48%	52%	70%	57%
处理后	15%	13%	10%	17%	24%	25%	9%	8%	12%	9%

解：将表4-5的数据输入Excel表格中，选中所有数据，点击工具栏中【插入】，再点击【图表】选项卡的斜箭头，在【所有图表】中找到【柱形图】，选择【簇状柱形图】，点击【确定】(见图4-43)，即可生成简单柱状图(见图4-44)。在此基础上，添加图表标题，横坐标、纵坐标标题，添加数据标签，修改网格线设置等操作后，生成图4-45的柱状图，可在图中清晰显示处理前后10个批次固体污泥的含水率变化。

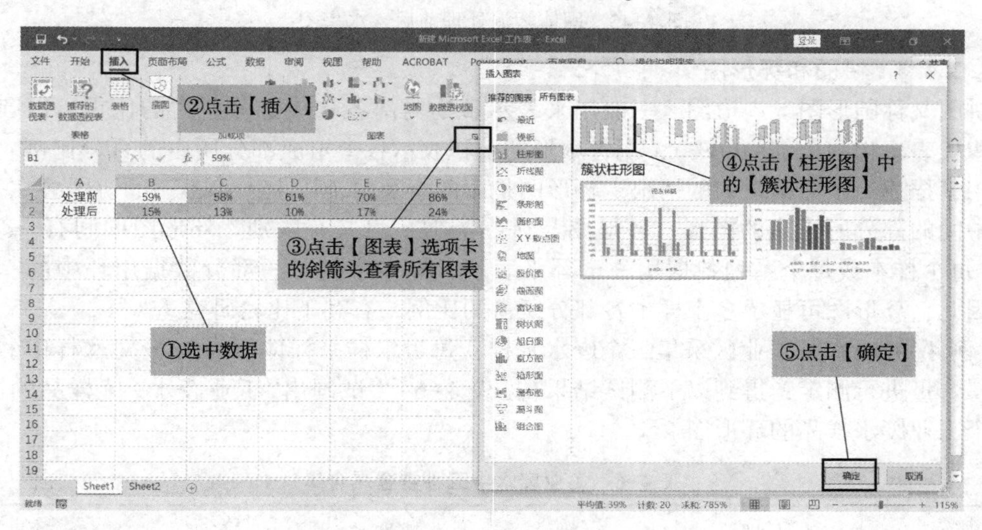

图4-43　插入柱形图

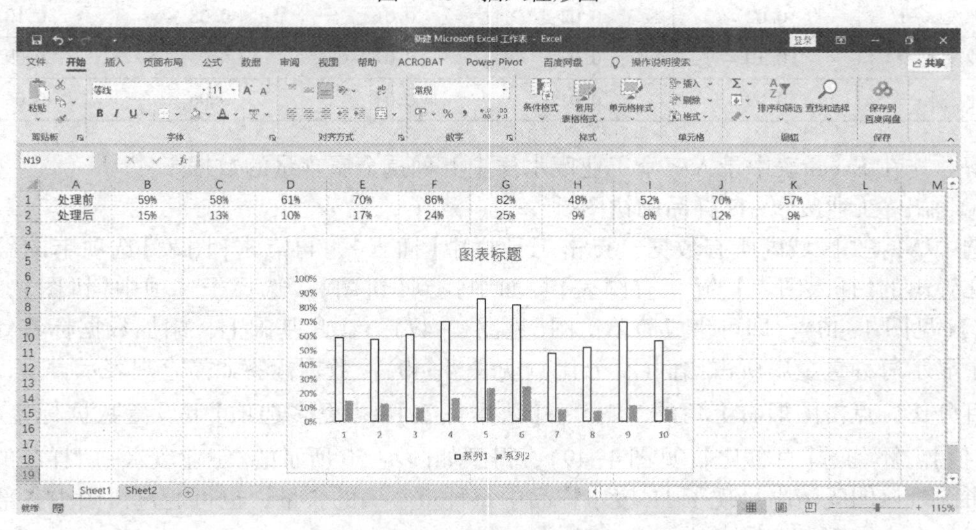

图4-44　生成柱形图

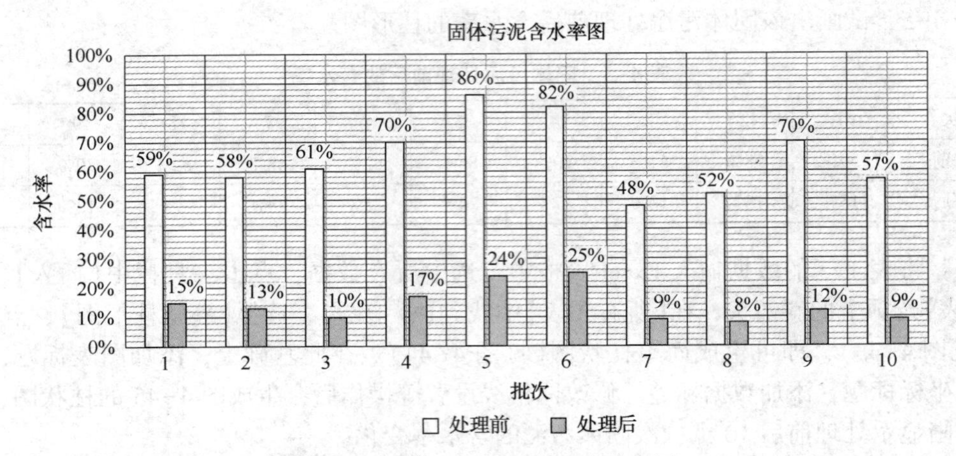

图 4-45　固体污泥处理前后含水率图

4.2.4.4　饼图和环形图

饼图又称圆形图、扇形图，一般用来表示事物内部各构成部分所占的比重。以圆形的总面积代表事物的全部(100%)，用各扇形的面积表示各个组成部分所占的百分比例。饼图只适用于描述一个数据系列的情况。环形图是由两个及两个以上大小不一的饼图叠在一起，挖去中间的部分所构成的图形。环形图与饼图类似，但又有区别。环形图中间有一个“空洞”，每个样本或每个系列数据用一个环来表示，样本中的每一部分数据用环中的一段表示。因此，环形图可显示多个样本各部分所占的比例，有利于比较研究。

【例 4-6】　在某工业区采集三个废水水样，每个水样采样体积为 1L。对水样中的五种重金属含量进行测定，得到以下测试结果(见表 4-6)。试画出“工业废水-1”样品的饼图，及三个工业废水样品的环形图。

表 4-6　工业废水中五种重金属含量

样品	铅/mg	锌/mg	铜/mg	铬/mg	镉/mg
工业废水-1	0.02	0.02	0.01	0.08	0.10
工业废水-2	0.10	0.08	0.07	0.05	0.09
工业废水-3	0.09	0.02	0.04	0.06	0.06

解：先在 Excel 表中录入三个工业废水样中五种重金属含量的数据。

① 画出“工业废水-1”样品的饼图。

选中 A1:F2 区域内所有数据，点击工具栏中【插入】，再点击【图表】选项卡的斜下箭头，在弹出的【插入图表】的【所有图表】页面中找到【饼图】，选择子选项中【饼图】，点击【确定】(见图 4-46)，即可生成简单饼图(见图 4-47)。在此基础上，添加数据标签，即可在图中显示每种重金属所占比例(百分比)(见图 4-48)。数据标签如需直观表示含量，而非呈现百分比，点击图形右上角的“+”→【数据标签】→【更多选项】下设置数据标签格式，勾选【值】，不勾选【百分比】(见图 4-49)，得到如图 4-50 所示的“工业废水-1”样品的金属含量饼图。该图既清晰呈现了 1L 废水样品中每种重金属的含量，也可通过饼图中各部分扇形面积的大小直观显示和对比。

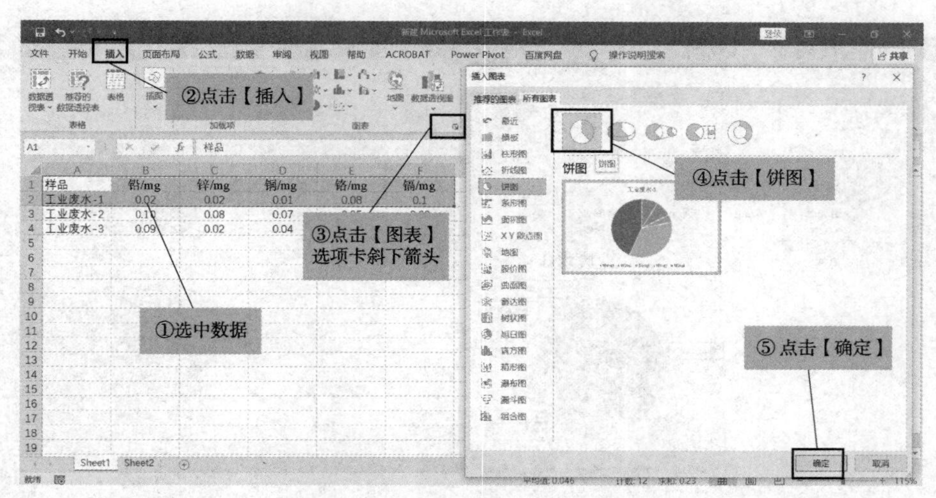

图 4-46　插入饼图

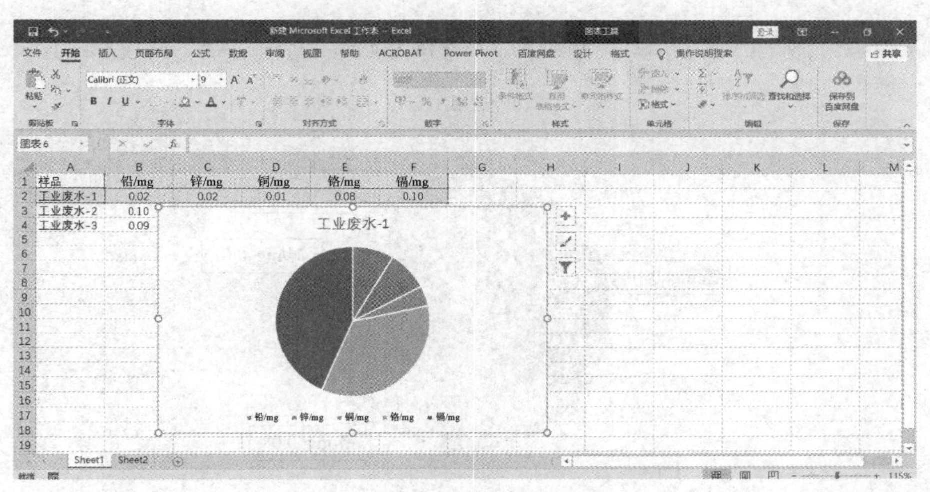

图 4-47　生成饼图

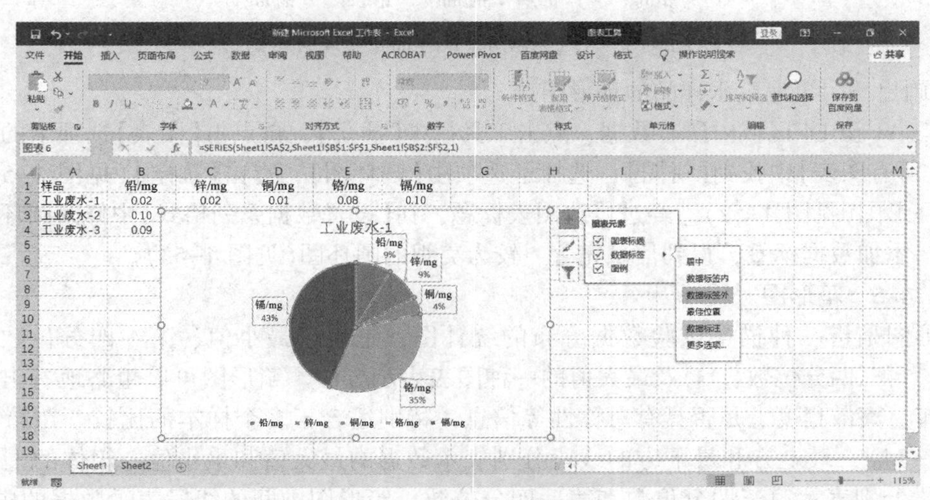

图 4-48　添加数据标签

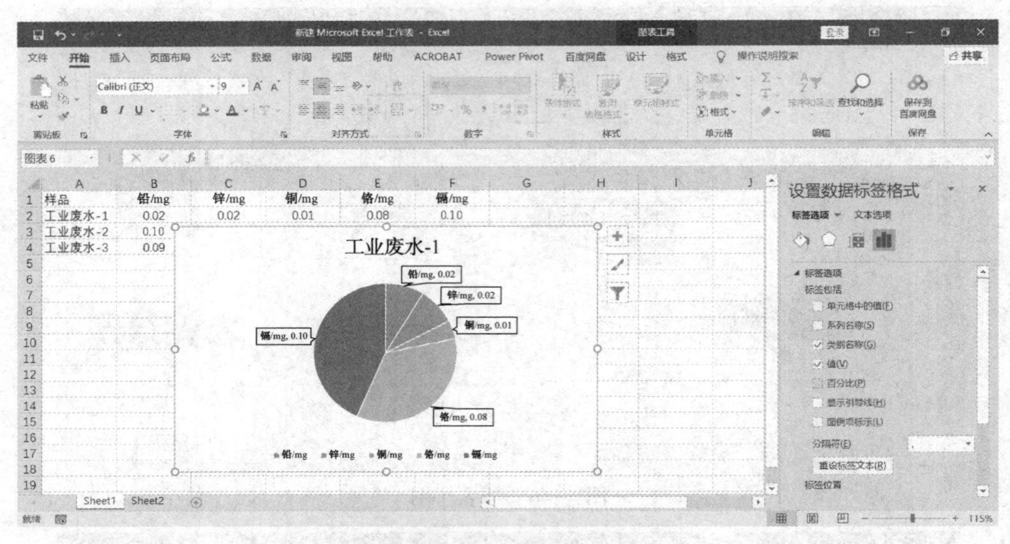

图 4-49　标签格式设置

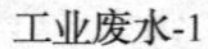

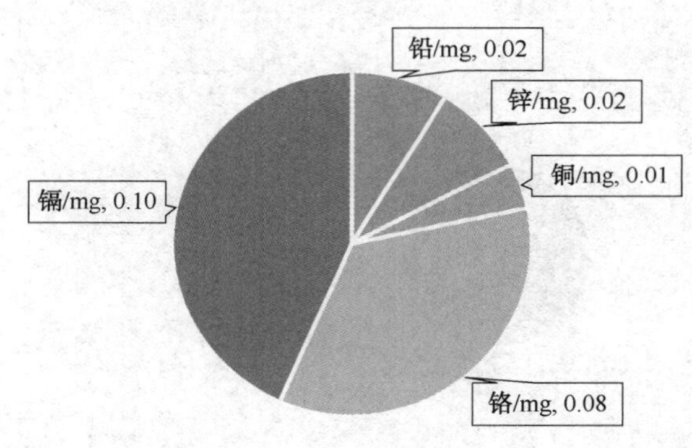

图 4-50　“工业废水-1”样品重金属含量图

② 画出三个工业废水样品的环形图。

选中 A1 至 F4 区域内所有数据，点击工具栏中【插入】，再点击【图表】选项卡的斜下箭头，在【所有图表】中找到【饼图】，选择子选项中【圆环图】，点击【确定】(见图 4-51)，即可生成环形图(见图 4-52)。经过修改图表标题，在【设置数据系列格式】中修改圆环图的圆环大小，添加数据标签，得到信息完善、较为美观的圆环图(见图 4-53)。

4.2.4.5　箱形图

箱形图是指一种描述试验数据分布的统计图，是表述最小值、第一四分位数(Q1)、中位数、第三四分位数(Q3)及最大值的一种图表表示方法。箱形图可以粗略地看出数据的大致分布、离散程度、是否具有对称性等信息，特别适合于多个样本的比较。在箱形图中(见图 4-54)，最上方和最下方的线段分别表示数据的最大值和最小值，箱体的上方和下方的线段分别表示第三四分位数和第一四分位数，箱形图中间的线段表示数据的中位数，

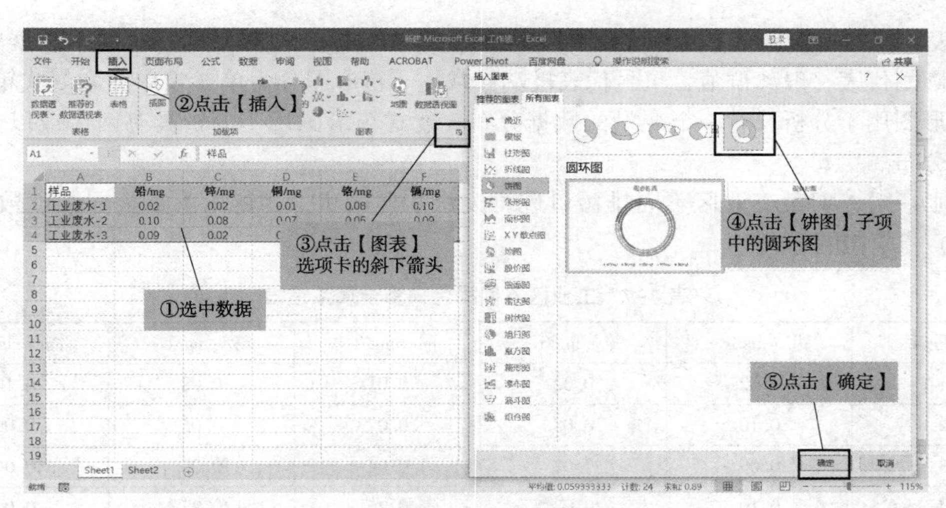

图 4-51　插入圆环图

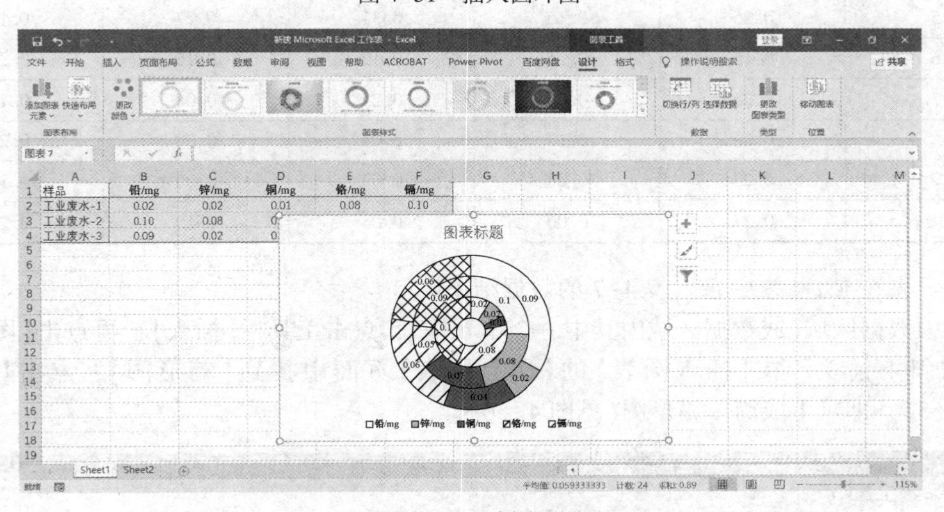

图 4-52　生成圆环图

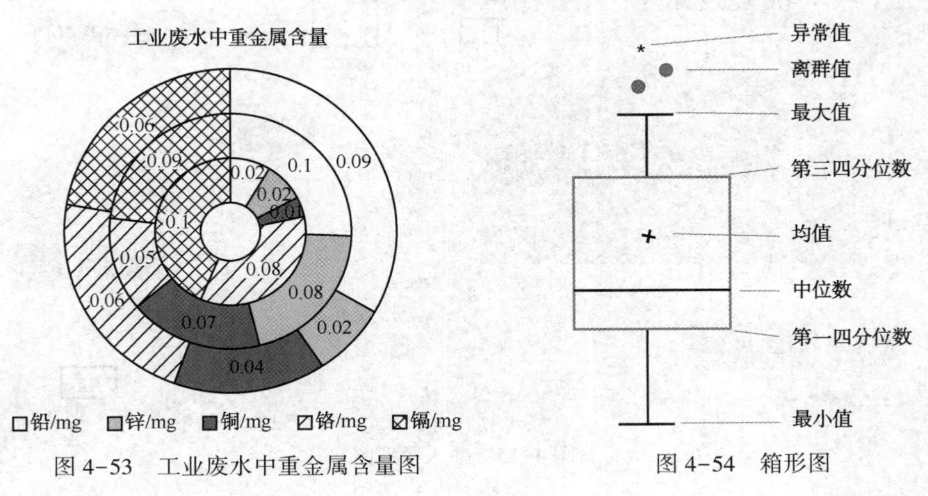

图 4-53　工业废水中重金属含量图

图 4-54　箱形图

“+”代表均值。另外，箱形图中在最上方和最下方的星号和圆圈分别表示样本数据中的极端值，圆圈代表一般离群值，星号代表极端异常值。箱形图分为单式箱形图和复式箱形图。单式箱形图用于分析只有一个变量的数据分布，复式箱形图用于分析具有两个或以上变量的数据分布。

【例 4-7】 对某工业区不同排污口进行废水水样采集，测得以下重金属浓度数据(见表 4-7)。试作出箱形图。

表 4-7 工业区不同排污口重金属浓度表

排污口	铅/(mg/L)	锌/(mg/L)	铜/(mg/L)	铬/(mg/L)	镉/(mg/L)
1	0.02	0.02	0.01	0.08	0.10
2	0.10	0.08	0.07	0.05	0.09
3	0.09	0.02	0.04	0.06	0.06
4	0.10	0.08	0.25	0.27	0.04
5	0.25	0.15	0.31	0.27	0.19
6	0.15	0.25	0.10	0.15	0.27
7	0.25	0.10	0.25	0.08	0.19
8	0.08	0.13	0.04	0.08	0.25
9	0.25	0.08	0.02	0.25	0.17
10	0.27	0.06	0.04	0.10	0.23

解：先在 Excel 表中录入表 4-7 的数据结果。

选中数据区域(或数据区域内其中一个单元格)，点击工具栏【插入】，再点击【图表】选项卡的斜下箭头，在【插入图表】的【所有图表】页面中找到【箱形图】，点击【确定】(图 4-55)，即可生成简单箱形图(见图 4-56)。

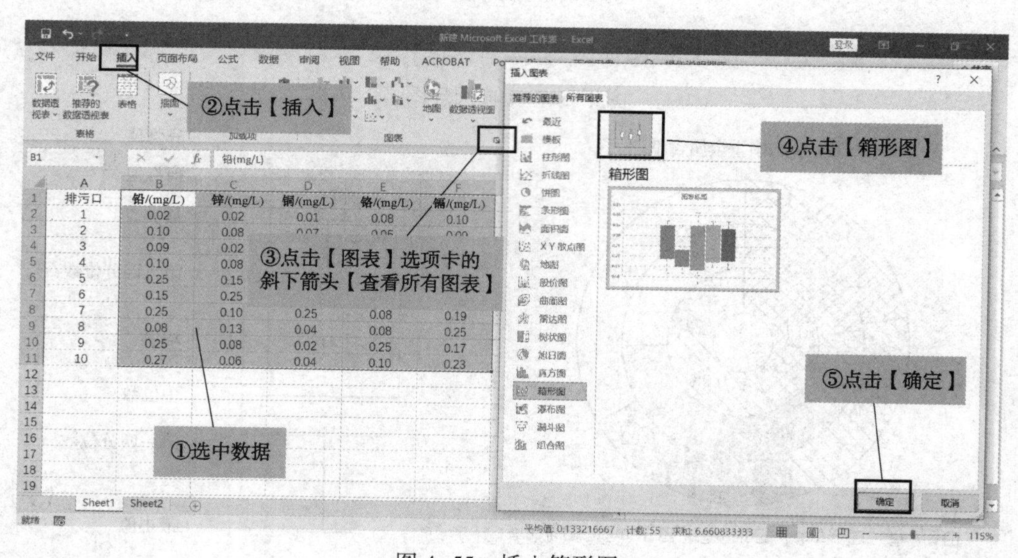

图 4-55 插入箱形图

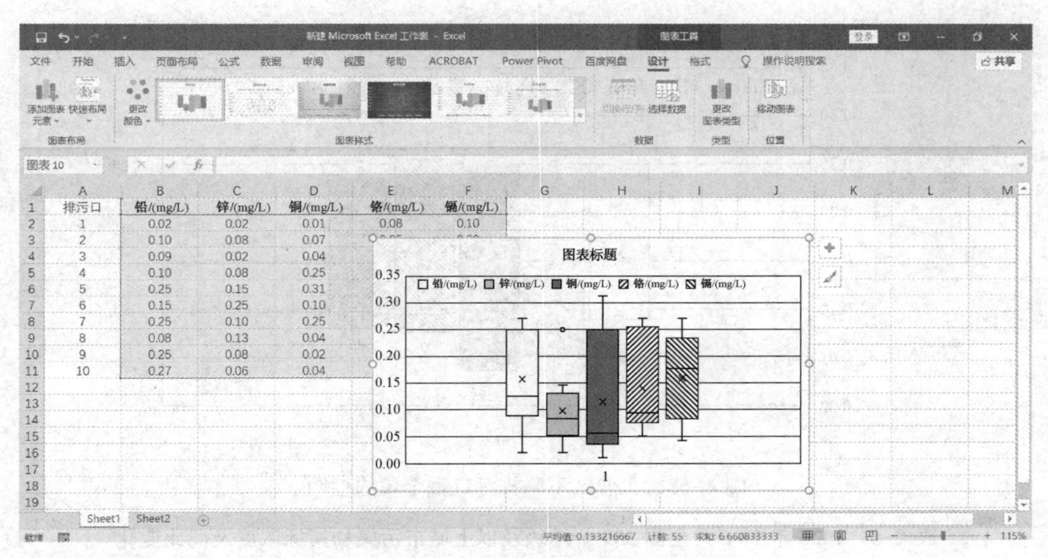

图 4-56　生成箱形图

编辑和美化箱形图：点击初步生成的箱形图右上角符号“➕”，在出现的菜单中勾选【图表标题】和【图例】，编辑箱形图的横坐标和纵坐标标题名称，调整图例的位置（见图 4-57），删除横坐标数据轴，得到信息完整的箱形图（见图 4-58）。

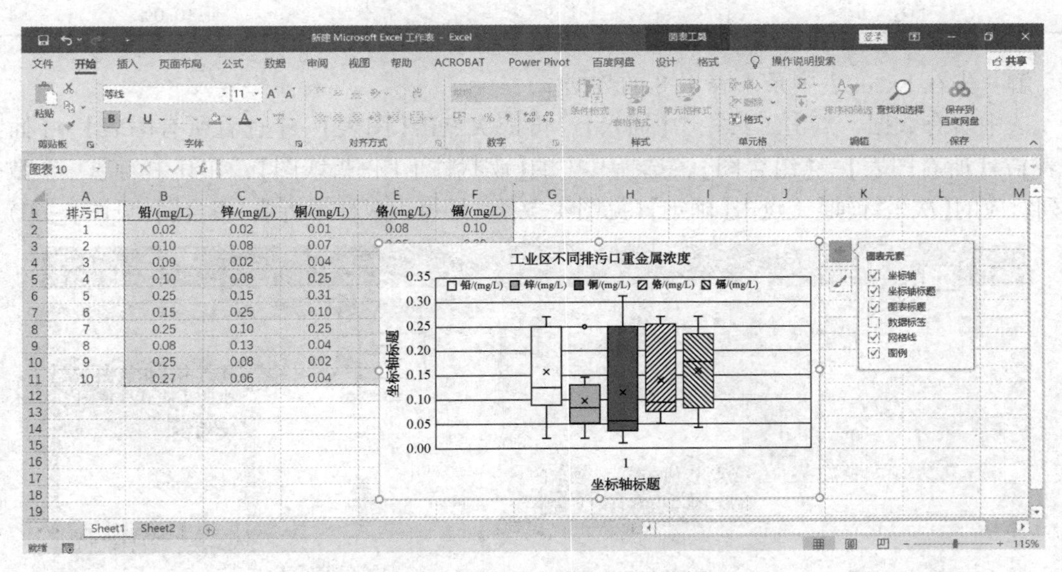

图 4-57　添加坐标轴标题及图例

4.2.4.5　组合图

组合图，指单个图表中结合了两种或两种以上的图表类型的图表。通过将多个图表组合在一起，使图表内容更丰富和直观。组合图表可以通过添加数据系列和更改图表类型的方式绘制，也可通过 Excel 的内置图表形式一键生成。

【例 4-8】　试用表 4-8 的数据绘制包含两种图表类型的组合图。

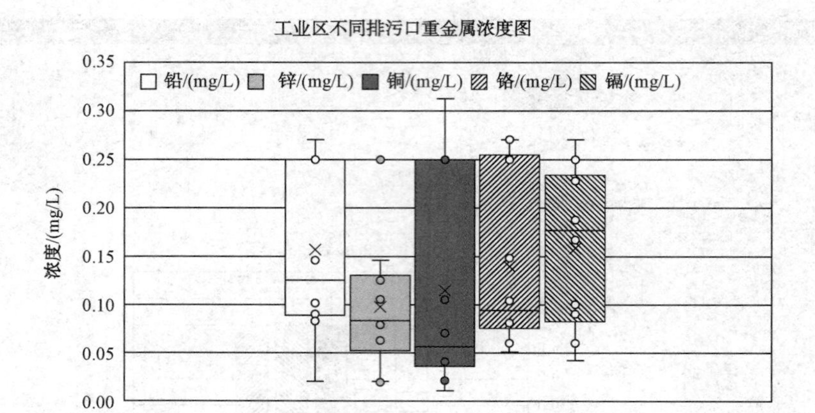

图 4-58　工业区不同排污口重金属浓度图

表 4-8　2022 年 1~6 月全国 339 个地级及以上城市污染物指标浓度及同比变化

城市污染物	浓度/(μg/m³)	同比变化值
$PM_{2.5}$	32	-5.9%
NO_2	21	-12.5%
PM_{10}	55	-8.3%
SO_2	9	-10.0%

解：先在 Excel 表中录入表 4-8 的数据。

选中所有数据，点击工具栏中【插入】，再依次点击【图表】→【查看所有图表】→【插入图表】→【所有图表】→【组合图】，选择其中的【簇状柱形图-折线图】，在其中勾选一个数据系列对应的【次坐标轴】，点击【确定】(见图 4-59)，即可生成柱形折线-组合图(见图 4-60)。

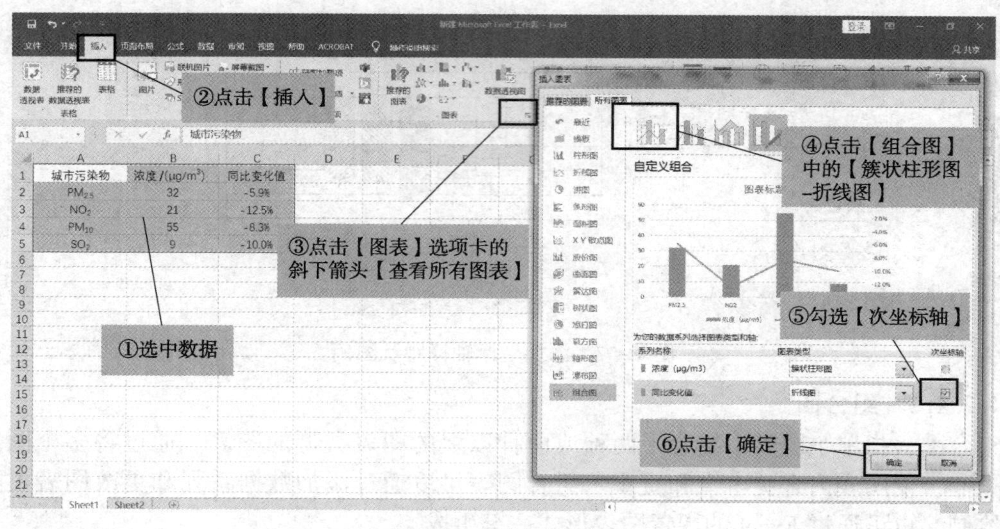

图 4-59　插入组合图

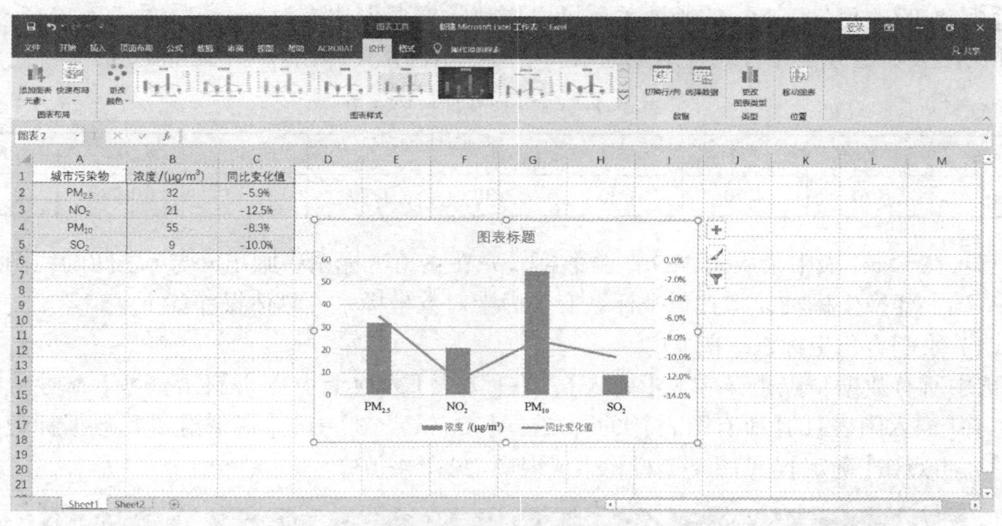

图 4-60　生成组合图

再进行编辑和图形美化：

通过【图表工具】→【设计】→【添加图表元素】→【图表标题】→【图表上方】，为图表添加标题框并修改标题内容；

通过右键单击图片选择【更改系列图表类型】，将折线图的图表类型修改为【带数据标记的折线图】；

通过【图表工具】→【设计】→【添加图表元素】→【坐标轴标题】，添加主要和次要纵坐标轴标题并修改名称；

通过【图表工具】→【设计】→【添加图表元素】→【数据标签】，添加数据标签并修改数据标签的显示位置；

通过【图表工具】→【设计】→【图表样式】选项卡，修改图表的样式和配色方案。

最终生成较为美观的组合图(见图 4-61)。

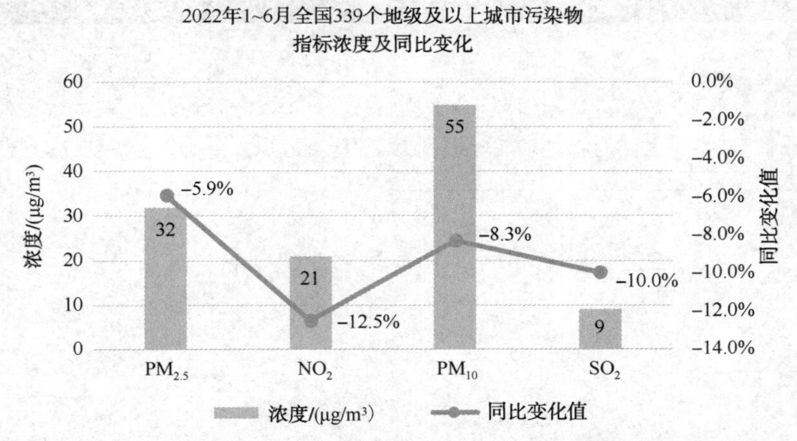

图 4-61　2022 年 1~6 月全国 339 个地级及以上城市污染物指标浓度及同比变化图

【例 4-9】 已知 c 与 t 的函数关系可以用数学模型表达式为 $c=c_0e^{at}$（见表 4-9）。试用 Excel 的图表功能分别在普通直角坐标系和半对数坐标系中画出 c 与 t 之间的线图。

表 4-9 c 随 t 变化的试验结果

t/min	1	2	3	4	5	6	7	8
c/(g/L)	6.61	4.70	3.30	2.30	1.70	1.15	0.78	0.56

解：在 Excel 表中录入表 4-9 试验数据。先在直角坐标系中画出 c 与 t 之间的线图，再在此基础上变换坐标轴，将直角坐标系变换为半对数坐标系，具体操作如下。

（1）绘制直角坐标系线图。

选中所有数据，点击菜单栏【插入】，在【图表】选项卡中点击斜下箭头【查看所有图表】，在【插入图表】的【所有图表】页面，选择【XY 散点图】中的【带平滑线和数据标记的散点图】，再点击【确定】（见图 4-62），生成线图（见图 4-63）。

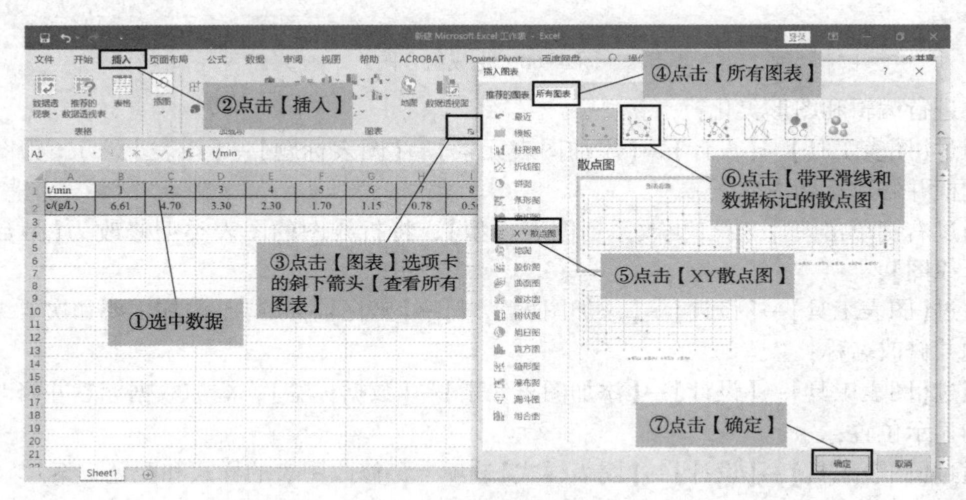

图 4-62 选择图表类型

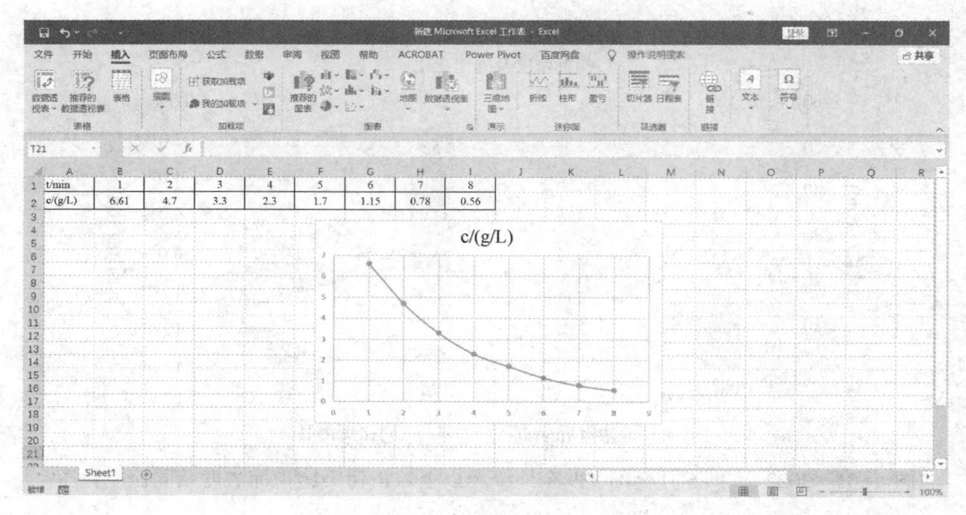

图 4-63 生成线图

点击生成的线图(见图 4-63)中任意空白处，依次点击【图表工具】→【设计】→【添加图表元素】→【坐标轴标题】，分别点击主要横坐标轴和主要纵坐标轴(见图 4-64)，添加横坐标和纵坐标的标题框(见图 4-65)。

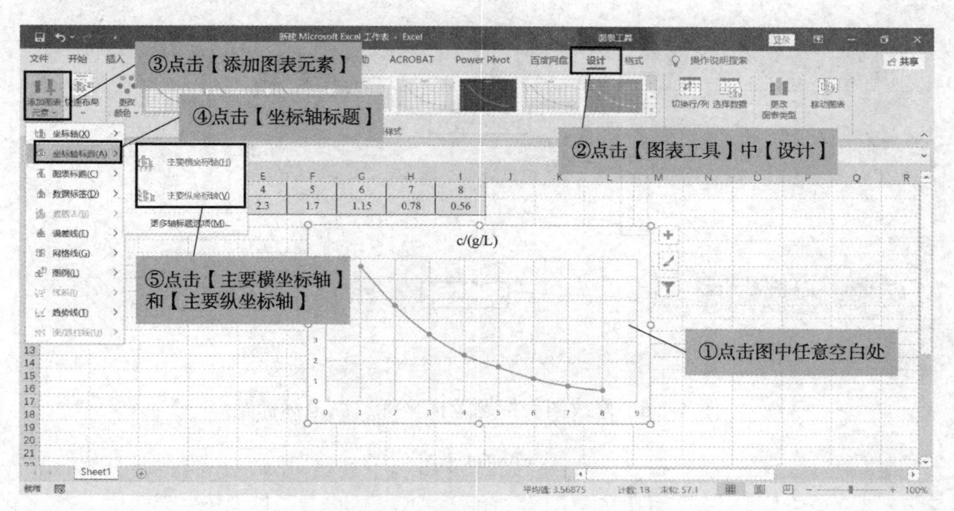

图 4-64　添加坐标轴

也可单击线图任意位置，再点击图右上角出现的“+”号，选中子菜单中的【坐标轴标题】，即可在图中出现【坐标轴标题】框(见图 4-65)。

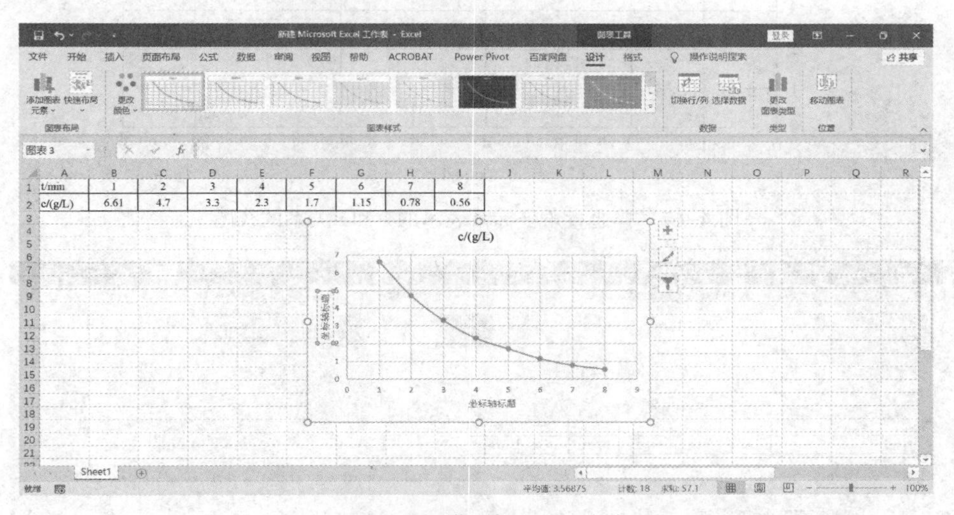

图 4-65　添加横坐标和纵坐标标题

单击每个标题框，修改横坐标和纵坐标的标题内容，调整合适的字体及大小，修改图表的标题(见图 4-66)，得到普通直角坐标系表示的 c 和 t 关系的线图(见图 4-67)。

(2) 作半对数坐标系图。

在直角坐标系图 4-67 的基础上，修改纵坐标轴为对数坐标，具体操作是：双击线图中的纵坐标轴数据，Excel 右侧出现【设置坐标轴格式】任务窗，下拉垂直滚动条至出现【对数刻度】，勾选该选项(见图 4-68)，便完成了将直角坐标变换为半对数坐标的操作(见图 4-69)。

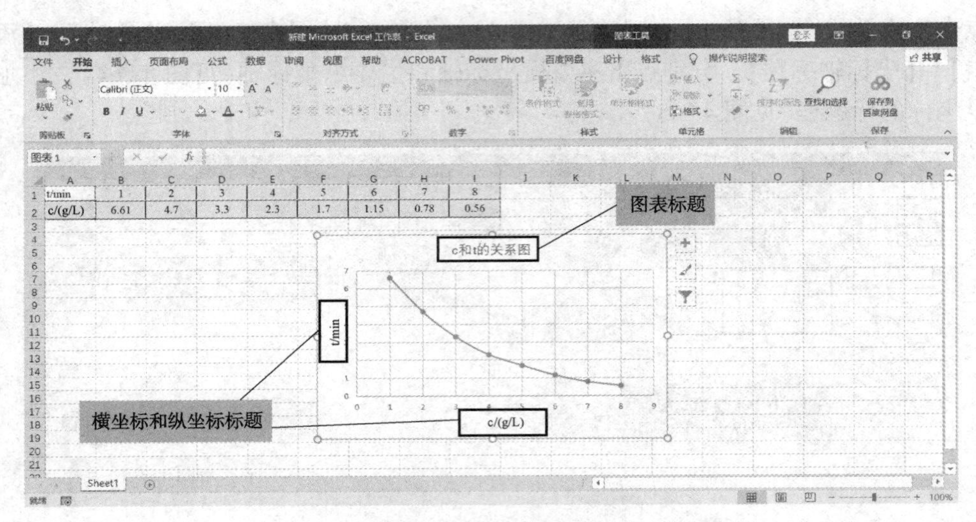

图 4-66　修改图表标题及横坐标、纵坐标标题

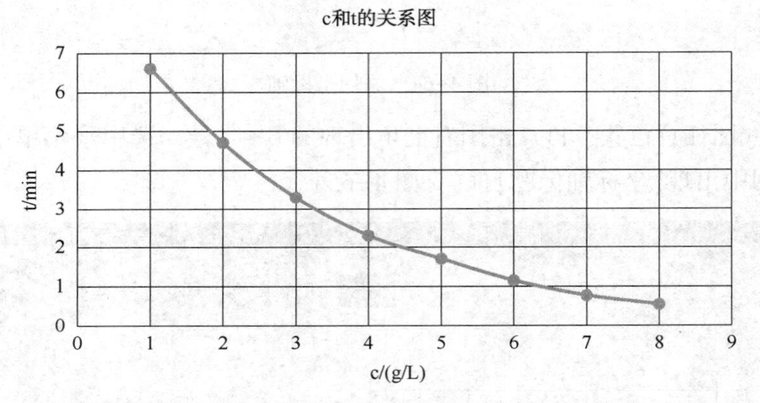

图 4-67　普通直角坐标系表示的 c 和 t 关系的线图

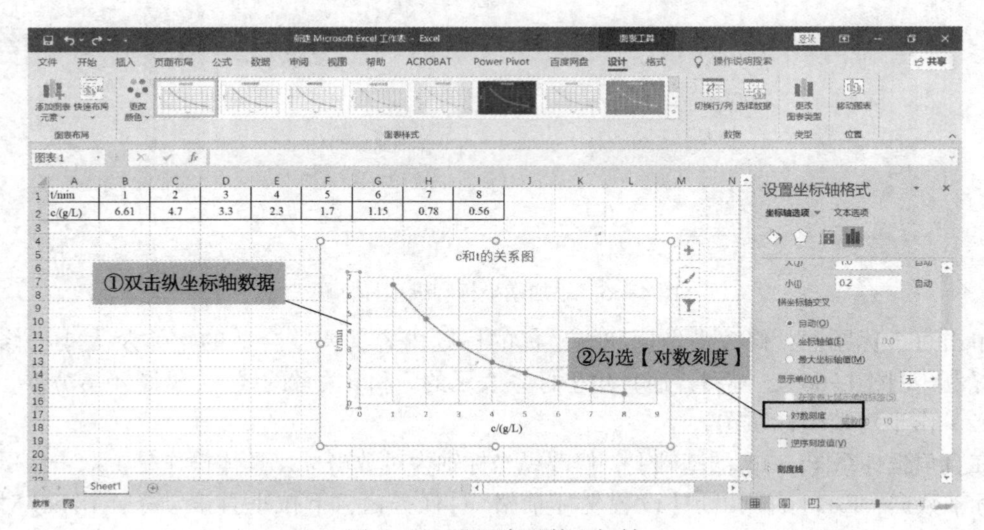

图 4-68　设置半对数坐标轴

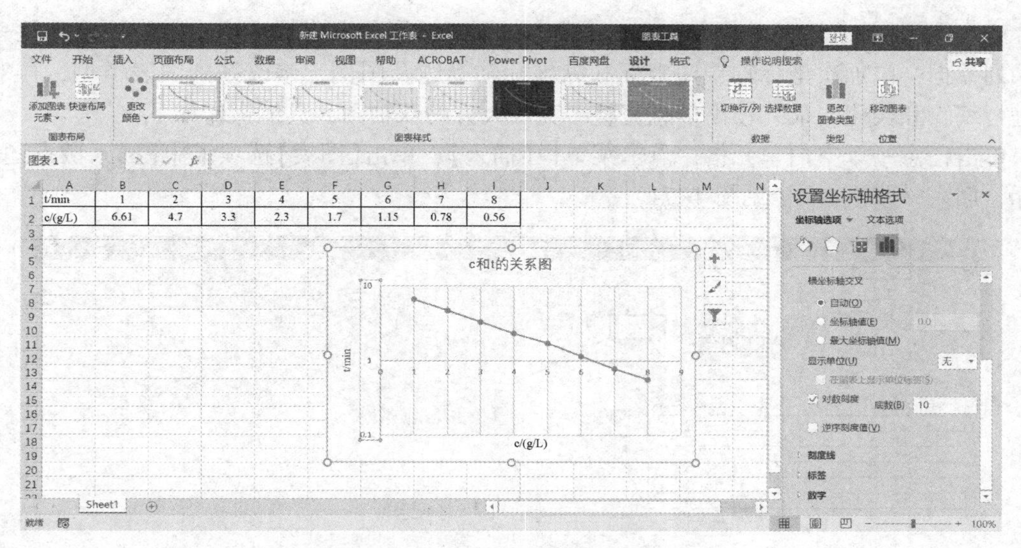

图 4-69　纵坐标轴改为对数坐标轴

图 4-70 即为绘制而成的半对数坐标系 c-t 线图。

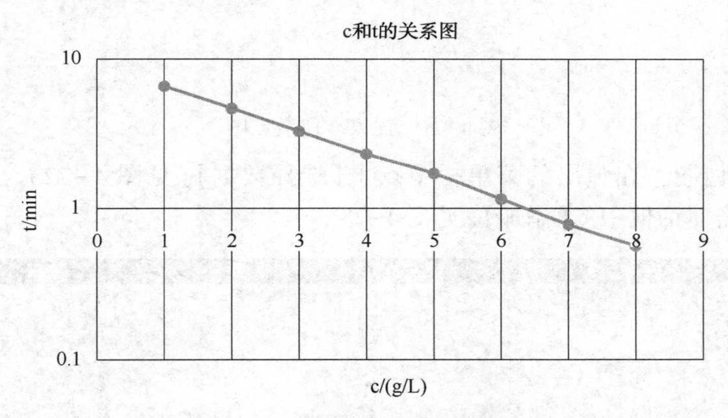

图 4-70　半对数坐标系 c-t 关系图

【例 4-10】　用微波辅助法制备纳米 TiO_2时，硫酸钛浓度对催化剂 TiO_2的粒径和所制备催化剂的光催化活性有着重要的影响。表 4-10 是硫酸钛浓度对氯苯的去除率(%)和 TiO_2粒径的影响数据。试以硫酸钛浓度为 X 轴，绘制双 Y 轴图。

表 4-10　硫酸钛浓度对催化剂粒径和光催化活性的影响

硫酸钛浓度/(mol/L)	氯苯的去除率/%	TiO_2 粒径/nm
0. 05	56. 5	40
0. 10	68. 8	37
0. 15	76. 1	35
0. 20	78. 9	20
0. 30	76. 9	22
0. 40	55. 3	39

解：将表 4-10 中的数据录入 Excel 表中，画双轴图可以先插入空白散点图，再逐一添加系列数据，添加次坐标轴、横坐标和纵坐标轴标题及图例，修改系列图表类型，再对图形进行编辑和美化，最终作出信息完整、美观大方的双轴图，具体操作如下：

单击任意一个空白单元格，点击菜单栏【插入】，单击【图表】选项卡中【插入散点图】的图标，插入一张空白图(见图 4-71)。

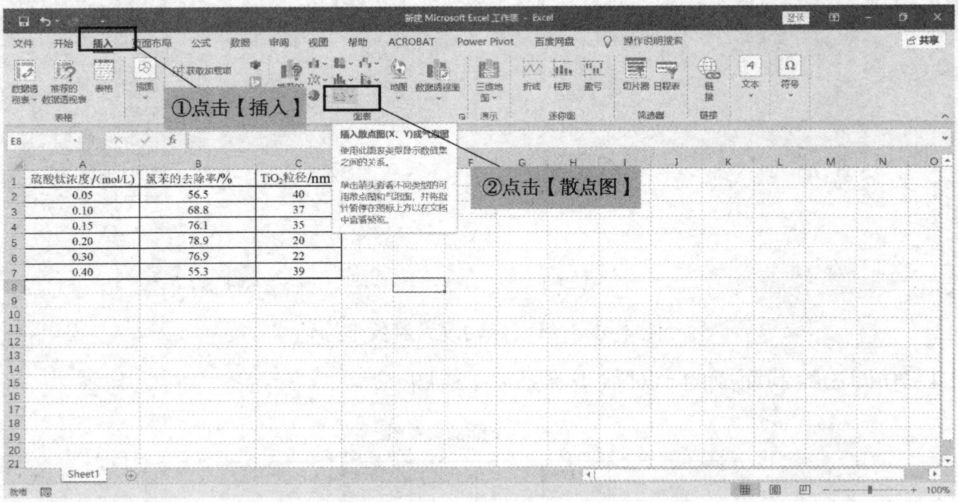

图 4-71　插入空白散点图

右键单击空白图，在弹出的菜单栏中点击【选择数据】(见图 4-72)。出现【选择数据源】对话框，点击对话框中的【添加】(见图 4-73)。

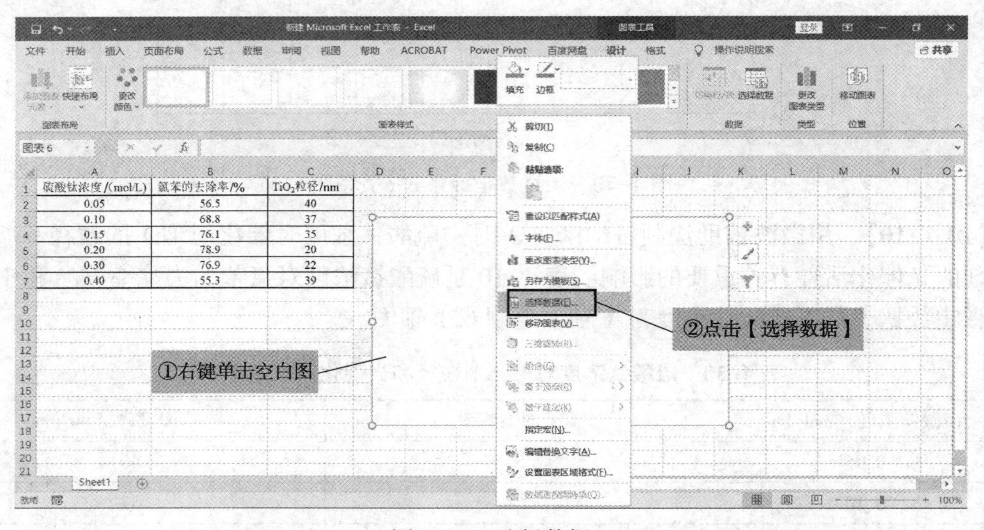

图 4-72　选择数据

点击【添加】后即弹出【编辑数据系列】对话框，在【X 轴系列值】数据框中输入硫酸钛的浓度数据，在【Y 轴系列值】数据框中输入氯苯的去除率数据(见图 4-74)，点击【确定】后返回至【选择数据源】对话框，再次点击【添加】(见图 4-75)。

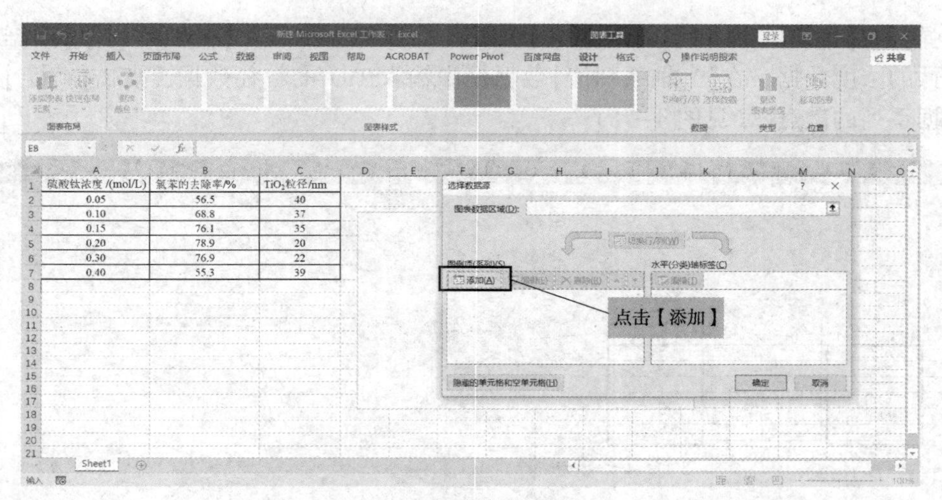

图 4-73　添加数据源

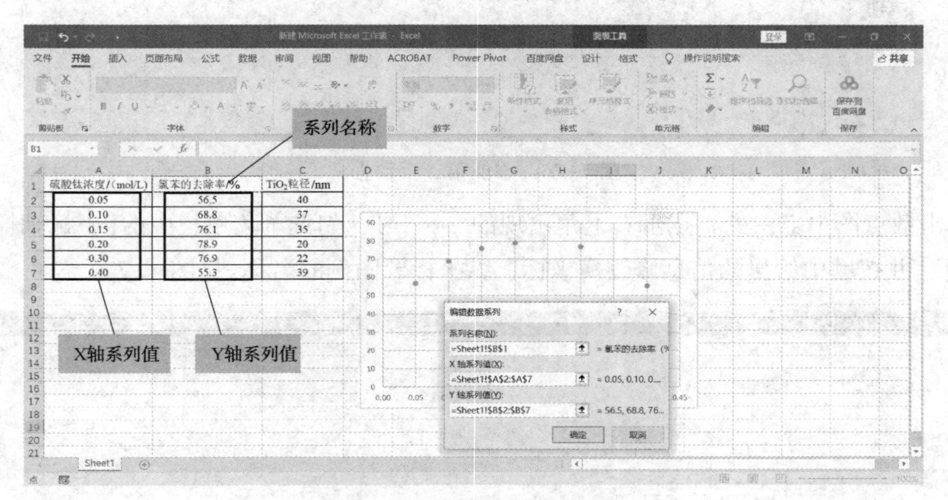

图 4-74　添加一个数据源

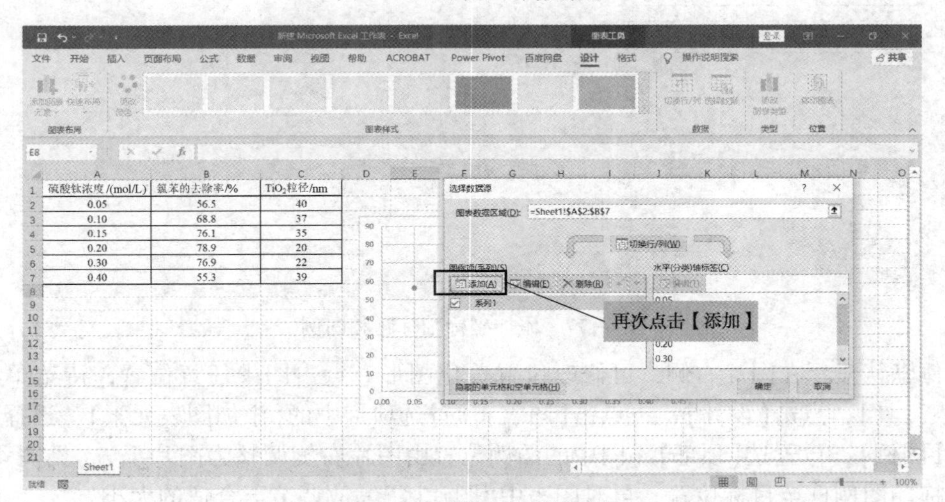

图 4-75　再次添加数据源

在弹出的【编辑数据系列】对话框中添加第二个数据系列，在【X 轴系列值】数据框中输入硫酸钛的浓度数据，在【Y 轴系列值】数据框中输入 TiO_2的粒径数据，点击【确定】，得到两个数据系列的散点图(见图 4-76)。

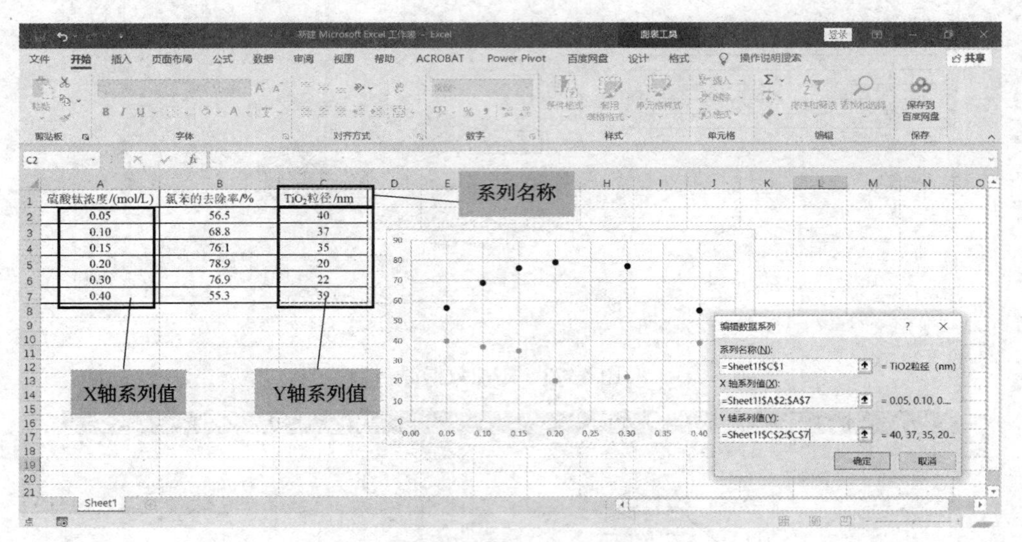

图 4-76　添加第二个数据源

单击散点图中空白处，点击右上角出现的“➕”号，勾选子菜单栏中的【坐标轴标题】和【图例】，并按题中给出的信息修改横坐标、纵坐标及图例的名称(见图 4-77)。

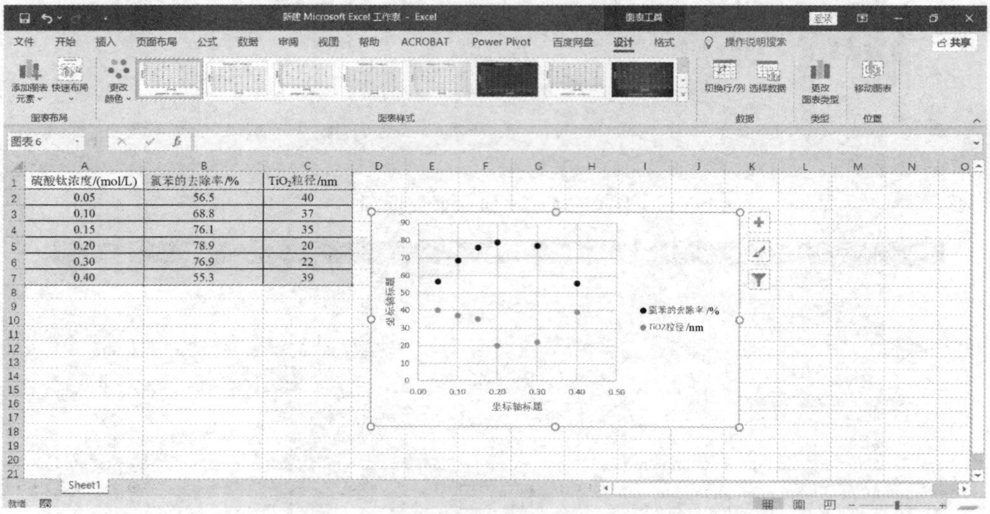

图 4-77　添加坐标轴标题和图例

图例默认显示在图片右侧，可修改位置美化图形。点击图中任意位置，待菜单栏中出现【图表工具】，点击【设计】，再点击【图表布局】选项卡中的【添加图表元素】，选择下拉菜单中的【图例】，位置选【顶部】，图中的图例位置由图片右侧调整为图片上方(见图 4-78)。也可以拖动图例框至目标位置，再对图表中“图片区”缩放调节至合适的大小。

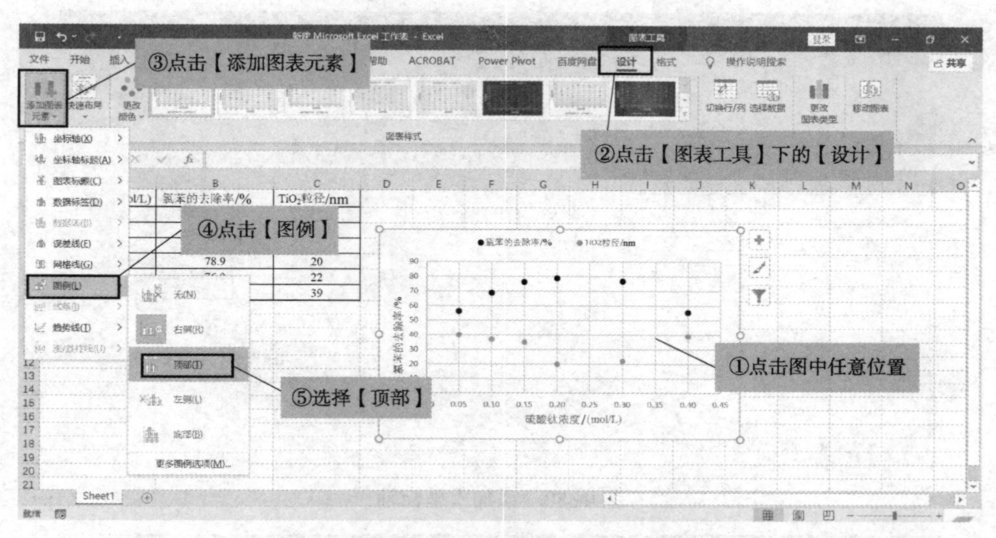

图 4-78　修改图例位置

图中左边的纵坐标代表“氯苯的去除率”，可以为 TiO_2 粒径数据另设一个次坐标轴。右键单击代表 TiO_2 粒径数据的橙色数据点，在下拉菜单中选择【设置数据系列格式】(见图 4-79)。此时，Excel 表右侧将出现【设置数据系列格式】工具栏，选中【次坐标轴】，图中右侧将出现坐标数据(见图 4-80)。

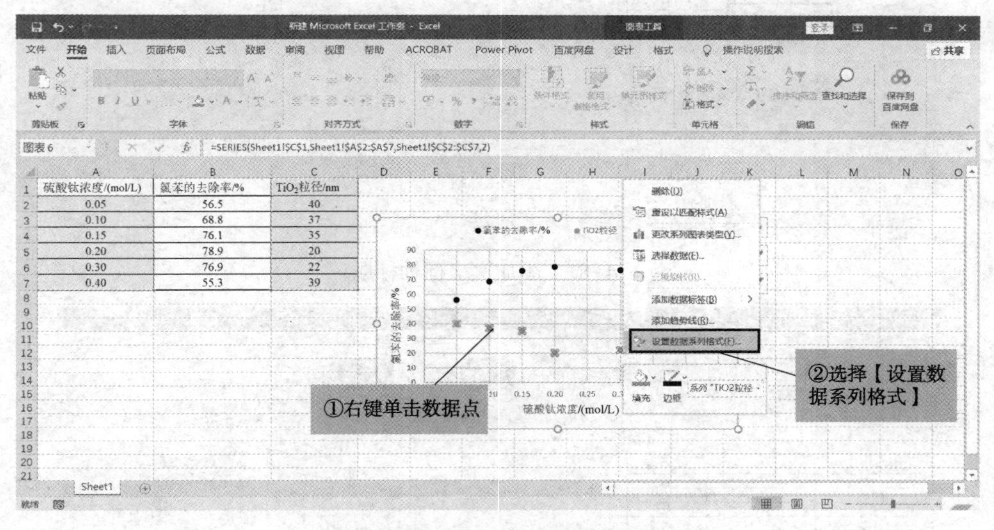

图 4-79　修改数据系列格式

添加次坐标轴标题：点击图中任意位置，待菜单栏中出现【图表工具】，点击其下的【设计】，再点击【图表布局】选项卡中的【添加图表元素】，选择下拉菜单中的【坐标轴标题】，选中【次要纵坐标轴】。此时，图的右侧坐标轴旁将出现次坐标轴标题框(见图 4-81)，单击标题框修改次坐标轴标题内容为“TiO_2 粒径/nm”。

修改次坐标轴边界：双击次要纵坐标轴上的数据，Excel 右侧出现【设置坐标轴格式】任务窗。根据数据范围，修改坐标轴【边界】的最小值为“10. 0”(见图 4-82)。

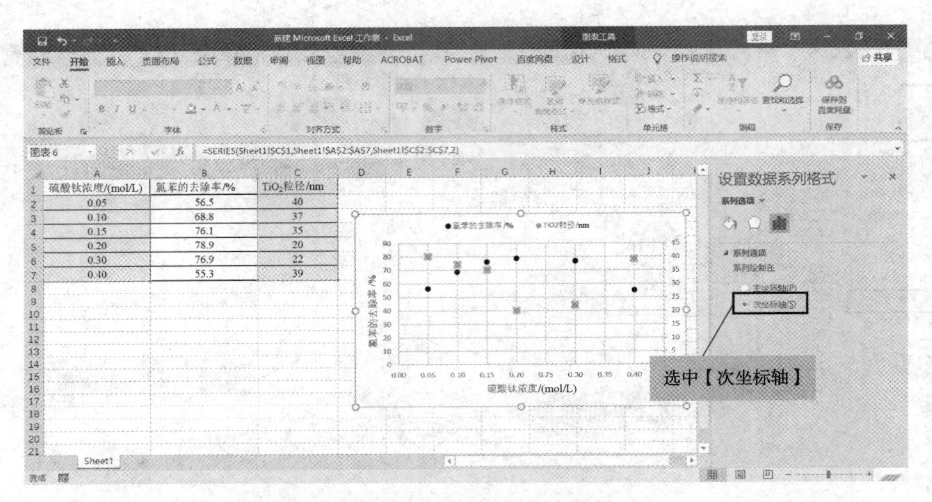

图 4-80　添加次坐标轴

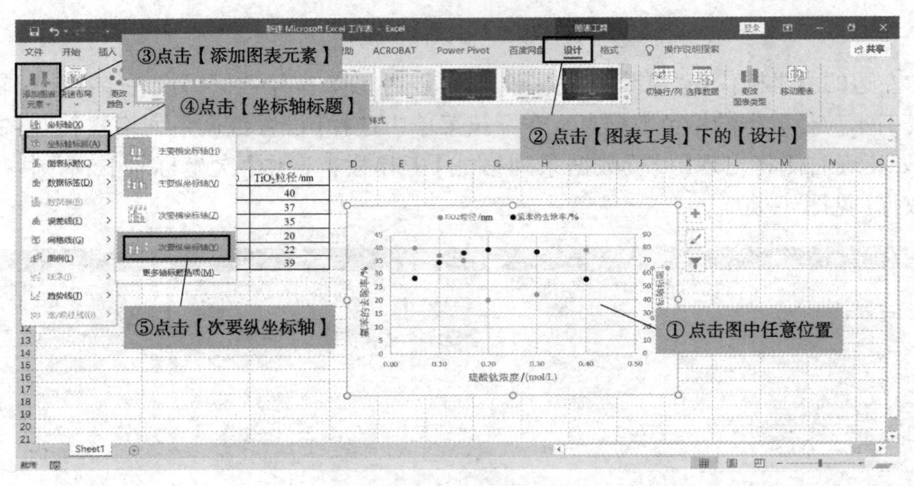

图 4-81　添加次坐标轴标题

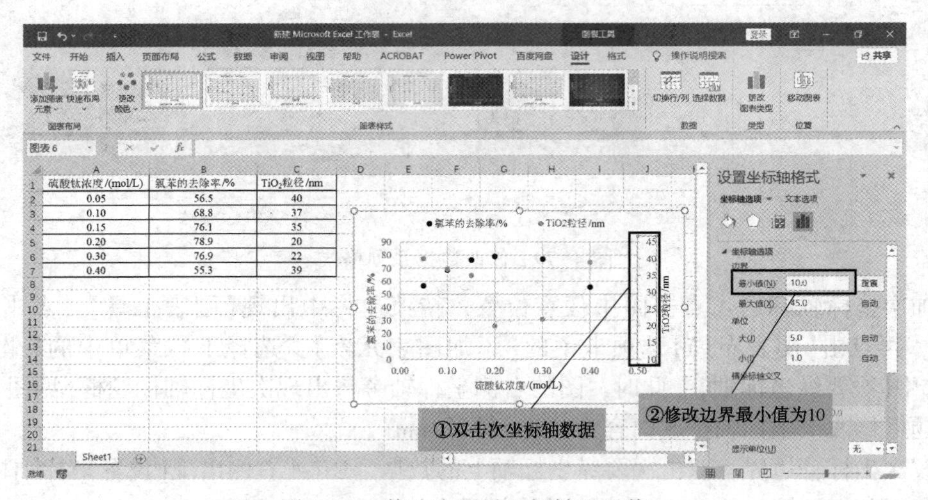

图 4-82　修改次要纵坐标轴边界值

修改坐标轴刻度线类型：下拉【设置坐标轴格式】任务窗滚动条至底部，点击【刻度线】，修改【主刻度线类型】为“无”，与主要纵坐标轴的刻度线形式保持一致(见图 4-83)。

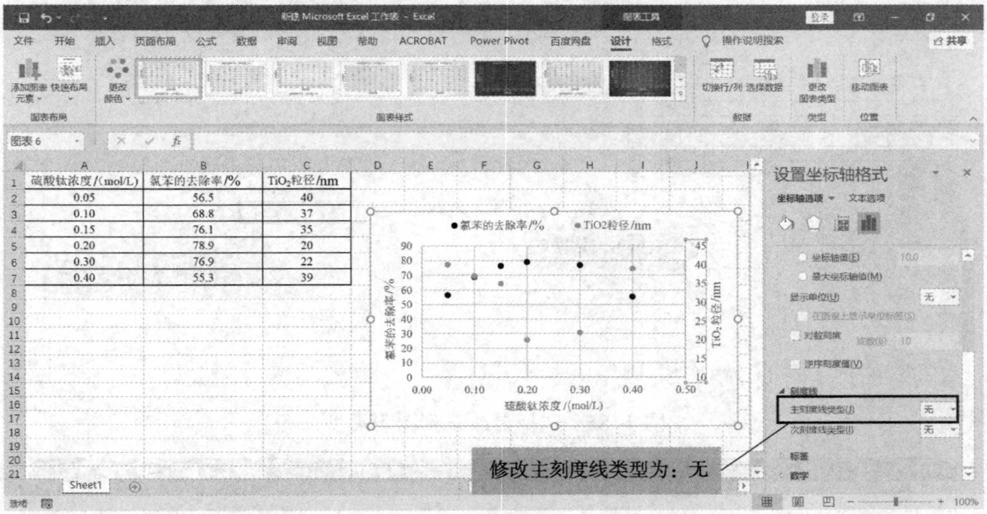

图 4-83　修改次要纵坐标轴刻度线类型

单击图形左边的主要纵坐标轴数据，修改坐标轴【边界】的最小值为“50.0”(见图 4-84)。

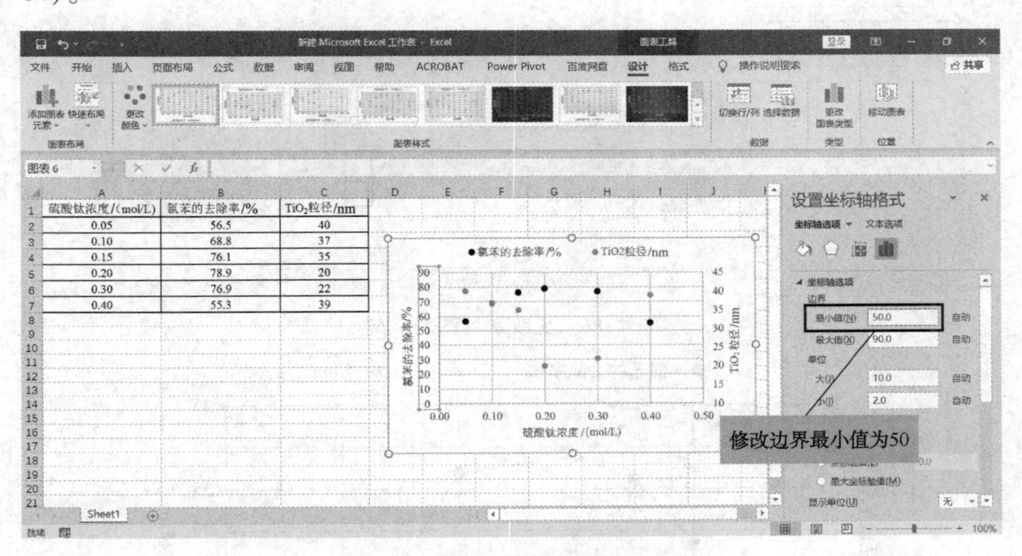

硫酸钛浓度/(mol/L)	氯苯的去除率/%	TiO_2粒径/nm
0.05	56.5	40
0.10	68.8	37
0.15	76.1	35
0.20	78.9	20
0.30	76.9	22
0.40	55.3	39

图 4-84　修改主要纵坐标轴边界值

右键单击图中数据点，在弹出的菜单栏中选择【更改系列图表类型】(见图 4-85)。【更改图表类型】对话框中点击【组合图】，界面显示该图中所有数据系列图表类型。此处可直接修改每个数据系列的图表类型，也可根据需要变更次坐标轴(见图 4-86)。

图中两个数据系列的图表类型均改为【带直线和数据标记的散点图】，再通过修改连线的颜色、字体及大小等，对图形进行编辑和美化，得到如图 4-87 所示的双轴图。

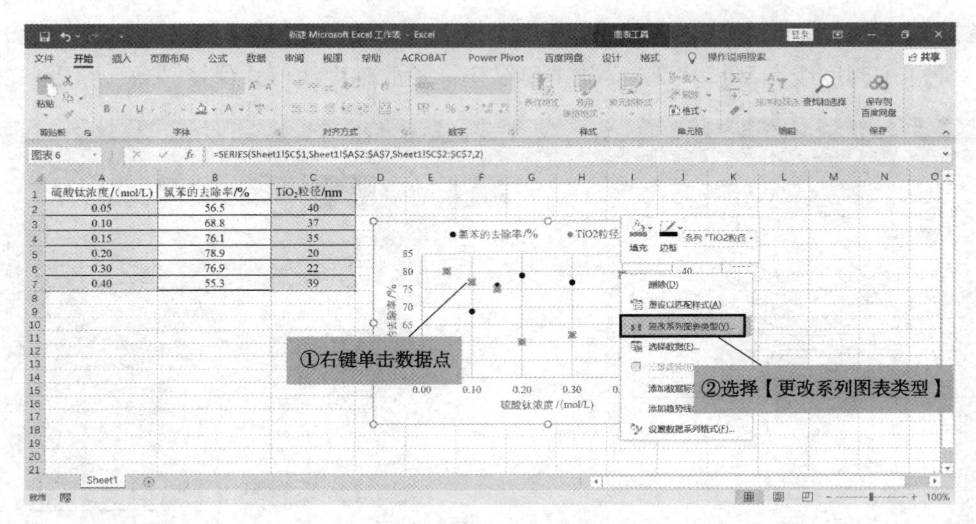

图 4-85　选择更改系列图表类型

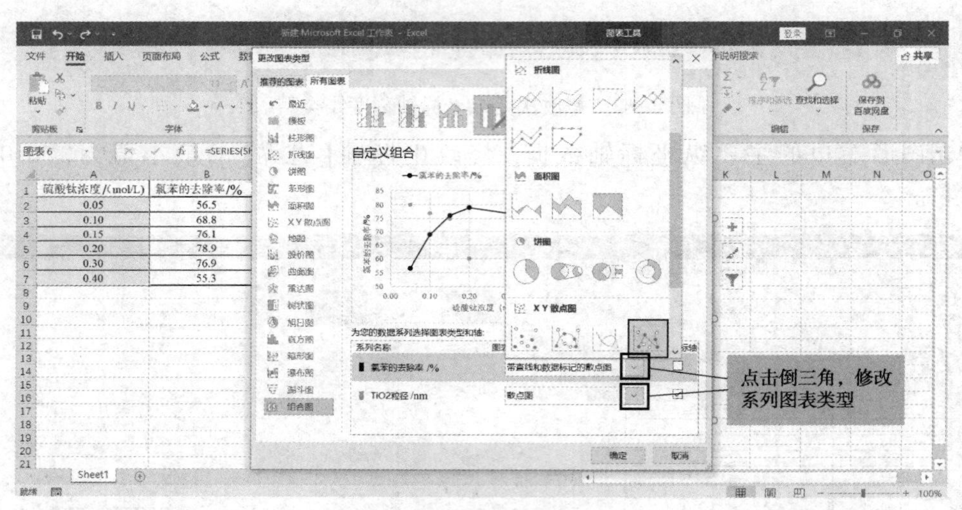

图 4-86　更改系列图表类型

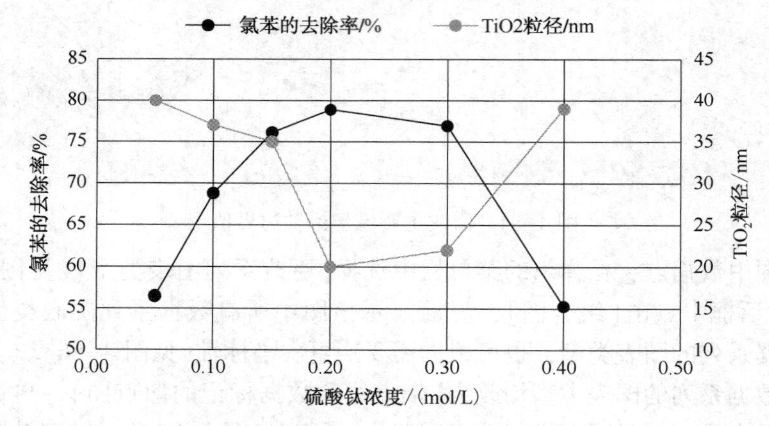

图 4-87　双轴图

【例 4-11】 活性艳红 X-3B 初始浓度对超声光催化降解率的影响如表 4-11 所示。请在一张图中绘制出不同时间下不同浓度的 X-3B 与光催化降解率的关系图。

表 4-11 不同时间下不同浓度的活性艳红 X-3B 对降解率的影响 %

时间/min	X-3B 浓度				
	10mg/L	30mg/L	50mg/L	70mg/L	100mg/L
0	0	0	0	0	0
10	76.4	44.6	30.8	19.3	18.5
20	95.4	72.2	56.4	44.4	34.7
30	100	88.4	68.5	55.5	45.1
40	100	97.7	79.5	63.8	54.1
50	100	99.8	85.4	71.6	60.9
60	100	100	92.3	78.5	66.8
70	100	100	97.1	83.6	72.2
80	100	100	99.1	89.6	75.3

解：根据题意，要在一张图中绘制不同时间下不同浓度的 X-3B 与光催化降解率的关系图，存在多个数据系列，需要画组合图。

先在 Excel 中录入表 4-11 中的数据，直接插入包含所有数据系列的图表，再对其进行修改、完善和美化。具体操作如下：

单击数据区域任意一个单元格后，点击上方工具栏的【插入】，在其下【图表】选项卡中单击【散点图】中的【带直线和数据标记的散点图】，可一次性插入 10mg/L、30mg/L、50mg/L、70mg/L 和 100mg/L 5 个浓度点的活性艳红不同时间的光催化降解率组合线图，生成的图片自动带有图例(见图 4-88)。

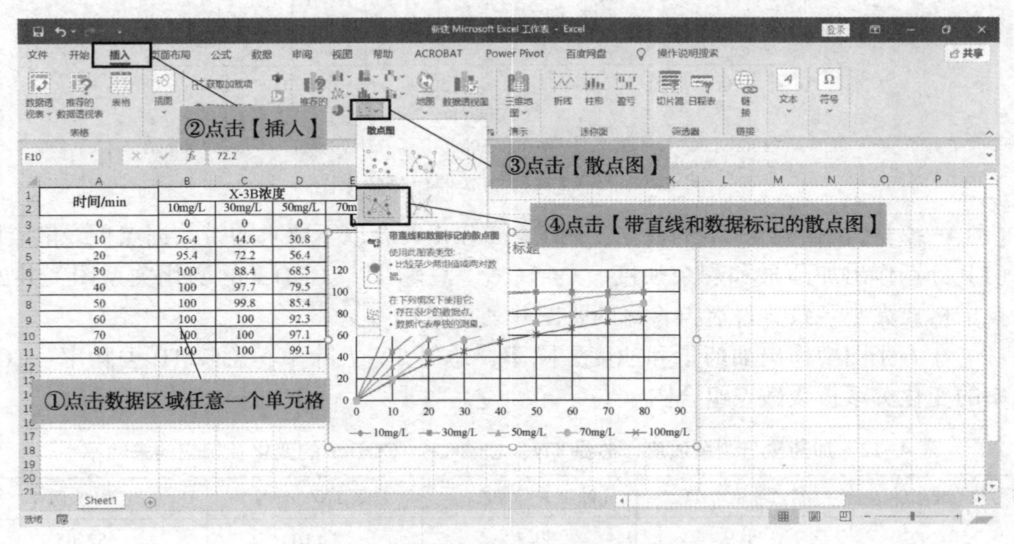

图 4-88 插入带直线和数据标记的散点图

点击图片的任意位置后，再点击图片右上角位置出现的“+”号，选中【坐标轴标题】，为图形添加纵坐标和横坐标(见图 4-89)。

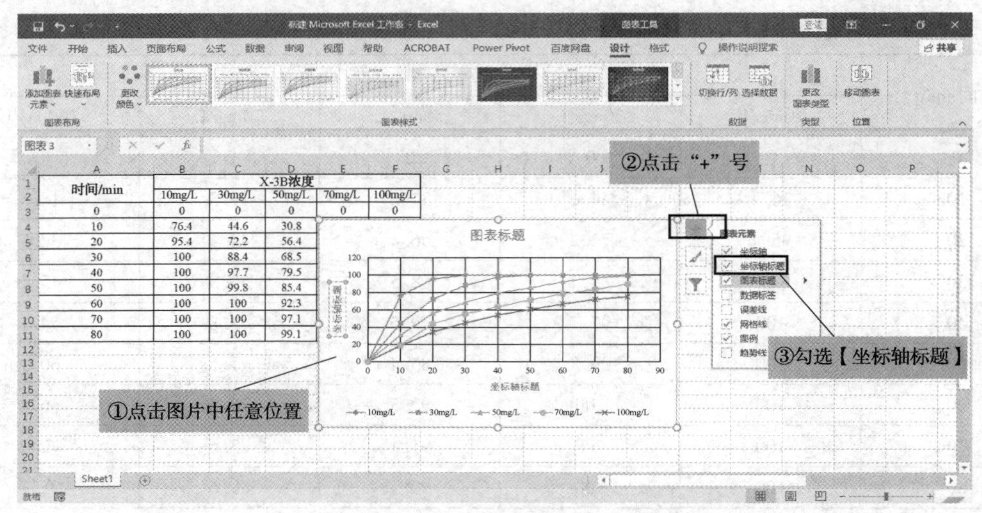

图 4-89　添加坐标轴标题

修改图片中图表标题内容，横坐标和纵坐标的标题框名称、单位，并调整字体和大小，最终画出如图 4-90 所示的活性艳红与光催化降解率的关系图。

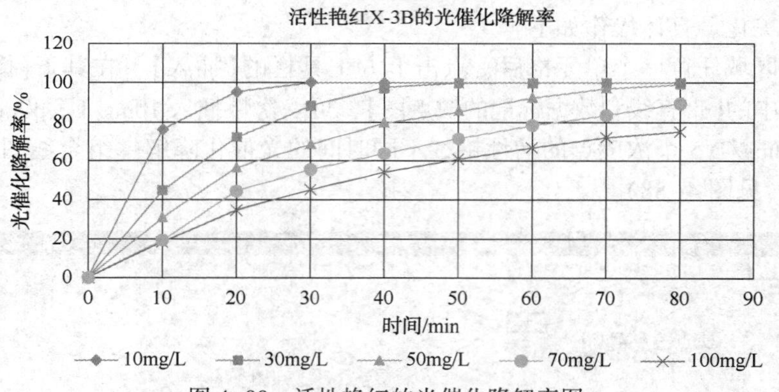

图 4-90　活性艳红的光催化降解率图

【例 4-12】　根据表 4-12 的数据，用 Excel 作出符合以下要求的带数据点折线散点图。

(1) 分别作出加药量和剩余浊度、总氮 TN、总磷 TP、CODcr 的变化关系图，共四张图，要求格式大小一致，最后再将每两张图并列排版；

(2) 在一张图中作出加药量和浊度去除率、总氮 TN 去除率、总磷 TP 去除率、CODcr 去除率的变化关系折线散点组合图。

表 4-12　加药量与剩余浊度、总氮 TN、总磷 TP、CODcr 的变化及相应的去除率

加药量/(mg/L)	剩余浊度/NTU	浊度去除率/%	总氮 TN/(mg/L)	总氮 TN 去除率/%
50	11.9	80.17	11.01	52.05
75	7.5	87.51	14.014	39.98

续表

加药量/(mg/L)	剩余浊度/NTU	浊度去除率/%	总氮 TN/(mg/L)	总氮 TN 去除率/%
100	6.8	88.67	14.38	37.37
125	6.2	89.67	13.01	43.34
150	5.6	90.67	10.08	56.11
加药量/(mg/L)	总磷 TP/(mg/L)	总磷 TP 去除率/%	COD_{cr}/(mg/L)	COD_{cr}去除率/%
50	1.09	16.15	53	73.09
75	0.57	56.15	52	73.61
100	0.27	79.23	51	74.11
125	0.32	75.38	52	73.61
150	0.42	67.69	56	71.57

解：先将表 4-12 的数据录入 Excel 表中。

(1) 根据题意需要作出四张图，分别是加药量与剩余浊度、加药量与总氮 TN、加药量与总磷 TP 及加药量与 CODcr 的变化关系图。

① 先作出加药量与剩余浊度的变化关系图，选中加药量和剩余浊度的数据，点击 Excel 菜单栏的【插入】，在【图表】选项卡中点击【散点图】，选择【带直线和数据标记的散点图】(见图 4-91)。

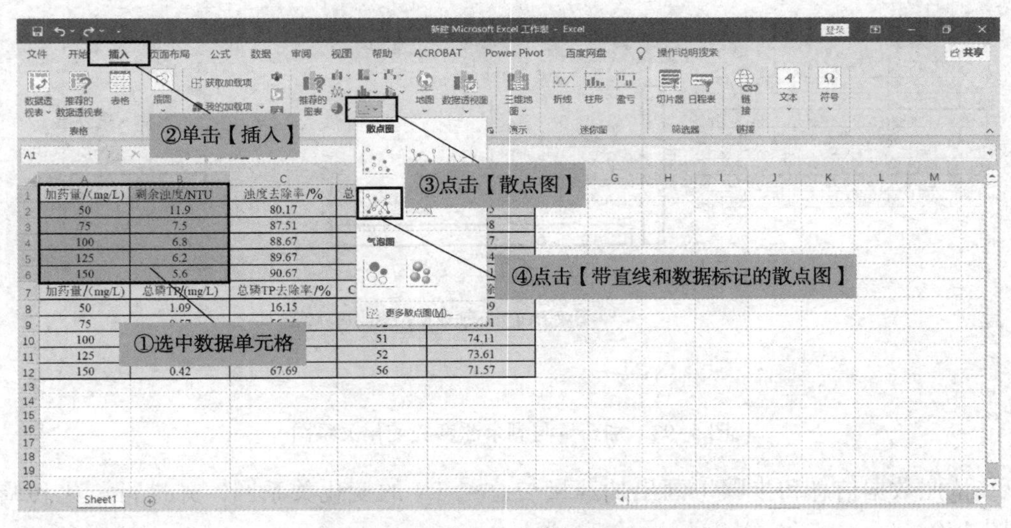

图 4-91 插入带直线和数据标记的散点图

单击由此生成的图片中的任意位置，点击右上角出现的“+”号，在下拉菜单中选择【坐标轴标题】(见图 4-92)。

修改横坐标和纵坐标的名称及单位，并调整字体格式及大小。双击横坐标轴数据，Excel 右侧出现【设置坐标轴格式】任务窗。在【坐标轴选项】的【边界】中，修改最小值为“40”。同样地，双击纵坐标轴数据，修改纵坐标的【边界】最小值为“5.0”，得到图 4-93 中加药量与剩余浊度的关系图。

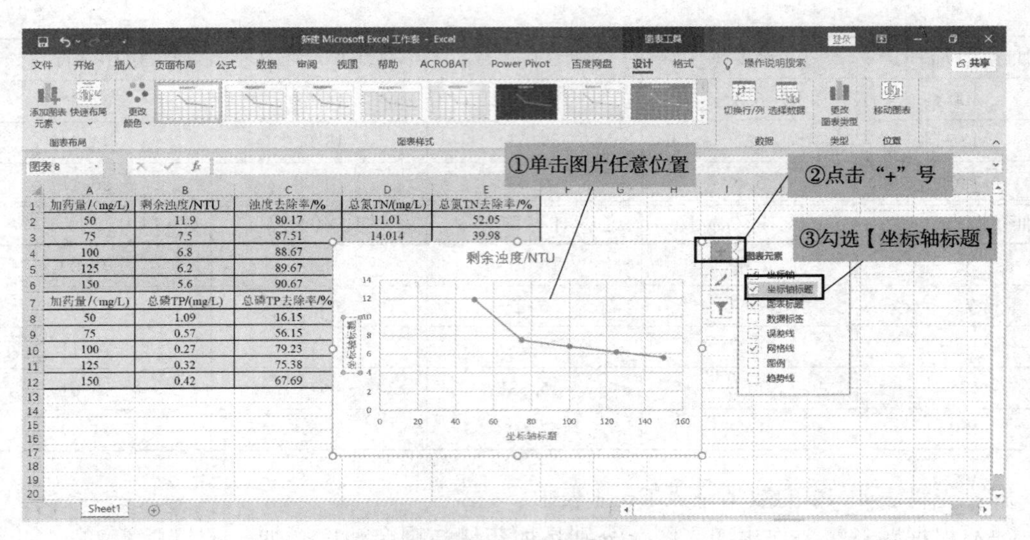

图 4-92　添加坐标轴标题

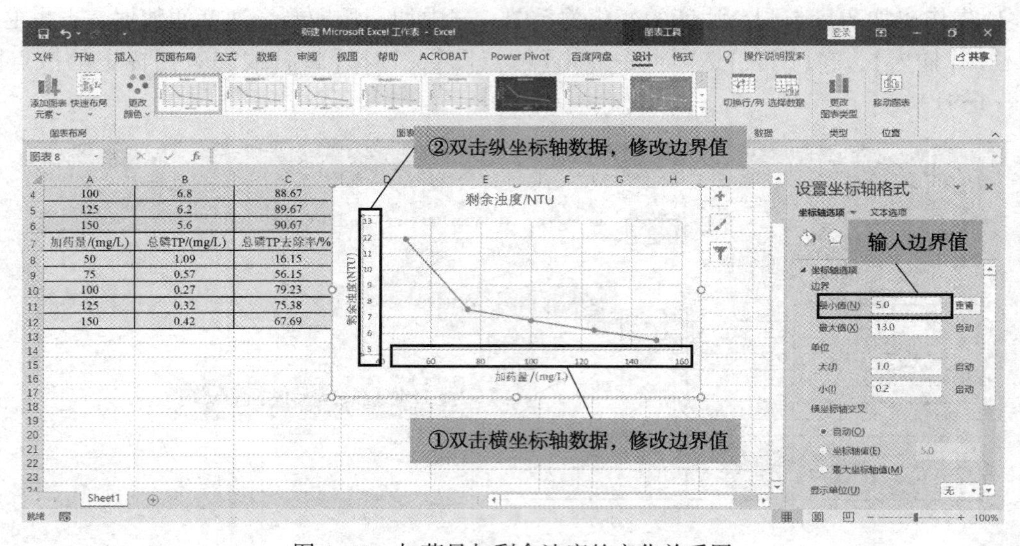

图 4-93　加药量与剩余浊度的变化关系图

② 依照数据信息和步骤①画出加药量与总氮 TN 的变化关系图，并进行美化和调整，得到图 4-94。

③ 依照数据信息和步骤①画出加药量与总磷 TP 的变化关系图，并进行美化和调整，得到图 4-95。

④ 依照数据信息和步骤①画出加药量与 COD_{cr} 的变化关系图，并进行美化和调整，得到图 4-96。

将加药量与剩余浊度、总氮 TN、总磷 TP 和 COD_{cr} 四个指标分别作出的变量关系图按要求以两张图并列的形式排版，得到图 4-97。

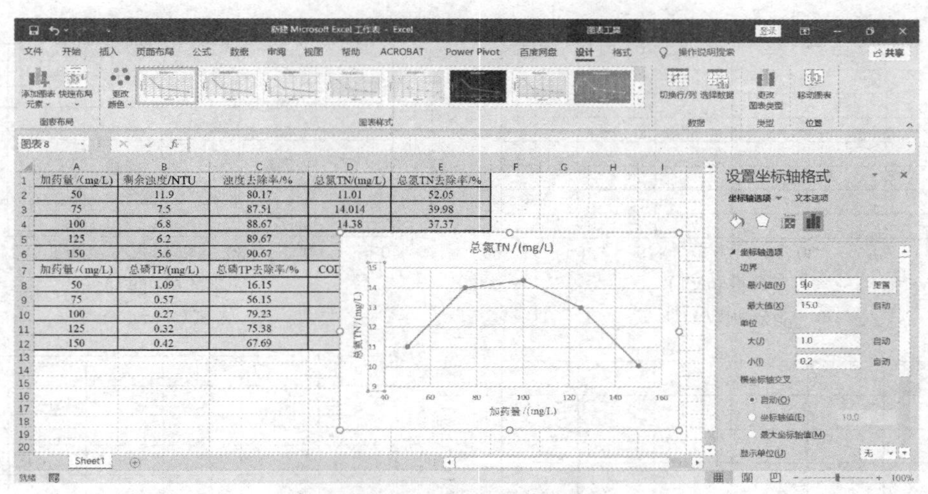

图 4-94　加药量与总氮 TN 的变化关系图

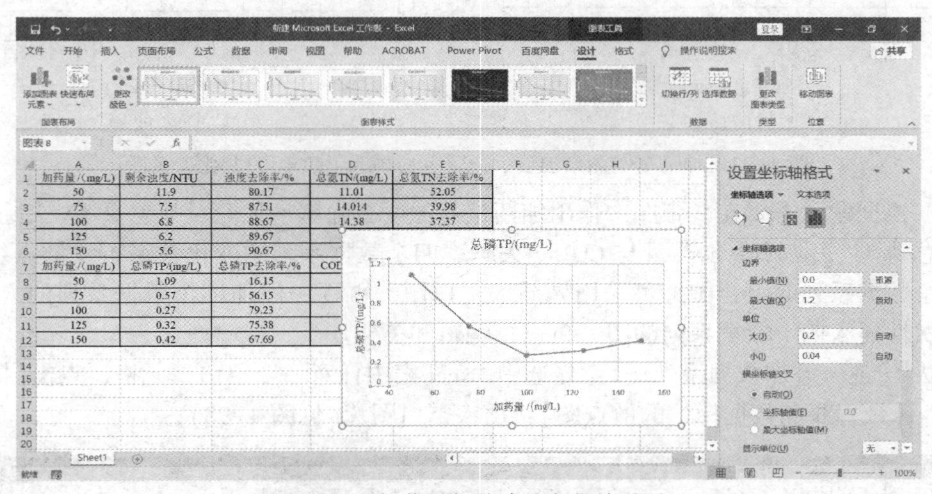

图 4-95　加药量与总磷的变化关系图

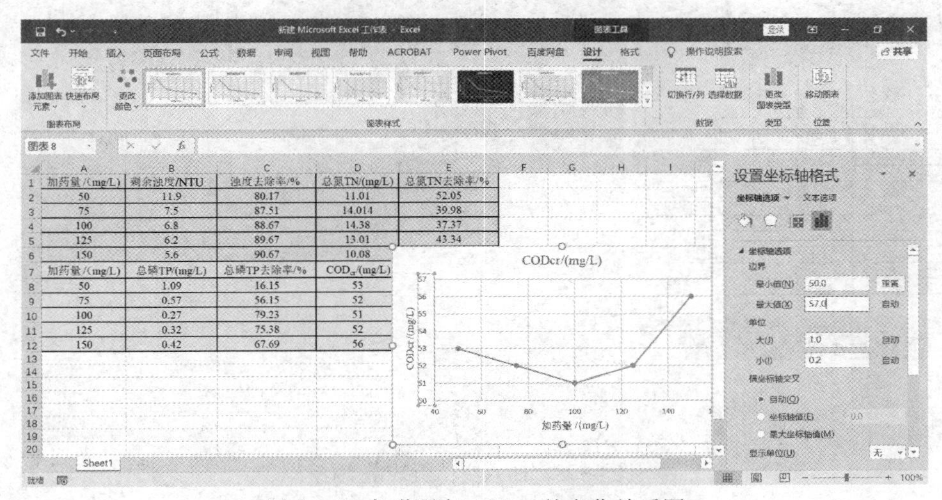

图 4-96　加药量与 CODcr 的变化关系图

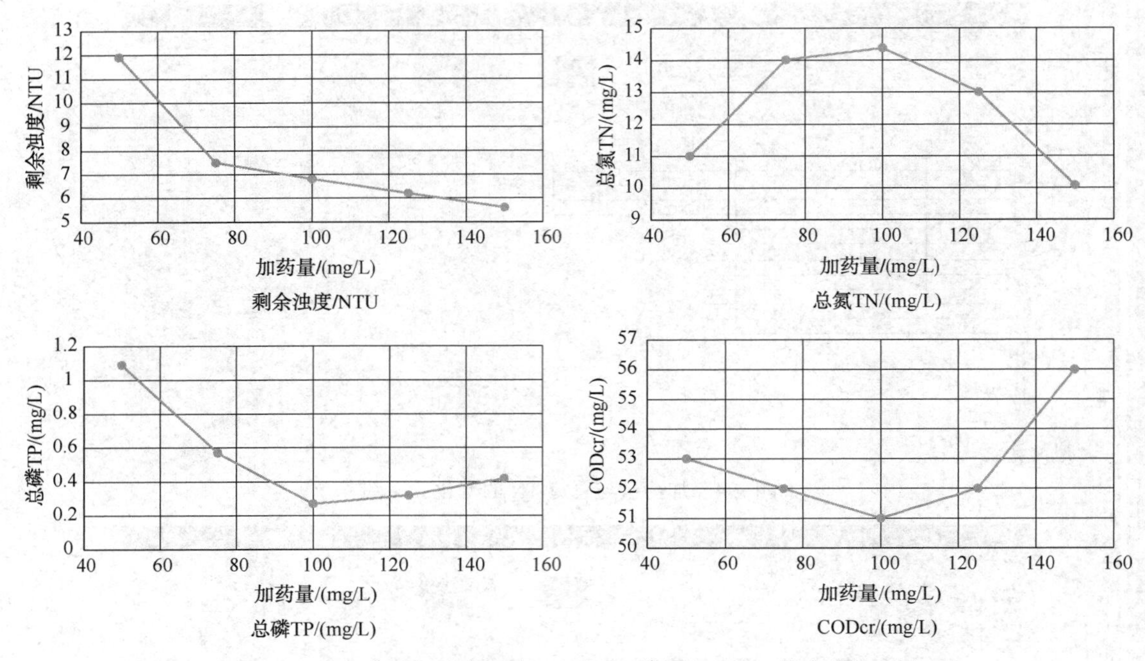

图 4-97　加药量与剩余浊度、总氮、总磷及 CODcr 的变化关系图

（2）根据题意需要在一张图中作出加药量与浊度去除率、加药量与总氮 TN 去除率、加药量与总磷 TP 去除率、加药量与 CODcr 去除率四个数据系列的变化关系折线散点组合图。制作多个数据系列的组合图，可采用先插入空白图，再逐一添加四个数据系列的方法，也可以一次性插入四个数据系列的图，再进行编辑和美化。

方法 1（逐一添加数据系列法）：先选中 Excel 表中任意一个空白单元格，点击【插入】→【图表】→【带直线和数据标记的散点图】，插入空白图片（见图 4-98）。

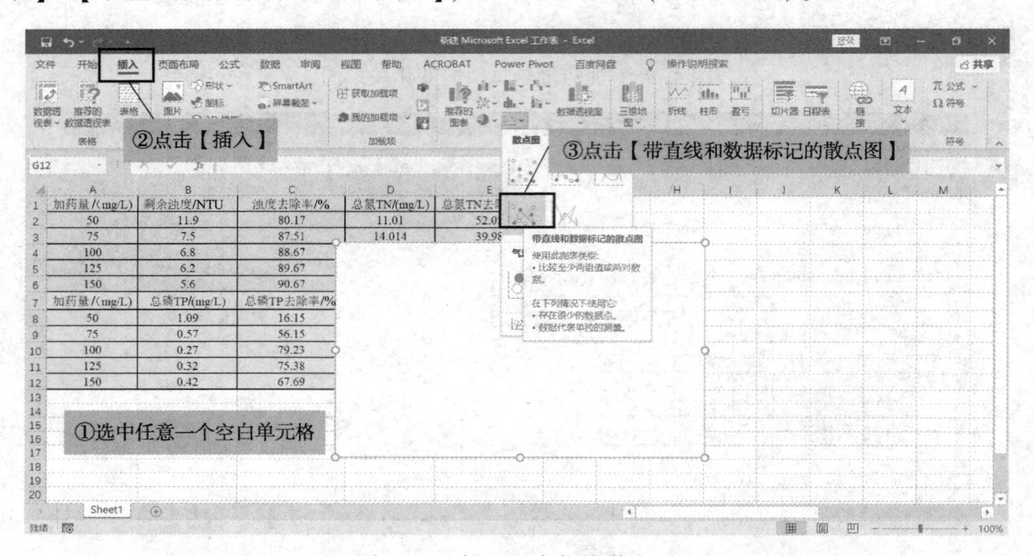

图 4-98　插入空白折线散点图

右键单击空白折线散点图，在弹出的菜单栏中点击【选择数据】(见图4-99)，再在【选择数据源】对话框中逐一添加数据系列。

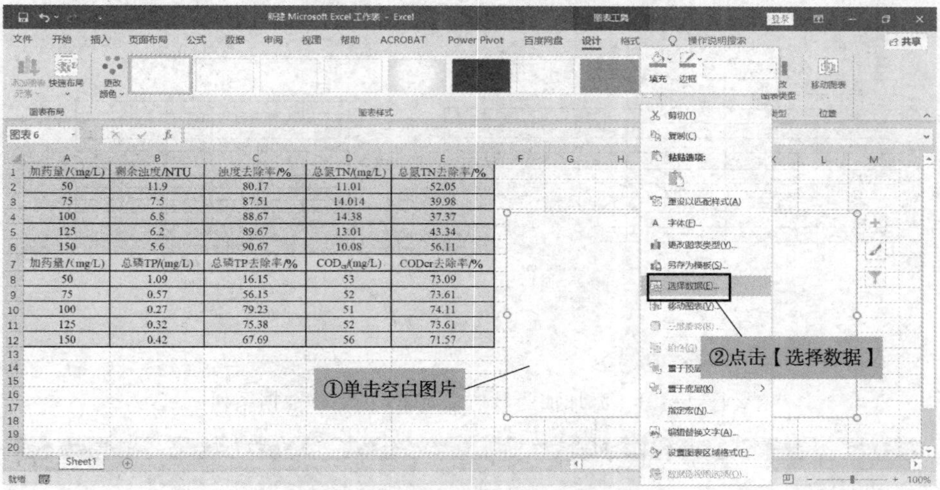

图4-99　单击【选择数据】方框

先添加加药量与浊度去除率数据系列，在图中添加横坐标和纵坐标标题并命名，得到加药量与浊度去除率变化关系图(见图4-100)。继续添加第二个数据系列，编辑和美化后得到加药量与浊度和总氮TN去除率变化关系图(见图4-101)。添加第三个数据系列，得到加药量与浊度、总氮TN和总磷TP去除率变化关系图(见图4-102)。添加第四个数据系列，得到加药量与浊度、总氮TN、总磷TP和COD_{Cr}去除率变化关系图(见图4-103)。

最终得到加药量与四个指标的变化关系折线散点组合图(见图4-104)。

方法2(直接插入含多个数据系列的图表法)：按住"Ctrl"键，同时选中所有需要添加的数据系列，再点击【插入】→【图表】→【带直线和数据标记的散点图】，即可一次性插入含多个数据系列的带折线散点组合图，得到粗略图(见图4-105)。

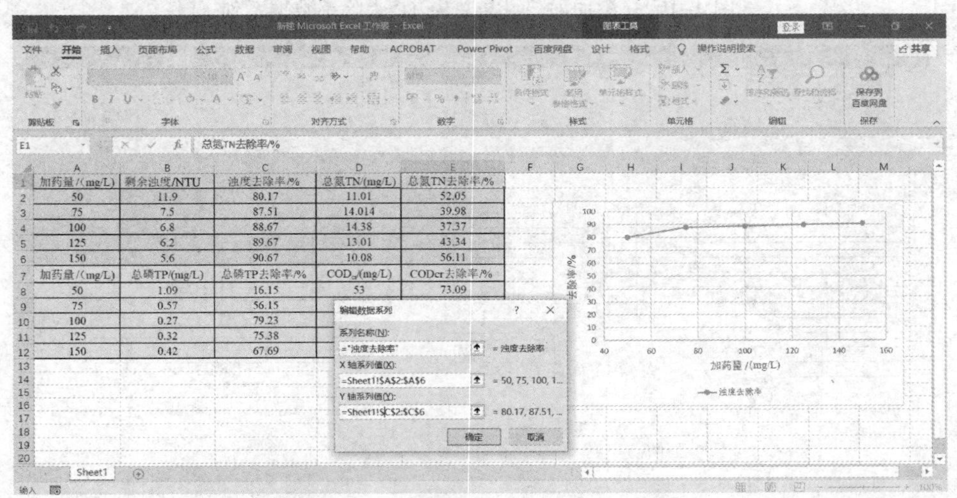

图4-100　添加加药量与浊度去除率数据系列

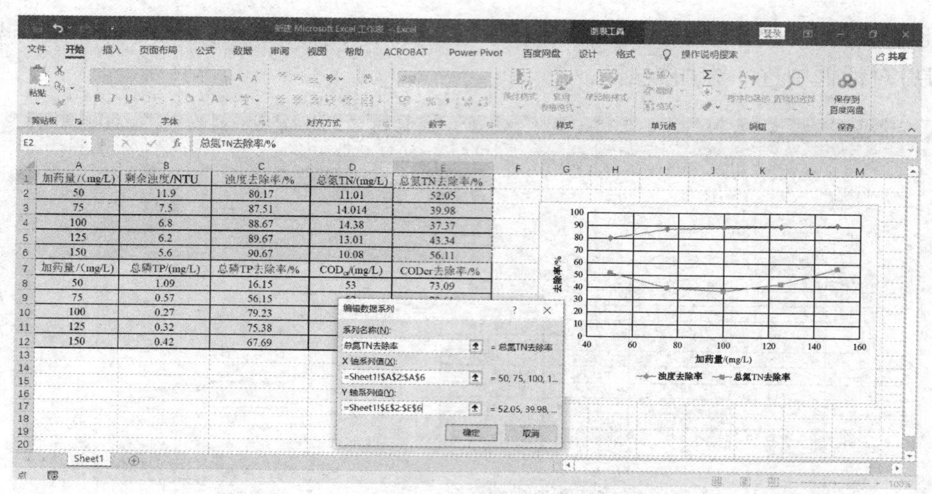

加药量/(mg/L)	剩余浊度/NTU	浊度去除率/%	总氮TN/(mg/L)	总氮TN去除率/%
50	11.9	80.17	11.01	52.05
75	7.5	87.51	14.014	39.98
100	6.8	88.67	14.38	37.37
125	6.2	89.67	13.01	43.34
150	5.6	90.67	10.08	56.11
加药量/(mg/L)	总磷TP/(mg/L)	总磷TP去除率/%	COD_{cr}/(mg/L)	CODcr去除率/%
50	1.09	16.15	53	73.09
75	0.57	56.15		
100	0.27	79.23		
125	0.32	75.38		
150	0.42	67.69		

图 4-101　添加加药量与总氮 TN 去除率数据系列

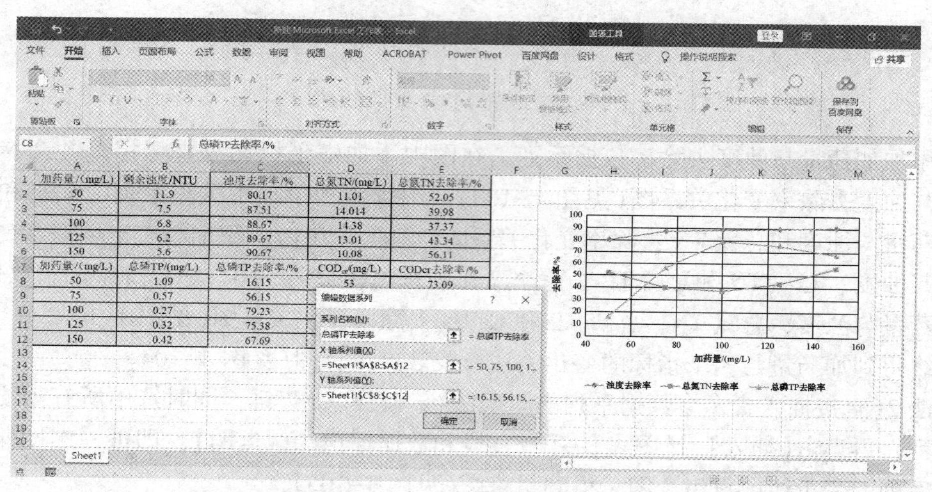

加药量/(mg/L)	剩余浊度/NTU	浊度去除率/%	总氮TN/(mg/L)	总氮TN去除率/%
50	11.9	80.17	11.01	52.05
75	7.5	87.51	14.014	39.98
100	6.8	88.67	14.38	37.37
125	6.2	89.67	13.01	43.34
150	5.6	90.67	10.08	56.11
加药量/(mg/L)	总磷TP/(mg/L)	总磷TP去除率/%	COD_{cr}/(mg/L)	CODcr去除率/%
50	1.09	16.15	53	73.09
75	0.57	56.15		
100	0.27	79.23		
125	0.32	75.38		
150	0.42	67.69		

图 4-102　添加加药量与总磷 TP 去除率数据系列

加药量/(mg/L)	剩余浊度/NTU	浊度去除率/%	总氮TN/(mg/L)	总氮TN去除率/%
50	11.9	80.17	11.01	52.05
75	7.5	87.51	14.014	39.98
100	6.8	88.67	14.38	37.37
125	6.2	89.67	13.01	43.34
150	5.6	90.67	10.08	56.11
加药量/(mg/L)	总磷TP/(mg/L)	总磷TP去除率/%	COD_{cr}/(mg/L)	CODcr去除率/%
50	1.09	16.15	53	73.09
75				73.61
100				74.11
125				73.61
150				71.57

编辑数据系列
系列名称(N):
CODcr去除率
= CODcr去除率
X 轴系列值(X):
=Sheet1!$A$8:$A$12
= 50, 75, 100, 1...
Y 轴系列值(Y):
=Sheet1!$E$8:$E$12
= 73.09, 73.61, ...
确定
取消
去除率/%
加药量/(mg/L)
浊度去除率
总氮TN去除率
总磷TP去除率
CODcr去除率
Sheet1

图 4-103　添加加药量与 CODcr 去除率数据系列

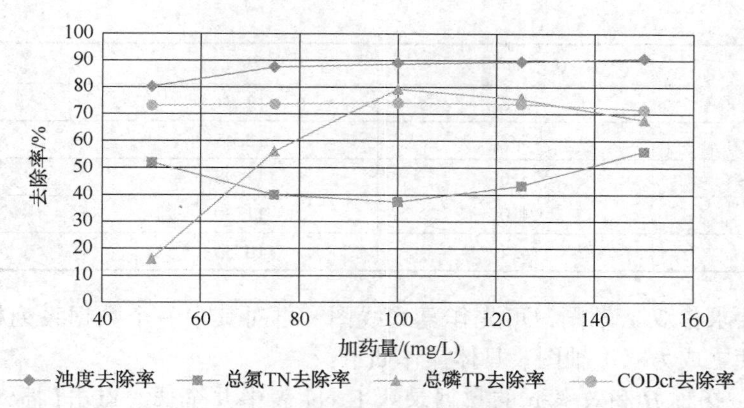

图 4-104　加药量与四个指标的变化关系图

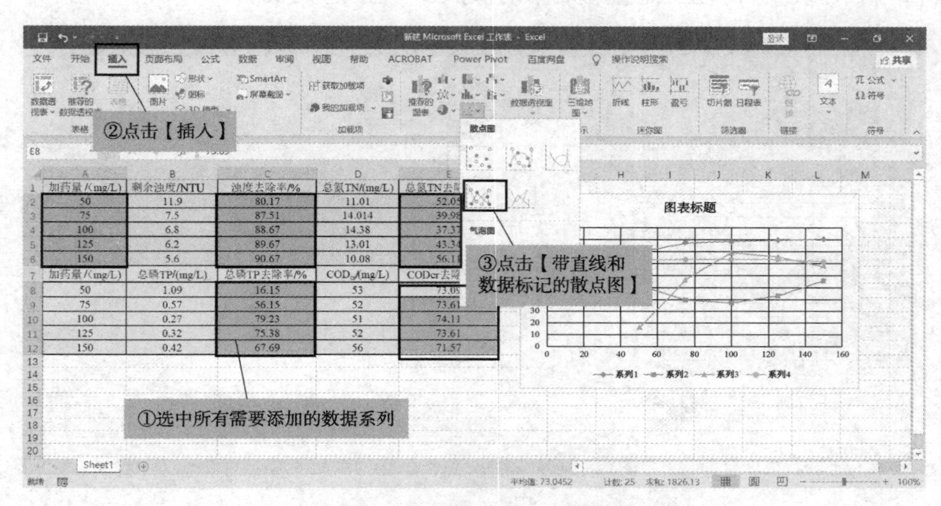

图 4-105　插入多个数据系列的带折线散点图

在此基础上，对图表进行编辑和美化，同样能得到图 4-104。

【例 4-13】　对离心泵性能进行测试的实验中，得到流量 Q_v、扬程 H 和效率 η 的数据（见表 4-13），绘制离心泵特性曲线：扬程曲线 Q_v-H 和效率曲线 Q_v-η，均拟合成多项式（要求作双 Y 轴图）。

表 4-13　流量 Q_v、扬程 H 和效率 η 的关系数据

序号	Q_v/(m^3/h)	H/m	η
1	0	15.00	0
2	0.4	14.84	0.085
3	0.8	14.56	0.156
4	1.2	14.33	0.224
5	1.6	13.96	0.277
6	2.0	13.65	0.333
7	2.4	13.28	0.385

续表

序号	$Q_v/(m^3/h)$	H/m	η
8	2.8	12.81	0.416
9	3.2	12.45	0.446
10	3.6	11.98	0.468
11	4.0	11.30	0.469
12	4.4	10.53	0.433

解：本题要求作双 Y 轴图，可先作复式线图，再对其中一个数据系列格式进行修改，设置次坐标轴使之成为双 Y 轴图。具体操作如下：

将流量 Q_v、扬程 H 和效率 η 的数据录入 Excel 表中并全选，点击【插入】→【图表】→【散点图】，插入流量、扬程及流量与效率的散点图(见图 4-106)。

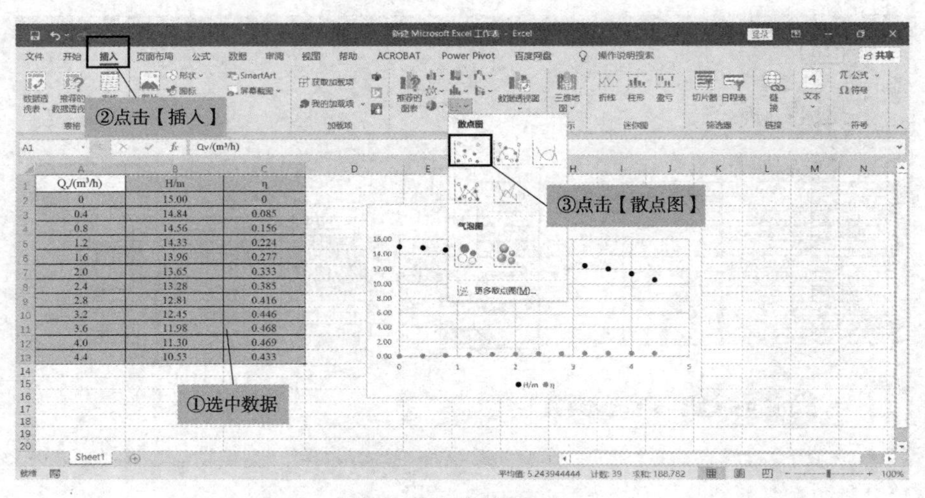

图 4-106　插入散点图

右键单击生成的散点图其中一个数据系列，在弹出的菜单中选择【设置数据系列格式】(见图 4-107)，选中【次坐标轴】，该数据系列便以次坐标轴作图。次坐标轴数据范围自动调整为适合该数据系列的范围(见图 4-108)。

再双击左侧的纵坐标轴数据，在【设置图表区格式】中将【坐标轴选项】的【边界】值进行微调，最小值由“0”调整为“10”。添加横坐标和两个纵坐标的标题，修改标题内容，调整字体(见图 4-109)。

根据题意，两条曲线均需拟合成多项式。在图 4-109 上右键点击其中一个数据系列，选中【设置趋势线格式】，在【趋势线选项】中选择【多项式】，阶数默认为“2”即可。再按上述步骤将另一个数据系列的趋势线也设置为多项式(见图 4-110)。

再经过调整、修改和美化，最终生成扬程曲线 Q_v-H 和效率曲线 Q_v-η 的双轴图(见图 4-111)。从扬程 H 和效率 η 的数据，及最初生成的单纵轴散点图可以看出，扬程 H 和效率 η 的数据波动幅度不大，但两个参数的数值却相差一个数量级。两个数据系列使用同一个纵轴，则数据趋势的变化无法在同一张图上清晰呈现。而每个数据系列使用单独的纵轴，可根据数据的大小调整坐标轴的上、下边界值，数据的细微波动可以更清晰地显示出来。

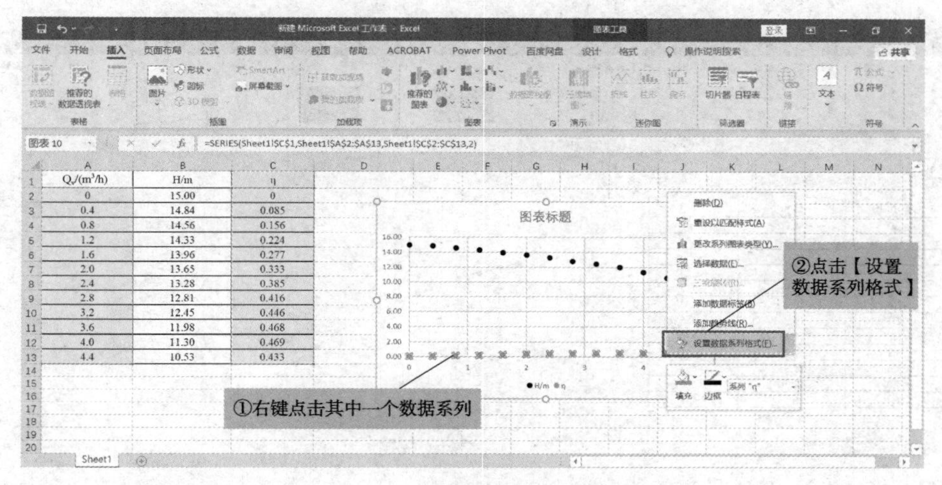

图 4-107　设置数据系列格式

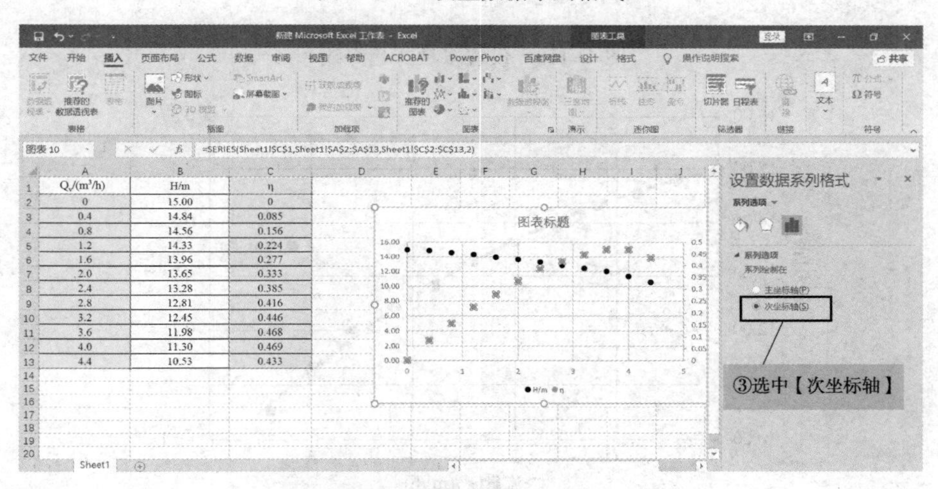

图 4-108　设置次坐标轴

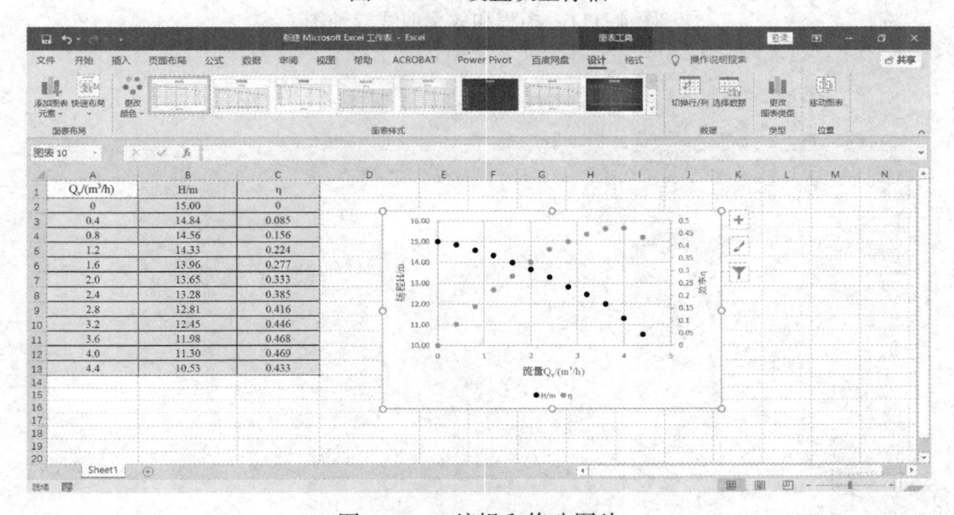

图 4-109　编辑和修改图片

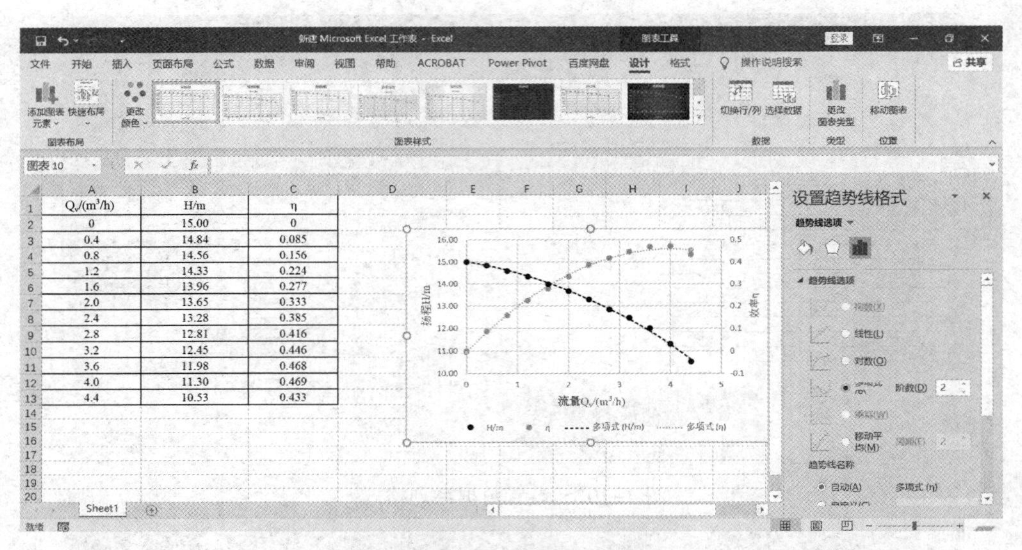

$Q_v/(m^3/h)$	H/m	η
0	15.00	0
0.4	14.84	0.085
0.8	14.56	0.156
1.2	14.33	0.224
1.6	13.96	0.277
2.0	13.65	0.333
2.4	13.28	0.385
2.8	12.81	0.416
3.2	12.45	0.446
3.6	11.98	0.468
4.0	11.30	0.469
4.4	10.53	0.433

图 4-110　设置多项式趋势线

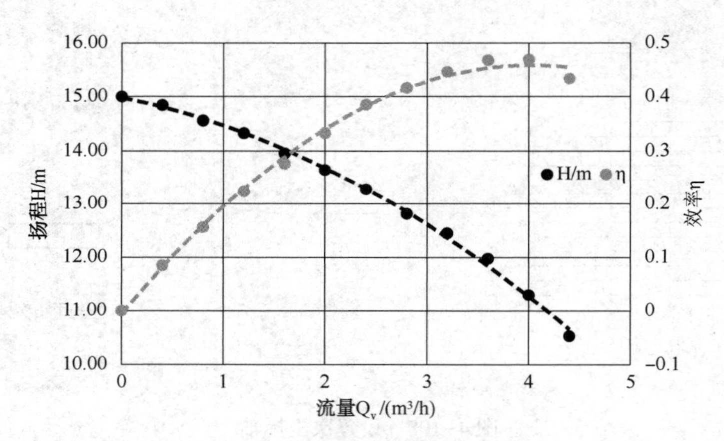

图 4-111　扬程和效率曲线双轴图

第 5 章　Excel 在方差分析中的应用

5.1　方差分析

方差分析是数理统计学的基本方法之一，是工业、农业生产活动和科学研究中数据分析的一种常用工具。它指的是通过对样本方差的分析，查找试验结果的影响因素，并检验因素对试验结果影响的显著性。实际上，方差分析研究的是自变量(影响因素)与因变量(试验结果)之间的相互关系。根据影响因素的个数，方差分析可以分为单因素方差分析和多因素方差分析。单因素方差分析是指只考察一个因素变动的方差分析，多因素方差分析是考察两个或两个以上因素变动的方差分析。

方差分析的基本原理认为，不同的数据组均数间的变异主要来源有两个(见图 5-1)：

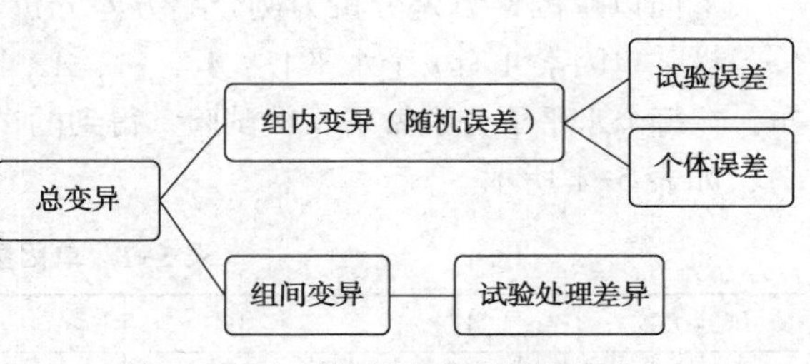

图 5-1　方差分析中总变异的组成

(1) 试验条件，指不同的试验处理，即不同的试验条件或因素的水平造成的变异，称为组间变异(或组间差异)，用组间方差表示。

(2) 组内变异，如试验过程中测量误差造成的差异或个体间的差异，称为组内变异(随机误差)。

在方差分析中，以试验数据与平均值的离差平方和(以 SS 表示)作为变异的统计量，而检验组间方差和组内方差之间的差异用 F 检验法。

方差分析的应用条件为：

(1) 各样本必须是相互独立的随机样本，数据总体服从正态分布。

(2) 各类变异的相互独立性，即变异的可加性、变异的可分解性。根据这一原理，试验数据的总变异可分解为若干个不同来源的变异，并根据不同来源的变异在总变异中的比重，对造成数据变异的原因做出解释。

(3) 不同试验处理得到的试验数据的方差没有显著差异，即各总体方差相等，或方差齐性。

方差分析一般应用于以下几种情况：

(1) 两个或多个样本均数间的比较。

(2) 两个样本的方差齐性检验等。

(3) 回归方程的线性假设检验。

(4) 多元线性回归分析中偏回归系数的假设检验。

(5) 分析两个或多个因素间的交互作用。

5.2 方差分析的基本步骤

在满足方差分析适用性的前提下，方差分析的步骤大致如下：

(1) 建立检验假设：

假设 1：多个样本总体均值相等。

假设 2：多个样本总体均值不相等或不全部相等。

确定检验水平，即显著性水平 α。

(2) 由样本数据计算各项离差平方和，包括总离差平方和、组间离差平方和、组内离差平方和，及每项离差平方和对应自由度。

(3) 计算检验统计量 F 值，并根据显著性水平 α 查找相应自由度下的 F 分布表临界值 F_α。

(4) 将统计量 F 值与临界值 F_α 进行对比，并做出推断和结果判定。若 $F<F_\alpha$，接受假设 1；若 $F \geqslant F_\alpha$，否定假设 1，接受假设 2。

下面以单因素方差分析为例介绍方差分析的基本步骤。

设某单因素 A 有 r 个水平 A_1，A_2，…，A_i，…，A_r，在每种水平下的试验结果服从正态分布，在每个水平下分别做了 n 次试验，得到的试验结果记为 x_{ij} ($i=1$，2，…，r；$j=1$，2，…，n)，如表 5-1 所示。

表 5-1 单因素试验数据表

试验次数	A_1	A_2	…	A_i	…	A_r
1	x_{11}	x_{21}	…	x_{i1}	…	x_{r1}
2	x_{12}	x_{22}	…	x_{i2}	…	x_{r2}
…	…	…	…	…	…	…
j	x_{1j}	x_{2j}	…	x_{ij}	…	x_{rj}
…	…	…	…	…	…	…
n	x_{1n}	x_{2n}	…	x_{in}	…	x_{rn}

注：每组 n 次试验，分成 r 组，共 $n \times r$ 个试验数据。

对 A 因素的方差分析过程分为以下几步：

(1) 计算平均值。

将每种水平下得到的实验数据作为一组。r 组数据得到 r 个平均值，即每组的平均值 $\bar{x}_i$ 计算公式为：

$$\bar{x}_i = \frac{1}{n} \sum_{j=1}^{n} x_{ij} \quad (i=1, 2, \cdots, r) \tag{5-1}$$

所有试验数据的总平均值 $\bar{x}$ 计算式为：

$$\bar{x} = \frac{1}{r \times n} \sum_{i=1}^{r} \sum_{j=1}^{n} x_{ij} \tag{5-2}$$

(2) 计算各项的离差平方和。

试验结果的总差异，即试验中产生的总变异，包括每组的 n 个数据之间的差异及 r 个水

平分成的 r 组均数之间的差异，两者总和记为 SS_T，由各试验值与总平均值偏差的平方和计算得出：

$$SS_T=\sum_{i=1}^{r}\sum_{j=1}^{n}(x_{ij}-\bar{x})^2 \tag{5-3}$$

组间差异，即组间变异，表示由不同的试验条件造成的变异。用各组的均值与总均值偏差的平方和的总和表示，即组间离差平方和，记作 SS_A：

$$SS_A=\sum_{i=1}^{r}\sum_{j=1}^{n}(\bar{x}_i-\bar{x})^2=\sum_{i=1}^{r}n(\bar{x}_i-\bar{x})^2 \tag{5-4}$$

组内差异，即组内变异，由试验误差和组内个体差异造成的变异，反映在每个水平下各试验值之间的差异程度。用各组的均值与该组内变量值之偏差平方和的总和表示，即组内离差平方和，记作 SS_e：

$$SS_e=\sum_{i=1}^{r}\sum_{j=1}^{n}(x_{ij}-\bar{x}_i)^2 \tag{5-5}$$

三种离差平方和之间的关系为：

总离差平方和(SS_T)= 组间离差平方和(SS_A)+组内离差平方和(SS_e)，即：

$$\sum_{i=1}^{r}\sum_{j=1}^{n}(x_{ij}-\bar{x})^2=\sum_{i=1}^{r}\sum_{j=1}^{n}(\bar{x}_i-\bar{x})^2+\sum_{i=1}^{r}\sum_{j=1}^{n}(x_{ij}-\bar{x}_i)^2 \tag{5-6}$$

(3) 计算各项的自由度。

方差分析中，各项离差平方和的大小与试验数据的多少有关。因此，组间方差与组内方差的大小不能直接比较各自的离差平方和，而应该去掉自由度的影响。各项的自由度如下：

每组 n 次试验，分成 r 组，共计($n\times r$)个试验数据。因此，

总自由度：

$$df_T=nr-1 \tag{5-7}$$

组间自由度：

$$df_A=r-1 \tag{5-8}$$

组内自由度：

$$df_e=r(n-1) \tag{5-9}$$

三者关系为：

$$df_T=df_A+df_e \tag{5-10}$$

(4) 计算均方差(均方)。

设 MS_T、MS_A 和 MS_e 分别为总均方差(或总均方)、组间均方差(或组间均方)和组内均方差(或组内均方)，各均方差项由其离差平方和除以相应的自由度得到：

$$MS_T=\frac{SS_T}{df_T}=\frac{SS_T}{nr-1} \tag{5-11}$$

$$MS_A=\frac{SS_A}{df_A}=\frac{SS_A}{r-1} \tag{5-12}$$

$$MS_e=\frac{SS_e}{df_e}=\frac{SS_e}{r(n-1)} \tag{5-13}$$

(5) 差异显著性检验。

判断因素 A 对试验结果的影响是否显著，即判断由不同的实验处理得到的方差与随机误差的差异程度，可用 F 检验法进行方差的显著性检验。统计量 F 的计算式为：

$$F=\frac{组间均方}{组内均方}=\frac{MS_A}{MS_e} \tag{5-14}$$

方差分析结果汇总表如表 5-2 所示。

若 $F \leqslant 1$，即组间方差≤组内方差，说明组间变异在总变异中所占的比重很小，大部分变异由试验误差及个体差异所致，即不同的试验处理效果之间差异不大，接受假设 1；

若 $F>1$，即组间方差>组内方差，表明数据的总变异基本上由不同的试验处理造成，可判定不同的试验处理效果之间存在显著差异。样本值同假设 1 有显著矛盾，原假设不正确，应予以拒绝。

表 5-2 方差分析结果汇总表

差异源	SS	df	MS	F	临界值	显著性
组间(因素 A)	SS_A	$r-1$	$MS_A=\frac{SS_A}{df_A}=\frac{SS_A}{r-1}$	$\frac{MS_A}{MS_e}$	$F_\alpha(df_A, df_e)$	
组内(误差)	SS_e	$r(n-1)$	$MS_e=\frac{SS_e}{df_e}=\frac{SS_e}{r(n-1)}$			
总和	SS_T	$nr-1$	$MS_T=\frac{SS_T}{df_T}=\frac{SS_T}{nr-1}$			

在给定的显著性水平 α 下，统计量 F 服从自由度为(df_A, df_e)的 F 分布，临界值 $F_\alpha(df_A, df_e)$查 F 分布表可得。若 $F>F_\alpha(df_A, df_e)$，则否定假设 1，即因素 A 对试验结果影响显著；否则，接受假设 1。

显著性水平 α 通常取值为 0.05 和 0.01，方差分析表(见表 5-2)的显著性检验结论一般分以下三种情况：

(1) 若 $F \geqslant F_{0.01}(df_A, df_e)$，表明因素 A 对试验结果的影响非常显著。由于 $F \geqslant F_{0.01}(df_A, df_e)$出现的概率只有 1%，是一个极小概率事件。当其出现时，更说明假设 1 不正确。也就是说，试验条件的改变对试验结果有高度显著影响。该因素是高度显著性因素，记为“**”。

(2) 若 $F_{0.05}(df_A, df_e) \leqslant F<F_{0.01}(df_A, df_e)$，表明因素 A 对试验结果有一定的影响。由于 $F \geqslant F_{0.05}(df_A, df_e)$出现的概率只有 5%，是一个小概率事件。当其出现时，说明假设 1 不正确。也就是说，试验条件的改变对试验结果有显著影响。该因素是显著性因素，记为“*”。

(3) 若 $F<F_{0.05}(df_A, df_e)$，表明因素 A 对试验结果的影响不显著。

大多数的生产和科学活动中试验结果的影响因素不止一个，需要应用多因素方差分析。多因素方差分析的程序与单因素方差分析大致相同，只是由于影响因素有多个，按不同的因素水平分组时，平均值、组间离差平方和、自由度和方差的项数增多，也需要计算不同影响因素下的 F 统计量的值，计算过程更为复杂。Excel 的“数据分析”模块集成了方差分析工具，只需要提供必要的样本数据，设置好分析参数，复杂的计算过程全部由 Excel 代替，便可得到准确的方差分析结果，极大地简化了运算过程。Excel 提供三种方差分析工具，即单因素方差分析、可重复双因素分析和无重复双因素分析。

5.3 Excel 在单因素方差分析中的应用

【例 5-1】 四个检测机构用相同的检测方法测定同一试样中水分含量，检测结果见表 5-3。试分析不同检测机构之间的测量精度是否有显著差异($\alpha=0.05$)。

表 5-3 不同检测机构的试样水分测定结果

检测机构	甲	乙	丙	丁
水分含量/%	24.8	24.7	25.6	25.4
	25.1	25.1	25.8	25.0
	25.2	24.5	25.1	25.4
	24.8	24.9	25.4	25.2
	25.1	24.8	25.6	25.0

解：不同检测机构测定同一试样中的水分含量，检测方法也相同，不同检测机构的精度是本题中考虑的因素，因此用单因素方差分析。

① 先按图 5-2 所示在 Excel 表中录入数据。点击工具栏中【数据分析】，再单击选项卡中的【数据分析】(应先根据第 2.4.1.1 节的操作加载数据分析工具库)，即弹出【数据分析】对话框。选中【方差分析：单因素方差分析】后点击【确定】。

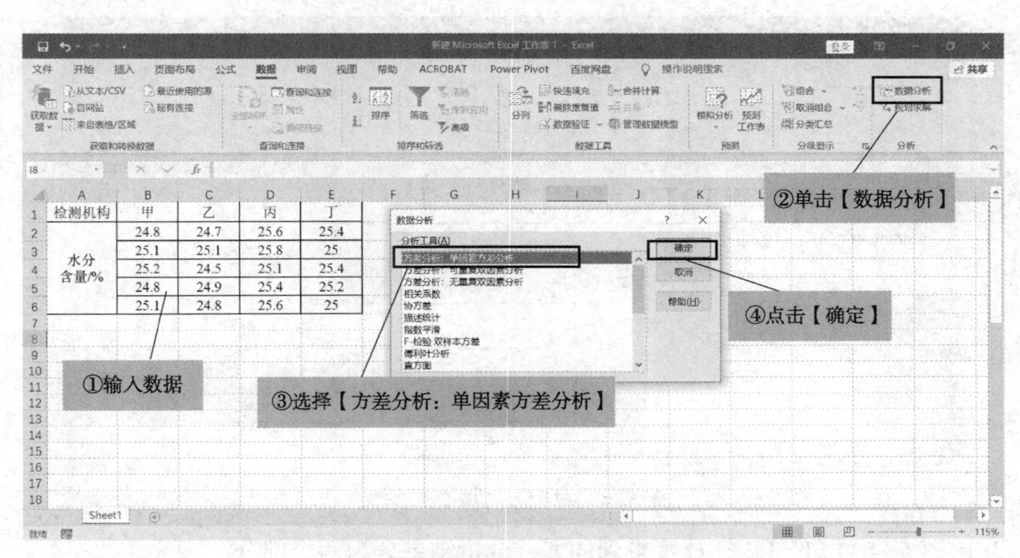

图 5-2 选择单因素方差分析

② 在弹出的【方差分析：单因素方差分析】对话框中进行参数设置(见图 5-3)：

【输入区域】：键入 B1:E6 区域全部数据。

【分组方式】：水分含量的测定结果按不同的检测机构分组，每列代表一组。因此，分组方式选中【列】(若每行数据代表一组，分组方式应选中【行】)。

【标志】：因数据输入区域包含四个检测机构名称，需勾选【标志】，α 填入 0.05。若【输入区域】内仅填入 B2:E6 区域内水分测量结果数据值，则不勾选【标志】。

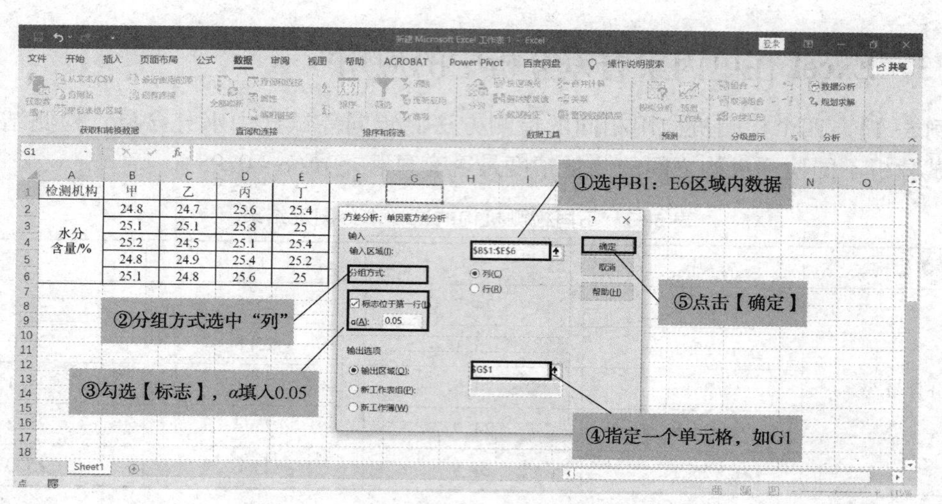

图 5-3　单因素方差分析参数设置

【输出选项】：任选一项均可。如需在当前 Excel 表中显示方差分析结果，可选中【输出区域】，并在当前 Excel 页面中指定一个单元格，如 G1(在该指定单元格的右方和下方留足空白位置，以方差分析结果不覆盖原始数据又能与原始数据显示在同一界面为宜)。

上述设置全部完成后点击【确定】，得到方差分析结果(见图 5-4)。

检测机构	甲	乙	丙	丁
水分含量/%	24.8	24.7	25.6	25.4
	25.1	25.1	25.8	25
	25.2	24.5	25.1	25.4
	24.8	24.9	25.4	25.2
	25.1	24.8	25.6	25

方差分析：单因素方差分析

SUMMARY

组	观测数	求和	平均	方差
甲	5	125	25	0.035
乙	5	124	24.8	0.05
丙	5	127.5	25.5	0.07
丁	5	126	25.2	0.04

方差分析

差异源	SS	df	MS	F	P-value	F crit
组间	1.3375	3	0.445833	9.145299	0.000928	3.238872
组内	0.78	16	0.04875			
总计	2.1175	19				

图 5-4　单因素方差分析结果

③ 由图 5-4 可知，Excel 计算得到的方差分析结果分为两个部分：

第一部分“SUMMARY”，汇总显示方差分析数据中每组的观测数量、求和、平均值及方差等基本信息。从该表的数据可以核查方差分析参数设置是否准确。例如，汇总的观测数与试验数据表中实际的测量数若不符，说明得到的方差分析结果不正确。

第二部分“方差分析”，汇总各项的离差平方和、自由度、均方、统计量 F、P 值及临界值F_{α}。由表中数据可知，$F=9.15$，$F_{0.05}(3,\ 16)=3.24$。则 $F>F_{0.05}(3,\ 16)$；且 $P=0.000928$，P 远小于 α，说明不同检测机构的测量精度存在显著差异。

结论：不同检测机构的测量精度存在显著差异。

5.4 Excel 在双因素方差分析中的应用

工业生产和科学活动中许多问题的试验结果常常受到两个或两以上因素的影响。同时考察两个或两个以上因素的方差分析，称为多因素方差分析。本节以两个因素为例，讲解双因素方差分析。

在 Excel“数据分析”工具中，双因素分析工具有两种：可重复双因素分析和无重复双因素分析。当两个因素的每个水平组合下都试验一次且只有一个试验结果时，分析数据采用“方差分析：无重复双因素分析”工具。当两个因素的每个水平组合下都有两次或两次以上试验结果时，分析数据采用“方差分析：可重复双因素分析”工具。

5.4.1 无重复双因素试验

【例 5-2】 用火焰原子吸收分光光度法测定水环境中的铜含量时，对试验条件进行优化，分析了乙炔和空气流量变化对铜在 324.7nm 处的吸光度影响，得到分析结果(见表 5-4)。试分析乙炔流量和空气流量是否对铜的吸光度值有显著影响($\alpha=0.05$)。

表 5-4 乙炔流量和空气流量对铜元素吸光度的影响

乙炔流量/(L/min)	空气流量/(L/min)				
	8	9	10	11	12
1.0	0.81	0.82	0.80	0.80	0.77
1.5	0.82	0.82	0.79	0.79	0.76
2.0	0.75	0.76	0.75	0.75	0.71
2.5	0.60	0.68	0.69	0.70	0.69

解：本题中，铜元素的吸光度值是测量结果，影响吸光度的因素有两个，分别是乙炔流量和空气流量，且每种因素水平的组合条件下，测量次数仅有一次，因此采用双因素无重复方差分析。

先将数据录入 Excel 表中，点击工具栏中【数据分析】，在弹出的【数据分析】对话框中选择【方差分析：无重复双因素分析】后，点击【确定】(见图 5-5)。

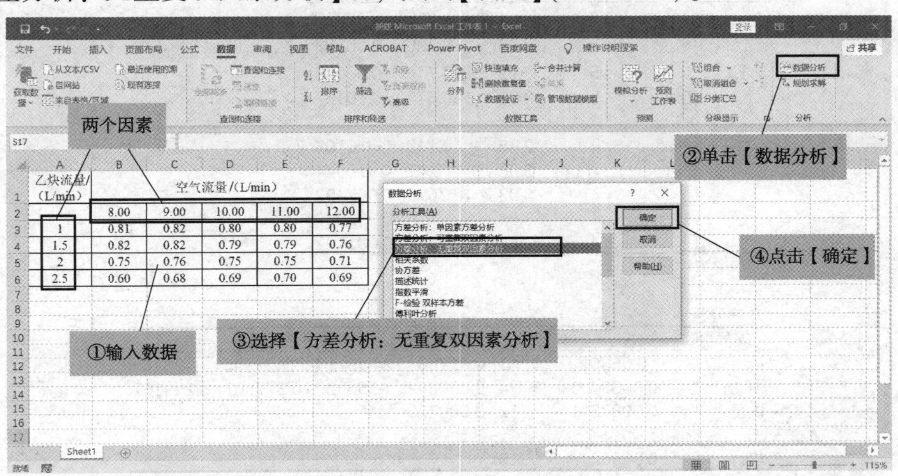

图 5-5 选择无重复双因素方差分析

① 在弹出的【方差分析：无重复双因素分析】对话框中设置分析参数。

【输入区域】：输入 A2:F6 区域内全部数据。

【标志】：因数据区域涵盖了乙炔流量和空气流量的分组数据，应勾选【标志】，α 填入 0.05。若【输入区域】内仅填入 B3:F6 区域内吸光度数据，则不勾选【标志】。

【输出选项】：任选一项均可。如需在当前 Excel 表中输出方差分析结果，可选中【输出区域】，并在当前 Excel 页面中指定一个单元格，如 H1，点击【确定】(见图 5-6)。

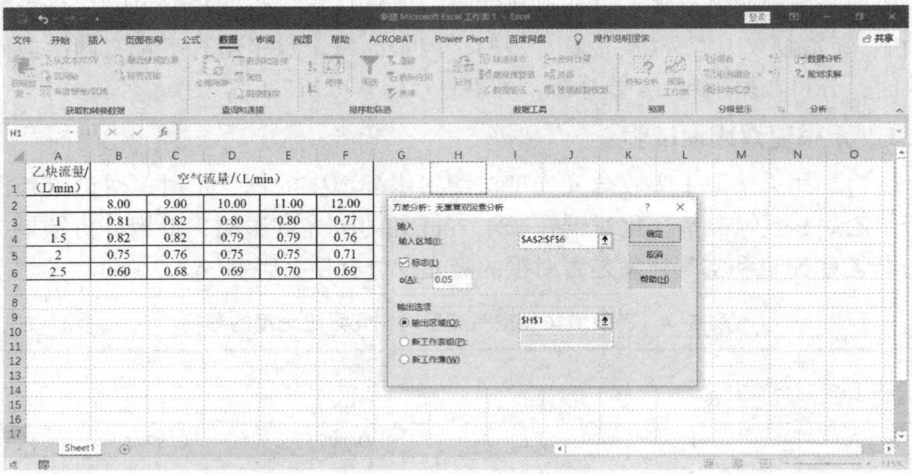

图 5-6　双因素无重复方差分析参数设置

② Excel 自动计算并返回无重复双因素方差分析结果表(见图 5-7)。

结果中“行”代表的是乙炔流量，由该因素引入的变异，统计量 $F_{乙炔}=24.46$，临界值 $F_{0.05}(3,\ 12)=3.49$，$F_{乙炔}>F_{0.05}(3,\ 12)$，且 P 远小于 0.05，均说明乙炔流量的大小对试验结果有显著影响。

方差分析：无重复双因素分析

SUMMARY	观测数	求和	平均	方差
1	5	4	0.8	0.00035
1.5	5	3.98	0.796	0.00063
2	5	3.72	0.744	0.00038
2.5	5	3.36	0.672	0.00167
8	4	2.98	0.745	0.0103
9	4	3.08	0.77	0.0044
10	4	3.03	0.7575	0.002492
11	4	3.04	0.76	0.002067
12	4	2.93	0.7325	0.001492

方差分析

差异源	SS	df	MS	F	P-value	F crit
行	0.0535	3	0.017833	24.45714	2.12E-05	3.490295
列	0.00337	4	0.000842	1.155429	0.377807	3.259167
误差	0.00875	12	0.000729			
总计	0.06562	19				

图 5-7　无重复双因素方差分析结果表

结果中“列”代表空气流量，由该因素引入的变异，统计量$F_{空气}=1.16$，临界值$F_{0.05}(4,12)=3.26$，$F_{空气}<F_{0.05}(4,12)$，且$P>0.05$，均说明空气流量的变化对分析结果没有显著影响。

通过双因素方差分析，得出结论：乙炔流量的大小对铜的吸光度值有显著影响，空气流量的变化对铜的吸光度值没有显著影响。

5.4.2 双因素重复试验的方差分析

在无重复双因素方差分析中，一般假设两个因素是相互独立、互不影响的。但实际上，同时考察多个因素对试验指标的影响时，因素不仅各自独立地对试验结果产生影响，而且因素与因素之间还可以联合对试验结果产生交互作用的影响。在无重复试验条件下，每种水平搭配只进行一次试验，无法对交互作用进行分析。此时，交互作用同试验的随机误差影响混杂在一起，只能一起当作随机误差来考虑。

想要将两因素之间的交互作用同试验的随机误差分离，需要对两个因素每一种不同的水平组合各进行若干次重复试验，才能分析出两个因素之间是否存在交互作用。以下通过对每一种不同的水平组合方式都进行相同次数重复试验的例子，对两因素的重复试验进行双因素方差分析。

【例 5-3】 为研究温度和小麦水分含量对酿酒过程中小麦糖化时间的影响，选取了T_1、T_2两种烘烤温度，及W_1、W_2、W_3、W_4四种水分含量的小麦进行试验，得到8个组合，每种条件组合下均重复测试3次，得到糖化时长数据，测试结果见表5-5。

表 5-5 不同温度下小麦水分对糖化时间的影响 h

温度	水分			
	W_1	W_2	W_3	W_4
T_1	13.0	9.0	15.5	18.5
	14.0	10.5	15.0	17.5
	12.5	11.5	13.5	19.0
T_2	4.5	12.5	15.5	16.5
	6.0	14.5	16.0	15.0
	5.5	15.0	17.5	18.0

解：可重复双因素方差分析步骤如下：

① 按图5-8所示将数据录入Excel表中，应将同一个水平组合下的3次重复测试结果列在不同的三行中。点击工具栏中【数据分析】，即弹出【数据分析】对话框。本题中影响小麦糖化时间的因素有两个，分别是温度和小麦水分含量，且每种组合水平下有三次测试结果，因此需要用可重复双因素方差分析工具，在【数据分析】对话框中选中【方差分析：可重复双因素分析】后点击【确定】。

② 在弹出的【方差分析：可重复双因素分析】对话框中设置各项参数。

【输入区域】：输入A2:E8区域内全部数据。注意：输入的数据必须包含行和列标题栏，否则Excel计算会出错。

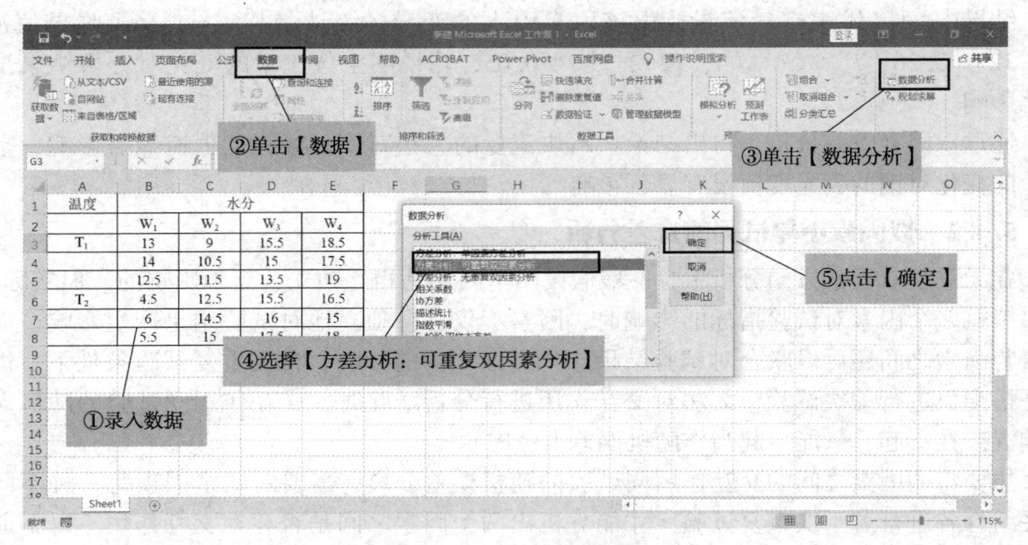

图 5-8　选择可重复双因素方差分析

【每一样本的行数】：每个水平组合条件下重复试验的次数。根据题意，空格内应输入重复测量次数“3”。α 值填入 0.05。

【输出选项】：任选一项均可。如需在当前 Excel 表中输出方差分析结果，可选中【输出区域】，并在当前 Excel 页面中指定一个单元格，如 G1（在该指定单元格位置的右方和下方留足空白位置，以方差分析结果不覆盖原始数据又能与原始数据显示在同一界面为宜），点击【确定】（见图 5-9）。

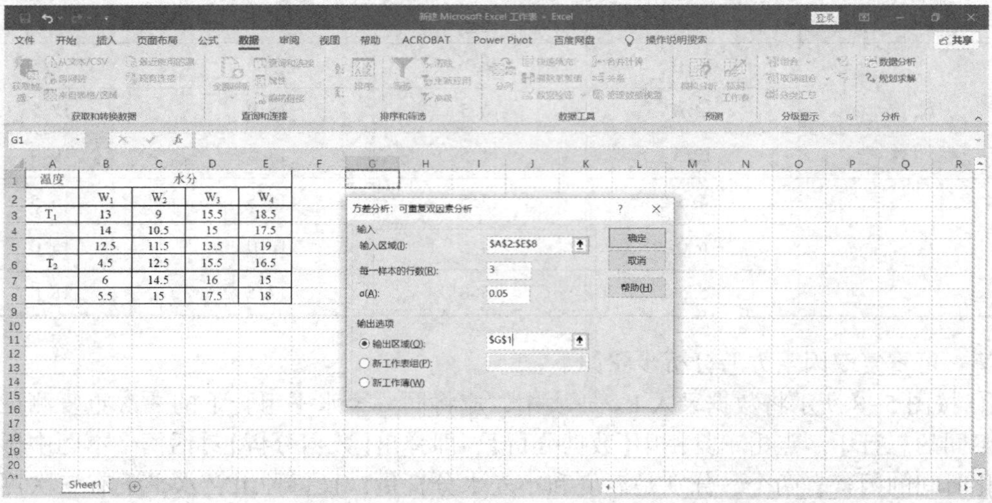

图 5-9　可重复双因素方差分析参数设置

③ Excel 自动计算并返回可重复双因素方差分析结果（见图 5-10），共四个表。前两个表是不同水平组合条件下的观测数，及其结果的数值求和、平均与方差的计算结果；第三个表是全部数据的总体情况。

第四个表是方差分析统计表，表中“样本”代表的因素是温度；“列”代表的因素是小麦的水分含量；“交互”表示温度和小麦水分含量两种因素的交互作用；“内部”代表误差。从“列”“行”“交互”三项的统计量 F 值和对应自由度下的 F 临界值对比情况来看，F 统计量值均大于临界值，说明考察的因素温度和小麦的水分含量及两者的交互作用对糖化时间均有显著影响，应通过进一步分析找到最佳的酿制条件。

方差分析：可重复双因素分析						
SUMMARY	W1	W2	W3	W4	总计	
T1						
观测数	3	3	3	3	12	
求和	39.5	31	44	55	169.5	
平均	13.16667	10.33333	14.66667	18.33333	14.125	
方差	0.583333	1.583333	1.083333	0.583333	9.778409	
T2						
观测数	3	3	3	3	12	
求和	16	42	49	49.5	156.5	
平均	5.333333	14	16.33333	16.5	13.04167	
方差	0.583333	1.75	1.083333	2.25	23.70265	
总计						
观测数	6	6	6	6		
求和	55.5	73	93	104.5		
平均	9.25	12.16667	15.5	17.41667		
方差	18.875	5.366667	1.7	2.141667		
方差分析						
差异源	SS	df	MS	F	P-value	F crit
样本	7.041667	1	7.041667	5.929825	0.026963	4.493998
列	234.9167	3	78.30556	65.94152	3.17E-09	3.238872
交互	114.375	3	38.125	32.10526	5.29E-07	3.238872
内部	19	16	1.1875			
总计	375.3333	23				

图 5-10 可重复双因素方差分析结果表

本章主要介绍了方差分析的基本过程及 Excel 在方差分析中的应用。如果碰到影响试验指标的因素数是三个或更多，而且多因素方差分析中不同组合条件下的试验次数不相等，则无法直接应用 Excel 的数据分析工具做方差分析。实际上，因素数量越多，计算越复杂。同时，这样的全面试验工程量很大，在实际的工业生产应用时并不实用，既浪费大量时间，也增加成本。从节能、降耗和高效生产的角度出发，如果能将方差分析与试验设计方法相结合，如正交试验设计，科学安排多因素试验的方法，则更能体现方差分析的实用性。

第 6 章　Excel 在回归分析中的应用

6.1　确定性关系和非确定性关系

回归分析和方差分析是数理统计中非常重要、应用广泛的两类方法，它们的共同特点是研究变量之间的关系(见图 6-1)。回归分析着重寻找变量之间近似的函数关系。

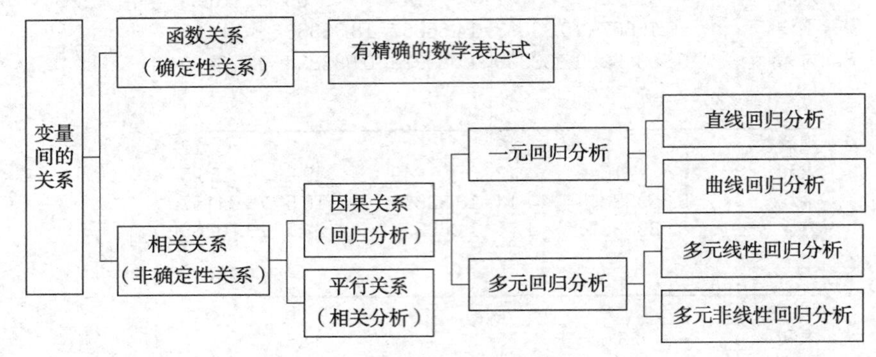

图 6-1　变量间的关系图

在人类生产生活的各种领域中，常常需要研究事物之间的相互关系，从定量的角度来看，可归结为变量之间的关系。通常，变量之间的关系可分成两类：一类是确定性关系，这种关系在数学上可表述为函数关系，有精确的数学表达式。比如，物质的密度(ρ)与其质量(m)和体积(V)，存在着以公式 $\rho=m/V$ 表示的确定性函数关系式。另一类关系是变量之间存在某种联系，但不是完全确定的关系，不能用精确的数学公式来表示。比如，人类头发中金属元素的含量与其在血液中的浓度的关系，人体身高与体重、体内脂肪含量的关系，食品加工过程中加热温度与食品中维生素 C 含量的关系，都存在密切联系，却无法用明确的数学关系式来描述，不能用一个或几个变量的值来准确求得另一个变量的值。

函数关系与相关关系之间存在着联系，在一定的条件下可能相互转换。由于测量误差等的存在，确定性关系往往通过相关关系表现出来。而试验科学中的很多确定性的定理和公式也是通过对大量试验数据的分析和处理，才总结出变量之间的确定性关系的。

由于相关关系的不确定性，在寻找变量间相关关系的过程中，统计学发挥着重要作用。实际应用时，可以通过收集大量的试验数据，在数据统计分析的基础上探索其中的规律，并对相关变量之间的关系做出判断，这种分析方法称为回归分析。通俗地讲，回归分析就是寻找相关关系中非确定关系中的某种确定性。因此，回归分析是研究相关关系的一种重要的工具，也是最常用的一种统计方法。相关关系虽然不是确定的，却是一种统计关系。在大量的试验和测量下，数据往往会呈现一定的规律，这种规律性可以通过试验数据的散点图反映出来，还可借助函数关系式表达出来。这种函数关系式被称为回归函数或回归方程，可用于确定试验结果和试验条件是否存在相关关系，存在怎样的相关关系，还可以根据试验条件的变化和需求预测结果，估计预测的精度，并进行因素主次分析。

若研究的自变量只有一个，即只研究一个因素对试验指标间相关关系的回归分析称为一元回归分析；研究多个自变量(存在多个影响因素)的回归分析称为多元回归分析。

6.2 相关分析

相关分析是分析测定变量间相互关系密切程度的统计方法，一般可借助相关系数、决定系数和相关图来表示。

6.2.1 相关系数

相关系数：用于表述变量 x 和 y 线性相关程度的量，用 r 表示。设有 n 组试验值(x_i ，y_i)($i=1$，2，…，n，$n\geqslant 2$)，则相关系数的计算公式为：

$$r=\frac{L_{xy}}{\sqrt{L_{xx}L_{yy}}} \tag{6-1}$$

式中，L_{xy} 为 x 与 y 的协方差；L_{xx}、L_{yy} 分别为 x 和 y 的方差。它们的计算式为：

$$L_{xy}=\sum_{i=1}^{n}(x_i-\bar{x})(y_i-\bar{y})=\sum_{i=1}^{n}x_iy_i-n\,\overline{xy} \tag{6-2}$$

$$L_{xx}=\sum_{i=1}^{n}(x_i-\bar{x})^2=\sum_{i=1}^{n}x_i^2-n(\bar{x})^2 \tag{6-3}$$

$$L_{yy}=\sum_{i=1}^{n}(y_i-\bar{y})^2=\sum_{i=1}^{n}y_i^2-n(\bar{y})^2 \tag{6-4}$$

相关系数的性质：

(1) r 的数值范围：$-1\leqslant r\leqslant 1$。

(2) 相关系数 r 越接近±1，x 与 y 的线性相关程度越高。$r=\pm 1$ 时，说明 x 与 y 有精确的线性关系(见图6-2)。

(3) $r<0$，说明 x 与 y 呈负线性相关；$r>0$，说明 x 与 y 呈正线性相关。r 越趋向于0，表明 x 与 y 的线性相关性越弱。当 $r\approx 0$ 或 $r=0$ 时，表明 x 与 y 没有线性关系，但可能存在其他类型关系(见图6-2)。

(4) 相关系数 r 存在局限性，它接近于1的程度与试验数据的组数 n 相关。当 n 较小时，r 值的波动较大，尤其是 $n=2$ 时，无论实际的线性如何，由于 $|r|=1$，r 值始终呈现出完美线性。当 n 较大时，$|r|$ 容易偏小。因此，当试验次数 n 较多时，r 才比较接近实际情况，真正得出有意义的结果。

(5) 判断两个变量线性相关程度时，一般认为：

$|r|<0.4$ 时，不存在线性相关，或极弱线性相关；

$0.4\leqslant|r|<0.6$ 时，低度线性关系；

$0.6\leqslant|r|<0.8$ 时，显著线性关系；

$0.8\leqslant|r|<1$ 时，高度线性关系。

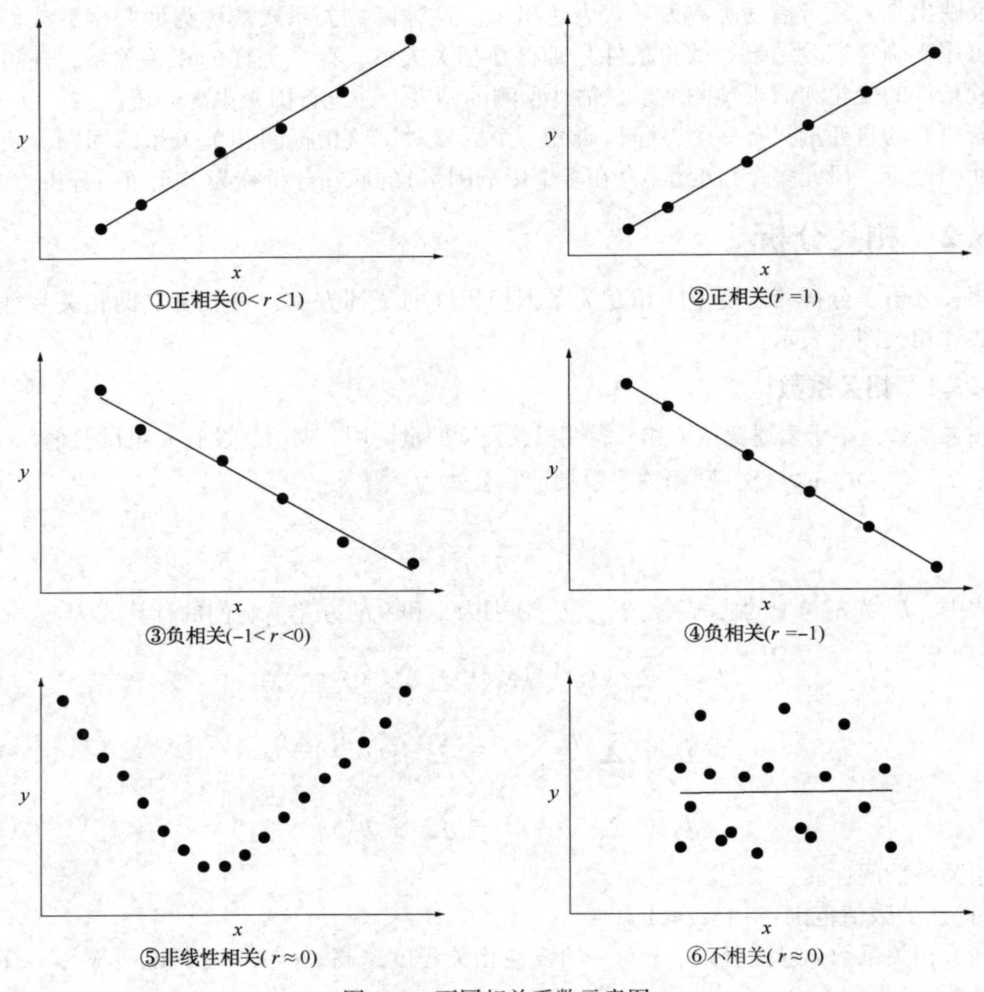

图 6-2　不同相关系数示意图

6.2.2　决定系数

决定系数：定义为由于 x 的不同引起的 y 变异而产生的回归平方和(回归值与算术平均值之间的偏差平方和)，占总离差平方和(包括回归平方和及残差平方和，后者即为试验值和对应的回归值之间的偏差平方和)的比率，用来衡量回归方程对 y 的解释程度，反映回归模型拟合数据的优良程度。决定系数越接近于 1，说明回归模型越好；其值越接近于 0，则模型越差。

实际上，决定系数是相关系数的平方，用R^2表示。决定系数取值范围：$0 \leqslant R^2 \leqslant 1$。与相关系数类似，$R^2$越接近于 1，说明 x 与 y 之间的相关性越强；R^2越接近于 0，表明两个变量之间几乎没有线性相关关系。但由于R^2始终为正值，没有方向，不能判断变量间的正相关或负相关关系。因此，R^2仅能表示变异程度，而不显示变异性质。相关分析中，一般将相关系数 r 与决定系数R^2结合起来使用，即由 r 的正或负表示相关的性质，由R^2表示相关程度。

6.2.3 相关图

前面第 4 章中介绍了试验数据分析和处理中图及表的应用。统计表反映统计资料的情况，表达事物间的数量关系，是对统计指标合理叙述的一种形式。而统计图将统计数据用点、线、面、体等绘制成几何图形来描述和表达各种数量间的关系及其变动情况。跟统计表相比，统计图更直观、形象和生动，变量间的相互关系和变化趋势也更一目了然。

统计分析时，一般先用散点图描述统计数据之间的关系，也称相关图(见图 6-3)。相关图中，横轴一般代表变量 x，纵轴代表变量 y，直角坐标系中的点代表试验数据(x_i，y_i)($i=1$，2，…，n，$n \geqslant 2$)，这些点汇集在一起显现出来的图形，可以大致看出变量关系的统计规律。

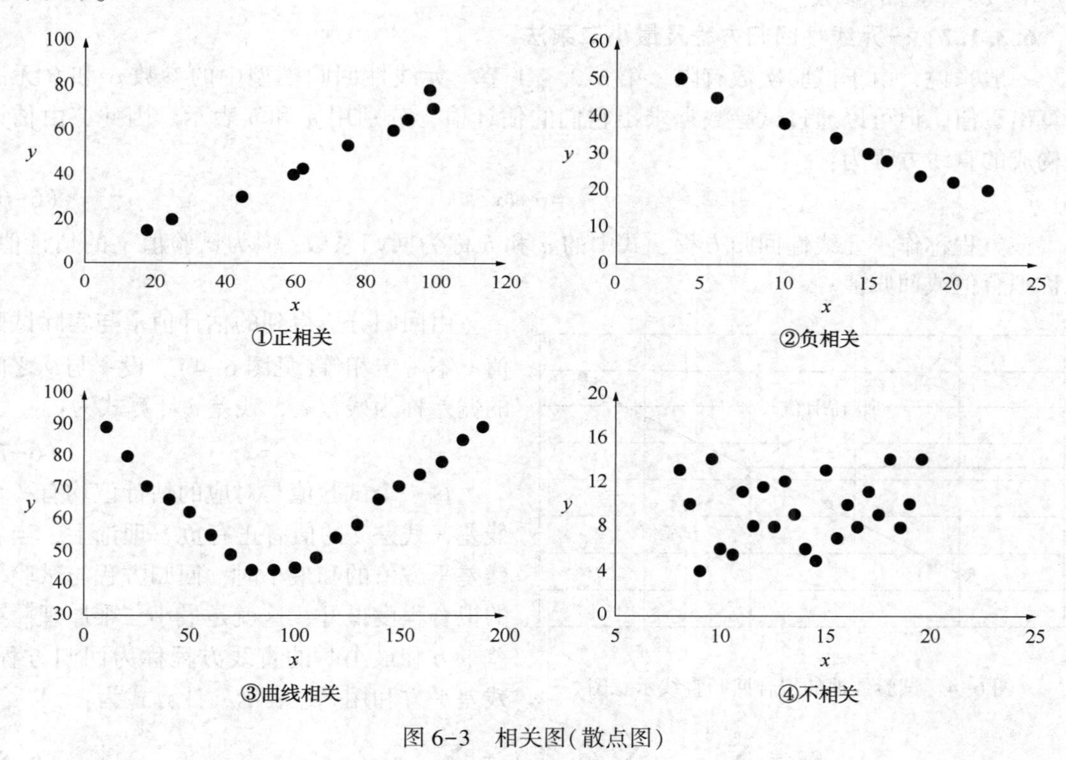

图 6-3 相关图(散点图)

6.3 线性回归分析及预测

6.3.1 一元线性回归分析及回归方程的建立

分析研究中，通常把能够精确测量或严格控制的普遍变量称为自变量，把反映某种指标特性和包含有试验误差的随机变量作为因变量。一元线性回归分析的是自变量 x 和因变量 y 之间的关系。例如，紫外-可见分光光度法和原子吸收分光光度法分析溶液的吸光度时，溶液浓度可以精准控制，作为自变量；吸光度值随溶液浓度发生变化，且受分析设备等因素的影响，称为因变量。

6.3.1.1 一元线性回归模型

设有一组试验数据，x、y 符合线性关系。

x	x_1	x_2	…	x_i	…	x_n
y	y_1	y_2	…	y_i	…	y_n

一元线性回归模型：

$$y_i=\alpha+\beta x_i+\varepsilon_i(i=1,\ 2,\ \cdots,\ n) \tag{6-5}$$

模型中，y 等于 x 的线性部分$(\alpha+\beta x_i)$与误差项 ε_i之和。

线性部分$(\alpha+\beta x_i)$：反映了由于 x 的变化而引起的 y 的变化。

误差项 ε_i：随机变量，反映的是除 x 和 y 的线性关系之外，其他的随机因素对 y 的影响。ε_i是期望值为 0 的随机变量。

α、β：模型的参数。

6.3.1.2　一元线性回归方程及最小二乘法

一般来说，由于试验次数有限，第 6.3.1.1 节一元线性回归模型中的参数 α 和 β 无法计算出真值。但可以通过试验数据求出它们的估计值，分别用 a 和 b 表示。因此，由估计值构成的直线方程为：

$$\hat{y}_i=a+bx_i \tag{6-6}$$

该方程称作一元线性回归方程，式中的 a 和 b 称为回归系数；$\hat{y}_i$为试验值 y_i的估计值，又称拟合值或回归值。

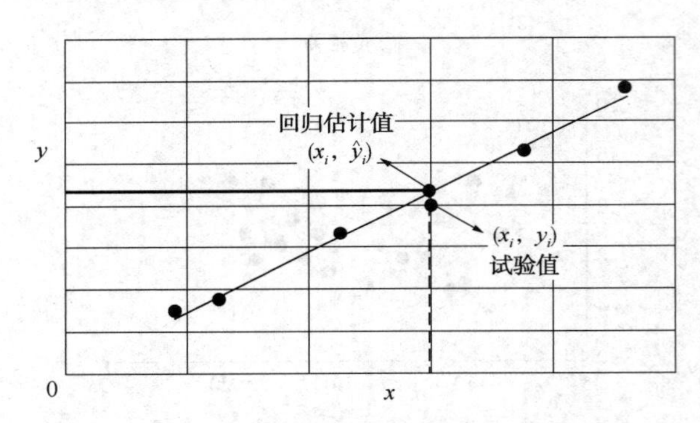

图 6-4　试验数据的拟合回归直线示意图

由回归分析得到的估计值 $\hat{y}_i$与实际试验值 y_i不一定相等(见图 6-4)。设 $\hat{y}_i$与 y_i之间的偏差称为残差 e_i，残差 e_i计算式为：

$$e_i=y_i-\hat{y}_i \tag{6-7}$$

每一个试验值与对应的估计值均有一个残差，残差 e_i的值有正有负。理论上，当各残差平方值的和最小时，回归方程与试验值的拟合程度最好，这就是最小二乘原理。残差平方和最小时的直线方程称为回归方程。残差平方和用 SS_e 表示，计算式为：

$$SS_e=\sum_{i=1}^{n}e_i^2=\sum_{i=1}^{n}(y_i-\hat{y}_i)^2=\sum_{i=1}^{n}[y_i-(a+bx_i)]^2 \tag{6-8}$$

根据极值原理，分别求 SS_e对 a 和 SS_e 对 b 的一阶偏导数，偏导数结果为 0，得到方程组：

$$\frac{\partial(SS_e)}{\partial a}=-2\sum_{i=1}^{n}(y_i-a-b\,x_i)=0$$

$$\frac{\partial(SS_e)}{\partial b}=-2\sum_{i=1}^{n}(y_i-a-b\,x_i)x_i=0 \tag{6-9}$$

整理得到关于回归系数 a 和 b 的方程组

$$na+b\sum_{i=1}^{n}x_i=\sum_{i=1}^{n}y_i$$

$$a\sum_{i=1}^{n}x_i+b\sum_{i=1}^{n}x_i^2=\sum_{i=1}^{n}x_iy_i \tag{6-10}$$

通过解方程组，得到：

$$b=L_{xy}/L_{xx} \tag{6-11}$$

其中：

$$L_{xy}=\sum_{i=1}^{n}(x_i-\bar{x})(y_i-\bar{y})=\sum_{i=1}^{n}x_iy_i-n\overline{xy} \tag{6-12}$$

$$L_{xx}=\sum_{i=1}^{n}(x_i-\bar{x})^2=\sum_{i=1}^{n}x_i^2-n(\bar{x})^2 \tag{6-13}$$

$$a=\bar{y}-b\bar{x} \tag{6-14}$$

回归系数 a 和 b 求解出来后，代入式(6-6)可得到能反映全部试验数据的最佳拟合直线方程，即回归方程。

6.3.2 一元线性回归方程的显著性检验

在应用回归方程对试验数据做进一步的分析之前，需要对拟合出的回归方程是否有意义进行评估。如何判断回归方程有意义？利用最小二乘法建立回归方程的目的是寻找变量 y 随 x 变化的规律，找出回归方程 $\hat{y}_i=a+b\,x_i$。假如方程中 $b=0$，则不管 x 如何变化，y 不随 x 的变化做线性变化，这时求得的一元线性方程就没有意义，称回归方程不显著；如果 $b\neq0$，y 随着 x 的变化呈现线性变化，这时求得的一元线性方程就有意义，称回归方程是显著的。统计学上可以通过相关系数检验法和回归方程的方差分析来进行回归方程的显著性检验。

6.3.2.1 相关系数检验法

根据第 6.3.1 节所述，对试验数据进行线性拟合时，残差平方和用 SS_e 计算式为：

$$SS_e=\sum_{i=1}^{n}[y_i-(a+bx_i)]^2 \tag{6-15}$$

根据L_{yy}、L_{xy}、L_{xx}及回归系数 a 和 b 的计算公式，残差平方和计算式可进行如下转换：

$$\begin{aligned}SS_e&=\sum_{i=1}^{n}e_i^{\,2}=\sum_{i=1}^{n}[y_i-(a+bx_i)]^2=\sum_{i=1}^{n}\left[y_i-\left(\bar{y}-\frac{L_{xy}}{L_{xx}}\bar{x}+\frac{L_{xy}}{L_{xx}}x_i\right)\right]^2\\&=\sum_{i=1}^{n}\left[(y_i-\bar{y})-\frac{L_{xy}}{L_{xx}}(x_i-\bar{x})\right]^2\\&=\sum_{i=1}^{n}\left[(y_i-\bar{y})^2-2\frac{L_{xy}}{L_{xx}}(y_i-\bar{y})(x_i-\bar{x})+\frac{L_{xy}^2}{L_{xx}^2}(x_i-\bar{x})^2\right]\\&=L_{yy}-2\frac{L_{xy}^2}{L_{xx}}+\frac{L_{xy}^2}{L_{xx}}=L_{yy}-\frac{L_{xy}^2}{L_{xx}}\end{aligned} \tag{6-16}$$

由于相关系数公式为：

$$r=\frac{L_{xy}}{\sqrt{L_{xx}L_{yy}}} \tag{6-17}$$

将其代入 SS_e的计算式(6-16)，可得：

$$SS_e=L_{yy}-\frac{L_{xy}^2}{L_{xx}}=L_{yy}\left(1-\frac{L_{xy}^2}{L_{yy}L_{xx}}\right)=L_{yy}\left[1-\left(\frac{L_{xy}}{\sqrt{L_{yy}L_{xx}}}\right)^2\right]=L_{yy}(1-r^2) \tag{6-18}$$

由最小二乘法可知，SS_e 越小，拟合值/回归值 $\hat{y}_i$越近似 y，即 x 与 y 的线性关系越密

切。因此，r^2越接近1，也即$|r|$越接近1，SS_e的值越小。

当$|r|=1$时，所有的试验数据均落在回归直线上，x与y完全线性相关，即x与y存在确定的线性关系。

当$|r|=0$时，根据相关系数r的计算式，必有$L_{xy}=0$。由于$b=L_{xy}/L_{xx}$，所以$b=0$，这时回归直线表达式为$y=\bar{y}$，回归直线与x轴平行，说明y与x无线性相关关系（也可能存在其他类型关系）。

r的取值范围应为$0\leqslant|r|\leqslant1$，$|r|$越接近1越好，但其接近于1的程度应为多少才说明x与y存在线性相关关系呢？这时，需要对相关系数进行显著性检验。由概率论与统计学基础可知，由于试验误差的存在，x与y是否线性相关与试验次数n密切相关。附录8中给出了不同的n和自由度df下，显著性水平α不同时的相关系数临界值$r_{(\alpha,df)}$。在给定的显著性水平α下，显著性检验要求$|r|>r_{(\alpha,df)}$时，才说明x与y存在密切的线性关系。

相关系数的显著性检验步骤分为以下几步：

① 计算相关系数r。

② 根据给定的显著性水平α，及自由度$df=n-m-1$（m为自变量的个数），从相关系数临界值表中查出临界值$r_{(\alpha,df)}$。

③ 比较$|r|$和临界值$r_{(\alpha,df)}$的大小。

若$|r|>r_{(\alpha,df)}$，则认为变量x与y存在密切的线性关系；

若$|r|\leqslant r_{(\alpha,df)}$，则认为变量$x$与$y$不存在线性相关关系。

6.3.2.2 一元线性回归方程的 F 检验

回归方程的F检验即方差分析，具体是将回归离差平方和SS_R与残差平方和SS_e进行比较，应用F检验法分析两者之间差异是否显著。

具体检验步骤如下：

(1) 提出假设。

H_0：线性关系不显著。

(2) 计算回归离差平方和、残差平方和。

回归离差平方和，指的是回归值$\hat{y}_i$与y_i的算术平均值$\bar{y}$之间偏差的平方和，即：

$$SS_R=\sum_{i=1}^{n}(\hat{y}_i-\bar{y})^2 \tag{6-19}$$

SS_R的自由度：$df_R=1$。

残差平方和，指的是试验值y_i与回归值$\hat{y}_i$之间偏差的平方和，即：

$$SS_e=\sum_{i=1}^{n}(y_i-\hat{y}_i)^2 \tag{6-20}$$

SS_e的自由度：$df_e=n-2$。

(3) 计算平均平方（均方）。

回归均方，指的是回归平方和与对应自由度的比值，即：

$$MS_R=\frac{SS_R}{df_R} \tag{6-21}$$

残差均方，指的是残差平方和与对应自由度的比值，即：

$$MS_e = \frac{SS_e}{df_e} \tag{6-22}$$

(4) 计算统计量 F 值：

$$F = \frac{MS_R}{MS_e} \tag{6-23}$$

该统计量服从自由度为(1，$n-2$)的 F 分布。

(5) 查 F 分布表，比较统计量 F 与临界值$F_\alpha(1, n-2)$的大小，并进行判定。

根据显著性水平 α、分子自由度 1 和分母自由度 $n-2$ 查找临界值 $F_\alpha(1, n-2)$。判定：若 $F \geqslant F_\alpha(1, n-2)$，拒绝 H_0，判断 x 与 y 有显著的线性关系，所建立的线性回归方程是显著的，回归方程有意义。若 $F < F_\alpha(1, n-2)$，接受 H_0，判断 x 与 y 没有线性相关关系。

一般而言，当 $F \geqslant F_{0.01}(1, n-2)$，说明所建立的回归方程是高度显著的，记为"＊＊"；当 $F_{0.05}(1, n-2) \leqslant F < F_{0.01}(1, n-2)$，说明所建立的回归方程是显著的，记为"＊"；当 $F < F_{0.05}(1, n-2)$，则 x 与 y 线性关系不密切，所建立的回归方程不显著。

一元线性回归方差分析汇总表见表 6-1。

表 6-1　一元线性回归方差分析汇总表

差异源	SS	df	MS	F	临界值	显著性
回归	$SS_R = \sum_{i=1}^{n}(\hat{y}_i - \bar{y})^2$	$df_R = 1$	$MS_R = \frac{SS_R}{df_R}$	$F = \frac{MS_R}{MS_e}$	$F_\alpha(1, n-2)$	
误差	$SS_e = \sum_{i=1}^{n}(y_i - \hat{y}_i)^2$	$df_e = n-2$	$MS_e = \frac{SS_e}{df_e}$			
总和	$SS_T = SS_R + SS_e$	$df_T = n-1$				

【例 6-1】 一组变量的试验数据如表 6-2 所示，试利用回归分析得到线性方程，并分别用相关系数法和回归方程的 F 检验法对回归方程是否有意义进行检验($\alpha = 0.01$)。

表 6-2　x 和 y 的试验数据表

x	49.2	50.0	49.3	49.0	49.0	49.5	49.8	49.9	50.2	50.2
y	16.7	17.0	16.8	16.6	16.7	16.8	16.9	17.0	17.0	17.1

解：回归方程拟合的数据计算较为复杂，可利用 Excel 分析工具做回归分析。再分别用相关系数法和回归方程的 F 检验法对回归方程是否有意义进行检验。

如图 6-5 所示将试验数据录入 Excel 表中，特别注意需要将所有变量的数据纵向排列。点击 Excel 菜单栏中【数据】，单击【分析】选项卡中的【数据分析】。在弹出的【数据分析】工具栏中选择【回归】，再点击【确定】。若【数据】菜单下无【分析】选项卡，应依照第 2.4.1.1 节内容先加载分析工具库。

在弹出的【回归】参数设置对话框中，进行回归参数设置(见图 6-6)。

【输入】：

【Y 值输入区域】：Y 指因变量，应输入吸光度值，即 B1:B11 区域内数据。

【X 值输入区域】：X 指自变量，应输入浓度值，即输入 A1:A11 区域内数据。

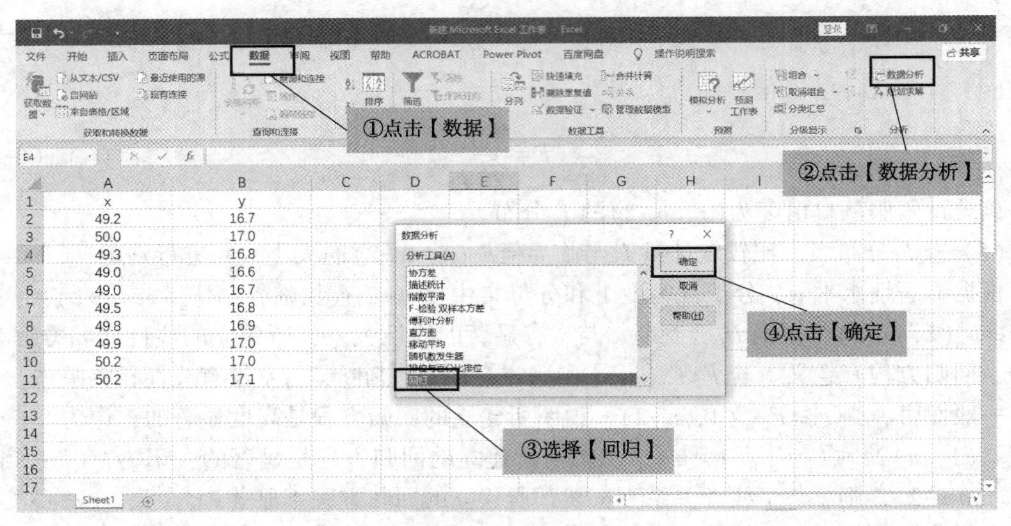

图 6-5　选择【回归】分析工具

【标志】：勾选。若 Y 值和 X 值输入的数据不包含 A1 和 B1 单元格内容，则不勾选该选项。

【常数为零】：不勾选。常数为零指强制回归直线过原点，若选中此项，回归方程截距为零。

【置信度】：根据题意 α 取值 0.01，置信度则为 99%，应勾选此选项并在后面的数字框内输入“99”。

【输出选项】：任选【输出区域】、【新工作表组】和【新工作簿】三者之一皆可。为使回归分析结果输出在当前 Excel 表中，可在当前 Excel 表中指定【输出区域】，即选中一个空白单元格如 C2，作为输出区域。

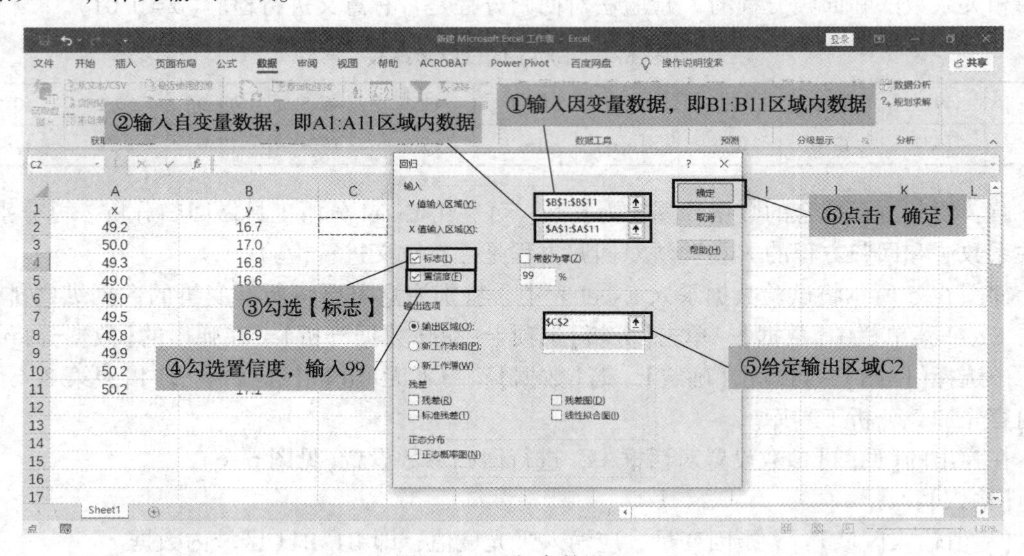

图 6-6　回归参数设置

以上参数设置完成后，点击【确定】即可得到 Excel 返回的回归分析结果表，包括回归统计、方差分析和回归系数信息(见图 6-7)。

SUMMARY OUTPUT								
回归统计								
Multiple R	0.967492466							
R Square	0.936041672							
Adjusted R Square	0.928046881							
标准误差	0.044167058							
观测值	10							
方差分析								
	df	SS	MS	F	Significance F			
回归分析	1	0.228394	0.228394	117.0814	4.69755E-06			
残差	8	0.015606	0.001951					
总计	9	0.244						
	Coefficients	标准误差	t Stat	P-value	Lower 95%	Upper 95%	下限 99.0%	上限 99.0%
Intercept	0.048969331	1.553702	0.031518	0.975629	-3.533874979	3.631814	-5.1643	5.262243
x	0.338863751	0.031317	10.82042	4.7E-06	0.266646465	0.411081	0.233783	0.443945

图 6-7　回归分析结果

根据图 6-7 回归分析结果中的数据，分别用相关系数法和回归方程的 F 检验法对回归方程是否有意义进行检验。

① 相关系数检验法：

“回归统计”表显示“R square”为 0.9360，即 $r^2=0.9360$，开方得到相关系数 $r=0.9675$。

由试验次数 $n=10$，查给定的显著性水平 $\alpha=0.01$ 时的相关系数临界值 $R_{(\alpha,df)}$ 表得 $R_{(0.01,8)}=0.765$，由于 $r>R_{(0.01,8)}$，因此可判断：变量 x 和 y 之间线性相关关系显著。

② F 检验法：

依据一元线性回归方程的 F 检验法，可计算出回归均方与残差均方的比值：

$$F=\frac{MS_{\mathrm{R}}}{MS_{\mathrm{e}}}=\frac{SS_{\mathrm{R}}/df_{\mathrm{R}}}{SS_{\mathrm{e}}/df_{\mathrm{e}}}=\frac{0.2284/1}{0.001951/8}=117.08$$

其中，$SS_{\mathrm{R}}=0.2284$、$df_{\mathrm{R}}=1$、$SS_{\mathrm{e}}=0.001951$、$df_{\mathrm{e}}=8$、$F=117.08$ 均来自图 6-7 中“方差分析”表。

临界值 $F_{\alpha}(1, n-2)$ 查表可知，$F_{(1,8)}=11.26$，由于 $F>F_{(1,8)}$，可判断：变量 x 和 y 之间线性相关关系显著，回归方程有意义。

6.3.3　Excel 在一元线性回归分析中的应用及数据预测

6.3.3.1　Excel 在一元线性回归分析中的应用

根据第 6.3.1 节，建立一元线性回归方程需要应用最小二乘法原理进行直线拟合，回归分析过程涉及大量的数学计算。当试验数据样本容量较大时，计算过程更为复杂烦琐。可利用 Excel 的作图法和“分析工具库”中的“回归”分析工具辅助完成一元线性回归分析，而不需要复杂的人工计算。以下通过例题来进行讲解。

【例 6-2】　用邻二氮菲分光光度法测定微量铁，测得一组工作曲线数据(见表 6-3)。求该工作曲线的回归方程和相关系数($\alpha=0.05$)。

表 6-3　铁元素吸光度测定值

浓度/(μg/mL)	0. 5	1. 0	2. 0	3. 0	4. 0	5. 0
吸光度 *A*	0. 14	0. 16	0. 28	0. 38	0. 41	0. 54

解：可利用 Excel 的作图法，即作散点图添加趋势线法，也可以利用“分析工具库”中的“回归”分析工具辅助完成一元线性回归分析问题，具体如下。

方法一：作图法建立回归方程。

① 先将表 6-3 的数据录入 Excel 表中，选中要进行一元线性回归分析的所有数据，单击菜单栏【插入】，再点击【图表】选项卡中【散点图】(见图 6-8)。

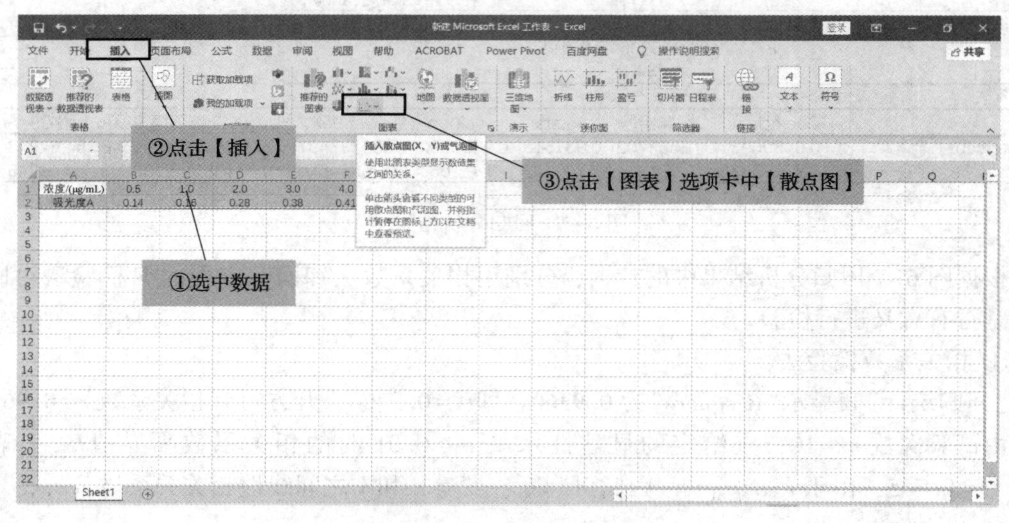

图 6-8　插入散点图

得到如图 6-9 所示的散点图。

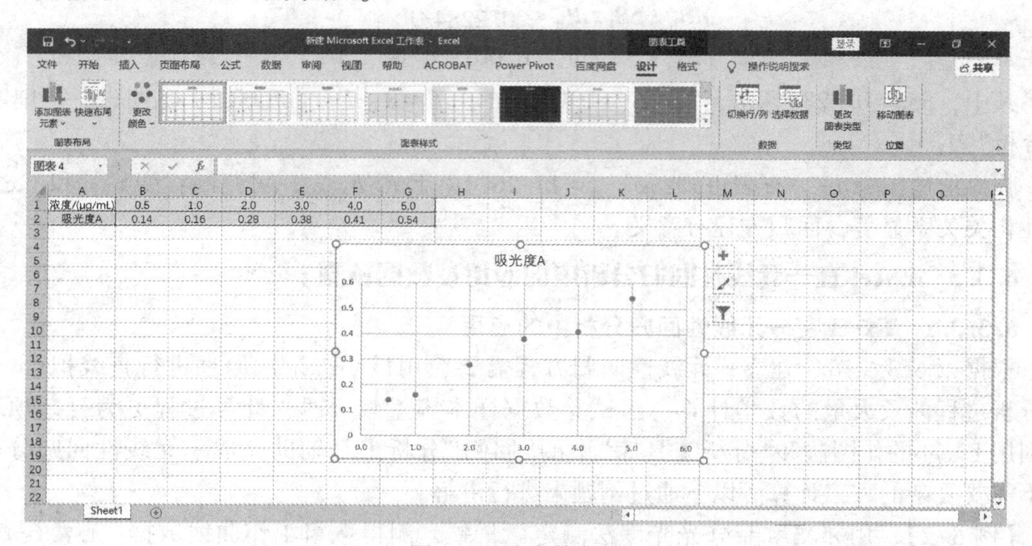

图 6-9　生成散点图

② 左键单击散点图中任一数据点，再点击右键(或右键单击数据点)，在弹出的菜单栏中选择【添加趋势线】(见图 6-10)。

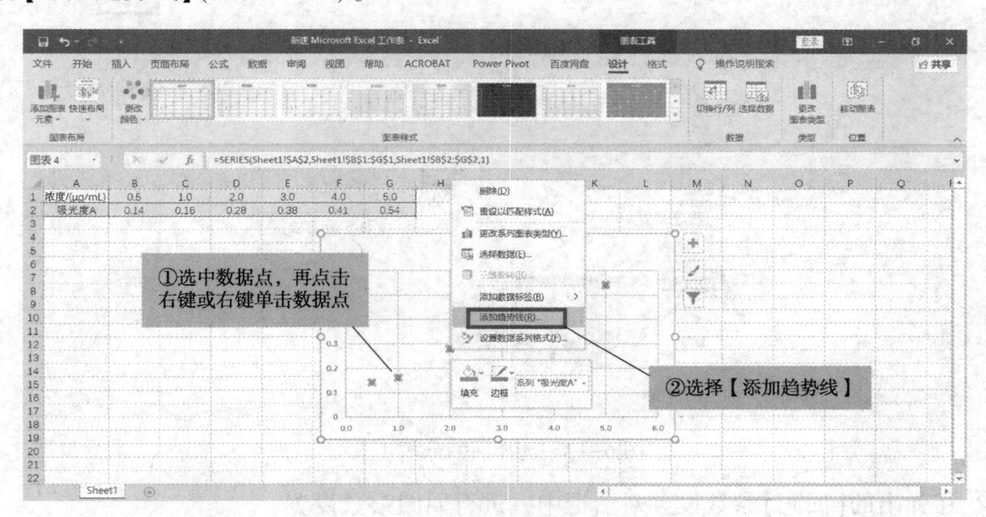

图 6-10　添加趋势线

Excel 弹出【设置趋势线格式】任务窗，拖动垂直滚动条至最底端，勾选【显示公式】和【显示 R 平方值】(见图 6-11)。此时，散点图中显示直线方程和 R 平方值。用作散点图再添加趋势线的方法得到的直线方程与通过最小二乘法演算得到的方程一样，回归方程为 $y=0.0878x+0.0914$，$R^2=0.9804$。

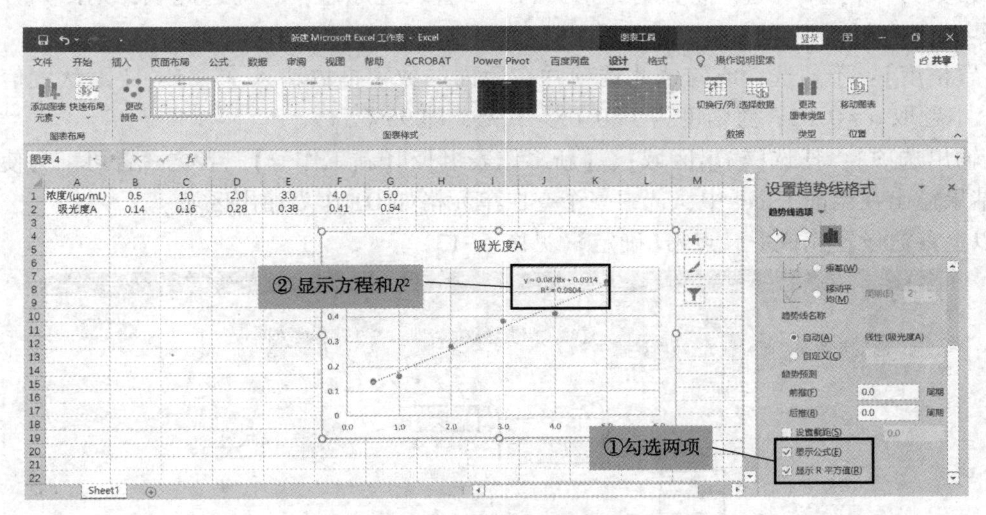

图 6-11　建立一元线性回归方程

方法二：利用分析工具库做回归分析。

① 将表 6-3 中的数据按图 6-12 中所示纵向排列。点击 Excel 菜单栏中【数据】，单击【分析】选项卡中【数据分析】。在弹出的【数据分析】工具栏中选择【回归】，再点击【确定】(图 6-12)。若【数据】菜单下无【分析】选项卡，依照第 2.4.1.1 节的内容先加载分析工具库。

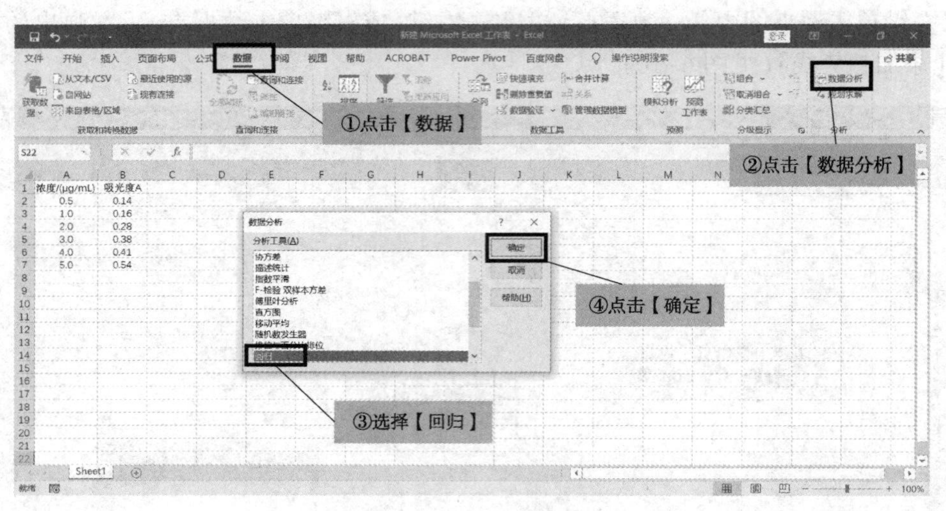

图 6-12　选择回归分析工具

② 在弹出的【回归】参数设置对话框中，进行回归参数设置。

【输入】：

【Y 值输入区域】：Y 指因变量，应输入吸光度值，即 B1：B7 区域内数据。

【X 值输入区域】：X 指自变量，应输入浓度值，即输入 A1：A7 区域内数据。

【标志】：勾选。

【常数为零】：不勾选。常数为零指强制回归直线过原点，若勾选此项，则回归方程截距为零。

【置信度】：不勾选，或勾选此选项并在后面的数字框内输入 95。Excel 默认置信度为 95%，本题取 $\alpha=0.05$，置信度为 $1-0.05=0.95$，即 95%。

【输出选项】：任选【输出区域】、【新工作表组】和【新工作簿】三者之一皆可。为使回归分析结果输出在当前 Excel 中，选中一个空白单元格如 D1 作为输出区域。

以上参数设置完成后，点击【确定】(见图 6-13)。

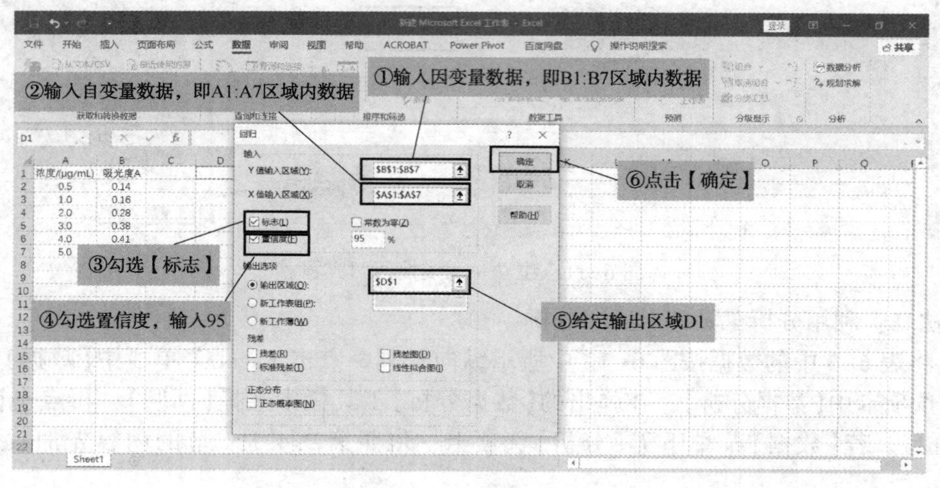

图 6-13　设定回归参数

③ Excel 返回回归分析结果，包括回归统计、方差分析和回归系数信息(见图 6-14)。

由回归统计表中"Multiple R"的值，可知指线性回归相关系数 $r=0.9901$，由"R square"可知相关系数 r 的平方为 0.9804，与作图法得到的值一致(见图 6-11)。

根据第三个表格，可知截距的回归系数为 0.0914，浓度的回归系数为 0.0878，因此，可得到回归方程为 $y=0.0878x+0.0914$。

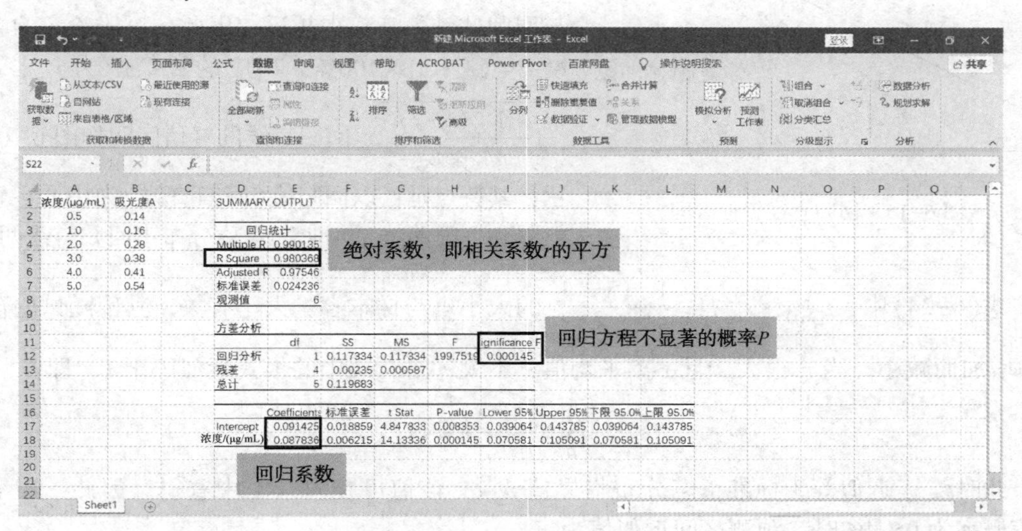

图 6-14　回归分析结果

利用 Excel 分析工具库做回归分析不仅可以得到回归统计的数据信息，得到与作图法结果一致的回归方程和相关系数(或相关系数的平方)，省去复杂的计算。同时，还能得到方差分析的结果。图 6-14 中方差分析表显示，回归离差平方和为 0.1173，残差平方和为 0.0024，统计量 F 值为 199.75，回归方程不显著的概率 P 值(Significance F)为 0.000145，远远小于 0.05，即 $P<\alpha$，说明回归方程是显著的，建立的回归方程有意义。

6.3.3.2　一元线性回归分析的数据预测

经过显著性检验，如果变量 x 与 y 存在线性关系，可知回归方程有意义。在实际问题中，可利用回归方程进行预测。所谓预测，指的是给定自变量值 $x=x_p$ 及置信度 $(1-\alpha)\%$，根据回归方程求因变量的预测值 $\hat{y}$，估计其置信区间，即预测 y_p 的取值范围。

对给定的 $x=x_p$，当置信度为 $(1-\alpha)\%$ 时，统计学可以证明单个 y 值的置信区间为：

$$y_p=\hat{y}\pm t_{(\alpha,df)}\cdot s_E\sqrt{1+\frac{1}{n}+\frac{(x-\bar{x})^2}{L_{xx}}} \tag{6-24}$$

式中，$\hat{y}$ 为由回归方程计算得到的 y 估计值；$t_{(\alpha,df)}$ 为显著性水平为 α、自由度为 $df=n-2$ 时，查 t 分布表得到的 t 值；s_E 为剩余标准差，是残差平方和 SS_e 除以自由度 $df=n-2$ 所得商的平方根。

$$S_E=\sqrt{\frac{SS_e}{n-2}}=\sqrt{\frac{L_{yy}-\frac{L_{xy}^2}{L_{xx}}}{n-2}} \tag{6-25}$$

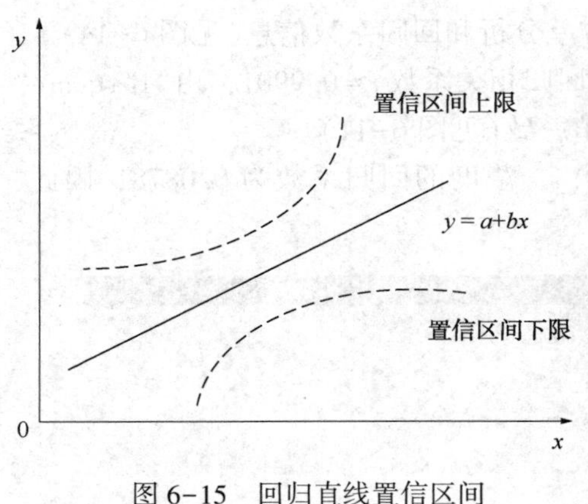

图 6-15　回归直线置信区间

由式(6-24)可知，当用给定 x 值利用回归方程预测 y 值时，精密度与 x 值的取值有关。x 值越靠近平均值 $\bar{x}$，根式的值越小，则精密度越好，试验值 y 与回归估计值 $\hat{y}$ 越接近；反之，x 值离平均值 $\bar{x}$ 越远，根式的值越大，精密度越大，试验值 y 与回归估计值 $\hat{y}$ 离得越远。因此，对于给定的置信度 $P=(1-\alpha)\times100\%$，相应的置信限为 $t_{(\alpha,f)}\cdot s_E\sqrt{1+\frac{1}{n}+\frac{(x-\bar{x})^2}{L_{xx}}}$。回归直线的置信区间如图 6-15 所示，其特点是：以回归值(回归直线)为中心，置信上限和下限曲线呈喇叭形对称分布于回归直线两侧。

式(6-24)中，$t_{(\alpha,f)}\cdot s_E\sqrt{1+\frac{1}{n}+\frac{(x-\bar{x})^2}{L_{xx}}}$ 的大小也与样本容量大小有关，其值随试验次数 n 的增加而减小。当 n 很大，且 x 离平均值 $\bar{x}$ 不太远时，式中的根式近似等于 1，即：

$$1+\frac{1}{n}+\frac{(x_i-\bar{x})^2}{L_{xx}}\approx1$$

此时 $t_{(\alpha,df)}$ 近似等于标准正态分布临界值 $u_{\alpha/2}$，该值可在附录 1 中查得。因此，当 y_p 的置信概率为 95.4%时，预测区间近似值为：

$$\hat{y}\pm2s_E \tag{6-26}$$

当 y_p 的置信概率为 99.7%时，预测区间近似值为：

$$\hat{y}\pm3s_E \tag{6-27}$$

因此，剩余标准差 s_E 越小，预测的精度就越高。图 6-15 显示，回归直线两端的试验点测定精密度较差，x 离平均值 $\bar{x}$ 越近，预测的 y_p 值越精确。应当注意的是：回归方程一般只适用于原来的试验范围，即只限于原来观测数据变动的范围，通常不允许外推(回归直线外延)。实际问题中，可能需要外推，这时务必以进一步的试验数据为依据。

综上所述，要提高回归分析预测的精度，应注意以下问题：

(1) 尽量提高试验数据本身的精度；

(2) 尽可能增大试验数据样本本量；

(3) 尽可能增大自变量 x 的取值范围；

(4) 预测 y_p 时，给定的 x_p 尽可能接近平均值 $\bar{x}$。

【例 6-3】 用邻菲罗啉分光光度法测定水质中的微量铁时，测得的工作曲线数据如表 6-4 所示。试根据测量数据确定回归方程，预测铁元素含量 $x_p=0.25\mu g/mL$ 时的吸光度值，并估计预测值的置信区间($\alpha=0.05$)。

表 6-4　微量铁工作曲线测定结果

浓度/(μg/mL)	0.05	0.10	0.20	0.30	0.40	0.50
吸光度 A	0.12	0.22	0.35	0.54	0.68	0.81

解：可根据第 2.4.1.5 节“回归分析预测”的方法，先借助 Excel 数据分析工具库中的“回归”工具，得到回归方程，依据回归方程计算预测值，再根据式(6-24)计算预测值的置信区间。具体操作如下：

先将表 6-4 中的数据录入 Excel 表中，纵向排列，再点击菜单栏的【数据】，在【分析】选项卡中点击【数据分析】(见图 6-16)，点击【确定】。

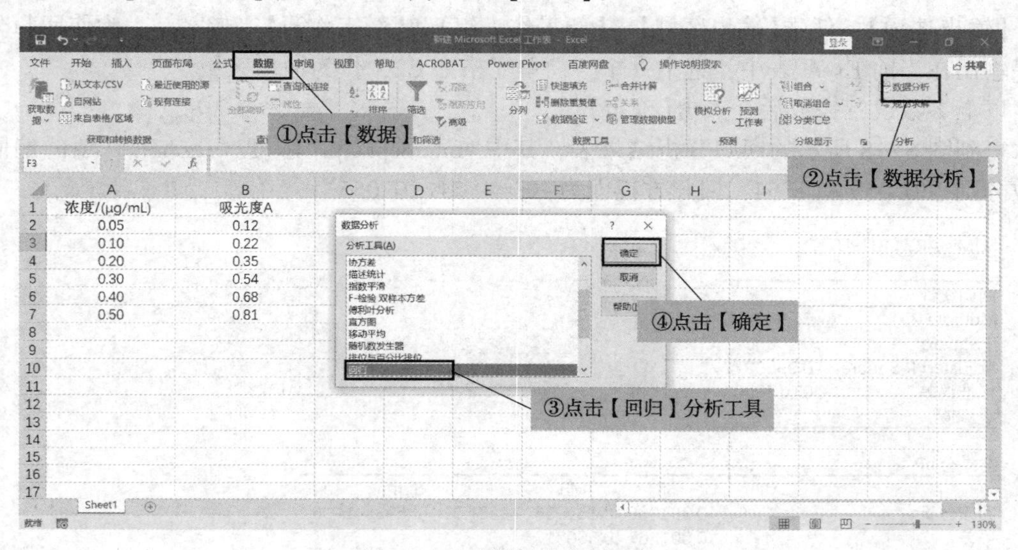

图 6-16　选择回归分析工具

在弹出的【回归】参数对话框中，进行参数设置(见图 6-17)。

【输入】：

【Y 值输入区域】：输入吸光度数据，即 B1:B7 区域内数据。

【X 值输入区域】：输入溶液浓度数据，即 A1:A7 区域内数据。

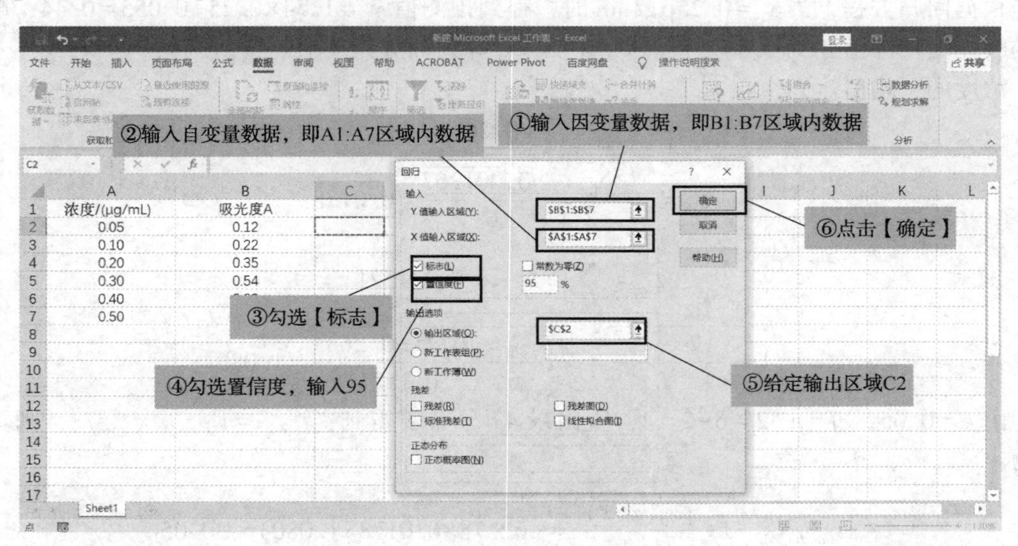

图 6-17　回归分析参数设置

【标志】：勾选。

【常数为零】：不勾选。常数为零指强制回归直线过原点，若选中此项，回归方程截距为零。

【置信度】：可不勾选，Excel 默认置信度为 95%。也可勾选此选项并在后面的数字框内输入 95。本题取 $\alpha=0.05$，置信度为 $1-0.05=0.95$，即 95%。

【输出选项】：任选【输出区域】、【新工作表组】和【新工作簿】三者之一。为使回归分析结果输出在当前 Excel 表中，选中一个空白单元格如 C2，作为输出区域。

以上参数设置完成后，点击【确定】。

得到图 6-18 所示的回归分析结果表，其中“Intercept”和“浓度/(μg/mL)”项的偏回归系数分别为 0.055 和 1.54，回归方程即为：$y=1.54x+0.055$。

SUMMARY OUTPUT								
回归统计								
Multiple R	0.9982495							
R Square	0.9965021							
Adjusted R Square	0.9956277							
标准误差	0.0178003							
观测值	6							
方差分析								
	df	SS	MS	F	Significance F			
回归分析	1	0.361066	0.361066	1139.551	4.59354E-06			
残差	4	0.001267	0.000317					
总计	5	0.362333						
	Coefficients	标准误差	t Stat	P-value	Lower 95%	Upper 95%	下限 95.0%	上限 95.0%
Intercept	0.0552877	0.013851	3.991648	0.016243	0.016831576	0.093744	0.016832	0.093744
浓度/(μg/mL)	1.5408219	0.045644	33.75724	4.59E-06	1.414093309	1.667551	1.414093	1.667551

图 6-18 回归分析结果

根据回归方程，当 $x_p=0.25$μg/mL 时，得到预测值 $y_p=1.54\times0.25+0.055=0.44$，即预测的吸光度估计值 A 为 0.44。按照式(6-24)计算预测吸光度值的置信区间。

浓度的平均值：

$$\bar{x}=0.26$$

$$S_E=\sqrt{\frac{SS_e}{n-2}}=\sqrt{\frac{0.001267}{6-2}}=0.0178$$

$$L_{xx}=\sum_{i=1}^{n}(x_i-\bar{x})^2=0.1521$$

$$\sqrt{1+\frac{1}{n}+\frac{(x-\bar{x})^2}{L_{xx}}}=\sqrt{1+\frac{1}{6}+\frac{(0.25-0.26)^2}{0.1521}}=1.080$$

由 $\alpha=0.05$，$df=n-2=6-2=4$，查附录 4 t 分布表得到，$t_{(\alpha,df)}=t_{(0.05,4)}=2.78$，则置信限为：

$$\pm t_{(\alpha,df)}S_E\sqrt{1+\frac{1}{n}+\frac{(x-\bar{x})^2}{L_{xx}}}=\pm(2.78\times0.0178\times1.080)=\pm0.05$$

则 y_p 的预测值：

$$y_p = 0.44 \pm 0.05$$

意味着：当溶液中铁元素浓度为 0.25μg/mL 时，其吸光度预测估计值为 0.44，该预测值的误差绝对值不超过 0.05 的概率为 95%，吸光度值的置信区间为 0.39~0.49。

若以式(6-26)计算预测值 y_p 的置信区间，则：

$$y'_p = \hat{y} \pm 2\,s_E = 0.44 \pm 2 \times 0.0178 = 0.44 \pm 0.04$$

吸光度值的置信区间为 0.40~0.48。

由以上两种预测区间计算方法可知，用式(6-24)计算出来的置信区间比用式(6-26)的要宽。在实际分析测试中，通常试验次数 n 不会很大，确定回归值的置信区间时用式(6-24)比用式(6-26)来计算更为合理。

【例 6-4】 对不同温度 x(℃)下每 100mL 水中硝酸钠的溶解度 y(g)进行测量，得到一组温度-溶解度数据(见表 6-5)。试求：(1)硝酸钠温度和溶解度的经验公式；(2)当温度为 25℃时，溶解度的置信区间(α=0.05)。

表 6-5 不同温度下硝酸钠的溶解度

x/℃	0	4	10	15	21	29	36	51	68
y/(g/mL)	66.7	71.0	76.3	80.6	85.7	92.9	99.4	113.6	125.1

解：本题可根据第 2.4.1.5 节“回归分析预测”的内容，借助 Excel 的数据分析工具进行回归分析，得到回归方程，再计算 25℃时溶解度的预测值，并根据预测区间式(6-24)计算预测值的范围。具体操作如下：

先将表 6-5 的数据纵向排列录入 Excel 表中，点击菜单栏【数据】，在【分析】选项卡中点击【数据分析】，再点击【确定】。在弹出的【回归】参数对话框中，进行参数设置，具体见图 6-19。

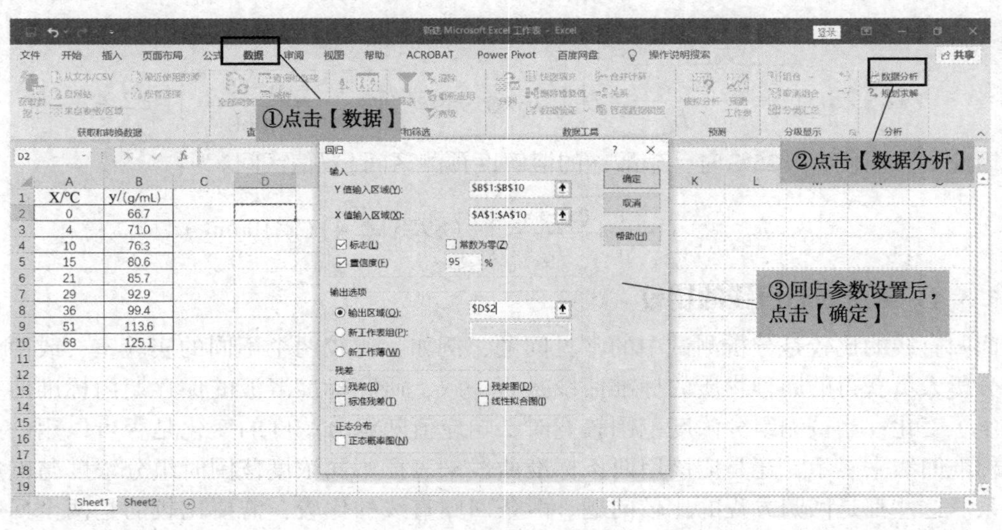

图 6-19 回归参数设置

得到回归分析结果表(见图 6-20)。根据“Intercept”和“x(℃)”项的偏回归系数分别为 67.5 和 0.87，回归方程即为：y=0.87x+67.5。除此之外，还可利用第 3.2 节“Excel 公式和函数运用”中的“SLOPE 函数”和“INTERCEPT 函数”分别求出回归方程的斜率和截距，同样能得到上述回归方程。

SUMMARY OUTPUT									
回归统计									
Multiple R	0.998954935								
R Square	0.997910962								
Adjusted R Square	0.997612528								
标准误差	0.959356719								
观测值	9								
方差分析									
	df	SS	MS	F	Significance F				
回归分析	1	3077.54	3077.54	3343.824	1.21366E-10				
残差	7	6.442557	0.920365						
总计	8	3083.982							
	Coefficients	标准误差	t Stat	P-value	Lower 95%	Upper 95%	下限 95.0%	上限 95.0%	
Intercept	67.5077942	0.505476	133.5529	3.48E-13	66.31253358	68.70305	66.31253	68.70305	
X/℃	0.870640394	0.015056	57.82581	1.21E-10	0.835037997	0.906243	0.835038	0.906243	

图 6-20　回归分析结果表

根据回归方程，当 $x_p=25$℃时，计算预测值为 $y_p=0.87\times25+67.5=89.3$，即预测的溶解度估计值为 89.3。按照式(6-24)计算预测溶解度的置信区间。

温度的平均值 $\bar{x}=26$，根据图 6-20 中“方差分析”表，$SS_e=6.44$，

$$S_E=\sqrt{\frac{SS_e}{n-2}}=\sqrt{\frac{6.44}{9-2}}=0.959$$

$$L_{xx}=\sum_{i=1}^{n}(x_i-\bar{x})^2=\sum_{i=1}^{n}x_i^2-n(\bar{x})^2=\sum_{i=1}^{n}10144-9\times(26)^2=4060$$

由 $\alpha=0.05$，$df=n-2=9-2=7$，查附录 4 t 分布表得到 $t_{(\alpha,df)}=t_{(0.05,7)}=2.36$，则置信限为：

$$\pm t_{(\alpha,f)}S_E\sqrt{1+\frac{1}{n}+\frac{(x-\bar{x})^2}{L_{xx}}}=\pm\left(2.36\times0.959\times\sqrt{1+\frac{1}{9}+\frac{(26-26)^2}{4060}}\right)=\pm2.4$$

因此，当温度 $x_p=25$℃时，硝酸钠的溶解度预测区间(置信区间)为：

$$\left(y_p\pm t_{(\alpha,f)}S_E\sqrt{1+\frac{1}{n}+\frac{(x-\bar{x})^2}{L_{xx}}}\right)=(89.3\pm2.4)\ (\mathrm{g/100mL})$$

6.3.4　两条回归直线的比较

回归直线的比较是分析测试中的常见问题，例如：比较两个不同的实验室，或两个不同的分析人员获得的同种物质的标准曲线是否一致；研究标准溶液的保存期内标准曲线是否发生了变化；当被测组分浓度范围较宽时，响应值随组分浓度的变化是否可以用一条共同的标准曲线来表示，还是应该用两条标准曲线来表征不同浓度范围时组分浓度与响应值的关系。这些都是回归方程的比较问题。两条回归直线的比较，需要比较的是两个回归系数是否发生了显著变化，一是斜率，二是截距。比较时，需要先对斜率进行检验，如果一致则继续考察截距是否一致；斜率不一致时，两条回归直线必然不一致，不必要再检验截距的一致性。

假设同一种物质的一系列标准溶液，在不同条件下得到两批分析数据，分别得到两条回归直线：

$$y_1 = a_1 + b_1 x$$

$$y_2 = a_2 + b_2 x$$

若两条回归直线经过检验无显著差异，则可以合并成一条直线表示 x 与 y 的相关关系，用一条共同的回归直线表示这两批分析数据中两个变量之间的关系。

在两条直线方程的斜率、截距都不同的情况下，检验两条直线是否有显著性差异有以下三个步骤：

(1) 用 F 检验法检验两个方程的剩余标准差的平方有无显著差异。

若两个直线方程的剩余标准差的平方分别为 $s_{E1}{}^2$ 和 $s_{E2}{}^2$，先用 F 检验法进行检验，如果 $s_{E1}{}^2$ 和 $s_{E2}{}^2$ 没有显著差异，可计算它们的合并方差作为共同的残余方差：

$$\bar{s}^2 = \frac{(n_1-2)s_{E1}{}^2 + (n_2-2)s_{E2}{}^2}{n_1+n_2-4} \tag{6-28}$$

式中，n_1 和 n_2 分别为两条回归直线的试验点 (x, y) 的个数。

同时，求 b_1 和 b_2 之间差值的方差，用 $s_{b_1-b_2}^2$ 表示：

$$s_{b_1-b_2}^2 = \bar{s}^2 \left[\frac{1}{(L_{xx})_1} + \frac{1}{(L_{xx})_2} \right] \tag{6-29}$$

(2) 用 t 检验法检验 b_1 和 b_2 两斜率之间有无显著差异。

① 在 $s_{E1}{}^2$ 和 $s_{E2}{}^2$ 没有显著差异的情况下，用 t 检验法检验两斜率是否有显著差异，统计量 t 计算式为：

$$t_b = \frac{|b_1 - b_2|}{s_{b_1-b_2}} \tag{6-30}$$

根据给定的显著性水平 α，自由度 $df = n_1+n_2-4$，查 t 分布表得到相应自由度下的临界值 $t_{(\alpha, df)}$。

② 在 $s_{E1}{}^2$ 和 $s_{E2}{}^2$ 存在显著差异的情况下，使用统计量：

$$t_b = \frac{|b_1 - b_2|}{s'_{b_1-b_2}} \tag{6-31}$$

其中：

$$(s'_{b_1-b_2})^2 = \frac{s_{E1}{}^2}{(L_{xx})_1} + \frac{s_{E2}{}^2}{(L_{xx})_2} \tag{6-32}$$

自由度 df 计算式为：

$$\frac{1}{df} = \frac{c^2}{df_1} + \frac{1-c^2}{df_2} \tag{6-33}$$

式中：

$$c = \frac{\dfrac{s_{E1}{}^2}{(L_{xx})_1}}{\dfrac{s_{E1}{}^2}{(L_{xx})_1} + \dfrac{s_{E2}{}^2}{(L_{xx})_2}} \tag{6-34}$$

$$df_1=n_1-2,\ df_2=n_2-2$$

当统计量计算值 $t_b \geqslant t_{(\alpha,df)}$ 时，认为 b_1 和 b_2 两斜率之间存在显著差异，说明两条回归直线方程中的 x 对 y 的影响规律有显著差异。

当统计量计算值 $t_b<t_{(\alpha,df)}$ 时，说明 b_1 和 b_2 两斜率之间无显著差异，一致性较好。此时，求出斜率的加权平均值 $\bar{b}$ 作为合并斜率。

$$\bar{b}=\frac{b_1\frac{(L_{xx})_1}{s_{E1}^2}+b_2\frac{(L_{xx})_2}{s_{E2}^2}}{\frac{(L_{xx})_1}{s_{E1}^2}+\frac{(L_{xx})_2}{s_{E2}^2}} \tag{6-35}$$

（3）用 t 检验法检验截距 a_1 和 a_2 之间有无显著差异。

两个回归方程的斜率 b_1 和 b_2 之间无显著差异时，说明两条回归直线是平行的，但两条直线是否会重合，还需检验回归直线的截距 a_1 和 a_2 之间是否有显著差异。

a_1 和 a_2 之间差值的方差：

$$s_{a_1-a_2}^2=\bar{s}^2\left[\frac{1}{n_1}+\frac{1}{n_2}+\frac{\bar{x}_1^{\ 2}+\bar{x}_2^{\ 2}}{(L_{xx})_1+(L_{xx})_2}\right] \tag{6-36}$$

检验 a_1 和 a_2 之间有无显著差异，t 检验法计算公式为：

$$t_a=\frac{|a_1-a_2|}{s_{a_1-a_2}} \tag{6-37}$$

自由度 $df=n_1+n_2-4$，在给定显著性水平下，查 t 分布表相应自由度下的临界值 $t_{(\alpha,df)}$。若 $t_a<t_{(\alpha,df)}$ 时，说明 a_1 和 a_2 两斜率之间无显著差异。此时，求出截距的加权平均值 $\bar{a}$ 作为合并截距：

$$\bar{a}=\frac{n_1\bar{y}_1+n_2\bar{y}_2}{n_1+n_2}-\bar{b}\frac{n_1\bar{x}_1+n_2\bar{x}_2}{n_1+n_2} \tag{6-38}$$

综上所述，若经过 F 检验，两条回归直线的剩余标准差的平方 $s_{E1}^{\ 2}$ 和 $s_{E2}^{\ 2}$ 没有显著差异，再经过 t 检验，两条直线的斜率和截距均没有显著差异，说明两条回归直线的一致性较好，可将两条直线合并为一条共同的回归直线。合并的回归直线方程为：

$$y=\bar{a}+\bar{b}x \tag{6-39}$$

【例 6-5】 用火焰原子吸收分光光度法测定微量钴，相同浓度的钴含量测得两组吸光度数据。试根据表 6-6 中的数据确定吸光度和浓度之间的关系式，并对确定的两个回归方程的一致性做出评价（$\alpha=0.01$）。

表 6-6 原子吸收分光光度法测定钴含量

钴含量/μg	吸光度 A		钴含量/μg	吸光度 A	
x	y_1	y_2	x	y_1	y_2
0.28	3.00	3.50	1.12	11.00	11.00
0.56	5.50	6.00	2.24	21.50	22.30
0.84	8.20	8.50			

解：利用Excel“数据分析”模块中的“回归”分析工具对钴溶液和吸光度的数据进行分析，得到两组数据的回归分析结果。如表6-7所示，两条回归方程的相关系数分别为0.9999和0.9995。根据$\alpha=0.01$，自由度$df=n-2=3$，查相关系数的临界值表(见附录8)得到临界值$r_{(0.01,3)}=0.959$。两条直线方程的相关系数均大于临界值，说明回归直线有意义。

表6-7 两组数据的分析结果表

项目	第一组数据回归分析结果		第二组数据回归分析结果	
$\bar{x}$	1.008			
$\bar{y}$	$\bar{y}_1$	9.84	$\bar{y}_2$	10.26
L_{xx}	2.28928			
相关系数r	r_1	0.9999	r_2	0.9995
剩余标准差	s_{E1}	0.09066	s_{E2}	0.277793
剩余标准差的平方	${s_{E1}}^2$	0.008219	${s_{E2}}^2$	0.077169
$F={s_{E1}}^2/{s_{E2}}^2$	0.1065			
截距a	a_1	0.287671	a_2	0.554795
斜率b	b_1	9.476517	b_2	9.62818
回归方程	$y_1=0.29+9.48x$		$y_2=0.55+9.63x$	

根据表6-7的数据，对两条回归直线进行F检验：

$$F={s_{E1}}^2/{s_{E2}}^2=0.1065$$

根据$\alpha=0.01$，自由度均为$df=n-2=3$，查F临界值表得到$F_{(0.01,3,3)}=29.46$。由于$F<F_{(0.01,3,3)}$，所以${s_{E1}}^2$和${s_{E2}}^2$没有显著差异。合并方差为：

$$\bar{s}^2=\frac{(n_1-2){s_{E1}}^2+(n_2-2){s_{E2}}^2}{n_1+n_2-4}=\frac{(3\times0.008219+3\times0.077169)}{5+5-4}=0.042694$$

两个直线方程的斜率b_1和b_2之差的方差按式(6-29)计算：

$$s_{b_1-b_2}^2=\bar{s}^2\left[\frac{1}{(L_{xx})_1}+\frac{1}{(L_{xx})_2}\right]=\bar{s}^2\times\frac{2}{L_{xx}}=0.042694\times\frac{2}{2.28928}=0.037299$$

a_1和a_2之间差值的方差按式(6-36)计算：

$$s_{a_1-a_2}^2=\bar{s}^2\left[\frac{1}{n_1}+\frac{1}{n_2}+\frac{{\bar{x}_1}^2+{\bar{x}_2}^2}{(L_{xx})_1+(L_{xx})_2}\right]=\bar{s}^2\left(\frac{2}{n}+\frac{\bar{x}^2}{L_{xx}}\right)=0.042694\times\left(\frac{2}{5}+\frac{1.008^2}{2.28928}\right)=0.036027$$

根据式(6-31)和式(6-37)对两个直线方程的斜率b_1和b_2、截距a_1和a_2分别进行t检验，得到：

$$t_b=\frac{|b_1-b_2|}{s_{b_1-b_2}}=\frac{|9.476517-9.62818|}{\sqrt{0.037299}}=0.785$$

$$t_a=\frac{|a_1-a_2|}{s_{a_1-a_2}}=\frac{|0.287671-0.554795|}{\sqrt{0.036027}}=1.407$$

根据给定的显著性水平$\alpha=0.01$，自由度$df=n_1+n_2-4=6$，查t分布双侧表得到相应自由度下的临界值$t_{(0.01,6)}=3.71$。因此，$t_b<t_{(0.01,6)}$，$t_a<t_{(0.01,6)}$，这说明两条回归直线的斜率

b_1和b_2之间没有显著差异，截距a_1和a_2之间也没有显著差异，两条直线可合并为一条回归直线。合并的斜率$\bar{b}$和截距$\bar{a}$分别按式(6-35)和式(6-38)计算为：

$$\bar{b}=\frac{b_1\frac{(L_{xx})_1}{s_{E1}^2}+b_1\frac{(L_{xx})_2}{s_{E2}^2}}{\frac{(L_{xx})_1}{s_{E1}^2}+\frac{(L_{xx})_2}{s_{E2}^2}}=\frac{b_1 s_{E1}^2+b_2 s_{E2}^2}{s_{E1}^2+s_{E2}^2}=\frac{9.476517\times0.008219+9.62818\times0.077169}{0.008219+0.077169}=9.61$$

$$\bar{a}=\frac{n_1\bar{y}_1+n_2\bar{y}_2}{n_1+n_2}-\bar{b}\frac{n_1\bar{x}_1+n_2\bar{x}_2}{n_1+n_2}=\frac{\bar{y}_1+\bar{y}_2}{2}-\bar{b}\bar{x}=\frac{9.84+10.26}{2}-9.61\times1.008=0.36$$

因此，两批测试数据可以用一个共同的回归方程$y=0.36+9.61x$来拟合。

6.4 多元线性回归分析

在实际问题中，当存在多个影响因素，即有多个自变量均对试验结果有影响时，需要对多个影响因素同时进行回归分析，求出试验结果(因变量)与多个影响因素(自变量)之间的近似函数关系式，称为多元回归分析。在多元回归分析中，最简单也最常用的是多元线性回归分析。

当自变量x_1，x_2，…，x_m取不同的试验值时，得到n组试验数据(见表6-8)，其中自变量x_1，x_2，…，x_m与因变量y对应的第i次试验值为x_{1i}，x_{2i}，…，x_{mi}，y_i。如果因变量与自变量$x_j(j=1, 2, \cdots, m)$之间存在线性关系，则其多元线性回归方程为：

$$\hat{y}=a+b_1x_1+b_2x_2+\cdots+b_mx_m \tag{6-40}$$

其中，自变量x_1，x_2，…，x_m前面的系数b_1，b_2，…，b_m称为偏回归系数，表示自变量x_j每改变一个单位，因变量y_i平均改变的单位数值。与一元线性回归相同，根据最小二乘法原理，求得偏差平方和最小时的回归系数，即偏回归系数b_1，b_2，…，b_m应满足实际观测值y与回归估计值$\hat{y}$的残差平方和最小。

表6-8 因变量与自变量试验数据表

试验次数	自变量 x_m				因变量
	x_1	x_2	…	x_m	y_i
1	x_{11}	x_{21}	…	x_{m1}	y_1
2	x_{12}	x_{22}	…	x_{m2}	y_2
…	…	…	…	…	…
n	x_{1n}	x_{2n}	…	x_{mn}	y_n

注：$i=1, 2, \cdots, n$。

偏差平方和：

$$SS_e=\sum_{i=1}^{n}(y_i-\hat{y}_i)^2=\sum_{i=1}^{n}(y_i-a-b_1x_1-b_2x_2-\cdots-b_mx_m)^2 \tag{6-41}$$

根据微积分中多元函数求极值的方法，若使SS_e值最小，则应有：

$$\frac{\partial SS_e}{\partial a}=-2\sum_{i=1}^{n}(y_i-a-b_1x_{1i}-b_2x_{2i}-\cdots-b_mx_{mi})=0 \tag{6-42}$$

$$\frac{\partial SS_e}{\partial b_j}=-2\sum_{i=1}^{n}x_{ji}(y_i-a-b_1x_{1i}-b_2x_{2i}-\cdots-b_mx_{mi})=0 \quad (6-43)$$

$$j=1,\ 2,\ \cdots,\ m$$

整理可得到以下由 $m+1$ 个方程组成的正规方程组：

$$\begin{cases} na+b_1\left(\sum_{i=1}^{n}x_{1i}\right)+b_2\left(\sum_{i=1}^{n}x_{2i}\right)+\cdots+b_m\left(\sum_{i=1}^{n}x_{mi}\right)=\left(\sum_{i=1}^{n}y_i\right) \\ a\left(\sum_{i=1}^{n}x_{1i}\right)+b_1\left(\sum_{i=1}^{n}x_{1i}^2\right)+b_2\left(\sum_{i=1}^{n}x_{1i}x_{2i}\right)+\cdots+b_m\left(\sum_{i=1}^{n}x_{1i}x_{mi}\right)=\left(\sum_{i=1}^{n}x_{1i}y_i\right) \\ a\left(\sum_{i=1}^{n}x_{2i}\right)+b_1\left(\sum_{i=1}^{n}x_{1i}x_{2i}\right)+b_2\left(\sum_{i=1}^{n}x_{2i}^2\right)+\cdots+b_m\left(\sum_{i=1}^{n}x_{2i}x_{mi}\right)=\left(\sum_{i=1}^{n}x_{2i}y_i\right) \\ \cdots\cdots \\ a\left(\sum_{i=1}^{n}x_{mi}\right)+b_1\left(\sum_{i=1}^{n}x_{1i}x_{mi}\right)+b_2\left(\sum_{i=1}^{n}x_{2i}x_{mi}\right)+\cdots+b_m\left(\sum_{i=1}^{n}x_{mi}^2\right)=\left(\sum_{i=1}^{n}x_{mi}y_i\right) \end{cases} \quad (6-44)$$

如果设：

$$\bar{x}_j=\frac{1}{n}\sum_{i=1}^{n}x_{ji}\quad (j=1,\ 2,\ \cdots,\ m) \quad (6-45)$$

$$\bar{y}=\frac{1}{n}\sum_{i=1}^{n}y_i\quad (i=1,\ 2,\ \cdots,\ n) \quad (6-46)$$

整理方程组的第一个方程式可得到常数 a 的计算公式：

$$a=\frac{1}{n}\sum_{i=1}^{n}y_i-\frac{b_1}{n}\sum_{i=1}^{n}x_{1i}-\frac{b_2}{n}\sum_{i=1}^{n}x_{2i}-\cdots-\frac{b_m}{n}\sum_{i=1}^{n}x_{mi}=\bar{y}-b_1\bar{x}_1-b_2\bar{x}_2-\cdots-b_m\bar{x}_m \quad (6-47)$$

将 a 代入方程组，有：

$$b_1\sum_{i=1}^{n}(x_{1i}-\bar{x}_1)^2+b_2\sum_{i=1}^{n}(x_{1i}-\bar{x}_1)(x_{2i}-\bar{x}_2)+\cdots+b_m\sum_{i=1}^{n}(x_{1i}-\bar{x}_1)(x_{mi}-\bar{x}_m)$$

$$=\sum_{i=1}^{n}(x_{1i}-\bar{x}_1)(y_i-\bar{y}) \quad (6-48)$$

$$b_1\sum_{i=1}^{n}(x_{1i}-\bar{x}_1)(x_{2i}-\bar{x}_2)+b_2\sum_{i=1}^{n}(x_{2i}-\bar{x}_2)^2+\cdots+b_m\sum_{i=1}^{n}(x_{2i}-\bar{x}_2)(x_{mi}-\bar{x}_m)$$

$$=\sum_{i=1}^{n}(x_{2i}-\bar{x}_2)(y_i-\bar{y}) \quad (6-49)$$

……

$$b_1\sum_{i=1}^{n}(x_{1i}-\bar{x}_1)(x_{mi}-\bar{x}_m)+b_2\sum_{i=1}^{n}(x_{2i}-\bar{x}_2)(x_{mi}-\bar{x}_m)+\cdots+b_m\sum_{i=1}^{n}(x_{mi}-\bar{x}_m)^2$$

$$=\sum_{i=1}^{n}(x_{mi}-\bar{x}_m)(y_i-\bar{y}) \quad (6-50)$$

为简化计算，令：

$$L_{11}=\sum_{i=1}^{n}(x_{1i}-\bar{x}_1)^2=\sum_{i=1}^{n}x_{1i}{}^2-\frac{1}{n}\left(\sum_{i=1}^{n}x_{1i}\right)^2 \quad (6-51)$$

$$L_{22}=\sum_{i=1}^{n}(x_{2i}-\bar{x}_2)^2=\sum_{i=1}^{n}x_{2i}{}^2-\frac{1}{n}\left(\sum_{i=1}^{n}x_{2i}\right)^2 \tag{6-52}$$

$$L_{jj}=\sum_{i=1}^{n}(x_{ji}-\bar{x}_j)^2=\sum_{i=1}^{n}x_{ji}{}^2-\frac{1}{n}\left(\sum_{i=1}^{n}x_{ji}\right)^2 \tag{6-53}$$

$$L_{12}=L_{21}=\sum_{i=1}^{n}(x_{1i}-\bar{x}_1)(x_{2i}-\bar{x}_2)=\sum_{i=1}^{n}x_{1i}x_{2i}-\frac{1}{n}\sum_{i=1}^{n}x_{1i}\sum_{i=1}^{n}x_{2i} \tag{6-54}$$

$$L_{jk}=\sum_{i=1}^{n}(x_{ji}-\bar{x}_j)(x_{ki}-\bar{x}_k)=\sum_{i=1}^{n}x_{ji}x_{ki}-\frac{1}{n}\sum_{i=1}^{n}x_{ji}\sum_{i=1}^{n}x_{ki}$$

$$=\sum_{i=1}^{n}x_{ji}x_{ki}-n\bar{x}_j\bar{x}_k\quad[j,\ k=1,\ 2,\ \cdots m(j\neq k)] \tag{6-55}$$

$$L_{jy}=\sum_{i=1}^{n}(x_{ji}-\bar{x}_j)(y_i-\bar{y})=\sum_{i=1}^{n}x_{ji}y_i-\frac{1}{n}\sum_{i=1}^{n}x_{ji}\sum_{i=1}^{n}y_i$$

$$=\sum_{i=1}^{n}x_{ji}y_i-n\bar{x}_j\bar{y}\quad[j=1,\ 2,\ \cdots m(j\neq k)] \tag{6-56}$$

将上述简化式[式(6-51)~式(6-56)]代入正规方程组式(6-44)可得：

$$a=\bar{y}-b_1\bar{x}_1-b_2\bar{x}_2-\cdots-b_m\bar{x}_m \tag{6-57}$$

$$L_{11}b_1+L_{12}b_2+\cdots+L_{1m}b_m=L_{1y} \tag{6-58}$$

$$L_{21}b_1+L_{22}b_2+\cdots+L_{2m}b_m=L_{2y} \tag{6-59}$$

……

$$L_{m1}b_1+L_{m2}b_2+\cdots+L_{mm}b_m=L_{my} \tag{6-60}$$

可得到正规方程组中 a，b_1，b_2，…，b_m解。

为使正规方程组有解，要求试验次数应多于自变量的个数，即 $m<n$。当回归系数的值为正时，表示因变量(试验结果)会随着该变量的增加而增加；反之，回归系数的值为负数时，因变量则随着该变量的增加而减少。

当影响试验结果的因素较多，试验次数也较多时，方程组求解非常复杂。可借助 Excel 的“规划求解”求解方程组，也可以利用“回归”工具求解偏回归系数。

【例 6-6】 研究生产工艺对产品中某有效成分 y 的影响，选取 3 个自变量，分别是生产加工温度 x_1(℃)、加热时间 x_2(h)、催化剂的加入量 x_3(g)，如表 6-9 所示。试用线性回归模型分析试验数据($\alpha=0.01$)。

表 6-9 产品中有效成分实验数据

试验号	加工温度 x_1/℃	加热时间 x_2/h	催化剂的含量 x_3/g	某有效成分/g
1	50	2	2.2	6.9
2	52	2	4.9	10.2
3	69	2	1.8	8.3
4	70	2	5.1	10.9
5	51	4	5.0	11.1
6	52	4	2.1	8.4
7	68	4	2.0	9.1
8	70	4	5.0	12.6

解：根据题意，影响因素 $m=3$，试验次数 $n=8$，拟合的线性回归方程应为 $y=a+b_1x_1+b_2x_2+b_3x_3$。下面用最小二乘法求解正规方程组和利用“回归”分析工具两种方法求解回归方程系数 a、b_1、b_2和 b_3。

① 用最小二乘法求解三元正规方程组的解。

由试验数据可计算得到：

$$\bar{x}_1=60.25, \bar{x}_2=3, \bar{x}_3=3.5125, \bar{y}=9.6875$$

$$L_{11}=653.5, L_{22}=8, L_{33}=17.80875$$

$$L_{12}=0, L_{13}=3.175, L_{23}=0.1$$

$$L_{1y}=45.425, L_{2y}=4.9, L_{3y}=17.81125$$

代入式(6-57)，可得到以下三元一次方程组：

$$653.5b_1+0+3.175b_3=45.425$$

$$0+8b_2+0.1b_3=4.9$$

$$3.175b_1+0.1b_2+17.80875b_3=17.81125$$

依据第2.4.2.3节中“求解方程组”的相关内容，利用“规划求解”工具(见图6-21)，得到方程组的解，即回归系数的值分别为 $b_1=0.0647$，$b_2=0.6002$，$b_3=0.9852$。

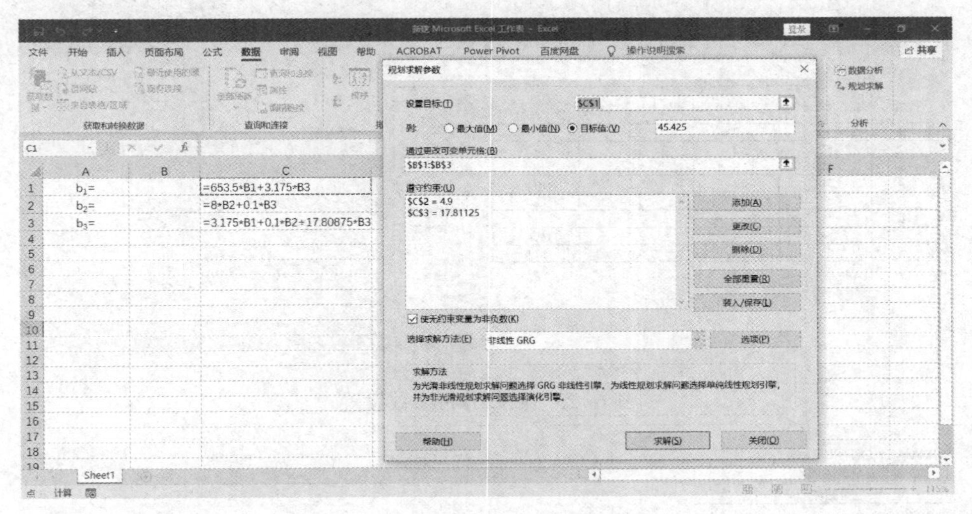

图6-21 规划求解求方程组的解

代入常数 a 的计算公式为：

$$a=\bar{y}-b_1\bar{x}_1-b_2\bar{x}_2-b_3\bar{x}_3=9.6875-0.0647\times60.25-0.6002\times3-0.9852\times3.5125=0.5282$$

因此得到的三元线性回归方程为：

$$y=0.5282+0.0647x_1+0.6002x_2+0.9852x_3$$

② 利用“回归”工具求解回归方程系数。

依图6-22所示将表6-9中变量的数据纵向排列，点击Excel【数据】→【分析】选项卡→【数据分析】→【回归】，单击【确定】后，按照图6-23进行回归分析参数设置，得到分析结果表(见图6-24)。分析结果表第三个表格中，“Coefficients”列的数据就是左边一列对应项的系数，即常数项 $a=0.5267$，加工温度 x_1 对应的系数 $b_1=0.0647$，加热时间 x_2 对应的系数

$b_2=0.6002$，催化剂加入量 x_3 对应的系数 $b_3=0.9852$。

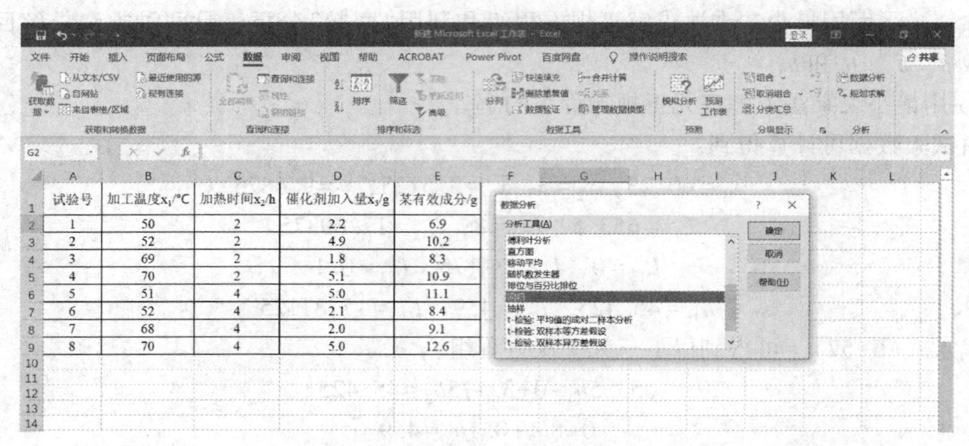

图 6-22 选择回归工具

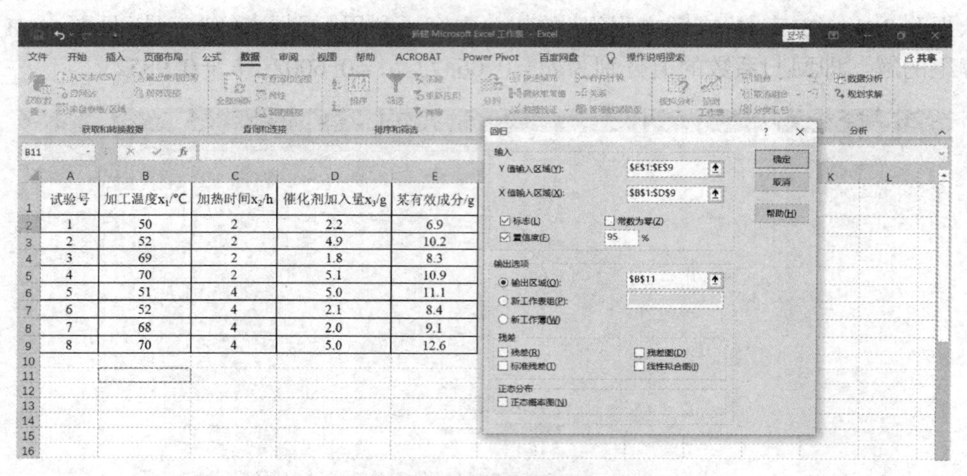

图 6-23 回归分析参数设置

SUMMARY OUTPUT								
回归统计								
Multiple R	0.989919866							
R Square	0.97994134							
Adjusted R Square	0.964897346							
标准误差	0.346257663							
观测值	8							
方差分析								
	df	SS	MS	F	Significance F			
回归分析	3	23.42917252	7.809724174	65.13837	0.000749343			
残差	4	0.479577477	0.119894369					
总计	7	23.90875						
	Coefficients	标准误差	t Stat	P-value	Lower 95%	Upper 95%	下限 95.0%	上限 95.0%
Intercept	0.526723367	0.940265291	0.56018591	0.605241	-2.083871597	3.137318	-2.08387	3.137318
加工温度x_1/℃	0.064723629	0.013550795	4.776371258	0.008799	0.02710059	0.102347	0.027101	0.102347
加热时间x_2/h	0.600184611	0.122424871	4.902472888	0.00803	0.260278677	0.940091	0.260279	0.940091
催化剂加入量x_3/g	0.985231081	0.082089215	12.00195526	0.000276	0.757314883	1.213147	0.757315	1.213147

回归系数

图 6-24 回归分析结果表

因此得到三元线性回归方程为：

$$y=0.5267+0.0647x_1+0.6002x_2+0.9852x_3$$

综上所述，用最小二乘法求解正规方程组和利用 Excel 的“回归”分析工具两种方法均可求解回归方程系数 b_1、b_2和b_3及截距 a，获得线性回归模型。第二种方法更为方便快捷，且不会因为计算过程的失误导致结果出错。从数据结果来看，除了常数项 a 值，两种方法得到的其他偏回归系数的数值一致。由于 a 值由其他偏回归系数的结果计算得到，计算过程涉及数字小数点位数的取舍，用最小二乘法求解正规方程组得到的 a 值，与用“回归”分析工具得到的值相比，略有差异。

两种方法得到的三元线性回归方程的系数均为正值，表示试验结果(y)随着指标(x_1、x_2、x_3)的增加而增加。

6.4.1 多元线性回归方程的显著性检验

6.4.1.1 F 检验法

与一元线性回归类似，多元线性回归也需要计算总离差平方和、回归平方和、残差平方和等分析参数，计算 F 值，再进行检验。方差分析表见表6-10。

表 6-10 多元线性回归方差分析表

差异源	SS	df	MS	F	临界值	显著性
回归	$SS_R=\sum_{i=1}^{n}(\hat{y}_i-\bar{y})^2$	$df_R=m$	$MS_R=\frac{SS_R}{df_R}$	$\frac{MS_R}{MS_e}$	$F_\alpha(m, n-m-1)$	
误差	$SS_e=\sum_{i=1}^{n}(y_i-\hat{y}_i)^2$	$df_e=n-m-1$	$MS_e=\frac{SS_e}{df_e}$			
总和	$SS_T=SS_R+SS_e$	$n-1$				

其中，总离差平方和 SS_T：

$$SS_T=\sum_{i=1}^{n}(y_i-\bar{y})^2=\sum_{i=1}^{n}y_i^2-n\bar{y}^2 \tag{6-61}$$

可以证明回归平方和 SS_R的计算式为：

$$SS_R=\sum_{i=1}^{n}(\hat{y}_i-\bar{y})^2=b_1L_{1y}+b_2L_{2y}+\cdots+b_mL_{my} \tag{6-62}$$

式中：

$$L_{1y}=\sum_{i=1}^{n}(x_{1i}-\bar{x}_1)(y_i-\bar{y}) \tag{6-63}$$

$$L_{2y}=\sum_{i=1}^{n}(x_{2i}-\bar{x}_2)(y_i-\bar{y}) \tag{6-64}$$

$$L_{my}=\sum_{i=1}^{n}(x_{mi}-\bar{x}_m)(y_i-\bar{y})=\left(\sum_{i=1}^{n}x_{mi}y_i\right)-n\bar{x}_m\bar{y} \tag{6-65}$$

残差平方和 SS_e：

$$SS_e=\sum_{i=1}^{n}(y_i-\hat{y}_i)^2=SS_T-SS_R \tag{6-66}$$

F 服从自由度$(n-m-1)$的分布，在给定的显著性水平 α 下，结合自由度查附录 3 的 F 分布表得到临界值 $F_\alpha(m, n-m-1)$。比较计算出的 F 值和 $F_\alpha(m, n-m-1)$的大小。

当 $F<F_{0.05}(m, n-m-1)$，说明 y 与自变量 x_1，x_2，…，x_m 之间没有明显的线性关系，回归方程不显著，方程没有意义；

若 $F_{0.05}(m, n-m-1) \leqslant F<F_{0.01}(m, n-m-1)$，说明 y 与自变量 x_1，x_2，…，x_m 之间有明显的线性关系，所建立的回归方程是显著的，用“*”表示；

若 $F \geqslant F_{0.01}(m, n-m-1)$，说明 y 与自变量 x_1，x_2，…，x_m 之间有非常显著的线性关系，所建立的回归方程高度显著，用“**”表示。

6.4.1.2 相关系数检验法

与一元线性回归中用相关系数 r 表征变量 y 与 x 之间的线性关系类似，多元线性回归分析中，用复相关系数 R 反映变量 y 与自变量 x_1，x_2，…，x_m 之间是否存在显著的线性关系。由于 R 可以反映 y 与 x_1，x_2，…，x_m 等 m 个变量的线性密切程度，故称为复相关系数，计算式为：

$$R=\frac{\sum(y_i-\bar{y})(\hat{y}_i-\bar{y})}{\sqrt{\sum(y_i-\bar{y})^2\sum(\hat{y}_i-\bar{y})^2}}(i=1, 2, \cdots, n) \tag{6-67}$$

复相关系数的平方称为多元线性回归方程的决定系数，用 R^2 表示。决定系数的大小反映回归平方和 SS_R 在总离差平方和 SS_T 中占的比重。

$$R^2=\frac{SS_R}{SS_T}=1-\frac{SS_e}{SS_T} \tag{6-68}$$

R^2 越接近于 1，回归直线的拟合效果越好。一般在计算复相关系数时，可以先计算出决定系数 R^2，然后求其平方根，即：

$$R=\sqrt{\frac{SS_R}{SS_T}}=\sqrt{1-\frac{SS_e}{SS_T}} \tag{6-69}$$

R 取值范围：$0 \leqslant R \leqslant 1$。

当 $R=1$ 时，说明 y 与自变量 x_1，x_2，…，x_m 之间存在严格的线性关系；

当 $R \approx 0$ 时，说明 y 与自变量 x_1，x_2，…，x_m 之间不存在线性关系；

当 $0<R<1$ 时，说明 y 与自变量 x_1，x_2，…，x_m 之间存在一定的线性关系，R 值越趋向于 1，线性关系越显著。

当 $m=1$ 时，自变量个数为 1 个，即为一元线性回归，此时的复相关系数 R 与一元线性相关系数 r 相等。

如果 $R>r_{(\alpha,df)}$，则表示在显著性水平 α 下，回归方程显著，y 与自变量 x_1，x_2，…，x_m 之间存在密切的线性关系。否则，线性关系不显著。其中，$df=n-m-1$，$r_{(\alpha,df)}$ 为复相关系数临界值，与给定的显著性水平和试验数据组数 $n(n>2)$有关，附录 8 可查。

由式(6-68)可知，决定系数 R^2 的计算受变量个数的影响。随着模型自变量个数 m 的增加，决定系数 R^2 也随之逐步增加，即变量个数 m 越多，R^2 值也会越大。因此，需要考虑对自由度加以修正。修正自由度的决定系数 R_a^2，是将 n 组试验数据的残差平方和与总离差平方和分别除以各自的自由度，以剔除变量个数对决定系数的影响。R_a^2 计算式为：

$$R_a^2 = 1 - \frac{\frac{SS_e}{n-m-1}}{\frac{SS_T}{n-1}} = 1 - \frac{n-1}{n-m-1}(1-R^2) \tag{6-70}$$

可以看出，决定系数与修正后的决定系数存在 $R^2 \leqslant R_a^2$ 的关系。在一般情况下，多元回归统计用调整后的 R_a^2 来衡量更合理。

【例 6-7】 根据【例 6-6】的数据，用 F 检验法和相关系数检验法对回归方程进行显著性检验($\alpha=0.01$)。

解：(1) F 检验法。

根据图 6-24 中“方差分析”表，可知：

$$SS_R = 23.4292,\ SS_e = 0.4796,\ df_R = 3,\ df_e = 4$$

$$F = \frac{SS_R/df_R}{SS_e/df_e} = 65.14$$

查 F 分布表得 $F_{0.01(3,4)} = 16.69$，因此 $F > F_{0.01(3,4)}$，说明 y 与自变量 x_1、x_2、x_3 之间存在密切的线性关系，回归方程有意义。

(2) 相关系数检验法：

根据图 6-24 中“方差分析”表，$SS_T = 23.90875$。“回归统计”表中的“Multiple R”0.9899 为复相关系数，也可由式(6-69)计算复相关系数：

$$R = \sqrt{1 - \frac{SS_e}{SS_T}} = \sqrt{1 - \frac{0.4796}{23.90875}} = 0.9899$$

查表得相关系数临界值 $r_{(0.01,3,4)} = 0.962$，同样也说明 y 与自变量 x_1、x_2、x_3 之间存在密切的线性关系，回归方程有意义。

6.4.2 因素主次判断

在多元线性回归方程中，偏回归系数 b_1，b_2，…，b_m 表示了因素 x 对因变量 y 的具体效应。但在一般情况下，$b_j(j=1,\ 2,\ \cdots,\ m)$ 的取值受对应因素的单位和取值的影响，所以其值的大小并不能直接反映因素的重要程度，可通过 F 检验和 t 检验对偏回归系数 b_j 进行显著性检验，以确定其对应因素的主次顺序。

6.4.2.1 偏回归系数 b_j 的 F 检验

多元回归的回归平方和 SS_R 反映的是所有的因素 x_1，x_2，…，x_m 引起的试验结果(或指标) y 的变化和总影响。因素 x_1，x_2，…，x_m 对应的偏回归系数为 b_1，b_2，…，b_m，对每个偏回归系数 $b_j(j=1,\ 2,\ \cdots,\ m)$ 进行 F 检验，可得到每个偏回归系数的显著性结果，并依次判断其对应因素的重要程度。

每个因素的偏回归平方和 $SS_j(j=1,\ 2,\ \cdots,\ m)$ 表示 x_j 对 y 的影响程度，计算式为：

$$SS_j = b_j L_{jy} = b_j^2 L_{jj} \tag{6-71}$$

其对应的自由度 $df_j = 1$。

$$F_j=\frac{\dfrac{SS_j}{df_j}}{\dfrac{SS_e}{df_e}} \tag{6-72}$$

F_j服从自由度为(1，$n-m-1$)的 F 分布。根据显著性水平 α，查 F 分布表，比较统计量 F_j与临界值 $F_\alpha(1，n-m-1)$的大小，并进行判定。如果 $F>F_\alpha(1，n-m-1)$，说明因素 x_j对 y 的影响是显著的；否则，则说明该因素 x_j对 y 不显著，可不作为 y 的影响因素之一纳入回归统计分析中，即在回归方程中去掉该因素，使方程变为($m-1$)元回归方程。

当 $F>F_\alpha(1，n-m-1)$时，F_j越大，说明对应的因素越重要。可根据 F_j值的大小判断其对应因素的主次顺序。

【例 6-8】 用 F 检验法对【例 6-6】得到的回归方程进行显著检验。

解：由【例 6-6】第(1)种方法的解题过程可知：

$$L_{1y}=45.425，L_{2y}=4.9，L_{3y}=17.81125$$

由图 6-24 得知：

$$SS_e=0.4796，df_e=4$$

因此：

$$F_1=\frac{SS_1/df_1}{SS_e/df_e}=\frac{b_1L_{1y}}{SS_e/df_e}=\frac{0.0647\times45.425}{0.4796/4}=24.51$$

$$F_2=\frac{SS_2/df_2}{SS_e/df_e}=\frac{b_2L_{2y}}{SS_e/df_e}=\frac{0.6002\times4.9}{0.4796/4}=24.53$$

$$F_3=\frac{SS_3/df_3}{SS_e/df_e}=\frac{b_3L_{3y}}{SS_e/df_e}=\frac{0.9852\times17.81125}{0.4796/4}=146.35$$

当 $\alpha=0.01$、$df=n-m-1=4$ 时，查表得临界值 $F_{0.01}(1，4)=21.20$。

因此，F_1、F_2和 F_3均大于 $F_{0.01}(1，4)$，说明三个因素对试验结果都具有极显著的影响，因素主次顺序为 $x_3>x_2>x_1$。

6.4.2.2 偏回归系数 b_j的 t 检验

偏回归系数 $b_j(j=1，2，\cdots，m)$的 t 检验计算式为：

$$t_j=\frac{|b_j|}{s_{b_j}} \tag{6-73}$$

式中，s_{b_j}是偏回归系数$b_j(j=1，2，\cdots，m)$的标准误差。

$$s_{b_j}=\sqrt{\frac{SS_e/df_e}{L_{jj}}} \tag{6-74}$$

因此：

$$t_j=\frac{|b_j|}{s_{b_j}}=\frac{|b_j|}{\sqrt{\dfrac{SS_e/df_e}{L_{jj}}}}=\sqrt{\frac{b_j^2L_{jj}}{SS_e/df_e}}=\sqrt{\frac{SS_j}{SS_e/df_e}}=\sqrt{F_j}，j=1，2，\cdots，m \tag{6-75}$$

t_j服从自由度为($n-m-1$)的 F 分布。根据显著性水平 α，查 t 分布表。比较统计量 t_j与

临界值 $t_{\alpha/2}(n-m-1)$ 的大小。

如果 $t_j>t_{\alpha/2}(n-m-1)$，说明因素 x_j 对 y 的影响是显著的；否则，影响不显著。

从计算公式可以看出，偏回归系数的 F 检验和 t 检验实际上是一致的。

由式(6-75)可知，$|t_j|$ 越大，所对应的偏回归系数越显著，相应的因素越重要。

6.5　曲线回归分析

工业生产过程和科学研究的许多问题中，变量之间的关系是非线性的，可能是双曲线函数、对数函数、指数函数、幂函数、S形曲线函数关系等。最小二乘法同样是非线性回归分析常用的方法，但需要通过变量转换将非线性关系转化为一元线性回归问题，再对其进行回归分析、显著性检验或区间估计，最后将变换后的直线回归方程还原为曲线回归方程。

6.5.1　一元非线性回归分析

6.5.1.1　双曲线函数

双曲线函数关系式：

$$\frac{1}{y}=a+\frac{b}{x}\text{或 } y=\frac{x}{ax+b} \tag{6-76}$$

双曲线图例如图 6-25 所示。

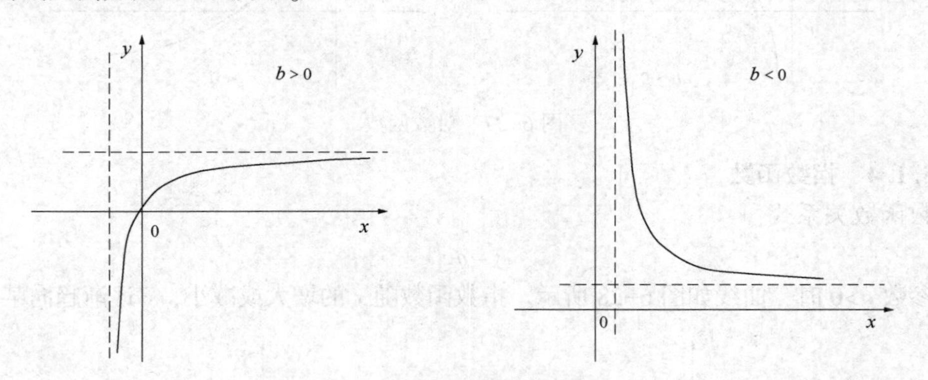

图 6-25　双曲线

函数特点：y 随着 x 的增加而增加(或减少)，增加(或减少)的幅度先快后慢，再趋于稳定。

6.5.1.2　幂函数

幂函数关系式：

$$y=ax^{b}(x>0) \tag{6-77}$$

当参数 $a>0$ 时，曲线如图 6-26 所示。

6.5.1.3　对数函数

对数函数关系式：

$$y=a+b\lg x(x>0) \tag{6-78}$$

当参数 $a>0$ 时，曲线如图 6-27 所示。随着 x 的增大，x 的变动对 y 的影响效果递减。

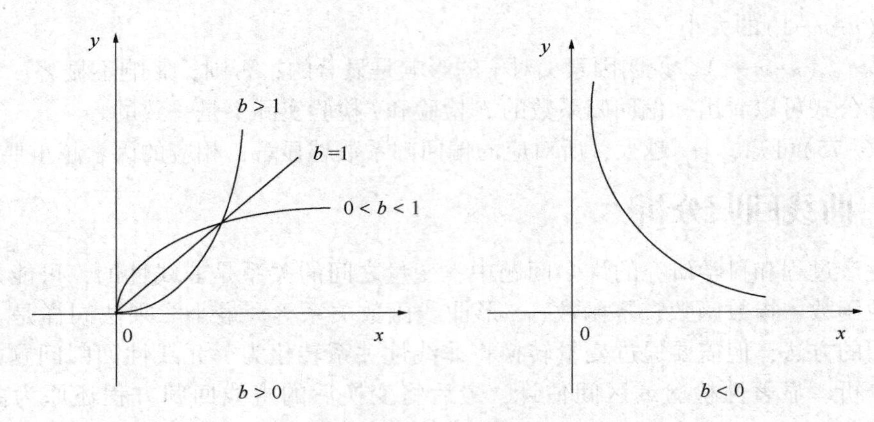

图 6-26　幂函数

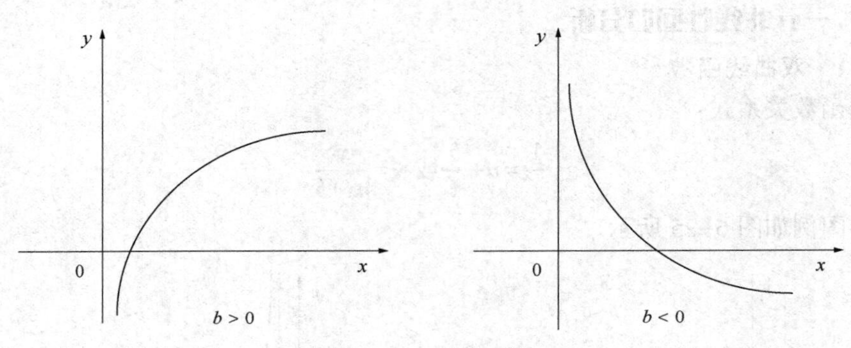

图 6-27　对数函数

6.5.1.4　指数函数

指数函数关系式：

$$y = ae^{bx} \tag{6-79}$$

当参数 $a>0$ 时，曲线如图 6-28 所示。指数函数随 x 的增大或减小，y 逐渐趋向某个值。

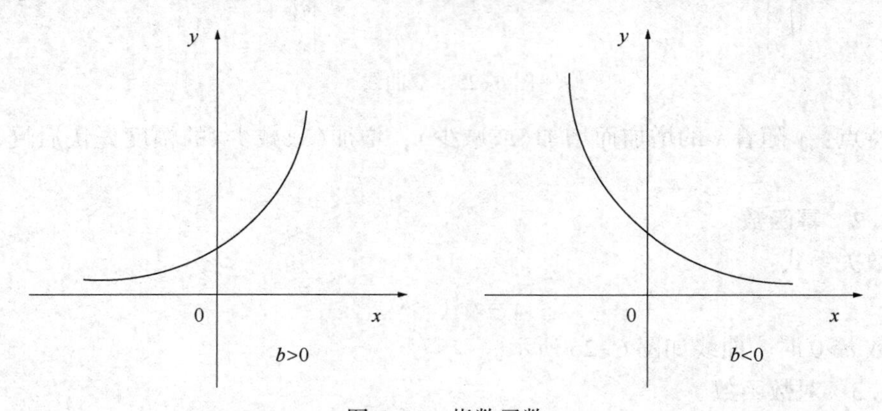

图 6-28　指数函数

6.5.1.5　倒指数函数

倒指数函数关系式：

$$y=ae^{\frac{b}{x}} \tag{6-80}$$

当参数 $a>0$ 时，曲线如图 6-29 所示。

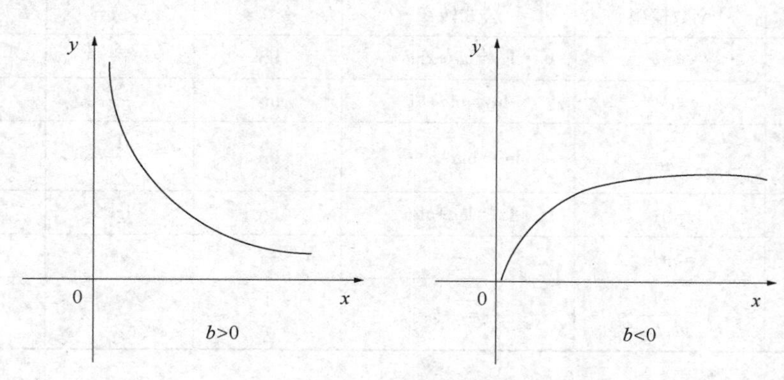

图 6-29　倒指数函数

6.5.1.6　*S* 形曲线

S 形曲线函数关系式：

$$y=\frac{1}{a+be^{-x}} \tag{6-81}$$

S 形曲线图例如图 6-30 所示。

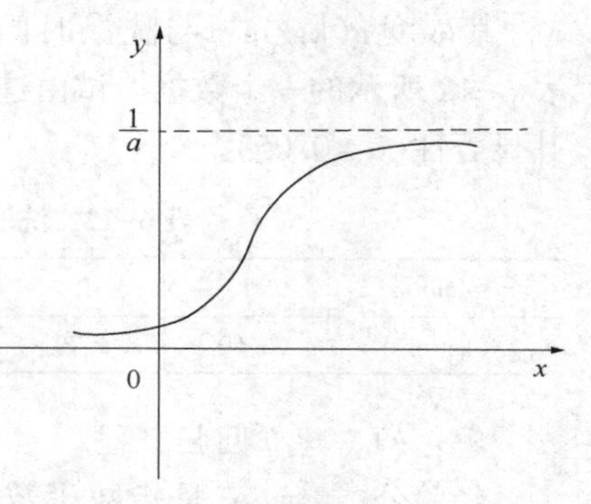

图 6-30　*S* 形曲线

用变量替换将非线性回归问题线性化，指通过变量替换，将非线性回归问题转化为一元线性回归问题。一般需有以下几个步骤：

（1）作散点图，分析函数关系。即根据试验数据，在直角坐标中画出散点图，推测 y 与 x 之间可能存在的函数关系。如果推测是非线性函数，选择一个或多个非线性函数进行分析。

（2）线性变换。即通过变量替换，将非线性回归问题进行线性变换（见表 6-11），转化为线性问题。

（3）线性拟合。用线性回归分析法求出经线性变换后得到的直线方程的回归系数，得到回归方程式。

（4）复原非线性函数。将替换的变量还原，返回到原来的函数关系，得到非线性函数。

一些常用的非线性函数的线性变换详见表 6-11。

表 6-11　非线性回归模型的线性变换表

非线性回归曲线			变量替换		
名称	函数模型	公式转变	令 $Y=$	令 $X=$	新函数模型
双曲线函数	$\frac{1}{y}=a+\frac{b}{x}$	$\frac{1}{y}=a+b\frac{1}{x}$	$\frac{1}{y}$	$\frac{1}{x}$	$Y=a+bX$
对数函数	$y=a+b\lg x$	—	—	$\lg x$	$y=a+bX$
对数函数	$y=a+b\ln x$	—	—	$\ln x$	$y=a+bX$

续表

非线性回归曲线			变量替换		
名称	函数模型	公式转变	令 $Y=$	令 $X=$	新函数模型
指数函数	$y=ab^x$	$\lg y=\lg a+x\lg b$	$\lg y$	—	$Y=\lg a+x\lg b$
指数函数	$y=ae^{bx}$	$\ln y=\ln a+bx$	$\ln y$	—	$Y=\ln a+bx$
倒指数函数	$y=ae^{\frac{b}{x}}$	$\ln y=\ln a+b\dfrac{1}{x}$	$\ln y$	$\dfrac{1}{x}$	$Y=\ln a+bX$
幂函数	$y=ax^b$	$\lg y=\lg a+b\lg x$	$\lg y$	$\lg x$	$Y=\lg a+bX$
幂函数	$y=a+bx^n$	—	—	x^n	$y=a+bX$
S 形曲线函数	$y=\dfrac{1}{a+be^{-x}}$	$\dfrac{1}{y}=a+be^{-x}$	$\dfrac{1}{y}$	e^{-x}	$Y=a+bX$

【例 6-9】 某滤渣中含有物质 A，在洗涤滤渣的试验中，以恒定的水流量洗涤水中的 A，其浓度 $c(\text{kg/m}^3)$ 与洗涤时间 $t(\text{min})$ 之间符合经验公式 $c=ae^{bt}$。通过测试，得到如表 6-12 所示的一组数据。试由这组数据确定公式中的常数 a 和 b，得到回归方程，并检验其显著性($\alpha=0.05$)。

表 6-12　洗涤水中 A 物质的浓度 c 与洗涤时间 t 的关系

t/min	1	2	3	4	5	6	7	8
c/(kg/m^3)	6.60	4.70	3.30	2.30	1.70	1.15	0.78	0.56

解：(1) 建立回归方程。

经验公式 $c=ae^{bt}$ 是指数函数，而非线性方程。可先将经验公式进行变量替换和线性处理。

经验公式 $c=ae^{bt}$ 两边取自然对数，可得到 $\ln c=\ln a+bt$。

令 $Y=\ln c$，则经验公式可转化为变量 Y 和 t 的一元线性方程：$Y=\ln a+bt$。根据变量替换，对试验数据进行整理计算(见表 6-13)。

表 6-13　数据计算表

t/min	c/(kg/m^3)	$Y=\ln c$	t/min	c/(kg/m^3)	$Y=\ln c$
1	6.60	1.89	5	1.70	0.53
2	4.70	1.55	6	1.15	0.14
3	3.30	1.19	7	0.78	-0.25
4	2.30	0.83	8	0.56	-0.58

按照第 2.4.1.5 节的相关内容，用表 6-13 中的 t 和 Y 列的数据做回归分析，得到如图 6-31 所示的回归分析结果。其中“Intercept”的系数“2.2547”代表线性方程的常数项 $\ln a$，方程变量 t 的回归系数为“-0.3537”，即 $b=-0.3537$。

因此，直线方程应为：$Y=2.2547-0.3537t$。

由 $\ln a=2.2547$，得到 $a=e^{2.2547}=9.5324$，复原后的曲线方程应为：

$$c=9.5324e^{-0.3537t}$$

（2）回归方程的显著性检验。

① 相关系数检验。

图6-31的"回归统计"表中，"Multiple R"等同于相关系数，$r=0.9997$。

根据$\alpha=0.05$，变量个数$m=1$，试验次数$n=8$，查相关系数临界值表，得到$r_{(0.05,6)}=0.707$，$r>r_{(0.05,6)}$，说明求得的经验公式有意义。

② F检验。

图6-31的"方差分析"表中，统计量$F=10382.42$，查F分布表得临界值$F_{(1,8)}=5.32$，远小于F，说明回归方程十分显著。此外，"Significance F"表示回归不显著的概率，Significance F显著小于显著性水平0.05，也充分说明回归方程十分显著，建立的经验公式有意义。

SUMMARY OUTPUT								
回归统计								
Multiple R	0.999711175							
R Square	0.999422434							
Adjusted R Square	0.999326173							
标准误差	0.022498007							
观测值	8							
方差分析								
	df	SS	MS	F	Significance F			
回归分析	1	5.255168	5.255168	10382.42	6.02212E-11			
残差	6	0.003037	0.000506					
总计	7	5.258205						
	Coefficients	标准误差	t Stat	P-value	Lower 95%	Upper 95%	下限 95.0%	上限 95.0%
Intercept	2.254719911	0.01753	128.6184	1.49E-11	2.211824799	2.297615	2.211825	2.297615
t/min	-0.353727367	0.003472	-101.894	6.02E-11	-0.362221865	-0.34523	-0.36222	-0.34523

图6-31 回归分析结果

【例6-10】 已知y与x符合双曲线函数规律，测得一组实验数据如表6-14所示。试确定y与x的关系式($\alpha=0.05$)。

表6-14 试验数据表

x	3	4	6	7	8	9	11	12	14	15
y	1.480	1.523	1.612	1.621	1.647	1.658	1.662	1.689	1.690	1.696

解：根据题意，y与x符合双曲线函数规律，即关系式为：

$$\frac{1}{y}=a+\frac{b}{x}$$

根据表6-11，先将双曲线函数变换为线性函数，令：

$$Y=\frac{1}{y},\ X=\frac{1}{x}$$

则，变换后的线性方程为：

$$Y=a+bX$$

根据变量替换，对试验数据进行整理计算(见表6-15)。

表 6-15 x 与 y 的数据计算表

x	y	$X=\frac{1}{x}$	$Y=\frac{1}{y}$	x	y	$X=\frac{1}{x}$	$Y=\frac{1}{y}$
3	1.480	0.333	0.676	9	1.658	0.111	0.603
4	1.523	0.250	0.657	11	1.662	0.091	0.602
6	1.612	0.167	0.620	12	1.689	0.083	0.592
7	1.621	0.143	0.617	14	1.690	0.071	0.592
8	1.647	0.125	0.607	15	1.696	0.067	0.590

按照第 2.4.1.5 节相关内容，用 X 和 Y 列数据做线性回归分析，得到回归分析结果(见图 6-32)。其中“Intercept”的系数“0.567”代表线性方程的常数项 a，方程变量 X 的回归系数为“0.334”，即 $b=0.334$。

因此，直线方程应为：$Y=0.567+0.334X$。

图 6-32 中“Multiple R”等同于相关系数 $r=0.9944$。$\alpha=0.05$，变量个数 $m=1$，试验次数 $n=8$，查相关系数临界值表，得到 $r_{(0.05,6)}=0.707$，$r>r_{(0.05,6)}$，说明求得的经验公式有意义。

复原后的双曲线方程应为：

$$\frac{1}{y}=0.567+\frac{0.334}{x}$$

SUMMARY OUTPUT

回归统计	
Multiple R	0.994419398
R Square	0.988869939
Adjusted R Square	0.987478682
标准误差	0.003237411
观测值	10

方差分析

	df	SS	MS	F	Significance F
回归分析	1	0.00745	0.00745	710.7741	4.21494E-09
残差	8	8.38E-05	1.05E-05		
总计	9	0.007533			

	Coefficients	标准误差	t Stat	P-value	Lower 95%	Upper 95%	下限 95.0%	上限 95.0%
Intercept	0.567355077	0.002076	273.3463	3.59E-17	0.562568755	0.572141	0.562569	0.572141
1/x	0.333978207	0.012527	26.66035	4.21E-09	0.305090544	0.362866	0.305091	0.362866

图 6-32 回归分析结果

在实际应用中，对于一元非线性回归问题，当变量间的数学模型不清楚时，可根据专业知识和经验，判断变量间的非线性函数关系；当变量间的函数关系无法通过专业知识和已有经验准确判断时，需要根据不同的非线性函数具有的特点，推断可能存在的函数关系，再做进一步的回归分析和比较，找出最能反映变量之间大致关系的经验回归曲线。最合适的曲线类型往往不是一下就能选准的，需要分别用几种类型的曲线关系做回归分析，再进行对比，选择可能的函数关系中剩余标准差 s_E 最小或经过线性变换后决定系数 R^2（或相关系数 r 的绝对值）最大的函数作为数学模型。

【例 6-11】 在调查污染物排放到自然界的自净过程中，测得酚的浓度（mg/L）随时间（min）变化的数据（见表 6-16），试找出最佳回归方程（$\alpha=0.05$）。

表 6-16 酚的浓度随时间的变化表

x/min	2.17	4.50	13.33	24.50	29.67	35.00	49.67	65.50	81.33
y/(mg/L)	0.040	0.039	0.038	0.024	0.021	0.023	0.017	0.017	0.013

解：解题分三步走。

（1）分析可能的函数关系式。

先画出数据的散点图（见图 6-33），对数据进行分析，判断两个变量之间可能的函数关系。

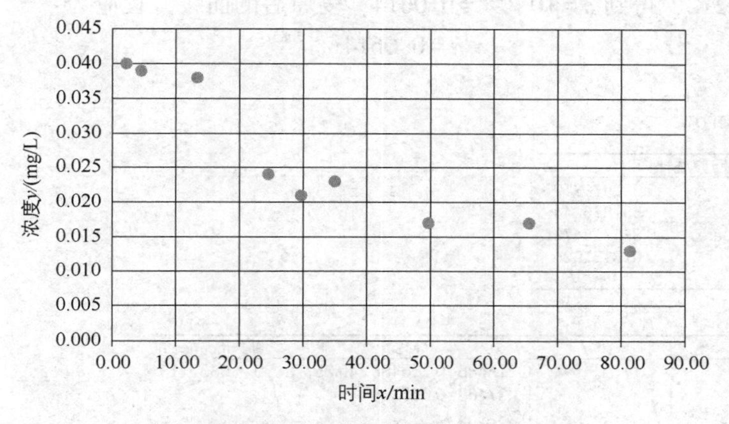

图 6-33 数据关系散点图

如图 6-33 所示，数据点的线性关系并不十分明显，随着 x 的增加，y 呈现明显的曲线下降趋势。分析存在的函数关系可能有：

① 幂函数：$y=ax^b$。

② 指数函数：$y=ae^{bx}$。

③ 双曲线函数：$y=a+\dfrac{b}{x}$。

④ 直线函数：$y=a+bx$。

（2）将上述可能存在的函数关系逐个进行变量替换转化为一元线性回归问题，再做进一步的回归分析和比较。

① 假设酚的浓度（mg/L）随时间（min）的变化符合幂函数的分布规律：

$$y=ax^b$$

函数式两边取对数可写成：$\lg y=\lg a+b\lg x$。

令 $Y=\lg y$，$X=\lg x$，函数式变换为 $Y=\lg a+bX$。

根据变量替换，对试验数据进行整理计算（见表 6-17）。

表 6-17　幂函数计算表

x/min	y/(mg/L)	X=lgx	Y=lgy	x/min	y/(mg/L)	X=lgx	Y=lgy
2. 17	0. 040	0. 336	−1. 398	35. 00	0. 023	1. 544	−1. 638
4. 50	0. 039	0. 653	−1. 409	49. 67	0. 017	1. 696	−1. 770
13. 33	0. 038	1. 125	−1. 420	65. 50	0. 017	1. 816	−1. 770
24. 50	0. 024	1. 389	−1. 620	81. 33	0. 013	1. 910	−1. 886
29. 67	0. 021	1. 472	−1. 678				

按照第 2. 4. 1. 5 节相关内容，将表 6-17 幂函数计算表中的 X 和 Y 列数据做回归分析，得到如图 6-34 所示的回归分析结果。其中"Intercept"即为线性方程的截距"lg$a$"，$b=-0.3085$。变换的线性方程即为：

$$Y=-1.212-0.3085X$$

由 $\lg a=-1.212$，得到 $a=10^{-1.212}=0.0614$，复原后的曲线方程应为：

$$y=0.0614x^{-0.3085}$$

SUMMARY OUTPUT

回归统计	
Multiple R	0.922971312
R Square	0.851876044
Adjusted R Square	0.830715478
标准误差	0.073161925
观测值	9

方差分析

	df	SS	MS	F	Significance F
回归分析	1	0.215486	0.215486	40.25772	0.000387115
残差	7	0.037469	0.005353		
总计	8	0.252955			

	Coefficients	标准误差	t Stat	P-value	Lower 95%	Upper 95%	下限 95.0%	上限 95.0%
Intercept	-1.211507691	0.068978	-17.5637	4.78E-07	-1.374614519	-1.0484	-1.37461	-1.0484
X	-0.308518295	0.048625	-6.3449	0.000387	-0.423497285	-0.19354	-0.4235	-0.19354

图 6-34　幂函数线性变换后的回归分析结果

由图 6-34 可知，相关系数 $r=0.9230$，决定系数 $R^2=0.8519$。根据上述复原后的曲线方程计算每个 x 值的回归方程估计值 $\hat{y}$，继而计算出剩余标准差 $S_E=0.00528$(见表 6-18)。

表 6-18　幂函数方程的剩余标准差计算表

x/min	y/(mg/L)	$\hat{y}$	$y_i-\hat{y}$	$(y_i-\hat{y})^2$	$S_E=\sqrt{\frac{\sum(y_i-\hat{y})^2}{n-2}}$
2. 17	0. 040	0. 0483	−0. 00835	0. 00006967	0. 00528
4. 50	0. 039	0. 0386	0. 00039	0. 00000016	
13. 33	0. 038	0. 0276	0. 01038	0. 00010783	
24. 50	0. 024	0. 0229	0. 00111	0. 00000124	
29. 67	0. 021	0. 0216	−0. 00058	0. 00000033	

续表

x/min	y/(mg/L)	$\hat{y}$	$y_i-\hat{y}$	$(y_i-\hat{y})^2$	$S_E=\sqrt{\frac{\sum(y_i-\hat{y})^2}{n-2}}$
35.00	0.023	0.0205	0.00250	0.00000623	0.00528
49.67	0.017	0.0184	−0.00140	0.00000197	
65.50	0.017	0.0169	0.00010	0.00000001	
81.33	0.013	0.0158	−0.00281	0.00000788	

② 假设酚的浓度(mg/L)随时间(min)的变化符合指数函数的分布规律：

$$y=ae^{bx}$$

函数式两边取自然对数可写成：$\ln y=\ln a+bx$。

令 $Y=\ln y$，函数式变换为 $Y=\ln a+bx$。

根据变量替换，对试验数据进行整理计算(见表6-19)。

表6-19 指数函数数据表

x/min	y/(mg/L)	Y=lny	x/min	y/(mg/L)	Y=lny
2.17	0.040	−3.219	35.00	0.023	−3.772
4.500	0.039	−3.244	49.67	0.017	−4.075
13.330	0.038	−3.270	65.50	0.017	−4.075
24.50	0.024	−3.730	81.33	0.013	−4.343
29.67	0.021	−3.863			

按照第2.4.1.5节相关内容，将表6-19中的 x 和 Y 列数据做回归分析，得到图6-35所示的回归分析结果。其中"Intercept"即为线性方程的截距"$\ln a$"，$b=-0.0144$。变换后的线性方程即为：

$$Y=-3.244-0.0144x$$

由 $\ln a=-3.244$，得到 $a=e^{-3.244}=0.0390$，复原后的曲线方程应为：

$$y=0.0390e^{-0.0144x}$$

SUMMARY OUTPUT								
回归统计								
Multiple R	0.953762074							
R Square	0.909662093							
Adjusted R Square	0.896756678							
标准误差	0.13155979							
观测值	9							
方差分析								
	df	SS	MS	F	Significance F			
回归分析	1	1.219985	1.219985	70.48685	6.68875E-05			
残差	7	0.121156	0.017308					
总计	8	1.341141						
	Coefficients	标准误差	t Stat	P-value	Lower 95%	Upper 95%	下限 95.0%	上限 95.0%
Intercept	−3.243814564	0.072855	−44.5244	7.53E-10	−3.416088653	−3.07154	−3.41609	−3.07154
x/min	−0.014381498	0.001713	−8.39564	6.69E-05	−0.018432032	−0.01033	−0.01843	−0.01033

图6-35 指数函数线性变换后的回归分析结果

由图 6-35 可知，相关系数 $r=0.9538$，决定系数 $R^2=0.9097$。根据上述复原后的曲线方程计算每个 x 值的回归方程估计值 $\hat{y}$，继而计算出剩余标准差 $S_E=0.00348$(见表 6-20)。

表 6-20　指数函数方程的剩余标准差计算表

x/min	y/(mg/L)	$\hat{y}$	$y_i-\hat{y}$	$(y_i-\hat{y})^2$	$S_E=\sqrt{\frac{\sum(y_i-\hat{y})^2}{n-2}}$
2.17	0.040	0.0378	0.00220	0.00000484	0.00348
4.50	0.039	0.0366	0.00245	0.00000599	
13.33	0.038	0.0322	0.00581	0.00003377	
24.50	0.024	0.0274	-0.00341	0.00001160	
29.67	0.021	0.0254	-0.00444	0.00001971	
35.00	0.023	0.0236	-0.00056	0.00000031	
49.67	0.017	0.0191	-0.00207	0.00000430	
65.50	0.017	0.0152	0.00181	0.00000329	
81.33	0.013	0.0121	0.00091	0.00000083	

③ 假设酚的浓度(mg/L)随时间(min)的变化符合双曲线函数的分布规律：

$$y=a+\frac{b}{x}$$

令 $X=\frac{1}{x}$，上述函数式变换为 $y=a+bX$。

根据变量替换，对试验数据进行整理计算(见表 6-21)。

表 6-21　双曲线函数数据表

x/min	y/(mg/L)	$X=\frac{1}{x}$	x/min	y/(mg/L)	$X=\frac{1}{x}$
2.17	0.040	0.4608	35.00	0.023	0.0286
4.500	0.039	0.2222	49.67	0.017	0.0201
13.330	0.038	0.0750	65.50	0.017	0.0153
24.50	0.024	0.0408	81.33	0.013	0.0123
29.67	0.021	0.0337			

将表 6-21 中的 X 和 y 列数据做回归分析，得到如图 6-36 所示的回归分析结果。其中“Intercept”即为线性方程的截距“a”，$a=0.0204$，$b=0.0535$。变换的线性方程即为：

$$Y=0.0204+0.0535X$$

复原后的曲线方程应为：

$$y=0.0204+\frac{0.0535}{x}$$

由图 6-36 可知，相关系数 $r=0.7661$，决定系数 $R^2=0.5869$。根据上述复原后的曲线方程计算每个 x 值的回归方程估计值 $\hat{y}$，继而计算出剩余标准差 S_E(见表 6-22)。

④ 假设酚的浓度(mg/L)随时间(min)的变化符合线性规律：

$$y=a+bx$$

将数据做回归分析，得到图 6-37 的回归分析结果。

SUMMARY OUTPUT								
回归统计								
Multiple R	0.766086087							
R Square	0.586887893							
Adjusted R Square	0.527871877							
标准误差	0.007196515							
观测值	9							
方差分析								
	df	SS	MS	F	Significance F			
回归分析	1	0.000515	0.000515	9.944553	0.016073404			
残差	7	0.000363	5.18E-05					
总计	8	0.000878						
	Coefficients	标准误差	t Stat	P-value	Lower 95%	Upper 95%	下限 95.0%	上限 95.0%
Intercept	0.020376086	0.002948	6.912701	0.000229	0.013406048	0.027346	0.013406	0.027346
X	0.05349046	0.016962	3.153499	0.016073	0.01338109	0.0936	0.013381	0.0936

图 6-36 双曲线函数线性变换后的回归分析结果

表 6-22 双曲线函数方程的剩余标准差计算表

x/min	y/(mg/L)	$\hat{y}$	$y_i-\hat{y}$	$(y_i-\hat{y})^2$	$S_E=\sqrt{\frac{\sum(y_i-\hat{y})^2}{n-2}}$
2. 17	0. 040	0. 0451	−0. 00505	0. 0000255	0. 00719
4. 50	0. 039	0. 0323	0. 00671	0. 0000450	
13. 33	0. 038	0. 0244	0. 01359	0. 0001846	
24. 50	0. 024	0. 0226	0. 00142	0. 0000020	
29. 67	0. 021	0. 0222	−0. 00120	0. 0000014	
35. 00	0. 023	0. 0219	0. 00107	0. 0000011	
49. 67	0. 017	0. 0215	−0. 00448	0. 0000200	
65. 50	0. 017	0. 0212	−0. 00422	0. 0000178	
81. 33	0. 013	0. 0211	−0. 00806	0. 0000649	

SUMMARY OUTPUT								
回归统计								
Multiple R	0.913962415							
R Square	0.835327297							
Adjusted R Square	0.811802625							
标准误差	0.00454359							
观测值	9							
方差分析								
	df	SS	MS	F	Significance F			
回归分析	1	0.000733	0.000733	35.50856	0.000564998			
残差	7	0.000145	2.06E-05					
总计	8	0.000878						
	Coefficients	标准误差	t Stat	P-value	Lower 95%	Upper 95%	下限 95.0%	上限 95.0%
Intercept	0.037750775	0.002516	15.00348	1.4E-06	0.031801063	0.0437	0.031801	0.0437
x/min	-0.000352527	5.92E-05	-5.95891	0.000565	-0.000492418	-0.00021	-0.00049	-0.00021

图 6-37 线性函数回归分析结果

其中"Intercept"即为线性方程的截距"a"，$a=0.0378$，$b=-0.000353$，因此，线性方程为：$y=0.0378-0.000353x$。

相关系数 $r=0.9140$，决定系数 $R^2=0.8353$。根据直线方程可计算每个 x 值的回归方程估计值 $\hat{y}$，继而计算出剩余标准差 S_E(见表 6-23)。

表 6-23　直线函数的剩余标准差计算表

x/min	y/(mg/L)	$\hat{y}$	$y_i-\hat{y}$	$(y_i-\hat{y})^2$	$S_E=\sqrt{\frac{\sum(y_i-\hat{y})^2}{n-2}}$
2.17	0.040	0.0368	0.00317	0.0000100	
4.50	0.039	0.0360	0.00299	0.0000089	
13.33	0.038	0.0329	0.00511	0.0000261	
24.50	0.024	0.0290	-0.00495	0.0000245	
29.67	0.021	0.0271	-0.00613	0.0000375	0.00455
35.00	0.023	0.0252	-0.00225	0.0000050	
49.67	0.017	0.0201	-0.00307	0.0000094	
65.50	0.017	0.0145	0.00252	0.0000064	
81.33	0.013	0.0089	0.00411	0.0000169	

(3) 对比分析。

在所有可能的变量关系中，最终应选择其中决定系数 R^2(或相关系数 r 的绝对值)最大、剩余标准差 S_E 最小的函数关系式，确定为最能反映变量之间关系的经验回归曲线。

决定系数 R^2 是一个从总体上体现回归拟合程度好坏的衡量指标。R^2 越大，说明残差越小，回归曲线拟合越好。根据式(6-68)，决定系数 R^2：

$$R^2=\frac{SS_R}{SS_T}=1-\frac{SS_e}{SS_T}=1-\frac{\sum(y_i-\hat{y})^2}{\sum(y_i-\bar{y})^2}(i-1,\ 2,\ \cdots,\ n) \tag{6-82}$$

剩余标准差 S_E 指观测点 y_i 与曲线给出的拟合值 $\hat{y}$ 间的平均偏离程度，S_E 越小，回归方程的精度越高，曲线方程拟合得越好。

$$S_E=\sqrt{\frac{\sum(y_i-\hat{y})^2}{n-2}}(i-1,\ 2,\ \cdots,\ n) \tag{6-83}$$

从计算公式来看，决定系数 R^2 和剩余标准差 S_E 均取决于残差平方和 $\sum(y_i-\hat{y})^2$，两个指标的选择原则实际上是一致的。

通过以上分析，得到四种函数关系的线性变换后直线方程、复原的曲线回归方程、决定系数和剩余标准差，并汇总于表 6-24 中。对比可知，四种可能的函数关系中，决定系数 R^2 最大且剩余标准差 S_E 最小的为指数函数。因此，本题中最优回归方程确定为指数函数，回归方程是：

$$y=0.0390e^{-0.0144x}$$

表 6-24　函数关系式分析对比表

函数类型	线性变换后的直线方程	复原后的曲线回归方程	决定系数 R^2	剩余标准差 S_E
幂函数	$Y=-1.212-0.3085X$	$y=0.0614x^{-0.3085}$	0.8519	0.00528
指数函数	$Y=-3.244-0.0144X$	$y=0.0390e^{-0.0144x}$	0.9097	0.00348
双曲线函数	$Y=0.0204+0.0535X$	$y=0.0204+\frac{0.0535}{x}$	0.5869	0.00719
直线函数	—	$y=0.0378-0.000353x$	0.8353	0.00455

6.5.2　一元多项式回归分析

并非所有的一元非线性函数都能通过线性变换转化成一元线性方程进行回归分析。如数学模型 $y=a+\frac{b}{x}+cx^2$ 是一元非线性函数，但如果令 $X_1=\frac{1}{x}$，$X_2=x^2$，数学模型则可转化成两个变量 X_1 和 X_2 的线性回归方程：$y=a+bX_1+cX_2$。

如果变量间的数学模型未知，试用简单的数学模型尝试后均不适合，这时可以考虑用一元多项式回归解决问题。从数学角度而言，任何复杂的一元连续函数都可用高阶多项式近似表达。当给定 n 组数据 (x_1, y_1)，(x_2, y_2)，…，(x_n, y_n)，总能求得一条 $(n-1)$ 阶多项式曲线，使之通过这 n 个数据点，多项式表达式为：

$$\hat{y}=a+b_1x+b_2x^2+\cdots+b_mx^m \tag{6-84}$$

在一般多项式回归中，m 值大小的选择取决于试验曲线的峰(谷)数，m 值至少要大于曲线的峰(谷)数。

如果令其中的 $X_1=x$，$X_2=x^2$，…，$X_m=x^m$，则上式也可以转化为多元线性方程：

$$\hat{y}=a+b_1X_1+b_2X_2+\cdots+b_mX_m \tag{6-85}$$

这样就将一元多项式问题转化成了多元线性回归问题，可以用多元线性回归分析求出方程中的系数 a，b_1，b_2，…，b_m。

在一般情况下，多项式的阶数越高，回归方程与实际数据的拟合程度越高。但阶数高，回归分析的计算量大，需要通过计算机来求解。对于一元多项式回归，最常用的是二阶多项式(抛物线)或三阶多项式(三次抛物线)。

【例 6-12】　某混合溶剂(以其中一个组分的摩尔分数 x 表示)中物质 A 的溶解度 y(mol/L)的关系见表 6-25，试将 x 与 y 的关系式用三阶多项式拟合回归方程($\alpha=0.05$)。

表 6-25　物质 A 在混合溶剂中的溶解度

x	0.1	0.2	0.3	0.4	0.5	0.6	0.7	0.8	0.9	1.0
y	0.212	0.463	0.772	1.153	1.625	2.207	2.917	3.776	4.798	6.001

解：x 与 y 的关系式用三阶多项式可以表达为：

$$\hat{y}=a+b_1x+b_2x^2+b_3x^3$$

令 $X_1=x$，$X_2=x^2$，$X_3=x^3$，则上式转变为：

$$\hat{y}=a+b_1X_1+b_2X_2+b_3X_3$$

根据表 6-25 的试验数据，加以整理，得到表 6-26 的数据计算表。

表 6-26　数据计算表

$X_1=x$	$X_2=x^2$	$X_3=x^3$	y	$X_1=x$	$X_2=x^2$	$X_3=x^3$	y
0. 1	0. 010	0. 001	0. 212	0. 6	0. 360	0. 216	2. 207
0. 2	0. 040	0. 008	0. 463	0. 7	0. 490	0. 343	2. 917
0. 3	0. 090	0. 027	0. 772	0. 8	0. 640	0. 512	3. 776
0. 4	0. 160	0. 064	1. 153	0. 9	0. 810	0. 729	4. 798
0. 5	0. 250	0. 125	1. 625	1. 0	1. 000	1. 000	6. 001

将表 6-26 的数据输入 Excel 表中，按照第 2. 4. 1. 5 节相关内容，做多元回归分析，得到如图 6-38 所示的分析结果。特别注意：应用“回归”分析工具做多元回归分析时，三个自变量 X_1、X_2、X_3需连续纵向排列。

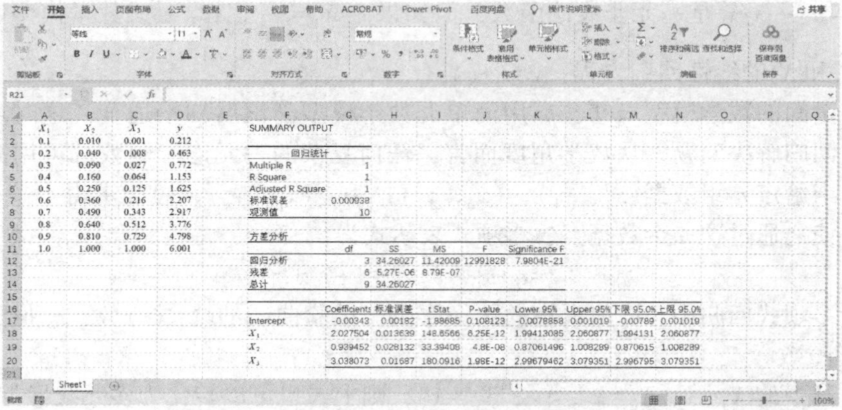

图 6-38　多元回归分析结果

由回归分析结果可知，回归方程的截距 $a=-0.0034$，$b_1=2.0275$，$b_2=0.9395$，$b_3=3.0381$，因此方程记为：

$$y=-0.0034+2.0275\ X_1+0.9395\ X_2+3.0381\ X_3$$

还原为多项式方程：

$$y=-0.0034+2.0275x+0.9395x^2+3.0381x^3$$

6. 5. 3　多元多项式回归分析

如果试验指标 y 与多个试验因素 $x_j(j=1,\ 2,\ \cdots,\ m)$之间存在非线性关系，如二次回归模型：

$$\hat{y}=a+\sum_{j=1}^{m}b_jx_j+\sum_{j=1}^{m}b_{jj}x_j^2+\sum_{j<k}b_{jk}x_jx_k \tag{6-86}$$

可以利用类似一元多项式回归的方法，将多元多项式非线性回归模型转换成多元线性回归方程，再按线性回归方法进行处理。

【例 6-13】　某产品的合成试验中，考察产率 y 的三个影响因素，原料配比 x_1、溶剂剂量 x_2(mL)和反应时间 x_3(h)，试验数据见表 6-27。通过分析发现，溶剂剂量这个因素对产率影响不显著，产率与影响因素只与原料配比和反应时间有关，且它们之间近似满足二次回归模型 $y=a+b_1x_3+b_2x_3^2+b_3x_1x_3$，试通过回归分析确定回归方程的系数($\alpha=0.05$)。

表 6-27　合成试验数据

原料配比x_1	溶剂剂量x_2	反应时间x_3	产率 y	原料配比x_1	溶剂剂量x_2	反应时间x_3	产率 y
1.0	13	1.5	0.330	2.6	16	0.5	0.209
1.4	19	3.0	0.336	3.0	22	2.0	0.451
1.8	25	1.0	0.294	3.4	28	3.5	0.482
2.2	10	2.5	0.476				

解：根据题意，已知产率的回归模型近似为：

$$y=a+b_1x_3+b_2x_3^2+b_3x_1x_3$$

它是一个多元多项式非线性方程，可以通过变量替换转化为线性方程。令 $X_1=x_3$，$X_2=x_3^2$，$X_3=x_1x_3$，将上式转化为：

$$y=a+b_1X_1+b_2X_2+b_3X_3$$

按照变量替换，重新计算三个变量 X_1、X_2和X_3，得到表 6-28。

表 6-28　数据计算表

x_1	$X_1=x_3$	$X_2=x_3^2$	$X_3=x_1x_3$	产率 y	x_1	$X_1=x_3$	$X_2=x_3^2$	$X_3=x_1x_3$	产率 y
1.0	1.5	2.25	1.50	0.330	2.6	0.5	0.25	1.30	0.209
1.4	3.0	9.00	4.20	0.336	3.0	2.0	4.00	6.00	0.451
1.8	1.0	1.00	1.80	0.294	3.4	3.5	12.25	11.90	0.482
2.2	2.5	6.25	5.50	0.476					

将表 6-28 的数据在 Excel 表中进行数据排列，并做回归分析，得到如图 6-39 所示的回归分析结果。

SUMMARY OUTPUT

回归统计	
Multiple R	0.983812569
R Square	0.967887171
Adjusted R Square	0.935774341
标准误差	0.026331591
观测值	7

方差分析

	df	SS	MS	F	Significance F
回归分析	3	0.062693	0.020898	30.1402	0.00967471
残差	3	0.00208	0.000693		
总计	6	0.064773			

	Coefficients	标准误差	t Stat	P-value	Lower 95%	Upper 95%	下限 95.0%	上限 95.0%
Intercept	0.057886497	0.042353	1.366768	0.265114	-0.076899093	0.192672	-0.0769	0.192672
X_1	0.252172538	0.047468	5.312523	0.013025	0.101109549	0.403236	0.10111	0.403236
X_2	-0.064840835	0.012884	-5.0328	0.015119	-0.105842372	-0.02384	-0.10584	-0.02384
X_3	0.028317025	0.005824	4.861955	0.016617	0.009781806	0.046852	0.009782	0.046852

图 6-39　回归分析结果

根据分析结果可知，回归方程的截距 $a=0.0579$，$b_1=0.2522$，$b_2=-0.0648$，$b_3=0.0283$，因此方程记为：

$$y=0.0579+0.2522X_1-0.0648X_2+0.0283X_3$$

还原后的多项式方程为：

$$y=0.0579+0.2522x_3-0.0648x_3^2+0.0283x_1x_3$$

第 7 章　Excel 在正交试验中的应用

在实际生产和科研工作中，试验过程需要考察的因素往往比较多，因素的水平数也常常大于 2 个。假设某项试验需考虑 k 个影响因素，每个因素考察 e 个水平，试验过程如果做全面分析，即在每个因素的每个水平都做一次试验，则总计需要试验e^k次。例如：对于两因素四水平的试验，全面试验次数为 $4^2=16$ 次；对于三因素四水平的试验，全面试验次数为 $4^3=64$；对于五因素四水平的试验，全面试验次数为 $4^5=1024$。可见，随着因素数和水平数的增加，试验次数呈指数增长，这必然造成工作量大、试验周期长、人力物力资源消耗大等问题。正交试验设计是研究多因素多水平的一种快捷试验设计方法，它根据正交性从全面试验中挑选出部分有代表性的点进行试验，可在短时间内用较少的试验次数，获得可以同全面试验相比拟的信息。因此，正交试验设计是一种高效率、快速、经济的试验设计方法。

7.1　正交表及特点

日本著名的统计学家田口玄一将正交试验的因素和水平组合列成表格，称为正交表。它是根据正交原理设计出的一整套规则的表格，它能够使每次试验的因素及水平得到合理安排，是正交试验设计的基本工具。

正交表分为等水平正交表和混合水平正交表。

7.1.1　等水平正交表

等水平正交表指各因素的水平数均相等的正交表，以 $L_n(m^k)$来表示，

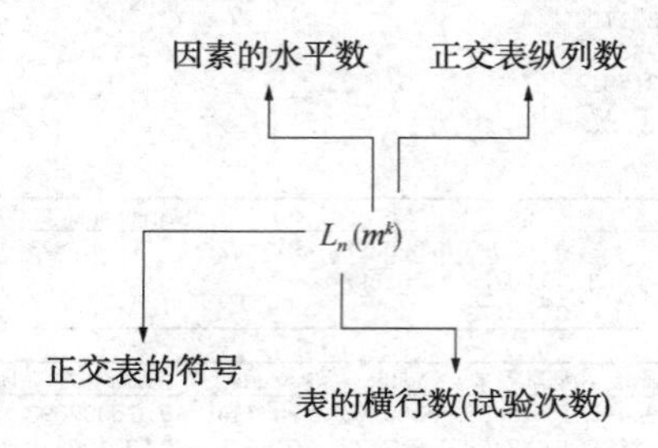

其中，

L：正交表的符号，代表正交表。

n：正交表横行数，是试验方案数，即试验次数。

k：正交表的纵列数，是该表最多能安排的因数个数。

m：每个变量取值的个数，即因素的水平数。

$L_n(m^k)$表示该正交表里有 n 行代表 n 个试验方案，每一行有 k 个变量(因素数)，每个变量取值的个数(水平数)都是 m。例如，正交表 $L_8(2^7)$，表示总计需做 8 次试验，最多可

安排 7 个因素，每个因素均为 2 水平(见表 7-1)；正交表 $L_9(3^4)$，表示总计需试验 9 次，最多可观察 4 个因素，每个因素均为 3 水平(见表 7-2)。

表 7-1 正交表 $L_8(2^7)$

试验号	列号						
	1	2	3	4	5	6	7
1	1	1	1	1	1	1	1
2	1	1	1	2	2	2	2
3	1	2	2	1	1	2	2
4	1	2	2	[illegible]	[illegible]	1	1
5	2	1	2	1	2	1	2
6	2	1	2	2	1	2	1
7	2	2	1	1	2	2	1
8	2	2	1	2	1	1	2

因素，本表最多可以安排7个因素

水平，本表只有1和2两个水平

表 7-2 正交表 $L_9(3^4)$

试验号	列号			
	1	2	3	4
1	1	1	1	1
2	1	2	2	2
3	1	3	3	3
4	2	1	2	3
5	2	2	3	1
6	2	3	1	2
7	3	1	3	2
8	3	2	1	3
9	3	3	2	1

部分常见的等水平正交表如下：

2 水平正交表：$L_4(2^3)$，$L_8(2^7)$，$L_{12}(2^{11})$，$L_{16}(2^{15})$；

3 水平正交表：$L_9(3^4)$，$L_{18}(3^7)$，$L_{27}(3^{13})$；

4 水平正交表：$L_{16}(4^5)$，$L_{32}(4^9)$，$L_{64}(4^{21})$；

5 水平正交表：$L_{25}(5^6)$，$L_{50}(5^{11})$，$L_{125}(5^{31})$。

等水平正交表具有正交性的特点，体现在：

(1) 正交表任一列中，任一因素的水平(状态)出现的次数相同，即任意一列中每个因素的每个水平出现的次数均相等。例如，表 7-1 中不同因素下均只有"1"和"2"两个水平，每个因素下(每列中)"1"和"2"出现的次数均为 4 次。表 7-2 中不同因素下均只有"1""2"

和“3”三个水平，每个因素下(每列中)“1”“2”和“3”三个水平出现的次数均为3次。

(2)正交表每两列中，不同的水平组合出现的次数相同。例如，表7-1中第1列和第2列，所有的水平组合为(1，1)，(1，2)，(2，1)和(2，2)，每种组合出现的次数均为两次，其他任意两列情况也相同。表7-2中第2列和第4列，有9种组合类型，分别为(1，1)，(2，2)，(3，3)，(1，3)，(2，1)，(3，2)，(1，2)，(2，3)和(3，1)，每种组合出现的次数均为1次，其他任意两列情况也相同。

上述特点体现了正交表的均匀分散性和整齐可比性，条件中的任一条不满足，则不是等水平正交表。这样的特点可以确保正交试验点在试验范围内分布均匀。

7.1.2 混合水平正交表

混合水平正交表是各因素水平数不完全相等的正交表，记为$L_n(m_1^{k_1}\times m_2^{k_2})$，是$k_1$因素$m_1$水平的正交表与$k_2$因素$m_2$水平的正交表混合形成的，总试验次数为$n$。例如正交表$L_8(4^1\times 2^4)$有8行5列，总试验次数为8次，最多可以安排5个因素，其中1个因素有4个水平，另有4个因素，每个因素有2个水平(见表7-3)；$L_{12}(3^1\times 2^4)$表有12行5列，总试验次数为12次，最多可以安排5个因素，其中1个因素有3个水平，另有4个因素，每个因素有2个水平(见表7-4)。

科学试验或生产研究中，由于试验条件、试验周期等方面的限制，纳入考察的因素水平数不能取太多，但重点考察的因素水平数又不能太少，因此便有了混合正交表的产生。混合正交表兼顾了需要考察的所有因素，及重点因素需以更多水平考察的需求。

表7-3 正交表$L_8(4^1\times 2^4)$

试验号	列号				
	1	2	3	4	5
1	1	1	1	1	1
2	1	2	2	2	2
3	2	1	1	2	2
4	2	2	2	1	1
5	3	1	2	1	2
6	3	2	1	2	1
7	4	1	2	2	1
8	4	2	1	1	2

表7-4 $L_{12}(3^1\times 2^4)$

试验号	列号				
	1	2	3	4	5
1	1	1	1	1	1
2	1	1	1	2	2
3	1	2	2	1	2
4	1	2	2	2	1

续表

试验号	列号				
	1	2	3	4	5
5	2	1	2	1	1
6	2	1	2	2	2
7	2	2	1	2	2
8	2	2	1	2	2
9	3	1	2	1	2
10	3	1	1	2	1
11	3	2	1	1	2
12	3	2	2	2	1

混合水平正交表也具有正交性的特点，具体体现在：

(1) 每个因素下(每列中)，不同水平(状态)出现的次数相同。但不同列中，不同水平(状态)出现的次数不一定相同。例如，表7-3中共有5列，第1列有“1”“2”“3”“4”四个水平，各出现两次；第2列至第5列中，仅有“1”和“2”两个水平，在每列中均出现四次。表7-4中，第1列有“1”“2”“3”三个水平，各出现四次；第2列至第5列中，仅有“1”和“2”两个水平，在每列中均出现六次。

(2) 任两列中，任意一个水平组合出现的次数相同。同一个试验方案(同一行)的任意两个数字为一个数字对(方案组合)时，任意两列中所有可能的数字对出现的次数相等。但不同的两列间数字对出现次数不完全相同。例如，表7-3中第1列和第2列，所有的组合为(1，1)，(1，2)，(2，1)，(2，2)，(3，1)，(3，2)，(4，1)和(4，2)，每种组合出现的次数相同，均为一次。同样地，第1列与第3列、第4列、第5列之间的组合类型及每种组合出现次数与第1列和第2列的情形一致；第2列和第3列所有的组合为(1，1)，(2，2)，(1，2)和(2，1)，每种组合出现的次数相同，均为两次。同样地，第2列与第4列、第5列之间的组合类型及每种组合出现次数与第2列和第3列的情形一致。

无论是等水平正交表，还是混合水平正交表，正交表中所有的试验是相对独立的，没有完全相同的试验。同时，各个因素的各水平之间的搭配也是均衡的，可以最大限度地排除非均衡性造成的试验误差。

7.1.3 正交试验设计的优势

考察多个因素，每个因素有多个水平的试验时，可采用全面试验、简单试验和正交试验设计三种方法进行分析，对比这三种设计方法，分析正交试验设计的优势所在。

【例7-1】 用索氏抽提法从底泥中提取环境激素类化合物进行分析，考察溶剂用量 A(30mL、45mL、60mL)、提取温度 B(55℃、60℃、65℃)和提取时间 C(30min、45min、60min)三个因素对提取效率的影响。

(1) 全面试验。

本题是一个3因素3水平的试验，全面试验总次数为 $3^3=27$，全面试验方案详见表7-5。全面试验是对所有的方案一个不落地进行试验，研究者可在大量的数据信息支持下准确地找到最佳试验方案。

表 7-5　全面试验方案

因素及其水平		C_1(30 min)	C_2(45 min)	C_3(60 min)
A_1(30 mL)	B_1(55℃)	$A_1\ B_1\ C_1$	$A_1\ B_1\ C_2$	$A_1\ B_1\ C_3$
	B_2(60℃)	$A_1\ B_2\ C_1$	$A_1\ B_2\ C_2$	$A_1\ B_2\ C_3$
	B_3(65℃)	$A_1\ B_3\ C_1$	$A_1\ B_3\ C_2$	$A_1\ B_3\ C_3$
A_2(45 mL)	B_1(55℃)	$A_2\ B_1\ C_1$	$A_2\ B_1\ C_2$	$A_2\ B_1\ C_3$
	B_2(60℃)	$A_2\ B_2\ C_1$	$A_2\ B_2\ C_2$	$A_2\ B_2\ C_3$
	B_3(65℃)	$A_2\ B_3\ C_1$	$A_2\ B_3\ C_2$	$A_2\ B_3\ C_3$
A_3(60 mL)	B_1(55℃)	$A_3\ B_1\ C_1$	$A_3\ B_1\ C_2$	$A_3\ B_1\ C_3$
	B_2(60℃)	$A_3\ B_2\ C_1$	$A_3\ B_2\ C_2$	$A_3\ B_2\ C_3$
	B_3(65℃)	$A_3\ B_3\ C_1$	$A_3\ B_3\ C_2$	$A_3\ B_3\ C_3$

（2）简单对比法。

简单对比法又称孤立因素法，每次试验时将其他因素和水平都固定不变，只变化其中一个因素，取该因素的不同水平进行试验，逐步得到较优的试验方案。

简单对比法的具体方式如图 7-1 所示：

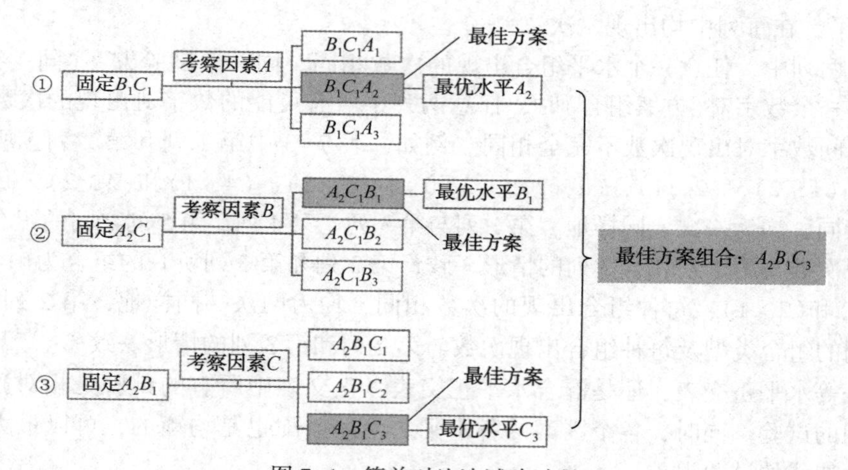

图 7-1　简单对比法试验过程

步骤①：先将 B 和 C 因素固定在某个水平，改变因素 A 的不同水平进行试验，找到最优方案。在 B 和 C 的水平取值不变的情况下，找到 A 取何种水平时试验效果最好，并将 A 因素的该水平固定不变，继续后续的试验。

例如，固定条件 B_1 和 C_1，进行三次试验 $B_1C_1A_1$、$B_1C_1A_2$ 和 $B_1C_1A_3$，假设试验结果显示 $B_1C_1A_2$ 的试验效果最好，后续的试验中 A 因素保持 A_2 水平的取值。

步骤②：固定 A 的最佳条件 A_2，再固定 C_1，改变因素 B 的不同水平进行试验，找到最优方案。在 A_2 和 C_1 的取值不变的情况下，进行三次试验 $A_2C_1B_1$、$A_2C_1B_2$ 和 $A_2C_1B_3$。假设试验结果显示 $A_2C_1B_1$ 的试验效果最好，后续的试验中 B 因素保持 B_1 水平的取值。

步骤③：固定上述试验得到的 A 和 B 的最佳取值 A_2 和 B_1，进行三次试验 $A_2B_1C_1$、A_2B_1

C_2、$A_2B_1C_3$，如果方案 $A_2B_1C_3$ 的试验效果最优，则认为因素 C 宜取 C_3 水平。

通过上述的9次试验，简单对比法得出最适宜的试验条件是 $A_2B_1C_3$。与全面试验需要做27次试验相比，简单对比法的试验次数明显减少。但事实上，简单对比法得出的结论不一定正确，当因素数和水平数较多时，这种方式得到的结果往往是错误的。这是由于，通过第一步得到 A 因素的最佳条件是 A_2，但这是基于 B_1C_1 条件得到的结果。其他如 B_1C_2、B_1C_3、B_2C_1、B_2C_2、B_2C_3、B_3C_3、B_3C_1、B_3C_2 组合条件下 A 因素的最佳条件未必还是 A_2。同样地，B 和 C 因素最佳水平的取值也存在类似情况。且在这9次试验中，方案 $A_2B_1C_1$ 重复了3次，因此，试验方案实际上仅有7个。

（3）正交试验设计法。

若采用正交试验设计法安排这个3因素3水平的试验，可选择3水平的正交表中最小的表 $L_9(3^4)$，只需要做9次试验，具体的实验方案见表7-6。试验次数较少，且试验点分布均匀。

表7-6　$L_9(3^4)$ 表的试验设计

试验号	因素 A	因素 B	3	因素 C	试验方案
1	1	1	1	1	$A_1B_1C_1$
2	1	2	2	2	$A_1B_2C_2$
3	1	3	3	3	$A_1B_3C_3$
4	2	1	2	3	$A_2B_1C_3$
5	2	2	3	1	$A_2B_2C_1$
6	2	3	1	2	$A_2B_3C_2$
7	3	1	3	2	$A_3B_1C_2$
8	3	2	1	3	$A_3B_2C_3$
9	3	3	2	1	$A_3B_3C_1$

（4）全面试验法、简单对比法和正交试验法的比较。

图7-2显示的是全面试验法、简单对比法和正交试验法的试验点分布图。图7-2(a)中试验方案覆盖了所有考察的因素和水平，全面而细致，可在试验范围内找到最优方案。在不考虑时间成本、人力、经济成本等因素的情况下，全面试验无疑是非常好的试验方法。但缺点也显而易见，不仅费时费力，且数据分析量大，一些特殊的试验，尤其是破坏性试验很难采用这种方式。除非试验的情况较为简单，考虑的因素和水平少，否则一般不提倡全面试验。从图7-2(b)的试验点分布可以看出，简单对比试验仅有7个试验点，且分布不均匀。各因素的各水平参加试验的次数不同，水平搭配也不均衡，这也是简单对比法容易导致错误结论的原因。图7-2(c)中的9个试验点分布非常均匀，考虑到了各个因素及各个水平，是27次全面试验的很好代表。因此，有时候正交试验设计得到的最优方案可能并不来自少数的试验方案，而是通过正交试验及分析得出的结果。这也是正交试验法的优势所在，即可以在较少的试验次数下，得到与全面试验一致的结果。

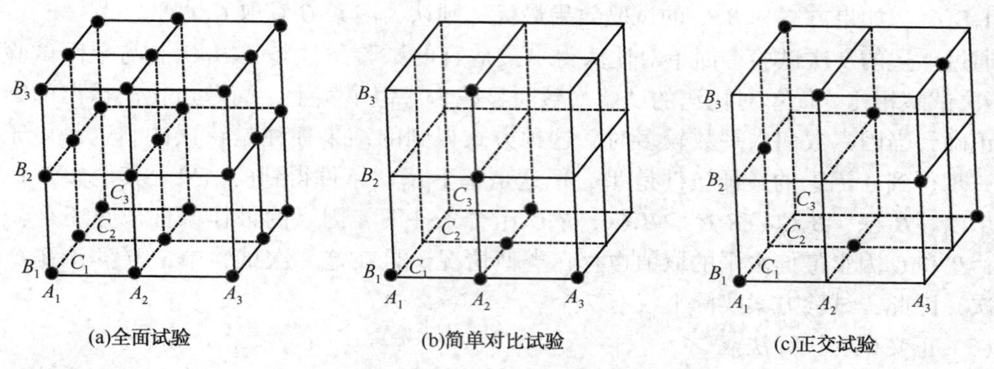

图 7-2　不同试验方法的试验点分布图

7.2　正交试验设计的基本步骤

7.2.1　正交试验设计的基本步骤

正交试验设计分试验设计和数据分析两部分，一般流程如图 7-3 所示。

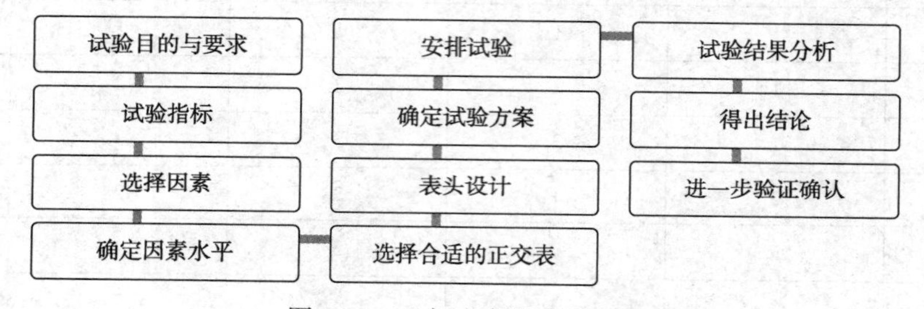

图 7-3　正交试验设计流程图

正交试验设计的具体分析步骤如表 7-7 所示。

表 7-7　正交试验设计基本步骤

流程		具体步骤	说明
(1)	明确试验目的，确定试验指标	先确定通过试验解决何种问题，明确试验目的后进一步确定试验目标	试验指标最好是定量指标。当试验的指标结果无法定量只能采用定性指标时，常需要对定性指标规定打分规则或采取评定等级等方式进行量化，以便对结果进行统计分析
(2)	确定试验的因素	结合试验目的，根据实际问题分析试验存在哪些影响因素，选择可控制的、容易控制的因素。不忽略影响尚不清楚的因素及因素间可能存在的不可忽视的相互作用，全面分析后确定主要因素	若第一轮试验达不到预期目的，需要调整试验因素，再次进行试验
(3)	确定试验因素的各个水平	在试验因素的取值范围内确定合理的水平。水平是一个因素的可取值，通常依据专业知识或参考过往的文献经验来设定。一般重要因素的水平数可相应多取	各因素的水平数根据实际情况确定，可以相等也可不相等

续表

流程		具体步骤	说明
(4)	选用合适的正交表，进行表头设计	根据因素数和水平数选择合适的正交表，将选择的因素合理地安排到所选正交表的列中。 选择的正交表的水平数应与因素的水平数一致，正交表列数≥因素个数。一般选择满足上述条件的最小正交表。如果试验精度要求高，且条件允许，可选用相同水平下较大的正交表	若各试验因素的水平数不等，一般应选用相应的混合水平正交表。若考虑因素间的相互作用，应根据交互作用因素的多少及交互作用的安排原则选用合适的正交表
(5)	进行试验	根据正交表拟定的试验条件确定试验方案，进行试验，记录数据及有关情况	试验次序可以不按正交表上排定的试验号
(6)	试验结果分析	对试验结果进行统计分析，一般有极差分析法和方差分析法。获得因素主次顺序，确定最优试验方案	当涉及多个试验指标时，针对每个试验指标的分析结果得到的最优方案可能并不一致，排除了误差或交互作用的影响后，应充分考虑试验周期、经济成本、节能减排等因素，综合确定最优方案
(7)	验证确认	将通过上述步骤得到的最优方案再次进行验证试验，并与正交表的试验结果进行对比，确保最优方案的真实可靠	如果分析得到的最优方案经过验证试验，发现结果并没有好于预期，很可能是试验误差或忽略了交互作用造成的，需要进一步改进试验方法和方案

7.2.2 表头设计

将试验因素安排到所选正交表相应列上的过程称为表头设计。根据因素之间是否存在交互作用，表头设计可以分为两种类型：

(1) 不考察交互作用的表头设计，此类设计只考察主要因素，因素根据需要放在正交表的列中。

(2) 考察交互作用的表头设计。有些因素对试验结果的影响相互影响，相互制约。此类设计在考察主要因素时，还要考虑因素间的交互作用，即因素各水平间搭配问题。若因素 A 与 B 存在交互作用，常记作 $A\times B$。当交互列确定后，它将与其他因素有同等地位，可当成一个独立的试验因素，进行后续的分析。

一般情况下，当试验因素等于正交表的列数时，应优先将水平改变较困难的因素放在第一列，水平变换最容易的因素放到最后一列，其余因素可随意安排；当试验因素少于正交表的列数，表中有空列时，若不考虑交互作用，空列可作为误差列，其位置一般放置在正交表的中间或靠后。

【例 7-2】 为提高某一化学反应的产率，设计实验考察 3 个因素，分别是反应温度 A、反应时间 B 和操作方式 C，每个因素取两个水平，试验水平设计见表 7-8。试对以下两种情况进行表头设计：(1)假设最重要的因素是反应温度，最不重要的因素是操作方式，不考虑因素间的交互作用；(2)除考察 3 个主要因素外，还需考察因素 A 和 B 的交互作用 $A\times B$，及因素 A 和 C 的交互作用 $A\times C$。

表 7-8　试验水平设计表

水平	反应温度 A/℃	反应时间 B/min	操作方式 C
1	40	60	不搅拌
2	60	90	搅拌

解：根据题意，试验共考察 3 个因素，每个因素 2 个水平。

(1) 不考虑因素间相互作用的情形。考虑正交表的列数应≥因素的个数 3，且不考虑因素间的交互作用，所以 2 水平最小表格$L_4(2^3)$就符合要求。正交表$L_4(2^3)$仅有 3 列，刚好安排考察的 3 个因素。由于最重要的因素是反应温度，安排在第 1 列；最不重要的因素是操作方式，安排在第 3 列，具体的表头设计见表 7-9。

表 7-9 【例 7-2】不考虑交互作用的表头设计

列号	1	2	3
因素	反应温度 A	反应时间 B	操作方式 C

(2) 考虑因素间相互作用的情形。除考察 3 个主要因素，还需考察交互作用 $A×B$ 和 $A×C$，交互作用看作是独立的影响因素，应在正交表中占有一列，共计 5 个独立的因素。正交表$L_4(2^3)$显然不够，需要找 2 水平的正交表中列数≥5 的表，符合要求的最小正交表为$L_8(2^7)$。

交互作用虽然可以看作独立的影响因素，但不能随意安排，一般有两种方法：

方法①：查所选正交表对应的交互作用表。如表 7-10 是$L_8(2^7)$的交互作用表，可在此表中查正交表$L_8(2^7)$中任何两列的交互作用列。例如，查第 1 列和第 2 列的交互作用列，先在表左侧的列号中找到“1”，右边横向对应到数字“2”，再从“2”向上对应到表头中的数字，即列号“3”，就是第 1 列和第 2 列的交互作用列；查第 3 列和第 5 列的交互作用列，先在表左侧的列号中找到“3”，右边横向对应到数字“5”，再从“5”向上对应到表头中的数字，即列号“6”就是第 3 列和第 5 列的交互作用列。表 7-11 是$L_{16}(2^{15})$的交互作用表，查第 5 列和第 8 列的交互作用列，先在表左侧的列号中找到“5”，右边横向对应到数字“8”，再从“8”向上对应到表头中的数字，即列号“13”就是第 5 列和第 8 列的交互作用列。类似地，可以从该表中查出其他两列间的交互作用所在列。

表 7-10　$L_8(2^7)$的交互作用表

列号	列号						
	1	2	3	4	5	6	7
1		3	2		4	7	6
2			1		7	4	5
3				7	6	5	4
4						2	3
5						3	2
6							1
7							

表示列1和列2的交互作用列在列3

表示列3和列5的交互作用列在列6

表 7-11　$L_{16}(2^{15})$ 的交互作用表

列号	列号														
	1	2	3	4	5	6	7	8	9	10	11	12	13	14	15
1		3	2	5	4	7	6	9	8	11	10	13	12	15	14
2			1	6	7	4	5	10	11	8	9	14	15	12	13
3				7	6	5	4	11	10	9	8	15	14	13	12
4					1	2	3	12	13	14	15	8	9	10	11
5						3	2	13	12	15	14	9	8	11	10
6							1	14	15	12	13	10	11	8	9
7								15	14	13	12	11	10	9	8
8									1	2	3	4	5	6	7
9										3	2	5	4	7	6
10											1	6	7	4	5
11												7	6	5	4
12													1	2	3
13														3	2
14															1

方法②：查对应正交表的表头设计表。

表 7-12 是正交表$L_8(2^7)$的表头设计表，是根据交互作用表整理出来可以直接方便使用的表。

表 7-12　正交表$L_8(2^7)$的表头设计表

因素数	列号						
	1	2	3	4	5	6	7
3	*A*	*B*	*A*×*B*	*C*	*A*×*C*	*B*×*C*	
4	*A*	*B*	*A*×*B* *C*×*D*	*C*	*A*×*C* *B*×*D*	*B*×*C* *A*×*D*	*D*
4	*A*	*B* *C*×*D*	*A*×*B*	*C* *B*×*D*	*A*×*C*	*D* *B*×*C*	*A*×*D*
5	*A* *D*×*E*	*B* *C*×*D*	*A*×*B* *C*×*E*	*C* *B*×*D*	*A*×*C* *B*×*E*	*D* *A*×*E* *B*×*C*	*E* *A*×*D*

注：表头设计表如何选取应根据实际情况而定，例如当因素数为 4 时，应采用因素数为 4 的上行还是下行，取决于试验者研究重点是什么。当试验指标影响最大的是四个单因素 *A*、*B*、*C*、*D* 和交互作用 *A*×*B*、*A*×*C* 时，应尽量避免因表头设计混杂而影响试验结果的分析，宜取表中因素数为 4 的第一行作为表头设计。若交互作用 *A*×*B*、*A*×*C*、*A*×*D* 对试验指标的影响远大于其他的交互作用，特别需要知道它们对指标影响的可靠信息，则宜取表中因素数为 4 的第二行作为表头设计。

本题中因素数量为 3 个，根据表 7-12 可知，*A*、*B* 和 *C* 三个因素可依次安排在第 1 列、第 2 列和第 4 列，交互作用 *A*×*B* 和 *A*×*C* 分别安排在第 3 列和第 5 列，第 6 列和第 7 列没有信息，可以安排空列，表头设计如表 7-13 所示。

表 7-13 【例 7-2】考虑交互作用的表头设计

列号	1	2	3	4	5	6	7
因素	A	B	$A \times B$	C	$A \times C$	空列	空列

7.3 正交设计试验结果的统计分析

按照正交表的方案进行试验后，需要对试验结果进行统计分析。一般有极差分析法和方差分析法(见图 7-4)。通过这两种分析方法确定因素影响的显著程度、因素主次顺序、最优试验组合、因素间的交互作用及影响等问题。根据试验指标的个数，正交试验设计分为单指标正交试验设计和多指标正交试验设计。

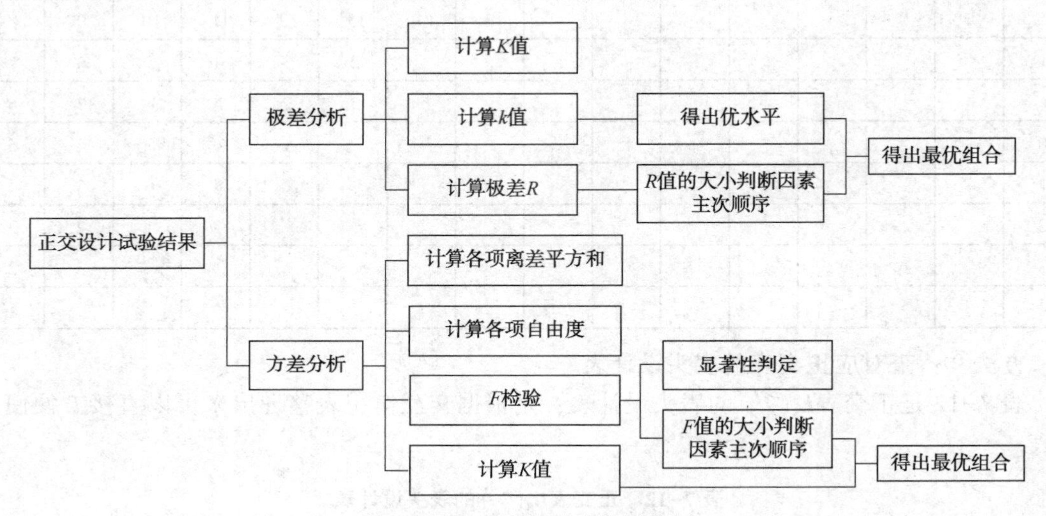

图 7-4 正交设计试验结果分析

7.3.1 极差分析法

正交设计试验数据的极差分析法又称直观分析法，根据关注的指标数不同，又分单指标极差分析和多指标极差分析(或单指标直观分析和多指标直观分析)。

7.3.1.1 单指标正交试验的极差分析

【例 7-3】 为提高某种化工产品的产率，选择了 3 个有关的因素，反应温度 A(K)、反应时间 B(min)和用碱量 C(%)，选取的水平如表 7-14 所示。不考虑因素间的交互作用安排正交试验，并用极差法进行分析。

表 7-14 试验因素的不同水平选取

因素		取值(水平)
A	温度/K	350，360，375
B	反应时间/min	60，90，120
C	用碱量/%	5，6，7

解：根据题意，这是一个 3 因素 3 水平的试验设计问题。3 水平的正交表中，纵列数≥3 的最小正交表为$L_9(3^4)$。当不考虑各因素的交互作用时，用正交表$L_9(3^4)$就可满足要求。该表共有四列，3 个因素可安排在四列中的任意列上，每个因素的水平也不必按大小顺序排列，可以随机安排。表头设计及水平安排见表 7-15，其中有一列是“空列”，没有安排因素。

表 7-15 【例 7-3】表头设计及水平安排

列号		1	2	3	4
因素		温度 A	空列	反应时间 B	用碱量 C
水平	1	350K		60min	6%
	2	375K		90min	5%
	3	360K		120min	7%

根据正交表$L_9(3^4)$及表 7-15 的因素和水平安排，明确 9 个试验方案及试验条件。特别注意，应严格按照试验方案中的试验条件进行试验。例如，第 1 个试验方案是$A_1B_1C_1$，试验条件是温度 350K、反应时间 60min、用碱量 6%；第 5 个试验方案是$A_2B_3C_1$，试验条件是温度 370K、反应时间 120min、用碱量 6%。得到试验结果(见表 7-16)。

表 7-16 试验方案与试验结果

试验号	温度 A	空列	反应时间 B	用碱量 C	试验方案	试验结果
1	1(350K)	1	1(60min)	1(6%)	$A_1B_1C_1$	51%
2	1(350K)	2	2(90min)	2(5%)	$A_1B_2C_2$	71%
3	1(350K)	3	3(120min)	3(7%)	$A_1B_3C_3$	58%
4	2(375 K)	1	2(90min)	3(7%)	$A_2B_2C_3$	82%
5	2(375 K)	2	3(120min)	1(6%)	$A_2B_3C_1$	69%
6	2(375 K)	3	1(60min)	2(5%)	$A_2B_1C_2$	59%
7	3(360 K)	1	3(120min)	2(5%)	$A_3B_3C_2$	77%
8	3(360 K)	2	1(60min)	3(7%)	$A_3B_1C_3$	85%
9	3(360 K)	3	2(90min)	1(6%)	$A_3B_2C_1$	84%

现以 9 次试验的数据进行统计分析(见表 7-17)，分以下几个步骤：

① 先计算每个因素各水平的试验结果之和K_i。

K_i中的“i”指水平数，考察的 3 个因素中每个因素均有 1、2、3 三个水平，$i=1$、2 或 3；K_i指任意一列上水平号为 i 的所有试验方案对应的试验结果之和。例如，第 1 列的K_1指温度(A)因素下水平号为“1”的所有试验方案对应的试验结果之和。第 1 列温度(A)因素下，水平为 $i=1$ 的有试验方案 1、试验方案 2 和试验方案 3，K_1为这三个试验方案的结果之和，即$K_1=51\%+71\%+58\%=1.80$。第 4 列的K_3指用碱量(C)因素下水平号为“3”的所有试验方案对应的试验结果之和。第 4 列用碱量(C)因素下，水平为 $i=3$ 的有试验方案 3、试验方案 4 和试验方案 8，K_3为这三个试验方案的结果之和，即$K_3=58\%+82\%+85\%=2.25$。

② 计算每个因素各水平的试验结果平均值k_i。

$$k_i=\frac{K_i}{\text{某因素下包含水平号为“}i\text{”的试验方案个数}} \tag{7-1}$$

k_i：因素各水平的试验结果的平均值。如表 7-17 第 1 列的温度因素下有 1、2、3 三个水平，每个水平出现的次数为 3 次。所有试验方案中，温度取 1 水平的方案有三个，分别是试验方案 1、试验方案 2 和试验方案 3，k_1 即为 $K_i/3$。同理，温度因素下$k_2=K_2/3$，$k_3=K_3/3$。

对等水平的正交试验，式(7-1)中分母是一样的，是该等水平正交表中每个因素的不同水平数出现的次数。对混合水平的正交试验，计算式中的分母不完全相同。

③ 求出极差，确定因素主次顺序。

各因素列中，求各水平的试验结果平均值 k_i的最大值与最小值之差，称为该因素的极差，用 R 表示。表 7-17 中，温度因素的极差 $R=0.82-0.60=0.22$，反应时间的极差 $R=0.79-0.65=0.14$，用碱量的极差 $R=0.75-0.68=0.07$。

极差的大小反映了因素的水平改变对试验结果的影响大小。因此，各因素极差的大小反映了试验各因素的重要程度，即主次顺序。从三个因素的极差大小可以判断，影响产率的最重要的因素是温度，其次是反应时间，再次是用碱量。

④ 最优方案的确定。

最优方案指试验范围内，也即所有试验条件中，各因素的最优水平组合。各因素的最优水平与试验指标密切相关。若试验指标的结果越大越好，如产率、产量、合格率等，最优水平应选择使指标大的水平，即最大k_i值对应的因素水平；反之，若试验指标的结果越小越好，如次品率、出错率等，最优水平应选择使指标小的水平，即最小k_i值对应的因素水平。

本题中，试验指标是产率，产率自然越大越好，所以应选择每个因素下k_1、k_2和k_3三者中的最大值对应的因素水平。表 7-17 内：

第 1 列中，$k_3>k_2>k_1$，温度最优水平为第 3 个水平，即 360 K；

第 3 列中，$k_2>k_3>k_1$，反应时间的最优水平为第 2 个水平，即 90 min；

第 3 列中，$k_3>k_2>k_1$，用碱量的最优水平为第 3 个水平，即 7%。

综上所述，在以上试验范围内，得到的最优方案为 $A_3B_2C_3$。显然，通过极差分析得到的这个最优方案并不是 9 个试验方案的其中之一。这是正交试验设计优越性的体现。9 个试验方案中产率最高的是第 8 个方案，试验结果为 85%。因此，还需要将极差分析得到的最优方案 $A_3B_2C_3$ 做进一步的验证测试。若最优方案的试验结果优于正交表的第 8 个试验方案，说明 $A_3B_2C_3$ 确实是最优方案。如果验证测试发现，分析得到的最优方案结果并未优于试验设计的第 8 个方案，很可能是因素间的交互作用或试验误差的影响，需要重新分析和设计试验，再进行最优方案的确定。

表 7-17　试验结果分析表

试验号	温度 A	空列	反应时间 B	用碱量 C	产率
1	1	1	1	1	51%
2	1	2	2	2	71%
3	1	3	3	3	58%
4	2	1	2	3	82%
5	2	2	3	1	69%
6	2	3	1	2	59%
7	3	1	3	2	77%
8	3	2	1	3	85%
9	3	3	2	1	84%
K_1	1.80	2.10	1.95	2.04	
K_2	2.10	2.25	2.37	2.07	
K_3	2.46	2.01	2.04	2.25	
k_1	0.60	0.70	0.65	0.68	
k_2	0.70	0.75	**0.79**	0.69	
k_3	**0.82**	0.67	0.68	**0.75**	
极差 R	0.22	0.08	0.14	0.07	
因素主次	$A>B>C$				
最优方案	$A_3B_2C_3$				

上述分析得到的最优方案是在给定的因素和水平条件下得到的结果。若试验条件发生变化，得到的最优方案可能不同。

本题的分析结果基于因素之间没有交互作用这个前提。事实上，工业生产或科学研究中的试验结果不仅受主要因素的影响，因素之间的交互作用也不可忽略。表 7-17 中"空列"的极差结果大于"用碱量"的极差，说明某个未知因素的影响比"用碱量"对结果的影响更大。这可能是由于试验过程存在某些未加以考虑的因素，也可能是 A、B、C 三个因素的交互作用引起的，需要进一步试验和研究。

7.3.1.2　多指标正交试验的极差分析

当关注的指标只有一个时，试验设计和结果分析相对简单易行。但在实际的科研和生产中，可能需要同时考察的指标不止一个，且不同指标的重要程度不同，不同因素对这些指标的影响程度也不一致，造成多指标的结果分析较为复杂。针对不同试验指标分析出来的最优方案可能各不相同，但最终只能有一个最优方案，这时就需要对分析结果进行综合考虑，确定一个能兼顾多个试验指标的最优方案。下面介绍多指标正交试验设计的两种分析方法：综合平衡法，以及指标单个分析再综合处理法，也称综合评分法。

1）综合平衡法

在正交设计试验中，获取单个试验指标的分析结果不难。综合平衡法涉及多个试验指标，难点在于指标分析结果的综合处理。综合处理时需要对各个指标的分析结果进行综合比较和分析，涉及的专业知识面较广，需要考虑的问题也较多，可能除了技术因素外，还需要考虑经济成本、操作可行性、节能减排、废物处理等。因此，综合平衡法得到的最优方案，有时候并非技术上的最优方案，而是综合考虑多种因素后，兼顾试验指标的一个较为合适的选择。

【例 7-4】

某工厂排放的废水拟采用混凝沉淀法进行物化处理。试验目的在于选择出合理的絮凝剂种类、絮凝剂的投加量和絮凝时间，使出水的水质最佳，每个因素选取 3 个水平（见表 7-18）。试验考察出水中有机物含量 *COD*（mg/L）和悬浮物 *SS*（mg/L）两个指标。

表 7-18　因素水平表

因素		絮凝剂种类	絮凝剂投加量/（mg/L）	絮凝时间/min
水平	1	聚合硫酸铝	10	30
	2	三氯化铁	40	20
	3	硫酸铝	70	10

采用正交表 $L_9(3^4)$ 安排试验，得到的试验结果如表 7-19 所示。

表 7-19　试验结果

试验号	*A*	*B*	*C*		*COD*/（mg/L）	*SS*/（mg/L）
	絮凝剂种类	絮凝剂投加量/（mg/L）	絮凝时间/min	空列		
1	1	1	1	1	30.4	8.2
2	1	2	2	2	28.5	10.2
3	1	3	3	3	14.6	4.2
4	2	1	2	3	19.5	5.5
5	2	2	3	1	18.4	4.5
6	2	3	1	2	15.6	3.8
7	3	1	3	2	20.5	5.6
8	3	2	1	3	20.6	4.8
9	3	3	2	1	13.00	3.5

对有机物含量 *COD*（mg/L）和悬浮物 *SS*（mg/L）两个指标分别进行单指标分析，得到如表 7-20 所示的结果。

表 7-20　指标分析结果

项目	出水 *COD*/(mg/L)			出水悬浮物 *SS*/(mg/L)		
	A	*B*	*C*	*A*	*B*	*C*
	絮凝剂种类	絮凝剂投加量	絮凝时间	絮凝剂种类	絮凝剂投加量	絮凝时间
K_1	73.50	70.40	66.60	22.60	19.30	16.80
K_2	53.50	67.50	61.00	13.80	19.50	19.20
K_3	54.10	43.20	53.50	13.90	11.50	14.30
k_1	**24.50**	**23.47**	**22.20**	**7.53**	6.43	5.60
k_2	17.83	22.50	20.33	4.60	**6.50**	**6.40**
k_3	18.03	14.40	17.83	4.63	3.83	4.77
极差 *R*	6.67	9.07	4.37	2.93	2.67	1.63
因素主次顺序	絮凝剂投加量>絮凝剂种类>絮凝时间			絮凝剂种类>絮凝剂投加量>絮凝时间		
最优方案	$A_1B_1C_1$			$A_1B_2C_2$		
	聚合硫酸铝，絮凝剂投加 10mg/L，絮凝时间 30min			聚合硫酸铝，絮凝剂投加量 40mg/L，絮凝时间 20min		

从分析结果来看，不同试验指标的因素主次顺序如下：

对出水 *COD* 的指标：絮凝剂投加量>絮凝剂种类>絮凝时间。

对出水悬浮物 *SS* 的指标：絮凝剂种类>絮凝剂投加量>絮凝时间。

最佳水平组合如下：

对出水 *COD* 的指标：聚合硫酸铝，絮凝剂投加量 10mg/L，絮凝时间 30min。

对出水悬浮物 *SS* 的指标：聚合硫酸铝，絮凝剂投加量 40mg/L，絮凝时间 20min。

两个不同的试验指标，分别得到两个最佳水平组合，最终只能有一个最佳试验条件，到底都是选哪个好？这就需要综合平衡处理，不仅要考虑指标相关的技术参数，还要考虑与技术参数相关的其他因素，并综合分析处理，得到兼顾多方因素及技术指标的最优结果。

当无法从技术层面选择出两个优化方案中最适合的，那么从环保的角度先来看出水 *COD* 和悬浮物 *SS* 两个指标的分析结果。关于 COD，《地表水环境质量标准》(GB 3838—2002)中一般工业用水区的四类水质限量标准为 30mg/L，本题中处理后出水的 *COD* 含量在 30mg/L 左右，结果偏高，水质存在超标的现象和超标的风险；《污水综合排放标准》(GB 8978—1996)中最严格的悬浮物的一级标准为 20mg/L(城市二级污水处理厂)，本题出水 *SS* 极低，不存在超标风险。因此，出水指标中 *COD* 对环境的影响远大于 *SS*，出水 *COD* 指标所占权重应大于出水 *SS*。最优方案的结果应优先确保出水 *COD* 的指标。最佳水平组合应选用：絮凝剂聚合硫酸铝，絮凝剂投加量 10mg/L，絮凝时间 30min。

一般，用综合平衡法时，有以下原则：①主要因素优先；②少数服从多数；③提高效率或考虑市场需求；④兼顾环保因素，节能、降耗、减排。

以每个因素的水平信息为横坐标，其对应指标的 k 值为纵坐标，可在一张图上作出不同因素下指标随水平变化的趋势图(见图 7-5)，便于比较。

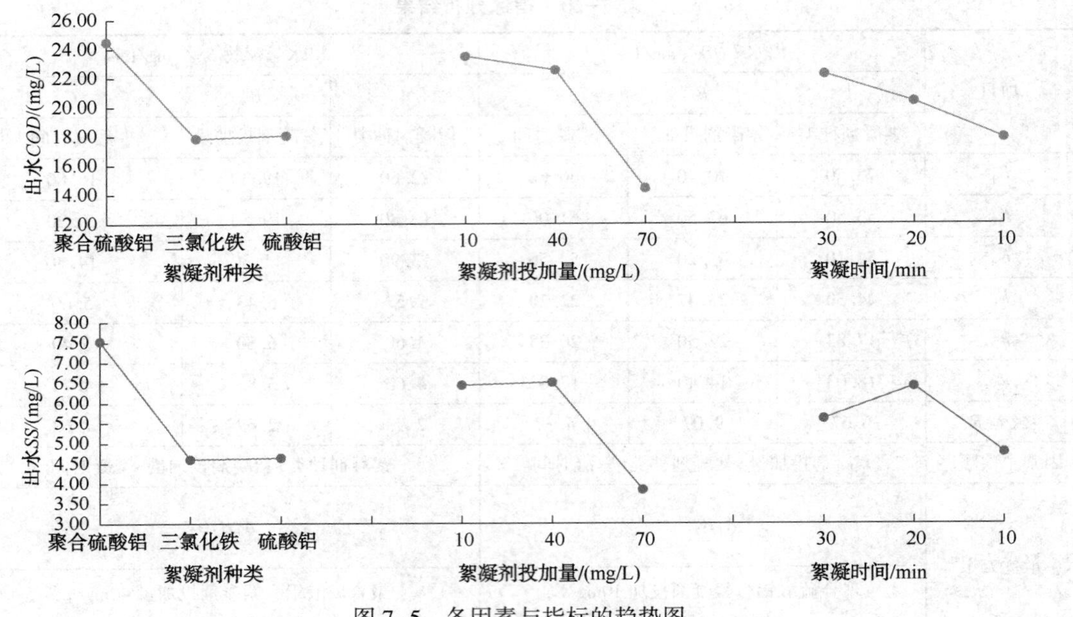

图 7-5 各因素与指标的趋势图

2）综合评分法

针对多指标的试验，综合评分法是根据指标的重要程度分配权重，按照某种计算公式，将多个指标转化为一个综合指标，再按照单指标极差分析法分析试验的结果。用综合评分法计算时，应先根据专业知识确定各指标的性质及重要程度，为每个因素分配权重或系数，再进行综合计算。k 个指标的试验，其综合指标 y 可以表达为：

$$y=a_1y_1+a_2y_2+\cdots+a_ky_k \tag{7-2}$$

式中，y_1，y_2，…，y_k 为各单项指标；a_1，a_2，…，a_k 为各单项指标前的系数，其大小和正负根据指标的性质及重要程度而定。

【例 7-5】 用综合评分法对【例 7-4】的试验结果进行分析，分两种情况：①假设出水 *COD* 和 *SS* 指标权重一样；②假设出水 *COD* 权重是出水 *SS* 的 1.5 倍。

解：①假设出水 *COD* 和 *SS* 指标权重一样，综合指标可以写成：

$$y=y_{COD}+y_{SS}$$

将此综合指标看成一个单项指标进行分析，结果见表 7-21。

表 7-21 指标同等权重的综合评分法分析结果

试验号	絮凝剂种类	絮凝剂投加量/(mg/L)	絮凝时间/min	空列	*COD*/(mg/L)	*SS*/(mg/L)	*COD*+*SS*/(mg/L)
1	1	1	1	1	30.4	8.2	38.6
2	1	2	2	2	28.5	10.2	38.7
3	1	3	3	3	14.6	4.2	18.8
4	2	1	2	3	19.5	5.5	25.0
5	2	2	3	1	18.4	4.5	22.9
6	2	3	1	2	15.6	3.8	19.4
7	3	1	3	2	20.5	5.6	26.1

续表

试验号	絮凝剂种类	絮凝剂投加量/(mg/L)	絮凝时间/min	空列	COD/(mg/L)	SS/(mg/L)	COD+SS/(mg/L)
8	3	2	1	3	20.6	4.8	25.4
9	3	3	2	1	13.00	3.5	16.5
K_1	96.10	89.70	83.40	78.00			
K_2	67.30	87.00	80.20	84.20			
K_3	68.00	54.70	67.80	69.20			
k_1	32.03	29.90	27.80	26.00			
k_2	22.43	29.00	26.73	28.07			
k_3	22.67	18.23	22.60	23.07			
极差 R	9.60	11.67	5.20	5.00			
因素主次	絮凝剂投加量>絮凝剂种类>絮凝时间						
最优方案	$A_1B_1C_1$ 聚合硫酸铝，絮凝剂投加 10mg/L，絮凝时间 30min						

② 假设出水 COD 指标权重是出水 SS 的 1.5 倍，综合指标可以写成：

$$y = 1.5y_{COD} + y_{SS}$$

将此综合指标看成一个单项指标进行分析，结果见表 7-22。

表 7-22　指标不等权重的综合评分法分析结果

试验号	絮凝剂种类	絮凝剂投加量/(mg/L)	絮凝时间/min	空列	COD/(mg/L)	SS/(mg/L)	1.5COD+SS/(mg/L)
1	1	1	1	1	30.4	8.2	53.80
2	1	2	2	2	28.5	10.2	52.95
3	1	3	3	3	14.6	4.2	26.10
4	2	1	2	3	19.5	5.5	34.75
5	2	2	3	1	18.4	4.5	32.10
6	2	3	1	2	15.6	3.8	27.20
7	3	1	3	2	20.5	5.6	36.35
8	3	2	1	3	20.6	4.8	35.70
9	3	3	2	1	13.00	3.5	23.00
K_1	132.85	124.90	116.70	108.90			
K_2	94.05	120.75	110.70	116.50			
K_3	95.05	76.30	94.55	96.55			
k_1	44.28	41.63	38.90	36.30			
k_2	31.35	40.25	36.90	38.83			
k_3	31.68	25.43	31.52	32.18			
极差 R	12.93	16.20	7.38	6.65			
因素主次	絮凝剂投加量>絮凝剂种类>絮凝时间						
最优方案	$A_1B_1C_1$ 聚合硫酸铝，絮凝剂投加 10 mg/L，絮凝时间 30 min						

综合指标 $y=1.5\,y_{COD}+y_{SS}$ 时的趋势图如图 7-6 所示。

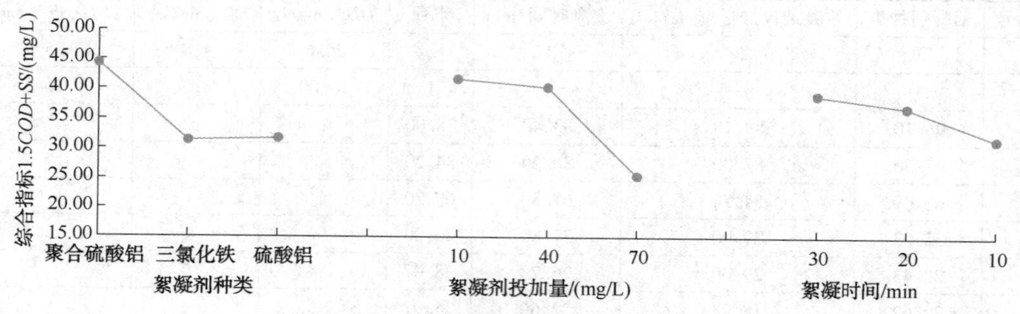

图 7-6　各因素的综合指标趋势图

7.3.1.3　混合水平正交试验的极差分析

等水平正交试验设计和结果分析相对简单。但在有些情况下，试验由于受到条件的限制，某些因素不能取多个水平，有些重要因素考察时又必须多取水平，因而在实际试验中，不可避免地会出现水平数不等的正交试验，即混合水平正交试验设计问题。混合水平正交试验设计方法主要有两种：第一种为直接利用混合水平正交表安排试验，进行极差分析；第二种是采用拟水平法，即在等水平的正交表内安排不等水平的试验。

1）用混合水平正交表安排试验

下面通过一个例题来说明如何用混合水平正交表来安排试验。

【例 7-6】　某制药厂为提高一种中药的纯度，对提纯工艺进行优化，主要考察的因素有原材料甲的有效成分(A)、原材料乙的浓度(B)、反应时间(C)、催化时间(D)、反应温度(E)和提纯循环次数(F)，考察的因素和水平见表 7-23。选用正交表$L_{16}(4^4\times2^3)$安排试验，结果见表 7-24。试找出因素的主次顺序及最佳水平搭配方案。

表 7-23　工艺条件优化考察的因素和水平

水平	A/%	B/(mol/L)	C/min	D/min	E/℃	F/循环次数
1	10.0	1	25	25	55	1
2	10.5	1.2	30	30	60	2
3	11.0	1.15	35			
4	11.5	1.05	40			

表 7-24　试验结果及极差分析

试验号	1	2	3	4	5	6	7	纯度/%
	空列	A	B	C	D	E	F	
1	1	1	1	1	1	1	1	43
2	1	2	2	2	1	2	2	14
3	1	3	3	3	2	1	2	31
4	1	4	4	4	2	2	1	4
5	2	1	2	3	2	2	1	29

续表

试验号	1	2	3	4	5	6	7	纯度/%
	空列	A	B	C	D	E	F	
6	2	2	1	4	2	1	2	8
7	2	3	4	1	1	2	2	14
8	2	4	3	2	1	1	1	32
9	3	1	3	4	1	2	2	23
10	3	2	4	3	1	1	1	46
11	3	3	1	2	2	2	1	15
12	3	4	2	1	2	1	2	19
13	4	1	4	2	2	1	2	34
14	4	2	3	1	2	2	1	33
15	4	3	2	4	1	1	1	15
16	4	4	1	3	1	2	2	26
K_1	92	129	92	109	213	228	217	
K_2	83	101	77	95	173	158	169	
K_3	103	75	119	132				
K_4	108	81	98	50				
k_1	23.00	32.25	23.00	27.25	26.63	28.50	27.13	
k_2	20.75	25.25	19.25	23.75	21.63	19.75	21.13	
k_3	25.75	18.75	29.75	33.00				
k_4	27.00	20.25	24.50	12.50				
极差 R	6.25	13.50	10.50	20.50	5.00	8.75	6.00	
因素排序		2	3	1	6	4	5	

混合水平正交试验的结果分析与等水平正交试验的分析类似，计算K_i和k_i值，K_i值的计算与等水平正交表类似，不同的是k_i值的计算。混合水平正交表各因素对应的水平数不同，各因素下包含水平号为“i”的试验方案个数不同。例如，表7-24第1、第2、第3、第4列中，每个水平出现的次数为4次，这四列的k_1、k_2、k_3、k_4分别是其对应K_1、K_2、K_3、K_4除以“4”得到的；而第5、第6、第7三列中，每个水平出现的次数为8次，这四列的k_1、k_2分别是其对应K_1、K_2除以“8”得到的。基于此，对因素的主次顺序的判断及最佳水平搭配方案的分析也只能通过参数k_i而非K_i得到。由k_i计算的极差结果可知，因素主次顺序为 $C>A>B>E>F>D$。最佳水平搭配方案为$A_1B_3C_3D_1E_1F_1$。

2）拟水平法

有时混合水平正交表中可能找不到合适的正交表使用，或者即使能找到可用的正交表，但由于试验次数太多，效率不高。这时，可用拟水平法来处理。拟水平法，即通过虚构水平将水平数不等的问题转化为水平数相同的问题。

【例7-7】 某试验考虑A、B、C、D四个因素，其中3个3水平的因素A、B、D，1个

2 水平的因素 C，各因素考察的水平如表 7-25 所示。假设因素之间无交互作用，试验指标越小越好。试确定因素主次顺序和最佳方案。

表 7-25　试验的因素及水平

因素	1	2	3	4
内容	A	B	C	D
水平	1、2、3	1、2、3	1、2	1、2、3
数值	100、200、300	0.5、0.4、0.2	5、10	10、30、20

解：根据题意，共有四个因素，且不考虑交互作用，一般会首先想到用正交表$L_9(3^4)$来安排试验。但其中 C 因素只有两个水平，$L_9(3^4)$则不太适用。最简单的办法是为 C 因素人为增加一个虚构的水平，这样就可以将 4 因素的混合水平问题转化为 4 因素 3 水平的等水平问题，再应用正交表$L_9(3^4)$安排试验。这种人为增加的因素水平，称为拟水平。一般，拟水平法是指当某因素的实际水平数小于正交表中对应的水平数时，可将该因素的某些重要的水平人为地当作其他水平（拟水平）在正交表中重复安排。表 7-25 中 C 因素的第 3 个水平可以采用拟水平。假设因素 C 的第 2 个水平重要，可以将该水平当作第 3 个水平安排试验，使第 2 个水平重复出现 2 次。试验安排见表 7-26，得到分析结果。

表 7-26　利用拟水平法安排试验

水平	因素			
	A	B	C	D
1	100	0.5	5	10
2	200	0.4	10	30
3	300	0.2	10（拟水平）	20

对采用拟水平法安排的试验结果进行直观分析（见表 7-27）。因素 A、B、D 可按照等水平正交表试验结果的极差分析计算K_i和k_i值。C 因素虽然有一个"拟水平 3"，但实际上只有 2 个水平，拟水平的结果与第 2 个水平的结果合并计算。因此，C 因素的 K_2是含水平号为"2"的试验号为 2、4、9 的三次试验的结果，及水平号含"3（拟水平）"的试验号为 3、5、7 三次试验结果之和；而 C 因素的k_2是上述 6 个试验号结果之和除以 6 的结果。

由极差结果可知，因素主次顺序是：$D>A>C>B$。由于指标结果越小越好，因此每个因素下选最小 k 值对应的水平为最佳水平，得到试验的最佳搭配水平是 $A_3B_1C_1D_3$。

表 7-27　拟水平分析结果

试验号	A	B	C	D	指标
1	1	1	1	1	0.45
2	1	2	2	2	0.36
3	1	3	3	3	0.12
4	2	1	2	3	0.15
5	2	2	3	1	0.40

续表

试验号	A	B	C	D	指标
6	2	3	1	2	0.15
7	3	1	3	2	0.10
8	3	2	1	3	0.05
9	3	3	2	1	0.47
K_1	0.930	0.700	0.650	1.320	
K_2	0.700	0.810	1.600	0.610	
K_3	0.620	0.740	—	0.320	
k_1	0.310	0.233	0.217	0.440	
k_2	0.233	0.270	0.267	0.203	
k_3	0.207	0.247	—	0.107	
极差 R	0.103	0.037	0.050	0.333	
因素主次	$D>A>C>B$				
最优方案	$A_3B_1C_1D_3$				

值得注意的是，C 因素第 2 水平对应的试验号为 2、4、9 的三次试验结果之和为 0.98，拟水平对应的试验号为 3、5、7 的三次试验结果之和为 0.62，差别较大，说明 C 因素的第 2 个水平在与其他因素水平搭配时，不同组合产生了不一样的影响，可能是交互作用引起的，需另外安排试验进一步研究。

7.3.1.4 有交互作用正交试验的极差分析

当因素之间存在交互作用时，交互作用应当作一个新的因素放入正交表的交互列中。因素的交互作用一般用因素和因素相乘表示，如因素 A 和 B 的交互作用，称作“$A\times B$”。数据分析时，交互列的分析与正常列不同，需要针对相互作用因素做进一步的分析，最终确定最优水平搭配组合。

【例 7-8】 某医药厂升级一种中药有效成分的提取工艺，研究催化剂种类(A)、加热温度(B)、提取时长(C)和是否加压(D)四个因素对产量(y)的影响，具体试验方案见表 7-28。已知催化剂种类与加热温度、催化剂种类与提取时间之间有交互作用，按$L_8(2^7)$安排试验，得到分析结果(见表 7-29)。

表 7-28 因素与水平表

水平	A	B	C	D
	催化剂种类	加热温度/℃	提取时长	是否加压
1	甲	80	2.5h	是
2	乙	70	3.0h	否

表 7-29　试验结果分析表

试验号	A	B	$A\times B$	C	$A\times C$	空列	D	产量(y)/kg
1	1	1	1	1	1	1	1	820
2	1	1	1	2	2	2	2	1010
3	1	2	2	1	1	2	2	930
4	1	2	2	2	2	1	1	920
5	2	1	2	1	2	1	2	950
6	2	1	2	2	1	2	1	800
7	2	2	1	1	2	2	1	880
8	2	2	1	2	1	1	2	800
K_1	3680	3580	3510	3580	3350	3490	3420	
K_2	3430	3530	3600	3530	3760	3620	3690	
k_1	920.0	895.0	877.5	895.0	837.5	872.5	855.0	
k_2	857.5	882.5	900.0	882.5	940.0	905.0	922.5	
极差 R	62.5	12.5	22.5	12.5	102.5	32.5	67.5	

初步判断，四个影响因素中催化剂种类和提取过程是否加压对产量有非常显著的影响，是主要影响因素。根据四个因素的极差结果，最优水平搭配组合应为 $D_2A_1C_1B_1$。但由于 A 与 B 及 A 与 C 有交互作用，且 $A\times C$ 列的极差值是所有因素列中最大的，说明 A 与 C 的交互作用对结果影响最大，需要针对相互作用做进一步的分析。A 与 B 的相互作用分析表见表 7-30，A 与 C 的相互作用见表 7-31。

表 7-30　A 与 B 的相互作用分析

因素	A_1	A_2
B_1	$\frac{y_1+y_2}{2}=\frac{820+1010}{2}=915$	$\frac{y_5+y_6}{2}=\frac{950+800}{2}=875$
B_2	$\frac{y_3+y_4}{2}=\frac{930+920}{2}=925$	$\frac{y_7+y_8}{2}=\frac{880+800}{2}=840$

如表 7-30 所示，找出试验中含 A_1B_1、A_1B_2、A_2B_1、A_2B_2 的方案，计算各自的平均值。因产量指标越大越好，A 与 B 的所有组合中平均值最大的应为最佳组合。因此，A 与 B 的最优水平搭配为 A_1B_2。

表 7-31　A 与 C 的相互作用分析

因素	A_1	A_2
C_1	$\frac{y_1+y_3}{2}=\frac{820+930}{2}=875$	$\frac{y_5+y_7}{2}=\frac{950+880}{2}=915$
C_2	$\frac{y_2+y_4}{2}=\frac{1010+920}{2}=965$	$\frac{y_6+y_8}{2}=\frac{800+800}{2}=800$

如表 7-31 所示，找出试验中含 A_1C_1、A_1C_2、A_2C_1、A_2C_2 的方案，计算各自的平均值。

因产量指标越大越好，A 与 C 的所有组合中平均值最大的应为最佳组合。因此，A 与 C 的最优水平搭配为 A_1C_2。

综合上述分析，可确定最优水平搭配组合为 $D_2A_1C_2B_2$。表 7-29 中并无此试验方案，需要做进一步的验证试验。此外，表 7-29 中"空列"的极差值较单独的因素 B 和因素 C 更大，推断可能存在其他被忽略的因素，需要对工艺过程做进一步分析和研究。

7.3.2 方差分析法

正交表的数据分析常用的是极差分析法，它主要通过计算不同因素下各水平的平均值与极差来确定因素的最佳水平组合和因素的主次顺序，该法简单直观、分析计算量小，容易理解。但极差法也有局限性，无法估计误差的大小；无法提供一个标准用来考察、判断各因素的影响是否显著，更不能精确地估计各因素的试验结果对指标结果影响的程度；同时，当试验的因素水平数≥3，且需要考虑交互作用时，交互作用的分析非常复杂，极差法便不适用。方差分析法尽管计算较为复杂，但可以弥补极差分析法在诸多方面的不足。

正交试验结果方差分析的方法简单概括如下。

1）计算离差平方和

若按正交表$L_n(r^m)$安排了 n 次试验，得到的试验结果为$y_i(i=1, 2, \cdots, n)$，所有试验结果之和 T 表达式为：

$$T = \sum_{i=1}^{n} y_i \tag{7-3}$$

$$Q = \sum_{i=1}^{n} {y_i}^2 \tag{7-4}$$

所有试验结果的总均值为：

$$\bar{y} = \frac{1}{n}\sum_{i=1}^{n} y_i = \frac{T}{n} \tag{7-5}$$

令：

$$P = \frac{1}{n}\left(\sum_{i=1}^{n} y_i\right)^2 = \frac{T^2}{n} \tag{7-6}$$

试验结果的总离差平方和SS_T计算式为：

$$SS_{\mathrm{T}} = \sum_{i=1}^{n} (y_i - \bar{y})^2 = \sum_{i=1}^{n} {y_i}^2 - \frac{1}{n}\left(\sum_{i=1}^{n} y_i\right)^2 = Q - P \tag{7-7}$$

若试验结果的总离差平方和SS_T越大（或越小），说明各试验结果之间的差异越大（或越小）。因素水平的变化和试验误差是引起试验结果之间差异的原因。SS_T可以分解成试验的误差平方和SS_e，及各个因素的离差平方和SS_j的加和，即：

$$SS_T = SS_e + SS_1 + SS_2 + \cdots + SS_j + \cdots \tag{7-8}$$

第 j 个因素列的离差平方和$SS_j(j=1, 2, \cdots, m)$为：

$$SS_j = \frac{n}{r}\sum_{i=1}^{r} (k_i - \bar{y})^2 = \frac{r}{n}\left(\sum_{i=1}^{r} {K_i}^2\right) - \frac{T^2}{n} = \frac{r}{n}\left(\sum_{i=1}^{r} {K_i}^2\right) - P \tag{7-9}$$

式中，k_i为分析结果表中第 i 列的第 j 个水平试验结果的均值；K_i为第 i 列的第 j 个水平的结果总和。

例如：

对于正交表$L_9(3^4)$，每一列离差平方和的计算公式为：

$$SS_j = \frac{3}{9}\sum_{i=1}^{3} K_i^{\ 2} - \frac{T^2}{9} = \frac{1}{3}(K_1^2 + K_2^2 + K_3^2) - P \tag{7-10}$$

这也是三水平的正交试验中任意列j的离差平方和计算式。

对于正交表$L_8(2^7)$，每一列离差平方和的计算公式为：

$$SS_j = \frac{2}{8}\sum_{i=1}^{2} K_i^{\ 2} - \frac{T^2}{8} = \frac{1}{4}(K_1^2 + K_2^2) - \frac{(K_1 + K_2)^2}{8} = \frac{(K_1 - K_2)^2}{8} = \frac{(R_j)^2}{8} \tag{7-11}$$

式中，R_j为第j列的极差。这也是二水平的正交试验中任意列j的离差平方和计算式。

2）计算自由度

总离差平方和SS_T对应的自由度$df_T=n-1$，任意列的离差平方和$SS_j(j=1, 2, \cdots, m)$对应的自由度为$df_j=r_j-1$。

误差的自由度：

$$df_e = \sum_{j=1}^{n} df_{空列} \tag{7-12}$$

总离差离差平方和对应的自由度df_T等于误差平方和的自由度df_e与各因素的自由度df_j之和：

$$df_T = df_e + df_1 + df_2 + \cdots + df_j + \cdots \tag{7-13}$$

3）计算方差估计值(均方)

离差平方和除以对应的自由度可得到方差估计值，即因素的均方。

A因素的均方为：

$$MS_A = \frac{SS_A}{df_A} \tag{7-14}$$

B因素的均方为：

$$MS_B = \frac{SS_B}{df_B} \tag{7-15}$$

交互作用$A\times B$的均方为：

$$MS_{A\times B} = \frac{SS_{A\times B}}{df_{A\times B}} \tag{7-16}$$

式中，$df_{A\times B}=df_A\times df_B$。

试验误差的均方为：

$$MS_e = \frac{SS_e}{df_e} \tag{7-17}$$

4）计算统计量F值

各因素或交互作用的均方除以误差的均方，即可得到F值。

A因素的F值为：

$F_A = MS_A / MS_e$

j 列的 F 值为：

$F_j = MS_j / MS_e$

5）显著性检验

对于给定的显著性水平 α，检验因素 j 对试验结果有无显著影响应先查 F 分布表，查得临界值$F_{\alpha}(df_j, df_e)$。

若$F_j > F_{\alpha}(df_j, df_e)$，则判断因素 j 对试验结果有显著影响。否则，判断因素 j 对试验结果无显著影响。

当$F_{0.01}(df_j, df_e) > F_j \geq F_{0.05}(df_j, df_e)$时，判断因素 j 是显著性因素，用“*”表示；当$F_j \geq F_{0.01}(df_j, df_e)$时，判断因素 j 是高度显著性因素，用“**”表示。当$F_j < F_{0.05}(df_j, df_e)$时，判断因素 j 对试验结果无显著影响。

一般，F 值与临界值之间相差越大，说明该因素或交互作用对试验结果的影响越显著，即该因素或交互作用越重要。

【例 7-9】 用火焰原子吸收分光光度法测定样品中的铜含量时，考察乙炔流量(A)、燃烧器高度(B)、空心阴极灯电流(C)和光谱通带(D)对吸光度的影响。因素 A 的四个水平分别为 1500mL/min、1700mL/min、1900mL/min、2100mL/min；因素 B 的四个水平分别为 6mm、8mm、10mm、12mm；因素 C 的四个水平分别为 2mA、3. 5mA、5mA、7. 5mA；因素 D 的四个水平分别为 0. 2nm、0. 4nm、0. 6nm、0. 8nm。不考虑因素间的交互作用，用正交表$L_{16}(4^5)$安排试验，试验结果如表 7-32 所示。试对试验结果用方差分析法进行分析(α=0. 05)，并确定因素主次顺序和最优水平组合。

表 7-32 正交试验安排及结果表

试验号	因素					分析结果
	C	D	B	A	空列	
	灯电流	光谱通带	燃烧器高度	乙炔流量		
1	1(2mA)	1(0. 2nm)	1(12mm)	1(1700 mL/min)	1	19. 0
2	1(2mA)	2(0. 8nm)	2(10mm)	2(1500 mL/min)	2	48. 0
3	1(2mA)	3(0. 4nm)	3(8mm)	3(1900 mL/min)	3	62. 0
4	1(2mA)	4(0. 6nm)	4(6mm)	4(2100 mL/min)	4	59. 0
5	2(3. 5mA)	1(0. 2nm)	2(10mm)	3(1900 mL/min)	4	3. 5
6	2(3. 5mA)	2(0. 8nm)	1(12mm)	4(2100 mL/min)	3	28. 5
7	2(3. 5mA)	3(0. 4nm)	4(6mm)	1(1700 mL/min)	2	58. 0
8	2(3. 5mA)	4(0. 6nm)	3(8mm)	2(1500 mL/min)	1	67. 0
9	3(5mA)	1(0. 2nm)	3(8mm)	4(2100 mL/min)	2	2. 5
10	3(5mA)	2(0. 8nm)	4(6mm)	3(1900 mL/min)	1	40. 5
11	3(5mA)	3(0. 4nm)	1(12mm)	2(1500 mL/min)	4	58. 5
12	3(5mA)	4(0. 6nm)	2(10mm)	1(1700 mL/min)	3	71. 0
13	4(7. 5mA)	1(0. 2nm)	4(6mm)	2(1500 mL/min)	3	5. 0

续表

试验号	因素					分析结果
	C	D	B	A	空列	
	灯电流	光谱通带	燃烧器高度	乙炔流量		
14	4(7.5mA)	2(0.8nm)	3(8mm)	1(1700 mL/min)	4	43.0
15	4(7.5mA)	3(0.4nm)	2(10mm)	4(2100 mL/min)	1	36.0
16	4(7.5mA)	4(0.6nm)	1(12mm)	3(1900 mL/min)	2	43.0

解：先根据正交表的试验方案结果计算K_i值(见表 7-33)。

表 7-33　试验结果分析表

试验号	C	D	B	A	空列	分析结果
1	1	1	1	1	1	19.0
2	1	2	2	2	2	48.0
3	1	3	3	3	3	62.0
4	1	4	4	4	4	59.0
5	2	1	2	3	4	3.5
6	2	2	1	4	3	28.5
7	2	3	4	1	2	58.0
8	2	4	3	2	1	67.0
9	3	1	3	4	2	2.5
10	3	2	4	3	1	40.5
11	3	3	1	2	4	58.5
12	3	4	2	1	3	71.0
13	4	1	4	2	3	5.0
14	4	2	3	1	4	43.0
15	4	3	2	4	1	36.0
16	4	4	1	3	2	43.0
K_1	188.0	30.0	149.0	191.0	162.5	
K_2	157.0	160.0	158.5	178.5	151.5	
K_3	172.5	214.5	174.5	149.0	166.5	
K_4	127.0	240.0	162.5	126.0	164.0	
极差 R	517.5	614.5	495.5	518.5	493.0	

试验结果总和：

$$T = \sum_{i=1}^{n} y_i = 644.5$$

试验结果的平方和：

$$Q = \sum_{i=1}^{n} y_i^{\ 2} = 33796.25$$

$$P = \frac{1}{n}\left(\sum_{i=1}^{n} y_i\right)^2 = \frac{T^2}{n} = \frac{644.5^2}{16} = 25961.27$$

(1) 计算各项离差平方和。

试验结果的总离差平方和：

$$SS_{\mathrm{T}} = \sum_{i=1}^{n} (y_i - \bar{y})^2 = Q - P = 7834.98$$

根据式(7-9)，各因素的离差平方和为：

$$SS_{\mathrm{A}} = \frac{n}{r}\sum_{i=1}^{r} K_i^{\ 2} - P = \frac{4}{16}(191.0^2 + 178.5^2 + 149.0^2 + 126.0^2) - 25961.27 = 643.80$$

$$SS_{\mathrm{B}} = \frac{4}{16}(149.0^2+158.5^2+174.5^2+162.5^2)-25961.27=83.67$$

$$SS_{\mathrm{C}} = \frac{4}{16}(188.0^2+157.0^2+172.5^2+127.5^2)-25961.27=508.30$$

$$SS_{\mathrm{D}} = \frac{4}{16}(30.0^2+160.0^2+214.5^2+240.0^2)-25961.27=6566.30$$

误差平方和：

$$SS_{\mathrm{e}} = SS_{空列} = \frac{4}{16}(162.5^2+151.5^2+166.5^2+164.0^2)-25961.27=32.92$$

$$或 SS_{\mathrm{e}} = SS_{\mathrm{T}}-SS_{\mathrm{A}}-SS_{\mathrm{B}}-SS_{\mathrm{C}}-SS_{\mathrm{D}}=32.92$$

(2) 计算各因素的自由度。

$$df_{\mathrm{T}} = n-1 = 16-1 = 15$$

$$df_{\mathrm{A}} = df_{\mathrm{B}} = df_{\mathrm{C}} = df_{\mathrm{D}} = df_{\mathrm{e}} = 4-1 = 3$$

(3) 计算各因素的均方。

$$MS_{\mathrm{A}} = \frac{SS_{\mathrm{A}}}{df_{\mathrm{A}}} = \frac{643.80}{3} = 214.60$$

$$MS_{\mathrm{B}} = \frac{SS_{\mathrm{B}}}{df_{\mathrm{B}}} = \frac{83.67}{3} = 27.89$$

$$MS_{\mathrm{C}} = \frac{SS_{\mathrm{C}}}{df_{\mathrm{C}}} = \frac{508.30}{3} = 169.43$$

$$MS_{\mathrm{D}} = \frac{SS_{\mathrm{D}}}{df_{\mathrm{D}}} = \frac{6566.30}{3} = 2188.77$$

$$MS_{\mathrm{e}} = \frac{SS_{\mathrm{e}}}{df_{\mathrm{e}}} = \frac{32.92}{3} = 10.97$$

(4) 计算各因素 F 统计量。

$$F_{\mathrm{A}} = \frac{MS_{\mathrm{A}}}{MS_{\mathrm{e}}} = \frac{214.60}{10.97} = 19.56$$

$$F_B=\frac{MS_B}{MS_e}=\frac{27.89}{10.97}=2.54$$

$$F_C=\frac{MS_C}{MS_e}=\frac{169.43}{10.97}=15.44$$

$$F_D=\frac{MS_D}{MS_e}=\frac{2188.77}{10.97}=199.52$$

(5) 查临界值 $F_{\alpha}(df_j,\ df_e)$，进行 F 检验。

根据 α 和各因素的自由度，查 F 临界值表得 $F_{0.05}(3,\ 3)=9.28$，$F_{0.01}(3,\ 3)=29.46$。对比各因素的 F 值和临界值，很显然，因素 D 光谱通带对吸光度有非常显著的影响，因素 A 乙炔流量和因素 C 空心阴极灯电流对吸光度也有显著影响。方差分析表汇总见表 7-34。

表 7-34　等水平试验方差分析表

差异源	SS	df	MS	F	$F_{0.05}(3,\ 3)$	$F_{0.01}(3,\ 3)$	显著性
因素 A	643.80	3	214.60	19.56	9.28	29.46	*
因素 B	83.67	3	27.89	2.54	9.28	29.46	
因素 C	508.30	3	169.43	15.44	9.28	29.46	*
因素 D	6566.30	3	2188.77	199.52	9.28	29.46	* *
误差	32.92	3	10.97	19.56			
总和	7834.98	15					

考虑 F 值与临界值之间相差越大，说明该因素或交互作用对试验结果的影响越显著，即该因素或交互作用越重要。因此，因素主次顺序为 $D>A>C>B$。这与表 7-33 中的极差数据获得的结果一致。由于吸光度值是检测响应，越大越好，所以根据K_i结果，最优组合应为 $A_1B_3C_1D_4$，即最优条件为：乙炔流量 1700mL/min、燃烧器高度 8mm、空心阴极灯电流 2mA、光谱通带 0.6nm。

【例 7-10】 为提高某提取物的得率，考察的因素及水平如表 7-35 所示，不考虑因素间的交互作用。现利用正交表$L_8(4^1\times2^4)$安排试验，因素 A、B、C 和 D 分别放在正交表第 1 列、第 2 列、第 3 列和第 4 列，通过试验得到提取率结果(百分数)按试验号先后顺序分别为 62、81、56、65、84、92、95、105。试用方差分析法对结果进行分析($\alpha=0.05$)，并确定因素主次顺序和最优水平组合。

表 7-35　因素水平表

水平	A	B	C	D
	pH 值	加热温度	溶剂用量	是否加掩蔽剂
1	4~5	50℃	90 mL	否
2	5~6	60℃	60 mL	是
3	6~7			
4	7~8			

解：先根据正交表的试验方案结果计算K_i值(见表 7-36)。

表 7-36 试验设计及分析结果表

试验号	*A*	*B*	*C*	*D*	空列	结果/%
1	1	1	1	1	1	62
2	1	2	2	2	2	81
3	2	1	1	2	2	56
4	2	2	2	1	1	65
5	3	1	2	1	2	84
6	3	2	1	2	1	92
7	4	1	2	2	1	95
8	4	2	1	1	2	105
K_1	143	297	315	316	314	
K_2	121	343	325	324	326	
K_3	176					
K_4	200					
k_1	71.5	74.3	78.8	79.0	78.5	
k_2	60.5	85.8	81.3	81.0	81.5	
k_3	88.0					
k_4	100.0					
极差 *R*	39.5	11.5	2.5	2.0	3.0	

试验结果总和：

$$T = \sum_{i=1}^{n} y_i = 640$$

试验结果的平方和：

$$Q = \sum_{i=1}^{n} {y_i}^2 = 53336$$

$$P = \frac{1}{n}\left(\sum_{i=1}^{n} y_i\right)^2 = \frac{T^2}{n} = \frac{572^2}{8} = 51200$$

(1) 计算各项离差平方和。

试验结果的总离差平方和：

$$SS_{\mathrm{T}} = \sum_{i=1}^{n} (y_i - \bar{y})^2 = Q - P = 2136$$

根据式(7-9)，各因素的离差平方和为：

$$SS_{\mathrm{A}} = \frac{n}{r}\sum_{i=1}^{r} {K_i}^2 - P = \frac{4}{8}(143^2 + 121^2 + 176^2 + 200^2) - 51200 = 1833$$

$$SS_B=\frac{2}{8}(297^2+343^2)-51200=264.5$$

$$SS_C=\frac{2}{8}(315^2+325^2)-51200=12.5$$

$$SS_D=\frac{2}{8}(316^2+324^2)-51200=8$$

$$SS_e=SS_{空列}=\frac{2}{8}(314^2+326^2)-51200=18$$

（2）计算各因素的自由度。

$$df_T=n-1=8-1=7$$
$$df_A=4-1=3$$
$$df_B=df_C=df_D=df_e=2-1=1$$

（3）计算各因素的均方。

$$MS_A=\frac{SS_A}{df_A}=\frac{1833}{3}=611$$

$$MS_B=\frac{SS_B}{df_B}=\frac{264.5}{1}=264.5$$

$$MS_C=\frac{SS_C}{df_C}=\frac{12.5}{1}=12.5$$

$$MS_D=\frac{SS_D}{df_D}=\frac{8}{1}=8$$

$$MS_e=\frac{SS_e}{df_e}=\frac{18}{1}=18$$

上述结果显示$MS_C<MS_e$，$MS_D<MS_e$，说明因素 C 和因素 D 对试验结果影响非常小，计算上可以将因素 C、D 都归入误差项。因此，新的误差平方和及自由度可计算如下：

$$SS_e'=SS_e+SS_C+SS_D=38.5$$
$$df_e'=df_e+df_C+df_D=1+1+1=3$$

重新计算的误差均方：

$$MS_e'=\frac{SS_e'}{df_e'}=\frac{38.5}{3}=12.8$$

（4）计算各因素的 F 统计量。

$$F_A=\frac{MS_A}{MS_e'}=\frac{611}{12.8}=47.7$$

$$F_B=\frac{MS_B}{MS_e'}=\frac{264.5}{12.8}=20.7$$

（5）查临界值$F_\alpha(df_j,\ df_e)$，进行 F 检验。

根据 α 和各因素的自由度，查 F 临界值表得 $F_{0.05}(3,\ 3)=9.28$，$F_{0.01}(3,\ 3)=29.46$，$F_{0.05}(1,\ 3)=10.13$，$F_{0.01}(1,\ 3)=34.12$。对比各因素的 F 值和临界值，很显然，因素 A 对

结果有非常显著的影响，因素 B 对结果有显著影响。方差分析表汇总见表 7-37。

表 7-37　混合水平试验方差分析表

<table>
<tr><th>差异源</th><th colspan="2">SS</th><th colspan="2">df</th><th>MS</th><th>F</th><th>$F_{\alpha}(df_j, df_e)$</th><th>显著性</th></tr>
<tr><td>因素A</td><td colspan="2">1833</td><td colspan="2">3</td><td>611.0</td><td>47.7</td><td>$F_{0.01}(1,3)=34.12$</td><td>**</td></tr>
<tr><td>因素B</td><td colspan="2">264.5</td><td colspan="2">1</td><td>264.5</td><td>20.7</td><td>$F_{0.05}(1,3)=10.13$</td><td>*</td></tr>
<tr><td>因素C</td><td>12.5</td><td rowspan="3">38.5</td><td>1</td><td rowspan="3">3</td><td rowspan="3">12.8</td><td rowspan="3"></td><td rowspan="3"></td><td rowspan="3"></td></tr>
<tr><td>因素D</td><td>8</td><td>1</td></tr>
<tr><td>误差</td><td>18</td><td>1</td></tr>
<tr><td>总和</td><td colspan="2">2136</td><td colspan="2">7</td><td></td><td></td><td></td><td></td></tr>
</table>

方差分析的 F 值结果与表 7-36 的极差结果均显示，因素主次顺序应为 $A>B>C>D$。指标为提取率，结果越大越好，由 k_i 值判断最佳组合应为 $A_4B_2C_2D_2$，即最优条件为：pH 值 7~8，加热温度 60℃，溶剂使用量 60mL，加掩蔽剂。

第 8 章　均匀设计及应用

正交试验设计在提高效率方面远胜于全面试验，但随着水平数增多，正交试验次数将以乘方级速度递增。例如考虑 m 个因素，每个因素有 n 个水平，正交试验次数至少为n^2次。若因素数为 5，各因素水平数为 15，则正交试验次数至少为$15^2=225$ 次；各因素水平数为 30，则正交试验次数至少为$30^2=900$ 次，试验次数较多，难度仍然很大。但若采用均匀设计来安排试验，只需要做 31 次。均匀设计是一种只考虑试验点在试验范围内均匀分布的一种试验方法。与正交试验设计类似，均匀设计也是通过一套规范设计的均匀表来安排试验的。与正交试验设计相比，均匀设计仅考虑“均匀分散性”，不考虑“整齐可比性”，试验次数大大减少。尤其在试验的因素变化范围较大，需要取较多水平时，可以极大地减少试验次数。

8.1　均匀设计表及特点

8.1.1　均匀设计表

均匀设计表是具有均匀性的一系列规范化的表，是均匀设计的基础。每一个均匀设计表有一个代号$U_n(r^m)$或$U_n^*(r^m)$，其中“U”表示均匀设计表，“n”表示试验次数为 n 次，“r”表示每个因素有 r 个水平，“m”表示该表有 m 列，即设计表最多可以安排的因素数。U 的右上角加“ * ”和不加“ * ”代表两种不同类型的均匀设计表。通常加“ * ”的均匀设计表有更好的均匀性，应优先选用。例如$U_6(6^4)$表示要做 6 次试验，该表有 4 列，每个因素有 6 个水平；$U_7(7^4)$和$U_7^*(7^4)$表示要做 7 次试验，该表有 4 列，每个因素有 7 个水平，见表 8-1 和表 8-2。

表 8-1　均匀设计表$U_7(7^4)$

试验号	列号			
	1	2	3	4
1	1	2	3	6
2	2	4	6	5
3	3	6	2	4
4	4	1	5	3
5	5	3	1	2
6	6	5	4	1
7	7	7	7	7

表 8-2　均匀设计表$U_7^*(7^4)$

试验号	列号			
	1	2	3	4
1	1	3	5	7
2	2	6	2	6
3	3	1	7	5
4	4	4	4	4
5	5	7	1	3
6	6	2	6	2
7	7	5	3	1

每个均匀设计表都附有一个使用表，如表 8-3、表 8-4 所示。使用表的作用是指示使用者如何从设计表中选用适当的列，以及由这些列所组成的试验方案的均匀度。例如，表 8-3 是$U_7(7^4)$的使用表，意思是当试验只考察两个因素时，因素安排第 1 列和第 3 列；当因素数为 3 时，应选用第 1 列、第 2 列和第 3 列安排试验。

表 8-3　$U_7(7^4)$的使用表

因素个数	列号				D
2	1	3			0. 2398
3	1	2	3		0. 3721
4	1	2	3	4	0. 4760

表 8-4　$U_7^*(7^4)$的使用表

因素个数	列号			D
2	1	3		0. 1582
3	2	3	4	0. 2132

设计表的均匀性常用均匀度的偏差“D”来表示，D 越小，说明分散均匀性越好。当U_n和U_n^*的表都能满足试验设计时，优先选用U_n^*的表。例如，若考虑 2 个因素，同样都是第 1 列和第 3 列安排试验，$U_7(7^4)$使用表显示 D 值为 0. 2398，$U_7^*(7^4)$使用表显示 D 值为 0. 1582。因此，在$U_7(7^4)$和$U_7^*(7^4)$都能满足试验设计要求时，应优先选择$U_7^*(7^4)$均匀表。

均匀设计表适用于因素水平数较多的试验，但在实际应用中，很难保证不同因素的水平数都相等。当因素的水平数不等时，直接利用等水平的均匀表来安排试验就有困难，这时可以采用拟水平法。与正交试验设计的拟水平法不同，正交试验设计通过拟水平法将混合水平的正交表转化为等水平正交表，而均匀设计的拟水平法是将等水平的均匀表转化为混合水平的均匀表。

若在一个试验中，有两个因素 A 和 B 为 3 水平，分别记为 A_1、A_2、A_3和 B_1、B_2、B_3；一个因素 C 为 2 水平，记为 C_1、C_2。这个试验可以用混合水平正交表$L_{18}(2^1 \times 3^7)$来安排，但这就与全面试验的试验次数一样了，并且没有比L_{18}更小的正交表来安排这个试验。如果用正交表的拟水平表，可以选用$L_9(3^4)$。

是否可以用均匀设计来安排这个试验呢？直接运用是有困难的，可以用拟水平法。具体方法是：若选用均匀设计表$U_6^*(6^4)$，根据其使用表，选择均匀表的前三列安排试验，第1列和第2列安排因素A和B，第3列安排因素C。拟水平法需要将同一列的水平进行合并，如第1列和第2列只需要安排A和B的三个水平，需要将均匀表中原来的6个水平通过拟水平转化为3个水平，即将第1列中水平1和水平2合并为新水平1′，水平3和水平4合并为新水平2′，水平5和水平6合并为新水平3′。第2列的操作同第1列。第3列因只安排两个水平，可将原来的6个水平通过拟水平转化为2个水平，即将第3列中水平1、水平2和水平3合并为新水平1′，水平4、水平5和水平6合并为新水平2′，具体如表8-5所示。

表8-5　拟水平设计$U_6(3^2 \times 2^1)$

试验号	A	B	C
1	1(1′)	2(1′)	3(1′)
2	2(1′)	4(2′)	6(2′)
3	3(2′)	6(3′)	2(1′)
4	4(2′)	1(1′)	5(2′)
5	5(3′)	3(2′)	1(1′)
6	6(3′)	5(3′)	4(2′)

拟水平设计后，均匀表的均衡性会发生改变。因此，参照使用表得到的混合均匀表不一定都有较好的均衡性。可以直接参考选用拟水平法生成的混合水平均匀设计表。

8.1.2　均匀设计表的特点

均匀设计有其独特的排布试验点的方式，其特点表现在：

(1) 每个因素的每个水平做1次且仅做1次试验。

(2) 任意两个因素的试验点在平面格子点上，每行每列有且仅有一个试验点，如图8-1和图8-2所示。

特点①和②反映了试验点安排的均衡性，即对各因素以及每个因素的每个水平一视同仁。

(3) 均匀设计表中任意两列组成的试验方案一般并不等价。例如用$U_7(7^4)$的第1列、第3和第1列、第4列分别画图，得到图8-1和图8-2。可以看到，图8-1的点散布比较均匀，而图8-2的点散布并不均匀。因此，该均匀表中若选择第1列、第4列安排试验，与选择第1列、第3列相比存在较大差异。$U_7(7^4)$使用表推荐用第1列、第3列安排试验，也充分说明了根据使用表安排的试验均匀性更好。均匀设计表的这一特点体现了与正交表的不同。因此，每个均匀设计表必须有一个附加的使用表。

(4) 等水平均匀表的试验次数与水平数一致，即当因素的水平数增加时，均匀设计的试验次数按水平数的增加量增加，如水平数从5增加到10，试验次数也从5增加到10。这一点与正交试验设计不同。正交设计水平数增加时，试验次数至少按水平数的平方增加，即水平数从 5 增加到 10，试验次数至少从 25 增加到 100。正是由于这个特点，均匀设计有更大的灵活性，更便于安排水平数较多的试验。

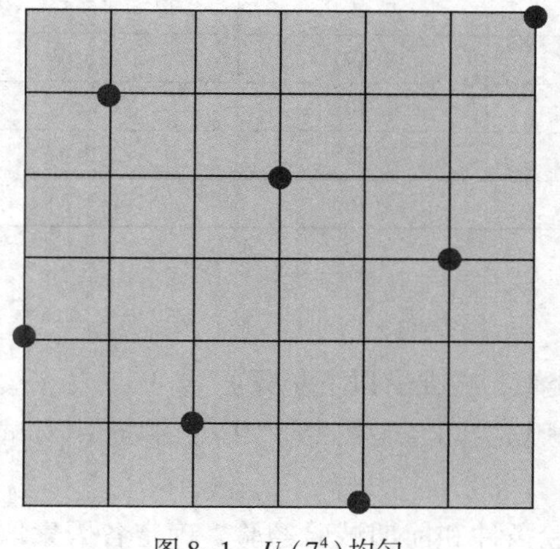

图 8-1　$U_7(7^4)$均匀表第 1 列、第 3 列试验点分布

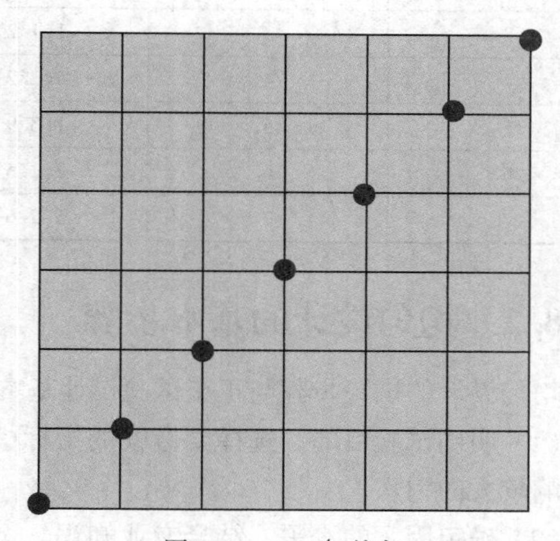

图 8-2　$U_7(7^4)$均匀表第 1 列、第 4 列试验点分布

8.1.3　均匀设计表的使用

利用均匀设计表来安排试验，其步骤和正交试验设计很相似，但也有不同之处。

如正交试验设计安排试验时采用随机化的过程：因素顺序随机，因素水平随机，试验顺序随机。但均匀设计表中各列不平等，因素所应安排的位置不能随意变动。当试验中因素的个数不同时，须根据因素的多少按照均匀表对应的使用表确定因素所占列。

【例 8-1】　在某化合物的合成工艺中，为了提高产量，选取了原料配比(A)、吡啶用量(B)和反应时间(C)三个因素，它们各取了如表 8-6 所示七个水平，试用均匀设计表确定试验方案。

表 8-6　合成工艺的影响因素和水平表

因素		水平 1	水平 2	水平 3	水平 4	水平 5	水平 6	水平 7
A	原料配比	1.2	1.5	1.8	2.2	2.6	3.0	3.9
B	吡啶用量/L	10	13	16	19	22	25	28
C	反应时间/h	1.5	2.0	2.5	3.0	3.5	4.0	4.5

解：根据因素和水平，可选取均匀设计表U_7的表。当U_7和U_7^*都可用时，一般应优选U_7^*，即选择$U_7^*(7^4)$均匀设计表。从$U_7^*(7^4)$的使用表中可以查得，因素数为 3 时，应将三个因素分别放在均匀表的第 2 列、第 3 列、第 4 列中，试验方案见表 8-7。

表 8-7　合成工艺的试验方案

试验号	空列	原料配比(A)	吡啶用量(B)	反应时间(C)
1	1	3(1.8)	5(22)	7(4.5)
2	2	6(3.0)	2(13)	6(4.0)

续表

试验号	空列	原料配比(A)	吡啶用量(B)	反应时间(C)
3	3	1(1.2)	7(28)	5(3.5)
4	4	4(2.2)	4(19)	4(3.0)
5	5	7(3.9)	1(10)	3(2.5)
6	6	2(1.5)	6(25)	2(2.0)
7	7	5(2.6)	3(16)	1(1.5)

8.2 均匀设计的基本步骤

均匀设计的试验步骤与正交试验设计基本类似，主要有以下步骤：

(1) 明确试验目的。选择要考察的指标，根据实际经验和专业知识，挑选出对试验指标影响较大的因素。

(2) 确定因素的水平。结合专业知识、试验条件和前期试验经验，确定各因素取值的范围，再在此范围内取适当的水平。需要注意的是，在奇数均匀表U_n的最后一行，各因素的最大水平号相遇，如果各因素的水平取值均随着水平序号的增加而递增，则会出现所有因素的低水平相遇，或所有因素的高水平相遇的情形。若试验是化学反应，上述情形可能会因为反应太慢导致得不到试验结果，也可能因为反应太剧烈而使试验过程不可控。为防止此类极端情况的发生，可随机排列因素的水平序号，或使用 U_n^* 表进行试验。

(3) 选择均匀设计表。一般根据试验的因素数和水平数来选择合适的均匀设计表，首选U_n^*表。由于均匀设计试验结果多采用多元回归分析法，在选表时应注意均匀表的试验次数与回归分析的关系。均匀设计的最大特点是，试验次数等于因素的最大水平数。

(4) 进行表头设计。根据试验的因素数和选择的均匀表对应的使用表，将各因素安排在均匀表相应的列中。若是混合水平的均匀表，则不需要进行表头设计。明确试验方案后进行试验。与正交试验设计不同，均匀表中的空列不能安排交互作用，也不能用于估计试验误差，在分析试验结果时不必列出。

(5) 试验结果的数据处理与分析。由于均匀表没有整齐可比性，试验结果不能用方差分析法进行分析，可采用直观分析法和回归分析法得到最优方案。

① 直观分析法：直接对所得到的几个试验结果进行比较，从已知的试验点中挑出试验指标最好的试验点。均匀设计的试验点具有分布均匀的特点，用直观分析法找到的试验点即便不是最佳试验点，也一般距离最佳试验点不太远，此方法可用于寻找可行的试验方案或确定适宜的试验范围。

② 回归分析法：均匀设计的数据分析最好采用回归分析法。回归分析可通过多元回归分析或逐步回归分析的方法获得试验指标与影响因素之间的数学模型，通过回归系数的绝对值大小来确定因素的主次顺序，还可以通过规划求解分析回归方程的极值点来获得最优试验条件。

(6) 验证试验。通过回归分析方法计算得出的优化试验条件一般需要进行实际试验验证。在此基础上，缩小试验范围进行更精确的试验，寻找更好的试验条件，直至达到试验目的为止。

8.3 Excel 在均匀设计中的应用

正交试验设计可以计算出因素的主效应，有时也能估算出它们的交互效应，但都只停留在事先设计好的水平数中。而均匀设计不仅可以计算出回归模型中因素的主效应和交互效应，还可预测试验最佳效果时的各因素水平数值，并比事先设计好的水平数值更加细化。

【例 8-2】 在用传统热水提取法提取芥菜多糖的试验中，为了提高芥菜多糖的提取率，考察了超声波提取时间(x_1)、料液比(x_2)、超声波功率(x_3)、超声后热水提取时间(x_4)四个因素对芥菜多糖提取率的影响，每个因素取 12 个水平，如表 8-8 所示。如果已知试验指标 y 与 4 个因素之间满足线性关系，试根据均匀设计进行试验，并求出多元线性回归模型。

表 8-8 芥菜多糖提取的影响因素及水平表

水平	超声波提取时间x_1/min	液料比x_2/(mL/g)	超声波功率x_3/W	超声后热水提取时间x_4/min
1	5	10	50	10
2	10	15	100	20
3	15	20	150	30
4	20	25	200	40
5	25	30	250	50
6	30	35	300	60
7	35	40	350	70
8	40	45	400	80
9	45	50	450	90
10	50	55	500	100
11	55	60	550	110
12	60	65	600	120

解：根据试验考察的因素和水平，12 水平的试验可以选取均匀设计表$U_{12}^*(12^{10})$。由均匀设计表$U_{12}^*(12^{10})$的使用表可知，当因素数为 4 时，应将x_1、x_2、x_3和x_4分别放在$U_{12}^*(12^{10})$表的第 1、第 6、第 7、第 9 列中，试验方案及结果见表 8-9。

表 8-9 均匀设计试验方案和结果表

试验序号	超声波提取时间x_1/min	液料比x_2/(mL/g)	超声波功率x_3/W	超声后热水提取时间x_4/min	多糖提取率/%
1	1(5)	6(35)	8(400)	10(100)	7.488
2	2(10)	12(65)	3(150)	7(70)	8.252
3	3(15)	5(30)	11(550)	4(40)	8.816
4	4(20)	11(60)	6(300)	1(10)	8.369

续表

试验序号	超声波提取时间x_1/min	液料比x_2/(mL/g)	超声波功率x_3/W	超声后热水提取时间x_4/min	多糖提取率/%
5	5(25)	4(25)	1(50)	11(110)	8.317
6	6(30)	10(55)	9(450)	8(80)	10.109
7	7(35)	3(20)	4(200)	5(50)	9.181
8	8(40)	9(50)	12(600)	2(20)	9.679
9	9(45)	2(15)	7(350)	12(102)	10.593
10	10(50)	8(45)	2(100)	9(90)	9.610
11	11(55)	1(10)	10(500)	6(60)	13.364
12	12(60)	7(40)	5(250)	3(30)	11.524

如果采用直观分析法，由表 8-9 可知，试验方案 11 所得结果最优。可将试验方案 11 对应的条件作为较优的工艺条件应用到生产中。

本题已知试验指标 y 与 4 个因素之间满足线性关系，可依据第 2.4.1.5 节的相关内容，利用 Excel 的数据分析工具对试验结果进行回归分析，得到分析结果(见图 8-3)。

SUMMARY OUTPUT

回归统计	
Multiple R	0.907821097
R Square	0.824139145
Adjusted R Square	0.723647228
标准误差	0.858687454
观测值	12

方差分析

	df	SS	MS	F	Significance F
回归分析	4	24.188	6.047	8.20105	0.008859839
残差	7	5.16141	0.73734		
总计	11	29.3494			

	Coefficients	标准误差	t Stat	P-value	Lower 95%	Upper 95%	下限 95.0%	上限 95.0%
Intercept	6.534769231	1.69618	3.85264	0.00627	2.523942836	10.5456	2.52394	10.5456
超声波提取时间x_1 /min	0.074176923	0.01618	4.5846	0.00253	0.035918283	0.11244	0.03592	0.11244
液料比x_2 (mL/g)	-0.008853846	0.01789	-0.49498	0.63577	-0.051150364	0.03344	-0.05115	0.03344
超声波功率x_3/W	0.002725385	0.00162	1.68446	0.13596	-0.001100479	0.00655	-0.0011	0.00655
超声后热水提取时间x_4/min	0.001680769	0.00894	0.18793	0.85626	-0.01946749	0.02283	-0.01947	0.02283

图 8-3　回归分析结果

由图 8-3 所示的分析结果可知，回归方程为：

$$y=6.5348+0.0742\ x_1-0.0089\ x_2+0.0027\ x_3+0.0017\ x_4$$

由复相关系数 $R=0.9078$，以及方差分析结果 Significance F<0.01，说明回归方程非常显著，回归方程有意义。

由偏回归系数 t 检验结果可知，$|t|$越大，所对应的偏回归系数越显著，相应的因素越重要。因此，四个因素的主次顺序为$x_1>x_3>x_2>x_4$，即因素重要程度排序为：超声波提取时间>超声波功率>液料比>超声后热水提取时间。超声波提取时间x_1对应的“P-value<0.01”，说明因素x_1对试验结果影响非常显著，而x_2、x_3和x_4对应的“P-value”均大于 0.05，说明这

三个因素的偏回归系数不显著，对试验结果影响不显著。

由于回归方程为线性方程，可根据偏回归系数的正负确定较优方案。x_1、x_3和x_4偏回归系数为正，最优条件应取最大值；x_2的偏回归系数为负，理论上应取小值。因此，理论上超声波提取时间取60min、超声波功率600W、液料比为10、超声后热水提取时间120min时，能取得 y 的最大值。但实际上，将上述取值代入回归方程，得到多糖的提取率为12.734%，比11号试验方案的13.364%略低。11号方案的条件是，超声波提取时间取55min、超声波功率500W，液料比为10，超声后热水提取时间60min，这些条件并不是回归方程的理论最佳取值，而因素x_2、x_3、x_4对结果影响并不显著。由此可以推断，多糖的提取率可能存在其他影响因素未考虑进来，需要对工艺过程进一步分析，通过试验找到最符合实际情况的回归表达式，使各因素的理论取值与实际取值趋于一致。

【例 8-3】 利用废弃塑料制备清漆的工艺中，试验目的是提高清漆漆膜的附着力。结合专业知识，选定废弃物质量x_1(14~32kg)、改性剂用量x_2(5~15kg)、增塑剂用量x_3(5~20kg)、混合溶剂用量x_4(50~68kg)四个影响因素及其取值范围中，每个因素取10个水平，如表8-10所示。假设回归模型为 $y=a+b_1x_1+b_2x_2+b_3x_3+b_4x_4+b_{12}x_1x_2+b_{33}x_3^2$，试根据均匀设计进行试验，并求出多元线性回归模型($\alpha=0.05$)。

表 8-10 清漆工艺的影响因素和水平表

水平	废弃物质量x_1/kg	改性剂用量x_2/kg	增塑剂用量x_3/kg	混合溶剂用量x_4/kg
1	14	5	5	50
2	16	6	8	52
3	18	7	10	54
4	20	8	12	56
5	22	9	14	58
6	24	10	16	60
7	26	11	17	62
8	28	12	18	64
9	30	13	19	66
10	32	15	20	68

解：根据清漆工艺的影响因素和水平，应选择均匀表$U_{10}^*(10^8)$，查该表的使用表可知，当因素数为4时，因素x_1、x_2、x_3和x_4分别放在均匀表的第1列、第3列、第4列和第5列上，试验方案如表8-11所示。

表 8-11 均匀设计方案和试验结果

试验序号	废弃物质量x_1	改性剂用量x_2	增塑剂用量x_3	混合溶剂用量x_4	附着力评分 y
1	1(14)	3(7)	4(12)	5(58)	40
2	2(16)	6(10)	8(18)	10(68)	45
3	3(18)	9(13)	1(5)	4(56)	90
4	4(20)	1(5)	5(14)	9(66)	41

续表

试验序号	废弃物质量x_1	改性剂用量x_2	增塑剂用量x_3	混合溶剂用量x_4	附着力评分 y
5	5(22)	4(8)	9(19)	3(54)	40
6	6(24)	7(11)	2(8)	8(64)	90
7	7(26)	10(15)	6(16)	2(52)	87
8	8(28)	2(6)	10(20)	7(62)	40
9	9(30)	5(9)	3(10)	1(50)	48
10	10(32)	8(12)	7(17)	6(60)	100

由试验结果可知 10 号试验方案得到的吸附力评分最高，其对应的试验条件是较优的试验方案。

当已知回归模型为多元多项式回归方程 $y=a+b_1x_1+b_2x_2+b_3x_3+b_4x_4+b_{12}x_1x_2+b_{33}x_3^2$时，应先得到如图 8-4 所示的变量数据表，再用 Excel 的“数据分析”工具做回归分析(见图 8-5)。

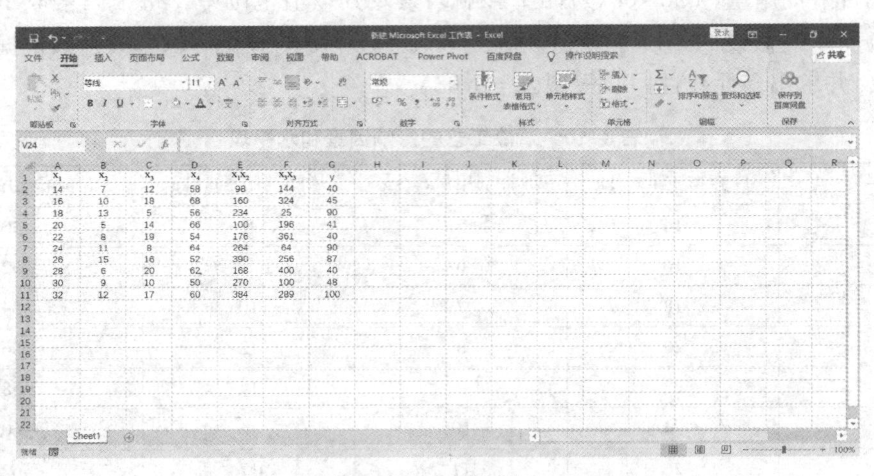

图 8-4　变量数据表

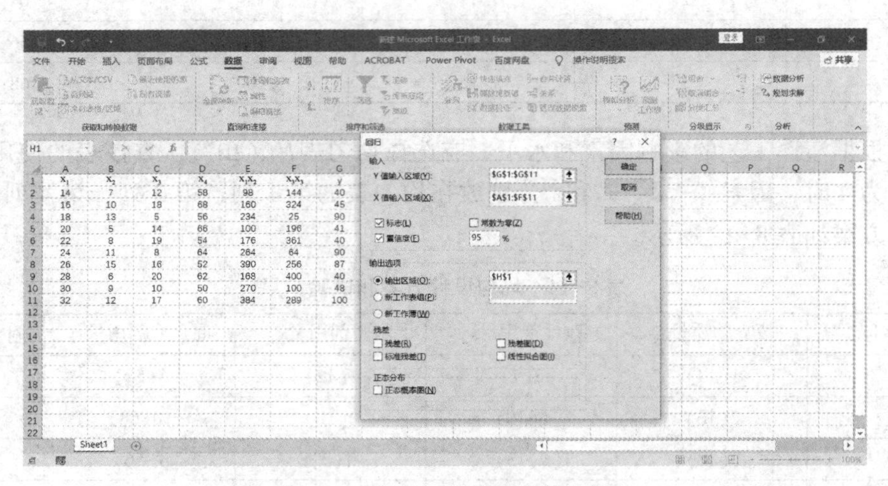

图 8-5　多元回归分析参数设置

得到如图 8-6 所示的回归分析结果，回归方程的表达式可写成：

$$y=275.85-9.16x_1-21.90x_2-21.14x_3+1.40x_4+1.16x_1x_2+0.73x_3^2$$

复相关系数 $R=0.9977$，且 Significance F 远小于 0.01，说明建立的多项式回归方程非常显著，回归方程有意义。

SUMMARY OUTPUT

回归统计	
Multiple R	0.997692974
R Square	0.995391271
Adjusted R Square	0.986173814
标准误差	3.039793997
观测值	10

方差分析

	df	SS	MS	F	Significance F
回归分析	6	5987.18	997.863	107.99	0.001361273
残差	3	27.721	9.24035		
总计	9	6014.9			

	Coefficients	标准误差	t Stat	P-value	Lower 95%	Upper 95%	下限 95.0%	上限 95.0%
Intercept	275.8513061	46.7831	5.89639	0.00974	126.9667555	424.736	126.967	424.736
x_1	-9.164049588	1.28802	-7.11482	0.00571	-13.26311203	-5.06499	-13.2631	-5.06499
x_2	-21.90324594	3.37847	-6.48318	0.00745	-32.65505506	-11.1514	-32.6551	-11.1514
x_3	-21.1426109	2.60376	-8.12004	0.0039	-29.42892854	-12.8563	-29.4289	-12.8563
x_4	1.402877792	0.19103	7.34364	0.00522	0.794925749	2.01083	0.79493	2.01083
$x_1 \times x_2$	1.16458603	0.13815	8.42992	0.0035	0.724933842	1.60424	0.72493	1.60424
$x_3 \times x_3$	0.727523817	0.09758	7.45562	0.005	0.416978804	1.03807	0.41698	1.03807

图 8-6　回归分析结果

根据求得的回归方程，及每个影响因素的取值范围，运用 Excel 的“规划求解”工具(见图 8-7)进行参数设置，得到当因素 x_1、x_2、x_3 和 x_4 取值分别为 14、5、5、68 时，y 的极大值为 127，显著高于第 10 个试验方案的结果。但规划求解得到的试验条件是否为最优条件，仍需进一步试验验证。

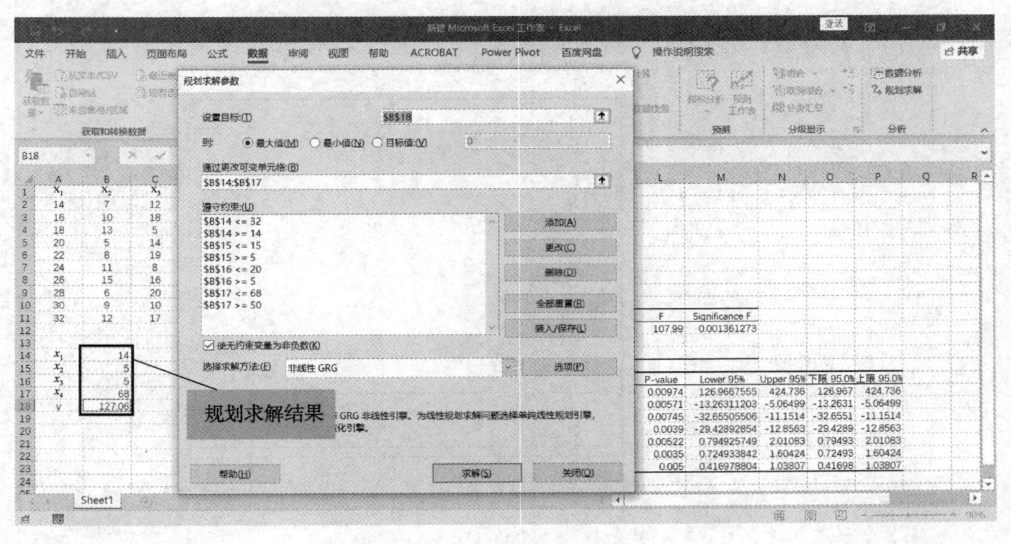

图 8-7　规划求解参数设置

由于图 8-7 中使用的规划求解方法为“非线性 GRG”，求解结果为局部最优解。当得到了局部最优解时，就停止寻找和计算。对单峰函数而言，在数据取值范围内，寻找到的局部最优解即全局最优解。但本题的回归模型为四元二次方程，试验范围内可能存在多个极值点。因此，上述规划求解的结果未必是变量取值范围内的最大值，例如在图 8-7 中的 B14：B17 单元格内依次输入均匀表第 10 个试验方案的取值条件 32、12、17 和 60，规划求解得到最大值为 175；在 B14：B17 单元格内依次输入均匀表第 3 个试验方案的取值条件 18、13、5 和 56，规划求解得到最大值为 219。因此，需要研究者结合实际情况及验证测试结果，确定最优工艺条件。

第 9 章　优选法

优选法是根据生产和科研中的不同问题，研究如何利用数学原理，合理地安排试验点，用较少的试验次数，快速找到最佳试验条件的一类科学方法。20 世纪 70 年代，我国数学家华罗庚就在推广这项工作。优选法分单因素优选法和双因素优选法。

优选法一般适用于以下情况：

（1）试验指标与因素间的关系无法用数学形式表达。

（2）函数表达式很复杂。

9.1　单因素优选法

假设 $y=f(x)$ 是定义区间 (a, b) 的单峰函数，区间 (a, b) 是试验因素的取值范围，但 $f(x)$ 的表达式不明确。可以用单因素优选法，用尽量少的试验次数来确定 $f(x)$ 的最大值的近似位置，这些方法包括对分法、黄金分割法、分数法、抛物线法等。

9.1.1　对分法

对分法又叫平分法，每次试验都安排在取值范围的中间点，将试验范围对分为两半，试验范围便缩小一半，然后再在缩小后的试验范围的中间点做下次试验。由此可知，对分法不仅简单，而且能较快地逼近最佳试验点。但不是所有的问题都能用对分法，需要符合以下两个适用条件：

（1）需要有一个标准（或具体指标），用于试验结果的判断。如查找某个区域之间的漏电点，试验点是否有电就是一个标准；用托盘天平称量某物质，如果仅知道物质的重量范围，用适当的砝码称量时，天平是否平衡就是一个标准。

（2）要能明确该因素对指标的影响规律。有了此规律，便能由试验结果判断出该因素的当前试验点取值是偏大还是偏小，并缩小取值范围。

【例 9-1】　高级纱上浆要添加乳化油脂增加其柔软性，而乳化油脂的过程需要加碱和加热。某纺织厂以前乳化油脂加碱量为 1%，需加热 4h。增加碱的用量可以缩短乳化时间，但碱过多容易发生皂化反应。加碱量的优选范围为 1.20%~4.60%，若用对分法进行分析和优化，试验过程如表 9-1 和图 9-1 所示。因是单峰函数，每做一次试验，根据试验结果就可确定最优条件可能所处的数值范围，缩小一次取值范围，直至获得最优的试验条件，得到最佳的乳化效果。

表 9-1　对分法试验过程

试验点	取值	试验结果	优化后取值范围	说明
1	$\frac{(1.20\%+4.60\%)}{2}=2.90\%$	出现皂化现象	1.2%~2.9%	>2.90% 的取值均会出现乳化现象
2	$\frac{(1.20\%+2.90\%)}{2}=2.05\%$	乳化效果更好	2.05%~2.9%	最佳取值不会出现在 1.20%~2.05%范围

续表

试验点	取值	试验结果	优化后取值范围	说明
3	$\frac{(2.05\%+2.90\%)}{2}=2.48\%$	乳化效果更好	2.48%~2.9%	最佳取值不会出现在2.05%~2.48%范围
4	$\frac{(2.48\%+2.90\%)}{2}=2.69\%$	分析乳化效果	进一步缩小取值范围	
5	……	……	……	

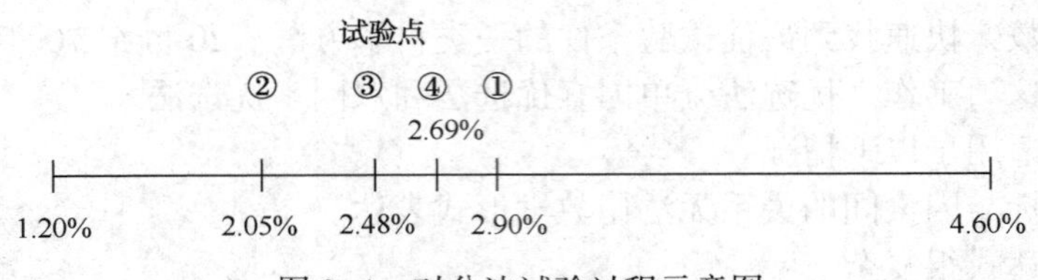

图 9-1　对分法试验过程示意图

9.1.2　黄金分割法(0.618 法)

将一个整体一分为二，较大部分与整体部分的比值等于较小部分与较大部分的比值，其比值约为 0.618。这个比例被公认为最能引起美感的比例，因此被称为黄金分割点。0.618 是一个奇妙的数字，埃及金字塔的底边长和高之比都接近于 1∶0.618，维纳斯断臂的高度和身体的多种曲线都符合 0.618。据说，人体从肚脐到脚底的长度，大约占身躯总长度的 0.618，包括头部、躯干、四肢比例、各部分的关节分割，五官分布等无不隐含近似的黄金分割值。这个比值运用到数学上称为 0.618 法，又叫黄金分割法。

以图 9-2 为例说明黄金分割法的具体操作。某个试验的取值范围介于 a 和 b 之间，即 $a \leqslant x \leqslant b$。先将第一个试验点$x_1$安排在距离 a 的 0.618 处，即x_1的取值为：

$$x_1 = a+(b-a)\times 0.618 \tag{9-1}$$

第二个试验点x_2安排在距离 b 的 0.618 处，即x_2的取值为：

$$x_2 = a+(b-a)\times(1-0.618) = a+(b-a)\times 0.382 \tag{9-2}$$

通过试验，比较试验点x_1和x_2对应的试验结果y_1和y_2的大小，假设$f(x_1)>f(x_2)$，则认为最佳试验点不会出现在(a, x_2)而应在(x_2, b)范围内，下一步可将试验范围缩小至(x_2, b)。

继续在(x_2, b)范围内取第三个试验点x_3：

$$x_3 = x_2+(b-x_2)\times 0.618$$

比较试验点x_1和x_3的结果，如果$f(x_3)>f(x_1)$，则去掉(x_2, x_1)，试验范围缩小至(x_1, b)。以此类推，直至找到最佳的试验点。

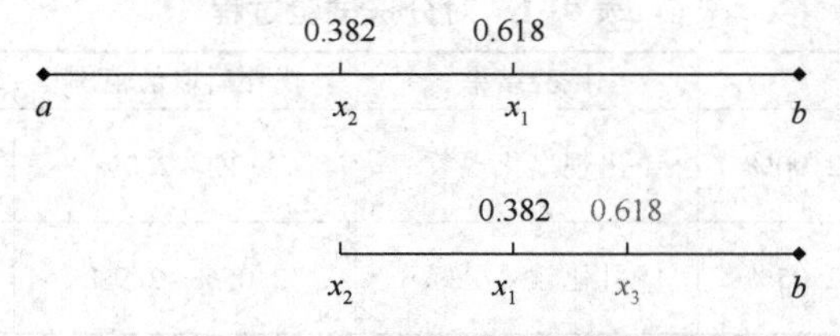

图 9-2　黄金分割法示意图

黄金分割法中，不管试验到哪一步，所有相互比较的两个点都相互对称，如区间(a，b)中的取值点x_1和x_2相互对称，区间(x_2，b)中的取值点x_1和x_3相互对称(见图 9-2)。

【例 9-2】 某啤酒厂在酿造某款啤酒时，100L 麦汁中添加某种类型的酒花 80~330g，现用黄金分割法对酒花的加入量进行优选，探究风味稳定性好的最佳酒花添加量，具体试验步骤如表 9-2 所示，逐渐缩小取值范围，直至找到最优点为止。

表 9-2 黄金分割法优选方案表

试验点	试验点取值计算过程	酒花添加量/g	较好试验点	取值范围
x_1	x_1=80+(330-80)×0.618	234.5		
x_2	x_2=80+(330-80)×0.382	175.5	x_2	(80，234.5)
x_3	x_3=80+(234.5-80)×0.382	139.0	x_3	(80，175.5)
x_4	x_4=80+(175.5-80)×0.382	116.5	x_4	(80，139.0)
……	……	……	……	……

9.1.3 分数法

分数法是以斐波那契数列为基础而提出的一种优选方法。

斐波那契数列(Fibonacci sequence)，又称黄金分割数列，指一个数列：1，1，2，3，5，8，13，21，34，55，89，144，…，这个数列从第 3 项开始，每一项都等于前两项之和。在数学上，斐波那契数列有如下递推公式：

$$F_1=1,\ F_2=1,\ F_n=F_{n-1}+F_{n-2}(n\geqslant 2)$$

式中，斐波那契数列前一项与后一项之比的极限为黄金分割比 0.618。因此，0.618 也可近似地用分数F_n/F_{n+1}来表示，即：

$$\frac{3}{5},\ \frac{5}{8},\ \frac{8}{13},\ \frac{13}{21},\ \frac{21}{34},\ \frac{34}{55}$$

分数法适用于只能取整数的情况，即试验点全部取整数的单因素优选。使用时，先根据试验的整数个数选用合适的分数，常用的分数法试验表见表 9-3。当试验数据不符合分数法的要求时，可以通过增加或减少样品数量的办法找到适合的分数法来进行试验。

表 9-3 分数法试验表

分数F_n/F_{n+1}	第一批试验点	等分试验范围份数F_{n+1}	试验次数
2/3	2/3，1/3	3	2
3/5	3/5，2/5	5	3
5/8	5/8，3/8	8	4
8/13	8/13，5/13	13	5
13/21	13/21，8/21	21	6
21/34	21/34，13/34	34	7
34/55	34/55，21/55	55	8

【例 9-3】 从土壤中提取某种有机物，试验温度范围为 29~50℃，每个摄氏温度为 1

个试验点，中间试验点共有 20 个，试用分数法安排试验。

解：根据题意，20 个试验点可将 29~50℃划分为 21 个等分试验范围，用分数 13/21 进行试验，分以下几个步骤。

（1）第①个试验点选在第 13 个分点 42℃，第②个试验点在第 8 个分点 37℃，发现①结果较好，去掉 8 分点以下的点，再重新编号；

（2）第③个试验点在剩余 13 个试验点的第 8 个分点 45℃，①和③比较，发现①结果较好，去掉第 8 分点以上的试验点，再重新编号；

（3）第④个试验点在剩余 8 个试验点的第 3 个分点 40℃，①和④比较，发现①结果较好，去掉第 3 分点以下的试验点，再重新编号；

（4）第⑤个试验点在剩余 5 个试验点的第 2 个分点 43℃，①和⑤比较，发现⑤结果较好，去掉第 2 个分点以下的试验点，再重新编号；

（5）第⑥个试验点在剩余 3 个试验点的第 2 个分点 44℃，⑤和⑥比较，发现⑤结果较好，试验结束。

得到最佳温度为 43℃。由试验过程可知，对符合分数 13/21 的试验，最多只需要做 6 次试验(见图 9-3)。

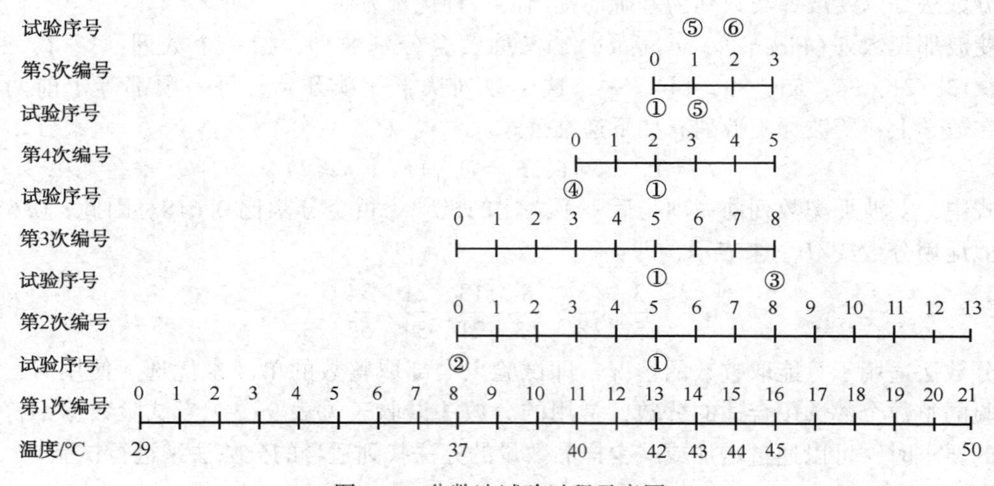

图 9-3 分数法试验过程示意图

9.1.4 抛物线法

不管是 0.618 法，还是分数法，都是比较两个试验结果的好坏，而不考虑试验的实际值，即目标函数值。抛物线法是根据已得的三个试验数据，找到这三点抛物线方程，然后求出该抛物线的极大值，作为下次试验的依据。

假设有三个试验点x_1、x_2、x_3，且$x_1<x_2<x_3$，分别得到试验值y_1、y_2、y_3，根据拉格朗日插值法可以得到一个二次函数，即抛物线方程：

$$y=y_1\frac{(x-x_2)(x-x_3)}{(x_1-x_2)(x_1-x_3)}+y_2\frac{(x-x_3)(x-x_1)}{(x_2-x_3)(x_2-x_1)}+y_3\frac{(x-x_1)(x-x_2)}{(x_3-x_1)(x_3-x_2)} \tag{9-3}$$

当 $x=x_i$时，$y=y_i$，$i=1, 2, 3$。

如果二次函数在 $x=x_4$时取得最大值，则有：

$$x_4=\frac{1}{2}\frac{y_1(x_2^2-x_3^2)+y_2(x_3^2-x_1^2)+y_3(x_1^2-x_2^2)}{y_1(x_2-x_3)+y_2(x_3-x_1)+y_3(x_1-x_2)} \tag{9-4}$$

以 $x=x_4$ 进行试验，得到试验结果 y_4。然后与相邻的两点，按上述方法再作另一条抛物线，得到新的抛物线，及其最大值 x_5 和试验值 y_5。以此类推，直到找到函数的极大点(或它的充分邻近的一个点)被找到为止。

大致来说，穷举法(每个测试点上都做试验)需要做 n 次试验，达到同样的试验效果时，黄金分割法仅需要做 $\lg n$ 次；而抛物线次数最少，只需 $\lg(\lg n)$ 次。如果将抛物线法与黄金分割法或分数法联合使用，即先用黄金分割法或分数法得到三个点的试验数据，再用抛物线法求最大值 x_4，得到 y_4，以此作为是否需要继续进行试验的依据。这样的多种方法联合使用与单纯使用抛物线法相比，前者可取得更好的效果。

抛物线法中，可利用 Excel 的"图表"功能和"规划求解"工具求出抛物线方程及极值，即在 Excel 中先用已有的试验数据画出散点图，添加"多项式"的趋势线，勾选【显示公式】，得到抛物线方程，再利用"规划求解"得到极值结果。

【例 9-4】 某工厂为提高电解效率需要优化电解工艺，已测得三组数据如表 9-4 所示，如何利用抛物线法找到最佳电解质效率点？

表 9-4 电解质的温度与电解效率试验数据

电解质温度 x/℃	60	70	88
电解效率 y/%	70	95	80

解：根据三组试验数据，可以确定抛物线的极值点 x_4：

$$\begin{aligned}x_4&=\frac{1}{2}\frac{y_1(x_2^2-x_3^2)+y_2(x_3^2-x_1^2)+y_3(x_1^2-x_2^2)}{y_1(x_2-x_3)+y_2(x_3-x_1)+y_3(x_1-x_2)}\\&=\frac{1}{2}\times\frac{70\times(70^2-88^2)+95\times(88^2-60^2)+80\times(60^2-70^2)}{70\times(70-88)+95\times(88-60)+80\times(60-70)}=75.5\end{aligned}$$

在电解质温度点 $x_4=75.5$℃安排试验，测定电解效率。假定测得电解质效率为 $y_4=98\%$，这个结果已经非常理想，可以此结果优化电解工艺。但若电解效率的理论值还可更高，可在靠近 x_4 的左右两点再作抛物线，即以(70，95)、(75.5，98)、(88，80)三点作抛物线(见图 9-4)，求得下一个极值点 x_5，再进行试验，直到获得最佳的电解质温度为止。

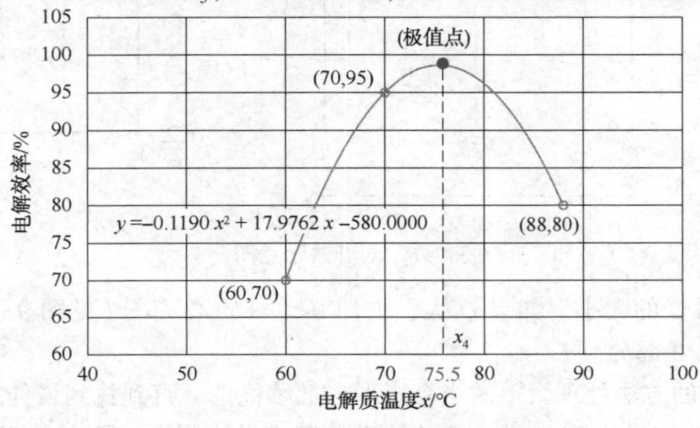

图 9-4 抛物线法示意图

9.2　双因素优选法

双因素优选法是指在安排试验时，考虑两个对目标最有影响的因素，进行合理安排，找到最优点或近似最优点，以期达到满意的试验结果的方法。实际上就是要迅速地找到二元函数 $z=f(x, y)$ 的最大 z 值(或最小 z 值)，及其对应的最大点(或最小点)(x, y) 的方法，这里的 x，y 代表因素 x 和因素 y。假设处理的是单峰问题，x、y 构成水平面，试验结果 z 看成试验点的高度，x、y 和 z 构成的图形即为一座山，双因素优选法的几何意义是找出该山峰的最高点。z 值相等的点构成的曲线在 x 和 y 上的投影即是该山峰的等高线，最里面一圈等高线即为试验的最佳点(见图 9-5)。

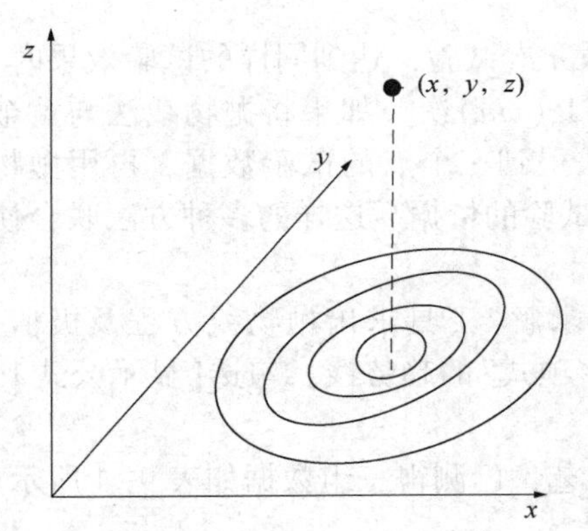

图 9-5　双因素优选法几何意义(单峰问题)

双因素优选法常采用“降维法”来解决，即把双因素问题变成单因素问题。具体做法是：先固定两个因素的其中一个，优选另一个因素；再固定第 2 个因素反过来优选第 1 个因素。这样交替进行，直到获得最优方案为止。常用的双因素优选法有对开法、旋升法、爬山法等。

9.2.1　对开法

对开法又称纵横对折法。具体步骤如下：

(1) 在直角坐标系中画出一个矩形代表 x 和 y 的优选范围，其中：

$$a<x<b,\ c<y<d$$

(2) 在中线 $x=(a+b)/2$ 上用单因素法找到最大值，设为 P 点；在中线 $y=(c+d)/2$ 上用单因素法找到最大值，设为 Q 点(见图 9-6 左图)。

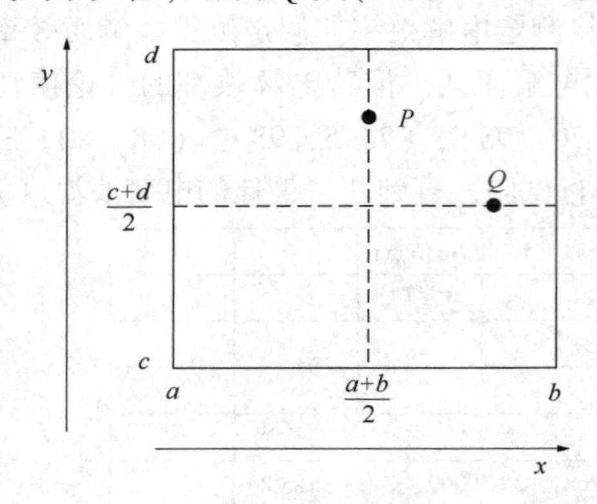

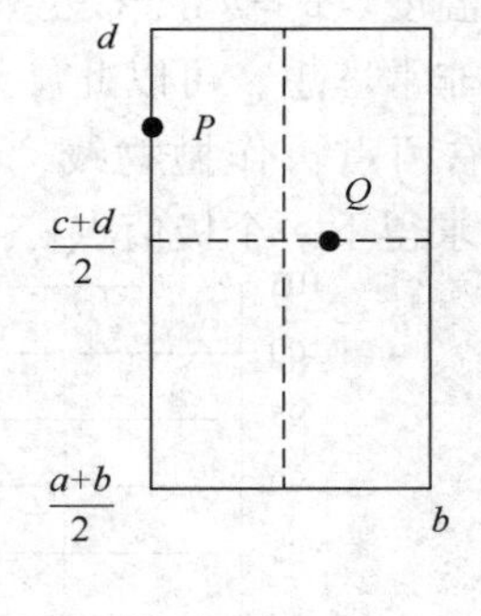

图 9-6　对开法示意图

(3) 比较 P 和 Q 的大小。如果 Q 大，去掉 $x<(a+b)/2$ 部分(见图 9-6 右图)；如果 P 大，去掉 $y<(c+d)/2$ 部分。

(4) 再用同样的方法处理余下的半个矩形，继续优选，直到找到最佳点，试验结束。

在第(3)步中，如果 P 和 Q 试验点的结果相等或无法判别好坏，说明 P 和 Q 点位于同一条等高线上，可以将图中的左半部分[$x<(a+b)/2$]和下半部分[$y<(c+d)/2$]都去掉，只余下 1/4 的取值范围。

【例 9-5】 阿托品属于抗胆碱类药物，生产过程的主要影响因素是温度(取值范围 55~75℃)和酯化反应时间(50~190min)。为提高其产率，试用对开法优选其酯化工艺条件。

解：用对开法，先将温度固定在取值范围的中间点 65℃，优选反应时间，得出在 100min 时产率最高，为 48%(见图 9-7 左图中 P 点)。

然后将反应时间固定在取值范围的中间点 120min，优选反应温度，得出在 70℃时产率最高，为 55%(见图 9-7 左图中 Q 点)

比较 P 和 Q 点，去掉温度范围 55~65℃的取值区域。

在余下的取值范围内再对折，固定温度在取值范围的中间点 68℃，优选反应时间，得出在 85min 时产率最高，为 64%(见图 9-7 右图中 T 点)。

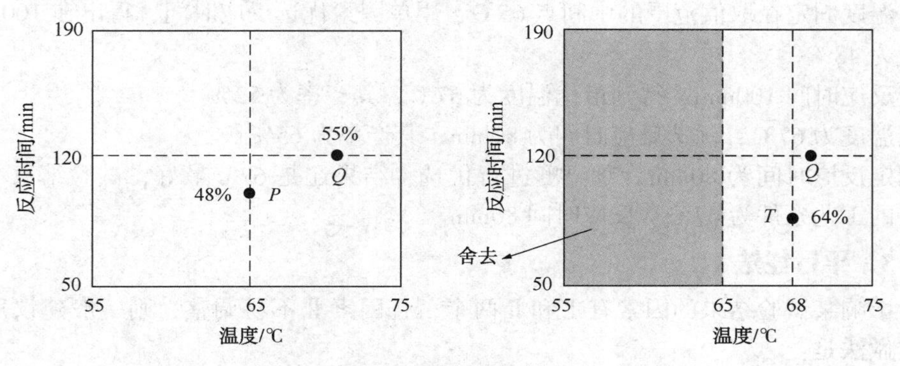

图 9-7 【例 9-5】图示

因此，T 点为所求，得到温度 68℃、反应时间 85min 时产率最好。

若还想进一步优化，也可去掉反应时间为 120~190min 的取值区域，在余下的区域中继续进行试验。

9.2.2 旋升法

旋升法也称从好点出发法。具体做法如下：

(1) 在直角坐标系中画出一个矩形代表 x 和 y 的优选范围，其中：

$$a<x<b, \quad c<y<d$$

(2) 在中线 $x=(a+b)/2$ 上用单因素法找到最大值，设为 P_1点。

(3) 过 P_1点作 ab 线的平行水平线，在此水平线上用单因素法求得最大值，设为 P_2点。

(4) 比较 P_1和 P_2的大小。如果 P_2大，去掉通过 P_1点的直线所分开的不含 P_2点的部分，即 $x<(a+b)/2$ 部分。

(5) 再通过 P_2作 cd 的平行线，在该垂线上找最大值，设为 P_3。

(6) 比较 P_2和 P_3的大小。如果 P_3大，去掉通过 P_2点的直线所分开的不含P_3点的部分。

(7) 过点 P_3作平行水平线，继续试验，直至找出最优点为止(见图 9-8)。

在旋升法中，首先优选哪个因素开始试验对优选的速度影响很大，一般按照因素对结果影响的大小顺序，能较快地得到满意的结果。

【例 9-6】 以下是用旋升法优选【例 9-5】的试验经过。

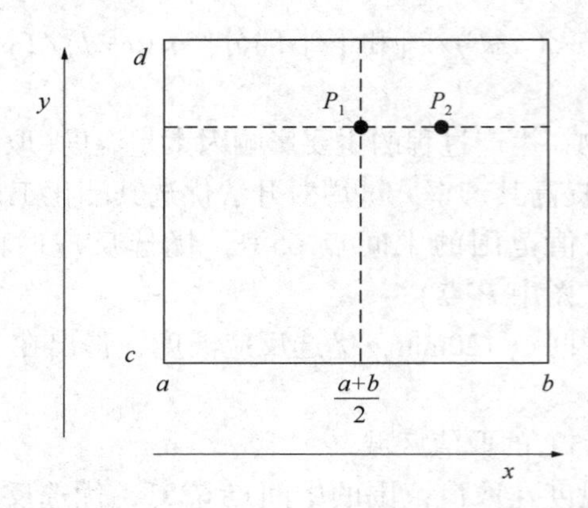

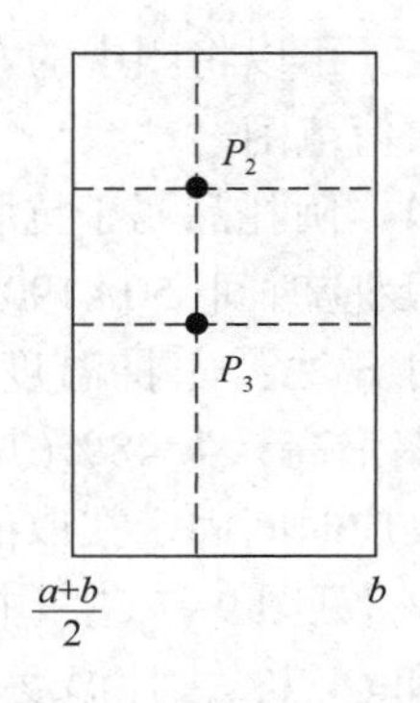

图 9-8 旋升法示意图

先将温度固定在取值范围的中间点 65℃，用单因素优选反应时间，得出在 100min 时产率最高，为 48%。

固定反应时间 100min，得到最优温度为 67℃，其产率为 52%。

固定温度为 67℃，优选反应时间为 80min，其产率为 65%。

再固定反应时间为 80min，对温度进行优选，结果还是 67℃ 最好，试验结束。可以认为，最好的工艺条件为 67℃、反应时间 80min。

9.2.3 平行线法

假设影响某试验结果的因素有Ⅰ和Ⅱ两个，且因素Ⅱ不易调整，则一般建议用平行线法。具体做法是：

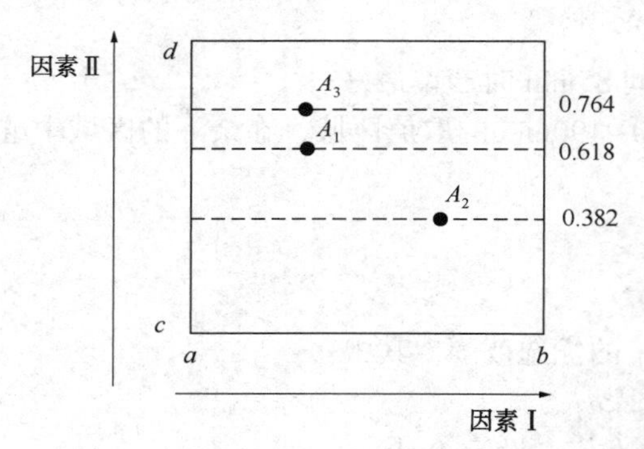

图 9-9 平行线法示意图

（1）首先把难以调整的因素Ⅱ固定在取值范围的 0.618 处，用单因素方法对另一个因素Ⅰ进行优选，得到最佳试验点记为A_1点(见图 9-9)。

（2）再把因素Ⅱ固定在 0.618 的对称点 0.382 处，再用单因素方法对因素Ⅰ进行优选，得到最佳试验点记为A_2点。

（3）比较A_1和A_2两个点的试验结果，如果A_1比A_2好，则去掉A_2平行线以下的部分，即好点不会在因素Ⅱ取值范围的 0~0.382 区间(如果A_2比A_1好，则去掉A_1平行线以上的部分，即好点不会在因素Ⅱ取值范围的 0.618~1 区间)。

（4）然后按 0.618 法找出因素Ⅱ的第三点，在取值范围 0.382~1 的 0.618 处，即 $0.382+(1-0.382)\times0.618=0.764$ 处。第三次试验时，将因素Ⅱ固定在 0.764，用单因素优选方法对因素Ⅰ进行优选，得到最佳试验点记为A_3点。

（5）比较A_1和A_3，如果仍然是A_1好，则去掉 0.764 以上部分，即好点不会在因素Ⅱ取值范围的 0.764~1 区间(见图 9-9)。

（6）如此继续下去，直到找到最佳结果为止。

需要指出的是，在平行线法中，固定其中一个因素，用单因素方法对另一个因素进行优选时，除了 0.618 法，也可用单因素的其他优选方法。

9.2.4 爬山法

爬山法解决双因素问题就像盲人边探索边前进，直到找到最佳点为止，也称盲人爬山法。盲人爬山法的操作步骤是：根据经验或估计，先找一个起点，在起点的前后左右各做一次试验，比较效果，再向效果好的方向进一步试验。

爬山法的效果与起点关系很大，每步间隔的大小对试验效果关系也很大。在实践中，试探幅度往往采取“两头小，中间大”的办法。爬山法的缺点是，当试验沿着某个方向进行不能得到较好的效果需要转换试验方向时，需要做三次试验，工作量较大。

【例 9-7】 对某种物品镀银时，要选择最佳的氯化银和氰化钠用量，使得镀银速度快，质量好。如何用爬山法进行试验？

解：根据经验，选择最佳点起点①，即氰化钠 85g/mL，氯化银 55g/mL。从起点①开始，前后左右各进行一次试验，结果②比较好。继续向右进行试探，步长选择：氰化钠 10g/mL，氯化银 5g/mL，试验过程如图 9-10 所示。结果③比②好，再向右试探，结果试验点④不如③好，继续回到试验点③，在③的上下各进行一次试验，结果⑤比较好。继续向上试探，试验点⑥比⑤好，且直到⑥的其他三个方向的试验结果均不如⑥，且⑥的结果满足生产条件，即可停止试验。

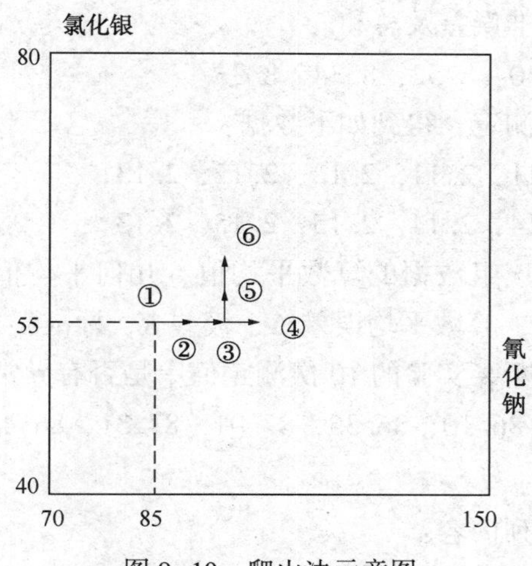

图 9-10 爬山法示意图

第 10 章　综合练习

10.1　实训项目一：Excel 基础操作

1. 实训目的

（1）熟悉 Excel 有关数据分析的基础操作。

（2）学习用 Excel 进行数据分析和计算。

2. 原理

见《试验设计与数据分析实训教程》第 2 章、第 3 章，复习和巩固章节知识。

3. 实训内容

1）试验数据整理

（1）有以下一组试验数据，利用 Excel 求出数据的算术平均值、几何平均值、调和平均值、算术平均误差、样本标准误差及总和。

8.29，8.30，8.31，8.30，8.32，8.34，8.33

（2）对某一物理量进行测定，得到如下数据：

2.10，2.10，2.10，2.11，2.11，2.12，2.12，2.13，

2.13，2.13，2.14，2.14，2.14，2.15，2.15，2.13

试列出计算公式并计算该组数据的算数平均值、几何平均值、调和平均值、标准偏差 s、样本方差s^2、总体方差σ^2、算数平均误差 Δ、极差 R、标准误差和相对标准偏差。

（3）用格拉布斯准则判断某实验的 10 次测定值中是否有异常值（取 $\alpha=0.05$）。

84.35，86.25，85.95，86.10，86.35，87.01，87.31，86.45，86.92，87.95

2）Excel 基础操作

（1）在单元格中输入下列内容：

$$3\frac{1}{2},\quad \frac{4}{5},\quad -2\frac{3}{4},\quad 000999,\quad 202203197658245869 76$$

（2）在 Excel 表中进行数据填充和公式填充练习。

（3）在 Excel 表中进行相对引用、绝对引用和混合引用练习。

4. 实训要求

根据本实训特点采用集中实训形式。

5. 实训条件

计算机，Excel 软件。

6. 实训步骤

复习《试验设计与数据分析实训教程》中有关误差分析、Excel 基础操作等内容，再在指

导教师指导下开展实训。

7. 思考题

说出误差的来源、分类及特点。

8. 其他说明

弄懂每个误差概念的含义及计算。

掌握常用 Excel 函数的应用，及数据分析工具的操作。

10.2　实训项目二：统计检验

1. 实训目的

（1）掌握用 Excel 计算平均值、标准差、统计检验相关统计量及临界值。

（2）重点掌握 F 检验和 t 检验方法及应用。

2. 原理

见《试验设计与数据分析实训教程》第 3 章，复习和巩固章节知识。

3. 实训内容

（1）化肥厂硫酸铵每包平均质量$\mu_0=50$kg，但总体方差未知。现从某一天打包总数中随机抽取 9 包，测得其质量（kg）为 49.75、51.05、49.65、49.35、50.25、50.60、49.15、49.85、50.25。试以 95%的置信度检验这一天打包机是否正常。

提示：用 t 检验法检验系统误差。

（2）用 A、B 两台仪器测定某物理量分别得到以下数据。试问：这两台仪器测定的精密度是否有显著差异（$\alpha=0.05$）？

A：310.95，308.86，312.80，308.74，311.03，311.89，310.39，310.24，311.89，309.65，311.85，310.73

B：308.94，308.23，309.98，311.59，309.46，311.15，311.29，309.16，310.68，311.86，310.98，312.29，311.21

提示：用 F 检验法检验随机误差。

4. 实训要求

根据本实训的特点采用集中实训形式。

5. 实训条件

计算机，Excel 软件。

6. 实训步骤

首先复习《试验设计与数据分析实训教程》中统计检验相关内容，然后在指导教师指导下开展实训。

7. 思考题

写出常用的统计检验相关统计量及其含义。

8. 其他说明

理解每个统计量的含义，并能利用其进行数据分析。

10.3 实训项目三：试验数据的图表表示

1. 实训目的

（1）通过本实训的练习，使学生了解 Excel 的图表功能、常用数据处理函数与公式以及数据分析工具。

（2）学会用 Excel 作各种类型的图。

2. 原理

见《试验设计与数据分析实训教程》第 4 章，复习和巩固章节知识。

3. 实训内容

（1）已知函数 $y=x^2-10(-5\leqslant x\leqslant 5)$，试在 Excel 的一个工作表中用图形来表示函数关系。

（2）由试验得到某物质的溶解度与绝对温度之间的关系可用模型 $C=aT^b$ 表示，试验数据列在下表中，利用 Excel 的图表功能在对数坐标系中画出两变量之间的关系曲线。

$C/\%$	23.5	26.2	30.3	37.1	46.8	57.4
T/K	273	283	293	313	333	353

（3）已知某正交试验直观分析结果如下，试验指标为抗压强度。利用 Excel 在一张图上画出三个因素的趋势图。

K_i	A	B	C
k_1	8.83	9.10	14.30
k_2	12.80	6.73	8.20
k_3	10.07	15.87	9.20

（4）根据以下两个产地几种植物油的凝固点（℃）数据，用 Excel 画出柱形图或条形图。

产地	花生油	棉籽油	蓖麻油	菜籽油
甲地	2.9	−6.3	−0.1	5.3
乙地	3.5	−6.2	0.5	5

4. 实训要求

根据本实训的特点采用集中实训形式。

5. 实训条件

计算机，Excel 软件。

6. 实训步骤

首先复习《试验设计与数据分析实训教程》中有关 Excel 图表功能内容，然后在指导教师指导下开展实训。

7. 思考题

上网查询至少一种专业的画图软件，了解其功能特点。

8. 其他说明

除了以上数据以外，学生可以结合自己的其他课程试验数据作图。

10.4 实训项目四：试验数据的方差分析(一)

1. 实训目的

掌握方差分析方法及有关函数的使用，学会用 Excel 的数据分析工具库进行方差分析。

2. 原理

见《试验设计与数据分析实训教程》第 5 章，复习和巩固章节知识。

3. 实训内容

(1) 某项化工实验在 5 个温度水平下测得转化率数据，见下表。试用方差分析方法分析温度对转化率的影响。

序号	A_1	A_2	A_3	A_4	A_5
1	24.3	26.1	26.5	29.3	29.5
2	27.8	27.3	28.3	28.7	28.8
3	23.2	24.2	28.6	27.2	31.4
4	26.5	24.1	28.2	30.1	27.8

(2) 试验含铜量不同的某种钢材在 4 种温度下的冲击值，分析结果见下表。试分析铜含量(因素 B)、试验温度(因素 A)对钢材的冲击值有无显著影响。

温度/K	铜含量/%		
	0.2	0.4	0.8
293	10.6	11.6	14.5
273	7.0	11.1	13.3
253	4.2	6.8	11.5
233	4.2	6.3	8.7

4. 实训要求

根据本实训的特点采用集中实训形式。

5. 实训条件

计算机，Excel 软件。

6. 实训步骤

首先复习《试验设计与数据分析实训教程》中试验数据的方差分析相关内容，然后在指导教师指导下开展实训。

7. 思考题

写出单因素和双因素试验方差分析步骤。

8. 其他说明

除了以上数据以外，学生可以结合自己的其他课程试验数据进行方差分析。

10.5 实训项目五：试验数据的方差分析(二)

1. 实训目的

通过本实训的练习，使学生了解 Excel 的方差分析工具，掌握利用 Excel 对试验数据进行方差分析的操作，会利用 Excel 的方差分析结果对结果进行判断。

2. 原理

见《试验设计与数据分析实训教程》第 5 章，复习和巩固章节知识。

3. 实训内容

(1) 下表数据为某饮料生产企业研制出的一种新型饮料的销售量数据。饮料的颜色共有四种，分别为橘黄色、粉色、绿色和无色透明。销售量为随机从五家超市收集而得。试对调查数据进行方差分析，并说明饮料的颜色是否对销售量产生影响($\alpha=0.05$)。

超市序号	橘黄色	粉色	绿色	无色
1	26.5	31.2	27.9	30.8
2	28.7	28.3	25.1	29.6
3	25.1	30.8	28.5	32.4
4	29.1	27.9	24.2	31.7
5	27.2	29.6	26.5	32.8

(2) 在用原子吸收分光光度法测定镍电解液中微量杂质铜的含量时，研究了乙炔和空气流量变化对铜在某波长上吸光度的影响，得到下表所示的吸光度数据。试对试验数据进行方差分析，并分析乙炔和空气流量的变化对铜吸光度的影响($\alpha=0.05$)。

乙炔流量/(L/min)	空气流量/(L/min)				
	8	9	10	11	12
1.0	81.1	81.5	80.3	80.0	77.0
1.5	81.4	81.8	79.4	79.1	75.9
2.0	75.0	76.1	75.4	75.4	70.8
2.5	60.4	67.9	68.7	69.8	68.7

4. 实训要求

根据本实训的特点采用集中实训形式。

5. 实训条件

计算机，Excel 软件。

6. 实训步骤

首先复习《试验设计与数据分析实训教程》中方差分析的相关内容，然后在指导教师指导下开展实训。

7. 思考题

思考方差分析在环境监测和环境工程中的应用。

8. 其他说明

除了以上数据以外，学生可以结合自己的其他课程的试验数据进行方差分析。

10.6 实训项目六：试验数据的回归分析和规划求解

1. 实训目的

通过本实训的练习，使学生了解 Excel 的回归分析功能，掌握利用 Excel 对试验数据进行回归分析的操作。

2. 原理

见《试验设计与数据分析实训教程》第 6 章，复习和巩固章节知识。

3. 实训内容

（1）表中数据为某物质在溶液中的浓度 $c(\%)$ 与其沸点温度 T 之间的关系数据，先画出散点图，求出它们之间的函数关系，然后进行回归分析，并检验所建立的函数方程是否有意义（$\alpha=0.05$）。

C/%	19.6	20.5	22.3	25.1	26.3	27.8	29.1
T/℃	105.4	106.0	107.2	108.9	109.6	110.7	111.5

（2）由试验得到某物质的溶解度与绝对温度之间的关系可用模型 $C=a\,T^b$ 表示，试验数据列在下表中，利用回归分析确定其中的系数值，并检验显著性（$\alpha=0.05$）。

T/K	273	283	293	313	333	353
C/%	20	25	31	34	46	58

（3）已知回归方程 $y=0.0579+0.252\,x_3-0.0648\,x_3^2+0.0283\,x_1x_3$，其中 x_1 的取值范围为 1.0~3.6，x_3 的取值范围为 0.5~4.5，预测当 x_1 和 x_3 取什么值时，y 可能取得最大值，用 Excel 中的“规划求解”工具求解。

4. 实训要求

根据本实训的特点采用集中实训形式。

5. 实训条件

计算机，Excel 软件。

6. 实训步骤

首先复习《试验设计与数据分析实训教程》中回归分析和规划求解相关内容，然后在指导教师指导下开展实训。

7. 思考题

写出回归分析的步骤，思考其在环境监测和环境工程中的应用。

8. 其他说明

除了以上数据以外，学生可以结合自己的其他课程试验数据进行回归分析。

10.7 实训项目七：回归分析及正交试验设计

1. 实训目的

(1) 掌握 Excel 的图表功能和回归分析的有关函数，学会用 Excel 进行回归分析操作。

(2) 掌握正交试验设计方法及有关函数的使用，学会用 Excel 对正交试验数据进行分析。

2. 原理

见《试验设计与数据分析实训教程》第 6 章、第 7 章，复习和巩固章节知识。

3. 实训内容

(1) 有一类合金，研究它的熔点 θ(℃) 和含铅量 P(%) 的关系，得试验数据如下。试用 Excel 求熔点 θ 对 P 的线性回归方程。

P	36.9	46.7	63.7	77.8	84.0	87.5
θ	181	197	235	270	289	292

(2) 有如下一组试验数据。试用 Excel 程序确定回归方程式 $y=a+b_1x_1+b_2x_2$。

x_1	40	40	50	50	60	60
x_2	0.2	0.4	0.2	0.4	0.2	0.4
y	38	42	41	46	46	49

(3) 某化工厂做产品收率试验，选择 4 个因素：反应温度 A、加碱量 B、催化剂种类 C、反应压力 D。每个因素取 4 个水平，根据经验，交互作用可以忽略。选用正交表 $L_{16}(4^5)$ 安排试验，试验方案及结果见下表，试用 Excel 分析各因素对试验结果的影响，确定最佳工艺条件，并画出直观分析图。

试验号	A	B	C	D	误差	收率/%
1	1	1	1	1	1	19.0
2	1	2	2	2	2	48.0
3	1	3	3	3	3	62.0
4	1	4	4	4	4	59.0
5	2	1	2	3	4	3.5
6	2	2	1	4	3	28.5
7	2	3	4	1	2	58.0
8	2	4	3	2	1	67.0
9	3	1	3	4	2	2.5
10	3	2	4	3	1	40.5
11	3	3	1	2	4	58.5
12	3	4	2	1	3	71.0

续表

试验号	*A*	*B*	*C*	*D*	误差	收率/%
13	4	1	4	2	3	5.0
14	4	2	3	1	4	43.0
15	4	3	2	4	1	36.0
16	4	4	1	3	2	43.0

4. 实训要求

根据本实训的特点采用集中实训形式。

5. 实训条件

计算机，Excel 软件。

6. 实训步骤

首先预习《试验设计与数据分析实训教程》中回归分析及正交试验设计的相关内容，然后在指导教师指导下开展实训。

7. 思考题

写出正交试验法的步骤，思考其在环境监测和环境工程中的应用。

8. 其他说明

除了以上数据以外，学生可以结合自己的其他课程试验数据进行回归分析。

参 考 文 献

[1] 李云雁，胡传荣．试验设计与数据处理[M].3版．北京：化学工业出版社，2017.
[2] 吕英海，于昊，李国平．试验设计与数据处理[M]．北京：化学工业出版社，2021.
[3] 郭兴家，熊英．实验数据处理与统计[M]．北京：化学工业出版社，2019.
[4] 徐全智，吕恕．概率论与数理统计[M]．北京：高等教育出版社，2004.
[5] 何少华．试验设计与数据处理[M]．长沙：国防科技大学出版社，2003.

附　录

附录1　标准正态分布表

$$F_{0,1}(x)=\frac{1}{\sqrt{2\pi}}\int_{-\infty}^{x}e^{-\frac{t^2}{2}}dt$$

x	0.00	0.01	0.02	0.03	0.04	0.05	0.06	0.07	0.08	0.09
0.0	0.5000	0.5040	0.5080	0.5120	0.5160	0.5199	0.5239	0.5279	0.5319	0.5359
0.1	0.5398	0.5438	0.5478	0.5517	0.5557	0.5596	0.5636	0.5675	0.5714	0.5753
0.2	0.5793	0.5832	0.5871	0.5910	0.5948	0.5987	0.6026	0.6064	0.6103	0.6141
0.3	0.6179	0.6217	0.6255	0.6293	0.6331	0.6368	0.6406	0.6443	0.6480	0.6517
0.4	0.6554	0.6591	0.6628	0.6664	0.6700	0.6736	0.6772	0.6808	0.6844	0.6879
0.5	0.6915	0.6950	0.6985	0.7019	0.7054	0.7088	0.7123	0.7157	0.7190	0.7224
0.6	0.7257	0.7291	0.7324	0.7357	0.7389	0.7422	0.7454	0.7486	0.7517	0.7549
0.7	0.7580	0.7611	0.7642	0.7673	0.7704	0.7734	0.7764	0.7794	0.7823	0.7852
0.8	0.7881	0.7910	0.7939	0.7967	0.7995	0.8023	0.8051	0.8078	0.8106	0.8133
0.9	0.8159	0.8186	0.8212	0.8238	0.8264	0.8289	0.8315	0.8340	0.8365	0.8389
1.0	0.8413	0.8438	0.8461	0.8485	0.8508	0.8531	0.8554	0.8577	0.8599	0.8621
1.1	0.8643	0.8665	0.8686	0.8708	0.8729	0.8749	0.8770	0.8790	0.8810	0.8830
1.2	0.8849	0.8869	0.8888	0.8907	0.8925	0.8944	0.8962	0.8980	0.8997	0.9015
1.3	0.9032	0.9049	0.9066	0.9082	0.9099	0.9115	0.9131	0.9147	0.9162	0.9177
1.4	0.9192	0.9207	0.9222	0.9236	0.9251	0.9265	0.9279	0.9292	0.9306	0.9319
1.5	0.9332	0.9345	0.9357	0.9370	0.9382	0.9394	0.9406	0.9418	0.9429	0.9441
1.6	0.9452	0.9463	0.9474	0.9484	0.9495	0.9505	0.9515	0.9525	0.9535	0.9545
1.7	0.9554	0.9564	0.9573	0.9582	0.9591	0.9599	0.9608	0.9616	0.9625	0.9633
1.8	0.9641	0.9649	0.9656	0.9664	0.9671	0.9678	0.9686	0.9693	0.9699	0.9706
1.9	0.9713	0.9719	0.9726	0.9732	0.9738	0.9744	0.9750	0.9756	0.9761	0.9767
2.0	0.9772	0.9778	0.9783	0.9788	0.9793	0.9798	0.9803	0.9808	0.9812	0.9817
2.1	0.9821	0.9826	0.9830	0.9834	0.9838	0.9842	0.9846	0.9850	0.9854	0.9857
2.2	0.9861	0.9864	0.9868	0.9871	0.9875	0.9878	0.9881	0.9884	0.9887	0.9890
2.3	0.9893	0.9896	0.9898	0.9901	0.9904	0.9906	0.9909	0.9911	0.9913	0.9916
2.4	0.9918	0.9920	0.9922	0.9925	0.9927	0.9929	0.9931	0.9932	0.9934	0.9936
2.5	0.9938	0.9940	0.9941	0.9943	0.9945	0.9946	0.9948	0.9949	0.9951	0.9952
2.6	0.9953	0.9955	0.9956	0.9957	0.9959	0.9960	0.9961	0.9962	0.9963	0.9964
2.7	0.9965	0.9966	0.9967	0.9968	0.9969	0.9970	0.9971	0.9972	0.9973	0.9974

续表

x	0.00	0.01	0.02	0.03	0.04	0.05	0.06	0.07	0.08	0.09
2.8	0.9974	0.9975	0.9976	0.9977	0.9977	0.9978	0.9979	0.9979	0.9980	0.9981
2.9	0.9981	0.9982	0.9982	0.9983	0.9984	0.9984	0.9985	0.9985	0.9986	0.9986
3.0	0.9987	0.9987	0.9987	0.9988	0.9988	0.9989	0.9989	0.9989	0.9990	0.9990
3.1	0.9990	0.9991	0.9991	0.9991	0.9992	0.9992	0.9992	0.9992	0.9993	0.9993
3.2	0.9993	0.9993	0.9994	0.9994	0.9994	0.9994	0.9994	0.9995	0.9995	0.9995
3.3	0.9995	0.9995	0.9995	0.9996	0.9996	0.9996	0.9996	0.9996	0.9996	0.9997
3.4	0.9997	0.9997	0.9997	0.9997	0.9997	0.9997	0.9997	0.9997	0.9997	0.9998

附录2　卡方分布表

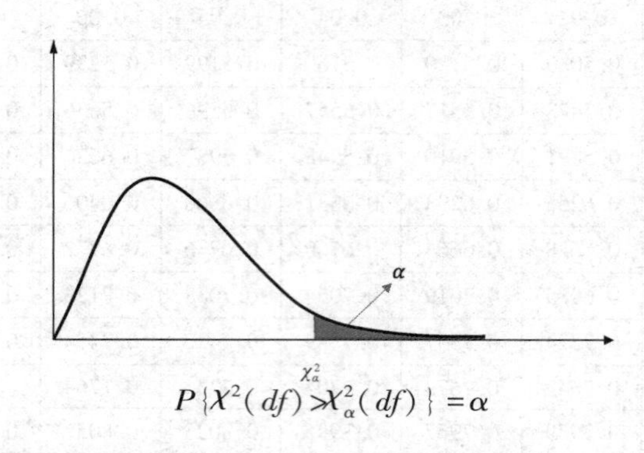

$$P\{\chi^2(df) > \chi^2_\alpha(df)\} = \alpha$$

df	α											
	0.995	0.99	0.975	0.95	0.90	0.75	0.25	0.10	0.05	0.025	0.01	0.005
1	—	—	0.001	0.004	0.016	0.102	1.323	2.706	3.841	5.024	6.635	7.879
2	0.010	0.020	0.051	0.103	0.211	0.575	2.773	4.605	5.991	7.378	9.210	10.597
3	0.072	0.115	0.216	0.352	0.584	1.213	4.108	6.251	7.815	9.348	11.345	12.838
4	0.207	0.297	0.484	0.711	1.064	1.923	5.385	7.779	9.448	11.143	13.277	14.860
5	0.412	0.554	0.831	1.145	1.610	2.675	6.626	9.236	11.071	12.833	15.086	16.750
6	0.676	0.872	1.237	1.635	2.204	3.455	7.814	10.645	12.592	14.449	16.812	18.548
7	0.989	1.239	1.690	2.167	2.833	4.255	9.037	12.017	14.067	16.013	18.475	20.278
8	1.344	1.646	2.180	2.733	3.490	5.071	10.219	13.362	15.507	17.535	20.090	21.995
9	1.735	2.088	2.700	3.325	4.168	5.899	11.389	14.684	16.919	19.023	21.666	23.589
10	2.156	2.558	3.247	3.940	4.865	6.737	12.549	15.987	18.307	20.483	23.209	25.188
11	2.603	3.053	3.816	4.575	5.578	7.584	13.701	17.275	19.675	21.920	24.725	26.757
12	3.074	3.571	4.404	5.226	6.304	8.438	14.854	18.549	21.026	23.337	26.217	28.299
13	3.565	4.107	5.009	5.892	7.042	9.299	15.984	19.812	22.362	24.736	27.688	29.819
14	4.705	4.660	5.629	6.571	7.790	10.165	170117	21.064	23.685	26.119	29.141	31.319
15	4.601	5.229	6.262	7.261	8.547	11.037	18.245	22.307	24.996	27.488	30.578	32.801
16	5.142	5.812	6.908	7.962	9.312	11.912	19.369	23.542	26.296	28.845	32.000	34.267

续表

df	α											
	0. 995	0. 99	0. 975	0. 95	0. 90	0. 75	0. 25	0. 10	0. 05	0. 025	0. 01	0. 005
17	5. 697	6. 408	7. 564	8. 672	10. 085	12. 792	20. 489	24. 769	27. 587	30. 191	33. 409	35. 718
18	6. 265	7. 015	8. 231	9. 930	10. 865	13. 675	21. 605	25. 989	28. 869	31. 526	34. 805	37. 156
19	6. 884	7. 633	8. 907	10. 117	11. 651	14. 562	22. 718	27. 204	30. 144	32. 852	36. 191	38. 582
20	7. 434	8. 260	9. 591	10. 851	12. 443	15. 452	23. 828	28. 412	31. 410	34. 170	37. 566	39. 997
21	8. 034	8. 897	10. 283	11. 591	13. 240	16. 344	24. 935	29. 615	32. 671	35. 479	38. 932	41. 401
22	8. 643	9. 542	10. 982	12. 338	14. 042	17. 240	26. 039	30. 813	33. 924	36. 781	40. 289	42. 796
23	9. 260	10. 196	11. 689	13. 091	14. 848	18. 137	27. 141	32. 007	35. 172	38. 076	41. 638	44. 181
24	9. 886	10. 856	12. 401	13. 848	15. 659	19. 037	28. 241	33. 196	36. 415	39. 364	42. 980	45. 559
25	10. 520	11. 524	13. 120	14. 611	16. 473	19. 939	29. 339	34. 382	37. 652	40. 646	44. 314	46. 928
26	11. 160	12. 198	13. 844	15. 379	17. 292	20. 843	30. 435	35. 563	38. 885	41. 923	45. 642	48. 290
27	11. 808	12. 879	14. 573	16. 151	18. 114	21. 749	31. 528	36. 741	40. 113	43. 194	46. 963	49. 654
28	12. 461	13. 565	15. 308	16. 928	18. 939	22. 657	32. 620	37. 916	41. 337	44. 461	48. 278	50. 993
29	13. 121	14. 257	16. 047	17. 708	19. 768	23. 567	33. 711	39. 087	42. 557	45. 722	49. 588	52. 336
30	13. 787	14. 954	16. 791	18. 493	20. 599	24. 478	34. 800	40. 256	43. 773	46. 979	50. 892	53. 672
31	14. 458	15. 655	17. 539	19. 281	21. 431	25. 390	35. 887	41. 422	44. 985	48. 232	52. 191	55. 003
32	15. 134	16. 362	18. 291	20. 072	22. 271	26. 304	36. 973	42. 585	46. 194	49. 480	53. 486	56. 328
33	15. 815	17. 074	19. 047	20. 867	23. 110	27. 219	38. 058	43. 745	47. 400	50. 725	54. 776	57. 648
34	16. 501	17. 789	19. 806	21. 664	23. 952	28. 136	39. 141	44. 903	48. 602	51. 966	56. 061	58. 964
35	17. 192	18. 509	20. 569	22. 465	24. 797	29. 054	40. 223	46. 059	49. 802	53. 203	57. 342	60. 275
36	17. 887	19. 233	21. 336	23. 269	25. 643	29. 973	41. 304	47. 212	50. 998	54. 437	58. 619	61. 581
37	18. 586	19. 960	22. 106	24. 075	26. 492	30. 893	42. 383	48. 363	52. 192	55. 668	59. 892	62. 883
38	19. 289	20. 691	22. 878	24. 884	27. 343	31. 815	43. 462	49. 513	53. 384	56. 896	61. 162	64. 181
39	19. 996	21. 426	23. 654	25. 695	28. 196	32. 737	44. 539	50. 660	54. 572	58. 120	62. 428	65. 476
40	20. 707	22. 164	24. 433	26. 509	29. 051	33. 660	45. 616	51. 805	55. 758	59. 342	63. 691	66. 766
41	21. 421	22. 906	25. 215	27. 326	29. 907	34. 585	46. 692	52. 949	56. 942	60. 561	64. 950	68. 053
42	22. 138	23. 650	25. 999	28. 144	30. 765	35. 510	47. 766	54. 090	58. 124	61. 777	66. 206	69. 336
43	22. 859	24. 398	26. 785	28. 965	31. 625	36. 436	48. 840	55. 230	59. 304	62. 990	67. 459	70. 616
44	23. 584	25. 148	27. 575	29. 787	32. 487	37. 363	49. 913	56. 369	60. 481	64. 201	68. 710	71. 393
45	24. 311	25. 901	28. 366	30. 612	33. 350	38. 291	50. 985	57. 505	61. 656	65. 410	69. 957	73. 166

附录3 *F* 分布表

$$P[F(df_1, df_2)>F_\alpha(df_1, df_2)]=\alpha$$

$\alpha=0.01$

df_2	df_1																	
	1	2	3	4	5	6	7	8	9	10	12	15	20	24	30	40	60	120
1	4052	5000	5403	5625	5764	5859	5928	5982	6062	6056	6106	6157	6209	6235	6261	6287	6313	6339
2	98. 50	99. 00	99. 17	99. 25	99. 30	99. 33	99. 36	99. 37	99. 39	99. 40	99. 42	99. 43	99. 45	99. 46	99. 47	99. 47	99. 48	99. 49
3	34. 12	30. 82	29. 46	28. 71	28. 24	27. 91	27. 67	27. 49	27. 35	27. 23	27. 05	26. 87	26. 09	26. 60	26. 50	26. 41	26. 32	26. 22
4	21. 20	18. 00	16. 69	15. 98	15. 52	15. 21	14. 98	14. 80	14. 66	14. 55	14. 37	14. 20	14. 02	13. 93	13. 84	13. 75	13. 65	13. 56
5	16. 26	13. 27	12. 06	11. 39	10. 97	10. 67	10. 46	10. 29	10. 16	10. 05	9. 29	9. 72	9. 55	9. 47	9. 38	9. 29	9. 20	9. 11

续表

df_2	df_1																	
	1	2	3	4	5	6	7	8	9	10	12	15	20	24	30	40	60	120
6	13.75	10.92	9.78	9.15	8.75	8.47	8.46	8.10	7.98	7.87	7.72	7.56	7.40	7.31	7.23	7.14	7.06	6.97
7	12.25	9.55	8.45	7.85	7.46	7.19	6.99	6.84	6.72	6.62	6.47	6.31	6.16	6.07	5.99	5.91	5.82	5.74
8	11.26	8.65	7.59	7.01	6.63	6.37	6.18	6.03	5.91	5.81	5.67	5.52	5.36	5.28	5.20	5.12	5.03	4.95
9	10.56	8.02	6.99	6.42	6.06	5.80	5.61	5.47	5.35	5.26	5.11	4.96	4.81	4.73	4.65	4.57	4.48	4.40
10	10.04	7.56	6.55	5.99	5.64	5.39	5.20	5.06	4.94	4.85	4.71	4.56	4.41	4.33	4.25	4.17	4.08	4.00
11	9.65	7.21	6.22	5.67	5.32	5.07	4.89	4.74	4.63	4.54	4.40	4.25	4.10	4.02	3.95	3.86	3.78	3.69
12	9.33	6.93	5.95	5.41	5.06	4.82	4.64	4.50	4.39	4.30	4.16	4.01	3.86	3.78	3.70	3.62	3.54	3.45
13	9.07	6.70	5.74	5.21	4.86	4.62	4.44	4.30	4.19	4.10	3.96	3.82	3.66	3.59	3.51	3.43	3.34	3.25
14	8.86	6.51	5.56	5.04	4.69	4.46	4.28	4.14	4.03	3.94	3.80	3.66	3.51	3.43	3.35	3.27	3.18	3.09
15	8.68	6.36	5.42	4.89	4.56	4.32	4.14	4.00	3.89	3.80	3.67	3.52	3.37	3.29	3.21	3.13	3.05	2.96
16	8.53	6.23	5.29	4.77	4.44	4.20	4.03	3.89	3.78	3.69	3.55	3.41	3.26	3.18	3.10	3.02	2.93	2.84
17	8.40	6.11	5.18	4.67	4.34	4.10	3.93	3.79	3.68	3.59	3.46	3.31	3.16	3.08	3.00	2.92	2.83	2.75
18	8.29	6.01	5.09	4.58	4.25	4.01	3.84	3.71	3.60	3.51	3.37	3.23	3.08	3.00	2.92	2.84	2.75	2.66
19	8.18	5.93	5.01	4.50	4.17	3.94	3.77	3.63	3.52	3.43	3.30	3.15	3.00	2.92	2.84	2.76	2.67	2.58
20	8.10	5.85	4.94	4.43	4.10	3.87	3.70	3.56	3.46	3.37	3.23	3.09	2.94	2.86	2.78	2.69	2.61	2.52
21	8.02	5.78	4.87	4.37	4.04	3.81	3.64	3.51	3.40	3.31	3.17	3.03	2.88	2.80	2.72	2.64	2.55	2.46
22	7.95	5.72	4.82	4.31	3.99	3.76	3.59	3.45	3.35	3.26	3.12	2.98	2.83	2.75	2.67	2.58	2.50	2.40
23	7.88	5.66	4.76	4.26	3.94	3.71	3.54	3.41	3.30	3.21	3.07	2.93	2.78	2.70	2.62	2.54	2.45	2.35
24	7.82	5.61	4.72	4.22	3.90	3.67	3.50	3.36	3.26	3.17	3.03	2.89	2.74	2.66	2.58	2.49	2.40	2.31
25	7.77	5.57	4.68	4.18	3.85	3.63	3.46	3.32	3.22	3.13	2.99	2.85	2.70	2.62	2.54	2.45	2.36	2.27
26	7.72	5.53	4.64	4.14	3.82	3.59	3.42	3.29	3.18	3.09	2.96	2.81	2.66	2.58	2.50	2.42	2.33	2.23
27	7.68	5.49	4.60	4.11	3.78	3.56	3.39	3.26	3.15	3.06	2.93	2.78	2.63	2.55	2.47	2.38	2.29	2.20
28	7.64	5.45	4.57	4.07	3.75	3.53	3.36	3.23	3.12	3.03	2.90	2.75	2.60	2.52	2.44	2.35	2.26	2.17
29	7.60	5.42	4.54	4.04	3.73	3.50	3.33	3.20	3.09	3.00	2.87	2.73	2.57	2.49	2.41	2.33	2.23	2.14
30	7.56	5.39	4.51	4.02	3.70	3.47	3.30	3.17	3.07	2.98	2.84	2.70	2.55	2.47	2.39	2.30	2.21	2.11
40	7.31	5.18	4.31	3.83	3.51	3.29	3.12	2.99	2.89	2.80	2.66	2.52	2.37	2.29	2.20	2.11	2.02	1.92
60	7.08	4.98	4.13	3.65	3.34	3.12	2.95	2.82	2.72	2.63	2.50	2.35	2.20	2.12	2.03	1.94	1.84	1.73
120	6.85	4.79	3.95	3.48	3.17	2.96	2.79	2.66	2.56	2.47	2.34	2.19	2.03	1.95	1.86	1.76	1.66	1.53
∞	6.63	4.61	3.78	3.32	3.02	2.80	2.64	2.51	2.41	2.32	2.18	2.04	1.88	1.79	1.70	1.59	1.47	1.32

$\alpha = 0.025$

df_2	df_1																	
	1	2	3	4	5	6	7	8	9	10	12	15	20	24	30	40	60	120
1	647.8	799.5	864.2	899.6	921.8	937.1	948.2	956.7	963.3	968.6	976.7	984.9	993.1	997.2	1001	1006	1010	1014
2	38.51	39.00	39.17	39.25	139.30	39.33	39.36	39.37	39.39	39.40	39.41	39.43	39.45	39.46	39.46	39.47	39.48	39.49
3	17.44	16.04	15.44	15.10	14.88	14.73	14.62	14.54	14.47	14.42	14.34	14.25	14.17	14.12	14.08	14.04	13.99	13.95
4	12.22	10.65	9.98	9.60	9.36	9.20	9.07	8.98	8.90	8.84	8.75	8.66	8.56	8.51	8.46	8.41	8.36	8.31
5	10.01	8.43	7.76	7.39	7.15	6.98	6.85	6.76	6.68	6.62	6.52	6.43	6.33	6.28	6.23	6.18	6.12	6.07
6	8.81	7.26	6.60	6.23	5.99	5.82	5.70	5.60	5.52	5.46	5.37	5.27	5.17	5.12	5.07	5.01	4.96	4.90
7	8.07	6.54	5.89	5.52	5.29	5.12	4.99	4.90	4.82	4.76	4.67	4.57	4.47	4.42	4.36	4.31	4.25	4.20
8	7.57	6.06	5.42	5.05	4.82	4.65	4.53	4.43	4.36	4.30	4.20	4.10	4.00	3.95	3.89	3.84	3.78	3.73

续表

df_2	df_1																	
	1	2	3	4	5	6	7	8	9	10	12	15	20	24	30	40	60	120
9	7. 21	5. 71	5. 08	4. 72	4. 48	4. 32	4. 20	4. 10	4. 03	3. 96	3. 87	3. 77	3. 67	3. 61	3. 56	3. 51	3. 45	3. 39
10	6. 94	5. 46	4. 83	4. 47	4. 24	4. 07	3. 95	3. 85	3. 78	3. 72	3. 62	3. 52	3. 42	3. 37	3. 31	3. 26	3. 20	3. 14
11	6. 72	5. 26	4. 63	4. 28	4. 04	3. 88	3. 76	3. 66	3. 59	3. 53	3. 43	3. 33	3. 23	3. 17	3. 12	3. 06	3. 00	2. 94
12	6. 55	5. 10	4. 47	4. 12	3. 89	3. 73	3. 61	3. 51	3. 44	3. 37	3. 28	3. 18	3. 07	3. 02	2. 96	2. 91	2. 85	2. 79
13	6. 41	4. 97	4. 35	4. 00	3. 77	3. 60	3. 48	3. 39	3. 31	3. 25	3. 15	3. 05	2. 95	2. 89	2. 84	2. 78	2. 72	2. 66
14	6. 30	4. 86	4. 24	3. 89	3. 66	3. 50	3. 38	3. 29	3. 21	3. 15	3. 05	2. 95	2. 84	2. 79	2. 73	2. 67	2. 61	2. 55
15	6. 20	4. 77	4. 15	3. 80	3. 58	3. 41	3. 29	3. 30	3. 12	3. 06	2. 96	2. 86	2. 76	2. 70	2. 64	2. 59	2. 52	2. 46
16	6. 12	4. 69	4. 08	3. 73	3. 50	3. 34	3. 22	3. 12	3. 05	2. 99	2. 89	2. 79	2. 68	2. 63	2. 57	2. 51	2. 45	2. 38
17	6. 04	4. 62	4. 01	3. 66	3. 44	3. 28	3. 16	3. 06	2. 98	2. 92	2. 82	2. 72	2. 62	2. 56	2. 50	2. 44	2. 38	2. 32
18	5. 98	4. 56	3. 95	3. 61	3. 38	3. 22	3. 10	3. 01	2. 93	2. 87	2. 77	2. 67	2. 56	2. 50	2. 44	2. 38	2. 32	2. 26
19	5. 92	4. 51	3. 90	3. 56	3. 33	3. 17	3. 05	2. 96	2. 88	2. 82	2. 72	2. 62	2. 51	2. 45	2. 39	2. 35	2. 27	2. 20
20	5. 87	4. 46	3. 86	3. 51	3. 29	3. 13	3. 01	2. 91	2. 84	2. 77	2. 68	2. 57	2. 46	2. 41	2. 35	2. 29	2. 22	2. 16
21	5. 83	4. 42	3. 82	3. 48	3. 25	3. 09	2. 97	2. 87	2. 80	2. 73	2. 64	2. 53	2. 42	2. 37	2. 31	2. 25	2. 18	2. 11
22	5. 79	4. 38	3. 78	3. 44	3. 22	3. 05	2. 93	2. 84	2. 76	2. 70	2. 60	2. 50	2. 39	2. 33	2. 27	2. 21	2. 14	2. 08
23	5. 75	4. 35	3. 75	3. 41	3. 18	3. 02	2. 90	2. 81	2. 73	2. 67	2. 57	2. 47	2. 36	2. 30	2. 24	2. 18	2. 11	2. 04
24	5. 72	4. 32	3. 72	3. 38	3. 15	2. 99	2. 87	2. 78	2. 70	2. 64	2. 54	2. 44	2. 33	2. 27	2. 21	2. 15	2. 08	2. 01
25	5. 69	4. 29	3. 69	3. 35	3. 13	2. 97	2. 85	2. 75	2. 68	2. 61	2. 51	2. 41	2. 30	2. 24	2. 18	2. 12	2. 05	1. 98
26	5. 66	4. 27	3. 67	3. 33	3. 10	2. 94	2. 82	2. 73	2. 65	2. 59	2. 49	2. 39	2. 28	2. 22	2. 16	2. 09	2. 03	1. 95
27	5. 63	4. 24	3. 65	3. 31	3. 08	2. 92	2. 80	2. 71	2. 63	2. 57	2. 47	2. 36	2. 25	2. 19	2. 13	2. 07	2. 00	1. 93
28	5. 61	4. 22	3. 63	3. 29	3. 06	2. 90	2. 78	2. 69	2. 61	2. 55	2. 45	2. 34	2. 23	2. 17	2. 11	2. 05	1. 98	1. 91
29	5. 59	4. 20	3. 61	3. 27	3. 04	2. 88	2. 76	2. 67	2. 59	2. 53	2. 43	2. 32	2. 21	2. 15	2. 09	2. 03	1. 96	1. 89
30	5. 57	4. 18	3. 59	3. 25	3. 03	2. 87	2. 75	2. 65	2. 57	2. 51	2. 41	2. 31	2. 20	2. 14	2. 07	2. 01	1. 94	1. 87
40	5. 42	4. 05	3. 46	3. 13	2. 90	2. 74	2. 62	2. 53	2. 45	2. 39	2. 29	2. 18	2. 07	2. 01	1. 94	1. 88	1. 80	1. 72
60	5. 29	3. 93	3. 34	3. 01	2. 79	2. 63	2. 51	2. 41	2. 33	2. 27	2. 17	2. 06	1. 94	1. 88	1. 82	1. 74	1. 67	1. 58
120	5. 15	3. 80	3. 23	2. 89	2. 67	2. 52	2. 39	2. 30	2. 22	2. 16	2. 05	1. 94	1. 82	1. 76	1. 69	1. 61	1. 53	1. 43
∞	5. 02	3. 69	3. 12	2. 79	2. 57	2. 41	2. 29	2. 19	2. 11	2. 05	1. 94	1. 83	1. 71	1. 64	1. 57	1. 48	1. 39	1. 27

$\alpha=0.05$

df_2	df_1																	
	1	2	3	4	5	6	7	8	9	10	12	15	20	24	30	40	60	120
1	161. 4	199. 5	215. 7	224. 6	230. 2	234. 0	236. 8	238. 9	240. 5	241. 9	243. 9	245. 9	248. 0	249. 1	250. 1	251. 1	252. 2	253. 3
2	18. 51	19. 00	19. 16	19. 25	19. 30	19. 33	19. 35	19. 37	19. 38	19. 40	19. 41	19. 43	19. 45	19. 45	19. 46	19. 47	19. 48	19. 49
3	10. 13	9. 55	9. 28	9. 12	9. 90	8. 94	8. 89	8. 85	8. 81	8. 79	8. 74	8. 70	8. 66	8. 64	8. 62	8. 59	8. 57	8. 55
4	7. 71	6. 94	6. 59	6. 39	6. 26	6. 16	6. 09	6. 04	6. 00	5. 96	5. 91	5. 86	5. 80	5. 77	5. 75	5. 72	5. 69	5. 66
5	6. 61	5. 79	5. 41	5. 19	5. 05	4. 95	4. 88	4. 82	4. 77	4. 74	4. 68	4. 62	4. 56	4. 53	4. 50	4. 46	4. 43	4. 40
6	5. 99	5. 14	4. 76	4. 53	4. 39	4. 28	4. 21	4. 15	4. 10	4. 06	4. 00	3. 94	3. 87	3. 84	3. 81	3. 77	3. 74	3. 70
7	5. 59	4. 74	4. 35	4. 12	3. 97	3. 87	3. 79	3. 73	3. 68	3. 64	3. 57	3. 51	3. 44	3. 41	3. 38	3. 34	3. 30	3. 27
8	5. 32	4. 46	4. 07	3. 84	3. 69	3. 58	3. 50	3. 44	3. 69	3. 35	3. 28	3. 22	3. 15	3. 12	3. 08	3. 04	3. 01	2. 97
9	5. 12	4. 26	3. 86	3. 63	3. 48	3. 37	3. 29	3. 23	3. 18	3. 14	3. 07	3. 01	2. 94	2. 90	2. 86	2. 83	2. 79	2. 75
10	4. 96	4. 10	3. 71	3. 48	3. 33	3. 22	3. 14	3. 07	3. 02	2. 98	2. 91	2. 85	2. 77	2. 74	2. 70	2. 66	2. 62	2. 58

续表

df_2	df_1																	
	1	2	3	4	5	6	7	8	9	10	12	15	20	24	30	40	60	120
11	4.84	3.98	3.59	3.36	3.20	3.09	3.01	2.95	2.90	2.85	2.79	2.72	2.65	2.61	2.57	2.53	2.49	2.45
12	4.75	3.89	3.49	3.26	3.11	3.00	2.91	2.85	2.80	2.75	2.69	2.62	2.54	2.51	2.47	2.43	2.38	2.34
13	4.67	3.81	3.41	3.18	3.03	2.92	2.83	2.77	2.71	2.67	2.60	2.53	2.46	2.42	2.38	2.34	2.30	2.25
14	4.60	3.74	3.34	3.11	2.96	2.85	2.76	2.70	2.65	2.60	2.53	2.46	2.39	2.35	2.31	2.27	2.22	2.18
15	4.54	3.68	3.29	3.06	2.90	2.79	2.71	2.64	2.59	2.54	2.48	2.40	2.33	2.29	2.25	2.20	2.16	2.11
16	4.49	3.63	3.24	3.01	2.85	2.74	2.66	2.59	2.54	2.49	2.42	2.35	2.28	2.24	2.19	2.15	2.11	2.06
17	4.45	3.59	3.20	2.96	2.81	2.70	2.61	2.55	2.49	2.45	2.38	2.31	2.23	2.19	2.15	2.10	2.06	2.01
18	4.41	3.55	3.16	2.93	2.77	2.66	2.58	2.51	2.46	2.41	2.34	2.27	2.19	2.15	2.11	2.06	2.02	1.97
19	4.38	3.52	3.13	2.90	2.74	2.63	2.54	2.48	2.42	2.38	2.31	2.23	2.16	2.11	2.07	2.03	1.98	1.93
20	4.35	3.49	3.10	2.87	2.71	2.60	2.51	2.45	2.39	2.35	2.28	2.20	2.12	2.08	2.04	1.99	1.95	1.90
21	4.32	3.47	3.07	2.84	2.68	2.57	2.49	2.42	2.37	2.32	2.25	2.18	2.10	2.05	2.01	1.96	1.92	1.87
22	4.30	3.44	3.05	2.82	2.66	2.55	2.46	2.40	2.34	2.30	2.23	2.15	2.07	2.03	1.98	1.94	1.89	1.84
23	4.28	3.42	3.03	2.80	2.64	2.53	2.44	2.37	2.32	2.27	2.20	2.13	2.05	2.01	1.96	1.91	1.86	1.81
24	4.26	3.40	3.01	2.78	2.62	2.51	2.42	2.36	2.30	2.25	2.18	2.11	2.03	1.98	1.94	1.89	1.84	1.79
25	4.24	3.39	2.99	2.76	2.60	2.49	2.40	2.34	2.28	2.24	2.16	2.09	2.01	1.96	1.92	1.87	1.82	1.77
26	4.23	3.37	2.98	2.74	2.59	2.47	2.39	2.32	2.27	2.22	2.15	1.07	1.99	1.95	1.90	1.85	1.80	1.75
27	4.21	3.35	2.96	2.73	2.57	2.46	2.37	2.31	2.25	2.20	2.13	1.06	1.97	1.93	1.88	1.84	1.79	1.73
28	4.20	3.34	2.95	2.71	2.56	2.45	2.36	2.29	2.24	2.19	2.12	1.04	1.96	1.91	1.87	1.82	1.77	1.71
29	4.18	3.33	2.93	2.70	2.55	2.43	2.35	2.28	2.22	2.18	2.10	1.03	1.94	1.90	1.85	1.81	1.75	1.70
30	4.17	3.32	2.92	2.69	2.53	2.42	2.33	2.27	2.21	2.16	2.09	2.01	1.93	1.89	1.84	1.79	1.74	1.68
40	4.08	3.23	2.84	2.61	2.45	2.34	2.25	2.18	2.12	2.08	2.00	1.92	1.84	1.79	1.74	1.69	1.64	1.58
60	4.00	3.15	2.76	2.53	2.37	2.25	2.17	2.10	2.04	1.99	1.92	1.84	1.75	1.70	1.65	1.59	1.53	1.47
120	3.92	3.07	2.68	2.45	2.29	2.17	2.09	2.02	1.96	1.91	1.83	1.75	1.66	1.61	1.55	1.50	1.43	1.35
∞	3.84	3.00	2.60	2.37	2.21	2.10	2.01	1.94	1.88	1.83	1.75	1.67	1.57	1.52	1.46	1.39	1.32	1.22

$\alpha=0.10$

df_2	df_1																	
	1	2	3	4	5	6	7	8	9	10	12	15	20	24	30	40	60	120
1	39.86	49.50	53.59	55.33	57.24	58.20	58.91	59.44	59.86	60.19	60.71	61.22	61.74	62.06	62.26	62.53	62.79	63.06
2	8.53	9.00	9.16	9.24	6.29	9.33	9.35	9.37	9.38	9.39	9.41	9.42	9.44	9.45	9.46	9.47	9.47	9.48
3	5.54	5.46	5.39	5.34	5.31	5.28	5.27	5.25	5.24	5.23	5.22	5.20	5.18	5.18	5.17	5.16	5.15	5.14
4	4.54	4.32	4.19	4.11	4.05	4.01	3.98	3.95	3.94	3.92	3.90	3.87	3.84	3.83	3.82	3.80	3.79	3.78
5	4.06	3.78	3.62	3.52	3.45	3.40	3.37	3.34	3.32	3.30	3.27	3.24	3.21	3.19	3.17	3.16	3.14	3.12
6	3.78	3.46	3.29	3.18	3.11	3.05	3.01	2.98	2.96	2.94	2.90	2.87	2.84	2.82	2.80	2.78	2.76	2.74
7	3.59	3.26	3.07	2.96	2.88	2.83	2.78	2.75	2.72	2.70	2.67	2.63	2.59	2.58	2.56	2.54	2.51	2.49
8	3.46	3.11	2.92	2.81	2.73	2.67	2.62	2.59	2.56	2.54	2.50	2.46	2.42	2.40	2.38	2.36	2.34	2.32
9	3.36	3.01	2.81	2.69	2.61	2.55	2.51	2.47	2.44	2.42	2.38	2.34	2.30	2.28	2.25	2.23	2.21	2.18
10	3.20	2.92	2.73	2.61	2.52	2.46	2.41	2.38	2.35	2.32	2.28	2.24	2.20	2.18	2.16	2.13	2.11	2.08
11	3.23	2.86	2.66	2.54	2.45	2.39	2.34	2.30	2.27	2.25	2.21	2.17	2.12	2.10	2.08	2.05	2.03	2.00
12	3.18	2.81	2.61	2.48	2.39	2.33	2.28	2.24	2.21	2.19	2.15	2.10	2.06	2.04	2.01	1.99	1.96	1.93

续表

df_2	df_1																	
	1	2	3	4	5	6	7	8	9	10	12	15	20	24	30	40	60	120
13	3.14	2.76	2.56	2.43	2.35	2.28	2.23	2.20	2.16	2.14	2.10	2.05	2.01	1.98	1.96	1.93	1.90	1.88
14	3.10	2.73	2.52	2.39	2.31	2.24	2.19	2.15	2.12	2.10	2.05	2.01	1.96	1.94	1.91	1.89	1.82	1.83
15	3.07	2.70	2.49	2.36	2.27	2.21	2.16	2.12	2.09	2.06	2.02	1.97	1.92	1.90	1.87	1.85	1.82	1.79
16	3.05	2.67	2.46	2.33	2.24	2.18	2.13	2.09	2.06	2.03	1.99	1.94	1.89	1.87	1.84	1.81	1.78	1.75
17	3.03	2.64	2.44	2.31	2.22	2.15	2.10	2.06	2.03	2.00	1.96	1.91	1.86	1.84	1.81	1.78	1.75	1.72
18	3.01	2.62	2.42	2.29	2.20	2.13	2.08	2.04	2.00	1.98	1.93	1.89	1.84	1.81	1.78	1.75	1.72	1.69
19	2.99	2.61	2.40	2.27	2.18	2.11	2.06	2.02	1.98	1.96	1.91	1.86	1.81	1.79	1.76	1.73	1.70	1.67
20	2.97	2.50	2.38	2.25	2.16	2.09	2.04	2.00	1.96	1.94	1.89	1.84	1.79	1.77	1.74	1.71	1.68	1.64
21	2.96	9.57	2.36	2.23	2.14	2.08	2.02	1.98	1.95	1.92	1.87	1.83	1.78	1.75	1.72	1.69	1.66	1.62
22	2.95	2.56	2.35	2.22	2.13	2.06	2.01	1.97	1.93	1.90	1.86	1.81	1.76	1.73	1.70	1.67	1.64	1.60
23	2.94	2.55	2.34	2.21	2.11	2.05	1.99	1.95	1.92	1.89	1.84	1.80	1.74	1.72	1.69	1.66	1.62	1.59
24	2.93	2.54	2.33	2.19	2.10	2.04	1.98	1.94	1.91	1.88	1.83	1.78	1.73	1.70	1.67	1.64	1.61	1.57
25	2.92	2.53	2.32	2.18	2.09	2.02	1.97	1.93	1.89	1.87	1.82	1.77	1.72	1.69	1.66	1.63	1.59	1.56
26	2.91	2.52	2.31	2.17	2.08	2.01	1.96	1.92	1.88	1.86	1.81	1.76	1.71	1.68	1.65	1.61	1.58	1.54
27	2.90	2.51	2.30	2.17	2.07	2.00	1.95	1.91	1.87	1.85	1.80	1.75	1.70	1.67	1.64	1.60	1.57	1.53
28	2.89	2.50	2.29	2.16	2.60	2.00	1.94	1.90	1.87	1.84	1.79	1.74	1.69	1.66	1.63	1.59	1.56	1.52
29	2.89	2.50	2.28	2.15	2.06	1.99	1.93	1.89	1.86	1.83	1.78	1.73	1.68	1.65	1.62	1.58	1.55	1.51
30	2.88	2.49	2.22	2.14	2.05	1.98	1.93	1.88	1.85	1.82	1.77	1.72	1.67	1.64	1.61	1.57	1.54	1.50
40	2.84	2.41	2.23	2.00	2.00	1.93	1.87	1.83	1.79	1.76	1.71	1.66	1.61	1.57	1.54	1.51	1.47	1.42
60	2.79	2.39	2.18	2.04	1.95	1.87	1.82	1.77	1.74	1.71	1.66	1.60	1.54	1.51	1.48	1.44	1.40	1.35
120	2.75	2.35	2.13	1.99	1.90	1.82	1.77	1.72	1.68	1.65	1.60	1.55	1.48	1.45	1.41	1.37	1.32	1.26
∞	2.71	2.30	2.08	1.94	1.85	1.77	1.72	1.67	1.63	1.60	1.55	1.49	1.42	1.38	1.34	1.30	1.24	1.17

$\alpha=0.95$

df_2	df_1																	
	1	2	3	4	5	6	7	8	9	10	12	15	20	24	30	40	60	120
1	0.006	0.054	0.099	0.130	0.151	0.167	0.179	0.188	0.195	0.201	0.211	0.220	0.230	0.235	0.240	0.245	0.250	0.255
2	0.005	0.053	0.105	0.144	0.173	0.194	0.211	0.224	0.235	0.244	0.257	0.272	0.286	0.294	0.302	0.309	0.317	0.326
3	0.005	0.052	0.108	0.152	0.185	0.210	0.230	0.246	0.259	0.270	0.287	0.304	0.323	0.332	0.342	0.352	0.363	0.373
4	0.004	0.052	0.110	0.157	0.193	0.221	0.243	0.261	0.275	0.288	0.307	0.327	0.349	0.360	0.372	0.384	0.396	0.409
5	0.004	0.052	0.111	0.160	0.198	0.228	0.252	0.271	0.287	0.301	0.322	0.345	0.369	0.382	0.395	0.408	0.422	0.437
6	0.004	0.052	0.112	0.162	0.202	0.233	0.259	0.279	0.296	0.311	0.334	0.358	0.385	0.399	0.413	0.428	0.444	0.46
7	0.004	0.052	0.113	0.164	0.205	0.238	0.264	0.286	0.304	0.319	0.343	0.369	0.398	0.413	0.428	0.445	0.462	0.479
8	0.004	0.052	0.113	0.166	0.208	0.241	0.268	0.291	0.310	0.326	0.351	0.379	0.409	0.425	0.441	0.459	0.477	0.496
9	0.004	0.052	0.113	0.167	0.210	0.244	0.272	0.295	0.315	0.331	0.358	0.386	0.418	0.435	0.452	0.471	0.490	0.511
10	0.004	0.052	0.114	0.168	0.211	0.246	0.275	0.299	0.319	0.336	0.363	0.393	0.426	0.440	0.462	0.481	0.502	0.523
11	0.004	0.052	0.114	0.168	0.213	0.248	0.278	0.302	0.322	0.340	0.368	0.399	0.433	0.451	0.470	0.491	0.512	0.535

续表

df_2	df_1																	
	1	2	3	4	5	6	7	8	9	10	12	15	20	24	30	40	60	120
12	0.004	0.052	0.114	0.169	0.214	0.250	0.280	0.305	0.325	0.343	0.372	0.404	0.439	0.458	0.478	0.499	0.522	0.545
13	0.004	0.051	0.115	0.170	0.215	0.251	0.282	0.307	0.328	0.346	0.376	0.408	0.445	0.464	0.485	0.507	0.530	0.555
14	0.004	0.051	0.115	0.170	0.216	0.253	0.283	0.309	0.331	0.349	0.379	0.412	0.449	0.470	0.491	0.513	0.538	0.563
15	0.004	0.051	0.115	0.171	0.217	0.254	0.285	0.311	0.333	0.351	0.382	0.416	0.454	0.474	0.496	0.520	0.545	0.571
16	0.004	0.051	0.115	0.171	0.217	0.255	0.286	0.312	0.335	0.354	0.385	0.419	0.458	0.479	0.501	0.525	0.551	0.579
17	0.004	0.051	0.115	0.171	0.218	0.256	0.287	0.314	0.336	0.356	0.387	0.422	0.462	0.483	0.506	0.530	0.557	0.585
18	0.004	0.051	0.115	0.172	0.218	0.257	0.288	0.315	0.338	0.357	0.389	0.425	0.465	0.487	0.510	0.535	0.562	0.592
19	0.004	0.051	0.115	0.172	0.219	0.257	0.289	0.316	0.339	0.359	0.391	0.427	0.468	0.490	0.514	0.540	0.567	0.597
20	0.004	0.051	0.115	0.172	0.219	0.258	0.290	0.317	0.341	0.360	0.393	0.430	0.471	0.493	0.518	0.544	0.572	0.603
21	0.004	0.051	0.116	0.173	0.220	0.259	0.291	0.318	0.342	0.362	0.395	0.432	0.473	0.496	0.521	0.548	0.577	0.608
22	0.004	0.051	0.116	0.173	0.220	0.259	0.292	0.319	0.343	0.363	0.396	0.434	0.476	0.499	0.524	0.551	0.581	0.613
23	0.004	0.051	0.116	0.173	0.221	0.260	0.293	0.320	0.344	0.364	0.398	0.435	0.478	0.502	0.527	0.555	0.585	0.617
24	0.004	0.051	0.116	0.173	0.221	0.260	0.293	0.321	0.345	0.365	0.399	0.437	0.480	0.504	0.530	0.558	0.588	0.622
25	0.004	0.051	0.116	0.173	0.221	0.261	0.294	0.322	0.346	0.366	0.400	0.439	0.482	0.506	0.532	0.561	0.592	0.626
26	0.004	0.051	0.116	0.174	0.221	0.261	0.294	0.322	0.346	0.367	0.402	0.440	0.484	0.508	0.535	0.564	0.595	0.630
27	0.004	0.051	0.116	0.174	0.222	0.262	0.295	0.323	0.347	0.368	0.403	0.441	0.486	0.510	0.537	0.566	0.598	0.633
28	0.004	0.051	0.116	0.174	0.222	0.262	0.295	0.324	0.348	0.369	0.404	0.443	0.487	0.512	0.539	0.569	0.601	0.637
29	0.004	0.051	0.116	0.174	0.222	0.262	0.296	0.324	0.349	0.370	0.405	0.444	0.489	0.514	0.541	0.571	0.604	0.640
30	0.004	0.051	0.116	0.174	0.222	0.263	0.296	0.325	0.349	0.370	0.405	0.445	0.490	0.516	0.543	0.573	0.606	0.643
40	0.004	0.051	0.116	0.175	0.224	0.265	0.299	0.329	0.354	0.376	0.412	0.454	0.502	0.529	0.558	0.591	0.627	0.669
60	0.004	0.051	0.117	0.176	0.226	0.267	0.303	0.333	0.359	0.382	0.419	0.463	0.514	0.543	0.575	0.611	0.652	0.700
120	0.004	0.051	0.117	0.177	0.227	0.270	0.306	0.337	0.364	0.388	0.427	0.473	0.527	0.559	0.594	0.634	0.682	0.740

$\alpha=0.975$

df_2	df_1																	
	1	2	3	4	5	6	7	8	9	10	12	15	20	24	30	40	60	120
1	0.002	0.026	0.057	0.082	0.100	0.113	0.124	0.132	0.139	0.144	0.153	0.161	0.170	0.175	0.180	0.184	0.189	0.194
2	0.001	0.026	0.062	0.094	0.119	0.138	0.153	0.165	0.175	0.183	0.196	0.210	0.224	0.232	0.239	0.247	0.255	0.263
3	0.001	0.026	0.065	0.100	0.129	0.152	0.170	0.185	0.197	0.207	0.224	0.241	0.259	0.269	0.279	0.289	0.299	0.310
4	0.001	0.025	0.066	0.104	0.135	0.161	0.181	0.198	0.212	0.224	0.243	0.263	0.285	0.296	0.308	0.320	0.332	0.346
5	0.001	0.025	0.067	0.107	0.140	0.167	0.189	0.208	0.223	0.236	0.257	0.280	0.304	0.317	0.330	0.344	0.359	0.374
6	0.001	0.025	0.068	0.109	0.143	0.172	0.195	0.215	0.231	0.246	0.268	0.293	0.320	0.334	0.349	0.364	0.381	0.398

续表

df_2	df_1																	
	1	2	3	4	5	6	7	8	9	10	12	15	20	24	30	40	60	120
7	0.001	0.025	0.068	0.110	0.146	0.176	0.200	0.221	0.238	0.253	0.277	0.304	0.333	0.348	0.364	0.381	0.399	0.418
8	0.001	0.025	0.069	0.110	0.148	0.179	0.204	0.226	0.244	0.259	0.285	0.313	0.343	0.360	0.377	0.395	0.415	0.435
9	0.001	0.025	0.069	0.112	0.150	0.181	0.207	0.230	0.248	0.265	0.291	0.320	0.353	0.370	0.388	0.408	0.428	0.450
10	0.001	0.025	0.069	0.113	0.151	0.183	0.210	0.233	0.252	0.269	0.296	0.327	0.361	0.379	0.398	0.419	0.440	0.464
11	0.001	0.025	0.070	0.114	0.152	0.185	0.212	0.236	0.256	0.273	0.301	0.332	0.368	0.387	0.407	0.428	0.451	0.476
12	0.001	0.025	0.070	0.114	0.153	0.186	0.214	0.238	0.259	0.276	0.305	0.337	0.374	0.394	0.415	0.437	0.461	0.487
13	0.001	0.025	0.070	0.115	0.154	0.188	0.216	0.240	0.261	0.279	0.309	0.342	0.379	0.400	0.422	0.445	0.470	0.497
14	0.001	0.025	0.070	0.115	0.155	0.189	0.218	0.242	0.263	0.282	0.312	0.346	0.384	0.405	0.428	0.452	0.478	0.506
15	0.001	0.025	0.070	0.116	0.156	0.190	0.219	0.244	0.265	0.284	0.315	0.349	0.389	0.410	0.433	0.458	0.485	0.514
16	0.001	0.025	0.070	0.116	0.156	0.191	0.220	0.245	0.267	0.286	0.317	0.353	0.393	0.415	0.439	0.464	0.492	0.522
17	0.001	0.025	0.070	0.116	0.157	0.192	0.221	0.247	0.269	0.288	0.320	0.356	0.396	0.419	0.443	0.470	0.498	0.529
18	0.001	0.025	0.070	0.116	0.157	0.192	0.222	0.248	0.270	0.290	0.322	0.358	0.400	0.423	0.448	0.475	0.504	0.536
19	0.001	0.025	0.071	0.117	0.158	0.193	0.223	0.249	0.271	0.291	0.324	0.361	0.403	0.426	0.452	0.479	0.509	0.542
20	0.001	0.025	0.071	0.117	0.158	0.193	0.224	0.250	0.273	0.293	0.325	0.363	0.406	0.430	0.456	0.484	0.514	0.548
21	0.001	0.025	0.071	0.117	0.158	0.194	0.225	0.251	0.274	0.294	0.327	0.365	0.408	0.433	0.459	0.488	0.519	0.553
22	0.001	0.025	0.071	0.117	0.159	0.195	0.225	0.252	0.275	0.295	0.329	0.367	0.411	0.436	0.462	0.491	0.523	0.559
23	0.001	0.025	0.071	0.117	0.159	0.195	0.226	0.253	0.276	0.296	0.330	0.369	0.413	0.438	0.465	0.495	0.528	0.564
24	0.001	0.025	0.071	0.117	0.159	0.195	0.227	0.253	0.277	0.297	0.331	0.370	0.415	0.441	0.468	0.498	0.531	0.568
25	0.001	0.025	0.071	0.118	0.160	0.196	0.227	0.254	0.278	0.298	0.332	0.372	0.417	0.443	0.471	0.501	0.535	0.573
26	0.001	0.025	0.071	0.118	0.160	0.196	0.228	0.255	0.278	0.299	0.334	0.373	0.419	0.445	0.473	0.504	0.539	0.577
27	0.001	0.025	0.071	0.118	0.160	0.197	0.228	0.255	0.279	0.300	0.335	0.375	0.421	0.447	0.476	0.507	0.542	0.581
28	0.001	0.025	0.071	0.118	0.160	0.197	0.228	0.256	0.280	0.301	0.336	0.376	0.423	0.449	0.478	0.510	0.545	0.585
29	0.001	0.025	0.071	0.118	0.160	0.197	0.229	0.256	0.280	0.301	0.337	0.377	0.424	0.451	0.480	0.512	0.548	0.588
30	0.001	0.025	0.071	0.118	0.161	0.197	0.229	0.257	0.281	0.302	0.337	0.378	0.426	0.453	0.482	0.515	0.551	0.592
40	0.001	0.025	0.071	0.119	0.162	0.200	0.232	0.260	0.285	0.307	0.344	0.387	0.437	0.466	0.498	0.533	0.573	0.620
60	0.001	0.025	0.071	0.120	0.163	0.202	0.235	0.264	0.290	0.313	0.351	0.396	0.450	0.481	0.515	0.555	0.600	0.654
120	0.001	0.025	0.072	0.120	0.165	0.204	0.238	0.268	0.295	0.318	0.359	0.406	0.464	0.498	0.536	0.580	0.632	0.698

附录4　t分布表

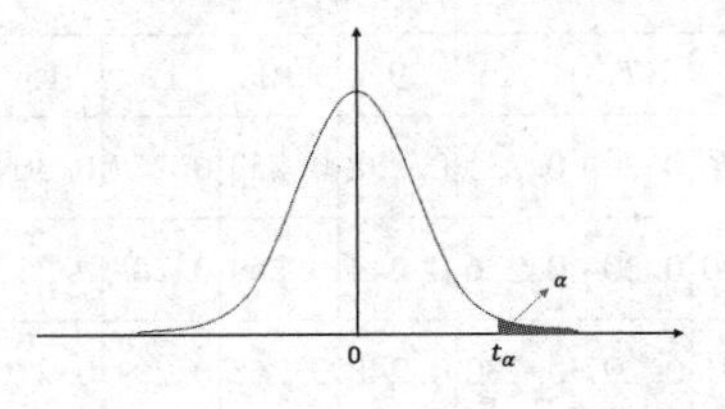

$$P\{|t|>t_\alpha\}=\alpha$$

df	α					
	0. 25	0. 10	0. 05	0. 025	0. 01	0. 005
	0. 50	0. 20	0. 10	0. 05	0. 02	0. 01
1	1. 0000	3. 0777	6. 3138	12. 7062	31. 8207	63. 6574
2	0. 8165	1. 8856	2. 9200	4. 3037	6. 9646	9. 9248
3	0. 7649	1. 6377	2. 3534	3. 1824	4. 5407	5. 8409
4	0. 7407	1. 5332	2. 1318	2. 7764	3. 7649	4. 6041
5	0. 7267	1. 4759	2. 0150	2. 5706	3. 3649	4. 0322
6	0. 7176	1. 4398	1. 9432	2. 4469	3. 1427	3. 7074
7	0. 7111	1. 4149	1. 8946	2. 3646	2. 9980	3. 4995
8	0. 7064	1. 3968	1. 8595	2. 3060	2. 8965	3. 3554
9	0. 7027	1. 3830	1. 8331	2. 2622	2. 8214	3. 2498
10	0. 6998	1. 3722	1. 8125	2. 2281	2. 7638	3. 1693
11	0. 6974	1. 3634	1. 7959	2. 2010	2. 7181	3. 1058
12	0. 6955	1. 3562	1. 7823	2. 1788	2. 6810	3. 0545
13	0. 6938	1. 3502	1. 7709	2. 1640	2. 6503	3. 0123
14	0. 6924	1. 3450	1. 7613	2. 1448	2. 6245	2. 9768
15	0. 6912	1. 3406	1. 7531	2. 1315	2. 6025	2. 9467
16	0. 6901	1. 3368	1. 7459	2. 1199	2. 5835	2. 9208
17	0. 6892	1. 3334	1. 7396	2. 1098	2. 5669	2. 8982
18	0. 6884	1. 3304	1. 7341	2. 1009	2. 5524	2. 8784
19	0. 6876	1. 3277	1. 7291	2. 0930	2. 5395	2. 8609
20	0. 6870	1. 3253	1. 7247	2. 0860	2. 5280	2. 8453
21	0. 6864	1. 3232	1. 7207	2. 0796	2. 5177	2. 8314
22	0. 6858	1. 3212	1. 7171	2. 0739	2. 5083	2. 8188
23	0. 6853	1. 3195	1. 7139	2. 0687	2. 4999	2. 8073
24	0. 6848	1. 3178	1. 7109	2. 0639	2. 4922	2. 7969
25	0. 6844	1. 3163	1. 7081	2. 0595	2. 4851	2. 7874
26	0. 6840	1. 3150	1. 7056	2. 0555	2. 4786	2. 7787
27	0. 6837	1. 3137	1. 7033	2. 0518	2. 4727	2. 7707
28	0. 6834	1. 3125	1. 7011	2. 0484	2. 4671	2. 7633
29	0. 6830	1. 3114	1. 6991	2. 0452	2. 4620	2. 7564
30	0. 6828	1. 3104	1. 6873	2. 0423	2. 4573	2. 7500
31	0. 6825	1. 3095	1. 6955	2. 0395	2. 4528	2. 7440
32	0. 6822	1. 3086	1. 6939	2. 0369	2. 4487	2. 7385
33	0. 6820	1. 3077	1. 6924	2. 0345	2. 4448	2. 7333

续表

df	α					
	0.25	0.10	0.05	0.025	0.01	0.005
	0.50	0.20	0.10	0.05	0.02	0.01
34	0.6818	1.3070	1.6909	2.0322	2.4411	2.7284
35	0.6816	1.3062	1.6896	2.0301	2.4377	2.7238
36	0.6814	1.3055	1.6883	2.0281	2.4345	2.7195
37	0.6812	1.3049	1.6871	2.0262	2.4314	2.7154
38	0.6810	1.3042	1.6860	2.0244	2.4286	2.7116
39	0.6808	1.3036	1.6849	2.0227	2.4258	2.7079
40	0.6807	1.3031	1.6839	2.0211	2.4233	2.7045
41	0.6805	1.3025	1.6829	2.0195	2.4208	2.7012
42	0.6804	1.3020	1.6820	2.0181	2.4185	2.6981
43	0.6802	1.3016	1.6811	2.0167	2.4163	2.6951
44	0.6801	1.3011	1.6802	2.0154	2.4141	2.6923
45	0.6800	1.3006	1.6794	2.0141	2.4121	2.6896

注：1. 表上方的示意图是单侧检验的情形；

2. α 值中，第一行为单侧检验 α 值，第二行为双侧检验 α 值。

附录 5　秩和临界值表

n_1	n_2	α=0.025		α=0.05	
		T_1	T_2	T_1	T_2
2	4			3	11
	5			3	13
	6	3	15	4	14
	7	3	17	4	16
	8	3	19	4	18
	9	3	21	4	20
	10	4	22	5	21
3	3			6	15
	4	6	18	7	17
	5	6	21	7	20
	6	7	23	8	22
	7	8	25	9	24
	8	8	28	9	27
	9	9	30	10	29
	10	9	33	11	31
4	4	11	25	12	24
	5	12	28	13	27
	6	12	32	14	30
	7	13	35	15	33
	8	14	38	16	36
	9	15	41	17	39
	10	16	44	18	42
5	5	18	37	19	36
	6	19	41	20	40
	7	20	45	22	43
	8	21	49	23	47
	9	22	53	25	50
	10	24	56	26	54
6	6	26	52	28	50
	7	28	56	30	54
	8	29	61	32	58
	9	31	65	33	63
	10	33	69	35	67
7	7	37	68	39	66
	8	39	73	41	71
	9	41	78	43	76
	10	43	83	46	80
8	8	49	87	52	84
	9	51	93	54	90
	10	54	98	57	95
9	9	63	108	66	105
	10	66	114	69	111
10	10	79	131	83	127

附录 6　格拉布斯(Grubbs)检验临界值$G_{(\alpha,n)}$表

n	α				
	0. 1	0. 05	0. 025	0. 01	0. 005
3	1. 148	1. 153	1. 155	1. 155	1. 155
4	1. 425	1. 463	1. 481	1. 492	1. 496
5	1. 602	1. 672	1. 715	1. 749	1. 764
6	1. 729	1. 822	1. 887	1. 944	1. 973
7	1. 828	1. 938	2. 020	2. 097	2. 139
8	1. 909	2. 032	2. 126	2. 220	2. 274
9	1. 977	2. 110	2. 215	2. 323	2. 387
10	2. 036	2. 176	2. 290	2. 410	2. 482
11	2. 088	2. 234	2. 355	2. 485	2. 564
12	2. 134	2. 285	2. 412	2. 550	2. 636
13	2. 175	2. 331	2. 462	2. 607	2. 699
14	2. 213	2. 371	2. 507	2. 659	2. 755
15	2. 247	2. 409	2. 549	2. 705	2. 806
16	2. 279	2. 443	2. 585	2. 747	2. 852
17	2. 309	2. 475	2. 620	2. 785	2. 894
18	2. 335	2. 501	2. 651	2. 821	2. 932
19	2. 361	2. 532	2. 681	2. 954	2. 968
20	2. 385	2. 557	2. 709	2. 884	3. 001
21	2. 408	2. 580	2. 733	2. 912	3. 031
22	2. 429	2. 603	2. 758	2. 939	3. 060
23	2. 448	2. 624	2. 781	2. 963	3. 087
24	2. 467	2. 644	2. 802	2. 987	3. 112
25	2. 486	2. 663	2. 822	3. 009	3. 135
26	2. 502	2. 681	2. 841	3. 029	3. 157
27	2. 519	2. 698	2. 859	3. 049	3. 178
28	2. 534	2. 714	2. 876	3. 068	3. 199
29	2. 549	2. 730	2. 893	3. 085	3. 218
30	2. 583	2. 745	2. 908	3. 103	3. 236
31	2. 577	2. 759	2. 924	3. 119	3. 253
32	2. 591	2. 773	2. 938	3. 135	3. 270
33	2. 604	2. 786	2. 952	3. 150	3. 286
34	2. 616	2. 799	2. 965	3. 164	3. 301
35	2. 628	2. 811	2. 979	3. 178	3. 316
36	2. 639	2. 823	2. 991	3. 191	3. 330
37	2. 650	2. 835	3. 003	3. 204	3. 343
38	2. 661	2. 846	3. 014	3. 216	3. 356
39	2. 671	2. 857	3. 025	3. 228	3. 369
40	2. 682	2. 866	3. 036	3. 240	3. 381
41	2. 692	2. 877	3. 046	3. 251	3. 393
42	2. 700	2. 887	3. 057	3. 261	3. 404

续表

n	α				
	0. 1	0. 05	0. 025	0. 01	0. 005
43	2. 710	2. 896	3. 067	3. 271	3. 415
44	2. 719	2. 905	3. 075	3. 282	3. 425
45	2. 727	2. 914	3. 085	3. 292	3. 435
46	2. 736	2. 923	3. 094	3. 302	3. 445
47	2. 744	2. 931	3. 103	3. 310	3. 455
48	2. 753	2. 940	3. 111	3. 319	3. 464
49	2. 760	2. 948	3. 120	3. 329	3. 474
50	2. 768	2. 956	3. 128	3. 336	3. 483
51	2. 775	2. 943	3. 136	3. 345	3. 491
52	2. 783	2. 971	3. 143	3. 353	3. 500
53	2. 790	2. 978	3. 151	3. 361	3. 507
54	2. 798	2. 986	3. 158	3. 388	3. 516
55	2. 804	2. 992	3. 166	3. 376	3. 524
56	2. 811	3. 000	3. 172	3. 383	3. 531
57	2. 818	3. 006	3. 180	3. 391	3. 539
58	2. 824	3. 013	3. 186	3. 397	3. 546
59	2. 831	3. 019	3. 193	3. 405	3. 553
60	2. 837	3. 025	3. 199	3. 411	3. 560
61	2. 842	3. 032	3. 205	3. 418	3. 566
62	2. 849	3. 037	3. 212	3. 424	3. 573
63	2. 854	3. 044	3. 218	3. 430	3. 579
64	2. 860	3. 049	3. 224	3. 437	3. 586
65	2. 866	3. 055	3. 230	3. 442	3. 592
66	2. 871	3. 061	3. 235	3. 449	3. 598
67	2. 877	3. 066	3. 241	3. 454	3. 605
68	2. 883	3. 071	3. 246	3. 460	3. 610
69	2. 888	3. 076	3. 252	3. 466	3. 617
70	2. 893	3. 082	3. 257	3. 471	3. 622
71	2. 897	3. 087	3. 262	3. 476	3. 627
72	2. 903	3. 092	3. 267	3. 482	3. 633
73	2. 908	3. 098	3. 272	3. 487	3. 638
74	2. 912	3. 102	3. 278	3. 492	3. 643
75	2. 917	3. 107	3. 282	3. 496	3. 648
76	2. 922	3. 111	3. 287	3. 502	3. 654
77	2. 927	3. 117	3. 291	3. 507	3. 658
78	2. 931	3. 121	3. 297	3. 511	3. 663
79	2. 935	3. 125	3. 301	3. 516	3. 669
80	2. 940	3. 130	3. 305	3. 521	3. 673
81	2. 945	3. 134	3. 309	3. 525	3. 677
82	2. 949	3. 139	3. 315	3. 529	3. 682
83	2. 953	3. 143	3. 319	3. 534	3. 687
84	2. 957	3. 147	3. 323	3. 539	3. 691

续表

n	α				
	0. 1	0. 05	0. 025	0. 01	0. 005
85	2. 961	3. 151	3. 327	3. 543	3. 695
86	2. 966	3. 155	3. 331	3. 547	3. 699
87	2. 970	3. 160	3. 335	3. 551	3. 704
88	2. 973	3. 163	3. 339	3. 555	3. 708
89	2. 977	3. 167	3. 343	3. 559	3. 712
90	2. 981	3. 171	3. 347	3. 563	3. 716
91	2. 984	3. 174	3. 350	3. 567	3. 720
92	2. 989	3. 179	3. 355	3. 570	3. 725
93	2. 993	3. 182	3. 358	3. 575	3. 728
94	2. 996	3. 186	3. 362	3. 579	3. 732
95	3. 000	3. 189	3. 365	3. 582	3. 736
96	3. 003	3. 193	3. 369	3. 586	3. 739
97	3. 006	3. 196	3. 372	3. 589	3. 744
98	3. 011	3. 201	3. 377	3. 593	3. 747
99	3. 014	3. 204	3. 380	3. 597	3. 750
100	3. 017	3. 207	3. 383	3. 600	3. 754

附录 7　狄克逊(Dixon)检验临界值表

（1）单侧狄克逊检验临界值表

n	α			
	0. 1	0. 05	0. 01	0. 005
3	0. 886	0. 941	0. 988	0. 994
4	0. 679	0. 765	0. 889	0. 926
5	0. 557	0. 642	0. 780	0. 821
6	0. 482	0. 560	0. 698	0. 740
7	0. 434	0. 507	0. 637	0. 680
8	0. 479	0. 554	0. 683	0. 725
9	0. 441	0. 512	0. 635	0. 677
10	0. 409	0. 477	0. 597	0. 639
11	0. 517	0. 576	0. 679	0. 713
12	0. 490	0. 546	0. 642	0. 675
13	0. 467	0. 521	0. 615	0. 649
14	0. 492	0. 546	0. 641	0. 674
15	0. 472	0. 525	0. 616	0. 647
16	0. 454	0. 507	0. 595	0. 624
17	0. 438	0. 490	0. 577	0. 605
18	0. 424	0. 475	0. 561	0. 589
19	0. 412	0. 462	0. 547	0. 575
20	0. 401	0. 450	0. 535	0. 562
21	0. 391	0. 440	0. 524	0. 551

续表

n	α			
	0. 1	0. 05	0. 01	0. 005
22	0. 382	0. 430	0. 514	0. 541
23	0. 374	0. 421	0. 505	0. 532
24	0. 367	0. 413	0. 497	0. 524
25	0. 360	0. 406	0. 489	0. 516
26	0. 354	0. 399	0. 486	0. 508
27	0. 348	0. 393	0. 475	0. 501
28	0. 342	0. 387	0. 469	0. 495
29	0. 337	0. 381	0. 463	0. 489
30	0. 332	0. 376	0. 457	0. 483

（2）双侧狄克逊检验临界值表

n	α			
	0. 01	0. 05	0. 95	0. 99
3	0. 994	0. 970	0. 970	0. 994
4	0. 926	0. 829	0. 829	0. 926
5	0. 821	0. 710	0. 710	0. 821
6	0. 740	0. 628	0. 628	0. 740
7	0. 680	0. 569	0. 569	0. 680
8	0. 717	0. 608	0. 608	0. 717
9	0. 672	0. 604	0. 564	0. 672
10	0. 635	0. 530	0. 530	0. 635
11	0. 605	0. 502	0. 619	0. 709
12	0. 579	0. 479	0. 583	0. 660
13	0. 697	0. 611	0. 557	0. 638
14	0. 670	0. 586	0. 587	0. 669
15	0. 647	0. 565	0. 565	0. 646
16	0. 627	0. 546	0. 547	0. 629
17	0. 610	0. 529	0. 527	0. 614
18	0. 594	0. 514	0. 513	0. 602
19	0. 580	0. 501	0. 500	0. 582
20	0. 567	0. 489	0. 488	0. 570
21	0. 555	0. 478	0. 479	0. 560
22	0. 544	0. 468	0. 469	0. 548
23	0. 535	0. 459	0. 460	0. 537
24	0. 526	0. 451	0. 449	0. 522
25	0. 517	0. 443	0. 441	0. 518
26	0. 510	0. 436	0. 436	0. 509
27	0. 502	0. 429	0. 427	0. 504
28	0. 495	0. 423	0. 420	0. 497
29	0. 489	0. 417	0. 415	0. 489
30	0. 483	0. 412	0. 409	0. 480

附录8 相关系数 r 与 R 的临界值表

$n-m-1$	α	自变量的个数 m			
		1	2	3	4
1	0.05	0.997	0.999	0.999	0.999
	0.01	1.000	1.000	1.000	1.000
2	0.05	0.950	0.975	0.983	0.987
	0.01	0.990	0.995	0.997	0.998
3	0.05	0.878	0.930	0.950	0.961
	0.01	0.959	0.976	0.983	0.987
4	0.05	0.811	0.881	0.912	0.930
	0.01	0.917	0.949	0.962	0.970
5	0.05	0.754	0.863	0.874	0.898
	0.01	0.874	0.917	0.937	0.949
6	0.05	0.707	0.795	0.839	0.867
	0.01	0.834	0.886	0.911	0.927
7	0.05	0.666	0.758	0.807	0.838
	0.01	0.798	0.855	0.885	0.904
8	0.05	0.632	0.726	0.777	0.811
	0.01	0.765	0.827	0.860	0.882
9	0.05	0.602	0.697	0.750	0.786
	0.01	0.735	0.800	0.836	0.861
10	0.05	0.567	0.671	0.726	0.763
	0.01	0.708	0.776	0.814	0.840
11	0.05	0.553	0.648	0.703	0.741
	0.01	0.684	0.753	0.793	0.821
12	0.05	0.532	0.627	0.683	0.722
	0.01	0.661	0.732	0.773	0.802
13	0.05	0.514	0.608	0.664	0.703
	0.01	0.641	0.712	0.755	0.785
14	0.05	0.497	0.590	0.646	0.686
	0.01	0.623	0.694	0.737	0.768
15	0.05	0.482	0.574	0.630	0.670
	0.01	0.606	0.677	0.721	0.752
16	0.05	0.468	0.559	0.615	0.655
	0.01	0.590	0.662	0.706	0.738
17	0.05	0.546	0.545	0.601	0.641
	0.01	0.575	0.647	0.691	0.724
18	0.05	0.444	0.532	0.587	0.628
	0.01	0.561	0.633	0.678	0.710
19	0.05	0.433	0.520	0.575	0.615
	0.01	0.549	0.620	0.665	0.698
20	0.05	0.423	0.509	0.563	0.604
	0.01	0.537	0.608	0.652	0.685
21	0.05	0.413	0.498	0.522	0.592
	0.01	0.526	0.596	0.641	0.674
22	0.05	0.404	0.488	0.542	0.582
	0.01	0.515	0.585	0.630	0.663
23	0.05	0.396	0.479	0.532	0.572
	0.01	0.505	0.574	0.619	0.652
24	0.05	0.388	0.470	0.523	0.562
	0.01	0.496	0.565	0.609	0.642
25	0.05	0.381	0.462	0.514	0.553
	0.01	0.487	0.555	0.600	0.633
26	0.05	0.374	0.454	0.506	0.545
	0.01	0.478	0.546	0.590	0.624
27	0.05	0.367	0.446	0.498	0.536
	0.01	0.470	0.538	0.582	0.615
28	0.05	0.361	0.439	0.490	0.529
	0.01	0.463	0.530	0.573	0.606
29	0.05	0.355	0.432	0.482	0.521
	0.01	0.456	0.522	0.565	0.598
30	0.05	0.349	0.426	0.476	0.514
	0.01	0.449	0.514	0.558	0.591
35	0.05	0.325	0.397	0.445	0.482
	0.01	0.418	0.481	0.523	0.556
40	0.05	0.304	0.373	0.419	0.455
	0.01	0.393	0.454	0.494	0.526
45	0.05	0.288	0.353	0.397	0.432
	0.01	0.372	0.430	0.470	0.501
50	0.05	0.273	0.336	0.379	0.412
	0.01	0.354	0.410	0.449	0.479
60	0.05	0.250	0.308	0.348	0.380
	0.01	0.325	0.377	0.414	0.442
70	0.05	0.232	0.286	0.324	0.354
	0.01	0.302	0.351	0.386	0.413
80	0.05	0.217	0.269	0.304	0.332
	0.01	0.283	0.330	0.362	0.389
90	0.05	0.205	0.254	0.288	0.315
	0.01	0.267	0.312	0.343	0.368
100	0.05	0.195	0.241	0.274	0.300
	0.01	0.254	0.297	0.327	0.351
125	0.05	0.174	0.216	0.246	0.269
	0.01	0.228	0.266	0.294	0.316
150	0.05	0.159	0.198	0.225	0.247
	0.01	0.208	0.244	0.270	0.290
200	0.05	0.138	0.172	0.196	0.215
	0.01	0.181	0.212	0.234	0.253
300	0.05	0.113	0.141	0.160	0.176
	0.01	0.148	0.174	0.192	0.208
400	0.05	0.098	0.122	0.139	0.153
	0.01	0.128	0.151	0.167	0.180
500	0.05	0.088	0.109	0.124	0.137
	0.01	0.115	0.135	0.150	0.162
1000	0.05	0.062	0.077	0.088	0.097
	0.01	0.081	0.096	0.106	0.115

附录9　常用正交表

(1) $L_4(2^3)$

试验号	列号		
	1	2	3
1	1	1	1
2	2	1	2
3	1	2	2
4	2	2	1

(2) $L_8(2^7)$

试验号	列号						
	1	2	3	4	5	6	7
1	1	1	1	1	1	1	1
2	1	1	1	2	2	2	2
3	1	2	2	1	1	2	2
4	1	2	2	2	2	1	1
5	2	1	2	1	2	1	2
6	2	1	2	2	1	2	1
7	2	2	1	1	2	2	1
8	2	2	1	2	1	1	2

$L_8(2^7)$二列间的交互作用

列号	列号						
	1	2	3	4	5	6	7
(1)	(1)	3	2	5	4	7	6
(2)		(2)	1	6	7	4	5
(3)			(3)	7	6	5	4
(4)				(4)	1	2	3
(5)					(5)	3	2
(6)						(6)	1
(7)							(7)

正交表$L_8(2^7)$的表头设计表

因素数	列号						
	1	2	3	4	5	6	7
3	A	B	$A\times B$	C	$A\times C$	$B\times C$	

续表

因素数	列号						
	1	2	3	4	5	6	7
4	A	B	$A\times B$ $C\times D$	C	$A\times C$ $B\times D$	$B\times C$ $A\times D$	D
4	A	B $C\times D$	$A\times B$	C $B\times D$	$A\times C$	D $B\times C$	$A\times D$
5	A $D\times E$	B $C\times D$	$A\times B$ $C\times E$	C $B\times D$	$A\times C$ $B\times E$	D $A\times E$ $B\times C$	E $A\times D$

正交表$L_8(4^1\times2^4)$

试验号	列号				
	1	2	3	4	5
1	1	1	1	1	1
2	1	2	2	2	2
3	2	1	1	2	2
4	2	2	2	1	1
5	3	1	2	1	2
6	3	2	1	2	1
7	4	1	2	2	1
8	4	2	1	1	2

正交表$L_8(4^1\times2^4)$表头设计

因素数	列号				
	1	2	3	4	5
2	A	B	$(A\times B)_1$	$(A\times B)_2$	$(A\times B)_3$
3	A	B	C		
4	A	B	C	D	
5	A	B	C	D	E

正交表$L_9(3^4)$

试验号	列号			
	1	2	3	4
1	1	1	1	1
2	1	2	2	2
3	1	3	3	3
4	2	1	2	3

续表

试验号	列号			
	1	2	3	4
5	2	2	3	1
6	2	3	1	2
7	3	1	3	2
8	3	2	1	3
9	3	3	2	1

正交表$L_{12}(2^{11})$

试验号	列号										
	1	2	3	4	5	6	7	8	9	10	11
1	1	1	1	1	1	1	1	1	1	1	1
2	1	1	1	1	1	2	2	2	2	2	2
3	1	1	2	2	2	1	1	1	2	2	2
4	1	2	1	2	2	1	2	2	1	1	2
5	1	2	2	1	2	2	1	2	1	2	1
6	1	2	2	2	1	2	2	1	2	1	1
7	2	1	2	2	1	1	2	2	1	2	1
8	2	1	2	1	2	2	2	1	1	1	2
9	2	1	1	2	2	2	1	2	2	1	1
10	2	2	2	1	1	1	1	2	2	1	2
11	2	2	1	2	1	2	1	1	1	2	2
12	2	2	1	1	2	1	2	1	2	2	1

正交表$L_{12}(3^1\times2^4)$

试验号	列号				
	1	2	3	4	5
1	1	1	1	1	1
2	1	1	1	2	2
3	1	2	2	1	2
4	1	2	2	2	1
5	2	1	2	1	1
6	2	1	2	2	2
7	2	2	1	2	2
8	2	2	1	2	2
9	3	1	2	1	2

续表

试验号	列号				
	1	2	3	4	5
10	3	1	1	2	1
11	3	2	1	1	2
12	3	2	2	2	1

正交表$L_{16}(2^{15})$

试验号	列号														
	1	2	3	4	5	6	7	8	9	10	11	12	13	14	15
1	1	1	1	1	1	1	1	1	1	1	1	1	1	1	1
2	1	1	1	1	1	1	1	2	2	2	2	2	2	2	2
3	1	1	1	2	2	2	2	1	1	1	1	2	2	2	2
4	1	1	1	2	2	2	2	2	2	2	2	1	1	1	1
5	1	2	2	1	1	2	2	1	1	2	2	1	1	2	2
6	1	2	2	1	1	2	2	2	2	1	1	2	2	1	1
7	1	2	2	2	2	1	1	1	1	2	2	2	2	1	1
8	1	2	2	2	2	1	1	2	2	1	1	1	1	2	2
9	2	1	2	1	2	1	2	1	2	1	2	1	2	1	2
10	2	1	2	1	2	1	2	2	1	2	1	2	1	2	1
11	2	1	2	2	1	2	1	1	2	1	2	2	1	2	1
12	2	1	2	2	1	2	1	2	1	2	1	1	2	1	2
13	2	2	1	1	2	2	1	1	2	2	1	1	2	2	1
14	2	2	1	1	2	2	1	2	1	1	2	2	1	1	2
15	2	2	1	2	1	1	2	1	2	2	1	2	1	1	2
16	2	2	1	2	1	1	2	2	1	1	2	1	2	2	1

正交表$L_{16}(2^{15})$二列间的交互作用

列号	列号														
	1	2	3	4	5	6	7	8	9	10	11	12	13	14	15
(1)	(1)	3	2	5	4	7	6	9	8	11	10	13	12	15	14
(2)		(2)	1	6	7	4	5	10	11	8	9	14	15	12	13
(3)			(3)	7	6	5	4	11	10	9	8	15	14	13	12
(4)				(4)	1	2	3	12	13	14	15	8	9	10	11
(5)					(5)	3	2	13	12	15	14	9	8	11	10
(6)						(6)	1	14	15	12	13	10	11	8	9
(7)							(7)	15	14	13	12	11	10	9	8

续表

列号	列号														
	1	2	3	4	5	6	7	8	9	10	11	12	13	14	15
(8)								(8)	1	2	3	4	5	6	7
(9)									(9)	3	2	5	4	7	6
(10)										(10)	1	6	7	4	5
(11)											(11)	7	6	5	4
(12)												(12)	1	2	3
(13)													(13)	3	2
(14)														(14)	1

正交表$L_{16}(2^{15})$表头设计

因素数	列号														
	1	2	3	4	5	6	7	8	9	10	11	12	13	14	15
4	A	B	$A\times B$	C	$A\times C$	$B\times C$		D	$A\times D$	$B\times D$		$C\times D$			
5	A	B	$A\times B$	C	$A\times C$	$B\times C$	$D\times E$	D	$A\times D$	$B\times D$	$C\times E$	$C\times D$	$B\times E$	$A\times E$	E
6	A	B	$A\times B$ $D\times E$	C	$A\times C$ $D\times F$	$B\times C$ $E\times F$		D	$A\times D$ $B\times E$ $C\times F$	$B\times D$ $A\times E$	E	$C\times D$ $A\times F$	F		$C\times E$ $B\times F$
7	A	B	$A\times B$ $D\times E$ $F\times G$	C	$A\times C$ $D\times F$ $E\times G$	$B\times C$ $E\times F$ $D\times G$		D	$A\times D$ $B\times E$ $C\times F$	$B\times D$ $A\times E$ $C\times G$	E	$C\times D$ $A\times F$ $B\times G$	F	G	$C\times E$ $B\times F$ $A\times G$
8	A	B	$A\times B$ $D\times E$ $F\times G$ $C\times H$	C	$A\times C$ $D\times F$ $E\times G$ $B\times H$	$B\times C$ $E\times F$ $D\times G$ $A\times H$	H	D	$A\times D$ $B\times E$ $C\times F$ $G\times H$	$B\times D$ $A\times E$ $C\times G$ $F\times H$	E	$C\times D$ $A\times F$ $B\times G$ $E\times H$	F	G	$C\times E$ $B\times F$ $A\times G$ $D\times H$

正交表$L_{16}(4^5)$

试验号	列号				
	1	2	3	4	5
1	1	1	1	1	1
2	1	2	2	2	2
3	1	3	3	3	3
4	1	4	4	4	4
5	2	1	2	3	4
6	2	2	1	4	3
7	2	3	4	1	2
8	2	4	3	2	1
9	3	1	3	4	2

续表

试验号	列号				
	1	2	3	4	5
10	3	2	4	3	1
11	3	3	1	2	4
12	3	4	2	1	3
13	4	1	4	2	3
14	4	2	3	1	4
15	4	3	2	4	1
16	4	4	1	3	2

正交表$L_{16}(4^4\times2^3)$

试验号	列号						
	1	2	3	4	5	6	7
1	1	1	1	1	1	1	1
2	1	2	2	2	1	2	2
3	1	3	3	3	2	1	2
4	1	4	4	4	2	2	1
5	2	1	2	3	2	2	1
6	2	2	1	4	2	1	2
7	2	3	4	1	1	2	2
8	2	4	3	2	1	1	1
9	3	1	3	4	1	2	2
10	3	2	4	3	1	1	1
11	3	3	1	2	2	2	1
12	3	4	2	1	2	1	2
13	4	1	4	2	2	1	2
14	4	2	3	1	2	2	1
15	4	3	2	4	1	1	1
16	4	4	1	3	1	2	2

正交表$L_{16}(4^3\times2^6)$

试验号	列号								
	1	2	3	4	5	6	7	8	9
1	1	1	1	1	1	1	1	1	1
2	1	2	2	1	1	2	2	2	2
3	1	3	3	2	2	1	1	2	2

续表

试验号	列号								
	1	2	3	4	5	6	7	8	9
4	1	4	4	2	2	2	2	1	1
5	2	1	2	2	2	1	2	1	2
6	2	2	1	2	2	2	1	2	1
7	2	3	4	1	1	1	2	2	1
8	2	4	3	1	1	2	1	1	2
9	3	1	3	1	2	2	2	2	1
10	3	2	4	1	2	1	1	1	2
11	3	3	1	2	1	2	2	1	2
12	3	4	2	2	1	1	1	2	1
13	4	1	4	2	1	2	1	2	2
14	4	2	3	2	1	1	2	1	1
15	4	3	2	1	2	2	1	1	1
16	4	4	1	1	2	1	2	2	2

正交表$L_{16}(4^2 \times 2^9)$

试验号	列号										
	1	2	3	4	5	6	7	8	9	10	11
1	1	1	1	1	1	1	1	1	1	1	1
2	1	2	1	1	1	2	2	2	2	2	2
3	1	3	2	2	2	1	1	1	2	2	2
4	1	4	2	2	2	2	2	2	1	1	1
5	2	1	1	2	2	1	2	2	1	2	2
6	2	2	1	2	2	2	1	1	2	1	1
7	2	3	2	1	1	1	2	2	2	1	1
8	2	4	2	1	1	2	1	1	1	2	2
9	3	1	2	1	2	2	1	2	2	1	2
10	3	2	2	1	2	1	2	1	1	2	1
11	3	3	1	2	1	2	1	2	1	2	1
12	3	4	1	2	1	1	2	1	2	1	2
13	4	1	2	2	1	2	2	1	2	2	1
14	4	2	2	2	1	1	1	2	1	1	2
15	4	3	1	1	2	2	2	1	1	1	2
16	4	4	1	1	2	1	1	2	2	2	1

正交表$L_{16}(8^1\times2^8)$

试验号	列号								
	1	2	3	4	5	6	7	8	9
1	1	1	1	1	1	1	1	1	1
2	1	2	2	2	2	2	2	2	2
3	2	1	1	1	1	2	2	2	2
4	2	2	2	2	2	1	1	1	1
5	3	1	1	2	2	1	1	2	2
6	3	2	2	1	1	2	2	1	1
7	4	1	1	2	2	2	2	1	1
8	4	2	2	1	1	1	1	2	2
9	5	1	2	1	2	1	2	1	2
10	5	2	1	2	1	2	1	2	1
11	6	1	2	1	2	2	1	2	1
12	6	2	1	2	1	1	2	1	2
13	7	1	2	2	1	1	2	2	1
14	7	2	1	1	2	2	1	1	2
15	8	1	2	2	1	2	1	1	2
16	8	2	1	1	2	1	2	2	1

正交表$L_{16}(4^3\times2^6)$

试验号	列号								
	1	2	3	4	5	6	7	8	9
1	1	1	1	1	1	1	1	1	1
2	1	2	2	1	1	2	2	2	2
3	1	3	3	2	2	1	1	2	2
4	1	4	4	2	2	2	2	1	1
5	2	1	2	2	2	1	2	1	2
6	2	2	1	2	2	2	1	2	1
7	2	3	4	1	1	1	2	2	1
8	2	4	3	1	1	2	1	1	2
9	3	1	3	1	2	2	2	2	1
10	3	2	4	1	2	1	1	1	2
11	3	3	1	2	1	2	2	1	2
12	3	4	2	2	1	1	1	2	1
13	4	1	4	2	1	2	1	2	2
14	4	2	3	2	1	1	2	1	1
15	4	3	2	1	2	2	1	1	1
16	4	4	1	1	2	1	2	2	2

正交表$L_{16}(4^1 \times 2^{12})$

试验号	列号												
	1	2	3	4	5	6	7	8	9	10	11	12	13
1	1	1	1	1	1	1	1	1	1	1	1	1	1
2	1	1	1	1	1	2	2	2	2	2	2	2	2
3	1	2	2	2	2	1	1	1	1	2	2	2	2
4	1	2	2	2	2	2	2	2	2	1	1	1	1
5	2	1	1	2	2	1	1	2	2	1	1	2	2
6	2	1	1	2	2	2	2	1	1	2	2	1	1
7	2	2	2	1	1	1	1	2	2	2	2	1	1
8	2	2	2	1	1	2	2	1	1	1	1	2	2
9	3	1	2	1	2	1	2	1	2	1	2	1	2
10	3	1	2	1	2	2	1	2	1	2	1	2	1
11	3	2	1	2	1	1	2	1	2	2	1	2	1
12	3	2	1	2	1	2	1	2	1	1	2	1	2
13	4	1	2	2	1	1	2	2	1	1	2	2	1
14	4	1	2	2	1	2	1	1	2	2	1	1	2
15	4	2	1	1	2	1	2	2	1	2	1	1	2
16	4	2	1	1	2	2	1	1	2	1	2	2	1

正交表$L_{18}(3^7)$

试验号	列号						
	1	2	3	4	5	6	7
1	1	1	1	1	1	1	1
2	1	2	2	2	2	2	2
3	1	3	3	3	3	3	3
4	2	1	1	2	2	3	3
5	2	2	2	3	3	1	1
6	2	3	3	1	1	2	2
7	3	1	2	1	3	2	3
8	3	2	3	2	1	3	1
9	3	3	1	3	2	1	2
10	1	1	3	3	2	2	1
11	1	2	1	1	3	3	2
12	1	3	2	2	1	1	3
13	2	1	2	3	1	3	2
14	2	2	3	1	2	1	3

续表

试验号	列号						
	1	2	3	4	5	6	7
15	2	3	1	2	3	2	1
16	3	1	3	2	3	1	2
17	3	2	1	3	1	2	3
18	3	3	2	1	2	3	1

正交表$L_{18}(2^1\times3^7)$

试验号	列号							
	1	2	3	4	5	6	7	8
1	1	1	1	1	1	1	1	1
2	1	1	2	2	2	2	2	2
3	1	1	3	3	3	3	3	3
4	1	2	1	1	2	2	3	3
5	1	2	2	2	3	3	1	1
6	1	2	3	3	1	1	2	2
7	1	3	1	2	1	3	2	3
8	1	3	2	3	2	1	3	1
9	1	3	3	1	3	2	1	2
10	2	1	1	3	3	2	2	1
11	2	1	2	1	1	3	3	2
12	2	1	3	2	2	1	1	3
13	2	2	1	2	3	1	3	2
14	2	2	2	3	1	2	1	3
15	2	2	3	1	2	3	2	1
16	2	3	1	3	2	3	1	2
17	2	3	2	1	3	1	2	3
18	2	3	3	2	1	2	3	1

正交表$L_{18}(6^1\times3^6)$

试验号	列号						
	1	2	3	4	5	6	7
1	1	1	1	1	1	1	1
2	1	2	2	2	2	2	2
3	1	3	3	3	3	3	3
4	2	1	1	2	2	3	3

续表

试验号	列号						
	1	2	3	4	5	6	7
5	2	2	2	3	3	1	1
6	2	3	3	1	1	2	2
7	3	1	2	1	3	2	3
8	3	2	3	2	1	3	1
9	3	3	1	3	2	1	2
10	4	1	3	3	2	2	1
11	4	2	1	1	3	3	2
12	4	3	2	2	1	1	3
13	5	1	2	3	1	3	2
14	5	2	3	1	2	1	3
15	5	3	1	2	3	2	1
16	6	1	3	2	3	1	2
17	6	2	1	3	1	2	3
18	6	3	2	1	2	3	1

正交表$L_{25}(5^6)$

试验号	列号					
	1	2	3	4	5	6
1	1	1	1	1	1	1
2	1	2	2	2	2	2
3	1	3	3	3	3	3
4	1	4	4	4	4	4
5	1	5	5	5	5	5
6	2	1	2	3	4	5
7	2	2	3	4	5	1
8	2	3	4	5	1	2
9	2	4	5	1	2	3
10	2	5	1	2	3	4
11	3	1	3	5	2	4
12	3	2	4	1	3	5
13	3	3	5	2	4	1
14	3	4	1	3	5	2
15	3	5	2	4	1	3
16	4	1	4	2	5	3

续表

试验号	列号					
	1	2	3	4	5	6
17	4	2	5	3	1	4
18	4	3	1	4	2	5
19	4	4	2	5	3	1
20	4	5	3	1	4	3
21	5	1	5	4	3	2
22	5	2	1	5	4	3
23	5	3	2	1	5	4
24	5	4	3	2	1	5
25	5	5	4	3	2	1

正交表$L_{27}(3^{13})$

试验号	列号												
	1	2	3	4	5	6	7	8	9	10	11	12	13
1	1	1	1	1	3	1	1	1	1	1	1	1	1
2	1	1	1	1	3	2	2	2	2	2	2	2	2
3	1	1	1	1	3	3	3	3	3	3	3	3	3
4	1	2	2	2	3	1	1	2	2	2	3	3	3
5	1	2	2	2	3	2	2	3	3	3	1	1	1
6	1	2	2	2	3	3	3	1	1	1	2	2	2
7	1	3	3	3	3	1	1	3	3	3	2	2	2
8	1	3	3	3	3	2	2	1	1	1	3	3	3
9	1	3	3	3	3	3	3	2	2	2	1	1	1
10	2	1	2	3	3	2	3	1	2	3	1	2	3
11	2	1	2	3	3	3	1	2	3	1	2	3	1
12	2	1	2	3	3	1	2	3	1	2	3	1	2
13	2	2	3	1	3	2	3	2	3	1	3	1	2
14	2	2	3	1	3	3	1	3	1	2	1	2	3
15	2	2	3	1	3	1	2	1	2	3	2	3	1
16	2	3	1	2	3	2	3	3	1	2	2	3	1
17	2	3	1	2	3	3	1	1	2	3	3	1	2
18	2	3	1	2	3	1	2	2	3	1	1	2	3
19	3	1	3	2	3	3	2	1	3	2	1	3	2
20	3	1	3	2	3	1	3	2	1	3	2	1	3
21	3	1	3	2	3	2	1	3	2	1	3	2	1

续表

试验号	列号												
	1	2	3	4	5	6	7	8	9	10	11	12	13
22	3	2	1	3	3	3	2	2	1	3	3	2	1
23	3	2	1	3	3	1	3	3	2	1	1	3	2
24	3	2	1	3	3	2	1	1	3	2	2	1	3
25	3	3	2	1	3	3	2	3	2	1	2	1	3
26	3	3	2	1	3	1	3	1	3	2	3	2	1
27	3	3	2	1	3	2	1	2	1	3	1	3	2

正交表$L_{27}(3^{13})$表头设计

因素数	列号												
	1	2	3	4	5	6	7	8	9	10	11	12	13
3	A	B	$(A\times B)_1$	$(A\times B)_2$	C	$(A\times C)_1$	$(A\times C)_2$	$(B\times C)_1$			$(B\times C)_2$		
4	A	B	$(A\times B)_1$ $(C\times D)_2$	$(A\times B)_2$	C	$(A\times C)_1$ $(B\times D)_2$	$(A\times C)_2$	$(B\times C)_1$ $(A\times D)_2$	D	$(A\times D)_1$	$(B\times C)_2$	$(B\times D)_1$	$(C\times D)_1$

正交表$L_{27}(3^{13})$二列间的交互作用

列号	列号												
	1	2	3	4	5	6	7	8	9	10	11	12	13
(1)	(1)	3	2	2	6	5	5	9	8	8	12	11	11
		4	4	3	7	7	6	10	10	9	13	13	12
(2)		(2)	1	1	8	9	10	5	6	7	5	6	7
			4	3	11	12	13	11	12	13	8	9	10
(3)			(3)	1	9	10	8	7	5	6	6	7	5
				2	13	11	12	12	13	11	10	8	9
(4)				(4)	10	8	9	6	7	5	7	5	6
					12	13	11	13	11	12	9	10	8
(5)					(5)	1	1	2	3	4	2	4	3
						7	6	11	13	12	8	10	9
(6)						(6)	1	4	2	3	3	2	4
							5	13	12	11	10	9	8
(7)							(7)	3	4	2	4	3	2
								12	11	13	9	8	10
(8)								(8)	1	1	2	3	4
									10	9	5	7	6

续表

列号	列号												
	1	2	3	4	5	6	7	8	9	10	11	12	13
(9)									(9)	1 8	4 7	2 6	3 5
(10)										(10)	3 6	4 5	2 7
(11)											(11)	1 13	1 12
(12)												(11)	1 11

附录 10　均匀设计表

表 1　$U_5(5^3)$

试验号	1	2	3
1	1	2	4
2	2	4	3
3	3	1	2
4	4	3	1
5	5	5	5

表 2　$U_5(5^3)$ 的使用表

因素个数	列号			D
2	1	2		0. 3100
3	1	2	3	0. 4570

表 3　$U_6^*(6^4)$

试验号	1	2	3	4
1	1	2	3	6
2	2	4	6	5
3	3	6	2	4
4	4	1	5	3
5	5	3	1	2
6	6	5	4	1

表 4　$U_6^*(6^4)$的使用表

因素个数	列号				D
2	1	3			0. 1875
3	1	2	3		0. 2656
4	1	2	3	4	0. 2990

表 5　$U_7(7^4)$

试验号	1	2	3	4
1	1	2	3	6
2	2	4	6	5
3	3	6	2	4
4	4	1	5	3
5	5	3	1	2
6	6	5	4	1
7	7	7	7	7

表 6　$U_7(7^4)$的使用表

因素个数	列号				D
2	1	3			0. 2398
3	1	2	3		0. 3721
4	1	2	3	4	0. 4760

表 7　$U_7^*(7^4)$

试验号	1	2	3	4
1	1	3	5	7
2	2	6	2	6
3	3	1	7	5
4	4	4	4	4
5	5	7	1	3
6	6	2	6	2
7	7	5	3	1

表 8　$U_7^*(7^4)$的使用表

因素个数	列号			D
2	1	3		0. 1582
3	2	3	4	0. 2132

表 9　$U_8^*(8^5)$

试验号	1	2	3	4	5
1	1	2	4	7	8
2	2	4	8	5	7
3	3	6	3	3	6
4	4	8	7	1	5
5	5	1	2	8	4
6	6	3	6	6	3
7	7	5	1	4	2
8	8	7	5	2	1

表 10　$U_8^*(7^5)$ 的使用表

因素个数	列号				D
2	1	3			0. 1445
3	1	3	4		0. 2000
4	1	2	3	5	0. 2709

表 11　$U_9(9^5)$

试验号	1	2	3	4	5
1	1	2	4	7	8
2	2	4	8	5	7
3	3	6	3	3	6
4	4	8	7	1	5
5	5	1	2	8	4
6	6	3	6	6	3
7	7	5	1	4	2
8	8	7	5	2	1
9	9	9	9	9	9

表 12　$U_9(9^5)$ 的使用表

因素个数	列号				D
2	1	3			0. 1944
3	1	3	4		0. 3102
4	1	2	3	5	0. 4066

表 13 $U_9^*(9^4)$

试验号	1	2	3	4
1	1	3	7	9
2	2	6	4	8
3	3	9	1	7
4	4	2	8	6
5	5	5	5	5
6	6	8	2	4
7	7	1	9	3
8	8	4	6	2
9	9	7	3	1

表 14 $U_9^*(9^4)$的使用表

因素个数	列号			D
2	1	2		0.1574
3	2	3	4	0.1980

表 15 $U_{10}^*(10^8)$的使用表

试验号	1	2	3	4	5	6	7	8
1	1	2	3	4	5	7	9	10
2	2	4	6	8	10	3	7	9
3	3	6	9	1	4	10	5	8
4	4	8	1	5	9	6	3	7
5	5	10	4	9	3	2	1	6
6	6	1	7	2	8	9	10	5
7	7	3	10	6	2	5	8	4
8	8	5	2	10	7	1	6	3
9	9	7	5	3	1	8	4	2
10	10	9	8	7	6	4	2	1

表 16 $U_{10}^*(10^8)$的使用表

因素个数	列号						D
2	1	6					0.1125
3	1	5	6				0.1681
4	1	3	4	5			0.2236
5	1	3	4	5	7		0.2414
6	1	2	3	5	6	8	0.2994

表 17　$U_{11}(11^6)$

试验号	1	2	3	4	5	6
1	1	2	3	5	7	10
2	2	4	6	10	3	9
3	3	6	9	4	10	8
4	4	8	1	9	6	7
5	5	10	4	3	2	6
6	6	1	7	8	9	5
7	7	3	10	2	5	4
8	8	5	2	7	1	3
9	9	7	5	1	8	2
10	10	9	8	6	4	1
11	11	11	11	11	11	11

表 18　$U_{11}(11^6)$ 的使用表

因素个数	列号						D
2	1	5					0.1632
3	1	4	5				0.2649
4	1	3	4	5			0.3528
5	1	2	3	4	5		0.4286
6	1	2	3	4	5	6	0.4942

表 19　$U_{11}^*(11^4)$

试验号	1	2	3	4
1	1	5	7	11
2	2	10	2	10
3	3	3	9	9
4	4	8	4	8
5	5	1	11	7
6	6	6	6	6
7	7	11	1	5
8	8	4	8	4
9	9	9	3	3
10	10	2	10	2
11	11	7	5	1

表 20 $U_{11}^*(11^4)$ 的使用表

因素个数	列号			D
2	1	2		0. 1136
3	2	3	4	0. 2307

表 21 $U_{12}^*(12^{10})$

试验号	1	2	3	4	5	6	7	8	9	10
1	1	2	3	4	5	6	8	9	10	12
2	2	4	6	8	10	12	3	5	7	11
3	3	6	9	12	2	5	11	1	4	10
4	4	8	12	3	7	11	6	10	1	9
5	5	10	2	7	12	4	1	6	11	8
6	6	12	5	11	4	10	9	2	8	7
7	7	1	8	2	9	3	4	11	5	6
8	8	3	11	6	1	9	12	7	2	5
9	9	5	1	10	6	2	7	3	12	4
10	10	7	4	1	11	8	2	12	9	3
11	11	9	7	5	3	1	10	8	6	2
12	12	11	10	9	8	7	5	4	3	1

表 22 $U_{12}^*(12^{10})$ 的使用表

因素个数	列号							D
2	1	5						0. 1163
3	1	6	9					0. 1838
4	1	6	7	9				0. 2233
5	1	3	4	8	10			0. 2272
6	1	2	6	7	8	9		0. 2670
7	1	2	6	7	8	9	10	0. 2768

表 23 $U_{13}(13^8)$

试验号	1	2	3	4	5	6	7	8
1	1	2	5	6	8	9	10	12
2	2	4	10	12	3	5	7	11
3	3	6	2	5	11	1	4	10
4	4	8	7	11	6	10	1	9
5	5	10	12	4	1	6	11	8
6	6	12	4	10	9	2	8	7
7	7	1	9	3	4	11	5	6

续表

试验号	1	2	3	4	5	6	7	8
8	8	3	1	9	12	7	2	5
9	9	5	6	2	7	3	12	4
10	10	7	11	8	2	12	9	3
11	11	9	3	1	10	8	6	2
12	12	11	8	7	5	4	3	1
13	13	13	13	13	13	13	13	13

表 24　$U_{13}(13^8)$ 的使用表

因素个数	列号							D
2	1	3						0.1405
3	1	4	7					0.2308
4	1	4	5	7				0.3107
5	1	4	5	6	7			0.3814
6	1	2	4	5	6	7		0.4439
7	1	2	4	5	6	7	8	0.4992

表 25　$U_{13}^*(13^4)$

试验号	1	2	3	4
1	1	5	9	11
2	2	10	4	8
3	3	1	13	5
4	4	6	8	2
5	5	11	3	13
6	6	2	12	10
7	7	7	7	7
8	8	12	2	4
9	9	3	11	1
10	10	8	6	12
11	11	13	1	9
12	12	4	10	6
13	13	9	5	3

表 26　$U_{13}^*(13^4)$ 的使用表

因素个数	列号				D
2	1	3			0.0962
3	1	3	4		0.1442
4	1	2	3	4	0.2076

表 27　$U_{14}^{*}(14^5)$

试验号	1	2	3	4	5
1	1	4	7	11	13
2	2	8	14	7	11
3	3	12	6	3	9
4	4	1	13	14	7
5	5	5	5	10	5
6	6	9	12	6	3
7	7	13	4	2	1
8	8	2	11	13	14
9	9	6	3	9	12
10	10	10	10	5	10
11	11	14	2	1	8
12	12	3	9	12	6
13	13	7	1	8	4
14	14	11	8	4	2

表 28　$U_{14}^{*}(14^5)$的使用表

因素个数	列号				D
2	1	4			0.0957
3	1	2	3		0.1455
4	1	2	3	5	0.2091

表 29　$U_{15}(15^5)$

试验号	1	2	3	4	5
1	1	4	7	11	13
2	2	8	14	7	11
3	3	12	6	3	9
4	4	1	13	14	7
5	5	5	5	10	5
6	6	9	12	6	3
7	7	13	4	2	1
8	8	2	11	13	14
9	9	6	3	9	12
10	10	10	10	5	10
11	11	14	2	1	8
12	12	3	9	12	6
13	13	7	1	8	4
14	14	11	8	4	2
15	15	15	15	15	15

表 30　$U_{15}(15^5)$ 的使用表

因素个数	列号				D
2	1	4			0. 1233
3	1	2	3		0. 2043
4	1	2	3	5	0. 2772

表 31　$U_{15}^*(15^7)$

试验号	1	2	3	4	5	6	7
1	1	5	7	9	11	13	15
2	2	10	14	2	6	10	14
3	3	15	5	11	1	7	13
4	4	4	12	4	12	4	12
5	5	9	3	13	7	1	11
6	6	14	10	6	2	14	10
7	7	3	1	15	13	11	9
8	8	8	8	8	8	8	8
9	9	13	15	1	3	5	7
10	10	2	6	10	14	2	6
11	11	7	13	3	9	15	5
12	12	12	4	12	4	12	4
13	13	1	11	5	15	9	3
14	14	6	2	14	10	6	2
15	15	11	9	7	5	3	1

表 32　$U_{15}^*(15^7)$ 的使用表

因素个数	列号					D
2	1	3				0. 0833
3	1	2	6			0. 1361
4	1	2	4	6		0. 1551
5	2	3	4	5	7	0. 2272